Hans Vogt
Niederrheinischer Wassermühlenführer,
herausgegeben vom Verein Niederrhein e.V.

Gefördert von den Sparkassen Geldern und Krefeld

Hans Vogt
Niederrheinischer Wassermühlen-Führer

1998
Krefeld

Vogt, Hans: Niederrheinischer
Wassermühlenführer / hrsg.
Verein Niederrhein e.V.
ISBN 3-00-002906-0
NE: Vogt, Hans;
Verein Niederrhein e.V., Krefeld;

ISBN 3-00-002906-0

DTP Satz: Hans Hartmut Brocker
Herstellung: B.o.s.s Druck und Medien, Kleve
Einbandgestaltung: Theo Windges,
Foto und Grafikdesign, Krefeld

Dem Bild der Müllenarker Mühle (Inden) auf dem Einband liegt eine Zeichnung von Ernst Ohst, Düren, zugrunde. Die Fotoaufnahmen, Grafiken und Karten sind vom Verfasser, soweit im Einzelfalle nichts anderes angegeben ist.

Zum Geleit

Unsere alten Mühlen stehen heute hoch im Kurs. Zwar dreht sich schon lange kein Flügelpaar und kein Wasserrad mehr wegen des täglichen Brotes. Aber uns ist wieder bewußt geworden, daß Mühlen seit mehr als tausend Jahren die ersten und einzigen Antriebsmaschinen waren, die der Mensch bis zur Entdeckung der Dampfkraft und der Elektrizität besaß.

Der ehemalige Krefelder Kulturdezernent Dr. Hans Vogt hatte schon 1989 seinen Niederrheinischen Windmühlenführer veröffentlicht, mittlerweile in 2. Auflage. Es ist ein Standardwerk, in dem die 170 noch irgendwie vorhandenen Windmühlen im Rheinland beschrieben sind.

Mit seinem nun vorgelegten Niederrheinischen Wassermühlenführer hat er in mühevoller Kleinarbeit eine wichtige Ergänzung verfaßt, in der alle Wassermühlen umfassend und kurzweilig porträtiert sind. Hätten Sie gewußt, daß es hierzulande um die 470 Wassermühlen gegeben hat - weit mehr als Windmühlen, deren Zahl auf „nur" gut 300 kommt? Und hätten Sie gewußt, daß die Wassermühlen am Anfang unserer frühindustriellen Entwicklung gestanden haben und aus ihnen die alten Öl- und Papierfabriken, die Stahlwerke und Textilfirmen und unsere Großmühlen hervorgegangen sind? Auf diese Fragen und vieles Interessante mehr gibt das Buch eine Antwort.

Der Wassermühlenführer erscheint in einer Zeit, in der sich die 1987 gegründete Deutsche Gesellschaft für Mühlenkunde und Mühlenerhaltung - DGM - e.V. gefestigt hat und wir darin mit dem Niederrhein als traditionellem Mühlenland mittlerweile einen eigenen Landesverband bilden. Gemeinsam mit dem Windmühlenführer ist das nun fertige Buch eine hervorragende Grundlage für unsere Arbeit.

Mit allen Mühlenfreunden weit und breit freue ich mich über das gelungene Werk meines Freundes und Stellvertreters im Niederrheinischen Mühlenverband. Dank großzügiger Unterstützung der Sparkassen Geldern und Krefeld kann es zu einem erschwinglichen Preis angeboten werden, sodaß es möglichst viele erwerben sollten. Es lohnt sich!

In diesem Sinne „Glück zu"!

(Rudolf Kersting)
Oberkreisdirektor und Vorsitzender
des Niederrheinischen Mühlenverbandes e.V.

Inhalt

Allgemeiner Teil

Hauptteil

Anhang

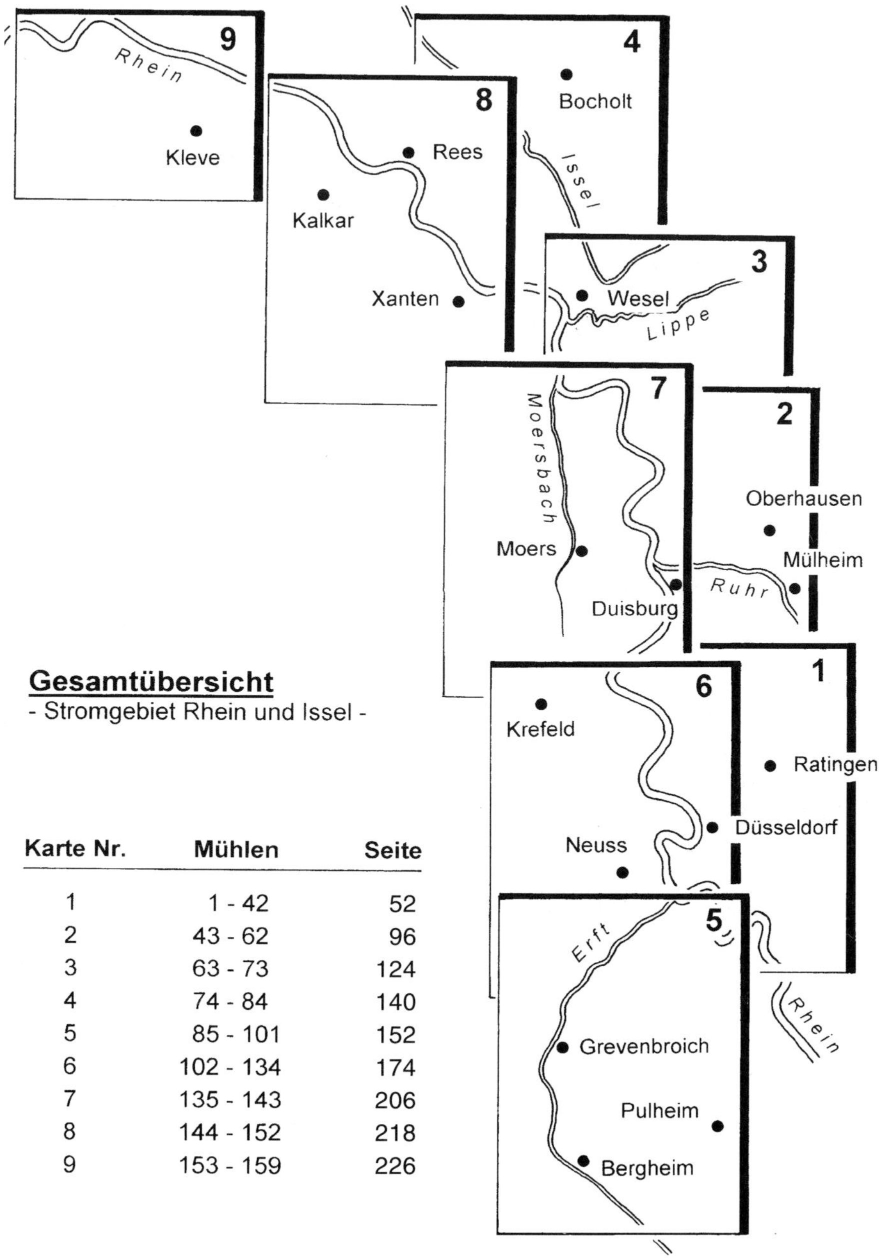

Gesamtübersicht

- Stromgebiet Rhein und Issel -

Gesamtübersicht
- Stromgebiet Maas -

Karte Nr.	Mühlen	Seite
10	160 - 206	238
11	207 - 229	294
12	230 - 294	320
13	295 - 318	386
14	319 - 351	414
15	352 - 367	456
16	368 - 414	474
17	415 - 443	524
18	444 - 463	556

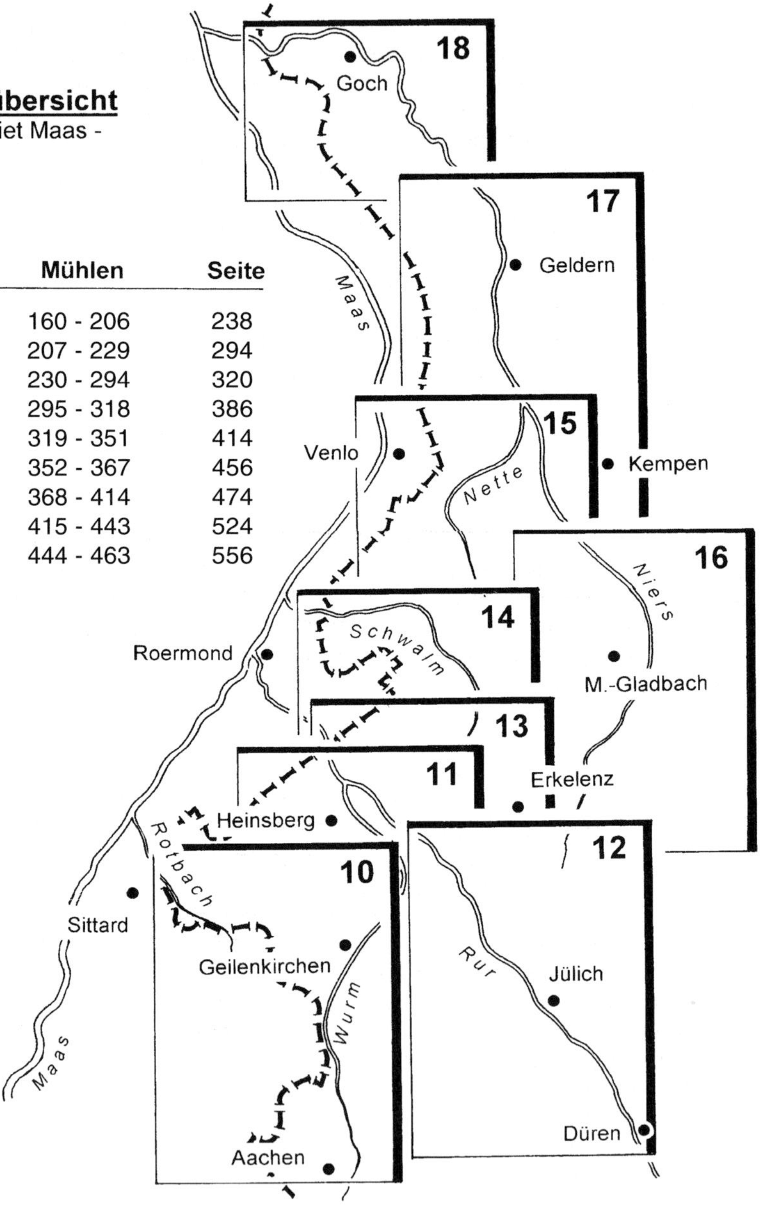

Vorwort

Vor einem knappen Jahrzehnt hatte ich die niederrheinischen Windmühlen beschrieben, von denen noch irgendetwas zu sehen war. Sie hatten mich fasziniert. Denn Windmühlentürme und Windmühlenflügel lenken allenthalben die Blicke auf sich und gehören zum charakteristischen Erscheinungsbild des Niederrheins. Sie wissen sich auf den Anhöhen oder den eigens für sie aufgeschütteten Mühlenbergen im flachen Land gut zu präsentieren.
So wie ich empfanden offenbar viele. Denn schon nach gut einem Jahr war eine Neuauflage des Taschenbuches notwendig. Und es kam die Frage: „Gibt es auch einen Wassermühlenführer?“ Aber ich bin der Antwort lange aus dem Wege gegangen. Vielleicht erinnerte ich mich daran, daß schon bei den Windmühlen aus den kalkulierten 70 oder 80 mehr als doppelt so viele geworden waren: 170. Aber dann war mit meiner Beteiligung der Niederrheinische Mühlenverband gegründet worden, der sich aller Mühlen annehmen will, auch der Wassermühlen. Ich machte mich also auf die Suche nach den Wassermühlen, von denen ich dann allerdings die wenigsten so „in einem kühlen Grunde“ vorfand, wie Eichendorff sie einst besungen hatte. Ich entdeckte aber auch, daß die Wassermühlen für die technische und wirtschaftliche Entwicklung ungleich bedeutsamer waren als die Windmühlen.
Das Ergebnis dieser Arbeit liegt jetzt vor. Daraus, daß es kein Taschenbuch, sondern ein Buch mit festem Einband geworden ist, kann man schon erahnen, daß sich der „Windmühlen-Irrtum“ wiederholt hat. Auch hier hat sich die ursprünglich geschätzte Zahl mehr als verdoppelt. Vor allem aber: Wegen der Abhängigkeit von den Gewässern und den Stauhöhen konnte man keine Mühle auslassen, auch solche nicht, die untergegangen waren.
Eine ähnliche Inventarisation hatte vor mir schon Susanne Sommer in ihrem 1991 erschienenen Buch „Mühlen am Niederrhein“ unternommen, wenn auch beschränkt auf das 19. Jahrhundert und auf die linke Rheinseite. Es enthob mich weitgehend der Notwendigkeit, meine Zeit in den Staatsarchiven zu verbringen. Ohne sie wäre ich kaum in vertretbarer Zeit fertig geworden, hätte vermutlich nicht einmal angefangen. Andere Sammeldarstellungen betreffen nur die Mühlen eines einzigen Gewässers, der Schwalm etwa oder der Niers.
Für jede Mühlenbiographie stand nur ein begrenzter Platz zur Verfügung, sodaß zwangsläufig vieles verkürzt dargestellt werden mußte. Im Interesse des Ganzen und eines Gesamtbildes wurde auch auf unangemessen aufwendige Nachprüfungen in den Uralt-Quellen verzichtet. Für eine gründliche Beschäftigung mit den einzelnen Mühlen ist - soweit nicht schon geschehen - mithin noch viel Raum, die Berichtigung von Irrtümern einbegriffen. Die Literaturangaben bieten dafür eine gute Grundlage.
Bei den Illustrationen habe ich nur gelegentlich und nur beispielhaft „früher“ und „heute“ gegenübergestellt. Für alle Mühlen wäre das schon aus Platzgründen nicht durchzuhalten gewesen. Ich habe mich stattdessen - wie auch beim Windmühlenführer - für ein aktuelles Bild entschieden. Es erleichtert das Zurechtfinden und wurde von allen Gebäuden gemacht, die noch irgendwie mit dem früheren Zustand zu tun hatten. Bei der Ähnlichkeit der alten Bilder sagt das im übrigen auch relativ

mehr aus als eine der damals üblichen Fotografien mit der Müllerfamilie im Sonntagsstaat vor der Mühle mit dem traditionellen einspännigen Mühlenkarren daneben.
Wassermühlen sind ohne Fließgewässer nicht denkbar, die für sie das natürliche und sich ständig erneuernde Energiepotential waren. Bei den Windmühlen war das einfacher. Denn der Wind weht überall. Die Antriebsgewässer allerdings nur namentlich zu nennen, hätte für das Gesamtverständnis nicht ausgereicht. Also mußten auch sie beschrieben werden. Das hatte Einfluß auf die hier gewählte Ordnung und Zählweise. Die beiden Einzugsgebiete von Rhein und Maas ergaben jeweils einen Hauptabschnitt. Die Nebenflüsse wurden in der Gefällrichtung von oben nach unten (von Süden nach Norden also) behandelt. Ebenfalls in Fließrichtung ihres Antriebsgewässers erhielten die Mühlen ihre jeweilige Ordnungsnummer.
So entstand zugleich - und keineswegs nur beiläufig - ein Reliefbild vom Niederrhein, den zu beschreiben ja ohnehin nur geologisch-geografisch und nicht historisch-politisch möglich ist. Und an seiner Gestaltung waren nicht nur tektonische und klimatische Vorgänge im Laufe von Jahrmillionen, sondern gerade auch der Rheinstrom und seine Töchter kräftig beteiligt.
Eine allgemein gültige Abgrenzung des Betrachtungsgebietes „Niederrhein" gibt es nicht, weil der Niederrhein nie eine historisch oder politisch zu begreifende Einheit war. Aber es gibt Abgrenzungshilfen: Traditionell gilt auch im geeinten Europa im Westen die Landesgrenze. Im Osten wurde zum Bergischen Land hin die Autobahn A 3 genommen, weil ihre Trasse ungefähr am Fuß des ansteigenden Berglandes entlang gelegt wurde. Das überzeugt zwar nicht überall, war aber eine eher praktische Entscheidung. Weiter nordöstlich kam dann die historische Grenze nach Westfalen zur Hilfe. Im Süden half wiederum eine Autobahn, die A 4 zwischen Köln und Aachen bis zur Landesgrenze. Auch hiergegen kann man einiges einwenden. So blieben Köln, Düren und Aachen außen vor. Ohnehin verstehen sie sich entweder nicht als niederrheinische Orte oder neigen wegen des Geländeanstiegs mehr zur Eifel hin. Nicht zuallerletzt lag mir auch aus Vergleichsgründen daran, den Betrachtungsraum möglichst deckungsgleich mit dem zu wählen, der - unbeanstandet - dem Niederrheinischen Windmühlenführer zugrunde lag.

Trotz aller Abgrenzung und Eingrenzung blieb das Untersuchungsgebiet groß. Das Werk wäre nie oder nicht in absehbarer Zeit fertig geworden, wenn ich nicht allerorts eine ermutigende Unterstützungsbereitschaft erfahren hätte. Deshalb sei allen, die mir in irgendeiner Weise geholfen haben, an dieser Stelle herzlich gedankt. Besonderen Dank verdient meine Frau, die mich bei den vielen und weiten Fahrten oft begleitet, mir geduldig zugehört und meiner Arbeit Verständnis entgegengebracht hat.

Krefeld, im April 1998 Hans Vogt

Allgemeiner Teil

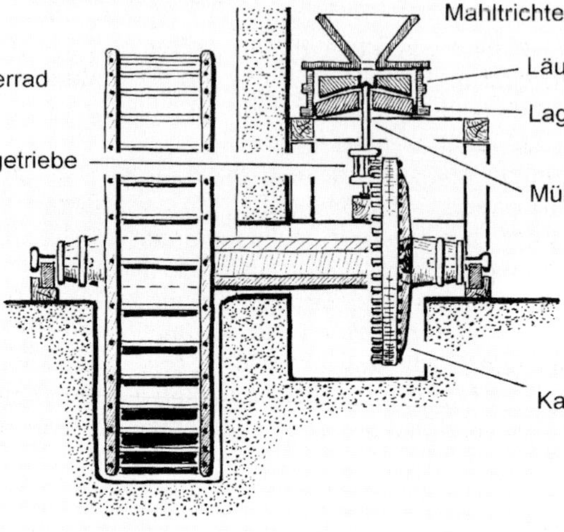

Oben ein Rekonstruktionsversuch der um 25 v. Chr. von dem römischen Architekten Vitruvius beschriebenen Wasser-Getreidemühle (nach MAGER u.a., Die Kulturgeschichte der Mühlen, S. 15). An diesem Mechanismus hat sich in 2000 Jahren im Prinzip nichts geändert. Die Aufnahme darunter zeigt das erhalten gebliebene Gerüst mit der Inneneinrichtung der Leuther Mühle (Nr. 362). In der Bildmitte unten ist die Mühlradwelle mit dem Haupt-Kammrad sichtbar. Von hier aus wurde die Drehbewegung an den Mahlgang oben auf dem Mahlboden und an den Kollergang der Ölmühle weitergegeben. Der noch vollständig erhaltene Kollergang steht jenseits des linken Bildrandes. - (Foto: Krs. Viersen, Medienzentrum).

Vom Schöpfrad und Reibstein zur Wassermühle

Der Begriff „Mühle" war und ist nicht auf das Mahlen von Getreide beschränkt. Er meint auch den Antrieb zahlloser anderer Werkzeuge und Vorrichtungen, mit denen sich der Mensch die Arbeit leichter und effektiver gemacht hat. Der mit weitem Abstand älteste ist der Antrieb mit Wasserkraft.
Die Erfindung der Wassermühle wird von der Forschung in das 3./2. Jh. v. Chr. datiert. Sie war zweifellos eine technische Revolution, die der Erfindung des Rades nicht wesentlich nachstand. Immerhin war sie zusammen mit der viel jüngeren Windmühle 2000 Jahre lang die einzige Antriebsmaschine, die der Mensch besaß. Aber sie wurde lange Zeit nur beiläufig wahrgenommen und kaum als Revolution empfunden. Ohnehin waren es auch wohl anfänglich meist Spielautomaten und vor allem Wasseruhren, die von Wasserkraft bewegt und von den großen Physikern, Ingenieuren und Mathematikern der antiken Welt auch beschrieben wurden. Für kraftsparende Technik bestand kein Bedarf. Sklavenarbeit war billiger.

Die technischen Grundlagen

Schon seit dem 12. vorchristlichen Jahrhundert gab es im Zweistromland an Euphrat und Tigris Schöpfwerke, mit denen das Wasser kontinuierlich aus einem Fluß oder einem Brunnen gehoben werden konnte. Meistens wurden sie durch Treträder (Tretmühlen) oder aber durch Pferd, Ochs oder Esel im „Kreislauf" gezogen. Dabei müssen auch schon früh der Antrieb durch das Wasser selbst über ein Wasserrad und die rechtwinklige Umlenkung der Drehbewegung über ineinandergreifende Zahnräder bekannt gewesen sein.
Das Mahlgeschäft indessen war durchweg Handarbeit und traditionell seit den Zeiten der alten Ägypter Sache der Frauen, die auch das Brot zu backen hatten. Sie mahlten, oder besser zerrieben, kniend das Brotgetreide zwischen zwei Steinen. Das Mahlen in einer Drehbewegung mit einer Kurbel war ein weiterer Entwicklungsschritt. Im ganzen Mittelmeerraum findet man die kleinen Handdrehmühlen, mit denen auch beim römischen Militär jede Korporalschaft ausgestattet war. Und man kannte alsbald die großen Glockenmühlen, Meisterleistungen der Steinmetzkunst. Sie gleichen riesigen Sanduhren und wurden mit einem schweren Vierkantholz von Menschen oder Tieren gedreht. Die Römer sorgten dafür, daß diese Mühlen in ihrem weiten Weltreich bekannt und angewendet wurden. Es gibt heute kaum ein archäologisches Museum zwischen Nordafrika und Niedergermanien (in Xanten zum Beispiel), in dem nicht solche erhalten gebliebenen Mühlen ausgestellt sind.
Mit der Hand wurden auch in großen und kleinen Mörsern feste Materialien zerstoßen. Mörser und Stößel waren die Vorbilder für zahlreiche andere Anwendungen von Drehmechanismen in den Stampf- und Schlagmühlen, um etwa erzhaltiges Gestein, Knochen oder Mineralfarben zu pulverisieren. Das Problem, mit Nockenwelle, Kurbelwelle und Pleuelstange die Drehbewegung in eine Auf- und Abbewegung zu verändern, hatte man wahrscheinlich schon vor der Zeitenwende gelöst.
Man kannte also die technischen Grundprinzipien für den Antrieb, und man kannte auch die raffinierten Mechanismen der anzutreibenden Werkzeuge. Man brauch-

te sie nur noch zusammenzuführen. Und das scheint in eben jenem dritten oder zweiten vorchristlichen Jahrhundert geschehen zu sein. Hauptanwendungsfall war die Getreidemühle. Der römische Architekt und Ingenieur Vitruvius Pollio hat sie im 10. Buch seines Werkes „de architectura“ beschrieben, das um 25 v. Chr. erschienen ist. Vitruvius (Vitruv) stammte aus Verona, das uns heute eher durch sein Amphitheater und „Aida“ bekannt ist. Aber seine damalige Beschreibung aus der Zeit des Kaisers Augustus ist so detailgenau, daß man diese „Vitruv´sche Mühle“ einigermaßen zuverlässig rekonstruieren kann. Dabei mag es nebensächlich sein, ob die Mahlsteine noch - wie gewohnt - konisch oder schon flach und bereits gegen das Verstauben des Mehles ummantelt waren. Wie aber auch immer - mit recht hat man diese Ur-Mühle als den Prototyp aller aus Antriebsteil und Werkteil zusammengesetzen Maschinen bezeichnet.

Ein langes Schattendasein

Trotz der bestechenden Einfachheit und trotz ihrer Nützlichkeit spielte diese erstaunliche Maschine in der antiken Welt nur eine untergeordnete Rolle und wurde bis zum Ende des ersten Jahrtausends nur wenig eingesetzt. Ihre bedeutendste Stunde schlug wohl bei der Belagerung Roms im 6. Jh. durch die Ostgoten. Da hatte sich der Verteidiger der „Ewigen Stadt“ - Belisar - der städtischen Wassermühlen erinnert, die es dort seit dem Jahre 398 an den jetzt vom Feind unterbrochenen Aquaedukten gab. Er ließ sie unter der Tiberbrücke auf Schiffe setzen und durch den Fluß antreiben, um die Ernährung der eingeschlossenen Stadt sicherzustellen (siehe „Schiffmühle“).

Trotz dieser Erfahrung herrschten draußen auf den römischen „*villae rusticae* - den Gutshöfen“ noch lange Zeit die handbetriebenen Mühlen vor. Die Höfe führten ein Eigenleben, und die Hand- und Tiermühlen reichten für den eigenen Bedarf aus, um den es ja letztendlich nur ging. Das gilt auch weitgehend für die Provinzen. So ist z. B. im Rheinland kein einziger Beleg für eine römische Wassermühle gefunden worden, weder in schriftlichen Quellen, noch bei den vielfachen Ausgrabungen. Auch aus der frühen fränkischen Zeit sind hierzulande keine Wassermühlen bekannt, was vielleicht an dem ungünstigen Gefälle gelegen haben mag, sicher aber auch an der damals noch sehr dünnen Besiedlung.

Einführung durch die Klöster

Das änderte sich erst, als die Mönche - vor allem die Benediktiner und die Zisterzienser - zwischen dem 10. und 12. Jh. auch im Rheinland ihre Klöster bauten und ihre Fertigkeiten entsprechend dem benediktinischen Gebot „bete und arbeite“ bei der Kultivierung des Landes einsetzten.

Sie kannten sich nicht nur in der Bibel, sondern auch mit Zirkel und Winkelmaß aus und wußten das uns heute so selbstverständliche archimedische Verhältnis 22 : 7 = 3,14 - beste Voraussetzungen, um mit diesen mathematischen und physikalischen Kenntnissen technische Geräte zu konstruieren. Und weil Wasserräder mit ihren Kraftübertragungsvorrichtungen die damals einzigen Antriebsmaschinen waren, auf welche der Fortschritt setzen konnte, wurden die Mönche so zu den tragenden Kräften der Mühlenbaukunst. Die Mönche und Laienbrüder waren zugleich auch unsere ersten Müller und Lehrmeister in der Betriebspraxis.

So rasch wie die Klöster verbreiteten sich die Klostermühlen. Und durch die allgemeine Rodungstätigkeit und Verbesserung der Wirtschaftsmethoden um die Jahrtausendwende wuchsen auch die Getreideanbauflächen und die Siedlungen. Der große Bedarf an Getreidemühlen, dem zwangsläufig auch andere Anwendungen des Wasserantriebs folgten, war damit vorprogrammiert.

Aufkommen und Ausbreitung unserer ortsfesten Mühlen

Aus dem 9. Jh. sind drei Urkunden bekannt, die Wassermühlen aus unserem Betrachtungsgebiet betreffen. Bei allen dreien gibt es allerdings Unsicherheiten: Obwohl die Benediktinerabtei Echternach auch am unteren Niederrhein begütert war, weiß man nicht mit Bestimmtheit, ob der schon 855 erwähnte Echternacher Besitz in „Replo“ (Nr. 137) mit dem heutigen Moerser Stadtteil Repelen identisch ist. Ähnlich ist es in Bardenberg an der Wurm (Nr. 178). Dort hatte König Lothar II. 867 zwei „*molendini loca* - Mühlenstellen“ erworben. Man kann hier nicht ausschließen, daß es sich dabei um erst noch zu bauende Mühlen handelte. Auch bei der umfangreichen Schenkung des lothringischen Königs Zwentibold vom Jahre 898 an das adlige Damenstift Essen, die unter anderem Güter im Mühlgau und Jülichgau (beides fränkische Gaue am Niederrhein) umfaßte, sind zwar ausdrücklich Mühlen mit einbegriffen. Sie sind allerdings namentlich nicht aufgeführt (siehe unter Nr. 92). Gleichwohl ist diese Schenkungsurkunde (mitgeteilt von Lacomblet, Urkundenbuch für die Geschichte des Niederrheins, Band 1, Nr. 81) wegen der Formel „*aquis aquarumque decursibus, molendinis, piscationibus* - mit den stehenden und fließenden Gewässern, den Mühlen, den Fischereien“ interessant. Denn diese Formel war zu jener Zeit bei Grundbesitzübereignungen und Belehnungen allgemein üblich. Das ist ein starkes Indiz dafür, daß Wassermühlen damals doch schon zum selbstverständlichen Bestandteil von Höfen und Höfegruppen gehört haben müssen.

Die Ersterwähnungen im späten Mittelalter

Gleichwohl fällt auf (siehe umseitige Grafik), daß Ersterwähnungen bis zum 12. Jh. selten sind. Dieser „zaghafte“ Beginn liegt gewiß an der allgemein geringen Überlieferungsdichte aus jener Zeit. Man muß aber auch berücksichtigen, daß der Niederrhein noch schwach besiedelt war. Erst mit der systematischen Rodungstätigkeit ab dem 11. Jh., der Anlegung größerer Ackerflächen und den neuen Anbaumethoden (Dreifelderwirtschaft) nahmen die Bevölkerung und mit ihr der Bedarf an Mühlen zu.

Wahrscheinlich hat es schon vorher mehr Wassermühlen am Niederrhein gegeben als das der sprunghafte statistische Anstieg erst ab dem 12. Jh. vermuten läßt. Sicher bot das Eifelland mit seinem idealen Gefälle bessere Voraussetzungen als das niederrheinische Flachland. Andererseits war auch die Vitruv´sche Mühle der Römerzeit keine oberschlächtige, sondern eine „gewöhnliche“ unterschlächtige Mühle, wie sie später am Niederrhein ja zuhauf gestanden haben.

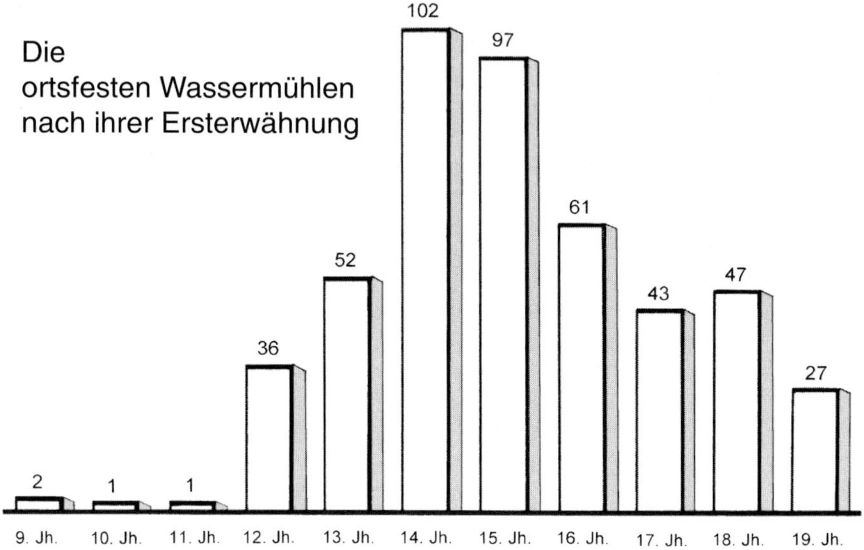

Ausgewertet wurden die Daten von 469 Wassermühlen. Die Zahl der Wassermühlen im 9. bis 11. Jh. dürfte in Wirklichkeit wesentlich höher gelegen haben. Aber die dürftige Quellenlage läßt keine besseren Angaben zu.
Die ältesten bekannten Wassermühlen standen in Repelen bei Moers (vor 853), Bardenberg bei Würselen (vor 867), Geyen bei Pulheim (vor 962) und Duisburg (11. Jh.). - Zum Vergleich: Die Zahl der überlieferten Windmühlenstandorte beträgt rd. 310. Die älteste Windmühle war die Klostermühle in Kamp (1253). Sie war bei uns eine der ersten überhaupt.

Das Aufkommen zwischen dem 13. und 17. Jahrhundert
Selbstverständlich ist auch in diesem Zeitraum die Ersterwähnung nicht oder nur in wenigen Fällen mit dem Entstehen der einzelnen Wassermühle gleichzusetzen. Aber mit dem allmählichen Übergang zur Aktenführung und -archivierung nimmt die Zuverlässigkeit der Angaben zu, sodaß sich die Schwankungsbreite in den Zeitangaben erheblich verringert.
Anhand eines Datenvergleichs aller Mühlen läßt sich für diese Zeitspanne folgendes feststellen:

- Der zeitliche Schwerpunkt beim Bau neuer Wassermühlen liegt für den gesamten Niederrhein zwischen 1350 und 1600. Ursächlich dafür ist, daß sich mittlerweile die großen und kleinen Territorialherren und ihre zahlreichen Lehnsleute etabliert und mehr oder weniger für eine Festigung ihrer Position gesorgt hatten. Dazu gehörte auch die Errichtung von Mühlen, weil sie für die Versorgung die wichtigsten Produktionsstätten waren und regelmäßige und hohe Einnahmen brachten. Fast jede Burg hatte eine oder mehrere Mühlen. Sie lagen ja ohnehin meistens direkt am Wasser oder hatten als Wasserburgen in der Niederung einen natürlichen oder künstlichen Zulauf für ihre Burggräben. Parallel zu dieser politischen und wirtschaftlichen Entwicklung stieg die Einwohnerzahl auf dem Lande, in den neuen Burgsiedlungen und den rasch aufblühenden Städten. Der Bedarf an neuen Mühlen stieg schnell an.

- In den Einflußgebieten von Erft und Niers liegt der Beginn dieser Periode schon hundert Jahre früher, bei 1250 etwa. Das hängt mit der frühen Aktivität der Klöster und Stifte in Brauweiler, Essen, Knechtsteden, Köln und im Umfeld von Neuss zusammen. Gleiches gilt für den Bereich der Niers. Hier wirkten vor allem die Abteien Gladbach und Kloster Gräfenthal bei Goch, sowie St. Gereon in Köln, die hier schon im 13. Jh. Mühlen angelegt hatten.
- Im 17. Jh. beginnt der Bau neuer Wassermühlen deutlich nachzulassen, weil man wohl auch die günstigsten Staumöglichkeiten bereits ausgenutzt hatte und eine Ausweitung schnell auf natürliche Grenzen stieß. Der Durchschnitt im Bestand an den einzelnen Gewässern liegt in den acht niederrheinischen Hauptgebieten beiderseits des Rheines bei fünf Mühlen. Deutlich über diesem Durchschnitt ist die Zahl der Neubauten nur im Bereich der Rur und der Wurm. Hier spielten der vorangegangene Ausbau Jülichs, die Kohlengruben im Aachener Revier und die allmählich aufkommende Papierindustrie eine stimulierende Rolle.
- Interessant ist ein Vergleich mit den Windmühlen: Den Kulminationspunkt erreichten sie erst nach der Einführung der Gewerbefreiheit nach 1794. Ohnehin traten Windmühlen in Mitteleuropa erst im 13. Jh. auf und breiteten sich nur langsam aus, weil Wassermühlen leichter zu bauen, zu bedienen und nicht so anfällig waren wie die lange Zeit vorherrschenden hölzernen Bockwindmühlen. Die Zahl der niederrheinischen Windmühlen wird für das Jahr 1600 auf nicht mehr als 70-80 geschätzt. Von ihnen waren nur rd. 20 aus Stein gebaut, die Hälfte davon auf Stadttürmen. Das Verhältnis von Wassermühlen zu Windmühlen betrug damals bei uns ungefähr 4 : 1.

Die Neuzugänge im 18. und 19. Jahrhundert

Nach 1700 sind nur 74 Wassermühlen hinzugekommen. Bezogen auf den gesamten Bestand ist das ein Anteil von nur rd. 16 %. Die letzten drei neuen Mühlen wurden 1861 (in Erkrath, Nr. 8), 1884 (in Hamminkeln-Dingden, Nr. 83) und 1890 (in Hückelhoven, Nr. 300) gebaut.

Von den 47 Mühlen an neuen Standorten aus dem 18. Jh. gehört ein Viertel zu frühindustriellen Anlagen: 6 waren Papiermühlen, 4 Hüttenbetriebsmühlen und 2 Spinnereimühlen. 8 weitere Mühlen sind für den wachsenden Bedarf im Raum Düsseldorf entstanden. Die restlichen neuen Wassermühlen verteilen sich auf den ganzen Niederrhein.

Im 19. Jh. schloß die tausendjährige Wassermühlengründungszeit mit 27 neuen Mühlen endgültig ab. Mit Ausnahme der 3 obengenannten Mühlen stammen alle - darunter übrigens wieder 5 Papiermühlen - aus der ersten Hälfte dieses Jahrhunderts, als sich der Dampfantrieb im Mühlenwesen gerade erst einzurichten begann. Nicht eingerechnet sind jene Mühlen, die in dieser Zeit auf Papier- oder Textilproduktion umgerüstet wurden.

Abschließend wieder ein Hinweis auf die Windmühlen: Nach 1794 - dem Einmarsch der Franzosen in das linksrheinische Gebiet und dem Ende der feudalen Restriktionen - sind nicht weniger als 127 neue Windmühlen gebaut worden, meistens steinerne Turmwindmühlen. Das sind rd. 50 % des im 19. Jh. registrierten Gesamtbestandes. Die hohe Quote im Vergleich zu den Wassermühlen hängt damit zusammen, daß die Gewässer weitgehend „besetzt“ waren, der Wind indessen überall ungehindert wehte.

Mühlengewässer und Wasserbauten

„Wasser auf seine Mühle“ zu bringen, ist nicht nur eine Redensart, sondern war früher eine der Hauptsorgen des Müllers. Er mußte mit der natürlichen Antriebsenergie sorgsam umgehen. Zugleich verlangte das von ihm eine vernünftige Eingliederung und Rücksichtnahme auf die Interessen der Nachbarmühlen und auch der Uferanlieger.

Die natürlichen Mühlengewässer

Unter den vielen kleinen und großen Fließgewässern befanden sich im Stromgebiet Rhein/Issel 50 Wasserläufe, die eine Wassermühle angetrieben haben. In der Regel waren das stationäre Mühlen. Nur der Rhein und die Lippe wichen davon ab. Sie besaßen mobile Mühlen (Schiffmühlen, siehe unten in einem eigenen Abschnitt). Vom allmächtigen Rhein war keine Nachsicht mit einem schmalen und höhenfest angelegten Mühlengerinne zu erwarten. Man hat ja selbst heute noch Probleme, die Uferanlagen und Ufergebäude vor Hochwasser zu schützen. Auch die Lippe war so schwer zu beherrschen, daß sich an ihrem Unterlauf ausschließlich Schiffmühlen befanden. Nur die Ruhr hat man für den Betrieb stationärer Wassermühlen leidlich in den Griff bekommen, indem man diagonal im Strom sog. Mühlenschlagden aufschüttete, durch die ein Teil des Wassers auf das Mühlrad gelenkt wurde (siehe Bilder zu Nr. 48).
Im Stromgebiet Maas zählt man 54 Antriebsgewässer - also nur unwesentlich mehr als im Stromgebiet Rhein/Issel. Aber auch hier gab es bei der aus der Westeifel heranstürmenden und schwer auszurechnenden Rur und an der Wurm Schwierigkeiten.

Die künstlichen Mühlengewässer (Mühlenteiche)

Um die beträchtliche Kraft der Rur zu nutzen, legte man im 12./13. Jh. parallel zum Fluß sog. Mühlenteiche an. Sie sind nicht mit den Stauweihern zu verwechseln, die nur eine Sammelfunktion hatten und der Reservehaltung dienten. Vielmehr waren es künstliche Kanäle in „mühlengerechter“ Breite, mit denen der Raum zwischen Düren und Jülich erschlossen wurde. Sie lagen zu beiden Seiten des Flusses. Ab dem jeweiligen Einleitungswehr hatten sie einen so gleichmäßigen Durchfluß, daß sich Stauweiher erübrigten.
Ähnlich war das an der unteren Wurm, wo der künstlich angelegte Kirchberger und Linnicher Mühlenteich „Ersatzdienst“ leisten mußten. Auch die im 14./15. Jh. von den Heinsbergern geschaffene Junge Wurm diente diesem Zweck. Zwar hat es an der „Alten Wurm“ in deren unterem Abschnitt einige Wassermühlen gegeben. An deren Bau ist man aber erst um 1800 herangegangen, wobei allerdings auch die inzwischen eingetretene Gewerbefreiheit mitgewirkt haben dürfte.

Die Häufigkeit der Wassermühlen

Rhein, Lippe, Rur und Untere Wurm sind unter den Antriebsgewässern atypische Fälle. Aber auch bei den vielen „Normal-Mühlengewässern" ist es schwer, Maßstäbe für einen Vergleich zu finden. Zu unterschiedlich sind die Breite, die Wassermenge und vor allem das verfügbare Gefälle. Bei letzterem kommt noch hinzu, daß man kaum für einen längeren Wasserlauf ein für dessen ganze Länge zutreffendes Durchschnittsgefälle angeben und dazu etwa die Mühlendichte ins stimmige Verhältnis setzen kann. Mit anderen Worten: Die Mühlen standen nicht im gleichen Abstand zueinander. Die Abstände konnten sich höchstens nach einer mehr oder weniger gerechten Aufteilung des Gefälles richten, wie man das zum Beispiel bei der Niers schon früh durch die Niersordnungen geregelt hat. Die Mühlendichte wurde aber auch von den Siedlungs- und Wirtschaftsschwerpunkten beeinflußt, wo man - meistens durch Wasserbauten - viel unternahm, um eine entsprechend große Zahl an Wassermühlen zu erreichen. Das war zum Beispiel in Düsseldorf, Neuss und im Raum Gladbach der Fall.
Im Einzugsgebiet Rhein/Issel haben von den 48 Gewässern mit stationären Mühlen nur 12 Flüsse und Bäche mehr als 5 Mühlen aufzuweisen. Spitzenreiter sind die Erft mit 36 und die Düssel mit 12 Mühlen. Im maasabhängigen Westen sind es dagegen 19 Mühlengewässer, relativ mehr also als im Osten. Hier liegt die Niers mit 60 Mühlen eindeutig vorn, gefolgt von der Wurm mit 31 und der Schwalm mit 24 Mühlen - jeweils ohne die Mühlen an den Zuflüssen.
Im übrigen gab es wegen des hier günstigeren Bodenreliefs, über alles gesehen, in der südlichen Niederrheinhälfte bis einschließlich Schwalm, Raum Gladbach/ Viersen sowie den Räumen Meerbusch und Düsseldorf doppelt so viele Wassermühlen wie am nördlichen Niederrhein.

Die Beschreibung der Gewässer im einzelnen

Die Mühlengewässer sind im Hauptteil jeweils zu Beginn des betreffenden Abschnittes beschrieben. Die dafür verfügbaren Veröffentlichungen stammen hauptsächlich aus dem 20. Jh. Da allerdings sind die Flüsse zumeist reguliert worden, um Flächen für neue Wiesen und Äcker zu gewinnen, Bergsenkungen auszugleichen oder allgemein auch nur die Vorflut zu verbessern.
Auch die Wassermengen haben sich verändert. Denn der Übergang zur öffentlichen Wasserversorgung und der gewaltig angestiegene Wasserverbrauch in den Haushalten und der Industrie haben vielerorts zu Absenkungen des Grundwasserspiegels geführt. Die Folge war, daß mancher Mühlenbach zu einem Rinnsal verkam oder gar ganz trockenfiel. Nicht zuletzt haben sich auch die Sümpfungen in den Braunkohlengruben ausgewirkt.

Der Mühlenstau

Neben den Abflußmengen ist für die Wassermühlen vor allem das Gefälle bedeutsam. Es wurde mit Hilfe eines Stauwehrs gewissermaßen von Mühle zu Mühle aufgeteilt. Schützbretter steuerten den Zulauf zum Mühlrad. War das Schütz ge-

schlossen oder kam zuviel Wasser an, konnte es über eine Umflutschleuse oder ein Frei-Gerinne abfließen.
Die Zahl und die Abstände der Mühlen wurden anfangs durch die Praxis bestimmt. Man wußte aber, daß es wenig Sinn machte, die Mühlen zu dicht aufeinander folgen zu lassen und sich so gegenseitig das Wasser „abzugraben". Umgekehrt war man bestrebt und mußte es wohl auch sein, möglichst viele Wasserantriebe anzulegen. Die Überflutungen und Versumpfungen im Uferbereich wurden in Kauf genommen. Schließlich war die Nutzung der Wasserkraft bis zum Beginn der Dampfmaschinenzeit wichtiger als die Nutzung der Ufergrundstücke.
Gleichwohl gab es schon früh Regelungen durch die Obrigkeit über die Stauhöhen, wobei die vielen territorialen Zuständigkeiten bei einem „permanent grenzüberschreitenden" oder auf der Grenze liegenden Fluß das Hauptproblem bildeten. Umso erstaunlicher ist es, daß zum Beispiel schon 1487 für den Unterlauf der Niers ab Oedt eine vertragliche Regelung („Niersordnung") getroffen wurde, wonach jeder Mühle 1 ½ Fuß (rd. 65 cm) Stauhöhe zugestanden wurde. Für das Amt Goch wurde das Maß 1553 auf 2 Fuß und 1726 sogar auf 3 Fuß erhöht, die wintertags noch um 6 Daumen überschritten werden durften. Die zulässigen Höhen wurden an der Mühle durch amtliche Marken (Pegelbretter/Eisennägel) kenntlich gemacht. Zum Schutz besonders gefährdeter Uferbereiche gab es Uferdämme. Ähnliche Regelungen finden sich auch bei anderen Flüssen, verbunden mit der Festlegung der Unterhaltungs- und Reinigungspflicht der Müller für die von ihnen genutzte Gewässerstrecke.
Bei soviel freier und verordneter Gegenseitigkeit waren Streitigkeiten zwischen den Müllern untereinander und mit den Uferanliegern beinahe vorprogrammiert. Oft wurden sie vor Gericht ausgetragen. Die Akten darüber füllen Bände. Immerhin ging es um wirtschaftliche Interessen und Zwänge, die auch durch die Behörden nur mühsam in geordneten Bahnen gehalten werden konnten. Da mochte die Diskussion über die Breite eines Daumens, wie etwa in Kalkar (Nr. 149/150) geschehen, noch eine eher amüsante Episode gewesen sein.

Der Mühlenweiher

Die altrömischen Mühlen an den Aquaedukten hatten eine gleichmäßige Wasserführung. Ähnlich war das bei uns an den Mühlenteichen („Seitenkanälen") an Rur und Wurm, wo der Wasserzufluß jeweils an der Abzweigung über ein Einleitungswehr gesteuert wurde. Auch einige unserer Flüsse mit guter Wasserreserve ersparten den Müllern die Sorge um den Energienachschub. Hier wirkte die jeweilige Flußstrecke als Staubecken.
Um dennoch auch an den nicht so begünstigten Fließgewässern eine Mühle kontinuierlich in Gang halten zu können, half man sich mit einem künstlich angelegten Weiher, wie man ihn bei uns noch heute vielerorts sieht. Er befand sich vor dem Stauwerk und funktionierte wie eine Batterie, die tagsüber den elektrischen Strom liefert und nachts wieder aufgeladen wird. Der Weiher ist nicht zu verwechseln mit dem Mühlenkolk. Er befand sich hinter dem Stauwehr und ist durch die heftige Verwirbelung des Wassers entstanden.
Auch Burggräben und Stadtgräben dienten vielfach als Vorratsweiher, ebenso die großen Torfseen im Nettegebiet und an der Niep.

Die Entwicklung des Antriebsteiles

Der Antrieb ist jener Teil, der eine Mühle zur Wassermühle macht. Er verwandelt die potentielle Energie des aufgestauten Wassers über Rad und Welle in Bewegungsenergie um. Man unterscheidet dabei die Wasserräder nach der Art und Weise, wie das Wasser aufgeschlagen wird.

Das unterschlächtige Rad
Es wurde durch die Vitruv´sche Beschreibung bekannt: Das Wasser läuft durch ein Gerinne, das dem Radprofil angepaßt ist. Dabei setzt der Druck des anströmenden Wassers das Rad in eine fortwährende Drehbewegung. Größe und Gestaltung des Wasserrades hängen von den örtlichen Gegebenheiten und der verfügbaren Wassermenge ab.
Die einfachste Form eines unterschlächtigen Wasserrades war das sog. Strauberrad (siehe die Zeichnung auf der folgenden Seite und das Rad auf Bild Nr. 135). Es besaß nur einen Radkranz („Felge"), auf dem quer zur Strömung die Schaufeln aus geraden Brettern befestigt waren. Das Strauberrad war einfach zu bauen und kam mit einer vergleichsweise geringen Wassermenge aus. Etwas anders konstruiert war das sog. Staberrad. Es bestand aus zwei Radkränzen und hatte einen größeren Durchmesser. Zwischen den Reifen waren kastenähnliche Schaufelfächer (Zellen) angebracht. Das Staberrad wurde dann verwandt, wenn größere Wassermengen verfügbar waren. Es lief - entsprechend allen größeren und mit mehr Hebelwirkung ausgestatteten Wasserrädern - langsamer als das Strauberrad mit seinen etwa 10 Umdrehungen/min. Diesen Nachteil mußte man über eine aufwendigere Übersetzung ausgleichen, um auf die für Getreidemahlgänge nötigen 120-150 Umdrehungen/min. zu kommen.
Durch Höherlegen der Zuleitung versuchte man die Einwirkungszeit des Wasserdrucks auf die Schaufeln zu verlängern. Es gab solche wasserseitigen Konstruktionen häufig, bis hin zur mittelschlächtigen Mühle, bei der das Wasser auf der Höhe der Radnabe aufgeschlagen wurde. Echte mittelschlächtige Mühlen kamen am Niederrhein selten vor, wohl aber viele Zwischenformen, bei denen man auch geringste Geländeunterschiede auszunutzen wußte.

Das oberschlächtige Rad
Wie der Name schon sagt: Bei ihm wurde hier das Wasser über ein hölzernes Gerinne oben auf das Rad aufgeschlagen. Das setzte ein größeres natürliches Gefälle voraus. Der Aufbau des oberschlächtigen Rades war ähnlich wie beim Staberrad. Nur war das oberschlächtige Rad deutlich breiter und der im Einzelfalle verfügbaren Wassermenge angepaßt, damit die Zellen ausreichend viel Wasser aufnehmen konnten. Darauf kam es an, weil nicht der Druck des fließenden Wassers, sondern das Gewicht des in den entsprechend profilierten Zellen festgehaltenen und ständig nachlaufenden Wassers das Rad unaufhörlich nach unten drückte.
Wo immer der Höhenunterschied es zuließ, wurden oberschlächtige Räder bevorzugt. Sie waren wesentlich leistungsfähiger als unterschlächtige. Während nämlich deren Wirkungsgrad bei etwa 35 % lag, wurden bei oberschlächtigem

Unterschlächtige Mühle

Die Modellskizze stellt die beiden hauptsächlichen Antriebsarten dar. Daneben gab es noch den mittelschlächtigen Mühlenantrieb. Er ähnelte dem unterschlächtigen, nur traf das Wasser hier nicht unten, sondern etwa auf der Höhe der Radachse auf die Schaufeln.
Wo das Gelände es zuließ, zog man das oberschlächtige Rad vor. Es war kleiner und breiter. Die Drehbewegung beruhte hauptsächlich auf dem Gewicht des in den Kammern befindlichen Wassers. Die unterschlächtigen Räder hingegen drehten sich im Druck des fließenden Wassers. Wegen der besseren Hebelwirkung hatten sie einen größeren Durchmesser.
Die weitaus meisten niederrheinischen Mühlen waren wegen des hier durchweg geringen Gefälles unterschlächtig. Die Zahl der oberschlächtigen Mühlen betrug 31, die der mittelschlächtigen weniger als zehn.

Oberschlächtige Mühle

Antrieb 70 % und mehr erreicht. Diesen Vorteil konnten normalerweise nur Gebirgsbäche bieten. Gleichwohl gab es auch am Niederrhein 31 oberschlächtige Mühlen, und zwar überall dort, wo das Geländeprofil deutlich genug vom „landläufigen“ Flachland abwich (z.B. Tüschenbroicher Kornmühle, Nr 320, und Kaisermühle in Viersen, Nr. 407). Meistens heißen sie hierzulande „Pletsch- / Pletzmühle“. Auch eine „Fallmühle“ (Nr. 451) ist unter ihnen. Aber verläßlich ist der lautmalerische Name „Pletschmühle“ nicht immer, wie vereinzelt vorkommende unterschlächtige „Pletschmühlen“ zeigen (z. B. Nr. 298 u. 437).

Die eisernen Wasserräder

Sie kamen bei uns erst im 19. Jh. in Gebrauch, als die Eisenindustrie geeignetes Material für den Bau der von dem Ingenieur Zuppinger nach hydrodynamischen Prinzipien konstruierten sog. Zuppinger-Räder anbieten konnte. Ihr Hauptvorteil war ihre lange Lebensdauer im Vergleich zu den bisher üblichen Holzrädern, die alle 20-30 Jahre erneuert werden mußten. So kann es auch nicht verwundern, daß von den 44 noch am Niederrhein erhalten gebliebenen oder restaurierten Wasserrädern nicht weniger als 32 aus Eisen sind (siehe z. B. die Bilder zu Nr. 69, 326 u. 458). An der Mühlrather Mühle (Nr. 342) befinden sich noch heute nebeneinander ein hölzernes und ein eisernes Wasserrad.

Die Wasserturbine

Vermutlich war sie in ihrer Urform schon vor den vertikal umlaufenden Wasserrädern da, weil sie mit dem Mühlstein auf ein und derselben Welle lief und weder Umlenkmechanismus noch Übersetzung brauchte. Solche Löffel-“Turbinen“ wurden durch einen tangential auf die Löffel gelenkten Wasserstrahl in Drehung versetzt.
In ihrer heute zum buchstäblich „eisernen“ Bestand der Wassertriebwerkstechnik gehörigen Form gehen sie allerdings erst auf die Mitte des 19. Jahrhunderts zurück. Die nach ihrem Erfinder „Francis-Turbine“ genannte Konstruktion mit starren Propellerflügeln war damals insofern eine sensationelle Weiterentwicklung, als sie einen Wirkungsgrad von bis zu 90 % besaß. Die Turbine befand sich in einem geschlossenen Rohrsystem, das den Wasserdruck nahezu voll und ohne „Vorbeikommen“ auf das Flügelrad wirken ließ.
Am Niederrhein kamen solche Turbinen alsbald zum Einsatz, und zwar zunächst in den zunehmend industriell betriebenen Papiermühlen. Aber auch viele kleinere Getreidemühlen wurden auf Francis-Turbinen umgerüstet. Sie waren zwar teuer in der Anschaffung, hatten aber neben ihrer langen Lebensdauer einen hohen wirtschaftlichen Nutzeffekt. Zudem waren sie vom Mahlboden aus über einen Schieber leicht zu steuern. Man mußte nur dafür sorgen, daß kein Treibgut in den Zulauf gelangte und die Schaufeln beschädigte oder gar zerstörte.
Nicht von ungefähr haben sich gerade die Turbinen-Mühlen am längsten gehalten. Direkter Turbinenantrieb ist zum Beispiel heute noch in der Neumühle in Nettetal (Nr. 357) in Gebrauch, indirekter - über eigene Stromerzeugung - in der Erftmühle in Grevenbroich (Nr. 98).

Schutzbauten

Während sich die Turbinen weit unterhalb des Wasserspiegels befanden, waren die Wasserräder der Witterung und den Temperaturschwankungen ausgesetzt.

Hölzerne Räder waren dadurch stets in ihrer Substanz betroffen. Am schlimmsten war das Eis. Es traf hölzerne und eiserne Wasserräder gleichermaßen.
Deshalb umbaute man die Räder mit einem Radhaus. Bei uns war es meistens aus Backstein gemauert, während in Süddeutschland für die „Radstube" die Holzbauweise üblich war. Radhäuser sind auf den Bildern zu Nr. 89 (für ein Rad) und Nr. 417 (für zwei Räder) zu sehen. In zahlreichen Fällen befand sich das Wasserrad in der Mühle selbst (siehe auf den Bildern zu Nr. 12, 89, und 413) und war dadurch am besten geschützt.

Anwendungsarten unserer Wassermühlen

Von den „unbegrenzten Möglichkeiten" der Nutzung der Wasserkraft wurde am Niederrhein vielfach und vielfältig Gebrauch gemacht. Zwar gab es hier keinen wasserkraftbetriebenen Blasebalg für eine Kirchenorgel, wie in manchen Gebirgsdörfern. Aber die wichtigsten Anwendungsmöglichkeiten waren vertreten.

Getreidemühle (Mahl-, Mehl-, Korn-, Fruchtmühle).
Sie ist die klassische Anwendungsart. Rd. 75 % der Wassermühlen am Niederrhein waren Getreidemühlen. Eine exakte Zahl ist nicht zu nennen, weil im Laufe der Zeit viele Mühlen umgerüstet wurden, andere schon früh untergegangen sind. Viele Getreidemühlen waren - im Nebenerwerb gewissermaßen - auch in zusätzlichen Funktionen tätig, meistens als Ölmühlen.
Kernstück der Getreidemühle war das in einem Mahlgang zusammengefaßte Mühlsteinpaar. Es bestand aus dem feststehenden Lagerstein und dem sich über ihm drehenden Läuferstein. Das Steinpaar war nach außen hin durch einen hölzernen Mantel abgeschlossen, auf dem sich der Fülltrichter befand. Ein Rüttelschuh sorgte dafür, daß das Mahlgut gleichmäßig nahe dem Drehpunkt zwischen die gegenläufig geriffelten Steine geriet, um dann zermahlen zu werden. Dieser hölzerne Rüttelschuh war es übrigens, der das sprichwörtliche Klappern der Mühle verursachte. Das durch die Fliehkraft beim Mahlen nach außen geführte Mehl wurde in Säcken aufgefangen.
Der Abstand zwischen den Mühlsteinen konnte verändert werden. Großer Abstand bedeutete grobe Zerkleinerung. Je geringer der Abstand war, um so gründlicher wurde das Getreidekorn pulverisiert. Bei der sog. Flachmüllerei - dem Niedermahlen von Roggen etwa - fiel das grobe Mehl sofort in den Mehlsack. Es fand bei der Herstellung dunkler Brotsorten Verwendung. Bei der Hochmüllerei wurde dagegen der Mahlvorgang in mehreren Durchläufen wiederholt. Der Begriff „Hochmüllerei" hing damit zusammen, daß die Mühlsteine zunächst hoch und bei den Wiederholungsläufen langsam niedriger (flacher) gestellt wurden, um das Getreide behutsam auszumahlen. Das geschah vor allem beim Vermahlen von Weizen, um möglichst weißes Mehl zu erhalten. Dabei wurden über ein Beutelsieb die Hülsen (Kleie) ausgesondert.
Die Mühlsteine kamen meistens aus den Basaltlava-Steinbrüchen in Andernach, Mayen oder Niedermendig. Ab dem 19. Jh. gab es auch künstlich zusammengesetzte Steine aus Frankreich, die von einem Eisenreifen zusammengehalten wur-

den. Die Mühlsteine mußten regelmäßig mit einem Spezialhammer (Bille) nachgeschärft (gebillt) werden. Zu diesem Zweck wurde der Läuferstein mit dem Steinkran - einer großen eisernen Zange und einer Spindel - aufgehoben und umgekehrt auf den Boden gelegt. Das Schärfen war eine ungeliebte Arbeit ("Das Billen und das Mahlen bei Nacht, das hat der Teufel im Zorne erdacht").
Die Getreidemühlen besaßen einen oder mehrere Mahlgänge. Waren mehrere Mahlgänge vorhanden, waren sie meist unterschiedlich eingestellt, sodaß z.B. einer von ihnen nur zum Schroten (siehe „Schrotmühle") eingerichtet war. Je nach verfügbarer Wasserkraft oder der Zahl von Wasserrädern konnten entweder mehrere Mahlgänge gleichzeitig oder aber jeweils nur einer (im Wechselbetrieb) laufen.

Schrotmühle

Nur grob zerkleinertes und zerquetschtes Getreide wird hauptsächlich als Viehfutter und Maische für die Bierbrauereien oder Kornbrennereien verwendet. Schroten konnte jede Getreidemühle. Dieser Geschäftszweig wurde allerdings uninteressant, als mit dem elektrischen Licht auch kleine, elektrisch angetriebene Schrotmühlen auf den Bauernhöfen Einzug hielten und die Landwirte ihr Futterkorn selber schroten konnten.
Bei etwas enger gestellten Steinen ergab sich Grütze, die aber im Gegensatz zum Schrot von Hülsenrückständen befreit war. Die Grütze diente zu Herstellung von Milchbrei, von Suppen und als Beigabe zu Wursterzeugnissen.

Schälmühle / Graupenmühle

Geschälte Gerstenkörner (Graupen) sind ein altes Volksnahrungsmittel. Das Abschälen geschah in einem Mahlgang, der nur einen rauhen Läuferstein, aber keinen Lagerstein besaß. Der Boden des Mahlganges war mit Reibeisen - ähnlich einer Kartoffelreibe - ausgeschlagen. Solche Graupenmühlen gab es hier schon seit dem 16./17. Jh. Sie waren meist eine Nebeneinrichtung von Getreidemühlen. Siehe im übrigen bei Nr. 236 u. 241.

Ölmühle (Oligsmühle)

Nächst der Getreidemühle war sie am Niederrhein nach Häufigkeit und Bedeutung der zweitwichtigste Mühlentyp. Meistens bildete sie mit der Getreidemühle eine Betriebseinheit in ein und demselben Gebäude. Nicht selten war sie aber auch in einem getrennten Gebäude untergebracht. Das geschah aus Sicherheitsgründen, weil in den Ölmühlen ständig eine Feuerstelle unterhalten werden mußte. Der Fall, daß eine Mühle ausschließlich als Ölmühle errichtet und bewirtschaftete wurde, war zwar die Ausnahme. Es gab aber am Niederrhein immerhin um die 50 solcher selbständigen Ölmühlen.
Rohstoffe zur Ölherstellung waren Rübsamen (für Rüböl), Raps (für Rapsöl) und Flachs (für Leinöl). Sie wurden früher in großen Mengen angebaut. Den größten Anteil hatten Rübsamen und Raps. Wegen der leuchtend gelben Blütenfarbe beschert uns der Raps alljährlich noch heute die schönsten „Ölfelder". Leinöl stand nur in den Flachsanbaugebieten am mittleren und südlichen Niederrhein (dem „Flachsland") obenan, den späteren Zentren der Textilindustrie.
Die Produktion geschah in zwei Hauptschritten: Zunächst wurde die Ölsaat im

Die beiden Haupteinrichtungsstücke einer Ölmühle: Links der Kollergang zum Zerquetschen der Ölsaat. Solche Kollergänge sind noch vielfach vorhanden (hier Schrofmühle, Nr. 332). Den ähnlichen Kollergang einer Papiermühle zeigt Bild Nr. 251.
Rechts ist die Ölpresse mit den beiden Schlaghölzern zu sehen. Diese werden vom Mitnehmer auf der Welle oben jeweils angehoben und dann auf die Schlagbank fallengelassen. Durch das Fallgewicht wird dort der in Beuteln gefüllte Ölbrei ausgepreßt. Das Öl läuft in einen Behälter ab. Am Niederrhein ist nur noch diese Schlagbank hier original erhalten (Wolfhager Mühle, Nr. 228).
Dritter im Bunde der notwendigen Einrichtungen ist ein gemauerter Feuerherd, auf dem der Ölbrei vor dem Schlagen erwärmt wird, um die Zähigkeit zu vermindern.

Kollergang von zwei vertikal umlaufenden Steinen zerquetscht. Man kann diese Steine an ihrer auffälligen Größe und ihren rundum glatten Flächen erkennen. Der Brei wurde dann in einem Kessel auf 50-60° erhitzt, um die Zähigkeit zu verringern. Der zweite Schritt war das Schlagen (Pressen) auf der Schlagbank. Diese bestand aus einem schweren Holzgerüst, in dem von einer Daumenwelle (Nokkenwelle) zwei oder mehr schwere Vierkanthölzer angehoben und fallengelassen wurden. Die Hölzer trafen auf Keile (Keilpresse), unter denen in dem entsprechend ausgehöhlten Stampfblock Leinen- oder Haarbeutel mit dem Ölbrei eingelegt waren. Das herausgepreßte Öl lief aus einem Bohrloch in den Auffangbehälter. Nach dem Filtern war es gebrauchsfertig und konnte als Speisefett, Schmiermittel, Lampenöl, und zur Herstellung von Seife und Lackfarben eingesetzt werden. Das Ende der ländlichen Ölmühlen kam in der zweiten Hälfte des 19. Jh., als zunehmend billiges Mineralöl und Öl aus Naturprodukten (z. B. Palmkernen, Kopra, Erdnüssen, Oliven) importiert wurde, hauptsächlich aus den USA. Vor dem Ersten Weltkrieg waren bereits vier Fünftel der ländlichen Betriebe stillgelegt. Siehe im übrigen auch unter Nr. 124 ff.

Sägemühle (Schneidemühle)

Das konstruktive Problem, die Drehbewegung des Wasserrades in eine lineare Bewegung umzulenken, für ein Sägeblatt etwa, wurde erst durch die Erfindung von Kurbelwelle und Pleuelstange gelöst. Schon um 400 n. Chr. soll es in Italien eine mechanisch betriebene Marmorsäge gegeben haben.

Eine Konstruktionsbeschreibung einer Sägemühle gibt es allerdings erst aus dem 13. Jh. Im 16. Jh. kannte man auch den mit der Kurbelwelle verbundenen langsamen Vortrieb des Schlittens oder Wagens, auf dem der zu Brettern zu schneidende Baumstamm lag.

Papiermühle

Im 9. Jh. kam das von den Chinesen erfundene Papier nach Europa. In Deutschland wurde 1390 die erste Papiermühle eingerichtet, und zwar in Nürnberg. Die älteste Papiermühle in unserer Gegend war die von Gennep (NL) an der Niers, 1428 entstanden.

Die weitere Ausbreitung geschah trotz der Erfindung der Buchdruckerkunst 1444 zunächst nur zögerlich. Erst im 16./17. Jh. folgten nacheinander Papiermühlen in Mülheim/Ruhr, in Pommenich (Inden), in Klarenbeck und Zyfflich (im Klevischen), in Krauthausen, Broich und Brachelen (im Jülichschen) und in Dülken. Die weiteren 30 Papiermühlen in unserem Betrachtungsgebiet sind erst später, zumeist im 19. Jh., entstanden. Der Schwerpunkt der Papierindustrie lag im Raum Düren/Jülich.

„Rohstoff" für die Papierherstellung waren Lumpen (Hadern). Nach dem Zerschneiden und Waschen wurden sie in einem wassergefüllten Trog durch Stampfhämmer mit scharfkantigen Eisenbeschlägen zerfasert und verfilzt. Sodann schöpfte der Papiermacher aus einem Bottich mit dem Sieb Lage für Lage das Papier, das anschließend geleimt, gepreßt, getrocknet und geglättet wurde. Die Wasserkraft wurde dabei zum Stampfen, Rühren und Pressen eingesetzt. Alles andere geschah in Handarbeit.

Erst im 19. Jh. kamen kontinuierlich laufende Papiermaschinen für das sog. Endlospapier auf. Bei uns wurden die beiden ersten 1836/37 in Lamersdorf (Inden) und Brüggen aufgestellt. Durch Einsatz von Holzschliff und Stroh kamen zugleich auch alternative Zellstoffe zum Einsatz, weil mit den verfügbaren Hadern nur noch ein Bruchteil des ständig ansteigenden Bedarfs gedeckt werden konnte. Mit dem ebenfalls wieder eingesetzten Altpapier hielt auch ein klassisches Mahlgerät Einzug in die Papierindustrie, das ansonsten nur in Ölmühlen vorkam: der Kollergang. Mit ihm wurde in einem Eisentrog das Altpapier zerfasert (siehe Bild zu Nr. 251).

Von unseren Papiermühlen sind nur fünf übrig geblieben, allesamt große Fabriken, für die der Wasserantrieb nur noch historische Reminiszenz an den handwerklichen Ursprung ist.

Walkmühle (Voll- / Follmühle)

Walkmühlen waren vor allem dort anzutreffen, wo Wolle produziert und verarbeitet wurde, vornehmlich in den Heidegebieten mit intensiver Schafzucht. Aber auch

In einer Papiermühle des 16. Jh.

Unter den Fensteröffnungen mit den beiden Wasserrädern dahinter sieht man den Stampftrog mit vier Stampfhämmern, in dem die Hadern zerfasert wurden. Die Rohmasse kam dann in den Schöpfbottich, aus dem der Papiermacher auf einem Rahmen Blatt für Blatt schöpfte. Im Hintergrund sieht man die Papierpresse.

> Holzschnitt von J. Amman aus dem Jahre 1568 <

Leinen und feines Leder wurden gewalkt. Für den Niederrhein sind Walkmühlen ab dem 14. Jh. belegt. Das Verfahren ähnelte dem in Papiermühlen, wo das Gut in Wasserbottichen von Stampfhämmern bearbeitet wurde. Während es dort allerdings um das Zerfasern ging, mußte hier mit weniger "Schlagkraft" und ohne scharfe Kanten das Wollgewebe verdichtet und verfestigt oder (Leinen und Leder) geschmeidig gemacht werden. Bei den Textilien wurde der Vorgang wiederholt und mit dem Waschen und Appretieren verbunden.
Auch die Walkmühlen bekamen schon früh Konkurrenz - durch moderne Maschinen und vor allem durch die Integration in den industriellen Textilproduktionsprozeß. 1850 gab es in unserem Betrachtungsgebiet keine einzige Walkmühle mehr.

Lohmühle
Lohe benutzten die Gerber zum Fermentieren der Tierhäute. Ausgangsmaterial war hauptsächlich Eichenrinde. Sie wurde abgeschält, getrocknet, zerstampft und schließlich gemahlen. Dann gab man sie in Gruben den geschabten Häuten bei. Im 19. Jh. zählte man bei uns um die 100 Lohmühlen, mehrheitlich Wassermühlen. Als dann die Lohe durch gerbsäurehaltige ausländische Hölzer ersetzt wurde, rüstete man die Lohmühlen meistens zu Getreidemühlen um.

Sonstige Mühlen mit Stampf- und Schlagwerken

Bokemühle: Sie diente zum Brechen der Flachsstengel, wobei ein Holzbügel wie der Schuh einer riesigen Nähmaschine auf eine Holzbank auf- und niederging und dabei auf die Flachsbündel traf (siehe Nr. 1 u. 23).

Gipsmühle: Gips wurde als Baustoff, aber auch als Düngemittel eingesetzt (siehe Knochenmühle). Mit einem Stampfwerk wurden die Gipsbrocken zerschlagen, später noch zermahlen. Nur wenige Mühlen befaßten sich hierzulande mit der Herstellung, weil der Rohstoff aus der Eifel herangeschafft werden mußte. - Ähnlich wie der Gips wurde auch der Traß hergestellt, der ebenfalls aus der Eifel kam. Traß war ein zementähnlicher Baustoff.

Knochenmühle: Mit der intensiveren Feldwirtschaft kam zu Beginn des vorigen Jahrhunderts die Düngung durch ein Gemisch von Kalk und Gips mit Knochenmehl auf. Dadurch entstanden die Knochenmühlen, in denen die Tierknochen in einem Stampftrog durch eisenbewehrte Fallhölzer zerschlagen wurden. Beispiele sind einige Mühlen bei Heinsberg (Nr. 224 ff.).

Pulvermühle: Das Schießpulver bestand früher aus Salpeter, Schwefel und Holzkohle. Solche gefährlichen "Rüstungsbetriebe" gab es meist in der Nachbarschaft von Landesburgen und Städten (z. B. Heinsberg, Nr. 224).

Schleifmühle

Wasserkraftbetriebene Schleifmühlen wurden am Niederrhein hauptsächlich zum Schleifen von Feilenrohlingen oder abgenutzten Feilen eingesetzt. Die abgeschliffenen Werkstücke gingen dann in die Feilenhauereien, wo sie die Schneidriffeln (Hiebe) eingeschlagen bekamen. Insgesamt gab es um die zehn solcher Schleifereien. Die älteste bekannte war die 1566 in Duisburg betriebene „Slypmolen“. Im Raum Aachen dominierten die Nadelschleifereien. Zwei davon befanden sich in Würselen. Nebenbei: In der Papiermühle Berens in Brachelen (Nr. 284) wurde um 1810 das Ölpapier erfunden und hergestellt. Man brauchte es, um die Nähnadeln vor Korrosion zu schützen, wenn sie gelagert oder über weite Strecken transportiert werden sollten.

Waidmühle

Färberwaid war ein blauer Farbstoff auf pflanzlicher Basis, den schon die Römer zum Färben von Textilien benutzten. Nach dem Trocknen wurden die Blätter der Waidpflanze gemahlen, meistens in kleinen Hausmühlen. Waidmühlen gab es aber auch als Nebenbetriebe von Getreidemühlen (z. B. Nr. 217 u. Nr. 289).

Tabaksmühle

Sie ist in unserer Region eine eher seltene Mühlenart. Es gab aber in Duisburg mit der Fa. Böninger (Nr. 46) eine bedeutende Vertreterin. Dort wurde ab 1774 Tabak zu Schnupftabak gemahlen. Weniger bekannt dürfte sein, daß auch die Langendonker Mühle in Grefrath (Nr. 417) jahrzehntelang (1771 bis um 1840) als Tabaksmühle gedient hat.

Farbmühle

Sie stellte die Grundstoffe zum Färben von Textilien und für Streichfarben her. Ausgangsmaterial waren importierte Farbhölzer (für die Textilfarben Blau, Gelb,

Rot und Hellbraun) oder Mineralien. Die Hölzer wurden gespant, getrocknet und zermahlen, um eine möglichst hohe Auflösung zu erzielen. Mineralien wurden zerstampft und gemahlen. Mit der Entdeckung der Anilinfarben in der zweiten Hälfte des vorigen Jahrhunderts ging die Zeit der Farbmühlen zuende.

Dreschmühle
Brauchbare Dreschmaschinen kamen erst im 19. Jh. auf. Meistens wurden sie durch eine Dampflokomobile angetrieben. In Ratingen (Nr. 26) hat allerdings eine Wassermühle nicht nur gemahlen, sondern auch durch den Antrieb einer Dreschmaschine für den eigenen „Nachschub" gesorgt. - Dreschmühlen im engeren Wortsinne sind indes hierzulande nicht eingesetzt worden, nicht zu verwechseln übrigens mit „Drieschmühle" (Nr. 219)/"Driescher Mühle" (Nr. 219). "Driesch" ist eine alte Bezeichnung für schlecht oder garnicht nutzbares Land.

Spinnmühle (wasserkraftbetriebene Spinnerei)
Die Heimat der mechanisierten Textilherstellung - wie so mancher anderer Erfindungen der frühindustriellen Zeit - war England. Dort wurde 1767 die Spinnmaschine erfunden. Auf dem Kontinent entstand die erste vollmechanische Spinnerei 1783 durch Johann Gottfried Brügelmann in Ratingen. Er nannte sein Unternehmen "Cromford", in Anlehnung an das englische Vorbild (siehe unter Nr. 35 mit weiteren Informationen).
Brügelmanns Cromford fand am Niederrhein zahlreiche Nachahmer, begünstigt durch die Kontinentalsperre Napoleons, die englische Exporte unterband. Wassergetriebene Spinnereien fanden sich vor allem in den Regionen Gladbach/Rheydt, Grevenbroich, Düren und Aachen.

Wasserantriebe im Bergbau und Hüttenwesen
Pumpenkunst: Im Aachener Revier wurde schon Steinkohle abgebaut, als das Ruhrgebiet noch reines Agrarland war. Hier wendete man auch bereits früh die im Erzbergbau erfundenen und mit Wasserkraft betriebenen "Künste" an. Am bedeutsamsten war die Pumpenkunst. Sie wurde zwischen dem 17. und 19. Jh. in den Kohlengruben bei Würselen und Herzogenrath eingesetzt. Nur mit ihrer Hilfe war die Wasserhaltung in den stetig zunehmenden Teufen möglich, solange es noch keine Dampfmaschinen und Elektromotoren gab. Die Technik dieser Pumpenkunst ist unter Nr. 176 ff. beschrieben.
Neben der Pumpenkunst gab es auch das Kunstgestänge. Das war ein Vorläufer der Seilfahrt mit dem Förderkorb. Mit dem Kunstgestänge konnten die Bergleute durch abwechselndes Übertreten von den Trittbrettern an den beiden gegenläufigen Stangen bequem im Grubenschacht auf- und absteigen.
Eisenhütten: Im Hüttenwesen gab es solche "Künste" zwar nicht, dafür aber die kunstvolle Verwendung der Wasserkraft - bei den Pochwerken z.B., in denen das Erz vor dem Einsatz in den Hochöfen zerkleinert wurde. Nicht weniger wichtig war der wasserkraftbetriebene Blasebalg, mit dem die Luftzufuhr im Hochofen kräftig verstärkt wurde, um die nötigen Schmelztemperaturen zu erreichen. Seine Funktionsweise ist bei der Isselburger Hütte (Nr. 77) dargestellt.
Hammerwerk: Schwere Schmiedewerkzeuge kamen in frühindustrieller Zeit nur

am Rande unseres Betrachtungsgebietes vor (z.B. in Sterkrade und Lendersdorf bei Düren). Ihre eigentliche Heimat waren das Ruhrgebiet und das Bergische Land, wo es die wasserkraftbetriebenen Metallbe- und Verarbeitungsanlagen zu Hunderten gab.
Kupfermühle / Messingmühle: Die Produktion von Kupfer und Messing wurde am Niederrhein eher beiläufig, nur in drei Mühlen und dort auch nur vorübergehend betrieben. Kupfermühlen waren kleine Hüttenwerke, in denen man unter Einsatz von Wasserkraft das Erz zerkleinerte, schmolz und mit Hämmern weiterverarbeitete. Solche Betriebe standen im im 17./18. Jh. in Berge bei Duisburg (Nr. 52) und Würselen (Nr. 174 u. 177). - Messingmühlen traf man früher in der Aachener Gegend an, weil dort Zinkvorkommen waren. In unserem Betrachtungsgebiet gab es nur einen einzigen Messingverarbeitungsbetrieb in Krauthausen (Nr. 234), wo im 19. Jh. Fingerhüte hergestellt wurden („Fingerhutsmühle").

Mühlenbann und Mahlzwang

Ursprünglich war der König Inhaber der Regalien („königlichen Rechte"), ehe sie im 14. Jh. zu einem großen Teil den selbstbewußten Landesfürsten zugesprochen wurden. Zu jenen übergegangenen Regalien gehörten auch „mühlenrelevante" Dinge, wie die Nutzung der Gewässer, der Wälder und der Bodenschätze: Wer eine Mühle bauen wollte, brauchte das Wasser für den Antrieb und den Wald für das Bauholz. Auch für den Bezug von Mühlsteinen war er auf die staatlichen Steinbrüche angewiesen. Beinahe schon Schlüsselfunktion hatte das teure Mühleisen, auf dem sich der Läuferstein drehte, für dessen Herstellung Erz geschmolzen und geschmiedet werden mußte.
Als die Windmühlen aufkamen, rechnete man sogar den Wind zu den Regalien, der allerdings auch weiterhin ungeniert wehte, wann und wo er wollte. Allerdings nichts mit dem Regal, sondern mit der Realität zu tun hatte der Umstand, daß Mühlen sehr kostspielige Bauten waren, die nur derjenige erstellen konnte, der auch die Mittel dafür besaß.

Bauherren und Nutzungsberechtigte

Ungeachtet dieser Schwierigkeiten konnte jeder Freie auf eigenem Boden eine Mühle anlegen, ohne daß er dafür eine „Baugenehmigung" benötigt hätte. Erst als die Mühlen zu einem „öffentlichen Betrieb" und damit zu einer interessanten Einnahmequelle wurden, besann sich die Obrigkeit auf ihre ausschließliche Befugnis zur Gewässernutzung. Fortan sprach der Fürst beim Bau und Betrieb mit und wurde vielfach zum Unternehmer, soweit sich nicht Dritte auf Rechtsverleihungen, Schenkungen oder ähnliche Vorrechte berufen konnten.
Es kann also nicht verwundern, wenn über lange Zeiträume hinweg fast 90 % der Wassermühlen dem Adel, den Kirchen und den Klöstern gehörten. Ein Blick auf die langzeitlichen Besitzverhältnisse vor der Säkularisation im Zeichen der „Freiheit, Gleichheit und Brüderlichkeit" zeigt das deutlich. Bei vielen Mühlen beruhte der Besitz auf einem Lehensverhältnis zwischen Fürsten und Vasallen. Gegenstand des Lehens war ein zur Nutzung verliehener Besitz, wobei die Mühle meist nur Bestandteil eines Lehnsgutes war, nicht selten aber auch als selbständiger

Die langzeitlichen Besitzverhältnisse an den Wassermühlen vor 1800

Adel	Klöster	sonst. kirchliche Einrichtungen	Städte	Private
284	76	25	26	58

Eine exakte Aufschlüsselung für ein bestimmtes Jahr oder einen engen Zeitraum ist nicht möglich, weil die Rechtsverhältnisse oft unklar und nicht lückenlos belegt sind. Aber die Relationen dürften, langfristig gesehen, für die Zeit vor 1800 (Säkularisation 1803) bis auf +/- 10 % stimmen.

An der Schloßmühle Wickrath (Nr. 373) ist die Molter (der Mahllohn) außen in einem Sandsteinrelief unverrückbar und unübersehbar „angeschlagen“: „Cuique suum. 1/16 Theil Einem. Jedem das Seine.“

Gegenstand vergeben wurde. Der Lehensnehmer hatte bei der Belehnung seinem Lehensherrn Treue und Gefolgschaft zu geloben.
Auch die Mühlen in den Städten waren in der Regel „kurfürstlich“ oder „herzoglich“ oder gehörten einer privilegierten Einrichtung. Nimmt man Neuss und Düsseldorf aus, gab es nur wenig „echte“ städtische Mühlen. Sie waren dann meist käuflich erworben oder aufgrund von Geldgeschäften an die Stadt gekommen. Manchmal traten die Städte auch als Pächter von landesherrlichen Mühlen auf. Es gab aber auch Privateigentümer, vor allem in späterer Zeit. So herrschten im Wassenberger Land die Privatmühlen vor, für die der Fiskus die Zahlung einer jährlichen „Wassererkenntnis“ (Nutzungsgebühr) erhob. Ein - ungeklärtes - Phänomen ist allerdings, daß schon im 12. Jh. die weitaus meisten der Rheinmühlen (Schiffmühlen) vor Köln Privatleuten gehörten. Was diese allerdings nicht davor bewahrte, daß sich alsbald der Erzbischof als Landesherr für seine Rechte am Rheinstrom interessierte.
Die herrschaftlichen Mühlen wurden in der Regel nicht von den Eigentümern und Lehensinhabern selber bewirtschaftet, als Regiebetriebe etwa, sondern verpachtet oder in Erbpacht vergeben. Die Pacht bestand zunächst in Naturalleistungen vielfältigster Art (von der Mehllieferung bis hin zur Lieferung eines fetten Kapauns zu Festtagen), später auch in Geld. Der Müller seinerseits wurde durch die Molter entlohnt. Das war ein bestimmter Anteil am Mahlgut, der zwischen 1/10 und 1/32 schwankte. Bei uns war der 16. Teil am gebräuchlichsten.

Der Mühlenbann

Der Mühlenbann war Ausfluß des allgemeinen Bannrechts. Es betraf alle gemeinschaftlichen Angelegenheiten, also auch die Regelung gewerblicher Interessen in Bezug auf einen bestimmten räumlichen Bereich, eine Höfegruppe oder die Eigenleute. Eine konkrete territoriale Abgrenzung der Bannbezirke entwickelte sich erst später. Ein Beispiel dafür ist die Ämterorganisation in Kurköln, Jülich-Berg, Geldern und Kleve.
Ein Teil des allgemeinen Bannrechts war der Mühlenbann.

Der Mahlzwang

Mit dem Mühlenbann und Bannbezirk korrespondierte der Mahlzwang. Er verpflichtete die Einwohner, nur auf einer bestimmten Mühle mahlen zu lassen. Ob man dabei an Monopol und Existenzsicherung für den Müller, an ein Nutzungsrecht für die Bauern oder an deren festere Bindung an die Herrschaft dachte, mag offen bleiben. Wahrscheinlich war es von allem etwas.
Wirklich bedeutsam wurde der Mahlzwang erst, als die Mühlen so sehr zugenommen hatten, daß sie flächendeckend eingesetzt wurden und es allenthalben und beinahe in Sichtweite Nachbarmühlen gab. Ab dem 13. Jh. sorgten die inzwischen aufgekommenen Windmühlen noch für eine weitere Verdichtung, sodaß entsprechend der damaligen merkantilistischen Denkweise lästigen Konkurrenzen entgegengewirkt werden mußte.
Der Mahlzwang (das "Zwangsgemahl") lag jeweils auf der Mühle und ging in der

Regel mit ihr auf den nächsten Eigentümer über. Meistens bezog er sich auf nur eine Mühle im jeweiligen Bezirk. Es kam aber auch vor, daß sich mehrere Mühlen (z. B. zwei Wassermühlen oder eine Windmühle und eine Wassermühle) das Zwangsgemahl teilen mußten. Stets aber sollte die Leistungsfähigkeit der Mühle(n) im rechten Verhältnis zum Bedarf stehen. So war zumindest die Ausgangslage bei der Einrichtung des Mahlzwanges. Man hat errechnet, daß im Spätmittelalter auf eine Mühle im Schnitt etwa 600-800 Personen entfielen, die zu versorgen waren. Aber da gab es erhebliche Abweichungen, wie ja auch die Siedlungsdichte und die Betriebsbedingungen sehr unterschiedlich waren.
Um die Versorgung auch dann sicherzustellen, wenn wegen Trockenheit, Vereisung, Windstille oder Bruch der Mühle nicht gemahlen werden konnte, waren Ausnahmeregelungen nötig. Hier galten unterschiedliche Vorschriften, die meistens an eine Drei-Tage-Frist anknüpften. Nach dem revidierten Mühlenreglement Preußens von 1772 für Kleve, Mark und Moers mußte der Müller z. B. nach einem Betriebsstillstand von 3 x 24 Stunden einen "Passierzettel" ausstellen, mit dem der Mahlgenosse dann "auswärts" mahlen lassen konnte. Andere Ausnahmeregelungen hatten sich im Laufe der Zeit ergeben, um weniger beschäftigten Mühlenpächtern einen Ausgleich zu verschaffen oder um für eine Mühle überhaupt Pachtinteressenten zu finden. Das war allerdings nur dort möglich, wo sich die Bannbezirke mit den Ämtergrenzen deckten und die Nachbarmühle ebenfalls gerade zur Verpachtung anstand. Seltener war, daß einem Müller gestattet wurde, seinen Müllerkarren in einem Nachbarbezirk oder Teilen daraus fahren und mit Peitschenknall und Glockenklang Kundschaft aufsuchen zu lassen.

Die Aufhebung des Mahlzwanges

Der Mahlzwang mochte - vor allem für die Müller - seine Vorteile haben, weil er sie mit einem Schutzzaun umgab. Aber die Versuchung, den Mahlzwang zu umgehen, war bei Müllern und Bauern allezeit groß. Dabei spielten ein unterschiedlicher Mahllohn und unzumutbar weite Wege genauso eine Rolle wie mehr oder weniger gesundes Erwerbsstreben. Die besten Kontrolleure waren die jeweils benachteiligten Müller. Deshalb gab es häufig Streitigkeiten. Nicht selten kam es zur Beschlagnahme von Karre, Pferd und Mahlgut. Müllerknechte wurden festgesetzt oder verprügelt, wenn man sie ertappte. Beispiele dafür sind bei den Einzelbeschreibungen nachzulesen, darunter auch sehr originelle wie etwa bei der Burgmühle zu Frenz (Nr. 240).
Der klassische Anwendungsfall für den Mahlzwang war die Getreidemühle. Es gibt aber auch Beispiele für die Ausdehnung des Mahlzwanges auf Ölmühlen, im Jülichschen etwa. Aber sie sind selten.
Das Ende des Mahlzwanges kam im Rheinland mit der Besetzung des linksrheinischen Teils durch die französischen Revolutionstruppen und der Einführung der Gewerbefreiheit. Formell wurde er hier durch eine Verordnung vom 26. März 1798 beseitigt. In den rechtsrheinischen Gebieten erfolgte die Aufhebung 1810. In einigen preußischen Landesteilen wurde der Mahlzwang sogar noch bis zum Erlaß der Allgemeinen Preußischen Gewerbeordnung von 1845 ausgeübt, ehe er mit diesem Gesetz ausdrücklich verboten wurde.

Die Schiffmühlen

Die großen Flüsse hielt man jahrhundertelang generell für ungeeignet, Mühlen anzutreiben. Sie waren zu unbeherrscht und von Menschen nur schwer zu beherrschen. Feste Bauwerke im Fluß kamen schon wegen der ständig wechselnden Wasserstände und wegen des Eisganges im Winter nicht in Betracht. Außerdem wären sie mitten im besten Fahrwasser eine stetige Behinderung der Schiffahrt und Flößerei gewesen.

Belisars Idee

Aber man fand eine Lösung dieser scheinbar unlösbaren Frage. Wie so oft, stand hierbei die Not Pate. Als nämlich die Ostgoten 536 unter Witichis Rom belagerten, hatten sie die Aquaedukte unterbrochen und dadurch die Stadt von der Trinkwasserversorgung abgeschnitten. Davon waren auch die Wassermühlen betroffen, weil sie mit dem Wasser aus diesen Wasserleitungen angetrieben wurden. Um die an öffentlichen Service gewöhnten Menschenmassen gleichwohl mit Mehl und Brot zu versorgen, kam Belisar - General des oströmischen Kaisers Justinian I. und Stadtkommandant von Rom - auf den Gedanken, die trockenstehenden Mahlwerke auf Schiffe zu setzen, die man zwischen den Pfeilern der Tiberbrücke festmachte.
Aber auch Witichis ließ sich etwas einfallen: Er warf kurzerhand Baumstämme in den Fluß, um mit diesem schweren Treibgut die Wasserräder der Mühlenschiffe zu zerstören. Belisar wiederum wußte auch darauf eine Antwort. Er fing die Stämme durch Kettensperren ab.
Das alles hat der byzantinische Historiker und Kriegsberichterstatter Prokopius festgehalten und der Nachwelt überliefert. Ob nun der Krieg wirklich der Vater aller Dinge ist, wie der Grieche Heraklit meinte, mag dahingestellt sein. Zumindest hatten wieder einmal Not und Bedrängnis erfinderisch gemacht und sogar zu einer weiteren Stufe in der Entwicklung der Wassermühlen geführt: zur Schiffmühle. Nur noch die Turbine sollte knapp eineinhalb tausend Jahre später eine ähnliche grundlegende Veränderung bewirken.

Schiffskörper und Aufbauten

Der Unterbau der Schiffmühle bestand meistens aus zwei Schwimmkörpern, die durch einen Steg und einen Abstandshalter (Baum) miteinander verbunden waren. Die Konstruktion glich der eines Katamarans. Zwischen den Schwimmkörpern (Schiffen) befand sich das Wasserrad. Anfangs waren die Schiffe gleich groß und fest miteinander verbunden. Dann aber setzte sich die Aufteilung in ein breiteres „Hausschiff" mit der Mahleinrichtung und ein schmaleres „Wellschiff" als Träger des Radwellenkopfes durch, ähnlich einem Auslegerboot. Um die Welle des Wasserrades genau horizontal auszurichten, wurde das Wellschiff mit Ballast aus Steinen beschwert.
Es gab aber auch Sonderformen: Ein Hausschiff mit einem frei - ohne Gegenlager - schwebenden Rad oder mit je einem Rad auf beiden Seiten wie ein Raddampfer; auch drei Schiffe mit zwei Rädern zwischen ihnen wurden gebaut. In Frankreich gab es sogar ein Hausschiff mit dem Wasserrad hinten, wie bei einem Mississippi-Dampfer.

Dieses Modell einer Schiffmühle im Schiffahrtmuseum Emmerich lehnt sich an den bei uns gebräuchlichen Mühlentyp an. Oben das Hausschiff und das starr damit verbundene schmale Wellschiff, das als Lager für das breite Wasserrad dient. Das Bild unten zeigt die aufgeschnittene Landseite des Hausschiffes. Der Mahlgang ist im Mittelgeschoß untergebracht. Im Dachgeschoß befindet sich eine Schlafkammer für das Personal, weil die Mühle aus Sicherheitsgründen auch des nachts besetzt sein mußte.

Im Hausschiff war genügend Platz für die Mahleinrichtung, das Übersetzungsgetriebe und die nötige Arbeitsfläche. Später - vor allem auf den Flüssen in Mittel- und Ostdeutschland - waren die Hausschiffe oftmals so groß, daß darauf in einem Obergeschoß der Müller mit seiner Familie wohnen konnte. Mit ihren schindelgedeckten Walmdächern, mit Balkon, Erker und Galerie glichen sie der Arche Noah oder einem Schwarzwaldhaus.

Standort und Verankerung im Fluß

Die Standorte der Mühlen waren in der Regel marktnah, also dicht bei den Städten. Dort suchte man jeweils die Stellen mit der größten Fließgeschwindigkeit aus. Ideal wären eigentlich die Plätze zwischen den Brückenpfeilern gewesen, wo sich der Wasserstrom bündelte. Aber diese Plätze verschlossen der Schiffahrt den Weg. Deshalb war der Standort mitten im Strom die Regel, wo man die Mühlenschiffe an Dalben festmachte. In Mitteldeutschland hingegen benutzte man neben einer Vertäuung am Ufer regelrechte Schiffsanker. Weil man aber stets auch einen Seitenanker brauchte, um die Schiffmühle auf ihrer Position zu halten, war auch hier der Ärger mit der Flußschiffahrt an der Tagesordnung. Denn gerade diese Ankerkette lag ja im Wege und war zudem schlecht zu erkennen.
In der Regel waren feste Plätze zugewiesen. Auf weniger breiten Flüssen mußten die Mühlen häufig beiseite gezogen werden, wenn ein Lastschiff oder ein Floß Durchfahrt verlangte. Die Lage in einem schmalen Fluß hatte aber auch ihre Vorteile, für den Müller und zugleich für die Fußgänger, die zur anderen Seite des Flusses wollten. Denn dort war die Schiffmühle zumeist auch Zwischenstück einer Fußgängerbrücke. Das gab dem Schiffmüller einen Nebenverdienst.

Das Wasserrad

Anders als die landfesten Wassermühlen besaß die Schiffmühle meistens - insbesondere bei der Katamaran-Bauweise - ein sehr breites Wasserrad. Seine 8-12 Schaufeln hatten eine Länge von 5-6 m. Das Rad drehte sich bei normaler Strömung etwa fünfmal je Minute. Vor dem Wasserrad - auf der Anströmungsseite also - befand sich ein breites durchgehendes Brett (Schütz), das mit einer Winde angehoben oder gesenkt werden konnte, um die wirksame Wassermenge zu regulieren, damit Rad und Mahlstein die optimale Drehgeschwindigkeit hielten. Bei ganz herabgelassenem Schütz war die Mühle abgestellt, weil der Wasserdruck abgefangen war. Außerdem gab es auf dieser Seite noch einen Rechen, mit dem das Treibgut abgefangen wurde; schließlich hatte man seine Lektion bei Belisar gelernt.

Mahlgut und Transport

Die Verwendungsmöglichkeit der Schiffmühle war vielfältig. Meistens waren sie Getreidemühlen. Es gab an einigen Flüssen aber auch Walk-, Schleif- und Lohmühlen. Sogar von Papiermühlen wird berichtet.
Daß man mit dem Karren nicht direkt an die Mühle heranfahren konnte, war ein zwar lästiges, aber lösbares Problem. In Ufernähe genügte ein Steg, um das Mahl auf das Schiff zu bringen. Bei der Verankerung mitten im Strom lief der Verkehr zwischen Land und Schiffmühle mit Kähnen. Auf den Schiffmühlen gab es keine

Sackwinden und Aufzüge. Der Korn- und Mehltransport wurde allein und im wahrsten Sinne des Wortes auf dem Rücken der Mahlknechte abgewickelt.
Schwierigkeiten machten nur die Mühlsteine. Wenn man eine Mühle nicht aus einer Reihe herausholen und ans Ufer bringen wollte, dann mußte man die neuen Steine über einen Schwimmkran heranschaffen, um sie gegen abgewetzte Steine auszuwechseln. An Bord indessen wurden sie mit dem üblichen Steinkran mit Schere und Spindel bewegt.

Gefahren
Schon durch die Holzbauweise - eiserne Schiffe gab es erst ab dem 19. Jh. - war die allgemeine Lebensdauer der Schiffmühlen auf 30-50 Jahre begrenzt. Ersatz und Großreparaturen lieferten die Schiffswerften. Vielfach sorgten aber Naturgewalten - Sturm, Hochwasser und Eisgang - dafür, daß die Mühlen vorzeitig verfielen, sanken oder den Strom hinunter getrieben wurden und irgendwo zerschellten. Denn in der Schiffmühlenzeit gab es weder amtliche Sturmwarnungen noch Wasserstandsprognosen. Deshalb wurde den Schiffmühlen im Winter Zwangsruhe in einem Schutzhafen verordnet.
Die größte und ständige Gefahr indessen war das Feuer. Brände und Mehlexplosionen gab es gewiß auch auf den „Landmühlen“. Hier aber kam einiges zusammen: Schiffe und Einrichtung waren weitgehend aus Holz; es gab Öfen und Öllampen, schon von sich aus Gefahrenquellen. Und schließlich liefen nicht selten die Wellenlager heiß, wenn sie nicht sorgfältig und regelmäßig mit Rinderfett geschmiert wurden. Eine in Brand geratene Schiffmühle war in aller Regel verloren.
Die Schiffmühlen mußten also den Vorteil der reichlichen und regelmäßigen Energiezufuhr oftmals hoch bezahlen. Es war beinahe paradox, daß gerade sie ringsum vom Löschwasser umgeben waren und sich gegen das Element „Feuer“ so gut wie garnicht wehren konnten.

Verbreitung und Ende der Schiffmühlen
Die Rechtsverhältnisse unterschieden sich bei den Schiffmühlen im großen und ganzen nicht von denen anderer Mühlengattungen. Auch auf der Flußmühlenrechts-Bühne standen die Landesfürsten obenan, gefolgt von Vasallen, Klöstern und Kirchen, Städten und - wie etwa in Köln - sogar Privatpersonen. Erst in der napoleonischen Zeit wurden die Privilegien und der auch für Flußmühlen gemeinhin geltende Mahlzwang aufgehoben. Jetzt konnte zwar jedermann die Verleihung eines Nutzungsrechts an einem Gewässer beantragen. Aber das war nur eine scheinbare Erleichterung. Denn nun trat die ebenfalls frei gewordene Flußschiffahrt auf den Plan: Mit Macht wehrte sie sich gegen neue Flußmühlen, die ja von jeher Schiffahrtshindernisse gewesen waren. Dabei fand sie bei den Behörden starke Unterstützung.
Neue Flußmühlen wurden im 19. Jh. kaum noch zugelassen - es sei denn, Militärs reklamierten ein vorgehendes Interesse an der Versorgung einer Garnison, wie z. B. in Wesel. Vielmehr suchte der Staat systematisch die Nutzungsrechte aufzukaufen und die Flußmühlen stillzulegen. So gab es um 1850 auf der ganzen Rheinstrecke nördlich von Mainz keine einzige Schiffmühle mehr. Nur in Ginsheim ge-

genüber von Mainz hatte sich eine Flußmühle noch bis 1926 halten können; offenbar behinderte sie die Schiffahrt nicht.
Auf der Elbe lief die Zeit der Schiffmühlen erst etwas später ab. Zur Zeit der Reformation hatte es dort nicht weniger als 534 Elbmühlen gegeben. 1852 wurden noch 115 gezählt. Erst 1910 stellte die letzte ihren Betrieb ein. Die Schiffmühlen auf den nicht schiffbaren Nebenflüssen hielten sich sogar noch länger, ehe sie dem Druck neuer Antriebstechniken erlagen.
Über die Zahl aller Schiffmühlen in Deutschland gibt es keine Statistik. Vor 500 Jahren dürfte sie nicht weit unter tausend gelegen haben. Um 1800 hatte sie sich mindestens halbiert. Wieviele Schiffmühlen in Europa betrieben wurden, hat niemand gezählt. Sie fanden sich auf nahezu allen großen und mittleren Flüssen: in Frankreich auf der Seine, Loire, Rhone und Garonne; auf der Etsch in Italien; auf der Donau und ihren Töchtern; auf der Weichsel in Polen. Besonders lange hielten sie sich auf dem Balkan, wo sich einzelne sogar noch bis in unsere Tage hinein retten konnten. Inzwischen hat aber auch dort die eigentümliche Flotte, die immer vor Anker lag, endgültig aufgehört zu bestehen.

Die letzten hundert Jahre

Schon vor der Jahrhundertwende zeichnete sich am niederrheinischen Horizont die Dämmerung der Wasser- und Windmühlenzeit ab. 1890 wurde in Doverack bei Hückelhoven die letzte Wassermühle und 1897 in Waldfeucht im Selfkant die letzte Windmühle erbaut. Das mag heute rückschauend wie ein Anachronismus erscheinen. Aber eine Dampfmaschine war teuer und das elektrische Licht zu jener Zeit in ländlichen Gegenden noch nicht „eingeschaltet". Daß die Entscheidung auch nicht so falsch gewesen sein kann, beweist die Tatsache, daß die Doveracker Lohmühle noch bis 1930 gelaufen ist. Die Windmühle in Waldfeucht läuft sogar heute noch, wenn auch nur gelegentlich.

Die Stillegungen bis zum Ende des Ersten Weltkrieges

Um 1900 hatte bereits ein Drittel der Wassermühlen und die Hälfte der Windmühlen zu bestehen aufgehört. Der Hauptgrund waren die Industrialisierung und der Übergang zu künstlichen Antriebsenergieen. Diese „alternativen" Energien waren zuverlässiger als die natürlichen und stets verfügbar. Schon Jahrzehnte vorher hatten zahlreiche Wassermüller eine Dampflokomobile als Hilfsmaschine angeschafft, damit sie auch in Trockenperioden mahlen konnten. In den Spinnereien und Papierfabriken gab es schon lange vor 1850 Dampfmaschinen, weil sie einen kontinuierlichen Betrieb und einen gleichmäßigen Lauf der Maschinen garantierten. Die Wasserantriebe behielt man aber noch lange Zeit bei, nun als Reserve. - Bei den Ölmühlen hatte die Betriebsaufgabe weniger mit technischen Gründen zu tun, sondern mit dem Markt, den die Importeure von billigeren Pflanzen- und Mineralölen eroberten.
Insgesamt waren es 89 - durchweg kleinere - Wassermühlen, die das 19. Jh. nicht überstanden hatten und sich zu den 54 Uralt-Mühlen gesellten, die schon vor 1800 eingegangen waren. In unserem Jahrhundert setzte sich der Rückgang fort.

Stillegungen nach 1900

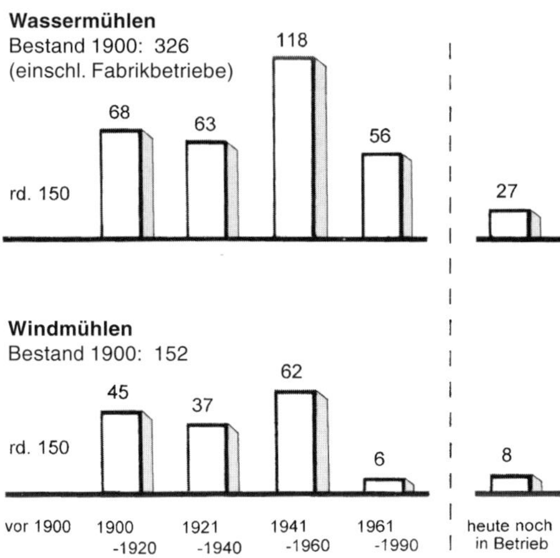

Davon laufen noch 16 als Getreidemühlen, 9 allerdings nur gelegentlich. 6 befassen sich als Landhandelsbetriebe mit der Futtermittelherstellung, eine produziert Paniermehl. Die übrigen sind Industriebetriebe, die aus Wassermühlen hervorgegangen sind. - Wieder instandgesetzt und aus ideellen Gründen betrieben sind die Wohnungsmühle (Nr. 62) und die Gitstapper Mühle (Nr. 318).

Von den 8 aktiven Windmühlen wurden 6 nach der Stillegung wieder instandgesetzt. Alle Mühlen laufen nur noch aus ideellen Gründen, meist von Vereinen getragen .

Die heutige Nutzung der ehem. Wassermühlen und ihrer Rest- oder Nachfolgegebäude

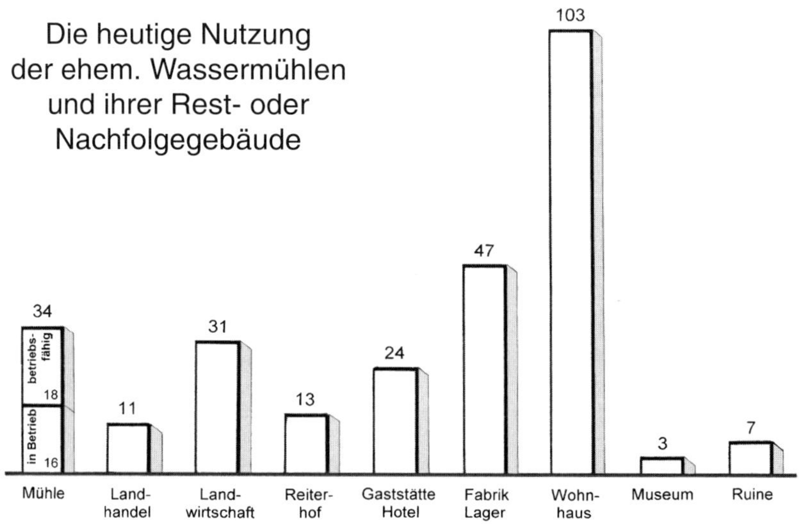

Er wurde noch verstärkt durch den Ersten Weltkrieg, die Besetzung des Rheinlandes durch die Alliierten und die beginnende Inflation.
Der extrem hohe Anteil der Schließung von Windmühlen vor 1900 betraf vor allem die über hundert hölzernen Bockwindmühlen. Sie waren technisch überholt und fast ausschließlich Getreidemühlen, die vielfach nur einen einzigen Mahlgang besaßen. Gegen wirtschaftlichen Konkurrenzdruck kann eben auch ein romantisch verklärtes mittelalterliches Erscheinungsbild wenig ausrichten.

Die Stillegungen nach dem Zweiten Weltkrieg

Nach den Erschütterungen in der Weltwirtschaftskrise um 1930 bekamen die ländlichen Mühlen durch die Quotierungen im Reichsnährstand der NS-Zeit und die nachfolgende Kriegswirtschaft eine Atempause. Der Schrumpfungsprozeß ließ nach, um dann aber nach dem Kriege mit dem beginnenden Wirtschaftswunder umso heftiger wieder einzusetzen. Die Großmühlen begannen, die kleinen Mühlen zu erdrücken.
In dieser Phase griff der Staat mit den Mühlengesetzen von 1957 und 1961 sowie dem Mühlenstrukturgesetz von 1971 ein. Sie setzten Mindestkapazitäten fest und boten den Müllern Stillegungsprämien an, die von vielen Mühlenbesitzern angenommen wurden - wenn auch nicht immer mit Begeisterung, wie das Wort vom „Mühlensterben" zeigt, das in Müllerkreisen die Runde machte. Aber nicht nur die Großmühlen, sondern ausgerechnet die Elektrizität hatte letztendlich den Niedergang bewirkt, die von vielen zunächst als Überlebenshilfe begrüßt worden war. Denn sie gab es mittlerweile überall, sodaß die Bauern ihr Futtergetreide in kleinen elektrischen Mühlen zuhause schroten konnten und nicht mehr ins Dorf zu „ihrer" Mühle mußten.
Der zeitliche Schwerpunkt der Betriebsschließungen der Nachkriegszeit liegt etwa bei 1960/65. Dabei muß man die Zahl der Windmühlenschließungen zwischen 1941 und 1960 relativieren: Nicht weniger als 22 Turmwindmühlen waren im Kriege zerschossen worden, weil man darin Beobachtungsposten vermutete.
1980 lagen fast alle kleinen und mittleren Mühlen still. Von den Windmühlen liefen nur zwei noch im Selfkantgebiet als Nebenerwerbsbetriebe. Wenn sich später ihre Zahl wieder auf acht erhöhte, dann nicht aus gewerblichen sondern aus ideellen Gründen, weil sich Fördervereine und einzelne Idealisten eingesetzt haben.
Die Zahl der noch in Betrieb befindlichen Wassermühlen liegt zwar nominell deutlich höher. Aber da sind die Fabriken mitgezählt, die aus Wassermühlen hervorgegangen sind (hauptsächlich Papiermühlen und Textilbetriebe), ferner die großen Getreidemühlen und die Mühlen in Landhandelsbetrieben. Mit Wasserantrieb läuft keine einzige mehr. Wer von ihnen noch eine Turbine besitzt, setzt sie zur Stromerzeugung ein.

Der Konflikt zwischen Staurecht und Flußregulierung

Neben der großangelegten staatlichen Bereinigungsaktion zwischen Produktion und Markt gab es noch einen Umstand, der zwar nicht zwingend zu Betriebsschließungen führte, aber viele Wassermühlen ernstlich betraf: den Konflikt zwischen der Wasserwirtschaft und dem Staurecht der Wassermüller. Bei den ersten Maßnahmen der schon 1859 gegründeten Erftgenossenschaft spielte die Rück-

sichtnahme auf die Mühlen noch eine große Rolle, obwohl gerade die Mühlenstaue an der Versumpfung der Uferlandschaft nicht unschuldig waren. Denn da war die Wirtschaft noch auf die Wasserkraft angewiesen.
Im 20. Jh. indes brauchte wegen der nun allgemein verfügbaren künstlichen Energien nicht mehr zwingend auf die Wassermühlen Rücksicht genommen zu werden. Der erst 1927 gegründete Niersverband konnte denn auch mehr oder weniger problemlos die Mühlenstaue „wegplanen“. Ohnehin zwangen die Wasserverschmutzungen durch die Industrie und die stetig wachsenden Städte zum Handeln. Gerade in der ersten Hälfte unseres Jahrhunderts wurden deshalb viele Flußläufe reguliert und Stauwehre beseitigt. An die Stelle von Wasserrad und Turbine trat nun für die Müller, die nicht aufgaben, der Elektromotor. Aber die Umstellung war wie eine Stillegung in Raten, ehe die Strukturgesetze den endgültigen Schlußpunkt setzten.

Die heutige Nutzung der Mühlen

Insgesamt sind heute noch 273 Wassermühlenstandorte in irgendeiner Form baulich besetzt. Schaut man sie sich näher an, dann stellt man fest, daß für ehemalige Wassermühlen schnell und leicht eine Nachfolgenutzung gefunden wurde. Schließlich waren es nicht runde Türme wie bei den Windmühlen, sondern Gebäude mit rechtwinkligen Wänden und den gewohnten Dächern. Gehörte noch ein Hof dazu, konnte die Landwirtschaft oder ein verwandter Betrieb problemlos weiterlaufen.
Besonders einfach war es, ein Mühlengebäude in ein Wohnhaus umzuwandeln. Das geschah in über 40 % der Fälle - oft so nachhaltig, daß der Umbau die frühere Mühlennutzung völlig verwischte. Mühlen in einer Erholungslandschaft wurden oft zur romantischen Gaststätte; die meisten davon (16) sind im Naturpark-Schwalm-Nette zu finden. Sogar zu Museen hat man sie gemacht, wie in Ratingen (Cromford, Nr. 35), Dinslaken-Hiesfeld (Mühlenmuseum, Nr. 59) und Linnich (Glasmalerei, Nr. 283).
Die relativ hohe Zahl von 47 Fabrik- und Lagergebäuden hängt damit zusammen, daß viele Industriebetriebe aus Mühlen hervorgegangen sind, von denen die meisten inzwischen aber geschlossen sind. Ihre Gebäude stehen entweder leer oder werden fremdgenutzt.
Vielfach wird gefragt, ob man die stillgelegten Wassertriebwerke nicht zur Stromerzeugung heranziehen könne. Das liegt nahe, und in der Tat wurden auch bei uns schon lange vor 1945 Wassermühlen zum Antrieb von Stromgeneratoren genutzt (z. B. in Erkrath für die Straßenbeleuchtung, in Ratingen für den Strombedarf eines Steinbruches und in Gartrop zur Beleuchtung des Schlosses). Heute erzeugen nur noch die Turbinen der Erftmühle in Grevenbroich (Nr. 105) und das Wasserrad der Brüggener Mühle (Nr. 346) elektrischen Strom, der in das allgemeine Netz eingespeist wird. Aber es werden wohl Ausnahmen bleiben. Die niederrheinischen Flachlandmühlen eignen sich für diese Nutzungsart nicht so gut wie die Mühlen im Bergland. Übrigens: Es gibt am Niederrhein nur eine einzige Windmühle, an deren Flügelachse ein Stromgenerator angeschlossen ist - die Düffelsmühle in Kalkar-Niedermörmter.

Stromgebiet Rhein und Issel

Rhein

Quellen:	Vorderrhein: Tomasee (Gotthardmassiv) - CH -	Höhe: 3.406 m ü.M.
Hinterrhein:	Zapportgletscher - CH -	Höhe: 2.343 m ü.M.
Mündungen:	üb. Ijssel: Ijsselmeer -NL -	
	üb. Waal: Hollandsche Diep - NL -	Höhen: 0 m ü.M.
	üb. Neder Rijn / Lek: Katwijk - NL -	
Länge:		1.320 km
Mittlere Breite am Niederrhein:		300- 350 m
Abflußmenge im Jahresmittel		1931-88
	am Pegel Düsseldorf:	2.150 m³/sec.
Mühlenstandorte: nur Schiffmühlen		

Der Rhein ist unser Namenspatron und Pate. Aus ihm, von und mit ihm lebt das niederrheinische Land. Er ist seine Lebensader und trotz aller neuen und großen Verkehrsbauten seine Hauptentwicklungsachse.

Ein schwieriger Patron

Aber er hat es dem Menschen nicht leicht gemacht. In der Tiefebene wurden Äcker und Wiesen überschwemmt. Städte verloren durch seine Launen ihren verkehrsgünstigen Platz am Ufer: Neuss, Duisburg und Rheinberg wurden abgehängt und liegen heute im „Binnenland". Uerdingen und Birten mußten verlegt werden. Rees und Emmerich suchten sich durch starke Uferbefestigungen und Durchstiche zu schützen, um nicht unterzugehen.

Bereits 1364 hatte Herzog Eduard von Geldern einen Deichbrief für die allezeit besonders gefährdete Düffel ausgestellt. Die Preußen entwickelten im 18. Jh. die ersten Deich- und Strombaupläne. Aber das alles war wegen der territorialen Zersplitterung nur Stückwerk. Erst in der zweiten Hälfte des 19. Jh. gab es Baumaßnahmen nach einem einheitlichen Konzept und im großen Stil. Zusammen mit den Fortführungsarbeiten unserer Zeit brachten sie schließlich den Erfolg, den sich unsere Väter so sehr gewünscht hatten. Seither ist zumindest die Gefahr des Ausschwenkens vorbei, nicht aber das Hochwasser, wie man aus den jüngsten Erfahrungen weiß.

Die Schiffahrt

Der Rhein ist zwar 1.320 km lang. Aber die amtliche Zählung beginnt erst bei der Brücke in Konstanz. Dort ist Strom-km 0,0. Wenn er bei Köln in die niederrheinische Tiefebene eintritt, trägt er am Ufer die km-Marke 688,5. Am Ausgang bei Millingen ist er bei 865,5. Die letzte Marke befindet sich bei Hoek van Holland an der Nordsee: 1.035.

Schiffbar ist unser Strom allerdings erst ab Strom-km 149 in Rheinfelden bei Basel. An die 8.000 Rheinschiffe gibt es. Wenn eines von ihnen von Rotterdam nach Basel fährt, muß es eine Höhe von 245 m überwinden. Es geht also tatsächlich bergauf und das nur mit etwa 8-10 km/h. Denn der Strom drückt mit mit einer Fließgeschwindigkeit von 5-6 km/h gegen die Schiffe an. Die Talfahrt geht dafür rascher: Fahrgastschiffe erreichen dann sogar eine Geschwindigkeit von bis zu 30 km/h.

Da war das erste Dampfboot, das 1817 den Rhein bis Köln hinaufgefahren war, noch langsam. Aber es war allemal schneller gewesen als die herkömmlichen Treidelschiffe, die mit Pferden mühsam im Schrittempo rheinaufwärts gezogen wurden. Das war seit den Zeiten der Römer schon so, und sicher war der Rhein auch damals bereits Europas verkehrsreichster Strom.
Die Römer waren es auch, die uns die erste schriftliche Nachricht über den Rhein hinterlassen haben. Caesars Legionen standen schon im Gallischen Krieg zwischen 55 und 51 v. Chr. am Rhein. Caesar hat darüber als sein eigener Kriegsberichterstatter geschrieben. Von den römischen Historikern Tacitus und Plinius stammen die ersten Beschreibungen des Niederrheins.

Die Rheinmühlen

Auch an unserem Thema „Mühlen" waren die Römer beteiligt. Immerhin haben sie uns die ersten Wassermühlen gebracht, auch wenn ihre Wassermühlen kaum im niederrheinischen Flachland, sondern - wenn überhaupt - eher in der Eifel gestanden haben, die Rom seit Caesars Zeiten besetzt hielt. Denn dort gab es wasserreiche Bäche und vor allem gutes Gefälle.
Der Rhein selbst war allerdings für den Bau von stationären Wassermühlen denkbar ungeeignet. Konnte man den Strom selbst schon nicht im Zaume halten, so wären auch alle Bauten im Strom und im Uferbereich seinen Launen ausgeliefert gewesen. Hochwasser und Eis hätten sie schnell zerstört. Deshalb wich man hier auf die Schiffmühle aus, die ja letztlich auch eine Erfindung der Römer war. Sie folgte allen - zumindest den friedlichen - Bewegungen des Stromes widerspruchslos und prompt.
Umgekehrt waren die im Rhein verankerten Schiffmühlen der Schiffahrt ständig ein Dorn im Auge. Das ist so verständlich wie der Konflikt zwischen Bodenständigkeit und Mobilität. Solange die Fortbewegung zu Wasser noch gemächlich vonstatten gegangen war und der Mensch noch Zeit hatte, war dieser Konflikt erträglich. Als dann aber die Dampfmaschine und das Dampfschiff erfunden waren, mußten die Schiffmühlen den nun außerordentlich beweglich, schnell und zahlreich gewordenen Schiffen weichen. Es war ein Einbruch in eine tausendjährige Mühlentradition, der schließlich zum Schicksal aller Mühlen werden sollte, zu Wasser und zu Lande.

Zu den Daten im Vorspann (auch bei den Beschreibungen der anderen Gewässer): Die Gewässernamen stimmen weitgehend mit denen im amtlichen Verzeichnis zur Gewässerkarte NW überein. Die Daten beziehen sich auf den heutigen Zustand, soweit nichts Abweichendes gesagt ist. Wenn sie nicht besonders veröffentlicht waren, wurden die Höhen und Längen den Topographischen Karten 1 : 25.000 entnommen. Die Flußbreite wurde an Ort und Stelle gemessen. Die Abflußmengen entstammen in der Regel dem Deutschen Gewässerkundlichen Jahrbuch, Rheingebiet Teil III, Abflußjahr 1988. Bei den kleinen Gewässern beruhen sie auf Angaben der örtlichen Wasser- und Bodenverbände und Genossenschaften.

BÖCKING, Die Geschichte der Rheinschiffahrt (19); KLOSTERMANN u.a., Erläuterungen zu den Geologischen Karten C 4702 Krefeld und C 5102 Mönchengladbach, hrsg. vom Geologischen Landesamt NW Krefeld 1984 und 1990;
THOMÉ, K.N., „Entstehung der niederrheinischen Gewässer", in: Niederrheinisches Jahrbuch Bd. VI 1963, S. 9 ff.; TÜMMERS, Der Rhein - Ein europäischer Fluß und seine Geschichte (251).

Kölner Rheinmühlen (oberes Bild). Darstellungen von den Rheinmühlen vor der Silhouette der Stadt Köln gibt es schon aus dem 15. Jh. Am genauesten hat indes der Holzschneider Anton Woensam aus Worms die Situation wiedergegeben. Vor seinem Kölner Stadtprospekt von 1531 sind insgesamt acht Schiffmühlen zu sehen, und zwar in zwei Reihen. Dieser Ausschnitt hierzeigt die obere Mühlenreihe, die in der Nähe des Bayernturmes im Strom verankert war. Die fest miteinander vertäuten Haus- und Wellschiffe sind in ihren technischen Einzelheiten gut zu erkennen, auch die breiten Wasserräder. Die beiden Lastkrähne am Kopfende besorgten den Transport vom und zum Ufer. - Abgedruckt bei KRANZ, Die Kölner Rheinmühlen (145), S. 308 ff.

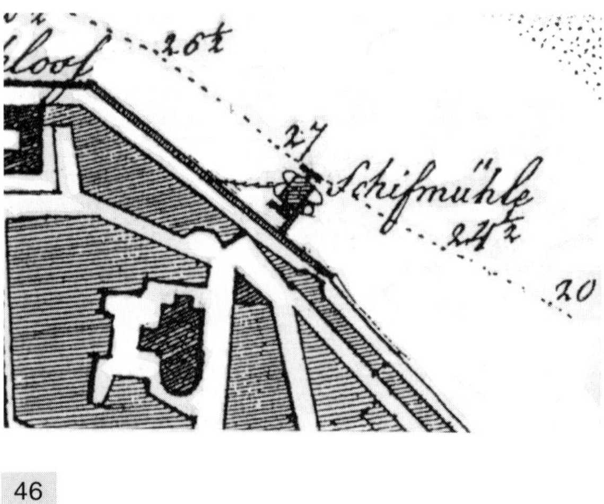

Düsseldorfer Rheinmühle. Sie lag unmittelbar vor der Stadt, und zwar etwa auf der Höhe von Schloß und Stiftskirche, wo im Rheinbogen eine gute Strömung herrschte. Mit dem Ufer war sie durch einen Laufsteg verbunden. - Ausschnitt aus einer Flurkarte vom Jahre 1798.

Schiffmühlenstandorte auf dem Rhein

1. Kölner Rheinmühlen

In Köln gab es keine nenneswerten Zuflüsse zum Rhein, die Wassermühlen hätten antreiben können. Roßmühlen waren eh und je nur ein Behelf in wasser- und windarmen Zeiten. Eine Windmühle wurde erst 1222 an der Porta Clericorum (nahe dem heutigen Hauptbahnhof) aufgestellt. Es war eine hölzerne Bockwindmühle. Und Turmwindmühlen kamen erst mit der Stadtbefestigung um 1400, wo man drei Stadttürme mit Flügeln und Mahlwerken ausstattete.

Bis zum Beginn der Windmühlenzeit hätte sich die Stadt Köln also praktisch von außen versorgen müssen - wenn es hier nicht die Schiffmühlen gegeben hätte. Wahrscheinlich hatten die Mönche sie eingeführt. So ist im „liber copiarum" des Kölner Benediktinerklosters St. Pantaleon aus dem 15. Jh. nachzulesen, daß der Abt während der Amtszeit von Erzbischof Brun I. (953-965) aus den *„molendinis Reni ante Coloniam"* (Rheinmühlen vor Köln) Einkünfte bezog. Die früheste zeitgenössische Erwähnung einer Kölner Rheinmühle besitzen wir indes erst aus dem Jahre 1158. Damals gab das Stift St. Severin einem Müller namens Volpert eine Mühle in Erbpacht. Nach den Umständen kann es sich dabei nur um eine Rheinmühle gehandelt haben.

Genauer ist da eine Quelle von 1226, in der das Domkapitel das Pachtrecht des Müllers und Stiftsbäckers Christian an ihrer Rheinmühle *(„molendinum nostrum in Reno")* beschreibt. Da in dieser Urkunde von gleichen Rechten früherer Stiftsbäcker die Rede ist, muß die Mühle schon lange vorher bestanden haben.

Neben der Kapitelsmühle gab es die „bürgerlichen" Rheinmühlen. Ihre Zahl wird 1276 mit nicht weniger als 34 angegeben. Wann und von wem die Bürger die Konzession bekommen hatten, ist unklar. Mitgeteilt wird nur, daß man sie *„ab antiquo"* (von alters her) besessen habe, also vielleicht schon ab dem 8./9. Jh., entsprechend dem Aufkommen von Schiffmühlen am Mittel- und Oberrhein. Jedenfalls gibt es von 1150 an über die Eigentumsbewegungen an diesen Mühlen eine ganze Reihe von Urkunden, die im Kölner Schöffenschrein niedergelegt waren. Ab 1276 existierte sogar ein eigener Mühlenschrein - eine Art "Mühlengrundbuch". Er war eingerichtet worden, als sich die „Mühlenerben" zu einer Genossenschaft zusammenschlossen. In der Regel waren die Eigentümer nicht selber Müller, sondern beschäftigten Angestellte.

Auch für die Erzbischöfe waren diese Privatmühlen eine wichtige Einnahmequelle. 1260 hatte nämlich Erbischof Conrad unter Berufung auf seine landesherrlichen Hoheitsrechte durchgesetzt, daß ihm die ideelle Hälfte der Privatmühlen gehörte. Es war eine mehr oder weniger delikate Art der Enteignung.

Bei der Genossenschaftsgründung war die Zahl der Mühlen auf 25 verringert worden, weil man jetzt gemeinsam und somit effektiver wirtschaften konnte. 1527 verringerte man die Zahl abermals, und zwar auf nur noch acht. Man scheint sich dem Markt angepaßt zu haben, auf dem sich in Köln ja seit geraumer Zeit auch die Windmüller betätigten.

Die Mühlen hatten - wie bei Schiffen üblich - Namen, etwa „Ludwig", „Johann" und „Lupus". Die Mühle des Domkapitels hieß angemessen: „Summus". Die verbliebenen acht Mühlen lagen bis 1617/18 in zwei Reihen quer zum Strom, wie man alten Stadtansichten entnehmen kann. 1776 waren es nur noch fünf und bei der Säkularisierung 1802 nur noch zwei Mühlen. Aber es war keineswegs das Ende der Schiffmühlen. Man baute sogar wieder neue. Jedoch für die alsbald beginnende Dampfschiffahrt wurden sie zu einem ernsten Hindernis. 1816 war das erste Dampfschiff den Rhein bis nach Köln hinauf gefahren. Schon 1817 folgte ihm ein weiteres, dessen Kapitän James Watt jr. war, der Sohn jenes Mannes, dessen Erfindung schließlich die Windmühlenflügel und Wasserräder überholen sollte. In der Nacht zum 3. März 1847 sank im Sturm die letzte Kölner Rheinmühle. Sie wurde nicht mehr ersetzt.

2. Rheinmühlen vor Zons

Auch vor der Stadt Zons, die durch die Burg Friedestrom und als Zollstätte für Kurköln bedeutsam war, haben zeitweilig Rheinmühlen gelegen. Die Nachrichten darüber sind allerdings eher spärlich: Eine *„molendinum rent“* ist für 1421 bezeugt. Für 1551 ist in den Akten des Kölner Domstifts vor Zons eine *„watermole uff dem Rhein“* verzeichnet, die offenbar dem Stift gehörte.

3. Düsseldorfer Rheinmühlen

Aus Düsseldorf gibt es Nachrichten über Schiffmühlen aus den Jahren 1638 und 1640, ferner von 1706, 1755, 1780 und 1798. Die Häufung der Daten im 18. Jh. spricht dafür, daß hier damals meistens eine Schiffmühle vor Anker gelegen hat. Ihr Standort war unmittelbar am Ufer in der Nähe des alten Schloßturmes. Dieser Platz war wegen der starken Strömung am Prallhang und wegen seiner direkten Verbindung mit dem Land vorteilhaft. Aus den Bildern ist die in Düsseldorf bevorzugte Technik zu ersehen: Das Wasserrad war nicht - wie meistens sonst - in der Mitte der beiden Schiffe, sondern außen angebracht. Auf dem Bild von 1798 (S. 46) kann man sogar an beiden Seiten des Doppelrumpfes ein Rad erkennen.
Die Mühlen gehörten wahrscheinlich alle der Stadt. Ihr hatte nämlich Herzog Gerhard II. von Berg 1451 generell das Recht zugestanden, eigene Mühlen zu errichten - auch auf dem Rhein.
Auf den Stadtansichten des 19. Jh. wird keine Schiffmühle mehr gezeigt. Vermutlich war auch in Düsseldorf schon früh die Zeit der Schiffmühlen vorbei, sodaß der spätere Konflikt mit der Schiffahrt hier keine Rolle mehr gespielt hat.

4. Uerdinger Rheinmühlen

Uerdingen war im zusammenhängenden Teil Kurkölns der nördlichste befestigte Stützpunkt. Da - wie in Köln - ein leistungsfähiger Bach fehlte, war man weitgehend auf die kurfürstliche Windmühle aus der Zeit um 1330 auf einem der Stadttürme (dem „Eulenturm") angewiesen, und auf die nebenan liegende Roßmühle als „Reserve".
Es kann also nicht wundern, wenn wir schon aus dem 14. Jh. von Schiffmühlen vor Uerdingen erfahren. In einer Urkunde von 1358 schenkte nämlich ein Henricus de Boydberg (Budberg) der Kölner Kirche u.a. 3 Malter Roggen aus der Mühle im Rhein bei Uerdingen. In einer Urkunde vom folgenden Jahr quittierten sechs Uerdinger Bürger den Empfang von 233 Schilden für den Verkauf von zwei Rheinmühlen bei der Stadt Uerdingen an den Erzbischof Wilhelm von Gennep.
Einen weiteren Bericht gibt es aus dem 30jährigen Kriege: 1625/26 war auf Befehl der Hofkammer am Uerdinger Ufer eine Schiffmühle erbaut und von dem

Müller Laurenßen in Betrieb genommen worden. Über das Winterquartier der Mühle kam es zwischen Müller und Hofkammer zum Streit. Der Pächter war auf möglichst langen Betrieb, die Kammer hingegen auf Sicherheit bedacht, die sie in der Mündung des Linner Mühlengrabens am ehesten gewährleistet sah. Aber genau dieser landnahe Standort wurde ihr 1630 zum Verhängnis: Da nämlich hatten die Spanier 300 Mann ausgeschickt, um die Mühle zu kassieren. Der Streich gelang. Ein „Prisenkommando" überführte das Schiff im Triumph nach Rheinberg, wo das Beutestück fortan zur Versorgung der Garnison Dienst leistete.
Der Standort im Uerdinger Rheinbogen, wo der Rhein eine Kehrtwendung von 180° macht, scheint immerhin so interessant gewesen zu sein, daß noch 1846 von den Gebr. Hartges aus Waldniel die Zulassung einer neuen Schiffmühle beantragt wurde, die sie bereits gekauft hatten. Die Düsseldorfer Regierung lehnte aber den Antrag mit Rücksicht auf die Rheinschiffahrt ab.

5. Rheinmühle vor Essenberg

In Essenberg (gegenüber Ruhrort, heute ein Ortsteil von Duisburg-Rheinhausen) besaßen die Grafen von Moers im 15./16. Jh. eine Rheinmühle. Das geht aus einer Aufstellung des Grafen Vincenz über das Pachtaufkommen seiner fünf Mühlen hervor, die 1490 gefertigt wurde. Danach hatte die Essenberger Rheinmühle je 3 Malter Weizen und Gerste, sowie 40 Malter Roggen zu erbringen. Das entsprach ungefähr dem Rahmen, der für die Wind- und Wassermühlen galt. Im Heberegister von 1538 ist die „Rhinmoel voir Eßmer (Essenberg)" mit 9 Malter Weizen, 90 Malter Roggen und 30 Malter Gerste veranschlagt. Offenbar war alles teurer geworden, denn der Graf hatte die Abgaben bei allen Mühlen kräftig angehoben. Im Oktober 1560 wurde die Mühle vom Herbsthochwasser abgetrieben. Dabei muß sie wohl zugrundegegangen sein, weil sie später nicht mehr erwähnt wird.

6. Rheinmühlen vor Wesel

Die Stadt Wesel spielte wegen ihrer Lage an der Lippemündung eine handelspolitisch bedeutsame Rolle. Daß ihr also schon 1329 vom Klever Grafen das Recht verliehen wurde, auf dem Stadtturm eine Windmühle zu errichten, ist ein Ausfluß der besonderen Förderung durch den Landesherrn. Um 1400 gab es außerdem noch vier nichtstädtische Windmühlen. Aus dieser Zeit stammt auch die Mitteilung, daß der Pächter der Weseler Stadtmühle (Windmühle) - die Familie Snackert - zugleich eine Flußmühle auf der Lippe betrieb.
Mühlen auf dem Rheinstrom treten hier erst ab 1707/08 auf. Da nämlich hatte der Mainzer Schiffszimmermann Johann Windhäuser dem Magistrat der Stadt für 1.100 Gulden eine *„Oberländische Rhein-Wassermühle"* geliefert. Die Mühle hatte ihren Standort auf der rechten Uferseite, weil dort die Strömungsverhältnisse am günstigsten waren.
Vermutlich war das Mühlenschiff gegen Ende des 18. Jh. baufällig oder aber zerstört. Denn 1798 unterbreitete der Mühlenpächter Heinrich Kock der Stadt einen spezifizierten Kostenanschlag für eine neue Mühle und stellte auch ein Modell vor. Im Kostenanschlag lassen sich Bauart und Maße ablesen: Länge des Schiffes 50 Fuß, Breite 14 Fuß; 2 Wasserräder, 20 Fuß hoch und 5 Fuß breit; Achslänge 26 Fuß. Das Bäckerhandwerk war sehr am Bau dieser Mühle interessiert, weil es den

Weseler Schiffmühle. Die Stadtansicht des G. Zanderz von Wesel aus dem Jahre 1827 ist „nebenbei“ eine Darstellung der damaligen Verkehrsarten und des wirtschaftlichen Lebens, vom Packesel zum Reitpferd, von der Postkutsche bis zum Dampfschiff. Letzteres gab noch reichlich Anlaß zum Staunen. Denn erst 1816 war zum ersten Mal ein Dampfer den Rhein hinauf bis nach Köln gefahren.
Für uns indes ist eher der sowohl unscheinbare, als auch scheinbare Raddampfer unterhalb der Windmühle wichtig. Es ist eine Schiffmühle, die hier vor Anker liegt. Dieser „Raddampfer“ brauchte sich nicht mühsam vorwärts zu quälen, sondern ließ den Rheinstrom arbeiten. - Lithographie aus dem Stadtarchiv Wesel.

---

herkömmlichen Wassermühlen zu oft an Wasser, den Windmühlen an Wind fehle. Andererseits müsse die große Garnison versorgt werden.
Man kann davon ausgehen, daß Kock Erfolg hatte. Denn eine weitere Akte trägt die Aufschrift *„Schiffsmühlen auf dem Rhein und Bau von zwei weiteren dieser Art (1806-1820)“*. Schon 1807 wurde nämlich erneut der Bau von Schiffmühlen nach „Mainzer Vorbild“ verhandelt. Der Preußische Militärfiskus beteiligte sich sogar zu zwei Dritteln an den Baukosten. Schließlich war Wesel nach der Besetzung der linken Rheinseite durch Frankreich für Preußen eine wichtige Grenzfestung geworden, deren Versorgung sichergestellt werden mußte. Und am jenseitigen Rheinufer - so heißt es in dem Aktenstück - beginne ja schon das *„Ausland“*.
Wieviel Schiffmühlen im 18./19. Jh. zur gleichen Zeit vor Wesel gelegen haben, läßt sich nicht mehr genau feststellen. Wenn die Kock´sche Mühle von 1798 noch 1807 gelaufen ist und 1807 zwei neue Mühlen bestellt wurden, dann wären es bis zu drei Mühlen gewesen. Auf der Stadtansicht von 1827 ist allerdings nur eine Schiffmühle zu sehen.
Um 1850 wurde die letzte Weseler Rheinmühle stillgelegt und abgewrackt.

7. Rheinmühlen bei Bislich

Die älteste Nachricht über Rheinmühlen unterhalb von Köln stammt aus dem Jahre 1307. Da nämlich hatten sich das Xantener Domkapitel mit Graf Otto von Kleve u.a. über Meinungsverschiedenheiten zu den *„molendini in Reno attenti curti nostri in Byslich et iuxta Drauewinkel* - Rheinmühlen, die zu unseren Höfen in Bislich und bei Dravewinkel gehören," verglichen; wahrscheinlich ging es bei der Auseinandersetzung über diese Kapitelsmühlen um das Bannrecht. Dravewinkel ist das heutige Drevenack, das allerdings der Lippe sehr viel näher liegt als dem Rhein. Vielleicht meint das *„iuxta"* die Krudenburger Lippemühle, die jedoch 1363 als klevischer Besitz genannt ist. Da weitere Nachrichten fehlen, wird sich diese Ungereimtheit wohl kaum mehr aufklären lassen.

8. Rheinmühlen vor Emmerich

1436 verkauften die Brüder Johan und Reinold van Asewijn ihre Mühlen in Emmerich, mit Windrecht und *„gemaele in den water ind inden Rijne"*. Der Hinweis auf das Gemahl betraf zwei Schiffmühlen, die ihnen gehörten und für die Abgaben an Kleve zu zahlen waren. Wie alt die Mühlen damals waren, ist nicht überliefert. Aber man kennt ihre Standplätze: Eine der Mühlen befand sich beim Christoffel-Tor, die andere lag etwas weiter stromabwärts vor Anker.
Beide Mühlen erlitten ein „schiffmühlentypisches" Schicksal: Die eine wurde 1504 bei Eisgang zerstört; die andere versank 1516 im Rheinstrom, weil sie überladen gewesen war. Sie sind offenbar nicht ersetzt worden, da Schiffmühlen in der weiteren Emmericher Geschichte nicht mehr erwähnt werden.

Zu den **Kölner** Rheinmühlen: KRANZ, Die Kölner Rheinmühlen (145); LACOMBLET, Urkundenbuch Bd. I (154), Nr. 396 (im Leitsatz zur Urkunde von 1158 steht der Begriff „Rheinmühle", obwohl er im nachfolgenden lateinischen Text wörtlich nicht vorkommt); WEBER, Heinz, „Als der Rhein noch Mühlen trieb", in: Neues Rheinland 1986/6, S. 12/13. - Zu den **Zonser** Rheinmühlen: Histor. Archiv der Stadt Köln, Domstift, Nr. 2440; Mitteilung des Kreisarchivs Neuss. - Zu den **Düsseldorfer** Rheinmühlen: SEELING, Hans, „Düsseldorfer Schiffmühlen auf dem Rhein", in: Das Tor, 25. Jg., S. 71 ff.; - Zu den **Uerdinger** Rheinmühlen: FÖHL, Walter, „Die Uerdinger Rheinmühle", in: Die Heimat (Krefeld) 1955, S. 105 ff.; ROTTHOFF, Uerdinger Urkundenbuch (218), Nr. 193 u. 196; HSTAD, Akten „Regierung Düsseldorf" 2079, Bl. 53. - Zur Rheinmühle vor **Essenberg:** THELEN, Hermann, „Die Mühlen der Grafschaft Moers", in: HK Krs. Moers 1965, S. 101 ff. - Zu den Rheinmühlen vor **Wesel:** ROELEN, Studien (214), S. 131 ff.; Stadtarchiv Wesel, Bestand Caps. 182 Nr. 4 u. Nr. 5; ebenda, Bestand Caps. 183 Nr. 8 (mit Anmerkungen zum Standort: 1816 wird darauf hingewiesen, daß in der Flußmitte zwar besserer Strom sei, zum Ufer hin aber größere Sicherheit. Das gelte sowohl für die Gefahr des Abgetriebenwerdens als auch für die Gefährdung des Schiffsverkehrs. 1820 wird der Behörde gemeldet, daß die Mühle die Hafeneinfahrt behindere.) - Zur Rheinmühle bei **Bislich:** HOLLAND, Wilhelm, „Die ehemalige Bockmühle von Bislich", in: HK Krs. Rees 1964, S. 71 ff.; SCHLEIDGEN, Das Copiar der Grafen von Kleve (223), S. 84 u. 130. - Zu den Rheinmühlen bei **Emmerich:** DEDERICH, Annalen der Stadt Emmerich (37); EVERS, Straßen in Emmerich (56), S. 200; van HEUGTEN, Wim, „Schipmolens op de Rijn", in: HK Krs. Kleve 1989, S. 112 ff.; das Bild des Schiffmühlenmodells ist oben im allg. Teil unter "Schiffmühlen" wiedergegeben. - Zur Frage **„Schiffmühlen auf Altrheinarmen"** siehe unter Raum Kleve.

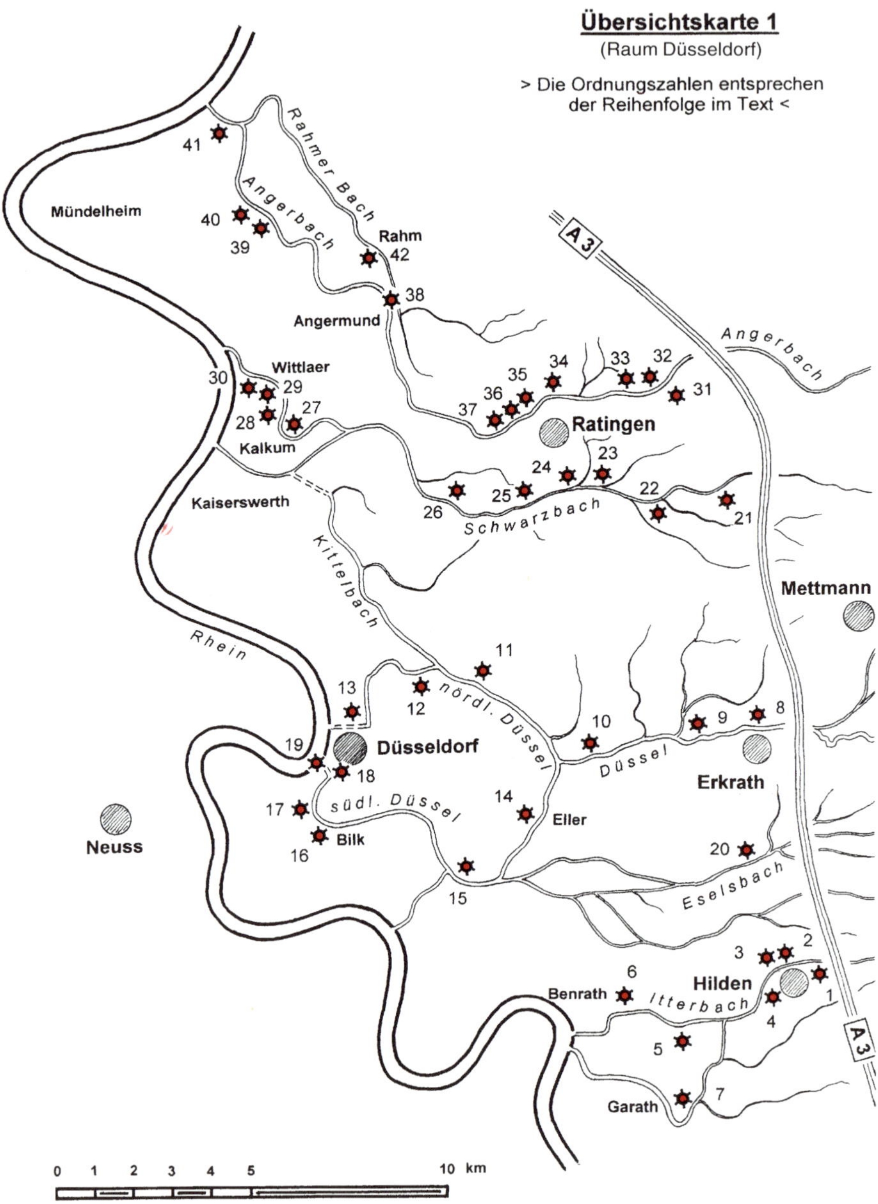

Im Plangebiet (re.-rh.): 42 Wassermühlen und um die 8 Windmühlen

Itterbach (Itter)

Quelle:	Solingen-Gräfrath	Höhe: 230 m ü.M.
Mündung:	Rheinstrom-km 721 b. Düsseldorf-Urdenbach	Höhe: 31 m ü.M.
Länge:		23 km
Mittlere Breite in der Rheinebene:		6 m
Abflußmenge im Jahresmittel 1968-88 am Pegel Hilden 1:		0,817 m^3/sec.
Mühlenstandorte um 1850 (einschl. an Nebenbächen):		24

Die kürzeste Beschreibung findet sich im Statistischen Jahrbuch des Regierungsbezirks Düsseldorf vom Jahre 1836: „Der Itterbach nimmt den Gräfrather, Richrather und Garather Bach auf, treibt 24 Mühlen, speist die Wasseranlagen am Benrather Schloß und fällt bei Urdenbach in den Rhein."

Ihren Wasserreichtum bezieht die Itter - wie ihre beiden nachbarlichen Schwestern auch - aus der besonderen geographischen, geologischen und hydrologischen Lage ihres Einzugsgebietes. Östlich von Düsseldorf steigt das Gelände von rd. 40 m deutlich sichtbar auf 100-200 m an. Ratingen/Hilden/Erkrath liegen bereits auf der Mittelterrasse oder am Terrassenrand. Das Quellgebiet befindet sich sogar noch ein gutes Stück höher. Für die von Westen her auf dieser Schräge in etwas kühlere Regionen hinaufgeführten atlantischen Feuchtluftmassen bedeutet das Niederschläge („Steigungsregen"). In Düsseldorf beträgt die jährliche mittlere Niederschlagsmenge rd. 750 mm, in Mettmann bereits 950 mm und in Elberfeld 1150 mm.

Wie fast alle Flüsse und Bäche am Niederrhein ist auch die Itter in den letzten hundert Jahren reguliert worden, um schnelleren und gleichmäßigeren Abfluß zu erzielen. Heute würde man aus Rücksicht auf die Ökologie wohl behutsamer und ohne Lineal vorgehen, versucht auch einiges mit beträchtlichem Aufwand wieder rückgängig zu machen.

Den stärksten Eingriff hat es allerdings bereits 1755-73 gegeben, als das Benrather Schloß gebaut wurde und Parks und Gräben mit Wasser versorgt werden mußten, damit sich darin der Schloßbau spiegelte. Kurzerhand leitete man die Itter ab der Horster Mühle in einem geraden Kanal zum Schloß. Der gesamte nördliche Teil, von dem die Siedlung Itter ihren Namen hat und mit dem die Itter quasi dem Rhein ein Stück hinterherlief, wurde trockengelegt. Den Abfluß besorgte jetzt der Urdenbacher Altrhein, zu dem die Itter auch früher schon über einen zweiten Mündungsarm Verbindung gehabt hatte.

Die Itter hat schon von alters her zahlreiche Mühlen angetrieben. Typisch für sie waren aber auch die vielen Schleifkotten (Schleifmühlen), deren Schleifsteine ebenfalls mit Wasserkraft liefen. Sie lagen an den höher gelegenen Bachstrecken und kamen mit der Solinger Eisen- und Schneidwarenindustrie, deren Anfänge bis in das 14./15. Jh. zurückreichen. Um 1850 gab es an der Itter und am Lochbach (einem Zufluß der Itter) um die 35 solcher Schleifkotten.

BÜREN, Gustav, „Die Bedeutung des Itterbaches für Hilden", in: Hildener Jb. 1960, S. 214 ff.; KNÜBEL, Hans, „Die Itter - Historisch-geographische Betrachtung eines Bachlaufes", in: Hildener Jb. 1937/38, S. 5 ff.

1 Buchmühle

Hilden, Oststraße
(vor 1400 - 1623) > Itterbach / Mühlengraben <

In der preuß. Uraufnahme von 1844 heißt eine kleine Häusergruppe im Bereich der heutigen Oststraße „Buchmühle". Der Name geht auf die zweitälteste Mühle im Hildener Raum zurück. Die Mühle stand am künstlich gegrabenen Abzweig des Itterbaches - dem „Mühlengraben", der im Spätmittelalter hergestellt worden war, um die Wehrgräben des Holterhofes zu bewässern und den Mühlen einen gleichmäßigen Wasserzufluß zu sichern. Im Horster Urbar aus der Zeit um 1400 ist sie erstmals erwähnt. Und ein gewisser Adolf an der Buchmüllen hatte sich 1623 darauf berufen, daß sie seit *„unvordenklichen Jahren"* im Besitz seiner Familie gewesen sei.
Mit Büchern oder Buchen hat die Mühle nichts zu tun. Vielmehr kommt der Name von der ursprünglichen Verwendungsart, dem „Boken". Das ist das Schlagen der Flachsstengel, um die Fasern von ihrer Umhüllung zu befreien. Dabei wurde der Flachs in Bündeln unter die von einer Zapfenwelle angehobenen und dann herabfallenden Eichenbalken geschoben. Der technische Vorgang hat Ähnlichkeit mit dem Ölschlagen in der Ölmühle.
Irgendwann muß unsere Bokemühle (Buchmühle) in eine Öl- und Kornmühle umgewandelt worden sein. Jedenfalls nannte sie der erwähnte Müller Adolf so, als er 1623 beim Hildener Lehnsherren Schenk von Nideggen um die Erlaubnis nachsuchte, sie in einen Schleifkotten (Schleifmühle) umwandeln zu dürfen. Dem Antrag wurde entsprochen. Fortan diente der Wasserantrieb der Herstellung von Schneidwaren und vor allem Waffen, für die der 30jährige Krieg einen großen Markt bot.

SONNEN, Wilhelm Joseph, „Zur Geschichte der Hildener Buchmühle", in: Romerike Berge - Zeitschrift für Heimatpflege im Bergischen Land 1059/60, S. 105 ff.; WENNIG, Die Geschichte der Hildener Industrie (266), S. 14; ders. Hilden gestern und heute (266), S. 16; ferner TK 1844 Bl. 4807 Hilden: „Buchmühle".

2 Bräuersmühle

Hilden, Mühle
(vor 1602 - 1855) > Itterbach <

Auch sie gehört längst der Vergangenheit an. Erster Hinweis ist eine Urkunde vom 1. Mai 1602, in der ein Johann Bräuer an der Mühlen sein Anwesen an einen Kreditgeber verpfändet. 1724/25 steht in den Hildener Steuerlisten ein Gut Bräuersmühlen verzeichnet. Und aus dem Jahre 1826 gibt es einen Lageplan, in dem der Elberfelder Geometer Ferdinand Köller rechts der Itter eine Getreidemühle und links eine Ölmühle eingezeichnet hat.
Auffällig ist, daß die Mühle unmittelbar neben der Lehnsmühle stand. Da indessen die Lehnsmühle ihr Wasser vom Mühlenbach bezog, die Bräuersmühle hingegen von der (alten) Itter, war das kein Problem. Zudem war die Lehnsmühle

eine Bannmühle, was dafür spricht, daß die Nachbarmühle hauptsächlich für den eigenen Bedarf gearbeitet hat. Beim Oelschlagen gab es ohnehin keine Konkurrenz, da die Lehnsmühle nie Ölmühle gewesen ist.
Im Urkataster von 1830 steht u.a. Heinrich Kirberg als Eigentümer der Bräuersmühle eingetragen. Es ist demnach möglich, daß er schon Müller auf der Bräuersmühle war, als er weiter unterhalb die Mittelmühle (Nr. 4) baute.
1855 wurde die Bräuersmühle geschlossen und Ende der 70er Jahre abgebrochen.

BÜREN, Gustav, „Die Bedeutung des Itterbaches für Hilden", in: Hildener Jahrbuch 1960, S. 223; Urkunde vom Jahre 1602 im Hildener Stadtarchiv (Fotokopie Nr. 589); ferner TK 1844 Bl. 4807 Hilden: „BräuersM.".

3 Lehnsmühle (Gottschalks Mühle)

Hilden, Mühle
(vor 1380 - 1995) > Itterbach / Mühlengraben <

Ursprung der Siedlung Hilden ist der Hohe Hof, der - vermutlich durch Schenkung - früh an das Kölner Erzstift gekommen ist. Spätestens seit dem 10. Jh. gehörte zu diesem Hof eine Kapelle. Köln wiederum hatte den Besitz seinen Gefolgsleuten, den Herren von Elverfeldt (Elberfeld), zu Lehen gegeben. Kurz nach 1404 ging das Lehen auf die Herren von der Horst über, die auf Haus Horst im Westen Hildens saßen.
1380 scheinen unsere Lehensritter in Geldverlegenheit gekommen zu sein. In jenem Jahre mußten sie sich nämlich vom Grafen Wilhelm von Berg 440 Gulden leihen und ihm dafür u.a. die kurkölnische Lehnsmühle verpfänden. Was für die Elverfeldts damals schmerzlich gewesen sein dürfte, ist heute für die Geschichtsforscher ein glücklicher Umstand: Durch die Pfandverschreibung besitzen sie ein erstes schriftliches Zeugnis über die Mühle, die aber schon lange vor dieser ersten urkundlichen Erwähnung bestanden haben muß.
Die Lehnsmühle war eine Bannmühle. Im „Weistum des Hohen Hofes zu Hilden" vom 13. November 1505 heißt es, daß die Bewohner im Umkreis von einer Meile (rd. 7,5 km) nur auf ihr mahlen lassen durften. Ferner: *„Wer die frucht pringt, solle geven zu Molter ein halff Viertel und von weme der Muller die frucht holet, solle geven ein Vierthel idt sey nahe oder ferne. Der Muller solle auch Perdt und Karre halden."*
1806 ging die Lehnsmühle in bürgerliche Hände über, drei Jahre vor der allgemeinen Aufhebung des feudalen Lehns- und Mahlzwangwesens. 1832 übernahm Hermann Gottschalk aus Elberfeld das Anwesen. Er und seine Nachfahren machten die Mühle zu einem leistungsfähigen Betrieb, aus dem schließlich ein Großunternehmen mit Zweigwerken (Industriemühlen) in Erprath bei Neuss (ab 1898) und im Krefelder Rheinhafen (ab 1908) wurde. Schon 1849 hatte Gottschalk die erste Dampfmaschine angeschafft. Nach 1870 trat eine Turbine an die Stelle der beiden oberschlächtigen Wasserräder. 1912 wurde das Unternehmen in eine AG umgewandelt.
Seit 1933 gehört das Hildener Stammhaus der Familie Schmidt, die wenig später auch die Erprather Mühle erwarb. Die Hildener Mühle arbeitete noch bis 1995,

Nr. 3 Lehnsmühle (Gottschalks Mühle), Hilden. Diese, zumindest äußerlich erhaltene Mühle aus spätmittelalterlicher Zeit vereinigt gleich mehrere Aussagen zum Mühlenwesen: Sie war eine landesherrliche (kurkölnische) Mühle, ausgestattet mit dem Mühlenbann (Nutzungszwang im Bannbezirk). Nach damaligem Recht wurde sie als Lehen (zur Nutzung verliehener Besitz) vergeben. Daher kommt der alte Name, der neben dem der Müllerfamilie Gottschalk noch heute üblich ist. Die Gottschalks bauten die Mühle im 19. Jh. zu einem neuzeitlichen Unternehmen mit zusätzlichem Dampfantrieb und Walzenstühlen aus. Nach dem Ende der meisten kleinen und mittleren Mühlen in der 2. Hälfte des 20. Jh. wurde sie ein Landhandelsbetrieb - wie viele andere Mühlen auch. - Bilder von 1950 und 1997.

zuletzt allerdings mit Elektroantrieb. Das Wasserrecht war bereits einige Zeit zuvor im Zusammenhang mit der Itter-Regulierung abgegeben worden. Heute ist die Gottschalks Mühle ein Handelsunternehmen. Aber das alte Mühlengebäude steht noch. Nur über den Weiher und den Mühlengraben ist längst die moderne Stadtplanung mit Straßen und Häusern hinweggegangen.

KNÜBEL, Hans, „Die Itter", in: Hildener Jb. 1837/38, S. 10/11; v. RODEN, Quellenbuch, Bd. I Nr. 61; SONNEN, Wilhelm Joseph, „Zur Geschichte der Hildener Buchmühle", in Romerike Berge - Zeitschr. für Heimatpflege im Bergischen Land 1959/60, S. 107; WENNIG, Hilden gestern und heute (267), S. 38 und 52; o.Verf., „Zwei Großmühlen für Öl und Weizen in Krefeld-Uerdingen am Rhein", in: Die Heimat (Krefeld) 1936, S. 73 ff.; das Weistum von 1505 ist abgedruckt in: LACOMBLET, Archiv für die Geschichte des Niederrheins, fortgesetzt von HARLESS, Bd. VII Heft 2 S. 256; ferner in der Ploennies-Karte „Das Ambt Mettmann" von 1715 („mühl"), sowie in TK 1844 und 1893 Bl. 4807 Hilden: Mühlensymbol.

4 Frauenhofsche Mühle (Mittelmühle)

Hilden, Schwanenstraße
(1762 - 1915) > Itterbach <

„Von Gottes Gnaden Wir Carl Theodor ... zu Gülich, Cleve und Berg Hertzog, ... tuen kund ... was Gestalten Uns der Tilman Kirberg ... nach dessen Entwurf eine Oelmülle nebst einem Gersten-Schell-Beyhang auf die durch Hilden fließende Bach erbawen zu wollen ..., daß ihme sotane Oelmüll ... mit dießer ausdrücklicher Bedingung erlaubt ... Düsseldorf, den 29. Aprilis 1762 ".
Dieser in huldvollem Kanzleideutsch abgefaßte Text ist gewissermaßen die Geburtsurkunde. Mit ihr bekam Hilden auf der Mitte zwischen der Oberen (der Lehnsmühle) und der Unteren (der Horster Mühle) nun auch eine Mittelmühle, wie sie vielfach genannt wurde. Der Antrag scheint die beiden Konkurrenten wenig gestört zu haben, da keine Mehlproduktion vorgesehen war. Zudem hatte die alte Ölmühle - die Buchmühle - ja längst zu bestehen aufgehört, so daß sogar ein Bedarf nicht von der Hand zu weisen war.
1820 ging die Besitzung auf die Familie Frauenhof über. Ihr gehört das Anwesen noch heute. Wilhelm Frauenhof erweiterte die Mühle 1828 um einen Getreidemahlgang, als längst Gewerbefreiheit bestand und es keine Lehnsmühle im Rechtssinne mehr gab.
1915 wurde der Mühlenbetrieb mit dem großen unterschlächtigen Wasserrad eingestellt, das Mühlengebäude wenig später abgebrochen. Heute steht dort ein Wohnhaus. Das Vordergebäude - die ehemalige Müllerwohnung - indessen ist als „Haus auf der Bech" das wohl schönste alte Bürgerhaus der Stadt und dient als Domizil der Volkshochschule.

STRANGEMEIER, Heinrich, „Urk. Beiträge", in: Hildener Jb. 1968, S. 188 ff. (mit dem Originaltext der Urkunde) ; WENNIG, Hilden gestern und heute (267), S. 51; Regierungsamtsblatt Düsseldorf v. 27.6.1828, Nr. 817; ferner TK 1844 Bl. 4807 Hilden: Mühlensymbol.

Oberhalb der Mittelmühle stand auf halbem Wege zur Lehnsmühle die Wollspinnerei Kreiskötter, die einen Wasserradantrieb hatte. Kreiskötter hatte 1827 um die Genehmigung

Nr. 4 Frauenhofsche Mühle (Mittelmühle), Hilden. Die Mühle von 1762 stand im Vordergrund rechts. Das Fachwerkhaus dahinter war die Wohnung der Müllerfamilie. Es ist ein Zeugnis von Wohlstand und das wohl schönste alte Bürgerhaus der Stadt (heute VHS).

Nr. 5 Horster Mühle, Hilden. Sie gehörte zum Rittersitz Hs. Horst. 1544 wurde sie erstmals urkundlich erwähnt. Das ehemalige Mühlengebäude am begradigten Itterbach dient seit 1945 ausschließlich Wohnzwecken. Es läßt seine frühere Verwendung nicht mehr erkennen.

einer Öl- und Graupenmühle nachgesucht. Weil im Zusammenhang mit der Spinnerei später auch von einer Ölmühle die Rede ist, muß dem Antrag entsprochen worden sein. Da aber die Spinnerei im Vordergrund stand, hat man diesen Betrieb nie als eine eigentliche Mühle angesehen. Die Fabrik ist 1867 abgebrannt. Hierzu: BÜREN, Gustav, „Die Bedeutung des Itterbaches für Hilden", in: Hildener Jb. 1960, S. 221; WENNIG, Die Geschichte der Hildener Industrie (266), S. 17.

5 Horster Mühle

Hilden, Horster Allee
(vor 1544 - um 1945) > Itterbach <

Ab 1404 waren Konrad von der Horst und seine Erben Inhaber des Lehens Hilden/ Haan und Horst. Konrad hatte eine Tochter des bisherigen Lehnsinhabers von Elverfeldt geheiratet, die ihm das Hilden-Haaner Lehen (siehe Nr. 3) mit in die Ehe brachte. Sie wohnten auf Haus Horst, einem wasserburgartigen Rittersitz westlich von Hilden, der um 1560 angelegt wurde und neben dem Hohen Hof der zweite Hildener Adelssitz war.
Mitte des 16. Jh. war Wilhelm Quade Lehensträger auf Haus Horst. Ritter Wilhelm war ein ehrgeiziger und nicht minder geschäftstüchtiger Mann, der sich nicht scheute, als Kölner Lehensmann die Rivalität zwischen dem Erzstift und den Herzögen von Berg für seine Interessen auszunutzen. Das zeigte sich u.a. an der Mühle, die er um 1544 nahe seinem Schloß an der Itter hatte bauen lassen. Er verbot nämlich den Hildenern das Mahlen auf der alten Hildener-Lehnsmühle, deren Bannrecht er ja zuallererst hätte respektieren müssen. Die Hildener Hofesleute legten dagegen Klage ein. Der ungetreue Lehensmann verlor. Die Horster Mühle blieb eine private Einrichtung.
Die Mühle brannte im Oktober 1866 ab. Das amtliche Hildener Veröffentlichungsblatt berichtete darüber in einem bemerkenswerten Dreizeiler: Es sei Totalschaden entstanden; aber das Vieh sei gerettet worden, *„mit Ausnahme eines fetten Schweins".* Zu dieser Zeit waren Schloß und Mühle längst in bürgerliche Hände übergegangen. Unter den mehrfach wechselnden Besitzern befand sich um 1840 auch Friedrich Spiecker von der Rohrsmühle (Nr. 20) am Eselsbach zwischen Hilden und Erkrath.
Haus und Mühle wurden wieder aufgebaut. Noch bis in den Zweiten Weltkrieg hinein lief die Mühle, zuletzt allerdings mit Elektroantrieb. Heute ist das Mühlengebäude ein Wohnhaus, dem man die frühere Nutzung nicht mehr ansieht. Auf dem Schloßgelände indessen steht seit Ende der 70er Jahre eine moderne Seniorenwohnanlage.

BÜREN, Gustav, „Die Bedeutung des Itterbaches für Hilden", in: Hildener Jb. 1960, S. 223; KNÜBEL, Hans, „Die Itter", in: Hildener Jb. 1937/38, S. 11; SONNEN, Wilhelm Joseph, „Zur Geschichte der Hildener Buchmühle", in: Romerike Berge - Zeitschrift für Heimatpflege im Bergischen Land 1959/60, S. 107; WENNIG, Die Geschichte der Hildener Industrie (266), S. 17 (mit weiteren Quellen); ders., Hilden gestern und heute (267) S. 24 ff.; Hildener Veröffentlichungsblatt Nr. 122 vom 16.10.1866 (Stadtarchiv Hilden); ferner TK 1844 und 1893 Bl. 4807 Hilden: „Horster M."

Nr. 9 Morper Mühle, Erkrath. Das Gebäude der Mühle von Hs. Morp ist 1905 abgebrannt und dann als Wohnhaus auf den alten Grundmauern wiederaufgebaut worden. Das Wasserrad trieb noch eine Zeitlang einen Generator für die elektrische Straßenbeleuchtung an. Von der Einrichtung ist nichts mehr vorhanden.

Nr. 10 Dammer Mühle, Erkrath. Die einstige Kornmühle des Gerresheimer Kanonissenstifts aus dem frühen 14. Jh. zählt zu den wenigen Mühlen, die noch in Betrieb sind. Ihre Treppengiebel würden auch einem Rathaus Ehre machen und stehen für Beständigkeit.

um die neuen Bastionsgräben mit Wasser zu versorgen. Da nun auch der Eselsbach und der Hoxbach ihre Wässer in die neue „Südliche Düssel" schickten, mußte jetzt auch hier ein Hochwasserabfluß geschaffen werden. Also verknüpfte man kurzerhand die Südliche Düssel mit dem Brückerbach, der ohnehin auf dem Weg zum Rhein war und so zum vierten Mündungsarm wurde.
Vielleicht war die Düssel auch schon früher geteilt. Denn bereits im 14. Jh. werden in Bilk eine Walkmühle und die Rompelsmühle gemeldet. Vielleicht hatte man - als ersten Schritt zu einer Südlichen Düssel - schon damals den Eselsbach mit dem Brückerbach nahe an die Stadt herangeführt.
Heute verlaufen die Nördliche und die Südliche Düssel in der Innenstadt zu einem großen Teil unter der Erde. Aber ohne die Südliche Düssel gäbe es weder den Schwanenspiegel noch die Wasserfläche längs der Königsallee.
Von den oben erwähnten 52 „Düsselmühlen" lagen nur 23 an der Düssel selbst. Die übrigen wurden von den Nebenbächen angetrieben.

STADT DÜSSELDORF (Hrsg.), Die Düssel - Geschichte und Geschichten (47), insbes. Beitrag von KNÜBEL, Hans, „Die Düssel - Geographie eines Fließgewässers", S. 9 ff.; WISPLINGHOFF, in: Düsseldorf, Geschichte (263), Bd. I S. 195

8 Bongardsmühle/Neumühle

Erkrath, Gerberstraße
(nach 1843 - 1974) > Düssel <

Am nordwestlichen Ausgang Erkraths lag im früheren Juffernbruch ein gleichnamiger Hof, der 1830 von dem Engländer John Wittnel als Fabrikstandort ausersehen worden war. Was Wittnel produzieren wollte, kann man allenfalls aus seinem Herkunftsort Manchester schließen - Textilien vermutlich. Wittnel bekam auch die Konzession zur Nutzung der Wasserkraft, starb aber wenig später.
1840 erwarb der Erkrather Sanitätsrat Dr. Heinrich Bongard den Hof, allerdings nicht zum Bau einer medizinischen Einrichtung, sondern einer Farb-, Öl- und Getreidemühle, die er 1843 unter dem Namen „Bongardsmühle" in Betrieb nahm. Bongard war nicht nur Arzt und - wie hier - Unternehmer: Auch als Naturforscher und Schriftsteller hat er sich einen Namen gemacht. Ihm und seinem Büchlein „Wanderungen zur Neanderhöhle" (1835) verdankt die Wissenschaft die Beschreibung des Neandertales in seinem Urzustand, ehe es die Beschädigungen durch die Kalksteinbrüche erfuhr und durch die Entdeckung der Skelettreste des Neandertalers weltberühmt werden sollte.
Nach Bongards Tod 1857 ging der Bongardsche Besitz mitsamt Mühle auf den Landwirt Friedrich Jakob Bernsau über, dessen Sohn Friedrich Julius - ein gelernter Ölmüller - die Betriebsführung und später auch den Betrieb selbst übernahm. 1868 schloß er eine Papierfabrikation an. 1870 gab es einen Großbrand, der die Mühle bis auf die Grundmauern zerstörte. Bernsau baute sie größer als zuvor wieder auf und nannte sie nun „Neumühle". Weil indes die heimische Lampenölproduktion durch die billigen Petroleumimporte aus den USA in Schwierigkeiten geriet, konzentrierte er sich alsbald nur noch auf die Papierherstellung. Die wiederum überschritt bald den Rahmen eines Handwerksbetriebes und wurde am

Ende ein großes und namhaftes Unternehmen.
Die Papierfabrik „F.J. Bernsau GmbH" bestand bis 1974. Dann wurde das Gelände an einen Metallverarbeitungsbetrieb abgegeben, der dort heute noch ansässig ist. Vom Wasserantrieb ist allerdings längst nichts mehr zu sehen. Auch das Mühlenstauwerk ist mit der Regulierung der Düssel verschwunden.

EULNER, Vom „Gesteins" zum Neandertal (55), S. 31; FROTZ, „Die Mühlen in Erkrath", in: Erkrath (54), S. 141 u.160 ff.; van de LOO, Bernsau (169), S. 323 u. 330 ff.; WIEMER, „Wassermühlen an der Düssel", in: Die Düssel (47), S. 86; Unterlagen des Stadtarchivs Erkrath; ferner in TK 1892 Bl. 4707 Mettmann: „Pap.M."

9 Morper Mühle

Erkrath, Morper Allee
(vor 1448 - 1905) > Düssel <

Die in einer Urkunde von 1448 erstmals genannte Morper Mühle gehörte zum adligen Haus Morp in Erkrath. Sie war eine Zwangsmühle. Ihr Bannbezirk schloß sich nördlich an den Bezirk der Hildener Lehnsmühle an. Er umfaßte neben Erkrath selbst die Siedlungen Morp, Dorp und Hubbelrath im Norden und Unterbach im Süden. Wegen des Mahlzwangs war es 1628 zu einem Rechtsstreit zwischen dem Herrn auf Hs. Morp und den Zwangsgenossen gekommen, hinter dem wohl das Hs. Unterbach steckte. Er endete erst 1750 - nach 122 Jahren - mit einem Vergleich (siehe hierzu bei Nr. 20 Rohrsmühle).
1905 brannte die Morper Mühle restlos nieder. Das auf den alten Grundmauern wiederaufgebaute Mühlengebäude diente fortan als Wohnhaus. Das funktionsfähig gebliebene Wasserrad indessen schloß man an einen Stromgenerator an, um den Strom zu erzeugen, den man für die Beleuchtung der Morper Straße (der späteren Allee) brauchte. Aber auch diese - selbst aus heutiger Sicht recht fortschrittlichen - Zeiten sind längst vorbei. Nur noch die regulierte Düssel blieb und fließt wie eh und je an Haus und Garten der ehemaligen Mühle entlang.

FROTZ, „Die Mühlen in Erkrath", in: Erkrath (54), S. 140; ders., „Die wechselhafte Geschichte der Rohrsmühle in Unterbach", ebenda, S. 145 ff.; zu den Beziehungen zu Unterbach, siehe „Rohrsmühle" (Nr. 20); Ploennies-Karte des Amtes Mettmann von 1715; ferner TK 1843/44 und 1892 Bl. 4707 Mettmann: Mühlensymbol.

10 Dammer Mühle

Erkrath, Düsseldorfer Straße
(vor 1324 - heute) > Düssel <

1324 schlossen die Äbtissin Kunigunde von Berg und das Kapitel des Gerresheimer Kanonissenstifts mit einem gewissen Hermann und dessen Ehefrau Elisabeth einen Pachtvertrag über die Dammer Mühle. Wären Nachnamen bereits üblich gewesen, hätte das Pächterehepaar vermutlich „Müller" geheißen. Es dürfte auch kaum der erste Vertrag gewesen sein. Denn das hochadlige Gerresheimer Stift war damals schon über 400 Jahre alt und besaß allein im unmittelbaren Umfeld

sieben Höfe. Es müßte also sehr verwundern, wenn nicht schon früh auch eine Mühle dazugehört hätte.
Vertragsbestimmungen sollen nach Juristenmeinung die Summe schlechter Erfahrungen sein. Hier indes scheinen sie nicht immer ausgereicht zu haben. Denn die Akten aus den folgenden Jahrhunderten handeln meistens von Streit und Prozeß. Dabei ging es auch um die Anschaffungskosten der Mühlsteine: Die Stiftsdamen hatten das ihnen obliegende Drittel irgendwann einmal nicht übernehmen wollen. Der Müller bekam sein Recht - allerdings nicht vom Kammergericht in Berlin, wie weiland der Müller von Sanssouci in der berühmten Anekdote über den Gerechtigkeitssinn des Preußenkönigs, sondern beim Herzoglichen Hofgericht im bergischen Düsseldorf.
Im 18. Jh. war der Dammermüller zugleich auch eine Art herzoglicher Hilfsbeamter. Er hatte nämlich am Spaltwerk unweit seiner Mühle die Beschickung der beiden Düsselarme zu regeln - keine leichte Aufgabe, bei Hochwasser und Niedrigwasser das rechte Maß zu finden und niemandem zu schaden.
Zwischen 1779 und 1843 tritt Graf Hatzfeld zu Kalkum als Eigentümer auf, ehe dann die Mühle in bürgerliche Hände überging. Zu seiner Zeit hatte die Dammer Mühle zwei unterschlächtige Wasserräder, die gleichzeitig drei Mahlgänge und die Ölpresse antreiben konnten. Nach 1843 scheint man in der Mühle einige Jahre Drahtstifte und Nägel produziert zu haben. Aber die „Eisenzeit" währte nur kurz. Als sie nach einem Brand 1857/60 neu gebaut wurde, war sie längst wieder eine Fruchtmühle gewesen. Damals erhielt sie sogleich auch eine 6-PS-Turbine. Seither ist sie ununterbrochen in Betrieb. Die Feuerwehr war übrigens jüngst wieder einmal da - allerdings nur, um mit ihrer langen Drehleiter eine Madonnenfigur hoch oben in eine Mauernische und damit das Haus unter einen Schutz zu stellen, an den St. Florian nicht heranreichen dürfte.

HAABER/HAASE, Die Düssel - Biographie eines Flusses, Beiheft zur Lichtbildreihe des LV Rhld., S. 38; WEIDENHAUPT, „Aus der Geschichte der Dammer-Mühle", in: Aus Düsseldorfs Vergangenheit (264), S. 50 ff.; WIEMER, „Wassermühlen an der Düssel", in: Die Düssel (47), S. 83 und 86; ferner in TK 1843/44 und 1892 Bl. 4707 Mettmann: „DammerM."

11 Klostermühle Düsselthal

Düsseldorf-Düsseltal, Hallbergstraße
(nach 1707 - 1.H. 20. Jh.) > nördliche Düssel <

1707 hatten sich nordöstlich der Stadt die Trappisten - ein Zweig der Zisterzienser - angesiedelt. Sie nannten ihre Niederlassung „Düsselthal". Für ihre Landwirtschaft errichteten die Mönche auf ihrem Klostergrundstück eine Mühle, und zwar nahe dem späteren Zoologischen Garten.
Die Mühle dürfte bereits in der ersten Hälfte unseres Jahrhunderts geschlossen worden sein. Heute ist das einstige Klostergelände ein modernes Wohngebiet, in dem nichts mehr an die frühere Bestimmung erinnert.

WIEMER, aaO. S. 88; zur Abtei: MÜLLER, in: Düsseldorf, Geschichte (263), Bd. II, S. 208; ferner in TK 1893 Bl. 4706 Düsseldorf: Mühlensymbol.

Nr. 12 Buscher Mühle, Düsseldorf. Sie steht an der nördlichen Düssel und ist von den einst 20 Wassermühlen im heutigen Düsseldorfer Stadtgebiet die einzige, die noch (oder richtiger: wieder) funktionsfähig ist. Nach ihrer Kriegszerstörung wurde sie restauriert und erhielt als ein Zeugnis der Wirtschaftsgeschichte wieder Mahlgang und Wasserrad.

Nr. 14 Eller Mühle, Düsseldorf. Die frühere Mühle von Hs. Eller besteht schon seit dem 15. Jh. Erst 1961 wurde sie stillgelegt. Die Gebäude sind kaum verändert. Das Vorderhaus dient als Arztpraxis. Die (südliche) Düssel ist in diesem Bereich abgedeckt.

12 Buscher Mühle

Düsseldorf-Derendorf, Mulvanystraße
(14. Jh. - heute) > nördliche Düssel <

Von den 20 Wassermühlen und 5 Windmühlen im heutigen Düsseldorfer Stadtgebiet ist sie die einzige, die noch - oder richtiger: wieder - funktionsfähig ist. Nach der Kriegszerstörung 1944 wurde nämlich das Gebäude 1950 dank dem Einsatz der Düsseldorfer Heimatvereine wiederaufgebaut; die Inneneinrichtung mit Mahlgang und Wasserrad folgte allerdings erst 1990/92. Indes, mit dem Betrieb hapert es, weil meistens nicht genügend Wasser vorhanden ist. Aber die Mühle kann besichtigt und als nostalgischer Rahmen für Veranstaltungen angemietet werden.
Über das Alter der Getreidemühle gibt es nur wenig zuverlässige Nachrichten. Man weiß nur, daß der Name auf den alten Buscherhof zurückgeht, der 1316 von der Familie v. Pempelfort einem Johann de Buscho als Lehen ausgegeben wurde. Wahrscheinlich gehörte damals bereits eine Mühle dazu.
Schon nach dem Ersten Weltkrieg wurde die Mühle stillgelegt, deren Erhaltung von da an die Öffentlichkeit beschäftigte.

WIEMER, aaO., S. 89/90; Düsseldorfer Tageblatt v. 29.12.1928; ferner: Historischer Plan von Düsseldorf 1885 („Buschermühle") und TK 1893 Bl. 4706 Düsseldorf: Mühlensymbol.

13 Platzmühle

Düsseldorf (Altstadt), Grabbeplatz
(vor 1335 - um 1890) > nördliche Düssel <

Sie stand am heutigen Grabbeplatz (dem früheren Mühlenplatz, Paradeplatz und Friedrichsplatz), daher wohl der Name. Die älteste urkundliche Nachricht ist von 1335, in der sich Graf Reinald von Geldern bei der Ortsbeschreibung auf *„mynre moelen buten Dusseldorp"* bezog.
1383 erwarb Herzog Wilhelm II. von Berg die Mühle von einem Heinrich Haic, wohl um den wirtschaftlich interessanten Fremdbesitz in seiner Stadt in seine Hand zu bringen. 1449/51 vergab Herzog Gerhard II. die Mühle - zusammen mit einer offenbar dazugehörigen Ölmühle und der Rompelsmühle in Bilk - an die Stadt in Erbpacht. Es war ein Akt herzoglicher Wirtschaftsförderung. Denn gleichzeitig wurde der Stadt das Recht zugestanden, diese Mühlen zu verlegen, neue an der Düssel oder auf dem Rhein und auch Windmühlen zu errichten.
1685 ersetzte die Stadt das morsch gewordene Holzgebäude durch ein steinernes Mühlenhaus. Ende der 80er Jahre des vorigen Jh. wurde die Platzmühle abgerissen.

MÜLLER, aaO., Bd. I, S. 104; MÜLLER-SCHLÖSSER, Die Stadt an der Düssel (181), S. 46 ff.; WIEMER, aaO., S. 82 u. 90.; WISPLINGHOFF, in: Düsseldorf, Geschichte, Bd. I (263), Bd. 1, S. 195/196; die erste Windmühle - eine Ständermühle aus Holz - wurde 1512 aufgestellt (ebenda, S. 196).

14 Eller Mühle

Düsseldorf-Eller, Gumbertstraße
(vor 1459 - 1961) > südliche Düssel <

1459 verlieh Herzog Gerhard II. Von Berg dem Ritter und Herrn auf Hs. Eller Adolf Quade für seine Düsselmühle das Bannrecht für die Honschaft Eller. Nach dem Tode von Ritter Adolf und seiner Ehefrau fiel der Mühlenbann wieder an den Landesherrn zurück, der es dann an die benachbarte Scheidlingsmühle (s.u.) weitergab.
Um 1600 wurde der Getreidemühle eine Ölschlägerei angegeliedert. 1711 gingen Haus Eller und seine Mühle an der Bergischen Fiskus. 1820 kam die Mühle in Privathand. Bis 1922 wurde mit Wasserkraft, dann mit Motorkraft gemahlen. 1961 schloß der Betrieb.
Die Gebäude stehen noch weitgehend unverändert. Im ansehnlichen Wohnhaus aus dem vorigen Jahrhundert hat ein Sohn der Müllerfamilie seine Arztpraxis eingerichtet.

SCHUBERT, Haus Eller (234), S. 48; WIEMER, aaO., S. 86/87.

15 Scheidlingsmühle

Düsseldorf-Wersten, Scheidlingsmühlenweg/Am Spaltwerk
(vor 1435 - 1890) > südliche Düssel <

Sie ist nach einer Familie Schadelich benannt, die 1435 im Zusammenhang mit der Mühle urkundlich erwähnt wurde. Ihr Bannbezirk war relativ groß. Er umfaßte Itter, Himmelgeist, Holthausen, Wersten, Stoffeln, Mickeln und eine Teil von Lierenfeld. Bis Mitte des 19. Jh. wurde mit Wasserkraft gemahlen, ehe die Mühle auf Dampfbetrieb umgestellt wurde. 1883 ging das Eigentum an der Mühle auf die Stadt über. 1890 wurde der Betrieb eingestellt. Die Gebäude brannten 1893 nieder.

WIEMER, aaO., S. 87; WISPLINGHOFF, aaO., S. 394; ferner TK 1893 Bl. 4806 Neuss: „ScheidlingsM."

16 Rompelsmühle

Düsseldorf-Bilk, Bilker Allee
(vor 1369 - 1888) > südliche Düssel <

Für 1303 ist Heinrich Rumpold als Bürgermeister Düsseldorfs bezeugt. Er oder seine Familie sollen im 14. Jh. die Rumpolds/Rompels-Mühle gebaut, zumindest aber als Pächter bewirtschaftet haben. 1369 wurde die Mühle an den Landesherrn abgetreten. Dieser wiederum vergab sie in seinem Mühlen-„Grundlagen-Entscheid" von 1451 zusammen mit der Platzmühle (s. o.) an die Stadt in Erbpacht.
Ab etwa 1828 wurde sie in eine Farbholzmühle umgewandelt, die ihre Produkte

an die Textilfärbereien lieferte. Als dann die Chemiefarben mehr und mehr die Naturfarben ablösten, wurde die Mühle geschlossen und 1888 abgerissen.

MÜLLER, aaO., S. 195; WIEMER, aaO., S. 88; zu Bürgermeister Rumpold: WISPLINGHOFF, aaO., S. 248.

17 Krautmühle

Düsseldorf-Bilk, zwischen Reichsstraße und Fürstenwall
(16. Jh. - Ende 19. Jh.) > südliche Düssel <

Unter „Kraut" verstand man nicht etwa Pfeifentabak, sondern ein Pulver aus Kraut und Lohe, das zum Gerben von Leder verwandt wurde. Die Krautmühle in Bilk lag nur einen Steinwurf südlich vom Schwanenspiegel. Der wiederum hatte früher „Lohpohl" geheißen, der Gerberei wegen, die neben der Krautmühle lag und ebenfalls dem Krautmüller gehörte.
Schon vor 1380 hatte es in Bilk eine wassergetriebene Walkmühle gegeben, die dem Herzog gehörte und damals von einem Pächter aus Schleiden in der Eifel betrieben wurde. Es ist nicht auszuschließen, daß diese Walkmühle mit der städtischen Krautmühle aus dem 16. Jh. identisch ist.
Auf dem Düsseldorfer „Historischen Stadtplan" von 1885 ist sie noch mit Namen eingetragen. In der Topographischen Karte von 1893 indes findet man sie schon nicht mehr.

MÜLLER-SCHLÖSSER, aaO., S. 49; WIEMER, aaO., S. 88; ferner TK 1843 Bl. 4706 Düsseldorf: Mühlensymbol; Historischer Stadtplan 1885: „KrautM."

18 Hofmühle

Düsseldorf-Karlstadt, Maxplatz/Hafenstraße
(1705 - 19. Jh.) > südliche Düssel <

Sie gehört zu den „neuen" Mühlen, welche die Stadt aufgrund ihres herzoglichen Privilegs von 1451 gebaut hatte. Entstanden sein soll sie allerdings aus einer nicht näher beschriebenen städtischen Walkmühle auf der Zitadelle aus dem Jahre 1651. Die Mühle hatte der Kurfürst 1705 erworben, damit er auf ihr das für seinen Hof und die Garnison nötige Korn mahlen lassen konnte.

MÜLLER, aaO., S. 104; WIEMER, aaO., S. 88, der allerdings den Bau der Mühle in das Jahr 1755 verlegt.

19 Berger Mühle

Düsseldorf-Karlstadt, Bäckergasse
(1. H. 19. Jh. - 1898) > südliche Düssel <

Die Kornmühle stand dicht am Rhein, unmittelbar neben dem Berger Tor. Sie war die jüngste Düsseldorfer Wassermühle, wurde aber schon früh auf Dampfbetrieb

umgestellt. Ihre Hauptkundschaft in der schnell wachsenden Stadt waren die Bäkker, wie der Standort schon sagt.
1898 brannte das Mühlengebäude bis auf die Grundmauern nieder und wurde nicht mehr ersetzt.

MÜLLER-SCHLÖSSER, aaO., S. 51; WIEMER, aaO., S. 88.

20 Rohrsmühle

Erkrath, Am Tönisberg
(vor 1448 - 1975) > Eselsbach, Zufluß der Düssel <

Der Eselsbach trieb nur diese eine Mühle an. Heute läuft der Bach längs der Autobahn A 46, einige hundert Meter weiter südlich. Seine Namensähnlichkeit mit dem traditionellen Lasttier der Müller ist wohl „rein zufällig", wie bei den Filmgeschichten. Anders ist es indessen mit dem Namen der Mühle: Er kommt von den beiden nahegelegenen Höfen „Zum Rohr/Roer", weshalb man - etwas kühn und bei einem vergleichsweise gutmütigen Bach kaum zu erklären - eine Verwandtschaft mit dem Flußnamen „Ruhr/Rur" annimmt.
Die Rohrsmühle gehörte jahrhundertelang zum Haus Unterbach, einem Rittersitz aus dem 13./14. Jh. Unter den Besitzern von Unterbach hat Wilhelm v. Waldenberg zweifelhafte Berühmtheit erlangt, weil er 1597 als Hofmarschall in den Mord der Bergischen Herzogin Jacobe von Baden verwickelt war.
Das genaue Alter der Mühle ist nicht bekannt. Aber schon in einer Urkunde Herzog Gerhards von Berg aus dem Jahre 1448, mit der Adolf von Quaden - Ritter und Amtmann von Angermund - mit Haus Eller belehnt wird, ist die „Roerßmoelen by Unterbach" Teil der Grenzbeschreibung. Eine spätere Nachricht stammt aus den Akten des Reichskammergerichts, wo die damalige „Rohrs-Müllerin" v. Waldenberg 1628 gegen den „Morper Müller" v. Winkelhausen wegen des Mahlzwanges geklagt hatte. Der Streit endete erst 1750 in einem Vergleich zwischen dem damaligen Herrn auf Hs. Morp - Graf von Hatzfeld - und den Mahlgenossen in Erkrath, Hubbelrath, Morp, Dorp und Unterbach. Er war möglich, weil sich nun beide Mühlen in einer Hand befanden. Nach dem Vergleich war der Müller von Morp u.a. verpflichtet, beständig eine „Mühlenkarrig" zu unterhalten, mit der er wie ein Verkaufsfahrer an bestimmten Wochentagen das Getreide einzusammeln und das Mehl auszufahren hatte.
Nach 1800 erwarb Friedrich Spiecker - ein rühriger Geschäftsmann - die Rohrsmühle. Später legte er sich noch die Horster Mühle in Hilden mit den Schloßländereien zu, die er aber alsbald wieder verkaufte - sicher mit gehörigem Gewinn. Auch, als er sich vier Jahre danach (1843) von der Rohrsmühle wieder trennte, muß ihn das Gespür für den richtigen Zeitpunkt geleitet haben: Kurz darauf brannte nämlich die Mühle ab. Aber es entstand schnell eine neue Rohrsmühle, die 1920 mit einer modernen Turbine ausgestattet wurde. Sie besaß vier Mahlgänge. 1975 wurde der Betrieb eingestellt.
Aber das Mühlengebäude überdauerte, wurde restauriert und zu einem Wohnhaus umgebaut. Was von der Inneneinrichtung noch geblieben war, hat man da-

bei einschließlich des Gebälks mit großem Einfühlungsvermögen in die Wohnräume einbezogen. Sogar den alten Durchlauf des Eselsbaches unter dem Gebäude gibt es noch, nun allerdings trocken, wie der einstige große Mühlenweiher, der zum Ziergarten geworden ist.

BRORS, Unterbach (29), S. 128 ff.; FROTZ, „Die wechselhafte Geschichte der Rohrsmühle in Unterbach", in: Erkrath (54), S. 145 ff.; Urkunde von 1448 in: Montensia Documenta Nr. XIII Bl. 190 ff. (Bayr. Staatsbibliothek, COD.Germ. 2213); Urkunde von 1750 (Abschrift) im Stadtarchiv Erkrath; Mitteilung der Eigentümerfamilie; ferner in TK 1844 und 1892 Bl. 4807 Hilden: „Rohr(s)M."

Schwarzbach

Quelle:	westlich Wülfrath	Höhe: 160 m ü.M.
Mündung:	Rheinstrom-km 758 (bei Wittlaer)	Höhe: 25 m ü.M.
Länge:		26 km
Mittlere Breite in der Rheinebene:		3 m
Abflußmenge im Jahresmittel am Pegel Ratingen:		0,4 m³/sec.
Mühlenstandorte um 1850 (einschl. an Nebenbächen):		16

Die Bezeichnung „Schwarzbach" kommt häufig vor, auch am Niederrhein. Meistens sind mitgeführte Moorpartikel oder ein dunkler Bachgrund die Namensgeber. Unserer hier windet sich zunächst unbeirrt durch sein Tal, ehe er hinter Ratingen die Rheinebene erreicht. Dort muß er sich dann allerdings nach Nordwesten wenden, um bei seinem jetzt nur geringen Gefälle den Rhein noch mit letztem Atem zu erwischen.
Zu einem weiteren Umweg hat ihn hier neuerdings der Luftverkehr gezwungen, für den Flüsse eigentlich mehr nützliche Orientierung als lästige Hindernisse sind. Als nämlich die Startbahn des Düsseldorfer Flughafens verlängert wurde, mußte auch der Schwarzbach weichen und um das Gelände herum einen mehr oder weniger kunstvollen Bogen machen.
Die Zahl seiner Wassermühlen ist geringer als bei den Nachbarbächen. Nur bei Ratingen und Kaiserswerth findet man eine gewisse, offensichtlich siedlungsbedingte, Häufung. Dafür hat er uns aber in der Kornmühle von Schloß Kalkum eine der schönsten Wassermühlen hinterlassen, die es am Niederrhein gibt.

21 Scheffenmühle

Ratingen, Hackenbergweg
(1728 - Anfang 20. Jh.) > Schwarzbach <

Früher befand sich östlich der Mühle ein großer Stauweiher. Er ist längst verfüllt und zu Wiesengrund geworden. Aber das alte Mühlengebäude mit der Jahreszahl 1728 auf dem Schlußstein über dem Eingang ist noch da. Es wird zu Wohnzwecken genutzt. Der glatte Mühlstein auf dem Hof läßt auf eine ehemalige Ölmühle schließen. Heute fließt der Schwarzbach in weitem Abstand vorbei. Man hat ihn verlegt. Wo

Nr. 20 Rohrsmühle, Erkrath. Als um die Mitte des 19. Jh. das ansehnliche Fachwerkgebäude entstand, war diese ehemalige Mühle von Hs. Unterbach schon mindestens 400 Jahre alt. Ihre wechselvolle Geschichte endete 1971. Dann wurde die Mühle zum Wohnhaus umgestaltet.

Nr. 21 Scheffenmühle, Ratingen. Das Mühlengebäude aus dem Jahre 1728 ist noch im Originalzustand erhalten. Aber die Mahleinrichtung ist schon lange ausgeräumt, der Schwarzbach verlegt und der Mühlenweiher zum Wiesengrund geworden.

der alte Bachlauf war und sich das Wasserrad befand, vermag niemand mehr genau zu sagen. Es muß aber vor dem Haus gewesen sein. Denn der Hauseingang liegt verhältnismäßig tief und war wohl nur über eine Brücke zu erreichen. Und der alte Fachwerkanbau aus dem vorigen Jahrhundert hinter dem Mühlengebäude steht so, daß zwischen ihm und dem steilen Hang kein Platz mehr gewesen sein dürfte.
Der Name der Mühle ist bisher noch nicht erklärt worden. Vielleicht war ein Scheffe (Schöffe) der erste Besitzer. Es kann aber auch ein Familienname gewesen sein.

TK 1843/44 und 1892 Bl. 4707 Mettmann: „ScheffenM."

22 Schönheitsmühle

Ratingen, Schönheitsmühle
(1721 - 1928) > Schwarzbach <

Ihr Name ist fast ein Prädikat - und nicht ganz zu Unrecht, wenn man die Mühle im Spiegel des Mühlenteiches betrachtet. Aber sie gehörte zum Hof einer Familie Schönheit. Bereits 1541 ist im Zusammenhang einer Kornstiftung für die Hausarmen von einem Johan Schynheit die Rede, der wahrscheinlich Pächter auf der Stadtmühle, also Müller war.
Über dem Eingang steht das Entstehungsjahr: 1721. An der Böschung neben dem Schuppen liegen vier glatte Mühlsteine. Sie weisen die Schönheitsmühle als eine ehemalige Ölmühle aus. Ursprünglich gehörte die Mühle zum nahegelegenen Schönheitshof, wurde aber im vorigen Jahrhundert von ihm abgetrennt. Dabei erhielt sie soviel Land, wie zum Unterhalt der Müllerpferde nötig war.
1928 mußte die Mühle geschlossen werden, weil sich die Rapsmüllerei nicht mehr lohnte. Der Eigentümer stellte sich auf Fischzucht um, die aber nach dem Tode seines Sohnes vor einiger Zeit eingestellt wurde.

REDLICH, Quellen, Bd. III Ratingen (207), S. 165 Nr. 163; ferner in TK 1843/44 und 1892 Bl. 4707 Mettmann: „SchönheitsM."
Vor der Schönheitsmühle mündet der Diepensieper Bach in den Schwarzbach ein. An ihm liegt - halbwegs Mettmann - der Gutshof Diepensiepen, der früher eine eigene Wassermühle besaß. Ähnlich war es auch beim Gut Mydlinghoven an einem kleinen Zufluß der Düssel in Hubbelrath. Die beiden Bauernmühlen arbeiteten hauptsächlich für den Eigenbedarf.

23 Hausmannsmühle

Ratingen, Am Butterbusch
(um 1715/1800 - 1963) > Schwarzbach <

Nach ihrer Restaurierung und dem Umbau zum Wohnhaus 1982 hat sie zu ihrem alten Glanz zurückgefunden. Aber sie blüht eher im Verborgenen. Ihre Lage im Winkel der Auffahrt zur Autobahn A 44 hat sie nahezu unauffindbar gemacht.
Nur das Mühlrad der ehemaligen Kornmühle dämmert im Halbdunkel vor sich hin, wo der Bach unter dem Haus hindurchfließt. Eine Tafel verrät die Lebensdaten

Nr. 22 Schönheitsmühle, Ratingen. Sie war eine Ölmühle und lief von 1721 bis 1928. Wer sie im Spiegel des Weihers betrachtet, könnte ihren Namen für ein Prädikat halten. Es ist aber der Name einer Eigentümerfamilie.

Nr. 23 Hausmannsmühle, Ratingen. Wie die beiden Schwarzbachmühlen oberhalb stammt auch sie erst aus der neueren Zeit. Nach der Stillegung 1963 wurde sie 1982 zu Wohnzwecken umgestaltet. Allein das eiserne Wasserrad unter dem Gebäude harrt noch aus.

der Mühle und auch den Durchmesser des Mühlrades: 4,80 m. Was das dort angegebene Baujahr - um 1800 - angeht, so bestehen allerdings Zweifel. Denn Ploennies hat die Mühle in seiner Karte der Bergischen Ämter von 1715 bereits vermerkt.

PLOENNIES-Karte „Das Ambt Ratingen" von 1715, abgedruckt bei REDLICH, Ratingen, Geschichte (206), Anhang; ferner TK 1892 Bl. 4707 Mettmann: „HausmannsM." Siehe auch bei Nr. 31 (Auermühle).

24 Voismühle

Ratingen, Voisweg
vor 1715 - Mitte 20. Jh.) > Schwarzbach <

Sie ist zwar in der Ploennies-Karte von 1715 eingezeichnet, zählt aber gleichwohl zu den jüngeren Ratinger Mühlen. Denn weder in älteren Urkunden, noch in der Literatur ist sie erwähnt - ebensowenig wie auch die oberhalb von ihr liegenden anderen Schwarzbachmühlen. Ihren Namen hat die Mühle vom Voishof, zu dem sie offenbar gehört hat.
Von der Voismühle ist nichts mehr vorhanden. Das ganze Gebiet trägt heute eine moderne Wohnsiedlung.

Ploennies-Karte „Das Ambt Ratingen" von 1715, abgedruckt bei REDLICH; aaO.; TK 1843/44 Bl. 4707 Mettmann: „Vorsmuhl"; 1892: „VoisM.".

25 Lipgensmühle (Mühlenterhof)

Ratingen, ten Eicken
(vor 1456 - 16./17. Jh.) > Schwarzbach <

Am Schwarzbach gab es den „Mühlenterhof" (eigentlich: Hof ter Mühlen). Er führte nich nur einen „Mühlennamen", sondern hatte auch seine Wurzeln in einer Mühle. Am 11. Oktober 1456 ließ nämlich Herzog Gerhard von Berg beurkunden, daß er im Einvernehmen mit seinem Lehnspächter Wilhelm Winters das auf der zum Hof gehörigen Mühle liegende Zwangsgemahl und die daran gebundenen Leute *(„gemahls luide") „up die moelen zu dem Huyss"* (Zum Haus) überweise. Winters dürfe aber die Nutzung des Wassers behalten. Danach scheint es, daß er die Mühle weiterbetreiben konnte, wenn auch wohl nur für seinen eigenen Bedarf.
Die „Umorientierung" der sämtlich im Süden Ratingens lebenden Bauern nach Nordwesten bedeutete erheblich weitere Wege. Nur die am weitesten ab Wohnenden haben sich später freikaufen können. Vermutlich war das der Anstoß zum Bau der dortigen Schwarzbachmühlen (siehe Nr. 21 - 24). Für ihre alte Zwangsmühle indes bedeutete es wahrscheinlich den wirtschaftlichen Ruin. Wie lange sie sich noch halten konnte, ist nicht bekannt. In der Ploennies-Karte aus dem Jahre 1715 taucht sie jedenfalls nicht mehr auf.

KESSEL, Geschichte der Stadt Ratingen, Urkundenband (128), S. 101 ff.; REDLICH, Ratingen, Geschichte (206), S. 408/409. Zu den Vorgängen im übrigen siehe bei Nr. 25 (Hauser Mühle).

Nr. 26 Volkardeyer Mühle, Ratingen. Ihre Ursprünge reichen bis mindestens ins 16. Jh. zurück. Das jetzige Gebäude stammt von 1820. Nachdem die Mühle um 1950 stillgelegt und die Mahlstube in einen Wohnraum umgewandelt worden war, blieb das Antriebssystem zunächst noch bestehen. Inzwischen hat man es jedoch ausgebaut. Im jetzigen Treppenhaus kann man aber noch durch einen Glasboden auf das fließende Wasser schauen.
Gegenüber steht ein eigenartiger Turm, dessen Bedeutung sich dem Betrachter nicht sofort erschließt: Über die eisernen Räder auf diesem Turm liefen die Transmissionsriemen, wenn früher mit dem Mühlrad die Dreschmaschine vom Gut Volkardey angetrieben wurde.

26 Volkardeyer Mühle

Ratingen, Volkardeyer Straße
(15. Jh. - um 1950) > Schwarzbach <

Hart an der A 52 liegt, nur einige tausend Meter vom Düsseldorfer Flughafen entfernt, der Rittersitz Volkardey (alte Bezeichnungen: „Volkerdei/Volkerdeye"). Seine Ursprünge reichen bis ins 14./15. Jh. zurück. Zu ihm gehörte eine Wassermühle. Sie war 1530 Gegenstand eines Streits zwischen dem Kloster Rath und dem Eigentümer. Da es dabei um den Bau einer neuen Schleuse ging, muß man die Errichtung der Mühle mindestens in das 15. Jh. datieren.
Das jetzige Mühlengebäude stammt aus der Zeit um 1820. Dabei wurde der Teil, der dem Bach zugewandt und dem ständigen Angriff des Wasser ausgesetzt war (das Radhaus), auf eigenartige Weise ausgekleidet: mit Grabplatten aus der säkularisierten Kirche des Kreuzherrenklosters zu Düsseldorf, die in ein Artilleriedepot umgewandelt worden war. Von den Inschriften sind einige noch gut zu lesen, etwa die vom „*Hofapotheker Arnold Weidenfeld und seiner ehrsamen Hausfrau: Mein Leib, er ruht ohn alle Klag, mein Seel erwardt den jüngsten Tag*" steht dort geschrieben. Weidenfeld und seine um ihn trauernden Nachfahren dürften da gewiß nicht an ein Mühlengerinne gedacht haben und schon gar nicht an einen „Schwarzbach".
Heute ist die Mühle ein Wohnhaus. Die Antriebsräder waren zunächst noch als nostalgischer Schmuck an ihrem Platz geblieben. Vor einigen Jahren hat man sie aber schließlich doch ausgebaut. Im jetzigen Flur blickt man noch durch eine dikke Glasscheibe im Fußboden auf das unten vorbeifließende Wasser.
Jenseits der Straße steht eine efeuumrankte Backsteinsäule, an der sich oben zwei gußeiserne Räder befinden. Auf den ersten Blick meint man, sie hätten etwas mit einem alten Wehr zu tun. In Wirklichkeit aber dienten sie als Transmission, wenn über die Mühle die gutseigene Dreschmaschine angetrieben wurde. Das Mühlrad half so schon vorab beim Dreschen des Getreides, ehe es mit seiner Hilfe zu Mehl vermahlen wurde.

Rhein. Post Düsseldorf vom 10. u. 17.10.1951 sowie vom 2.7.1963; ferner Karte des „Ambtes Ratingen" von E.P. PLOENNIES aus dem Jahre 1715 und TK 1892 Bl. 4706 Düsseldorf: Mühlensymbol.

27 Kalkumer Kornmühle

Düsseldorf-Kalkum, An der Alten Mühle
(vor 1265 - 1. H. 20. Jh.) > Schwarzbach <

Aus dem südlichen der beiden Haupthöfe von Kalkum ist das heutige Schloß Kalkum hervorgegangen. Das frühere Gut gehörte dem Stift Gandersheim, dem es schon vor 900 vom Karolingerkaiser Arnulf geschenkt worden sein soll. 1176 tritt erstmals in einer Urkunde ein Wilhelm v. Kalkum auf. Seine Nachfahren verwalteten den Hof bis um 1450. Dann kam der Besitz an die Familie v. Winkelhausen, die ihn 1613 in Erbpacht übernehmen konnte. Ihr folgte 1739 die Familie v. Hatzfeldt.

Nr. 27 Kalkumer Kornmühle, Düsseldorf. Das Fachwerkgebäude mit dem Kapuzendach ist eines der schönsten Mühlenhäuser am Niederrhein. Es ist bewohnt. Allein das große unterschlächtige Wasserrad hält noch eine wohl schon 1000 Jahre alte Mühlentradition wach, die auf das Stift Gandersheim zurückgeht.

Nr. 29 Pfaffenmühle, Düsseldorf. Diese alte Kaiserswerther Stiftsmühle aus dem 13. Jh. mit dem "geistlichen Namen" in Einbrungen (Wittlaer) hat heute zwar ein modernes Gesicht. Aber sie arbeitet noch, mit Elektroantrieb.

1946 wurde das Land Nordrhein-Westfalen Schloßherrin von Kalkum. Heute ist dort das Düsseldorfer Staatsarchiv untergebracht, in dem nicht nur die Geschichte unseres Landes, sondern auch die Geschichte unserer zahlreichen Wind- und Mühlen verwahrt wird.
Zum Hof Kalkum gehörte eine Mühle. Schon 1265 wurde sie in einer Gandersheimer Urkunde genannt. Man nimmt allerdings an, daß sie damals nicht hier, sondern bei dem anderen Hof, dem Niederhof an der Unterdorfstraße gestanden hat. Wie aber auch immer: Bis in die ersten Jahrzehnte des 20. Jh. hinein war sie in Betrieb. 1977 wurde sie in Privathand verkauft und zum Wohnhaus umgebaut, nachdem frühere Versuche, die Inneneinrichtung aus denkmalpflegerischen Gründen wiederherzustellen, gescheitert waren. Aber sie erhielt zumindest ein neues Mühlrad. Seither stimmt auch wieder, was Lutz Breuning 1940 im „Niederrhein" schrieb: *„Da steht in Kalkum ein ehrwürdiger Geselle. Das Dach hat er sich wie eine Kapuze tief über die Ohren gezogen. Alles ist Beschaulichkeit, Besinnung auf sich selbst."*

BADER, Schloß Kalkum (8), S. 17; BECKER, 1100 Jahre Kalkum (12), S. 86 ff.; BREUNING, Lutz, „Niederrheinische Wassermühlen", in: Der Niederrhein 1940, S. 55 ff.; GEHNE, Fritz, „Mühlen in und um Kaiserswerth", in: Die Heimat (Düsseldorf), 1964, S. 78 ff.; WISPLINGHOFF, in: Düsseldorf, Geschichte (263), Bd. I, S. 394; o. Verf., Die romantische Wassermühle in Kalkum bei Kaiserswerth, in: Die Heimat (Krefeld) 1936, S. 55 ff. (mit Planzeichnungen); JRD 21 (1957) S. 218 und 30/31 (1985) S. 460.

28 Kalkumer Ölmühle

Düsseldorf-Wittlaer, Unterdorfstraße
(vor 1392 - 1888) > Schwarzbach <

Dicht nördlich der Kalkumer Schloßallee steht der Niederhof, ein alter Kalkumer Besitz. 1392 war er Gegenstand einer Pachturkunde, mitsamt der zu ihm gehörigen Mühle.
1674 erhielt der damalige Herr auf Kalkum, Ludger Frh. v. Winkelhausen, vom bergischen Herzog die Erlaubnis, dort anstelle einer *„vor vielen Jahren bei der Kornmühle (gestandenen) Ohligmühle"* eine neue Ölmühle zu errichten. Die alte Mühle sei *„von undenklichen Jahren hero in Untergang gerathen",* hatte Winkelhausen vorgetragen, ohne es indes mit Genehmigungs- oder Vertragsurkunden belegen zu können. Aber die - reichlich vage - Begründung hatte dem Landesherrn ausgereicht, ihn von Einwendungen Dritter unbehelligt wieder in die behaupteten alten Rechte einzusetzen.
Wie die Kornmühle war auch die Ölmühle ein Lehmfachwerkbau. Gut 200 Jahre hat sie bestanden. 1888 war ihre Zeit vorbei. 1901 wurde sie abgebrochen. Der heutige Besitzer verwahrt in dem von ihm bewohnten ehemaligen Müllerhaus noch unter Glas sorgfältig eingerahmt die Originalurkunde eines Genehmigungsplanes aus dem 19. Jh.

BECKER, aaO., S. 25 ff. GEHNE, aaO., S. 79.

Nr. 30 Papiermühle Einbrungen, Düsseldorf. Im 17 Jh. gehörte sie Kurköln. Um 1890 wurde die einstige Getreidemühle in eine industriell betriebene Papiermühle mit Dampfantrieb umgewandelt. Heute sind die ausgeräumten Gebäude ein Künstlerdomizil.

Nr. 31 Auermühle, Ratingen. Die Kornmühle in der Aue des Angerbachtals (daher der Name) wurde nach ihrer Stillegung 1909 zu einer Gaststätte umgestaltet. Durch ihre einzigartige Lage, ihren Teich und ihr Wasserrad ist sie ein vielbesuchtes Ausflugsziel.

29 Pfaffenmühle Einbrungen

Düsseldorf-Wittlaer, Pfaffenmühlenweg
(vor 1287 - heute) > Schwarzbach <

1287 schenkte der Kaiserswerther Stiftsdechant Henricus Flecco seinem Kloster freies Gemahl auf seiner Mühle in Einbrungen. Da die zweite Einbrunger Wassermühle (siehe unten Nr. 30) erst im 17 Jh. urkundlich auftaucht, kann es sich - auch unabhängig vom Namen - dabei nur um die Pfaffenmühle gehandelt haben.
Spätestens im 14. Jh. gehörte die Mühle dem Stift selbst, wie aus einer Reihe von Urkunden hervorgeht. 1720 übernahm der Kölner Kurfürst die Mühle - für ihn eine wichtige Ergänzung seiner unweit am Schwarzbachufer stehenden Windmühle, die mit dem Bannrecht für Wittlaer, Bockum, Einbrungen, Stockum und Lohausen ausgestattet war. Als Gegenleistung bekam das Stift jährlich 3 Malter Weizen und 9 Malter Roggen. 1827 verkaufte der preußische Staat die nach der Säkularisation auf ihn übergegangene Pfaffenmühle an Privathand.
Im Laufe des 19. Jh. wurde die Pfaffenmühle auf Turbinen-, später auf Elektroantrieb umgestellt. Sie arbeitet noch immer, auch wenn mit den alten Gebäuden inzwischen der klerikale Firmenname verschwunden ist. Aber die Anschrift stimmt noch: Pfaffenmühlenweg.

BADER aaO., S. 17 ff.; GEHNE, aaO., S. 80; KAISER, Rheinischer Städteatlas Nr. 46 (Kaiserswerth), Textteil; KAU, „Zur Geschichte der Einbrunger Mühlen“, in: Die Heimat (Düsseldorf), 1964 S. 83; WISPLINGHOFF, aaO., Bd. I, S. 348; ferner TK 1843 Bl. 4606 Düsseldorf-Kaiserswerth: Mühlensymbol.
Zum Namen: BADER bezieht den Namen „Pfaffenmühle“ auf die Kornmühle von Kalkum (Schloßmühle Nr. 27), weil sie in alter Zeit zum Kloster Gandersheim gehört habe. Er steht damit im Widerspruch zu den anderen Autoren. Vielleicht handelt es sich um eine Verwechslung.

30 Papiermühle Einbrungen

Düsseldorf-Wittlaer, Mühlenweg/Talweg
(vor 1634 - Mitte 20. Jh.) > Schwarzbach <

Nur 300 m unterhalb der Pfaffenmühle befindet sich die Papiermühle. 1634 wird sie urkundlich als Kornmühle von Kurköln erwähnt. 1828 wurde sie zusammen mit ihrer Nachbarmühle - beide waren damals im Besitz der preußischen Domänenverwaltung - öffentlich versteigert. Um 1890 wandelte sie der Eigentümer in eine industriell betriebene Papiermühle um und rüstete sie mit einer Dampfmaschine aus. Hauptsächlich wurden Hartpappen hergestellt - vom Knopf bis hin zu Auflagestreifen für die Räder der Hofzüge, die das Fahrgeräusch dämpfen sollten. Anwohner wissen im übrigen zu berichten, daß hier in der NS-Zeit in großen Mengen damals verbotene Bücher eingestampft worden seien.
Nach dem letzten Kriege wurde der Betrieb, der wohl nie so recht floriert hatte, geschlossen. Seit den 50er Jahren befindet sich in den alten Gebäuden eine Künstlerkolonie.

GEHNE, aaO., S. 80; KAISER, aaO.

Nr. 32 Papiermühle Bagel, Ratingen. 1789 konzessioniert, war sie eine der letzten neuen Mühlen aus der alten Zeit. Nach der Umstellung auf Dampf lief das Wasserrad nur noch als "Nothelfer". Es befand sich im Gebäudeinneren, wie bei Cromford (Nr. 35). Die Fabrik schloß 1984.

Nr. 33 Brücker Mühle, Ratingen. Auch sie wurde erst im 18. Jh. erbaut, und zwar als Kornmühle. In neuerer Zeit diente der Wasserantrieb zur Stromerzeugung für den Spee´schen Steinbruch am Blauen See. Seit etwa 1950 ist sie nur noch Wohnhaus.

Angerbach

Quelle:	Wülfrath	Höhe: 175 m ü.M.
Mündung:	Rheinstrom-km 771 (Duisburg-Angerort)	Höhe: 22 m ü.M.
Länge:		36 km
Mittlere Breite in der Rheinebene:		4 m
Abflußmenge im Jahresmittel 1959-88 am Pegel Ratingen:		1,00 m³/sec.
Mühlenstandorte um 1850:		18

Unsere schon mehrfach zitierte Statistik des Regierungsbezirks Düsseldorf von 1836 faßt sich sehr kurz: „Der Angerbach hat (wie Düssel und Schwarzbach) auch bei Wülfrath seinen Ursprung, strömt anfangs zwischen hohen Bergen durch, tritt dann in die Ebene, treibt 18 Mühlen und fällt bei Angerort in den Rhein."

Das langgestreckte Angertal von der Quelle bis hinter Ratingen zieht sich über wohl 20 km hin. Dabei verteilt sich das Gefälle ziemlich gleichmäßig von 175 m in Wülfrath auf 45 m beim Beginn der Niederterrasse. Diese „Ebenmäßigkeit" war und ist der ideale Weg für die Eisenbahn, die hier im Hügelgelände ohne große Kunstbauwerke auskommen kann: Sie folgt exakt dem Lauf der Anger bis hin zur Rheinebene.

Im ebenen Gelände stehen der Anger für die restlichen 16 km dann nur noch knapp 25 m Gefälle zur Verfügung, um voranzukommen. Dabei hat sie allerdings durch die erheblichen Begradigungen südlich Angermund und vor allem bei Huckingen wesentliche Hilfe von Menschenhand bekommen. Sie ist also keineswegs ein „stehendes" Gewässer, sondern geht stetig auf ihr Ziel zu.

Vom Angerbach haben das Haus Anger bei Heiligenhaus, das einstige Bergische Amt Angermund und schließlich an der Mündung selbst das Haus Angermund ihre Namen. Und weil die Anger einstmals zu einem guten Stück Grenzfluß von Jülich-Berg gegen Kleve-Mark war, befanden sich gerade in der Niederung an ihr in dichter Folge zahlreiche Burgen und feste Häuser: die Kellnerei in Angermund, Schloß Heltorf, Haus Groß-Winkelhausen, Haus Böckum, der Steinshof in Huckingen und die Grenzfeste Angerort am Rhein.

Entlang der waldreichen Heltorfer Mark windet sich noch der Rahmer Bach. Er geht bei Rahm in den Alten Angerbach über, der sich südlich Wanheim mit der kanalisierten Anger verbindet.

31 Auermühle

Ratingen, Auf der Aue
(vor 1477/1838 - 1909) > Angerbach <

Tief unten im engen Tal der Anger ist sie gewiß alles andere als eine Niederrhein-Mühle. Aber man sollte sie innerhalb Ratingens, der Stadt auf der Grenze zwischen der bergischen Mittelterrasse und der niederrheinischen Tiefebene nicht übergehen. Ihren Namen hat die früher herzogliche Auermühle „in der Awen" offensichtlich von der Talaue. 1477 erhielt Heintgen in der Auen sie in Erbpacht, mitsamt dem

auf ihr liegenden Mahlzwang für die Honschaften Eggerscheidt und Hösel. Das berichtet Heinz Schmitz in seiner Angermunder Geschichte. Die in der Mühle kalligraphisch festgehaltene Geschichte beginnt dagegen erst mit der ersten Eintragung in das Urkataster im Jahre 1838.
Ihre zweite und vermutlich bedeutendere Karriere begann für die Auermühle 1909. Damals hieß sie nach ihrem derzeitigen Besitzer allgemein „Hausmannsmühle" und war gleichzeitig Dampf- und Wassermühle, allerdings außer Diensten. Denn wegen der übermächtig gewordenen Konkurrenz der Industriemühlen am Rhein lag sie still. Heinrich Hausmann besann sich auf ihre Lage in unberührter Natur, ihren romantischen Teich und das Bedürfnis der Wanderer nach einer Erfrischung. Das Geschäft entwickelte sich binnen kurzem so gut, daß er 1913 bei den Behörden als Beruf nicht mehr „Müller", sondern „Wirt" angab.
Seit 1978 gehört die Auermühle dem „Zweckverband Erholungsgebiet Angertal". Dieser hat sie verpachtet - mitsamt Wasserrad und Mühlenteich.

SCHMITZ, Angermunder Land und Leute (226), Bd. I, S. 46; VHS Ratingen, Unentdecktes Angertal (257), S. 40; Katasterunterlagen für die Gemarkung Eggerscheidt; Rhein. Post vom 8.4.50 und Ratinger Wochenblatt vom 3.5.79; ferner TK 1843 und 1892 Bl. 4607 Heiligenhaus/Kettwig: „AuerM." Siehe im übrigen Nr. 23 (Hausmannsmühle).

32 Papiermühle Bagel

Ratingen, Papiermühlenweg
(1789 - 1984) > Angerbach <

Im Revolutionsjahr 1789 wurde sie genehmigt und gebaut. Bis um die Mitte des 19. Jh. gehörte sie dem Grafen v. Spee.
1852 begann für sie unter August Bagel das Industriezeitalter mit Dampfmaschinen und neuzeitlicher Einrichtung für die Papierherstellung in großem Stil. Das traditionelle Wasserrad blieb dann zwar noch einige Zeit, aber nur als Zusatz und Nothelfer, wenn der Dampf einmal ausbleiben sollte. Es befand sich in der Mitte des damaligen Fabrikgebäudes unter Dach und Fach, ähnlich wie bei Cromford (Nr. 35). Der ehemalige Wassereinlauf ist noch zu sehen.
1984 wurde die Papierfabrikation eingestellt. Mit ihr hörte ein Betrieb zu bestehen auf, der zeitweilig 150 Leute beschäftigt hatte.

SCHAUMANN, Ralf, „Technik ... im Industrialisierungsprozeß", in: Rhein. Archiv Nr. 101 (1977), S. 357; VHS Ratingen, aaO., S. 38/39; ferner TK 1843 Bl. 4607 Heiligenhaus: Mühlensymbol, und 1892: „PapierM."

33 Brücker Mühle

Ratingen, In der Brück
(2. H. 18. Jh. - um 1950) > Angerbach <

Die Angerbrücke auf der Straße nach Eggerscheidt war seit dem 13. Jh. die Gerichtsstätte des für das ländliche Umfeld der Stadt Ratingen zuständigen Land-

gerichts. Nach seinem Standort hieß das Gericht „In der Brüggen" - eine Bezeichnung, die schließlich auf die umliegende Gemarkung überging.
Die nahebei stehende und nach der Gemarkung benannte Brücker Mühle ist allerdings eine Einrichtung aus neuerer Zeit. Wahrscheinlich hat Graf Spee sie erbaut, der hier seit der 2. Hälfte des 18. Jh. erheblichen Grundbesitz erworben hatte, u.a. auch das Haus zum Haus (siehe Nr. 34 und 35).
Gegen Ende des 19. Jh wurde der Mahlbetrieb eingestellt. Dann diente der Wasserantrieb noch bis weit in unsere Zeit zur Erzeugung elektrischen Stroms für den frühen Spee´schen Kalksteinbruch am Blauen See. Heute dient das Anwesen Wohnzwecken. Aber das alte Mühlengebäude seitab von der Straße steht noch weitgehend unverändert über dem einstigen Gerinne, dessen Durchlaß noch zu sehen ist.

VHS Ratingen, aaO., S. 36/37; MÖRSTEDT, Christoph, „Cromford und die Anger - Wasserkraftnutzung im Wandel" (Manuskript im Ratinger Stadtarchiv), berichtet von einem Lageplan aus dem Jahre 1929, wonach hier zwei Gebäude gestanden haben, als Getreide- und Ölmühle bezeichnet. Da indes die älteren Karten hierüber nichts aussagen und nur ein einziges Mühlengebäude ausweisen, sind hier Zweifel angebracht, die sich wohl umsoweniger aufklären lassen, als Mörstedt damit auch noch die bei Cromford umstrittene Lohmühle in Zusammenhang bringt. Zum Namen: REDLICH, aaO., S. 19 ff. u. 159; ferner TK 1843 Bl. 4607 Heiligenhaus: Mühlensymbol, 1892: „Brücker M."

34 Hauser Mühle

Ratingen, Mühlenkämpchen
(vor 1456 - um 1900) > Angerbach <

Der Name „Haus zum Haus" in Ratingen erinnert wie „Haus Wohnung" in Voerde (siehe Nr. 62) an den berühmten weißen Schimmel. Aber er ist erklärbar, da sich die Eigentümer der Einfachheit halber nach ihrem Wohnplatz, eben dem Haus, genannt hatten. Auch in Schwalmtal ist das so geschehen, wo es ebenfalls eine „Hausermühle" gibt (siehe Nr. 348). Eine erste Nachricht vom Ratinger „Haus" ist vom Jahre 1309. Reinhard und Adolf de Domo („vom Haus") waren damals Zeugen eines Rechtsgeschäfts in Kaiserswerth gewesen. Ihr freiadliger Besitz muß also zu jener Zeit schon bestanden haben.
Für die Hausermühle („Mühle beim Haus") ist das Jahr 1456 besonders wichtig gewesen: Sie wurde zur Bannmühle „befördert", und zwar zu Lasten des Mühlenterhofes, jenem herzoglichen Lehnsgut am Schwarzbach (siehe Nr. 25). Das geschah in zwei Urkunden von ein und demselben Tag (11. Oktober). Begünstigter war der Bergische Marschall Johann vom Haus, Herr auf dem Haus zum Haus. Er war sehr vermögend und hatte in einer Art freiherrlichem Monopoly seinem Landesherrn regelmäßig aus der Geldverlegenheit geholfen - allerdings nicht ohne Sicherheiten. Bei diesen Pfandverschreibungen waren u.a. Angerort und sogar Schloß Burg in seine Hand gekommen und eben auch das Zwangsgemahl vom Mühlenterhof.
Der Mühlenbann betraf mit den Honschaften Rath, Eckamp, Schwarzbach und Hasselbeck den ganzen Ratinger Süden. Als schließlich die energische Herzogin

Nr. 35 Die Cromforder Mühlen, Ratingen. Die Briten hatten es vorgemacht und in Cromford in der Grafschaft Derby Wassermühlen als Triebwerke für Spinnmaschinen eingesetzt. Der Elberfelder Unternehmer Gottfried Brügelmann übertrug das Verfahren auf den Kontinent und baute 1783 in Ratingen sein deutsches "Cromford". Kristallisationskern waren die Spee´schen Mühlen am Angerbach. Dieses Ratinger Cromford markierte in Mitteleuropa den Übergang von der handwerklichen zur industriellen Produktion.
Oben: das Hauptgebäude (Herrenhaus); das Walmdach im Hintergrund gehört zum Fabrikgebäude. Unten: die ehemalige Cromforder Ölmühle am Blauen See, heute Wohnhaus.

für ihren geisteskrank gewordenen Gatten die Regierungsgeschäfte übernahm, wendete sich zwar das Blatt gegen Johann. Aber sein Zwangsgemahl hat er hartnäckig behalten.
1815 ließ Graf Spee, an den das Anwesen „Zum Haus" 1783 verkauft worden war, die baufällig gewordene Mühle neu bauen. Gleichzeitig wurde sie um eine Gerstenschäl- und eine Ölmühle erweitert, die vorher im Cromford-Bereich (siehe Nr. 35) gelegen hatten. Auch die Lohmühle wurde 1791 hierhin verlegt, die seinerzeit vertragliche Schwierigkeiten gemacht hatte. 1904 ist sie abgebrannt.
Um 1900 wurden die Mühlen geschlossen und später abgebrochen. Heute befindet sich an ihrem Standort das städt. Angerbad. Auch das Haus zum Haus gehört seit 1972 der Stadt. Es wurde durch einen Architekten mit großem Aufwand restauriert und ist eine der schönsten mittelalterlichen Burgen des Niederrheins.

KESSEL, Geschichte der Stadt Ratingen, Urkundenband (128), S. 101 ff. (Urkunden Nr. 86 u. 87); MÖRSTEDT, aaO.; REDLICH, Ratingen, Geschichte (206), S. 239 u. 280 ff.; ders., Quellen (207), Bd. III Ratingen, S. 37/38; ferner TK 1843 und 1892 Bl. 4607 Heiligenhaus/Kettwig: Mühlensymbol.

35 Die Cromforder Mühlen

Ratingen, Cromford
(1783 - 1930/1977) > Angerbach <

Räumlich liegen sie zwar oberhalb und hätten der Hauser Mühle eigentlich vorgeschaltet werden müssen. Aber sie sind aus Mühlen hervorgegangen, die zum Haus zum Haus gehörten. Deshalb läßt man hier der zeitlichen Entwicklung den Vortritt vor der geografischen Lage.
„Cromford" gibt es zweimal: in der englischen Grafschaft Derbyshire und in Ratingen. Das eine ist der Platz, wo die Wiege der wasserkraftbetriebenen mechanischen Spinnerei-Mühle (spinning mill) stand, 1771 von ihrem Erfinder Richard Arkwright eingerichtet; Arkwright ahmte mit seiner „water frame" das kontinuierliche Spinnen des Spinnrades nach. Das andere Cromford ist die 1783 in Ratingen erstellte deutsche Kopie des Elberfelder Unternehmers Johann Gottfried Brügelmann (1750-1802). Der hatte die Spinnmaschine zwar nicht erfunden, mit Hilfe von „Kundschaftern" aber „nachempfunden". Den englischen Namen übernahm er dabei gleich mit, um das angesehene englische Vorbild für seine Produkte werben zu lassen - nicht eben fein, aber sehr wirkungsvoll.
Brügelmann hatte sich zunächst sich nach einer geeigneten Wassermühle umgesehen. Er fand sie in Ratingen beim Haus zum Haus, das just auf die Familie v. Spee übergegangen war. Mit Spee schloß Brügelmann einen Vertrag, wonach er dessen nahebei stehenden und zum Hauserschen „Mühlenverbund" gehörenden Mühlen (Öl-, Walk-, Schäl- und Lohmühle in mehreren Gebäuden) beseitigen und durch „industrielle" Wasserradantriebe ersetzen durfte. Mit der Lohmühle gab es allerdings Schwierigkeiten, weil Ansprüche der Ratinger Gerber entgegenstanden. Sie wurde nach Haus zum Haus verlegt.
Brügelmann erhielt auf diese Weise Planungsfreiheit, die er durch großzügigen Umbau des Wassergerinnes und die Anlage eines großen Mühlteiches am

Die „Hohe Fabrik" in Cromford, Ratingen. Der vom Angerbach abgeleitete Cromforder Mühlenkanal unterquerte das Erdgeschoß des fünfstöckigen Fabrikgebäudes, 1797 errichtet. Dort trieb er das mitten im Erdgeschoß befindliche große unterschlächtige Wasserrad (Durchmesser: 5,70 m) an. Über Winkelgetriebe und eine bis oben durchgehende Welle wurden die Maschinen bewegt, die auf die einzelnen Geschosse verteilt waren.
Die Anlage wurde in den Jahren 1995/96 bis zum 1. Obergeschoß rekonstruiert und ist heute eindrucksvoller Teil des Rheinischen Industriemuseums Cromford.

späteren „Blauen See" nutzte. Wahrscheinlich begann er aber mit der Produktion in einer der vorhandenen Mühlen, ehe er 1797 ein großes fünfstöckiges Fabrikgebäude - die „Hohe Fabrik" errichtete. Die Antriebskraft des mitten in diesem Gebäude untergebrachten Wasserrades wurde über Umlenkwellen auf die einzelnen Maschinengeschosse verteilt. Dieses Rad wurde noch 1850 erneuert, obwohl das Werk damals schon (ab 1849) eine Dampfmaschine besaß. Erst 1904 wurde es stillgelegt und abgebrochen. Die Fabrik lief noch bis 1977. Die Hohe Fabrik wurde 1995/96 als Industriedenkmal restauriert. Dort gibt es auch wieder das 5,70 m große Wasserrad - funkelnagelneu, allerdings von einem Elektromotor bewegt. Auch die vertikale Eichenwelle mit den hölzernen Kammrädern ist wiedererstanden, wenn auch nur bis zum 1. Obergeschoß. Aber man kann vortrefflich verfolgen, wie sie funktionierte.
Am Mühlteich in „Obercromford" entstand 1799 noch eine zweite wasserkraftbetriebene Spinnerei. 1862 wurde die Produktion aber in den Hauptbetrieb in „Untercromford" verlegt und das Gebäude in eine moderne Getreidemühle mit Walzenstühlen („Kunstmühle") umgewandelt, die mit Turbinenantrieb und einer Dampfmaschine ausgestattet war. Die Getreidemühle wurde 1870 an den Grafen Spee abgegeben, weil sie ein branchenfremder Betrieb war. Sie lief bis 1930 und wurde 1936 abgebrochen.
Noch ein weiteres Cromforder Mühlengebäude ist erhalten geblieben: die sog. Ölmühle an der Straße „Zum Blauen See". 1786 ist sie in den Firmenbüchern erstmals erwähnt. Sie diente bis 1824 als Farbmühle für die betriebseigene Färberei. 1983 wurde das Gebäude umfassend saniert und ist heute Teil einer Wohnanlage im alten Stil. Nebenbei: Cromford ist heute ein ganzer Stadtteil mit hervorragend restaurierten ehemaligen Arbeiterwohnungen.

BREUER, Baumwollspinnerei und -weberei Brügelmann in Ratingen-Cromford (28), S. 5 u. 13 ff.; FÖHL, Axel, in: Die Macht der Maschine, Ratingen 1984, S. 31 - 47; MÖRSTEDT, aaO.; REDLICH, Ratingen, Geschichte (206), S. 236 ff.; LV Rheinland, Katalog zum Industriemuseum „Cromford Ratingen - Die Erste Fabrik" (157) Düsseldorfer Nachrichten v. 15.4.1932; Rhein. Post (Ratingen) vom 25.11.1980; ferner TK 1892 Bl. 4607 Kettwig: Mühlensymbol (Getreidemühle).

36 Angermühle (Ratinger Stadtmühle)

Ratingen, Angerhof
(vor 1343 - 1845) > Angerbach <

Durch Urkunde vom 14. April 1343 gab Graf Adolf von Berg der Stadt Ratingen seine Mühle beim Angerhof in Erbpacht. Zu ihrem Bannbezirk zählten die Honschaften Ratingen und Heide. Die Mühle wurde lange Zeit als „städtischer Eigenbetrieb" geführt, mit „städtischen Angestellten" und einer „städtischen Mühlenkarre". Die Einkünfte daraus waren so hoch, daß sie nach Redlich das „Rückgrat der städtischen Finanzwirtschaft" bildeten.
Ab dem 18. Jh. wurde die Mühle unterverpachtet. Aus dieser Zeit sind langwierige Streitereien mit dem Amt Angermund und der Honschaft Tiefenbroich überliefert, bei denen es um die gewohnte Service-Leistung ging, ob nämlich dort

Nr. 38 Kellnerei-Mühle Angermund, Düsseldorf. Wo schon im 13. Jh. eine kurkölnische und später bergische Mühle stand, ist heute ein schlichter Zweckbau. 1946 trat an die Stelle der Wasserräder eine Turbine. 1964 wurde der Betrieb eingestellt. Das Wehr mit seinem Steuerungsinventar ist noch zur Regelung des Angerbachabflusses in Funktion.

Nr. 39 Winkelhauser Ölmühle, Düsseldorf. Nur wenige vermuten in dem unauffälligen kleinen Wohnhaus am Fuße der Straßenböschung der B 288 eine ehemalige Mühle. Sie hat den Herren v. Winkelhausen bis um 1900 als Ölmühle gedient.

das Mahlgut durch die Mühlenkarre abgeholt werden müsse oder nicht.
Nach der Aufhebung des Mahlzwanges scheint die Stadt das Interesse an der Mühle verloren zu haben. 1845 wurde die Mühle geschlossen und beseitigt.

GERMES, „Einst klapperten die Mühlen am rauschenden Bach", in: Rhein. Post vom 17.8., sowie 23. u. 28.10.1965; REDLICH, Ratingen, Geschichte (206), S. 182/183; ferner TK 1843 Bl. 4607 Heiligenhaus: Mühlensymbol.

37 Schimmersmühle (Ratinger Stadtmühle)

Ratingen, Am Schimmersfeld
(vor 1460 - um 1815) > Angerbach <

Von den beiden städtischen Mühlen Ratingens war die Schimmersmühle wohl die ältere, obwohl sie erst ab 1460 in den Stadtrechnungen auftaucht. Sie war über die Herren zum Haus an die Stadt gekommen und lag beim Schimmershof, einem zinspflichtigen Gut des Rittersitzes Zum Haus.
Sie war keine Zwangsmühle. 1479/80 wurde sie um eine Ölmühle ergänzt, die erheblich mehr einbrachte als die vom Monopol der beiden Nachbarmühlen arg bedrängte Kornmühle.
Ab 1815 wurde die Schimmersmühle nicht mehr benutzt. Sie kam dann als „Spinnmühle" in das Unternehmen von Cromford. Später wurde sie vom Fabrikanten Geldmacher in eine Papierfabrik umgewandelt.

GERMES, „Einst klapperten Mühlen am rauschenden Bach", in: Rhein. Post vom 23. u. 28.10.65; MÖRSTEDT, aaO.; REDLICH, Quellen (207), Bd. III Ratingen, S. 38. Karte des „Ambtes Ratingen" von PLOENNIES aus dem Jahre 1715: „Schimmersmühl". In den Topographischen Karten Preußens taucht die Mühle nicht mehr auf.

38 Mühle der Kellnerei Angermund

Düsseldorf-Angermund, Mühlendamm
(vor 1364 - 1964) > Angerbach <

Im Güterverzeichnis des Kölner Erzbischofs Philipp v. Heinsberg steht 1188: „*Castrum Angermunt et curiam adiacentem ... emit* - Burg und anliegenden Hof gekauft". Vorbesitzer war der Kaiser gewesen. Um 1220 baute Erzbischof Engelbert das wohl eher bescheidene „Castrum" zu einer festen Burg aus, mit imposantem Bergfried und dicken Mauern ringsum. Vor dem Schloßtor befanden sich zu beiden Seiten des Steinweges die Fachwerkhäuser der Burgmannssiedlung.
In einer Kellnereirechnung ist erstmals eine Burgmühle aufgeführt. Wie bei einer Herrschaftsmühle nicht anders zu erwarten, lag auf ihr das Zwangsgemahl, und zwar für den Bezirk „Freiheit Angermund und Honschaft Rahm". Aber da war Angermund bereits Verwaltungsmittelpunkt und Sitz eines bergischen Amtes. Die Grafen von Berg hatten nämlich Angermund 1247 durch kaiserlichen Schiedsspruch zugesprochen bekommen - als kölnisches Lehen.

Nr. 40 Sandmühle, Duisburg. Etwa gleich alt wie die Ölmühle (Nr. 39) ist die ehemalige Winkelhauser Kornmühle aus dem 15. Jh. Bis um 1950 ist sie gelaufen. 1993/94 wurde das Fachwerkhaus restauriert und das Umfeld zu einer öffentlichen Grünanlage gemacht.

Nr. 42 Ölmühle Rahm. Im Gegensatz zu den meisten Wassermühlen kennt man ihr genaues „Geburtsdatum": 8 April 1418. Spätestens seit dem 17. Jh. war sie in der Hand der Grafen v. Spee. Um 1880 wurde aus dem einstigen Mühlenhof die Spee´sche Oberförsterei.

Die Burg steht noch weitgehend im mittelalterlichen Gewand. Die Mühle indessen vor dem einstigen Mühlentor hat nichts Mittelalterliches mehr an sich. Bis 1946 drehten sich an dem schlichten Backsteinbau aus unserer Zeit noch zwei unterschlächtige Mühlräder, ehe sie durch eine Turbine ersetzt wurden. 1964 stellte der Eigentümer den Betrieb der Mühle ein, die seit über 150 Jahren im Besitz seiner Familie und heute fremdgenutzt ist.
Sie stand - und steht noch - westlich vom Schloßtor und war über das nach ihr benannte Mühlentor zu erreichen.

SCHMITZ, Angermund (226), Bd. I, S. 20 ff. u. 46; Auskunft des Eigentümers; ferner TK 1843 Bl. 4606 Düsseldorf-Kaiserswerth: Mühlensymbol.

39 Winkelhauser Ölmühle

Düsseldorf-Angermund, Verloher Kirchweg
(vor 1450 - um 1900) > Angerbach <

Seit dem 12./13. Jh. steht nördlich Kalkum das gleichnamige Rittergut der Herren v. Winkelhausen. Die v. Winkelhausen sind uns bereits als Inhaber der beiden Kalkumer Mühlen (Nr. 27 und 28) begegnet. Als sie um 1450 als Erben in Kalkum antraten, brachten sie aus ihrem Besitz zwei Wassermühlen mit: die Sandmühle und die benachbarte Ölmühle. Beide lagen in der damaligen Honschaft Huckingen. Auf eine Anfrage der Behörden im Jahre 1817 nach der Konzession für den Betrieb der Ölmühle antwortete die Gräfin Hatzfeld, die Rechtsnachfolgerin derer v. Winkelhausen: *„... da kündig ist, daß die Rittergüter schon im Jahre 1450 ihre Freyheiten genossen, so glaube ich, daß derohalben nie eine Concessionschein, davon ich keinen besitze, ist ertheilt worden."* Das später zu einer Kornmühle umgestaltete Mühlenhaus stehe zwar noch, sei aber längst nicht mehr in Betrieb, ergänzte die Gräfin. Ihr Vortrag scheint akzeptiert worden zu sein.
Angesichts des unbestritten hohen Alters der Sandmühle „nebenan" spricht vieles dafür, daß ihre Vermutung zutrifft. Denn Ölmühlen waren häufig eine wichtige Ergänzung der Kornmühlen, mit denen sie nicht selten sogar unter einem Dach waren.
Vielleicht hatte die Mühle Anfang des 19. Jh. auch tatsächlich stillgelegen. Aber sie muß später wieder als Ölmühle genutzt worden sein, wie aus dem eindeutigen Inhalt der Topographischen Karte von 1892 hervorgeht. Im übrigen wird das noch heute vorhandene Gebäude direkt unten an der Böschung der B 288 von den Einheimischen allgemein „Rapsmühle" genannt. In unserem Jahrhundert waren dort lange Zeit die Schweizer (Melker) von Groß-Winkelhausen untergebracht, ehe das „Schweizerhaus" als Wohnhaus vermietet wurde. Das Wasserrad verschwand erst in den späten 60er Jahren.

GEHNE, Fritz, „Mühlen in und um Kaiserswerth", in: Die Heimat (Düsseldorf) 1964, S. 79; SCHMITZ, Angermund - Land und Leute (226), Bd. I S. 207/208; ferner TK 1843 Bl. 4606 Düsseldorf-Kaiserswerth: Mühlensymbol; TK 1892: „Ö.M."

40 Sandmühle

Duisburg-Ungelsheim, Düsseldorfer Landstraße
(vor 1448 - um 1950) > Angerbach <

Sie steht nur einige hundert Meter unterhalb der Ölmühle. Ihren ungewöhnlichen Namen hat sie von dem sandigen Boden. 1448 wird sie als Besitz der Herren v. Winkelhausen gemeldet. Sie dürfte aber schon im 14./15. Jh. entstanden sein, und zwar als landesherrliche Mühle. Ihr Bannbezirk erstreckte sich auf Huckingen, Mündelheim, Serm und Rheinheim.
Im 19. Jh. hat die Mühle mehrfach den Eigentümer gewechselt. Der letzte von ihnen - Graf Spee, Heltorf - veräußerte sie 1952 an die Stadt Duisburg. Kurz zuvor war sie stillgelegt worden.
Das malerische Fachwerkgebäude mit der Müllerwohnung und der Mühle unter einem Dach stammt aus dem 17./18. Jh. Aus jüngster Zeit (von 1913) ist der Anbau aus Backstein mit dem Durchlaß für das Antriebswasser. Er ist entstanden, als die Wasserräder gegen eine Turbine ausgetauscht wurden. In den letzten Jahrzehnten lief die Mühle mit einem Elektromotor.
1993/94 hat die Stadt das Mühlengebäude gründlich instandgesetzt. Die ehemalige Müllerwohnung im vorderen Teil ist wieder bewohnt. Von der Mahleinrichtung sind allerdings nur noch spärliche Reste erhalten.
Gleichzeitig mit der Erneuerung des Gebäudes wurde auch das Umfeld wieder in etwa so hergerichtet, wie es vor der Regulierung des Angerbaches ausgesehen hat. Es ist heute eine öffentliche Grünanlage.

SCHMITZ, aaO., Bd. I S. 36; Angaben der Stadt Duisburg (Denkmalabt.); ferner TK 1843 und 1892 Bl. 4606 Düsseldorf-Kaiserswerth: „Sandmühle".

41 Angerorter/Medefurther Mühle

Duisburg-Angerhausen, Werksgelände Mannesmann
(um 1435 - um 1900) >Angerbach <

Zur Sicherung seines Hoheitsgebiets hatte Herzog Adolf VII. von Berg um 1435 an der Angermündung die Grenzfeste Angerort bauen lassen. Jenseits der Anger war klevisches Land. Zur Burg gehörte der benachbarte Hof Medefurth. Wahrscheinlich war er älter als sie, weil damals als Bauplatz für die Burg eine frühere Zollstelle benutzt wurde. Dem Hof (und der Burg) war eine Kornwassermühle angegliedert. Sie besaß jedoch keinen Mahlzwang, diente also vornehmlich der Eigenversorgung der herzoglichen Besitzung.
Schon 1450 mußte der Herzog die Burg, den Hof und die Mühle seinem Angermunder Amtmann Johann vom Haus als Pfand für Darlehen überschreiben, die er von ihm bekommen hatte. Die Überschreibung war später Gegenstand einer heftigen Auseinandersetzung zwischen einem Herzog, der zum Schuldner seines Vasallen, und dem Vasallen, der zum hartnäckigen Gläubiger geworden war. Sie wurde schließlich wieder rückgängig gemacht (siehe auch Nr. 34). Diesem Streit verdanken wir das älteste Schriftstück über die Mühle.

Im 17. Jh. war die Angerorter Mühle verfallen. Wahrscheinlich bestand da ein Zusammenhang mit der Zerstörung der Grenzfeste gegen Ende des 30jährigen Krieges. Aber sie wurde wiederhergestellt und arbeitete noch bis gegen Ende des 19. Jh. Dann wurde der gesamte Besitz an die sich hier ausbreitende Stahlindustrie verkauft. 1926 versank das Gebäude im Rheinhochwasser.

HILDEBRAND, Wanheim-Angerhausen, Bd. 2 (105), S. 145; REDLICH, Ratingen, Geschichte (206), S. 283 ff.; SCHMITZ, aaO, Bd. I S. 36, 46 und 203 ff.; Angaben der Stadt Duisburg (Abt. Denkmalpflege); ferner TK 1843 und 1892 Bl. 4606 Düsseldorf-Kaiserswerth: „Angerorter M." Siehe im übrigen unter Nr. 35 (Hauser Mühle). - In der Reduktion der Kartenaufnahme Tranchots aus dem Jahre 1840 sind zwei Mühlen eingetragen. Offensichtlich gab es hier damals (um 1810) jenseits des Angerbaches noch eine Ölmühle.

42 Ölmühle Rahm

Duisburg-Rahm, Angermunder Straße
(1418 - um 1880) > Rahmer Bach <

Unter dem 8. April 1418 existiert im Gräflich Spee´schen Archiv Heltorf eine Urkunde: Herzog Adolf von Berg gibt darin Wilhelm Otten und seiner Ehefrau Lysa eine Hofstelle mit den Benden (Wiesen) *„binnen dem Graben langs dem Weg zu den Dornen an dem Rahm und up dem Weg gelegen"* in Erbpacht, um dort eine Ölmühle zu errichten. Die Pacht wurde auf 4 Mark festgesetzt. Außerdem hatte Otten dem Angermunder Schloß das nötige Öl zu liefern.
Nach mehrfachem Besitzerwechsel befand sich die Mühle spätestens ab 1667 in der Hand des Frh. v. Spee, der sie damals der Stadt Duisburg zum Kauf angeboten hatte. Aus dem Verkauf wurde nichts. Vielleicht lag das Anwesen zu weit abseits von ihrer Stadt. 1720 wird die offenbar stark verfallene Mühle neu gebaut, ob wieder als Ölmühle oder als Getreidemühle, ist unklar.
1734 kam es zu einem Eklat zwischen der Familie v. Spee und dem Duisburger Magistrat. Spee hatte einen Verbindungsgraben zum Dickelsbach herstellen lassen, um darüber zusätzlich Wasser für seine Rahmer und Angerorter Mühle zu gewinnen. Da dieses Wasser den Duisburger Dickelsbach-Mühlen entzogen wurde, stellte eine Kommission fest, daß hierdurch *„der Stadt Duisburg durch Verliehrung dieses Waßers ein sehr moralischer Schaden zugefüget wird."* Die Moral wurde wiederhergestellt und der Graben beseitigt.
Um 1880 verlegte Graf Spee seine Oberförsterei auf den Mühlenhof. Die Ölschlägerei lohnte sich nicht mehr. Von der „Müllerei" sind nur noch der Mühlengraben (Abzweig vom Rahmer Bach) und wohl auch ein Auflager des Wasserrades übrig geblieben.

ABEL, Theodor, „Zur Geschichte der Mühlen in Alt-Duisburg" (Manuskript), Stadtarchiv Duisburg Bestand S 710; AVERDUNK/RING, Geschichte der Stadt Duisburg (7), S. 538; v. RODEN, Geschichte der Stadt Duisburg (213), Bd. II S. 327 ff.; Gräfl. Spee´sches Archiv Heltorf (Abt. P 1); ferner TK 1843 Bl. 4606 Düsseldorf-Kaiserswerth: Mühlensymbol (TK 1982: „Oberförsterei").

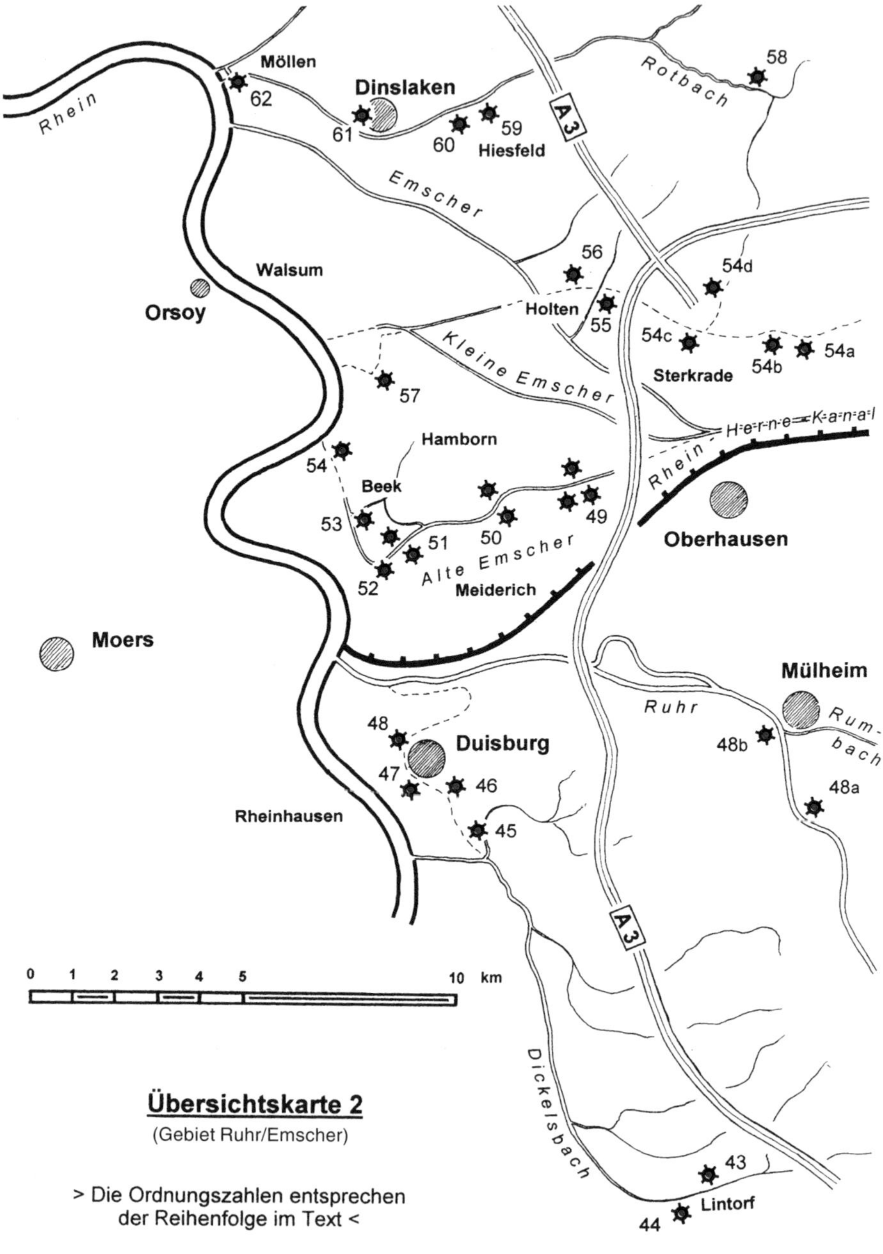

Übersichtskarte 2

(Gebiet Ruhr/Emscher)

> Die Ordnungszahlen entsprechen der Reihenfolge im Text <

Im Plangebiet (re.-rh.): 30 Wassermühlen und um die 15 Windmühlen

Dickelsbach

Quelle:	bei Hösel	Höhe: 100 m ü.M.
Mündung:	Rheinstrom-km 774 (über Kultushafen)	Höhe: 25 m ü.M
Länge:		23 km
Mittlere Breite in der Rheinebene:		4
Abflußmenge im Jahresmittel am Pegel Lintorf:		0,25 m^3/sec.
Mühlenstandorte 1850 (einschl. an Nebenbächen):		4

Im höher gelegenen und noch heute sehr ausgedehnten Waldgebiet zwischen Hösel und Lintorf fällt ihm zusammen mit einem Geflecht von kleinen Nebenbächen die Aufgabe zu, das dort reichlich anfallende Wasser abzuleiten. Erst ab Lintorf, wo der Dickelsbach bei etwa 45 m Höhe das offene Rheintal erreicht, mußte er ins „Mühlengeschirr". Dort nämlich stand die erste der insgesamt sechs Mühlen, die er im Laufe der Jahrhunderte angetrieben hat.
Aber auch dann noch bleibt er bis vor Alt-Duisburg der Hauptvorfluter für das Wasseraufkommen aus den Wäldern zwischen Lintorf und Wedau. Nicht von ungefähr nennt man ihn dort auch „Buchholzerbach". Fast auf dieser ganzen Strekke wurde er in neuerer Zeit begradigt. 1927/28 mußte er bei Wanheimerort schließlich sogar unter Duisburgs Straßen und Häuserzeilen in die „Unterwelt" abtauchen, ehe man ihn nach gut einem „Rohr-km" vorzeitig in den Rhein entließ.
Für die alte Stadt Duisburg hatte der Dickelsbach besondere Bedeutung. Er speiste nämlich die Stadtgräben längs der Stadtmauer und sorgte im Sicherungsbereich zwischen Rhein, Ruhr und südlicher Landwehr für den Antrieb von vier Wassermühlen. Dort hieß er dann schlicht „Die Beek". Jenseits der Stadt wurde schließlich das Wasser in einer großen Schleife zur Ruhr hin abgeleitet. Hier verlief längs der Beek ein kleiner Deich - was ihr wiederum einen neuen Namen eintrug: „Deichgraben", oder auf gut Niederrheinisch „Dickelsbach", der „Bach am Deich". Diese Bezeichnung ging schließlich auf den ganzen Bachlauf über.

v. RODEN, Geschichte der Stadt Duisburg (213), Bd. 1, S. 13.

43 Oberste Mühle

Ratingen-Lintorf, Krummenweger Straße
(vor 1464 - um 1900) > Dickelsbach <

Wenn es im Verhältnis zur Helpensteiner Mühle gemeint war, hätte „Obere Mühle" ja genügt. Diese hier ist aber tatsächlich die „Oberste". Denn sie war die erste ab der Dickelsbach-Quelle und besaß keinen „Vordermann".
Was ihr Alter angeht, so kann zumindest das Bruderschaftsbuch der Schützenbruderschaft St. Sebastian zu Lintorf Auskunft geben: 1464 war „Ailff (Adolf) Ober Moelen" dort als Mitglied eingetragen. Auch in den Lintorfer Kirchenbüchern findet sich immer wieder die Adresse: etwa „Oberste Mühle" (1601), „Johannes an der Obersten Mühle" (1723) oder „Adolf Schinnenburg an der Obersten Mühle" (1783). Ebenso ist die Mühle in den Karten von 1715 bis 1892 enthalten.

Nr. 43 Oberste Mühle, Ratingen. Das malerische alte landwirtschaftliche Anwesen am Dickelsbach hält auf seine 500jährige Mühlentradition. Von der eigentlichen Mühle kennt man nur ihren ungefähren Standort: im Stallgebäude, wo es noch spärliche Fundamentreste gibt.

Nr. 44 Helpensteiner Mühle, Ratingen. Das Geschlecht derer v. Helpenstein stammt aus dem linksrheinischen Hülchrath. Dies hier ist eine von drei Wassermühlen, die ihren Namen trugen. Sie besteht seit dem 12. Jh. und läuft noch gelegentlich.

Seit 1832 sitzt die Familie Tackenberg auf dem Anwesen, dessen Mühlengeschichte sie ebenso pflegt wie zahlreiche Erinnerungsstücke aus vergangenen Tagen. Von der Mühle selbst ist allerdings so gut wie nichts mehr vorhanden. Aus uralten Bauresten im jetzigen Stallgebäude kann man aber mit einiger Wahrscheinlichkeit zumindest noch ihren Standort auf dem Hof bestimmen. Und noch etwas ist überliefert: In bergischer Zeit hatte sie der Kellnerei Angermund jeweils zu Martini 8 Liter Öl abzuliefern. Demnach war sie eine Ölmühle, die sich als wichtige Ergänzung zur benachbarten Helpensteiner Getreidemühle 500 Jahre lang hatte behaupten können.

VOLMERT, Theo, „Die Oberste Mühle am Dickelsbach - Aus der Geschichte eines alten Lintorfer Hofes", in: Die Quecke Nr. 32/1957, S. 7/8; ferner PLOENNIES-Karte des Bergischen Amtes Angermund von 1715: „oberste mühl"; TK 1843 Bl. 4607 Heiligenhaus: „Oberste Mühle"; TK 1892 Bl. 4607 Kettwig: „Obr. Mühle".

44 Helpensteiner Mühle

Ratingen-Lintorf, Hülsenbergweg
(vor 1157 - heute) > Dickelsbach <

„Wyr Adolph van goitz genaden Hertzoig zu dem Berge ... bekenne ..., dat wir unsse moelen zu Lyntorpe ... verpecht haven ... mytz desen brieff Johanne van Helpensteyne, Greyten, synre elychen huysfrauwen, ind yren erven ..."
So heißt es in einer Urkunde vom 15. August 1420. Sie ist aber wohl nicht das erste Lebenszeichen der Helpensteiner (auch „Helfensteiner") Mühle, Teil eines herzoglichen Lehnsgutes in der bergischen Honschaft Lintorf. Der Angermunder Geschichtsschreiber Heinz Schmitz berichtet, daß bereits 1157 der Graf von Neuenahr einen v. Helpenstein mit dem Mühlengut in „Linthorpe" belehnt habe. 1385 habe der Herzog von Berg die Belehnung erneuert. Das Adelsgeschlecht v. Helpenstein wird uns übrigens noch mehrfach begegnen. Seine Stammburg stand auf der linken Rheinseite bei Hülchrath.
Außer drei Malter Roggen hatten die Helpensteiner ihrem Landesherrn für die Bereisung seines Amtes Angermund ein gesatteltes Pferd zu stellen, ferner in Kriegszeiten einen bewaffneten Dienstmann. Immerhin erbrachten Gut und (Korn-) Mühle ein ansehnliches Einkommen. Zudem besaß die Mühle den Mahlzwang für Lintorf und Teile der Honschaften Breitscheid und Selbeck.
Den Helpensteins folgte 1566 die Familie v. Pempelfurth. 1798 ging die Mühle auf die Familie Stockfisch und 1914 auf die Familie Fleermann über, der sie heute noch gehört. Sie trug dann jeweils den Namen dieser Müllerfamilien, weil das Gut Helpenstein im vorigen Jahrhundert aufgelöst worden war. In der Ploennies-Karte von 1715 und der Topographischen Karte von 1843 heißt sie allerdings „Brockermühle", was wohl noch mit dem alten Honschaftsnamen „Brüggen" zusammenhängt.
Als Antrieb dient seit alters her ein unterschlächtiges Wasserrad. Bis 1923 war es ganz aus Eichenholz. Dann wurden Blechschaufeln eingesetzt, ehe 1948 wiederum ein neues Rad angebracht werden mußte - jetzt dauerhaft und ganz

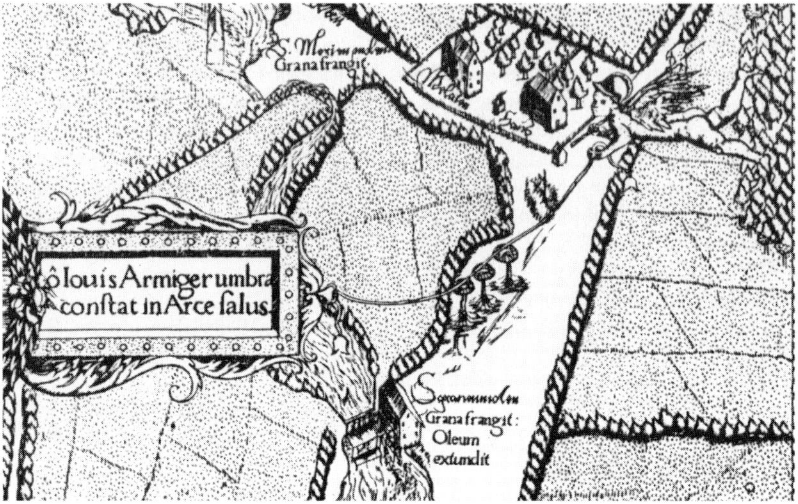

Nr. 46-48 Die Mühlen von Alt-Duisburg. Sie sind von Johannes Corputius in seinem Vogelschauplan von 1566 exakt dargestellt. Antriebsgewässer war der Dickelsbach, der die Stadt westlich umfloß. Am weitesten oberhalb stand die “S. Mariae molen”. Ihr folgten die „Sgravenmolen” (Schravenmühle) und die Mühle vor dem Marientor. - Ausschnitte aus dem Corputius-Plan; Niederrheinisches Museum der Stadt Duisburg.
Die Marienmühle wurde im 18. Jh. die Keimzelle des bedeutenden Handelshauses Böninger. Sie wurde in der 1. Hälfte des 19. Jh. stillgelegt, blieb aber aus Traditionsgründen bis zu ihrer Zerstörung im Zweiten Weltkrieg erhalten. Die beiden anderen hatten schon im 18. Jh. der Entwicklung von Stadt und Hafen weichen müssen.

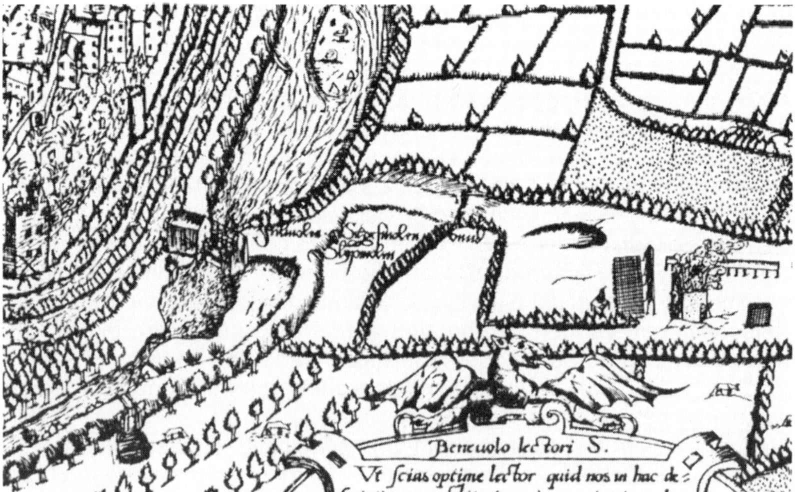

aus Eisen und mit einem Durchmesser von 5,50 m. Es ist zwar im Radhaus verborgen, aber noch voll funktionsfähig. Wer es sich anschauen möchte, kann eine Tür hinter dem kleinen Zugangssteg öffnen.
Bis 1953 wurde noch Backmehl hergestellt, dann nur noch Futtermehl, wenn mittlerweile auch nur noch gelegentlich, obwohl ihr Zustand auch durchaus noch Vollbeschäftigung zuließe.

FLEERMAN, Heinz, „Helfensteiner Wassermühle in Lintorf", in: Die Quecke Nr. 57/1987, S. 44; SCHMITZ, Angermunder Land und Leute, Bd. I, S. 148; VIELHABER, Walter (A. Ber.): „Helfenstein bei Lintorf", in: Die Heimat (Krefeld) 1922, S. 18 ff.; Rhein. Post v. 31.12.1981; WZ v. 9.7.1988; ferner PLOENNIES-Karte des Amtes Angermund von 1715 und TK 1843 Bl. 4607 Heiligenhaus: „BrockerM", und TK 1892 Bl. 4607 Kettwig: „M."

45 Herberger Mühle

Duisburg, Düsseldorfer Straße/Engelbertstraße
(um 1300 - um 1900) > Dickelsbach <

Fast scheint es so, als habe sich der Dickelsbach im bergischen Lintorf so sehr angestrengt, daß er eine längere Ruhepause benötigte. Aber es waren wohl das spärliche Gefälle und der Weg abseits menschlicher Siedlungen, die ihm diese „Erholung" verschaffte. Wie aber auch immer - erst im Klevischen, jenseits der alten Duisburger Landwehr, findet sich „seine" nächste Mühle: die Herberger Mühle. Sie gehörte um 1300 der Duisburger Johanniterkommende, die dort an der Heerstraße nach Köln vermutlich im Sinne ihrer Ordenstradition eine Herberge unterhielt - daher wohl der Name. Ab dem 18. Jh. findet man sie auch unter der Bezeichnung „Hardt´s Mühle", nach einem aus Lennep nach Duisburg eingewanderten Tuchfabrikanten, der aus der Kornmühle eine Walkmühle machte. 1837 wurde ihr eine Dampfmaschine beigegeben, um sie auch in wasserarmen Zeiten in Gang halten zu können.
In den Mühlen, zumal an einer Verkehrsstraße, wurde seit alters her nicht nur Korn gemahlen, sondern auch Korn an durstige Fuhrleute ausgeschenkt. So auch hier, wo sich die „Mühle zur Herberge" schließlich zu einem beliebten Ausflugort entwickelte.
Dieses Geschäft scheint allerdings die ansonsten eh und je einträglich gewesene Müllerei am Ende überrundet zu haben. Jedenfalls wurde die Herberger Mühle um 1900 in ein Vergnügungslokal namens „Parkhaus" umgewandelt, das allerdings im Bombenhagel des Zweiten Weltkrieges unterging und nicht wieder aufgebaut wurde.

ABEL, Theodor, „Zur Geschichte der Mühlen von Alt-Duisburg", S. 11 (unveröffentlichtes Manuskript von 1965, Stadtarchiv Duisburg, Bestand S 710); AVERDUNK, Geschichte der Stadt Duisburg (6), S. 118; HEINTGES, K., „Alte und neue Mühlen", in: Die Heimat (Duisburg) 1971, S. 45 ff.; MILZ, in: Rhein. Städteatlas Nr. 21 (1978) „Duisburg", Textteil, S. 18; v. RODEN, Geschichte der Stadt Duisburg (213), Bd. 1 S. 148; ferner Karte von le Coq 1805: „Walkmühle" (in dieser Karte steht direkt nebenan noch ein zweites Mühlensymbol, das wohl irrtümlich angebracht wurde); TK 1845 und 1892 Bl. 4506 Duisburg: „M."

46 Böninger Mühle

Duisburg, Böningerpark
(vor 1566 - 1951) > Dickelsbach <

Duisburg besitzt ein Vogelschau-Bild der mittelalterlichen Stadt, das der Niederländer Johann Corputius 1566 hergestellt hat. Darauf sind auch drei Wassermühlen in „Schrägaufnahme" dargestellt und mit Namen versehen. Von ihnen liegt am weitesten südlich die „S. Mariae molen" - mit dem lateinischen Zusatz: *„Grana frangit* - mahlt Korn". Auch sie gehörte den Johannitern, die sie lange Zeit der Gilde „Unserer Lieben Frau" - einer Bruderschaft mit sozialem Engagement - verpachtet hatten.

Die Mühle muß wohl schon im 13. Jh. bestanden haben, wie die beiden anderen alten Duisburger Wassermühlen. 1585 wurde sie an den Duisburger Bürger Johann Foß verpachtet, als die Kommende als Folge der Reformation geschlossen worden war. 1754 erwarben die Textilfabrikanten Buchholz das Anwesen und bauten die zerfallende Mühle zu einer Walkmühle um.

Ihre eigentliche Karriere begann die Marien-Mühle indes erst 1774, als sie an die Duisburger Kaufmannsfamilie Böninger kam, die aus kleinen Anfängen heraus ein bedeutendes Handelshaus geschaffen hatte. Die Böningers rüsteten die Mühle zum Mahlen von Schnupftabak um, als Ergänzung zu ihrer in der Altstadt betriebenen Fabrikation von Pfeifentabak und Zigarren.

Als 1806 die Kontinentalsperre Napoleons den Tabakimport unterbunden hatte, mußte die Böningermühle - wie sie nun hieß - „umschulen": Als Walkmühle war sie übernommen worden. Als Schnupftabaksmühle war sie arbeitslos. Also wurde sie - nach einem kurzen Zwischenspiel als „Spinnmühle" - kurzerhand in eine Ölmühle umgewandelt.

Aber der Böninger´sche „Außenposten Mühle", ohnehin für das Gesamtgeschäft eher eine Nebensache, wurde alsbald von einer gänzlich anderen Entwicklung überholt: Die zu großem Vermögen und Ansehen gekommenen Böningers machten ihn zu ihrem Landsitz mit einem ausgedehnten Park. Es dauerte nun nicht mehr lange, und die eigentlich störende Mühle wurde stillgelegt. Aber sie geriet jetzt zu einem verträumtem Familienheiligtum, in dem nichts verändert werden durfte. Düsseldorfer Maler fanden hier ein Refugium. Familienfeste wurden gefeiert. Und im Park entstand ein Mausoleum, in dem die Böningers dort, wo sie im Leben von der Arbeit ausgeruht hatten, auch ihre letzte Ruhestätte fanden.

1921 übertrug Kommerzienrat Dr. Walter Böninger das Anwesen für ein geringes Entgelt auf die Stadt, die es in seinem Sinne zu einem Mittelpunkt der Jugendbewegung machte. 1944 fand diese Verwendung abrupt ein Ende, als der Bombenhagel alles in Schutt und Asche legte. 1951 wurden die Trümmerreste beseitigt. Heute stehen Neubauten rings um den „Böningerpark", der an eine lange Mühlen- und eine nicht ganz so lange Familientradition erinnert.

ABEL, aaO., S. 12 ff.; AVERDUNK, aaO., S. 118; HEINTGES, aaO., S. 45 ff.; v. RODEN, aaO., Bd. 1, S. 148 u. 246.; TERPOORTEN, Geschichte der Fa. Arnold Böninger (247), Bd. 1, S. 6, 29 ff., 57 u. 109; ferner: Corputius-Karte von 1566: „S. Mariae molen"; Karte von Le Coq 1805: Mühlensymbol; TK 1845 u. 1892 Bl. 4506 Duisburg: „Böninger(s) Mühle".

47 Schravenmühle („Sgravenmolen")

Duisburg, Plessingstraße/Marientor
(vor 1271 - nach 1743) > Dickelsbach <

Auch diese Mühle hat den Johannitern gehört. Ein Schriftstück der Kommende von 1271 bezeichnet ihre Lage zweifelsfrei: „molendinum dictum medium - die sogenannte mittlere Mühle". Gemeint war die Mitte zwischen den beiden anderen stadtnahen Mühlen, die also ebenfalls damals schon vorhanden gewesen sein müssen. Bereits 1414 befand sie sich allerdings in Privathand. Und aus 1544 ist ein Kaufvertrag überliefert, mit dem die Besitzung von „Matte, Witwe des Gerrit Schraven" auf einen gewissen Derick Berck übertragen wurde. Von der Familie Schraven ist denn auch der Name der Mühle abgeleitet, den Corputius in seiner Karte verwandt hat. Aus dieser Karte wissen wir auch die Funktion der Mühle, wiederum in Latein: *„Grana frangit, Oleum extundit* - sie mahlt Korn, schlägt Öl". Bis 1743 läßt sich die Reihe der Verkäufe und Verpachtungen urkundlich verfolgen. Dann scheint die Mühle stillgelegt worden zu sein, um dem Bau eines Hafenbeckens Platz zu machen. Jedenfalls ist sie bei Le Coq 1805 nicht mehr vermerkt.

ABEL, aaO., S. 9/10; AVERDUNK, aaO., S. 118; MILZ, aaO., S. 18; v. RODEN, aaO., S. 148/149; ferner: Corputius-Karte von 1566: „Sgravenmolen".

48 Mühle vor dem Marientor (Luyshofmühle)

Duisburg, Klosterstraße
(11. Jh. - nach 1756) > Dickelsbach <

1065 übergab König Heinrich IV. seinem Erzieher, dem Erzbischof Adalbert von Bremen, den *„curtis Tusburch ... cum ... molendinis* - den Hof Duisburg mit den Mühlen". Mit den Mühlen können nur Wassermühlen gemeint sein. Denn Windmühlen kamen hierzulande erst im 13. Jh. auf.
Zu den in Rede stehenden Mühlen muß in jedem Falle diese hier gehört haben, weil sie dem Königshof am nächsten lag. Vielleicht darf man auch die beiden Nachbarmühlen oberhalb zu ihnen zählen. Immerhin gehörten sie einem Orden und könnten gut aus einer Ausstattung durch König oder Bischof stammen.
Die Luyshofmühle muß eine Allzweckmühle gewesen sein: Corputius nennt sie 1566 *„Folmolen, Schorsmolen, Slypmolen* - Walkmühle, Lohmühle, Schleifmühle". Nach Averdunk wurde sie zwar erst ab 1586 zum Mahlen von Lohe verwandt, um den Gerbern und Schuhmachern den Weg nach außen zu ersparen. Sie soll dann aber der Gilde zu teuer gewesen sein. Um bestehen zu können, habe der Müller die Erlaubnis erhalten, auch Korn mahlen zu lassen.
Schon ab 1350/54 taucht unsere Mühle in der Stadtrechnung auf und heißt *„Molendinum Losaf/Luyshofmole"* (Luys = Schilf). Sie gehörte demnach schon früh der Stadt, die sie bis 1756 regelmäßig verpachtete. Dann reißen die Nachrichten ab. Le Coq gibt sie 1805 in seiner Karte schon nicht mehr an.

ABEL, aaO., S. 8; AVERDUNK, aaO., S. 118; HEINTGES, aaO., S. 46; MILZ, aaO., S. 18; v. RODEN, aaO., S. 149; ferner Corputius-Karte von 1566.

Nr. 48 a/b Die Mülheimer Ruhrmühlen. Von den rd. 20 Wassermühlen im Raum Mülheim/Ruhr lagen zwei am Fluß, wo man durch geschickte Ausnutzung von Sandbänken und Leitdämmen das Wasser für die Mühlen beherrschbar gemacht hatte. Sie stammen aus dem 13./14. Jh. Auf der rechten Seite des Flusses stand die Kahlenberger Mühle (eine Kornmühle). Sie stürzte 1840 ein. Die - bedeutenderen - Broicher Mühlen nahe der Burg links der Ruhr liefen indessen z.T. noch bis 1910. Sie arbeiteten als Korn-, Öl- und Papiermühle unter einem gemeinsamen Dach. Das Gebäude existiert nicht mehr. - Zeichnungen von Fritz Loehr in: Barleben, Mülheim an der Ruhr, S. 340 u. 378.

Ruhr

Quelle:	bei Winterberg / Hochsauerland	Höhe: 674 m ü.M.
Mündung:	Rheinstrom-km 780 (Duisburg-Ruhrort)	Höhe: 20 m ü.M.
Länge:		218 km
Mittlere Breite in der Rheinebene:		50 m
Abflußmenge im Jahresmittel 1968-88 am Pegel Hattingen:		
70,0 m³/sec.		
Mühlenstandorte um 1850 (einschl. an Zuflüssen):		mehrere hundert

Die Ruhr ist mit ihren Nebenflüssen Möhne, Lenne, Volme und Ennepe seit 200 Jahren das wasser- und energiewirtschaftliche Rückgrat jener Industrieregion, die ihren Namen trägt. Bei unseren Altvorderen hieß sie „Rura", wie übrigens die linksrheinische Zwillingsschwester - die Rur/Roer - auch. Nach den Namensforschern soll es die „Brausende, Rauschende" bedeuten, eine Erklärung, mit der man sich anfreunden kann, wenn man den Niederrhein ausklammert.
An der Ruhrmündung entwickelte sich der größte europäische Binnenhafen, obgleich es die Schiffahrt hier bis um die Mitte des 19. Jh. schwer hatte, in den vielfachen und sich immer wieder verändernden Verästelungen einen Weg zu finden. Sobald der Fluß bei Mülheim das bergisch-märkische Hügelland verläßt, bleiben ihm auf einer Strecke von 12 km zwar gut 10 m Gefälle. Verglichen mit dem Gefälle des Rheins von nur 1 m auf der gleichen Länge mag das sogar viel erscheinen. Aber die Ruhr mußte sich durch uraltes Bruchgebiet quälen, in dem sich der Vorwärtsdrang bei niedrigen Wasserständen verlor. Umgekehrt staute sich das Rheinhochwasser hier mit oftmals verheerenden Auswirkungen bis Mülheim auf. Die alten Angaben, daß dieser Flußbereich 750 m breit gewesen sei, sprechen Bände.
Indes, im riesigen Einzugsgebiet der Ruhr waren Wassermühlen und Wassertriebwerke für Hämmer, Schleifereien usw. so zahlreich wie an kaum einem anderen Gewässer, die Wupper und ihre Trabanten ausgenommen. 1836 waren im Einzugsbereich der Wupper nicht weniger als 381 Mühlen und Hammerwerke amtlich ausgewiesen. Und allein an der oberen Ruhr und der Lenne im Raum Hagen liefen noch um das Jahr 1900 - 270 Wasserkraftanlagen. Was in jener amtlichen Statistik 1836 von der Wupper gesagt wurde, gilt auch für die Ruhr: Ihre Wassertriebwerke „leihen dem menschlichen Kunstfleiße größere, ausdauernde und folgsamere Kräfte als tausende von schwer zu ernährenden Rossen ... zu liefern vermögen."
Wie die anderen Industriegebietsflüsse und -bäche war auch die Ruhr mit Abwässern stark belastet. Die Folge daraus war, daß 1913 für die Reinhaltung des Wassers der Ruhrverband und im gleichen Jahr der Ruhrtalsperrenverband gegründet wurden. Nur die Bauernmühlen und Mühlen mit weniger als 10 PS waren von der gesetzlich angeordneten Zwangsmitgliedschaft befreit.

SEUSER, Rheinische Namen (240), S. 227; Festschrift „1913-1988 - 75 Jahre im Dienst für die Ruhr", hrsg. vom Ruhrverband/Ruhrtalsperrenverein, S. 121; Ruhrreinhaltungsgesetz und Ruhrtalsperrengesetz, beide vom 5. Juni 1913, Pr.GS. S. 305.

48a/b Die Mülheimer Ruhrmühlen

An der Ruhr begegnen wir einem Ort, der nach seinen Wassertriebwerken benannt ist: Mülheim, bereits 1000 n. Chr. als „Mulinhem" urkundlich nachgewiesen. Insgesamt waren es mehr als 20 Mühlen, die in Mülheim „ beheimatet" waren. Im Laufe der Jahrhunderte lagen allerdings nur zwei unmittelbar an der Ruhr. Selbst das mag angesichts der Größe des Flusses noch überraschend genug gewesen sein. Denn breite und notorisch unruhige Flüsse überforderten die fest installierten Wasserräder, so verlockend ihre Kraft auch erscheinen mochte. Aber die Mühlen liefen unter geschickter Führung der Strömung durch sog. Schlagden. Das waren Steinbarrieren, die man schräg in den Fluß gelegt hatte, um das Wasser direkt auf das Wasserrad zu lenken.

Die beiden Mühlheimer Mühlen waren die beiden letzten (untersten) Wassermühlen an der Ruhr überhaupt - zwei von 14 unterhalb Witten, deren Schlagden der Schiffahrt im Wege waren und in einem Gutachten zur Verbesserung der Schiffahrtsverhältnisse von 1840 eine wichtige Rolle spielten.
Auch wenn sie nicht mehr direkt zum Niederrhein zu rechnen sind, so mögen sie wegen ihrer Grenzlage und der besonderen betrieblichen Umstände doch kurz erläutert sein:

Die **Kahlenberger Mühle (48a)** war eine Getreidemühle. Sie bestand seit mindestens 1269. Ihre Mühlenschlagd lag zwischen einem Landvorsprung und einer vorgelagerten Sandinsel. Als hier dann 1779/80 ein Schleusenkanal direkt „vor ihrer Haustür" gebaut wurde, war der Streit mit der Schiffahrt um die Betriebsmenge bei Niedrigwasser vorprogrammiert und eigentlich auch schon ihr Ende eingeläutet. Aber sie lief noch bis weit ins nächste Jahrhundert, ehe sie 1840 aus Altersschwäche einstürzte.
Im Jahre 1821 wäre die Kahlenberger Mühle übrigens beinahe ein „Rüstungsbetrieb" geworden. Die nahegelegene Saarner Gewehrfabrik wollte sie nämlich zu einer Bohrmühle für die Herstellung von Handfeuerwaffen umbauen. Aber die Verhandlungen scheiterten.

Die auf der Westseite der Ruhr unterhalb von Schloß Broich gelegene **Broicher Mühle am Berg (48b)** war etwas jünger und ist erstmals 1338 erwähnt. Dieser Kornmühle wurde später eine Ölmühle und (um 1600) schließlich noch eine Papiermühle angegliedert. Es waren also eigentlich drei Mühlen in einer. Daraus erklären sich auch die drei Wasserräder auf den alten Darstellungen. Die Papiermühle war eine von um die 70, die es im Einzugsgebiet der Ruhr gegeben haben soll. Sie war es auch, die 1910 als letzte der drei Broicher Mühlen geschlossen wurde. 300 Jahre lang hatte sie unter dem Namen der Familie Vorster eine bedeutende Rolle in der Papierherstellung gespielt. - Auch den Broicher Mühlen führte eine Mühlenschlagd das Wasser zu. Sie lag auf der linken Stromseite schräg in den dortigen Sandbänken.

Die beiden Mülheimer Ruhrmühlen gehörten usprünglich der Abtei Werden. Dem Abt von Werden war schon 898 das Recht der Schiffahrt auf der unteren Ruhr verliehen worden - und damit vermutlich auch das Fischerei- und das Mühlenprivileg. 1269 und 1338 (dabei ihre jeweilige urkundliche Ersterwähnung) wurden die Mühlen den Herren auf Haus Broich zu Lehen übertragen. Bei ihnen und ihren Rechtsnachfolgern sind sie dann auch bis zuletzt geblieben. Die Broicher Mühlen hatte allerdings die Familie Vorster 1862 durch Ablösung der laufenden Zinsansprüche zu uneingeschränktem Eigentum erwerben können.

BARLEBEN, Mülheim a. d. Ruhr (10), S. 15; BENDEL, Die Stadt Mülheim a. Rh. (15), S. 11, der feststellt, daß auch Mülheim am Rhein seinen Namen auf die Wassermühlen zurückführt - älteste bekannte Namensform „Mulenheym"; HENZ, Der Ruhrstrom und seine Schiffahrtsverhältnisse (103), S. 7 ff.; SCHUBERT, Urkunden (235), S. 6 Nr. 9; TERJUNG, Paul, „Von den Broicher Mühlen", in: Zeitschr. des Mülheimer Geschichtsvereins, Heft 6 (1950), S. 2 ff.;

Emscher

Quelle:	bei Dortmund-Aplerbeck	Höhe: 115 m ü.M.
Mündung:	Rheinstrom-km 798 - seit 1949 - (Verlegungen nach Norden 1904 u. 1937/49)	Höhe: 18 m ü.M.

Länge (um 1900/heute):	109/81 km
Mittlere Breite in der Rheinebene:	15 m
Abflußmenge im Jahresmitte 1951-55 am Pegel Neue Emscher:	17,1 m³/sec.
Mühlenstandorte um 1850:	15

In alten Urkunden heißt sie „Emscharim" (1158) oder auch „Escaria" (1258). Neuere Bezeichnungen sind „Emsche" (1836), „Emster" (1879) oder auch "Imscher". Noch um 1900 schlängelte sie sich bei Duisburg in engen Windungen an die benachbarte Ruhr heran, so als hätte sie sich mit ihr zu einem Rendeszvous verabredet, um gemeinsam den Vater Rhein aufzusuchen. In der Vorzeit scheint das Familientreffen auch tatsächlich stattgefunden zu haben. Irgendwann muß die Emscher es sich dann aber anders überlegt haben und zwischen Beek und Ruhrort nach Norden abgeschwenkt sein.
Zu Anfang unseres Jahrhunderts mußte die Emscher abermals einen Schwenk nach Norden machen, jetzt allerdings als "Bergbauflüchtling". Denn die durch das Bruchbauverfahren bei der Steinkohlegewinnung verursachten Bergabsenkungen der insgesamt 170 Zechen nahmen ihr das natürliche Gefälle. Dortmund lag schließlich um die 24 m niedriger als vorher. Da gleichzeitig Städte und Industrie unaufhörlich wuchsen und mit ihnen die in die Emscher abgeleiteten Abwässer, waren die Folgen allenthalben spürbar.

Um die verheerenden Mißstände zu beseitigen, wurde 1904 die Emschergenossenschaft gegründet. Sie trennte kurzerhand die Alte Emscher - wie das Ur-Gewässer nun hieß - im Unterlauf ab und baute etwas weiter unterhalb eine Neue Emscher, die nun buchstäblich wieder „in Fluß" kam.
1937 ging man abermals an eine Verschiebung des Flußbettes, diesmal noch

Bergschäden im Emscherbruch. Besser als Karten und Zeichnungen gibt dieses Bild die Probleme wieder. Häufige und an unterschiedlichen Orten auftretende Einbrüche machten der Emscher das „Fortkommen“ schwer. – Die Aufnahme stammt aus einem Bericht der Emschergenossenschaft.

weiter nach Norden, bis vor Dinslaken. Weitere Bodensenkungen hatten dazu gezwungen. Infolge der Unterbrechung durch den Krieg konnte der neue Lauf aber erst 1949 fertiggestellt werden. Jetzt mündete er weitere 7 km flußabwärts in den Rhein, durch ein Betonbett und hohe Deiche nun wohl endgültig reguliert und gebändigt. Der bisherige Flußlauf wurde zur „Kleinen Emscher". Die wurde wiederum abgetrennt und blieb - wie die ältere Schwester - als Abwassersammler für das direkte Umfeld weiter im Dienst.

Bei den Verlegungen ging es zwar im Ergebnis nur um ein paar Meter. Aber die machen bei einem Gewässer mit schwachem Gefälle viel aus. Gleichzeitig mit den Maßnahmen zur Sicherung der Vorflut entstanden allenthalben Klärwerke. Von ihnen ist das „Klärwerk Emschermündung" das bedeutendste und für die Region zugleich auch das größte in der Bundesrepublik. In Zukunft soll es - verteilt auf das Einzugsgebiet - noch sieben große Schwestern erhalten, um die Emscher endgültig zu rehabilitieren. Der Strukturwandel im Ruhrgebiet kommt dem entgegen und hilft, den Planungstraum vom „Emscherpark" zu erfüllen.

Bis sie von der Industrie und von den Städten überrannt wurde, hatte die (Alte) Emscher ein „ganz normales" Flußleben geführt. Dazu gehörten neben dem in alten Beschreibungen vielfach gepriesenem Fischreichtum auch die Wassermühlen. Von ihnen lagen vier am Unterlauf der „Alten Emscher" im Klevischen, hier gleichbedeutend mit dem Niederrhein.

Von den zahlreichen Emschermühlen zwischen Dortmund und Duisburg standen nicht weniger als zehn am Unterlauf der Alten Emscher. Sie füllten beinahe die ganze Aufgabenpalette aus, die es für Wassermühlen gibt: Getreide- und Ölmühle, Sägewerk und Walkmühle, Lohmühle und Papiermühle. In Berge bei Duisburg-Beek gab es im 17. Jh. sogar eine Kupfermühle, wenn auch nur für wenige Jahrzehnte. Und in Meiderich hatten Wasserräder sogar in einer Nagelschmiede und einem Walzwerk ihren „Arbeitsplatz".

Festbuch „50 Jahre Emschergenossenschaft" (1957), mit umfangreichem Literatur- und Quellenverzeichnis (Archiv der Emschergenossenschaft).

49 Die Moriansmühlen

Duisburg-Meiderich, Theodor-Heuß-Straße
(1353 - um 1920)

> Alte Emscher <

Die alten Karten zeigen in der früheren Bauerschaft Schmidthorst eine niederrheinische Idylle: enge Flußwindungen in flacher Bruchlandschaft und ein kleiner Rittersitz; Haus Hagen, auf dem die Herren von Meiderich saßen. Heute ist die Alte Emscher reguliert. Gleisanlagen und der „Emscherschnellweg" (A 42) haben sich hinzugesellt und bestimmen mit Industrie das Bild des Stadtteils Neumühl.
Genau mit einer Mühle hat es angefangen. 1353 vereinbarten Graf Engelbert von der Mark und sein Burgmann zu Holten Conrad Stecke, *„dayt wij thosamen mögen tymmeren eine moyle up dey Emscher yn sijen gerichte und up sijn eygen erve ..."* Die Mühle bekam den Mahlzwang für Hamborn, Meiderich und Beek. Und weil sie eben neu war, nannte man sie im Gegensatz zu der älteren Wittfelder Emschermühle (Nr. 50) „Nyemull - Neumühle". Das herrschaftliche Mühlenunternehmen gehörte dem Grafen und seinem Vasallen je zur Hälfte. Die beiden Anteile sind dann im Laufe der Zeit durch mehrere Hände gegangen. Sogar der Preußenkönig Friedrich II. war zeitweilig verfügungsberechtigt.
Um 1700 wurde aus der Neumühle eine Walkmühle, die wegen des guten und beständig fließenden Wassers von weither in Anspruch genommen wurde. Nebenan war eine Brücke und ab etwa 1650 noch eine Posthalterei, mit obligatem Ausschank. Ebenfalls entstanden um 1700 „nebenan" eine Ölmühle und, wohl als Ersatz für die umfunktionierte Mahlmühle, eine neue Fruchtmühle.
Der Standort bot also alles, was für die aufkommende Industrie interessant war. Da traf es sich gut, daß mit Johann Daniel Morian (1811-1887) eine Persönlichkeit auf den Plan trat, die in der Reihe der großen Firmengründer steht. Morian hatte die Mühlen von seiner Mutter geerbt. Nach ihm hießen sie nun allgemein „Moriansmühlen". Er richtete in der Ölmühle eine Nagelfabrik ein und schließlich ein Walzwerk, das aber nicht über einen Mittelbetrieb hinauskam. Denn Johann Daniel hatte sich längst anderen Interessen zugewandt, darunter auch dem Bergbau, wo er mit August Thyssen zusammenarbeitete.
Um die Jahrhundertwende hatte der Fortschritt der Technik alle drei Mühlen überholt. Ohnehin war die Emscher zunehmend fauler geworden, und das im doppelten Sinne. Um 1920 war von ihnen keine mehr in Betrieb. Die Gebäude wurden als Wohnungen genutzt oder verfielen. Die Reste der Walkmühle und des Walzwerks mußten der Emscherregulierung und in den 70er Jahren dem Autobahnbau Platz machen. Nur das Gebäude der Fruchtmühle - der Nachfolgerin der Neumühler „Ur-Mühle" - blieb und ist heute das "Landhaus Neue Mühle".

HEINTGES, Karl, „Alte und neue Mühlen", in: Die Heimat (Duisburg) 1971, S. 45 ff.; ILGEN, Quellen (115), II 1 Nr. 83 (Gründungsurkunde); v. RODEN, Geschichte der Stadt Duisburg (213) Bd. 2, S. 66 ff.; ROMMEL, F., „Die Emscher und ihre Mühlen", in: Hüttenpost (Duisburg) 1951 Nr. 5, S. 53 ff.; WEHRMANN, Hamborn (262), S. 29; WICKOP, Paul, „Mit einer Mühle fing es an", in: Duisburger Heimatkalender 1962, S. 61 ff.; Katasterkarten der Stadt Duisburg von 1838, 1883 u. 1910; ferner TK 1845 u. 1892 Bl. 4506 Duisburg: drei Mühlensymbole.

Nr. 49 Die Moriansmühlen, Duisburg. Eigentlich ist es eine „Dreieinigkeit" gewesen - die „Nyemull - Neumühle" und ihre zwei Töchter. Die Neumühle stammt von 1353 und war eine Gemeinschaftsinvestition des Grafen Engelbert von der Mark und seines Burgmannes Conrad Stecke. „Neu" hieß sie, weil ihre Wittfelder Nachbarin (siehe Nr. 50) älter war.
Um 1700 erfuhr die Neumühle die Umwandlung in eine Walkmühle. Etwa zur gleichen Zeit entstanden nahebei eine neue Fruchtmühle und eine Ölmühle. Aus letzterer wurde im 19. Jh. ein Walzwerk, das Johann Daniel Morian - der Begründer des Hamborner Bergbaues - errichtet hatte. Die Mühlen waren ihm durch Erbschaft zugefallen und fortan die "Moriansmühlen".
Während die Reste von Walkmühle und Walzwerk der Emscherregulierung und dem Autobahnbau weichen mußten, ist die Fruchtmühle heute eine Gaststätte bei der Autobahnauffahrt „Duisburg-Neumühl" (Bild unten). Das obere Bild zeigt die Situation um 1880: (v. li.) die Fruchtmühle, das Walzwerk im Hintergrund und die Walkmühle. - Stadtarchiv Duisburg.

50 Wittfelder Mühlen

Duisburg-Hamborn, Emscherstraße
(vor 1553 - um 1910) > Alte Emscher <

Die Wittfelder Mühle hat der Praemonstratenserabtei Hamborn gehört. Diese Abtei war 1137 gegründet worden. Weil die Mühle nicht zu den Stiftungsgütern gehörte, muß man davon ausgehen, daß sie erst später erbaut wurde - auf jeden Fall aber vor dem Vertrag von 1553 über den Bau der Neumühle.
In jüngerer Zeit erhielt sie genau gegenüber auf der anderen Seite des Mühlenstaus eine Schwester. Die - ältere - Nordmühle war die Getreidemühle, die südliche soll eine Sägemühle gewesen sein. Bei der Emscherregulierung wurden beide Mühlen von der Zeche Neumühl angekauft und abgebrochen.

v. RODEN, aaO., Bd. 2, S. 63; dort hinter S. 32 eine Fotoaufnahme von 1902, die beiderseits des Wehrs die beiden Mühlen in alter Fachwerkbauweise zeigt; das auf dem Bild sichtbare Wasserrad der nördlichen Mühle ist beschädigt; ferner: TK 1845 und 1892 Bl. 4605 Duisburg: zwei Mühlensymbole.

51 Rönsberger Mühlen

Duisburg-Beek, Am Rönsberger Hof
(vor 1139 - um 1910) > Alte Emscher <

Man weiß nicht genau, ob wir es hier mit zwei oder gar drei Mühlen zu tun haben. Aber man weiß, daß eine von ihnen die älteste der Mühlen am unteren Emscherlauf gewesen ist. Schon 1139 bestätigt der Kölner Erzbischof Arnold, daß *„in Rimisberg duos mansos et molendinum unum* - zwei Hofstellen und eine Mühle" zum Besitzstand der Abtei Hamborn gehören. Rimisberg ist der alte Name für Rönsberg.
1658 wird Heinrich Wintgens, zeitweilig Rentmeister und Bürgermeister in Duisburg, als Pächter der neu aufgebauten Walkmühle des Stiftes bei Rönsberg genannt. 1733 werden die Rönsberger Mühlen in der Flurkarte als „Vollmühle (Walkmühle)" und „Lohmühle" bezeichnet.
1764 errichtet schließlich das Hamborner Stift aufgrund landesherrlichen Privilegs auf der gegenüberliegenden Seite (der Meidericher) eine Papiermühle. Pächterin und spätere Eigentümerin war die Mühlheimer Papierfabrikantenfamilie Vorster, uns schon von ihrer Broicher Ruhrmühle (48b) her bekannt. Wahrscheinlich hat diese Mühle eine der beiden älteren Mühlen abgelöst. Denn die amtlichen Karten von 1845 und 1892 weisen hier insgesamt nur mehr zwei Mühlen aus.
Nach 1900 dürfte es den Rönsberger Mühlen ähnlich ergangen sein wie den Nachbarmühlen: Mit der Verlegung der Emscher wurde ihnen das Wasser abgegraben. Die stattlichen Gebäude der Papiermühle fielen dem Zweiten Weltkrieg zum Opfer.

HORSTKÖTTER, Die Anfänge des Prämonstratenserstiftes Hamborn (111), S. 27 ff. u. 186 ff. (mit den Stiftungsurkunden); v. RODEN, aaO., Bd. 2, S. 24, 52, 67 u. 76, sowie einer Fotografie von 1904 hinter S. 32; SCHEIERMANN, Altes und Neues vom Niederrhein (221), S. 58 u. 225 ff.; klevische Flurkarte von 1733; ferner TK 1845 u. 1892 Bl. 4605 Duisburg: zwei Mühlensymbole.

52 Kupfermühle Berge

Duisburg-Beek, Helmholtzstraße
(1605 - um 1700) > Alte Emscher <

In der Meidericher Bauerschaft Berge gab es seit 1605 eine Kornmühle. Vermutlich gehörte Sie dem Hamborner Stift. Der Hamborner Abt war es nämlich, der 1649 die Umwandlung der Mühle in eine Kupfermühle genehmigt hatte. Dieses frühindustrielle kleine Hüttenwerk hatte der nachmalige brandenburgische Generalfeldmarschall Frh. v. Sparr - ein tüchtiger Ingenieur - geplant. Das Geld dafür stammte von dem Kölner Kaufmann Simon Toebben. Die kupferhaltigen Erze kamen aus Iserlohn. 1650 konnte mit der Produktion begonnen werden. Ein Jahr darauf erwarb der Große Kurfürst den Hüttenbetrieb, der aus einigen Schmelzöfen mit einem wasserkraftbetrieben Blasebalg und einem Hammerwerk bestand. Das Unternehmen hat das Jahr 1700 wohl nicht mehr erlebt. Denn die Grundstückskarte von 1734 enthält den knappen lateinischen Vermerk "olim - einstmals". Aber es war gleichwohl eine erste Ahnung von dem, was genau hier später einmal an industriellen Anlagen entstehen sollte.

HEINTGES, aaO., S. 45 ff.; v. RODEN, aaO., Bd. 2, S. 159.

53 Stockumer Mühle

Duisburg-Beek, Möllershofstraße
(15. - 17. Jh.) > Alte Emscher <

Nur einige hundert Meter weiter hatten zwischen dem 15. und 17. Jh. die Stockumer Bauern ihre Getreidemühle. Von ihr ist nur wenig bekannt. Daß sie früh eingegangen ist, dürfte allerdings kaum Verlegenheit ausgelöst haben. Denn innerhalb einer guten halben Wegestunde gab es die Ruhrorter Windmühle und im Osten die Wittfelder Wassermühle.

ROMMEL, F., "Die Emscher und ihre Mühlen", in: Hüttenpost (Duisburg) Bd. 2, S. 53 ff.; Rommel hat sich in vielen Veröffentlichungen intensiv mit der Höfegeschichte des Duisburger Nordens beschäftigt (siehe umfangreiches Verzeichnis bei v. Roden, aaO.).

54 Scherrer-Mühle

Duisburg-Bruckhausen
(15. Jh. - um 1700) > Alte Emscher <

Nahe der Emschermündung lag einst die Bauerschaft Alsum. Heute ist das ganze Gebiet von den Werksanlagen der Fa. Thyssen überdeckt.
Mitten in Alsum befand sich der Scherrer-Hof, zu dem im 15. Jh. eine Ölmühle gehörte. Die Mühle hat gut 200 Jahre lang bestanden, ehe sie unterging. Vielleicht hatte der nahe Rheinstrom dabei seine unberechenbare Hand im Spiel gehabt.

v. RODEN, aaO., Bd. 2, S. 74. - Ein Nebengewässer der Alten Emscher ist die Beek (od. Beekbach). Von ihr hat die Ortschaft Beek seinen Namen. An diesem Gewässer hat ein kleiner Adelshof gelegen, dessen Herren sich im 13. Jh. „Ritter zur Mühlen" nannten. Wahrscheinlich geht der Name auf eine Mühle zurück, wie sie damals zur obligaten Ausstattung solcher Höfe gehörte. Nähere Kenntnis hat man über diese Mühle nicht (siehe v. Roden, aaO., Bd. 2, S. 58/59).

Holtener Mühlenbach / Elperbach

Quelle:	zwischen Sterkrade und Bottrop	Höhe:	75 m ü.M.
Mündung:	(vor 1900) Rheinstrom-km 790;		
	heute Zufluß der Kleinen (zweiten) Emscher	Höhe:	19 m ü.M.
Länge:		14 km	
Mittlere Breite in der Rheinebene:		1-2 m	
Abflußmenge im Jahresmittel:		unbekannt	
Mühlenstandorte um 1850 (einschl. an Nebenbächen):		7	

Der Holtener Mühlenbach hatte seine Quelle in der Klosterhardt, einem Heidegebiet zwischen Bottrop und Sterkrade. An seinem Unterlauf nahe dem Schwelgerner Bruch heißt er „Elperbach". Ansonsten ist er einer der vielen „Mühlenbäche", bei denen ihre natürliche Funktion als Vorfluter zur „Nebentätigkeit" und der Antrieb von Mühlen nominell zur Hauptsache geworden war. Allein in Nordrhein-Westfalen gibt es über 150 solcher Gewässer, die den Namen „Mühlenbach" (oder Mühlenfließ, -flöth und -fleuth) mit und ohne Zusatz führen.
Dieser Mühlenbach hier ist heute nur noch in „Restbeständen" vorhanden. Ursprünglich war er ein direkter Zufluß des Rheines, ehe er im 20. Jh. selber in die „Mühlen" der Emscherprobleme geriet, teilweise verlegt und mit dem verbliebenen Rest schließlich in die Kleine Emscher eingeleitet wurde. Andere Teile sind aus der Gewässerkarte völlig verschwunden. Aber für unsere Vorfahren war der Mühlenbach ein wichtiger Energielieferant.

54a-d Die Sterkrader Mühlen

Von den sieben Mühlen des Holtener Mühlenbachs und des Reinersbachs - eines kleinen „Satelliten" - lagen allein vier am Oberlauf in Sterkrade. Der Mühlenbach hat als Energielieferant bei der Standortwahl der im 18. Jh. aufkommenden Eisenindustrie eine wichtige Rolle gespielt.
Die 1758 gegründete **St. Antony-Hütte** baute noch im gleichen Jahr eine **Schleifmühle (54a)**. Eigentlich hatte die Mühle andere Funktionen: Sie bewegte einen Hammer und mahlte die Schlacken. Vor allem aber trieb sie das Hochofengebläse an. Die Hütte war eines der drei Unternehmen, die sich 1810 zur Gutehoffnungshütte zusammenschlossen. Bis zur Schließung der Gießerei 1877 war sie in Betrieb. Von ihr ist nichts mehr vorhanden.
Auch die nahegelegene **Hütte „Gute Hoffnung"**, deren Name später auf das Gesamtunternehmen überging, besaß ihre **Schleifmühle (54b)**. Sie entstand 1782 zusammen mit dem Hüttenbetrieb. 1855 mußte sie einer Werkserweiterung weichen. Ohnehin hatte längst die Dampfmaschine ihr starkes Regiment angetreten.
Die **Klostermühle (54c)**, eine Kornmühle, war die Dritte im Sterkrader Mühlenbunde. Sie gehörte zu einem Herrenhof. 1255 war sie Gegenstand einer Schenkung der Holtener Gräfin Mechtildis an das Sterkrader Zisterzienserinnenkloster St. Marien. Sie lief bis 1890, zuletzt mit Dampf- und schließlich mit Elektroantrieb. 1982 wurde das Gebäude, das noch einem Landhandel gedient hatte, wegen der Neugestaltung des Marktes in der Sterkrader Ortsmitte abgetragen.

Nr. 56 Unterste Mühle, Holten, Oberhausen. Als Hendrick Feltman 1650 das "eigene Dominium" Holten zeichnete, hielt er neben Burg, Kirche und Stadtumwallung auch die für eine Herrschaft schon fast obligatorische Mühle fest. Die aus dem 14. Jh. stammende Mühle stand nahe der Burg und war Bannmühle für Holten und Umgebung. Auf der Zeichnung ist das große unterschlächtige Wasserrad an dem spitzgiebligen Mühlenhaus gut zu erkennen. Die Mühle lief bis um 1930. Das Gebäude aus dem 18. Jh. ist modernisiert. Es wird heute als Wohnung genutzt. Der Mühlenbach ist jetzt Straßenfläche.

Am Reinersbach stand die **Reinersmühle**/Westhoffsmühle **(54d)**. Um 1700 wurde sie errichtet und hatte zwei Mahlgänge. Aber sie litt an Wassermangel und konnte nur alle zwei oder drei Tage ein paar Stunden laufen. So heißt es in einem Bericht über die Holtener Mühlen von 1828. Um 1890 wurde sie stillgelegt.

LACOMBLET, Urkundenbuch (154), Bd. 2, Nr. 414; LANGE, 675 Jahre Stadt Holten (158), S. 9, 21 u. 34 mit vielen Belegen; ders. in Mitteilungen an den Verfasser; Mühlenaufnahme in der Bürgermeisterei Holten von 1828 (Stadtarchiv Oberhausen, Privatakten Holten I/203); ferner TK 1842 u. 1892 Bl. 4407 Bottrop: „SchleifM." (nur 54b).

55 Oberste Mühle Holten

Oberhausen-Holten, Bahnstraße
(vor 1314 - um 1890) > Holtener Mühlenbach <

Holten lag an der Grenze der „Interessensgebiete" der Grafen von Kleve und der Grafen von der Mark. Beide Landesherren mußten bemüht sein, ihre Herrschaft zu sichern. Folglich war hier aus einem märkischen Adelshof eine Landesburg und aus der Burgmannssiedlung 1310 eine Stadt entstanden, mit Mauern und Mühlen.
Von der Obersten Mühle liest man erstmals in einer Grenzbeschreibung von 1309/1314, wo Graf Adolph von der Mark *„unser walckmoelen zu Holte"* erwähnt. Für Holten und seine Weber war sie ein wichtiger Betrieb. Sie muß diese Aufgabe später gegen die einer Getreidemühle eingetauscht haben, ausgestattet mit dem Zwangsgemahl für die Stadt Holten, die Feldmark und das Amt Holten. 1828 berichtet der damalige Eigentümer Peter von der Heyden, daß die beiden Mahlgänge für Roggen und Weizen nie gleichzeitig benutzt werden könnten, weil der Mühlenbach zu wenig Wasser führe. Von Mai bis Oktober sei die Lage besonders schlimm. Dann könne man nur an einem oder zwei Tagen in der Woche arbeiten. Die Mühle lief trotzdem bis etwa 1890. Ihre Reste wurden in den 60er Jahren beim Ausbau der Bahnstraße abgerissen.

Faksimile der amtlichen Abschrift der Urkunde von 1309/14 abgedruckt bei LANGE, aaO., S. 162; Mühlenaufnahme in der Bürgermeisterei Holten von 1828 (Stadtarchiv Oberhausen, Privatakten Holten I/293); Mitteilung von Herrn Lange (Holten) an den Verfasser; ferner TK 1843 u. 1892 Bl. 4406 Dinslaken: Mühlensymbol.

56 Unterste Mühle Holten

Oberhausen-Holten, Dinslakener Str.
(14. Jh. - um 1930) > Holtener Mühlenbach <

Auch ihre Gründung hängt mit der Stadtwerdung Holtens zusammen. Sie war eine Kornmühle mit demselben Bannbezirk wie später die Oberste Mühle. Beide Mühlen waren also nicht nur landesherrlich, sondern auch gleichberechtigt.
Auch noch 1828 waren beide Mühlen in einer Hand. Noch immer wurde über betriebliche Probleme geklagt. Im Holtener Rathaus scheint man allerdings die

Lage weniger ernst gesehen zu haben: Man habe wohl etwas übertrieben, *"um eine höhere Besteuerung zu vermeiden"*. So jedenfalls steht es in der amtlichen Mühlenaufnahme jenes Jahres. Umgekehrt heißt es dort aber, daß der Pächter in seiner Wohnung eine Handmühle angelegt habe, um den Bürgern das nötige Backmehl liefern zu können.
Wie auch immer - bis um 1930 war die Mühle in Betrieb. Dann wurde das Mühlenhaus aus dem 18. Jh. als Wohnung genutzt. An die frühere Zeit erinnert nichts mehr, von einem Mühlstein im Hof abgesehen.

Mühlenaufnahme in der Bürgermeisterei Holten von 1828 (Stadtarchiv Oberhausen, Privatakten Holten I/203); Mitteilung von Herrn Lange (Holten) an den Verfasser; ferner TK 1843 Bl. 4406 Dinslaken: Mühlensymbol.

57 Aldenrader Mühle

Duisburg-Walsum, Aldenrader Straße
(vor 1414 - um 1930) > Elperbach <

Heute geht man zum Notar. Am St. Katharinen-Tag des Jahres 1414 indessen mußten sämtliche Hamborner und Walsumer Honoratioren - Richter, Schöffen und Geschworene - zusammenkommen, um zu *„... bekennen end tughen mit desen apenen brieve, dat vur uns ... gekomen is Godert van den Dorloe, dat he recht end redelyken betuchtiget hevet, ... Emsen seynen rechten wyve tot eynre rechten lyfftucht ... als an den alyngen hoff to Aldrade geheiten end an dye moelen ..."* - oder kurz und bündig: Godert hat vor Zeugen seiner Frau Emse den Nießbrauch an seinem Hof und der Mühle in Aldenrade übertragen.
Die Mühle lag in der Bauerschaft Aldenrade im Schwanen. Mit dieser eigentümlichen Ortsbezeichnung meinte man in alter Zeit die Krümmung eines Weges, einer Landwehr oder eines Baches. Und in der Tat - der Elperbach (Holtener Mühlenbach) gleicht hier dem Hals eines stolzen Schwans.
1811 gehörte das Mühlengrundstück einem gewissen Borgardts, der die Mühle neu bauen wollte. Das Baugesuch beginnt mit der Anrede, *„Hochgeborener Herr Graf, Hochgebietender Herr Präfekt, Gnädigster Herr!"* Und es endet: *„Mit der tiefsten Veneration* (Verehrung) *ersterbend - Ew. Reichsgräflichen Excellenz unterthänigster Knecht Wilhelm Borgardts to Fahrn."* Das Gesuch wurde genehmigt.
Die Borgardtsmühle, wie sie jetzt hieß, besaß zwei Mahlgänge. In dem schon oben erwähnten Bericht von 1828 wird über Wassermangel geklagt: Das Wasser *„bleibe größtenteils in den Tiefen hängen und verwittere"*.
Mit der Verlegung der Emscher 1910 und Einbindung des Mühlenbaches gab es das Problem nicht mehr. Die Mühle bekam einen Elektromotor, der sie noch einige Jahrzehnte in Bewegung hielt.

HEINTGES, K., „Alte und neue Mühlen", in: Die Heimat (Duisburg) 1971, S. 45 ff.; SCHEIERMANN, Altes und Neues vom Niederrhein (221), S. 64 mit der Urkunde von 1414 im Anhang (Nr. 10); STEEGER, Albert, „Orts-, Hof- und Flurnamen", in: Die Heimat (Krefeld) 1040, S. 144; ferner TK 1843 und 1892 Bl. 4406 Dinslaken: Mühlensymbol.

Rotbach

Quelle:	Höhe: 60 m ü.M.
Mündung:	Höhe: 18 m ü.M.
Länge:	17 km
Mittlere Breite in der Rheinebene:	4-5 m
Abflußmenge im Jahresmittel 1951-93 am Pegel Hiesfeld:	0,3 m³/sec.
Zahl der Mühlenstandorte um 1850 (einschl. Bruckhauser Mühlenbach):	7

Wie die Emscher und der Holtener Mühlenbach kommt auch der Rotbach aus dem Märkischen. Da er gemeinsam mit seinem Zwillingsbruder - dem Schwarzbach - ein großes Wald- und Heidegebiet von überschüssigem Wasser „entsorgt", fehlte es ihm zwar nie an Arbeit. Aber manchmal fiel der Nachschub so plötzlich und so heftig an, daß Dinslaken „Land unter" meldete. Das besserte sich erst mit der Begradigung des Baches ab seinem Zusamentreffen mit dem Schwarzbach. 1977 entstand zusätzlich bei Hiesfeld 1977 ein großes Rückhaltebecken, der Rotbachsee, der Ähnlichkeit mit einer Talsperre hat.
Ihren Namen haben Schwarz- und Rotbach von ihrer charakteristischen Färbung: Der Schwarzbach kommt aus vorwiegend moorigem, der Rotbach aus eisenoxydhaltigem Untergrund. Beide Bezeichnungen sind häufig, auch am Niederrhein. Schwarzbäche findet man hauptsächlich in den Bruchgebieten. Unser Rotbach hier weist indessen auf die hierzulande vielfachen Raseneisenerzvorkommen hin, aus denen noch bis vor 150 Jahren die Eisenhütten beliefert wurden.
Der etwas weiter nördlich verlaufende Bruckhauser Mühlenbach ist vom Ursprung her ein Nebengewässer des Rotbachs. Heute besitzt er allerdings als „Lohberger Entwässerungsgraben" (Zeche Lohberg) neben seiner alten Verbindung mit dem Rotbach bei Haus Wohnung einen eigenen Zufluß zum Rhein.

58 Grafenmühle

Bottrop-Kirchhellen, Zur Grafenmühle
(1756 - um 1950) > Rotbach <

Sie liegt zwar im Westfälischen, aber nur wenige Kilometer jenseits der Grenze. Sie ist die einzige Mühle am Oberlauf des Rotbaches und befindet sich zudem auf altem kurkölnischen Gebiet. Und sie ist am Rotbach die jüngste, erst 1756 entstanden. Ihre technische Einrichtung war allerdings älter und stammte damals von einer der beiden Mühlen bei Hs. Hove in Bottrop.
Das Genehmigungsverfahren dauerte die uns heute so vertraute „Kleinigkeit" von 16 Jahren. Schon 1740 hatte der Eigentümer, Graf Klemens August v. Merfeldt zu Lembeck, beim Kölner Kurfürsten die Verlegung von Hs. Hove in seinen "Grafenwald" beantragt. Aber es gab Einsprüche der adligen Konkurrenz. Den Ausschlag zugunsten des Antragstellers gab schließlich der Umstand, daß die dortigen Bauern zu ihrer Dorstener Zwangsmühle jeweils drei Stunden unterwegs waren. Und in die Versuchung, im klevisch/preußischen „Ausland" mahlen zu lassen, knapp

Nr. 58 Grafenmühle, Bottrop. Im Bereich der Ausflugsgaststätte "Grafenmühle" am Rotbach liegt seitab die gleichnamige Mühle. Sie lief von 1756 bis um 1950. In der Mahlstube mit dem noch erhaltenen Mahlgang ist mittlerweile die Schneiderwerkstatt der Müllerstochter.

Nr. 59 Paumühle, Dinslaken. Die Paumühle ("Pfauenmühle") aus dem 17. Jh. befand sich nicht im Fachwerkhaus, sondern im Backsteinbau rechts. Sie gehörte früher zu Hs. Hiesfeld und war bis um 1920 in Betrieb. Das Gesamtanwesen bildet heute das Mühlenmuseum Hiesfeld mit vielen Modellen von Mühlen aus alter und neuer Zeit.

jenseits der Landesgrenze und billiger noch dazu, wollte man sie nicht führen. Die Mühle lief bis Mitte unseres Jahrhunderts. Zuletzt war ihr noch eine moderne Turbine verpaßt worden, um Strom zu erzeugen. Aber das konnte ihr Mühlenleben nicht mehr entscheidend verlängern. Da ist es beinahe tröstlich, daß sie zumindest dem Handwerkerstand treu geblieben ist: Denn auf dem Mahlboden, direkt neben dem noch vollständig erhaltenen Mahlgang, unterhält die Tochter des Müllers ihre Schneiderwerkstatt.

(Ohne Angabe des Verfassers): „Wie es zum Bau der Grafenmühle bei Bottrop kam“, in: Bottroper Volkszeitung v. 4./5. Juni 1938; DICKMANN, A., „Bottroper Mühlen vor 100 und mehr Jahren", in: Bottroper Volkszeitung v. 25. August u. 1. September 1951; ferner TK 1842 u. 1892 Bl. 4407 Bottrop: „Grafenmühle".

59 Paumühle

Dinslaken-Hiesfeld, Am Freibad
(vor 1657 - um 1920) > Rotbach <

Wer über ihren Anfang etwas erfahren will, stößt auf ein Ende: einen Eintrag im Kirchenregister der katholischen Pfarrgemeinde Dinslaken aus dem Jahre 1657. Er besagt, daß auf *„Petri Stuhlfeier der edle Herr Georgius von Loen zu Pawmühlen"* verstorben sei.
Mit „Pawmühle" war das Haus Hiesfeld gemeint, dessen Mühle als Adresse offenbar für wichtiger angesehen wurde als der kleine Landadelssitz. So erklärt sich zumindest die eigentümliche Angabe des Wohnortes von Herrn Georgius. Im übrigen war der Name „Pawe" (Pfau) hier schon um 1400 mit dem Anwesen verknüpft. Damals saß ein Wilhelm Pawe auf Hiesfeld. Er war Richter und damit herzoglicher Beamter. Nun wäre es wohl zu kühn, die Wassermühle mit ihm in Verbindung zu bringen, nur weil sie seinen Namen trägt. Ganz sicher aber hat die Mühle schon lange vor dem dahingeschiedenen Georgius bestanden. Vielleicht ist sie so alt wie Haus Hiesfeld, dessen Beginn in das 13./14. Jh. datiert wird.
Gewiß sieht man ihr das hohe Alter heute nicht mehr an. Denn das Mühlenhaus ist erst nach 1900 in roten Backstein neu aufgeführt worden, als Ersatz für einen Fachwerkbau. Der Vorgängerbau war dem heute zur Mühle gehörigen Schuppen sehr ähnlich, der nachweislich um 1693 errichtet wurde. Vermutlich wurde beim Neubau auch das große hölzerne Wasserrad durch das wesentlich kleinere und jetzt noch vorhandene eiserne Rad ersetzt.
Seit dem Ersten Weltkrieg liegt die Mühle still. Die Mahleinrichtung wurde ausgeräumt, um das Haus anderweitig zu nutzen, zuletzt als Jugendtreff. 1984 nahm sich der Hiesfelder Mühlenverein seiner an, der schon die Hiesfelder Windmühle betreute. Er renovierte das Gebäude, setzte auch den zugehörigen malerischen Fachwerkschuppen wieder instand und machte aus dem Anwesen ein Mühlenmuseum, das im Herbst 1991 eröffnet wurde.
Dieses Museum enthält eine große Sammlung - meist beweglicher - Mühlenmodelle und anderer Exponate aus dem Mühlengeschehen. Sie wird durch eine Reihe von Originalstücken ergänzt, die im Schuppen am jenseitigen Ufer aufgestellt

wurden. Darunter ist auch ein funktionsfähiger Mahlgang. Ein Besuch in Hiesfeld lohnt sich, weil dort - einzigartig am Niederrhein - Geschichte und Technik des Mühlenwesens anschaulich dargestellt sind.

BREIMANN, H., „Haus Hiesfeld", in: HK Krs. Dinslaken 1951, S. 53 ff.; STAMPFUSS/TRILLER, Geschichte Dinslakens (245), S. 577 ff.; WOLTER, Arno, "Der Geschichte der Wassermühle auf der Spur", in: NRZ v. 14., 15, 19, u. 20 Mai 1993; (ohne Angabe des Verfassers), "Hiesfelder Wassermühle" (Informationsheft des Mühlenvereins Dinslaken-Hiesfeld von 1991); JRD 20 (1056) S. 117, u. 30/31 (1985) S. 437; ferner TK 1843 u. 1892 Bl. 4406 Dinslaken: Mühlensymbol; Katasterunterlagen des Krs. Wesel.

60 Dörnemanns Mühle

Dinslaken-Hiesfeld, Sterkrader Straße
(vor 1707 - um 1960) > Rotbach <

Um seinen Besitz abzurunden, vielleicht aber auch lästige Konkurrenz unter Kontrolle zu bekommen, brachte Johann Wilhelm v. Tevenar auf Hs. Hiesfeld die Hiesfelder Dorfmühle in seine Hand. Sie gehört damals Johann Paschen und Hilleken Knechtjens. Ob Johann und Hilleken die Mühle gebaut hatten oder - was wahrscheinlicher ist - nur Erbpächter waren, ist nicht bekannt.
1776 verkauften die Tevenars die Dorfmühle, bestehend aus einer Lohmühle und einer Ölmühle, an den Mühlenmeister Gerhard Dörnemann. Seinen Nachkommen gehört das Anwesen noch heute. Erst um 1960 wurde die Mühle geschlossen und abgebrochen. Zuletzt war sie eine Kornmühle gewesen.
Heute erinnert nur noch der Wasserdurchfluß unter dem neuzeitlichen Schuppen einer Installationsfirma an die alte Verwendung.

BREIMANN, aaO., S. 55/56; STAMPFUSS/TRILLER, aaO., S. 577; ferner TK 1843 u. 1982 Bl. 4406 Dinslaken: Mühlensymbol; Katasterunterlagen des Krs. Wesel.

61 Stadtmühle Dinslaken

Dinslaken, Altmarkt
(14. Jh. - um 1920) > Rotbach <

Weil sie innerhalb der Stadt lag, hieß sie „Stadtmühle". Aber sie war keine städtische, sondern eine landesherrliche Mühle, deren Verwaltung und Verpachtung dem auf dem Kastell residierenden klevischen Rentmeister oblag. Ihr Bannbezirk war das Dinslakener Stadtgebiet.
Sie muß spätestens im 14. Jh. entstanden sein, als Dinslaken sich als Gemeinwesen konsolidierte; um 1400 ist in den Stadtakten von einem „Mühlenkolk" (Mühlenteich) die Rede. Indes, über ihre Bewirtschaftung erfährt man nur wenig, bis auf einige Pächternamen. Probleme scheint es hauptsächlich mit der Wasserhaltung gegeben zu haben, die dem jeweiligen Müller oblag. Und da war einiger Konfliktstoff, vor allem bei drohendem Hochwasser: Während der Müller möglichst lange mahlen wollte, bangten die Uferanlieger um ihre Gärten. Jedenfalls kam es mehr-

fach zu Rügen der hohen Obrigkeit, weil die Schützbretter am Stauwerk zu spät gezogen worden waren.
Im 18. Jh. war die Mühle - wie ganz Kleve - „königlich-preußisch" und wurde auch in der Pachtausschreibung so bezeichnet. Im 19. Jh. scheint sie aber privatisiert worden zu sein, als mit dem Mahlzwang die eigentliche wirtschaftliche Basis aufgehoben worden war. 1911 wurde die Mühle schließlich von der Stadt aufgekauft und war nun wirklich „städtisch". Besitzer war damals Gustav Rosendahl gewesen, der sie dann noch eine zeitlang bewirtschaftete, ehe sie nach dem Ersten Weltkrieg stillgelegt und abgerissen wurde.
Heute ist der Altmarkt ein gutes Stück höher gelegt, nachdem man den Bach gedeckelt und ins „Untergeschoß" verbannt hat. Die modernen Häuser lassen von der Mühle nichts mehr ahnen, die zwischen Kastell und Kirche einst das Stadtbild mit geprägt hatte.

OVERLÄNDER, Hermann, „Vom Rotbach und der Mühle am Altmarkt", in: HK Krs. Wesel 1987, S. 78 ff.; PULCHER, Berthold, „Jacob von der Capellen - Der Rentmeister des Landes Dinslaken und seine Mühlen", in: HK Krs. Dinslaken 1957, S. 51 ff.; SCHÖN, Berthold, „Die wasserreiche Stadt", in: HK Krs. Dinslaken 1964, S. 36 ff.; STAMPFUSS/TRILLER, aaO., S. 456 ff. u. 577 ff.; ferner Katasterunterlagen des Kreises Wesel.
STAMPFUSS/TRILLER berichten (aaO., S. 278) von einer Walkmühle in Dinslaken, deren Müller Bernt to Cruyss 1537 eine fromme Stiftung gemacht habe; näheres über die Mühle ist nicht bekannt. Ferner soll um 1650 bei Dinslaken eine Kupfermühle bestanden haben. Hier liegt aber vermutlich eine Verwechslung mit der Kupfermühle an der Emscher (Nr. 52) vor, die damals gerade gegründet worden war.

62 Mühle von Haus Wohnung

Voerde-Möllen, Frankfurter Straße
(vor 1478 - heute) > Rotbach <

Sie gehört zu Hs. Wohnung, einem Adelssitz an der Rotbachmündung. Der Name klingt „gedoppelt". Aber in den alten Urkunden mit den noch nicht durch Bequemlichkeit abgeschliffenen Bezeichnungen heißt es „Wonyngen". Wir haben hier also einen den unzähligen Fälle von Ortsnamen, die mit „-ingen" enden. Und da ist unser Wort- und Ortsverständnis schnell wieder im Lot.
Schon 1327 wird ein Ritter Arnd van der Wonyngen genannt. Durch Heiraten änderten sich dann später zwar die Namen der Besitzer dieses klevischen Lehens. Aber es blieb mindestens 600 Jahre lang im Besitz ein und derselben Familie, ehe es 1937 über Thyssen und die Bergwerksgesellschaft Walsum AG an die STEAG - die Steinkohlen-Elektrizität Aktiengesellschaft - kam. Nach einer gründlichen Renovierung dient Haus Wohnung der STEAG heute für Tagungs- und Repräsentationszwecke.
Die Wassermühle steht links neben der Schloßeinfahrt mit dem Mühlstein. 1478 ist sie erstmals erwähnt. Sie war zwar keine Bannmühle, litt aber keineswegs an Unterbeschäftigung, vor allem nicht bei Nacht. Denn dann schlichen sich immer wieder Mahlgenossen anderer Mühlen hierhin - weil sie nahebei lag, weil man besser und schneller bedient wurde oder weil der Lohn geringer war. Im Jahre

Nr. 62 Wohnungsmühle, Voerde. Die zu Hs. Wohnung - einem klevischen Lehen - gehörende Mühle aus dem 15. Jh. bestand aus einer Korn- und einer Ölmühle. 1880 wurden die beiden Gebäude durch den Giebelbau über den Rotbach hinweg verbunden, um die beiden Wasserräder durch eine Turbine zu ersetzen. Auf dem Bild unten sieht man das Handrad zum Öffnen des Schiebers und die Antriebswellen. Das Mahlwerk befindet sich im Geschoß darüber. Die Kornmühle ist seit 1994 wieder voll betriebsfähig und wird von der STEAG unterhalten, der Hs. Wohnung gehört. Die Räume der ehemaligen Ölmühle (oben links) sind heute Gärtnerunterkunft.

1800 notierte der Wohnung´sche Rentmeister, daß der Müller oft drei- bis fünfmal aus dem Bett geholt werde. Nicht selten lagen dann die „privilegierten" Nachbarmüller auf der Lauer, um ihren eifrigen Müllerkollegen wegen „Schwarzmahlerei" anzuzeigen.
Das jetzige Mühlengebäude stammt aus dem späten 18. Jh. Ursprünglich waren es zwei gleichartige Bauten zu beiden Seiten des Rotbaches, jeder mit einem Wasserrad versehen. In dem einen war die Kornmühle, im anderen eine Ölmühle. 1880 wurden die beiden Mühlenhäuser durch einen Zwischentrakt über den Bach hinweg miteinander verbunden, um die Wasserräder durch eine leistungsstarke Turbine zu ersetzen. Zuletzt hat man hier nur noch Korn gemahlen, hauptsächlich Weizen.
Nach dem Zweiten Weltkrieg wurde die Mahlmühle stillgelegt. Turbine und Mahleinrichtung blieben aber vollständig erhalten. Die Eigentümerin (STEAG) hat sie mit einigem Aufwand 1993 sogar wieder instandgesetzt und um eine Backstube ergänzt. Seither wird hier von begeisterten „Neumüllern" regelmäßig „nostalgisch" gemahlen und Brot gebacken.

DICKMANN/HALLEN/NEUSE, „Die Mühlen in Voerde", in: HK Krs. Wesel 1981, S. 146 ff.; NEUSE, Geschichte der Rittersitze (185), S. 91 ff.; ferner klevische Katasterkarte 1733, sowie TK 1843 u. 1892 Bl. 4406 Dinslaken: „Mühle / M."

63 Alte Mühle Bruckhausen

Hünxe-Bruckhausen, Zur Alten Mühle
(um 1800 - 1897) > Bruckhauser Mühlenbach <

Das Wasser aus dem Umfeld des Hardtberges und aus der Bruckhauser Heide führt ein kleiner Bach zum Rhein hin ab: der Bruckhauser Mühlenbach. Seit Jahrzehnten er ist allerdings nicht mehr „selbständig", sondern an den Lohberger Entwässerungsgraben angebunden.
Seinen Namen hat der Mühlenbach von einer kleinen Mühle am Rande der Mittelterrasse, die zum Schulte-Vorst-Hof gehörte. Sie muß erst Anfang des 19. Jh. entstanden sein. Um 1840 wurde sie einem Müller Wilhelm Walbrodt aus Gahlen übertragen, dessen Sohn sie später weiterführte. Als indes das Wasserrad bei einem Hochwasser 1897 schwere Schäden erlitten hatte, verzichtete Walbrodt auf eine Instandsetzung und baute unten an der Dinslakener Straße eine Dampfmühle. Sie hieß „Neue Mühle" oder - nach einem späteren Besitzer - „Lindenkamps Mühle".
Das Haus der Alten Mühle aus der ersten Hälfte des 19. Jh. steht noch weitgehend unverändert und ist bewohnt. Von der Mühleneinrichtung ist jedoch nichts mehr da. Auch der Mühlenteich ist völlig verlandet.

ENDEMANN, Friedrich, unveröffentlichter Bericht aus dem Jahre 1990 über die Mühle Lindenkamp (Gemeindearchiv Hünxe); GÜNTER, Denkmäler des Rheinlandes „Kreis Dinslaken" (82), S. 58; Urkataster der Gemeinde Bruckhausen von 1829 (Katasterunterlagen des Krs. Wesel): „Bruckhauser M."; ferner TK 1892 Bl. 4306 Hünxe: Mühlensymbol.

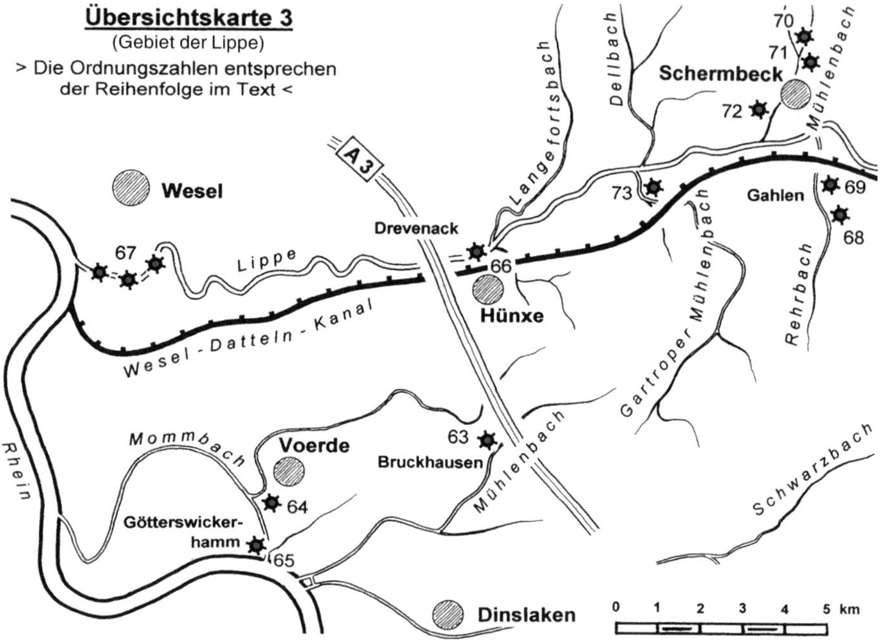

Im Plangebiet (re.-rh.): 17 Wassermühlen und um die 7 Windmühlen

Nr. 63 Alte Mühle Bruckhausen, Hünxe. Sie bestand nur von 1800 bis 1897, ehe sie als „Neue Mühle" ins Dorf verlegt und fortan mit Dampf angetrieben wurde. Heute ist sie Wohnhaus.

Götterswicker Altrhein und Mommbach

Daß eine Altrheinschlinge auch im Wassermühlenwesen eine Rolle spielt, gehört nicht zu den Alltäglichkeiten, eher zu den Kuriositäten. Aber im „Hamm" - der einst vom Rhein umschlungenen „Halbinsel" bei Götterswick - war es so. Nachdem sich nämlich der Rheinstrom hier im Spätmittelalter bei einer seiner zahlreichen und heftigen Eskapaden einen neuen und kürzeren Weg gesucht und sein altes Bett zurückgelassen hatte, bot er darin wenigstens dem Wasser aus den nahen Bruchlandschaften Bleibe und Abfluß. Vielleicht sorgte auch ein kleines Rhein-Rest-Rinnsal zusätzlich dafür, daß das Wasser in Bewegung und der Abfluß offen blieb.

Das mag vielleicht nicht zum Antrieb einer Wassermühle im Altarm oder unmittelbar an seinem Rand gereicht haben. Denn an Oberstrom befand sich eine Schleuse, über die der gleichmäßige Zufluß von Rheinwasser geregelt wurde. Jedenfalls ist dort im späten Mittelalter die wohl seltsamste Mühle entstanden, die es hierzulande gegeben hat: die legendäre „Balkenmühle", die auf Holzbalken mitten im Wasser stand.

Der alte Rheinarm hatte auch noch vom Land her einen Zufluß: den Mommbach mit seinem Gräbengeflecht, der das Wasser aus den Tester Bergen und der vorgelagerten Bruchlandschaft abführte. Hier am Hamm reichte die Wassermenge noch zum Antrieb der Wassermühle von Haus Voerde aus, ehe sie sich in die Arme des Altrheines „hinabstürzte".

64 Mühle von Hs. Voerde

Voerde, Frankfurter Straße
(14./15. Jh. - um 1800) > Mommbach <

Eine der Wurzeln der heutigen Stadt Voerde ist ein gleichnamiger Rittersitz aus dem 14. Jh. Er liegt oben an der Uferkante eines Altrheines. Die ehemalige Wasserburg ist heute die „Gute Stube" der Stadt.

Zu Hs. Voerde gehörte eine Wassermühle, die vom Mommbach gespeist wurde und als Wasserreservoir die umfangreichen Burggräben nutzte. Wann sie gebaut wurde, ist nicht bekannt. Eine Mühle gehörte schon von sich aus zur Regelausstattung eines alten Adelssitzes. Hier kommt noch hinzu, daß die Natur bei Hs. Voerde ein beträchtliches und am Niederrhein seltenes Gefälle lieferte. Da lag nichts näher, als die oberhalb in den Sicherungsgräben ruhende Energie für den Antrieb eines Wasserrades zu nutzen. Man darf die Burgmühle deshalb getrost in das 14./15. Jh. datieren.

Nach der klevischen Katasterkarte von 1733 hat sie an der Einmündung der Allee in die heutige Frankfurter Straße gestanden. Auf der Karte der Herrlichkeit Voerde aus der Zeit um 1800 ist zwar das Mühlengebäude noch sichtbar, aber ohne die sonst übliche Funktionsbezeichnung. In der preußischen Urkatasterkarte 1837 hat sich ihre Existenz schon auf den Flurnamen "Mühlenkamp" reduziert. Sie muß da schon in das Getriebe der beginnenden Auflösung von Hs. Voerde geraten und beseitigt worden sein.

SCHMITZ, Mehr als 800 Jahre „Haus Voerde" (227), S. 5; Klevische Katasterkarte von 1733; Katasterunterlagen des Kreises Wesel.
DICKMANN/HALLEN/NEUSE, aaO., S.152, teilen - ohne nähere Angaben - mit, daß es außer bei Hs. Voerde auch beim benachbarten Hs. Ahr eine Wassermühle gegeben habe. Dieser Rittersitz aus dem 12./13. Jh. war in der alten Form um 1800 schon nicht mehr da. Der Nachfolgebau wurde erst 1830 errichtet, und zwar etwas seitab.

65 Balkenmühle

Voerde-Möllen, Ahrstraße
(vor 1188 - nach 1612) > Götterwicker Altrhein <

Auf den Karten des 19. Jh. hat man die kleine Bauerschaft Möllen mit einem Blick schnell umfahren: 15 Höfe oder Katstellen vielleicht; bei den zehn größeren von ihnen steht der Name verzeichnet; vier davon haben mit dem Begriff „Mühle" zu tun - Möltgen, Müllgen, Niemüller und Muellmann. Und schließlich trägt auch die Bauerschaft selbst einen Mühlennamen.
Es ging tatsächlich alles von einer Mühle aus, und von einer sehr originellen dazu. Eine erste Nachricht darüber besitzen wir aus dem Jahre 1188, als der kölnisch-erzbischöfliche Ministeriale Johannes von Hüls sein Allod (freies Erbgut) zu Eppinghoven mit den zugehörigen *„molendinis* - Mühlen" der bergischen Zisterzienserabtei Altenberg schenkte. 1226 tat Altenberg dieses Eppinghover Allod mit der „Mühlen zum Balken" *(„quod vulgo dicitur ad Balcken")* der Margarethe von Hiesfeld als Lehen aus.
Aus der „Mühlen zum Balken" wurde später die „Balkenmühle". Sie stand ungefähr dort, wo sich heute das Strandhaus Ahr befindet. Angetrieben wurde sie von einem schmalen Nebenarm des Rheines, in dem ein schmales Rinnsal floß, vom Rhein gespeist und über eine Schleuse gesteuert.
Die Mühle stand mitten im Wasser auf Pfählen, auf denen Holzbalken das Fundament bildeten. Daher kommt der Name. Im gewissen Sinne war sie eine Rheinmühle - nur, daß sie standfest war und nicht auf Pontons schwamm, wie die sonst üblichen Flußmühlen. Jedenfalls gab es im ganzen Rheinland nichts Vergleichbares.
Unsere Balkenmühle mochte kaum an Wassermangel gelitten haben. Aber dafür hatte sie auch allen Übermut des eigenwilligen Stromes zu ertragen. Nicht selten wurde sie durch Hochwasser oder Eisgang schwer beschädigt und mußte dann mit Hilfe des herzoglichen Rentmeisters in Dinslaken wiederhergestellt werden.
Sie diente übrigens nicht nur zum Mahlen von Getreide. Im 15. Jh. wurde sie als Schleifmühle genutzt. Das geht aus einem Bericht von 1495 über die Pfändung rückständiger Steuern hervor. Die letzte Nachricht stammt von 1612. Dann aber war ihr der stets unruhige Rhein so nahe gerückt, daß sie nur noch weichen und einzig der Bauerschaft - also der Kundschaft - ihren Namen hinterlassen konnte.

DICKMANN/HALLEN/NEUSE, aaO., S. 151 ff.; ILGEN, Quellen (115), Bd. 1, S. 279 (zur ersten Erwähnung); MOSLER, Urkundenbuch der Abtei Altenberg, Bd. I (179), Nr. 25 u. 97; NEUSE, Siedlungsgeschichte der Bauerschaft Möllen im Landkreis Dinslaken (185), S. 12 ff.

Lippe

Quelle:	in Lippspringe im Kurpark	141 m ü.M.
Mündung:	Rheinstrom-km 815 bei Wesel	15 m ü.M.
Länge:		230 km
Mittlere Breite in der Rheinebene:		30 - 35 m
Abflußmenge im Jahresmittel 1965-88 am Pegel Schermbeck 1:		46,4 m^3/sec.
Mühlenstandorte um 1850 (einschl. an Nebenbächen):		rd. 50

Als „Lupia" war unser Fluß im Jahre 9 n.Chr. von Vetera (Xanten) aus Marschweg und Nachschublinie für den unglücklichen Zug des römischen Generals Quinctilius Varus gegen den Cheruskerfürsten Arminius. Die römischen Schriftsteller Tacitus und Plinius haben ihn als erste beschrieben. Im frühen Mittelalter änderte sich sein Name in „Lippia". Er war Vater der Städte Lippspringe, Lippstadt und Lippetal und sogar Namensgeber für ein Duodezfürstentum und - unter Napoleon - für das „Département Lippe" .

Noch heute schlängelt sich die Lippe auf ihrem weiten Weg von der Quelle in vielen Windungen durch das Lipper Land und durch das westfälische und niederrheinische Tiefland, ehe sie in den Rhein fällt. Aber sie kann kaum „fallen". Eher war es die besonnene Vermählung einer gereiften Dame - nach einiger Bedenkzeit. Denn bis zum 16. Jh. trafen sich die beiden nicht südlich, sondern ein gutes Stück nördlich von Wesel, ziemlich genau gegenüber dem einstigen römischen Castra Vetera bei Xanten. Auf diese „Nordmündung" - und auf die nicht minder strategisch günstige Lage auf dem Fürstenberg bei Birten - geht die Gründung des großen römischen Militärlagers „VETERA I" zurück. Das Lager ist um 12 v. Chr. entstanden und war Ausgangspunkt für den Feldzug des Varus.

Die Gemächlichkeit und „Besonnenheit" der Lippe hatten ihren Grund: Der Höhenunterschied von 126 m zwischen Quelle und Mündung mag, für sich besehen, ja noch eindrucksvoll erscheinen. Aber dazwischen liegen nicht weniger als 230 km, für die unserem Fluß ein nicht gerade üppiger Schwung zur Verfügung steht. Übrigens: Entsprechend lang ist die erste exakte Lippekarte, die der Geometer Joh. Bucker 1707 zeichnete: 22,5 m.

Trotz ihres relativ geringen Gefälles bekam die Lippe nur selten Nachschubprobleme, dank den Stau- und Sammelräumen im kalkreichen Untergrund bei Paderborn. Das machte die Lippe als Energielieferant interessant: Noch um 1920 trieb der Fluß 14 Mühlen an, zwei davon (in Lippspringe) über Turbinen, die anderen mit herkömmlichen Wasserrädern. Zuvor gab es noch mehr Lippemühlen. Viele hatte man schon im 19. Jh. stillgelegt, weil sie die Schiffahrt störten. Dazu gehörten auch die Flußmühlen, die man am Unterlauf der Lippe einrichtete. Von ihnen lag die Mühle vor der Krudenburg in unserem Betrachtungsgebiet.

Schiffahrt wiederum hat es auf der Lippe nicht erst seit Varus´ Zeiten gegeben. Der Fund eines 15,6 m langen Einbaums aus der Bronzezeit beweist das; es ist übrigens der längste Einbaum, der je in Europa gefunden wurde. Als 1931 der Wesel-Datteln-Kanal („Lippeseitenkanal") eröffnet wurde, war es allerdings mit der Lippeschiffahrt vorbei, die Wesel schon zu Zeiten der Hanse zu einem bedeu-

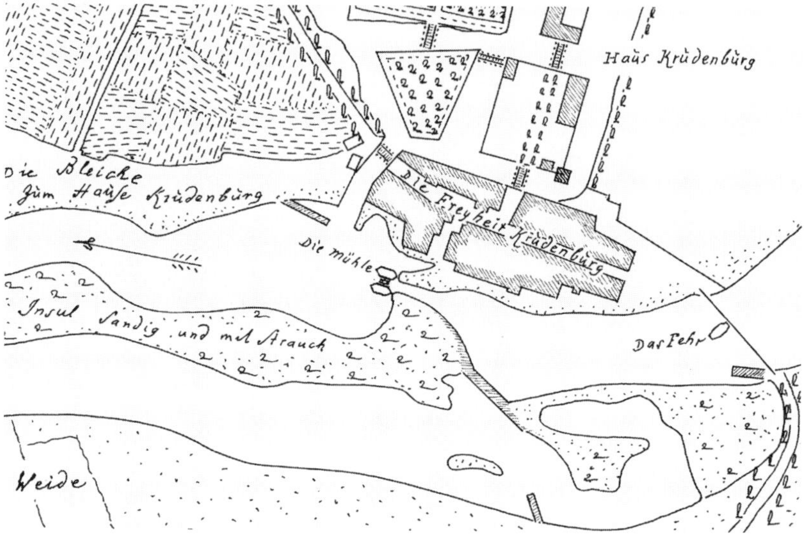

Nr. 66 Schiffmühle Krudenburg, Hünxe. Sie bestand an dieser Stelle schon seit dem 14. Jh. Der Preußische Staat kaufte sie 1827 auf, um sie zu beseitigen und die Schiffahrtsverhältnisse auf der Lippe zu verbessern. - Nachzeichnung einer Flurkarte von 1733.

Das Bild unten zeigt die heutige Situation. Es ist ungefähr von der Stelle aufgenommen worden, wo in der obigen Karte „Weide" steht. Der Mühlenstandort war links in dem aufgeschütteten Gelände auf der anderen Uferseite (jetzt eine Wiese). Dahinter sind einige Gebäude des Ortes Krudenburg zu erkennen. Weit im Hintergrund sieht man die neue Lippebrücke.

tenden Handelsplatz gemacht hatte. Seither hat unser altehrwürdiger Fluß einen Begleiter. Aus der Vogelschau ist es gut zu sehen: Während er selber sich unbekümmert durch die Wiesenlandschaft windet, möchte es scheinen, als habe die moderne Kanalbautechnik ein Lineal daneben gelegt.
Wie die Emscher, so geriet auch die Lippe mit der Industrialisierung in Konflikt. Auch ihr machen Siedlungsabwässer und Bodensenkungen durch den Bergbau das einst so gesunde Leben schwer. Um ihre Lage zu verbessern, wurde 1926 der Lippeverband mit Sitz in Essen und Dortmund gegründet.
Von den vielen mühlentreibenden Zuflüssen der Lippe liegen drei am Niederrhein: der Schermbecker und der Gartroper Mühlenbach, sowie der Rehrbach. Sie sind jeweils zwischen 8 und 10 km lang und beziehen ihre Vorflut aus den Wäldern beiderseits der Lippe.

Original der Lippe-Karte von 1707: Staatsarchiv Münster, Kartensammlung Nr. 7621; zur Lippe-Schiffahrt und zum Kanalbau: FRAAZ, Karl-Otto, „Wechselvolle Geschichte - Wasserbau und Schiffahrt am Wesel-Datteln-Kanal", in: Der Lichtbogen (Chem. Werke Hüls), 1977, S. 126 ff.; RÜHLING, Hans-Bernd, „Der Lippe-Schiffahrt Glanz und Ende", in: HK Krs. Dinslaken 1959, S. 45 ff.; RUPPERT, Jürgen, „Die Lippe - Aufgaben und Nutzungen", in: Jb. Krs. Wesel 1993, S. 129 ff.

66 Schiffmühle Krudenburg

Hünxe-Krudenburg
(vor 1363 - 1827) > Lippe <

Außer auf dem Rheinstrom gab es hierzulande allein auf der Lippe Schiffmühlen. Zählt man die spätmittelalterlichen Mühlen bei Wesel nicht mit, waren es insgesamt drei „echte": in Vogelsand/Haltern, Dorsten und in Krudenburg. Am Mittellauf lagen darüberhinaus neben den vielen ortsfesten „Ufermühlen" noch an die 10 Mühlen auf Pontons. Alle Mühlen oberhalb Vogelsand waren nicht überwindbare Hindernisse für die Lippeschiffahrt. Bei ihnen mußte die Fracht jeweils auf ein jenseits liegendes Schiff umgeladen werden.
Die überlieferte Geschichte der Krudenburger Schiffmühle beginnt mit einem Kaufvertrag vom 26. April 1363, mit dem Graf Johann von Kleve dem Ritter Rutgher van dem Buetsler die Krudenburg verkauft hatte. Dazu gehörte auch die *„wathermoelen die geleghen is in der Lippe tusschen Crudenborgh ende Hunxe mit oeren toebehoeren ende tgemale".* Das Gemahl (der Bannbezirk) erstreckte sich auf das ganze Kirchspiel Hünxe, einschließlich einiger außerhalb liegender Höfe.
Eine ungefähre Vorstellung von der wassertechnischen Situation gibt uns eine Flurkarte, die der Ingenieur-Kapitän v. Wrede 1733 gezeichnet hat. Danach lag das doppelrümpfige Mühlenschiff nicht offen im Strom - wie bei den Rheinmühlen üblich - sondern an einer schmalen Öffnung zwischen Sandinseln. Ein seitab liegendes Wehr sorgte für beständigen Durchfluß. Weil auch die Lippekähne durch diesen „Kanal" mußten, hatte ihnen der Müller Platz zu machen - gegen eine Gebühr, versteht sich. Anschließend mußte er sein Mühlenfahrzeug mit seinen

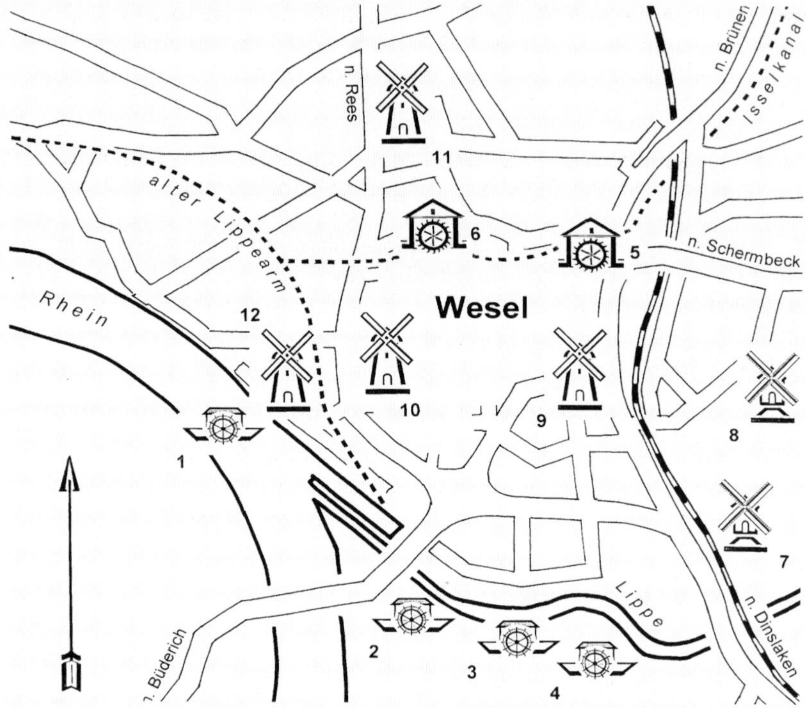

Mühlen in Wesel

Wesel ist eines der wenigen Beispiele für eine Stadt, in der alle wichtigen Mühlenarten vertreten waren. Auf der Karte mit dem heutigen Stadtgrundriß sind 12 ehem. Mühlenstandorte angegeben. Sie waren allerdings nicht alle zur gleichen Zeit besetzt. Nicht berücksichtigt sind die Roßmühlen, die noch als „Notmühlen" und wohl auch als Ölmühlen unterhalten wurden.

Schiffmühlen (1 - 4): Sie sind im Text unter den Rheinmühlen und den Lippemühlen (siehe Nr. 67) beschrieben. Die Lippemühlen bei Wesel haben möglicherweise nicht im Süden, sondern am alten Lippearm westlich der Stadt gelegen. Dort waren sie näher bei der Stadt und konnten besser beschützt werden.

Wassermühlen (5 u. 6): (siehe unten unter Nr. 79 u. 80 im Text).

Windmühlen (7 - 12): Die beiden Mühlen vor der alten Stadt waren Bockwindmühlen, vielleicht auch die am alten Leprosenhaus im Norden (9). Die Mühlen 10 u. 11 standen auf Stadttürmen am Klostertor und am Dammtor. Der Ausbau der Stadt zur Festung, insbesondere Anfang des 17. Jh., bedeuteten für sie alle das Ende. Entweder standen sie den Bauten im Wege oder befanden sich im Schußfeld. Lediglich für die Mühle am Klostertor (Kaldenbergmühle) wurde als Ersatz um 1710 die Turmwindmühle im Hafengebiet erbaut. Sie lief bis um 1887. Der Turm wurde Anfang unseres Jahrhunderts abgebrochen. Aus dem 18. Jh. gibt es noch eine Nachricht über eine „rote Mühle" vor dem Berliner Tor. Wahrscheinlich ist sie mit der Dammtormühle oder einem Nachfolgebau identisch.

Knechten wieder in „Grundstellung" bringen. Vom Platz in der Sandinsellandschaft profitierten auch die Fußgänger. Gegen einen Obulus konnten sie über den Mühlensteg und das Wehr zum Kirchdorf Hünxe gelangen. Das war schneller und wohl auch billiger als die Fähre. Denn eine Brücke gab es erst in neuerer Zeit.
Mit dem Aufkommen der Dampfschiffahrt in der ersten Hälfte des 19. Jh. war die Zeit der Krudenburger Mühle vorbei. Dampfer brauchen freie Fahrt. Der letzte Krudenburger Schiffsmüller Peter Benninghoff trat deshalb 1827 Mühle und Staurecht an den preußischen Fiskus ab, der die Schiffahrtsverhältnisse auf der Lippe verbessern wollte.
Die Krudenburger Schiffmühle bekam übriges 1838 eine Nachfolgerin: die Hünxer Windmühle. Benninghoff hatte sie damals zusammen mit dem Hünxer Oekonom und Gastwirt Johann Heinrich Berger gebaut. Als später die Kinder der beiden heirateten, bekamen sie die Mühle als Mitgift. Ihre Nachkommen bewohnen die Mühle noch heute.

HAUPT, Jürgen D., „Schiffe und Mühlen auf der Lippe", in: HK Krs. Wesel 1982 S. 156 ff.; LACOMBLET, Urkundenbuch (154), Bd. 3 S. 537 Nr. 638 (Vertragsurkunde von 1363); SCHLEIDGEN spricht in seinem Urkundenbuch Kleve-Mark (224) von einer Windmühle - irrtümlich, wie der Originaltext beweist; v. MALLINCKRODT, Kurt, „600 Jahre Krudenburg", in: HK Krs. Rees 1964 S. 34 ff., 1965 S. 47 ff. u. 1966 S. 107 ff.; siehe auch unter Rheinmühlen (Ziff. 6 Bislich). Die benachbart liegende Dorstener Schiffmühle wurde übrigens noch 1828 auf sechs Jahre zur Verpachtung ausgeschrieben (Reg.Amtsbl. Düsseldorf Nr. 74, S. 372), ehe auch sie verschwinden mußte.

67 Die Weseler Lippemühlen

südlich der Stadt Wesel
(14./15. Jh.) > Lippe <

Während die Zeit der anderen Lippemühlen noch bis ins das 19. Jh. hinein reicht, hat es bei Wesel nur im Spätmittelalter Flußmühlen auf der Lippe gegeben. Insgesamt sind uns drei überliefert.
Zwei davon („molensteden in der Lippe") sind 1319 im Klevischen Urbar verzeichnet. Die **„molendinum superius" (Obere Mühle)** gehörte damals dem Weseler Hospital St. Johann und war ein Geschenk eines gewissen Henrik van Lone, der im damaligen Mühlengeschehen offenbar eine maßgebliche Rolle spielte. Pächterin und später auch Eigentümerin war in der ersten Hälfte des 14. Jh. eine Familie Snackert, die in der Stadt auch noch Wind- und Roßmühlen besaß. 1422 verkaufte Derik Snackert seine Lippemühle an die Stadt, die jedoch nicht lange Freude an dem Erwerb hatte. Denn 1430 brannte die Mühle ab. Bald darauf hatte die Stadt aber Ersatz beschafft. Anstatt der früheren Getreidemühle war sie eine Walkmühle. Zunächst hatte Derik sie allein gepachtet. 1453 beteiligte er aber aus naheliegenden Gründen Mitglieder des Weseler Wollenamtes. Dann verliert sich die Spur der Mühle.
Die andere der beiden genannten Mühlen - die **Untere Lippemühle -** war Eigentum von Arnold Duvel van der Woningen (Hs. Wohnung, siehe Nr. 62). Die letzte Meldung von ihr ist aus dem Jahre 1435, wo die Weseler Johanniter Zinseinkünfte

Nr. 68 Bruchmühle Gahlen, Schermbeck. Die obere der beiden Gahlener Mühlen stand weitab vom Dorf im Bruch. Sie stammt aus dem 15./16. Jh. Bis um 1960 war sie in Betrieb, zuletzt mit einem E-Motor.

Nach längerem Dahindämmern wurden die leerstehenden Gebäude (Bild oben) Anfang der 90er Jahre zu zwei Wohnhäusern umgestaltet (Bild unten). Ähnlich ist es vielen Wassermühlen ergangen. Über dem Mühlenwehr befindet sich jetzt eine Veranda. Dahinter ist ein neues - eher stilisiertes - Wasserrad aus Holz angebracht, das durch das Wasser aus dem wieder „aktivierten" Mühlenteich (im Bildvordergrund) bewegt wird.

aus dieser Mühle vermerkten, die offenbar im Zusammenhang mit einer Stiftung standen. Aber auch diese Spur verliert sich. Die Johanniter besaßen aber auch selber eine Mühle auf der Lippe, und zwar eine **Lohmühle.** Der Drost des Landes Dinslaken - Johann van der Horst - hatte sie ihnen 1485 geschenkt. Mehr weiß man über diese Mühle nicht.

Die Angaben stützen sich auf die Arbeit von Martin Wilhelm ROELEN, Studien zur Topographie und Bevölkerung Wesels im späten Mittelalter (214), S. 131 ff., mit vielen Quellenangaben.

68 Bruchmühle

Schermbeck-Gahlen, Bruchmühlenweg
(vor 1512 - um 1960) >Rehrbach <

Die Anfänge Gahlens reichen bis in das 9. Jh. zurück und fanden ersten Niederschlag im Heberegister des Klosters Werden. 1163 erscheint ein Rutgens v. Galen auf der Bildfläche der Geschichte. Die Herren v. Galen wurden um 1400 klevische Lehensleute.
Ein erster schriftlicher Hinweis auf eine Mühle in Gahlen ist eine Kaufurkunde von 1512, mit der Johann von der Eick und Johann in gen Have ihre Mühlen verkauften. Man weiß nur, daß eine der beiden Mühlen beim Gut *„in der Möllen"* lag, ohne daß man dieses Gut heute noch genau identifizieren könnte. Nachgewiesen ist allerdings, daß 1617 der klevische Erbkämmerer Albert v. Hüchtenbruch auf Gartrop den *„Hof und die Mühle zu Gahlen"* verpachtet hat. In wessen Auftrag er dabei handelte, ist unklar. Denn weder der Hof, noch das Haus Galen-Halswick gehörten ihm zu jener Zeit.
Man hat also einige Daten und Standorte zur Auswahl. Aber es spricht alles dafür, daß es sich bei diesen Rechtsgeschäften um die beiden bekannten Gahlener Mühlen handelte, die Bruch- und die Dorfmühle. Denn nur der Rehrbach kam als Antriebsgewässer in Frage, und da gab es kaum Standortalternativen.
Die obere Mühle ist die Bruchmühle - eben, weil sie im Bruchgebiet steht. Sie soll ursprünglich mit einem nahegelegenen Oberhof Heitfeld verbunden gewesen sein. 1797 wird die Familie Winck als Pächterin der Bruchmühle - und auch der Dorfmühle - genannt. Sie stammt aus einer alten niederrheinischen Dynastie von Wind- und Wassermüllern. Verpächter war der Obrist v. Crause, dessen Ehefrau - eine geborene v. Sevenaer - den Lehnshof Galen und die beiden Mühlen geerbt hatte. Im 19. Jh. konnten die Wincks die Bruchmühle zu Eigentum erwerben.
Vor 1914 erhielt die Bruchmühle zusätzlich eine Dampfmaschine und später auch Elektroantrieb. 1950 wurde das nicht mehr benötigte Wasserrad entfernt, um 1960 der Betrieb ganz eingestellt. Heute sind aus der Bruchmühle zwei Wohnhäuser geworden. Und der ehemalige Mühlenteich, den man zuvor hätte betreten und mähen können, ist jetzt ein Zierteich.

ERLEY, Willy, „Die Gahlener Korn- und Ölmühlen", in: HK Krs. Dinslaken 1956, S. 97; SCHEFFLER, Helmut, „Mit der Kraft des Wassers - Die Geschichte der Gahlener Wasser-

Nr. 69 Gahlener Dorfmühle, Schermbeck. Früher bestand die Mühle unterhalb der Kirche nur aus dem Gebäudeteil mit der Holzwand. Nach den Anbauten aus rotem Backstein nannte der Volksmund sie früher auch die „Rote Mühle". Seit 1958 ist sie Wohnhaus. Das Wasserrad läuft leer.

Nr. 70 Obere Burgmühle, Schermbeck. Sie ist eine der niederrheinischen „Vorzeigemühlen" und gehörte zur klevischen Landesburg Schermbeck. Sie lief rd. 300 Jahre (bis 1958). Dann wurde sie ausgeräumt und ist nur noch Denkmal.

mühlen", in: Schermbeck 1990 (Faltblatt des Verkehrsvereins Schermbeck e.V.); WILDEMAN, Theodor, „Mühlenteiche", in: Rhein. Heimatpflege 1940, S. 74; WINCK, Rudolf, „Die Bruchmühle in Gahlen", in: Schermbeck - Gestern und heute, Bd. 2 (1980), S. 19 - 22; ferner TK 1842 u. 1892, Bl. 4307 Dorsten: „Bruch-M."

69 Gahlener Dorfmühle

Schermbeck-Gahlen, Kirchstraße
(vor 1512 - 1958) > Rehrbach <

Der Dorfteich in Gahlens Mitte war jahrhundertelang der Mühlenteich. In ihm spiegeln sich noch immer unverwandt die Kirche und die Wassermühle, bedeutende Nachbarn seit eh und je. Heerscharen von Enten und sogar Schwäne sind auf ihm zuhause. Schwäne waren früher einmal die „Saubermänner" der Mühlenteiche. Sie sorgten dafür, daß der Teich nicht zuwuchs und verlandete.
Die Dorfmühle ist die Zwillingsschwester der Bruchmühle. Beide sind ungefähr gleich alt (siehe Nr. 68). Im übrigen wurde auch sie 1797 von den Wincks angepachtet, zusammen mit der Bruchmühle. Im 19. Jh. trennte sich dann aber das rechtliche Schicksal der beiden Mühlen. Während Winck die Bruchmühle behielt, ging das Eigentum an der Dorfmühle 1899 an die Familie Benninghoff. Wir trafen sie schon bei der Schiffmühle in Krudenburg.
Damals bestand das Mühlengebäude nur aus dem Mitteltrakt. Es war ein Holzbau, der auf einem Sockelgeschoß von mächtigen Steinquadern ruhte. Die Benninghoffs erweiterten das Mühlenhaus auf beiden Seiten um Anbauten aus rotem Backstein. Fortan hieß sie im Volksmund die „Rote Mühle".
1958 wurde der Mahlbetrieb eingestellt und der Mahlboden ausgeräumt. In der mittlerweile weiß gewordenen „Roten Mühle" befinden sich heute Wohnungen. Das Wasserrad ist allerdings geblieben und restauriert. Aber es läuft leer und ist mit seinen 5,80 m eigentlich der größte „Arbeitslose" Gahlens. Das scheint allerdings nur so. Denn das Rad dreht sich über einen kleinen Elektromotor weiter - zur Erinnerung an ein uraltes Handwerk und als Anziehungspunkt für ein liebenswertes kleines Dorf.

ERLEY, aaO, S. 97; HOHMANN, aaO., S. 30; SCHEFFLER, aaO.; WINCK, aaO.; ferner TK 1892 Bl. 4307 Dorsten: Mühlensymbol.

70 Obere Burgmühle

Schermbeck, Bösenberg
(um 1640 - 1958) > Oberer Schermbecker Mühlenbach<

Malerischer als diese hier kann eigentlich keine Mühle mehr sein, wenn sich ihr hoher, schlanker Fachwerkbau unter Weidenzweigen im Wasser spiegelt. Fast ist man versucht, das „Obere" auch über die bloße Geographie hinaus zu verstehen. Das Alter müssen wir allerdings ausnehmen. Denn sie ist unter den beiden Mühlen der alten klevischen Landesburg die „Zweitgeborene" und bedeutend jünger als ihre „untere" Kollegin. Erst 1640 ist sie urkundlich erwähnt. Aber sie sieht noch

Nr. 71 Untere Burgmühle, Schermbeck. Sie stammt aus dem 14. Jh., ist somit weit älter als ihre "obere" Schwester. Obwohl sie noch eine leistungsfähige Turbine bekommen hatte, konnte auch sie sich nur bis um 1960 halten. Das Gebäude dient seither Lagerzwecken.

Nr. 73 Schloßmühle Gartrop, Hünxe. Dieses bemerkenswerte Bauwerk stammt in Teilen aus dem 14./15. Jh. Die Inneneinrichtung ist noch vorhanden. Zuletzt - von 1939 bis 1945 - wurde mit dem Wasserradantrieb der elektrische Strom für das Schloß erzeugt.

heute so aus wie vor 350 Jahren. Nur das großartige Wasserrad von 8 m Durchmesser hat sie eingebüßt. Es füllte einst die ganze Giebelwand aus und reichte fast bis zur Traufe. 1930 bekam sie stattdessen ein kleineres Rad aus Eisen - es war breiter und vermutlich auch leistungsfähiger. 1958 wurde sie in den Ruhestand versetzt.
Übrigens - beide Burgmühlen waren Bannmühlen, auf der die Bauern im Bereich Schermbecks mahlen lassen mußten.

HOHMANN, Gemeinde Schermbeck an der Lippe (108), S. 110 ff.; SCHEFFLER, Helmut, „Wertvolles Denkmal der Wirtschaftsgeschichte rostet still vor sich hin", in: Ruhrnachrichten (Dorsten) v. 3.2.87; SCHWARZ, Alte Mühlen im südwestlichen Münsterland (238), S. 110; WILDEMANN, Theodor, "Zwei Jahre Windmühlenaktion", in: Die Rheinprovinz 1937, Nr. 3; ferner TK 1892 Bl. 4307 Dorsten: „Obr.M".

71 Untere Burgmühle

Schermbeck, Mühlentor
(vor 1356 - um 1960) > Unterer Schermbecker Mühlenbach <

Schermbeck ist aus einem alten Hof des Klosters Werden namens "Scirenbeke" hervorgegangen. Schon 799 steht er im Werdener Urbar. Weil "Scirenbeke" ein alter Flußname ist, kann damit nur der heutige Mühlenbach gemeint sein. Daraus indes abzuleiten, daß dieser Hof wegen seiner günstigen Lage am Bach auch eine Wassermühle gehabt haben müsse, wäre zu kühn. Denn die Mühle gehörte zur klevischen Burg, die erst 1319 urkundlich erwähnt ist.
Aber schon 1356 gibt es auch von ihr eine Nachricht, als nämlich der Ritter Johann v. Bellinghoven in seiner Bestallung als Amtmann von Wesel, Schermbeck und Drevenack seinem Landesherrn bestätigte, daß er *„die renthe van der moelen to Scirenbeec"* zur Abdeckung seiner Kosten in Anspruch nehmen durfte. Lange hat Ritter Johann sich aber nicht seiner Rechte erfreuen dürfen. Denn bereits 1358 mußte Graf Johann von Kleve diese Einkünfte Heinrich v. Strünkede überschreiben, dem er Geld schuldete.
Die Mühle gehört heute zusammen mit der Oberen Mühle noch immer zur Burg, die allerdings längst Privatbesitz ist. Das Gebäude stammt aus dem 18. Jh. 1936 wurde das Mühlrad der Kornmühle gegen eine Turbine ausgewechselt, die - im Gegensatz zur sonstigen Einrichtung mit ihren einstmals zwei Mahlgängen - nach der Schließung der Mühle um 1960 nicht ausgebaut wurde.

HOHMANN, aaO., S. 29/30; ILGEN, Quellen, Bd. 2 Teil I, S. 106 Nr. 95 u. S. 111 Nr. 101; LUTTER, Beiträge zur Geschichte Schermbecks (171), S. 24; SCHWARZ, aaO., S. 110 ff.; ferner TK 1842 u. 1892 Bl. 4307 Dorsten: Mühlensymbol/"Unt.M".

72 Gietlingmühle

Schermbeck, Alte Poststraße
(1778 - um 1920) > Schermbecker Mühlenbach <

Schermbeck hatte noch eine dritte Wassermühle. Sie war im Gegensatz zu den beiden Burgmühlen eine kommunale Einrichtung. Ob sie mit Staren („Geitling/

Gietling") zu tun hatte, ist allerdings so unklar wie andere Deutungsversuche des sonderbaren Namens. Wenn ja, dann muß dieses alte Rasthaus am einstigen brandenburgisch-preußischen Postweg zwischen Kleve und Berlin ein stattliches Nest dieser Zugvögel gewesen sein. Denn dort spannten tagein, tagaus die Postillone und Fuhrleute aus - ihre Pferde und auch sich selbst. Und wenn sie weiter wollten, mußten sie Wegezoll zahlen.
Als sich 1778 kein Zollpächter mehr fand, bauten die praktisch denkenden Schermbecker das Anwesen kurzerhand zu einer Ölmühle um, für die offenbar Bedarf bestand. Die Mühle war noch bis um 1920 in Betrieb, zuletzt als Kornmühle. In den 60er Jahren wurde das völlig verfallene Gebäude abgerissen. Heute befindet sich dort ein Reiterhof.

HOHMANN, aaO., S. 30; LUTTER, aaO., S. 55 (Aufnahme der Mühle); ferner TK 1892 Bl. 4307 Dorsten: „GeitlingM."

73 Schloßmühle Gartrop

Hünxe-Gartrop/Bühl, Schloßallee
(14./15. Jh. - um 1945) > Gartroper Mühlenbach <

In Gartrop kommt einiges an alter, neuer und neuester Romantik zusammen: das Schloß derer v. Gardape, die hier seit dem 14. Jh. ansässig sind, wenn auch mit wechselndem Namen; ferner das holländisch aussehende Pfarrhaus aus dem 17. Jh.; und schließlich eine urtümliche Wassermühle, die allein noch eine Ahnung von Alter und Aussehen der früheren Wasserburg vermittelt.
Die Mühle ist in die Entstehungszeit von Gartrop zu datieren. Damals dürften auch die mächtigen Sandsteinquader aufgeschichtet worden sein, die an der Wasserseite ein fast unzerstörbares Fundament bilden. Die Verwendung von Fachwerk und Backstein an anderen Gebäudeteilen weist dagegen eher auf Umbauten oder Rekonstruktionen nach Zerstörungen in Kriegszeiten hin, in denen Mühlen offenbar eine verderbliche Anziehungskraft hatten, weil sie meistens ungeschützt lagen. Die Inneneinrichtung der Kornmühle mit dem (einen) Mahlgang ist noch erhalten. Im 18. Jh. soll die Mühle als Walkmühle oder als Bokemühle zur Flachsbearbeitung gedient haben. Zumindest scheint die zeitweilige Bezeichnung „Webermühle" darauf hinzudeuten. Vielleicht war es aber auch nur der Name eines Müllers, weil man sich den freiherrlichen Verzicht auf die Unabhängigkeit in der Mehlversorgung nur schwer vorstellen kann. Am Ende ihres Einsatzes stand allerdings dann doch noch eine „Zweckentfremdung". Im letzten Kriege war nämlich ein Generator an das Getriebe angeschlossen, der das Schloß mit elektrischem Strom versorgte.
Gebäude, Wasserhaltung und Mühlrad unter hohen Bäumen machen die Mühle zu einem technischen Denkmal mit eindrucksvoller Ausstrahlung, wie sie nur noch wenige Wassermühlen besitzen.

DITTGEN, Gemeinde Hünxe an der Lippe (44), S. 17; SCHWARZ, Alte Mühlen im südwestlichen Münsterland (238), S. 113 ff.; GÜNTER, Denkmäler des Rheinlandes „Kreis Dinslaken" (82), S. 47; ferner TK 1892 Bl. 4306 Drevenack/Hünxe: Mühlensymbol.

Issel

Quelle:	3 km nordwestl. Raesfeld	Höhe: 55 m ü.M,
Mündung:	im Ijsselmeer bei Kampen (Ndl.)	Höhe: 0 m ü.M.
Länge gesamt (davon auf deutscher Seite):		160 (55) Km
Mittlere Breite in der Rheinebene:		6 - 7 m
Abflußmenge im Jahresmittel 1995-88 am Pegel Isselburg:		2,63 m^3/sec.
Mühlenstandorte um 1850 (einschl. an Nebengewässern):		12

Fast so lang wie die Issel selbst ist der Bandwurm-Satz, mit dem der Fluß 1836 im Statistischen Jahrbuch des Regierungsbezirks Düsseldorf beschrieben wurde: „Ein eigenes Flußbecken bildet der östliche Teil des Kreises Rees, an dessen Grenze bei Raesfeld die Issel entspringt, durch die Bürgermeistereien Schermbeck (2 Mühlen) und Wesel fließend den Brünenschen Mühlenbach aufnimmt, sich an der Bärenschleuse teilt, mit dem einen Arm auf Wesel fließt und daselbst in den Rhein mündet, mit dem anderen die Grenze gegen den Regierungsbezirk Münster bildend bei Isselburg, wo sie die Eisenhütte treibt, und Anholt vorbei nach dem Königreiche der Niederlande fließt, und bei Doesburg mit dem, die Neue Ijssel genannten, aus einem 12 Jahr vor Christi Geburt durch Drusus angelegten Kanal entstandenen Rheinarm verbunden sich nach der Zuydersee ergießt."

Der Weg zur Lippe oder zum Rhein wäre kürzer gewesen. Beiden konnte sie sich auch bis auf wenige Kilometer nähern. Doch dann versperrten ihr sanfte Sandbarrieren den Weg, seit Urzeiten vom Westwind jenseits der Flußufer „aufgeblasen". Also mußte die Issel bei Brünen notgedrungen nach Norden ausweichen und sich auf einen weiten Weg bis zur Nordsee machen. Auch die anderen Flüsse und Bäche mußten die Isselrichtung nehmen.

Auf ihrem Umweg durch die flache Niederung kann die Issel kaum auf Tempo kommen. Schlimmer noch: Sie weist am Pegel Isselburg extrem große Wassermengenschwankungen auf, die größten am ganzen Niederrhein überhaupt: Ihre höchste durchschnittliche Menge ist 74 mal so hoch wie die niedrigste Abflußmenge. Deshalb begannen schon um 1850 die ersten Planungen zur Flußregulierung. Erst 1899 waren die Arbeiten abgeschlossen. 1905 wurde die Isselgenossenschaft gegründet, die ihren „Fluß der Gegensätzlichkeiten" zu zähmen versuchte. Letztlich gelang das erst in den letzten Jahrzehnten nach dem systematischen Bau von Rückstaubecken, Ausweichkanälen und Deichen.

Hinter Anholt wechselt die Issel Nationalität und Schreibweise. Jetzt heißt sie „Ijssel" und bekommt bei Arnheim/Doesburg („Drususburg") sogar noch eine Verbindung mit dem Rhein. Jedoch die ist künstlich, wie im Zitat oben schon zu lesen war. Der römische Feldherr Drusus hatte sie ihr verschafft, um mit Schiffen von hier aus gegen das nördliche Germanien vordringen zu können. Das ließ jedoch den Fluß auf seiner Nordwanderung durch die nach ihm benannte Provinz Overijssel unbeirrt. Mit dem Abschlußdeich von 1927-32 hat man ihm dann zwar noch den Weg in die Nordsee versperrt, damit er die Zuydersee zum Ijsselmeer und binnenländischen Süßwassersee machen konnte.

Das alles hat unsere Altvorderen nicht gerade zum Bau von Wassermühlen ein-

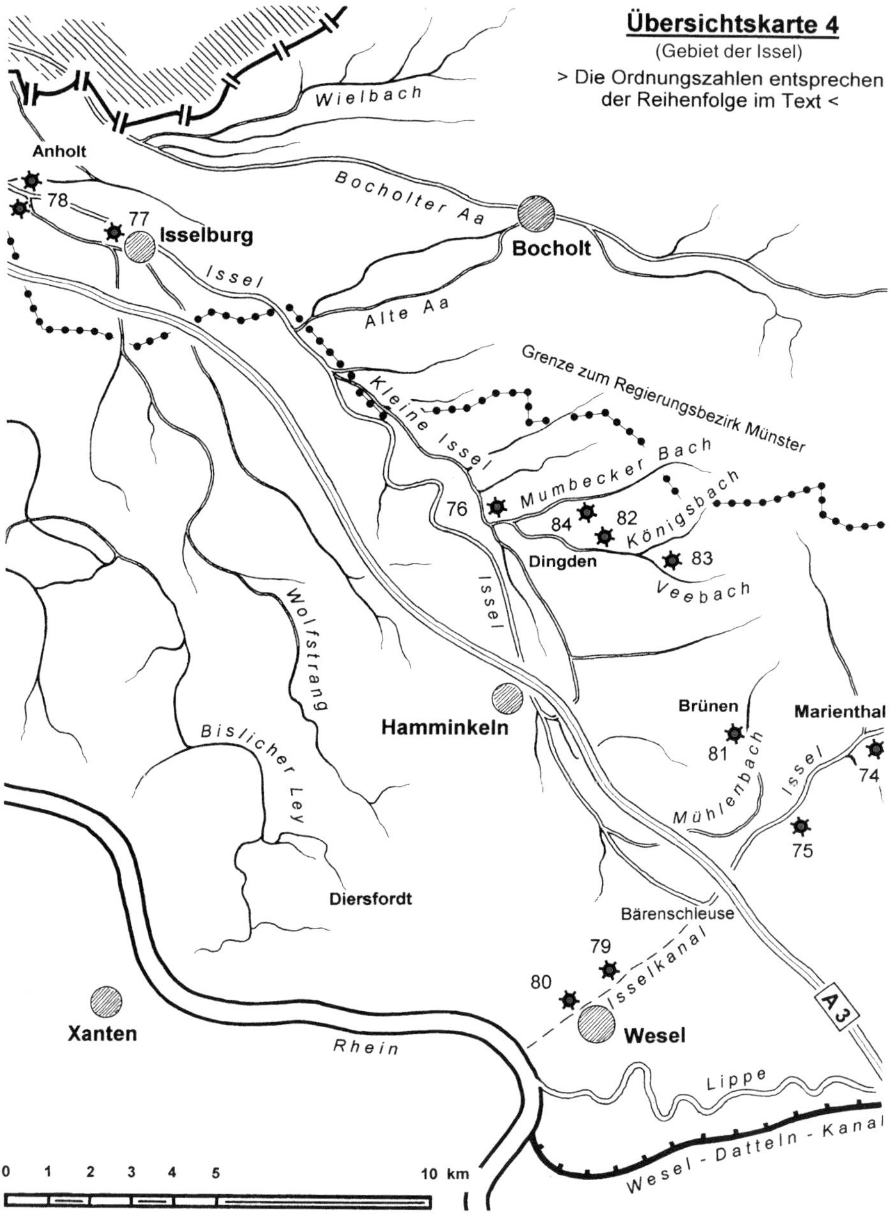

Im Plangebiet (re.-rh.): 12 Wassermühlen und um die 20 Windmühlen

geladen. Man zählt nördlich der Lippe nur ein Dutzend. Bei den Windmühlen kommt man auf rd. 35, auf die der Westwind hindernisfrei blasen konnte.

HEILIGENPAHL, Ehre sei den wackeren Brünern (91), S. 192 ff.; ROTTHAUWE, Sieben unter einem Dach (217), S. 214 u. 498.

74 Klostermühle Marienthal

Hamminkeln-Marienthal, Klostermühle
(um 1345 - heute) > Issel <

Bei Brünen gründeten 1256 die Augustiner-Eremiten ihre erste Niederlassung auf deutschem Boden. Es war eine Stiftung der Herren von Ringenberg, die sich damit ein Hauskloster und eine Grablege schaffen wollten. Wegen des sumpfigen Untergrundes entschlossen sich die Mönche 1345, das Kloster ein Stück weiter auf einen günstigeren Ort an der Issel zu verlegen. Dort steht es heute noch, oder was die Säkularisation davon übrig gelassen hat.
Die neue Klosteranlage war von Wassergräben umgeben, gespeist von der Issel. Am Ausgang von Issel und Grabensystem entstand eine Mühle, die den Konvent und das ländliche Umfeld mit dem nötigen Mehl versorgte. Bei Ramackers, der sich mit Marienthal eingehend befaßt hat, ist zwar von zwei Mühlen die Rede, einer Fruchtmühle und einer Ölmühle. Da indes auf den alten Darstellungen immer nur ein Haus mit einem auffallend großen Wasserrad zu sehen ist, müssen die Einrichtungen wohl in ein und demselben Mühlengebäude gewesen sein.
1837 erwarb der Kornbrenner Heinrich Hecheltjen die Mühle mitsamt den Wirtschaftsgebäuden. Er und seine Nachfahren paßten sie den jeweiligen Erfordernissen an: 1876 wurde eine Dampfmaschine eingebaut; 1926 schaffte man zur besseren Ausnutzung der Energie eine 28 PS-Turbine an. 1932 folgte die Elektrizität. Heute bestimmen metallglänzende Silos, Lagerhalle, Rampen und Lastkraftwagen das Bild. Aber gemahlen wird noch.

HEILIGENPAHL, Ehre sei den wackeren Brünern (91), S. 191; HESSE, Thomas, „Mühle Hecheltjen", in: HK Krs. Wesel 1989 S. 79 ff.; LACOMBLET, Urkundenbuch (154), Bd. 2 Nr. 459; RAMACKERS, Marienthal (204), S. 38; ders., „Aus dem alten Marienthal", in: HK Krs. Rees 1955, S. 156 ff.; ferner TK 1843 u. 1892, Bl. 4206 Brünen: Mühlensymbol.

75 Esselter Mühle

Hünxe-Drevenack, Otto-Pankok-Weg
(vor 1730 - um 1890) > Issel <

Die Mühle von Hs. Esselt wird um 1730 erstmals genannt. Sie ist aber wahrscheinlich ein gutes Stück älter. Schon 1649 wurde Heinrich von der Capellen die Erlaubnis erteilt, auf dem Kapellenberg eine Windmühle zu errichten. Der Bau wurde jedoch nicht ausgeführt. Es ist möglich und vielleicht sogar wahrscheinlich, daß stattdessen damals die Wassermühle an der Issel gebaut wurde.

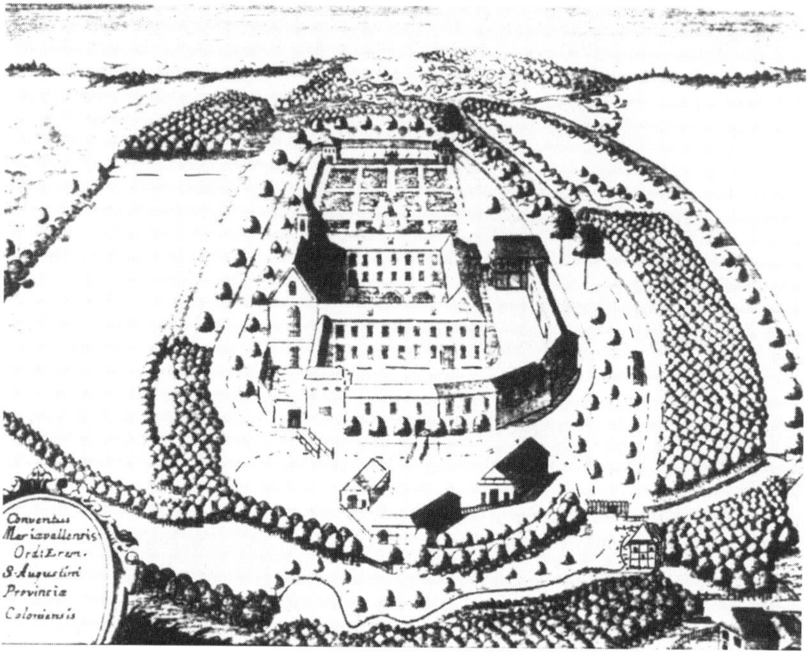

Nr. 74 Klostermühle Marienthal, Hamminkeln. Viele alte Mühlen befanden sich im Klosterbesitz. So auch die Mühle des Augustinerklosters Marienthal, das im Jahre 1445 nach hierhin verlegt wurde. Aus dieser Zeit dürfte auch die Klostermühle (eine Kornmühle) stammen. Sie wurde nach 1802 säkularisiert und wird in der modernen Form eines Mühlen- und Landhandelsunternehmen noch jetzt betrieben (Bild unten). - Der Stich von Matth. Steidlin aus dem 18. Jh. zeigt Kloster und Klostermühle zur damaligen Zeit.

1853 heißt es in einer amtlichen Beschreibung: *„Die Mühle liegt an der Issel und wird von derselben betrieben. Sie ist unterschlächtig, hat einen Wasserfall von 3 1/2 Fuß Gefälle, einen Mahlgang, der zum Mehlmachen gebraucht wird. Die Issel hat im Sommer kaum Wasser."*
Die Mühle war bis zur Isselregulierung 1890 in Betrieb und wurde dann beseitigt.

HEILIGENPAHL, Ehre sei den wackeren Brünern (91), S. 210; TK 1843 u. 1892 Bl. 4206 Brünen: Mühlensymbol.

76 Klostermühle Marienfrede

Hamminkeln-Dingden, Loikumer Straße
(vor 1329 - 1818) > Kleine Issel <

Marienfrede gehört zu den „versunkenen" Klöstern, versunken in der Geschichte und der Erinnerung. Nur wenige kennen heute noch seinen einstigen Standort im Westen von Dingden.
Erstmals 1323 wird ein kleines Bauerngut „ingen Vrede" erwähnt, zu dem auch an der Kleinen Issel eine Mühle gehörte. 1439 schenkte Johann von der Capellen Gut und Mühle den Augustinern *„omme troist, heil end genade oerre sielen end omme den dienst goids te vermeerren* - um Trost, Heil und Gnade ihrer Seelen und den Dienst Gottes zu vermehren". Das Kloster sollte „Marienfrede" heißen.
1444 wurden die Augustinermönche von den Kreuzherren abgelöst. Diese legten die Mühle dicht an das Kloster heran. Um die Wasserzufuhr zu verbessern, verbanden sie Mumbecker Bach und Königsbach mit der Kleinen Issel. Ein Dauerstreit mit den Anliegern dieser Bäche war die Folge. Ab 1717 hat man neben dem Mahlbetrieb auch Öl geschlagen.
1818 - ein gutes Jahrzehnt nach der Säkularisation wurde das Kloster abgebrochen und mit ihm die alte Klostermühle. Nur die Umrisse der Klosterkirche sind noch zu sehen - aus dem Flugzeug, wenn die frische Saat in der Feldmark aufgeht.

ILGEN, Quellen (115), Bd. II Nr. 303; RITTE, Dingden (212), S. 51 ff. u. 89 (mit einer Grundrißzeichnung aus dem Jahre 1737); ferner Urkatasterkarten der Gemeinde Dingden von 1821 (Katasterunterlagen des Krs. Wesel).

77 Minerva-Eisenhütte

Isselburg, Breels
(1794 - 1867) > Issel <

Bei der Kalfurter Heide geht die aus dem Westfälischen stammende Issel nach einem großen „niederrheinischen" Bogen wieder ins Westfälische zurück, allerdings nur für 10 km. Dann wechselt sie ihre Nationalität und wird niederländisch. Nehmen wir also das Zwischenstück wegen des Zusammenhanges mit.
In Isselburg steht der letzte und jüngste unter den ehrwürdigen Raseneisenerz-Verhüttungsbetrieben unserer Heimat: die 1794 gegründete Minerva-Eisenhütte.

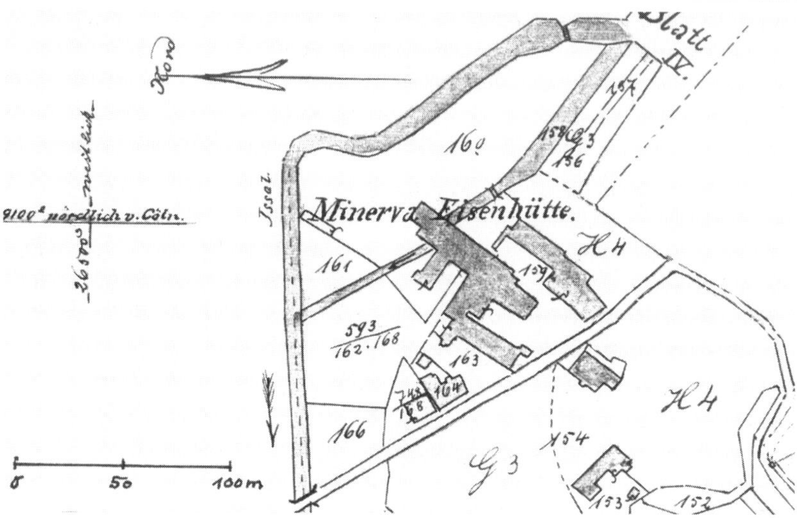

Nr. 77 Minerva-Hütte, Isselburg. Solange es noch keine anderen Antriebsmaschinen gab, war die Wasserkraft auch für die Hüttenbetriebe wichtig. Sie zerkleinerten das Eisenerz und bewegten die Blasebälge an den Hochöfen.
In unserem Gebiet gab es nur in der Peripherie Hüttenbetriebe, wie in Sterkrade und diese seit 1794 in Isselburg bestehende Hütte. Eine schon 1650 in Duisburg-Beek gegründete Kupferhütte hatte nur wenige Jahrzehnte gearbeitet. - Oben: Ausschnitt aus dem Urkataster von 1837 mit dem von der Issel abgezweigten Mühlenkanal unter dem Hüttengebäude. Unten eine skizzenhafte Darstellung der damals üblichen Hochöfen mit Blasebalg und Wasserrad (aus: Unser Bocholt 1975, S. 94).

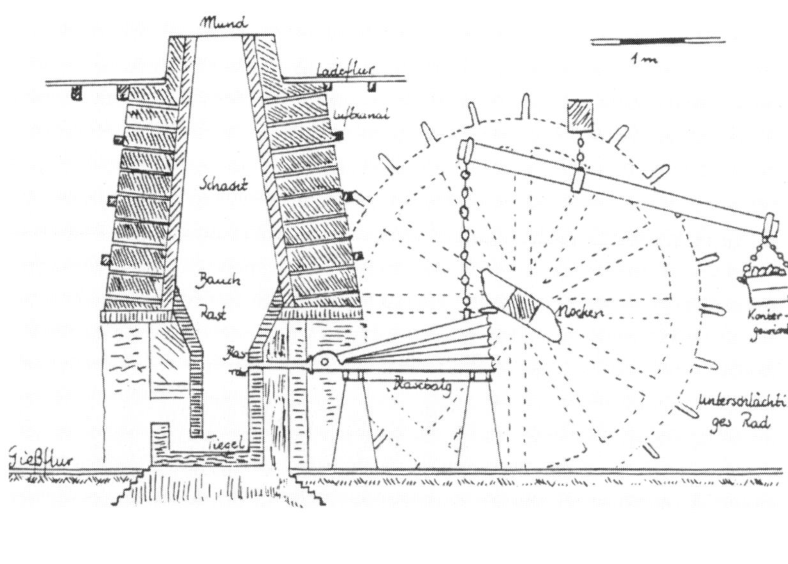

Wie bei den anderen Hütten war es damals wichtig, an einem Fluß zu liegen. Denn nur die Wasserkraft konnte die Antriebsenergie liefern, die man für das Hochofengebläse brauchte.
Die alten Schmelzöfen waren vierkantig gemauert und kaum höher als das etwa 4,50 - 5,00 m große Wasserrad. Beide standen nebeneinander unter Dach und Fach, in der „Hütte" eben, unter der das Antriebsgewässer hindurch floß. Einen ähnlichen „Durchfluß-Antrieb" hatten auch die Papierfabrik Bagel (Nr. 32) und Cromford (Nr. 35) in Ratingen.
Damit stets genügend Wasser zur Verfügung war, hatte man vom Fürsten Salm Salm zu Anholt die Erlaubnis erwirkt, von dessen „Mühlenstrang" einen "Hüttenstrang" abzuzweigen. Denn die Issel war unzuverlässig und launisch. Und da konnte die beständigere Bocholter Aa aushelfen, zu welcher der Fürst schon um 1600 für seine Mühlen eine Verbindung hatte herstellen lassen.
Bei Vereisung, Hochwasser oder anhaltender Trockenheit nutzte diese Hilfe jedoch wenig. Dann mußte der Blasebalg über ein Tretrad durch Menschenkraft bewegt werden, um den unablässig sauerstoffhungrigen Schmelzofen in Gang zu halten. Die - acht - Treter einer Tretmühlengruppe hatten *„ein Minimum an Geist, aber ein Maximum an Beleibtheit"* mitzubringen - so eine Arbeitsplatzbeschreibung aus jenen Tagen.
Um die Mitte des 19. Jh. hielt die Dampfmaschine ihren Einzug. Aber erst 1867, als bereits die fünfte Dampfmaschine aufgestellt war, schaffte man das für alle Fälle vorgehaltene Wasserrad ab. Es hätte mit seinen drei Umdrehungen und 20 m^3 Luftzufuhr pro Minute ohnehin mit dem Fortschritt kaum mehr Schritt halten können.
Die historischen Hüttenanlagen gibt es zwar nicht mehr. Und seit der Jahrhundertwende wird auch kein Eisen mehr produziert. Aber die Isselburger Hütte ist als Gießerei und Maschinenfabrik - noch - in Betrieb.

BOEHME, Isselburg und seine Hütte (20), S. 7, 15 u. 37 ff.; ders., „Zur Geschichte der frühen Eisenindustrie im deutsch-niederländischen Grenzraum", in: „Unser Bocholt" 1975, S. 91 ff.

78 Schloßmühlen Anholt

Isselburg-Anholt, Klever Straße
(vor 1600 - um 1950) > Issel <

Die Burgherren von Anholt - v. Zuylen - werden erstmals 1169 genannt, und zwar als Gefolgsleute des Bischofs von Utrecht. Ihre Burg - vermutlich zuerst ein Wohnturm - hatte die Aufgabe, die Bistumsgrenze im Südosten zu sichern. Um 1340 war allerdings die Lehensabhängigkeit von Utrecht zuende. Anholt wurde nun eine Reichsunmittelbare Herrlichkeit.
Die Lage an der Issel war nicht nur strategisch günstig. Mit dem Fluß konnte man Burggräben und Haushalt mit Wasser versorgen und dazu noch eine Mühle antreiben. Für wasserarme Zeiten half ab etwa 1600 über einen Verbindungsgraben die Bocholter Aa aus, die ja später auch bei der Isselburger Hütte ein Rolle spielte (siehe Nr. 77).

Nr. 78 Schloßmühlen Anholt, Isselburg. Erst aus der Zeit um 1600 weiß man Zuverlässiges über sie und, daß es sich um eine Korn- und eine Ölmühle gehandelt hat. Vermutlich befanden sie sich zuerst in ein und demselben Gebäude. Als später aber nach einer Neuführung der Wasserläufe im Schloßbezirk ein Neubau notwendig wurde, brachte man die beiden Mühlen in zwei getrennten Gebäuden unter. Während die Ölmühle schon lange vorher geschlossen worden war, lief die Kornmühle noch bis um 1950.

Damals hatte man auch die Wasserführung für die Schloßgräben angepaßt und die Schloßmühlen - eine Kornmühle und eine Ölmühle - an ihren jetzigen Standort verlegt. Nicht lange danach sind dann die beiden großzügigen neuen Mühlenbauten im Barockstil entstanden. Daß sie durch die Issel getrennt waren, hatte vor allem einen „feuerpolizeilichen" Grund: In der Ölmühle mußte zur Erhitzung des Ölkuchens eine Feuerstelle unterhalten werden. In einer Kornmühle dagegen gab es hochexplosives Mehl zuhauf. Feuer und Pulver blieben also besser auf Distanz.
Zumindest die Kornmühle war bis um 1950 in Betrieb. Heute werden die beiden Häuser zu Wohnzwecken genutzt.

Fürst zu SALM-SALM, Wasserburg Anholt (219), S. 6 ff., mit einer Gewässerkarte von 1651; ferner TK 1842 u. 1982, Bl. 4104 Isselburg/Anholt: Mühlensymbol.

Der Isselkanal

Bei der Beschreibung der Issel wurde bereits gesagt, daß der Fluß auf seinem Weg in Richtung Rhein kurz vor dem Ziel kehrtmachen und nach Norden abbiegen mußte. Sanddünen hatten ihm den Weg versperrt. Umgekehrt brauchte die mittelalterliche Stadt Wesel aber Wasser für ihre Stadtgräben. Weil der Rhein und die Lippe zu tief lagen, mußte es von der Landseite herangeführt werden. Als Lieferant kam über einen Graben allein die Issel in Betracht, die höher lag und nur 5 km entfernt vorbeifloß. Der eigentliche Isselkanal indes scheint erst im 16. Jh. entstanden zu sein, zumal er erst 1592 in den Karten erscheint (siehe Anm. Nr. 79). Gleiches gilt für die Isselschleuse, die spätere Bärenschleuse, mit der die Issel aufgestaut wurde, um die nötige Abflußhöhe zu erzielen. Sie wurde um 1614 als verteidigungsfähiges Bollwerk errichtet und hatte ihren Namen vom spitzkantig aufgemauerten Querbalken („Barriere"), der Angreifern ein Überqueren unmöglich machen sollte.
Heute ist der Isselkanal nur noch als „Erinnerungsstrich" in den Landkarten vorhanden. Man hat ihn verfüllt und zu einem Spazierweg gemacht. Nur die Bärenschleuse gibt es noch. Der Isselverband hat sie 1989 erneuern lassen, aus Regulierungsgründen und um ein vielgerühmtes Kulturdenkmal zu erhalten.

79 Mühle vor dem Brüner Tor

Wesel, Brüner Landstraße
(17. Jh. - 1814) > Isselkanal<

Den Bau des Isselkanals nutzte die Stadt dazu, zwischen dem Brüner Tor und dem „Schwan" - dem „Schwanenhalsknick" (siehe Nr. 57) der Brüner Landstraße - eine Wassermühle einzurichten. Deren genaue Lage ist allerdings ebensowenig wie das Entstehungsdatum bekannt. Von 1760 gibt es zumindest eine Zeichnung des Landmessers Rademacher, die ein zweigeschossiges Gebäude mit zwei Mühlrädern darstellt. Sie war aus Anlaß von Reparaturarbeiten entstanden.
Ansonsten sind die Unterlagen sehr dürftig - bis auf eine Akte im Weseler Stadtarchiv „Wiederaufbau der Isselwassermühle 1830-32". Damals hatte der Mühlenpächter Wilhelm Schmitz den Antrag gestellt, die „bei der Blockade 1814" zerstörte Mühle auf eigene Rechnung wieder aufbauen zu dürfen. Die Mühle beruhe auf einer alten „Gerechtsame der Stadt". Der Antrag wurde mit dem Einwand des Preußischen Kriegsministeriums abgelehnt, die Mühle liege zu nahe an der Festung und beeinträchtige das Schußfeld der Artillerie.

GANTESWEILER, Chronik der Stadt Wesel (70), S. 52; Akten des Stadtarchivs Wesel, Caps. 183 Nr. 9 „Wiederaufbau der Isselwassermühle 1830-32"; Katasterunterlagen (Uraufnahme von 1821) des Krs. Wesel: ohne Eintrag; zum Begriff „Schwan", siehe oben Nr. 57 (Aldenrader Mühle).
Siegfried BORNECK schließt aus einer Karte des Landmessers Hollant über das Einzugsgebiet des Weselerwaldes von 1592, in dem eine Wassermühle vor dem Brüner Tor zu sehen ist, daß Kanal und Mühle damals bereits vorhanden gewesen seien (unveröff. Privatmanuskript und Angaben gegenüber dem Verfasser).

80 Mühle am Klever Tor

Wesel, Martinistraße
(nach 1680 - Mitte 20. Jh.) > Isselkanal/Stadtgraben<

Am Stadtausgang nach Norden stand seit der mittelalterlichen Stadtbefestigung das Steintor, durch das man auf den sog. Steinweg gelangte. Unter den Preußen wurde das Steintor durch das klassizistisch gestaltete und ausgeschmückte Klever Tor ersetzt.
Östlich von diesem Tor befand sich die „Mühle am Klever Tor". Wegen ihrer Nähe zum Kornmarkt in der Stadtmitte war sie bedeutender als ihre Mühlenschwester am Brüner Tor. Zwischen 1680 und 1730 wurde sie erbaut, ob von der Stadt oder aber von der preußischen Garnisonsverwaltung, ist ungeklärt. Es ist nicht auszuschließen, daß sie bereits an ungefähr derselben Stelle eine Vorgängerin hatte, weil im Zusammenhang mit den umfangreichen preußischen Festungsbauten vom Abbruch einer Wassermühle die Rede ist. Sicher ist aber, daß die Mühle Mitte des 18. Jh. dem Fiskus gehörte, der sie für die Versorgung der großen Weseler Garnison einsetzte. Nach Gantesweiler hatte sie vier „Gelenke", womit vermutlich Wasserräder gemeint sind.
Die (Korn-)Mühle war noch bis zum Zweiten Weltkrieg in Betrieb. Die nach der Zerstörung Wesels 1945 übriggebliebenen Gebäudereste mit einigen Laufwerksteilen wurden 1976 beseitigt, um für eine Garagenanlage im Zusamenhang mit dem Rathausneubau Platz zu machen. Auch die Mühlenstraße gibt es nicht mehr, die früher vom Kornmarkt zur Mühle führte.

DEURER, Wolfgang, in: Geschichte der Stadt Wesel (202), Bd. 2, S. 434, Anm. 70; GANTESWEILER, aaO., S. 42; Mitteilung von Volkmar BRAUN (Wesel) an den Verfasser.
Im Zusammenhang mit den Weseler Mühlen ist noch zu erwähnen, daß die Herren v. Wylich auf Diersfordt in der 2. H. des 18. Jh. überlegten, neben der „beschwerlichen Roßmühle" eine Wassermühle zu bauen; das Wasser solle vom „Veen" herangeführt werde. Stattdessen wurde dann 1792 eine Windmühle errichtet. Bei der Antragstellung hierfür hatte Christoph Alexander v. Wylich darauf hingewiesen, daß früher in Diersfordt eine Wassermühle gewesen sei. Diersfordt habe zudem seit 1498 den Mühlenbann gehabt. Da in den alten Karten nur kleine Entwässerungsgräben zu finden sind, stellt sich allerdings die Frage, ob dort im nassen Niederungsgebiet tatsächlich je ausreichendes Gefälle für den Betrieb einer Wassermühle vorhanden gewesen ist. - (Mitteilung von Bernd v. BLOMBERG an den Verfasser).

81 Pastoratsmühle

Hamminkeln-Brünen, Am Mühlenteich
(1358 - 1906) > Brüner Mühlenbach <

Territorialherren, Städte und Klöster waren in alter Zeit die Gründer und Erbauer von Mühlen - aus eigenem oder verliehenem Recht. Indes, in Brünen war das anders: Hier hatte im September 1358 der alte Pastor Wilhelm die Honoratioren zu sich gebeten, um die Stiftung von Geld aus eigenen Mitteln zum Bau einer Wassermühle mitzuteilen und beurkunden zu lassen. Daß er sich zuvor der Huld seines Landesherrn versichert hatte, darf man annehmen.

Die Mühle war für Brünens Bauern und Bürger ohne Zweifel ein willkommenes Geschenk. Daß sie eine „Pfarrei-Mühle" war, dürfte keinen von ihnen gestört haben - auch, als sie in der Reformation mit der Pfarre „evangelisch" wurde. Die Spanier, die - angeblich - gekommen waren, den alten Glauben wieder einzuführen, sahen das allerdings anders. Sie nahmen die Gelegenheit wahr, die „vom rechten Glauben abgefallene" Mühle „niederzutreten und zu verbrennen", wie es in einem alten Bericht heißt. Die Brüner Kirchmeister ließen sich aber dadurch nicht beirren. Sie bauten 1617 ihre, der spanischen „Gegenreformation" zum Opfer gefallene Mühle kurzerhand wieder auf.
1853 wird von der Behörde festgehalten, daß es der Mühle in den Sommermonaten an Wasser fehle, um das sieben Fuß hohe Wasserrad zu bewegen. Das ist eine Klage, die damals ähnlich auch von anderen Isselmühlen geführt wurde. Nicht zuletzt deswegen hatten schließlich die Kirchenväter das Interesse an ihrem „Eigenbetrieb" verloren und verkaufte ihn. Die Mühle lief dann noch bis 1906. Dann wurde sie abgebrochen. Heute findet man an der neuen Brücke nur noch einen Wasserfall und einiges Backsteinmauerwerk - allerdings nur, wenn man sehr genau hinsieht.

HEILIGENPAHL, aaO., S. 207; ferner TK 1743 u. 1892, Bl. 4206 Brünen: Mühlensymbol.

82 Königsmühle

Hamminkeln-Dingden, Küningsweg
(vor 1353 - 1968) > Königsbach <

Mit einem König hat sie nichts zu tun. „Coennynck", „Kunynk", „Küning" und schließlich „König" ist eine Flurbezeichnung, die von einem alten Landgut südöstlich von Dingden stammt. Dieses Gut gehörte dem Kloster Marienthal, das allein in Dingden um die 20 Höfe besaß.
Den Marienthaler Augustiner-Eremiten war in der ersten Hälfte des 14. Jh. vom Burggrafen des Hauses Wylack in Wesel an der Ritterstraße ein Grundstück geschenkt worden, auf dem sie eine Niederlassung gründen sollten. Zu dieser Gründung kam es dann 1351. Weil nun auch die Weseler Filiale wirtschaftlich abgesichert werden mußte, nahm man 1353 eine Aufteilung der Klostergüter vor. Dabei wurde unter anderem der Hof „*Coennynck mit der dazugehörigen Mühle*" dem Tochterkloster in Wesel zugeschlagen - als Mitgift gewissermaßen. Es ist die erste Nachricht von der Königsmühle.
1824 - nach der Säkularisation also - erwarb Baron v. Spaen zu Ringenberg die Mühle. Ihm folgten 1850 Graf v. Salm Hochstraeten. Seit 1857 steht Fürst Salm-Salm als Eigentümer im Grundbuch.
In der zweiten Hälfte des 19. Jh. erhielt die Mühle eine Dampfmaschine und avancierte zur „Dampfmühle". Aber das Wasserrad blieb, sodaß wahlweise mit Wasser- und Dampfkraft gemahlen werden konnte. 1968 wurde die Mühle stillgelegt und schließlich zu einer Wohnung umgebaut, in die einige der alten Antriebselemente der Mühle als nostalgischer Schmuck integriert sind.
Den älteren Dingdenern bleibt vor allem der große Mühlenteich in Erinnerung, in dem sie in ihrer Jugend schwimmen lernten. Mit seinem grün-weißen Teppich von Teichrosen ist er noch heute ein reizvolles Stück Natur.

Nr. 82 Königsmühle, Hamminkeln. Sie hatte ihren „hochwohlgeborenen" Namen von der alten Flurbezeichnung „Coenninck/Küning". Aber sie war zumindest „geistlich", weil sie zu Marienthal gehörte, und zwar schon seit dem 14. Jh. Bis 1968 ist sie gelaufen, zuletzt wahlweise mit Wasserkraft und mit Dampf. Dann wurde sie Wohnhaus.

Nr. 83 Danielsmühle, Hamminkeln. Die ehemalige Mühle der Brennerei Daniels ist erst von 1884 und damit eine unserer jüngsten Wassermühlen überhaupt. Seit etwa 1950 dient sie nur noch als Wohnhaus in der stillen Einsamkeit des Veebachtales.

RAMACKERS, aaO., S. 32; PRIEUR, Jutta, “Die Klöster und Konvente der Stadt Wesel”, in: Stadtgeschichte Wesel (202), Band 2, S. 42 ff.; RITTE, aaO., S. 88; ohne Verfasserangabe, Unser Dingden (1984), S. 44; Katasterunterlagen des Krs. Wesel von 1821; ferner TK 1843 u. 1892, Bl. 4205 Hamminkeln/Dingden: Mühlensymbol.

83 Danielsmühle

Hamminkeln-Dingden, Borkener Straße
(1884 - um 1950) > Veebach <

Sie ist die zweitjüngste Wassermühle am ganzen Niederrhein, nach der Doveracker Mühle (Nr. 300) in Hückelhoven. 1884 hatte die oben an der Landstraße gelegene Brennerei Daniels den bis dahin ungenutzten Veebach als Antriebsquelle entdeckt und dort unterhalb ihres Unternehmens eine Getreidemühle erbaut. Die Mühle arbeitete nur für den eigenen Bedarf.
Bis Mitte des 20. Jh. war die kleine Wassermühle in Betrieb. Seither wird das kaum noch als ehemalige Mühle auszumachende Gebäude als Wohnhaus genutzt, weltabgeschieden und versteckt im romantischen Veebachtal. Es zu finden, ist für den Ortsfremden eine dankbare Suchaufgabe.

RITTE, aaO., S. 89; TK 1892, Bl. 4205 Dingden: „M.”

84 Mumbecker Mühle

Hamminkeln-Dingden, Höningsweg
(vor 1343 - 1950) > Mumbecker Bach <

Wie die meisten Mühlen, kommt sie mit einem Namen nicht aus. Mal steht die Lage, dann wieder der Eigentümer oder Pächter und schließlich nur die Funktion im Vordergrund. So war es auch mit der Mühle am Mumbecker Bach in Dingden, und zwar in derselben Abfolge. Sie hieß nacheinander „Mumbecker Mühle”, „Kerkermull (Kirchenmühle)” und zuletzt „Sagemölle (Sägemühle)”.
Schon 1343 wird hier „*thon holte* (beim Busch)” zwar nicht eine Mühle, aber ein Mühlenteich erwähnt - ein sicheres Indiz dafür, das sich hier bereits damals ein Mühlrad gedreht hat. Die übrige Geschichte der Mühle ist schnell erzählt:
Im 30jährigen Kriege wurde die (Korn-) Mühle an der Mumbeek zerstört und 1643 wieder aufgebaut - vermutlich mit Geldern der Kirchenkasse. Denn von nun an war sie nach den alten Urkunden im Pfarrarchiv eine Kirchenmühle. 1720 wurde sie zum Unterhalt des Vikars an der Pfarrkirche bestimmt, der von den Einkünften leben mußte. Da die Mühle damals altersschwach und reparaturanfällig war, zählte der Vikar vermutlich zu den „Ortsarmen”. 1853 wurde sie in private Hand abgegeben. 1878 machte der - mittlerweile dritte - Privateigentümer aus ihr eine Sägemühle, die bis 1950 in Betrieb war und 1963 abgebrochen wurde.
Heute ist dort ein Neubaugebiet mit dem Erinnerungsnamen „An der Sägemühle”.

RITTE, aaO., S. 88; ohne Verfasser, Unser Dingden (95), S. 44; ferner TK 1843 u. 1892, Bl. 4205 Hamminkeln/Dingden: Mühlensymbol/„S.M.”

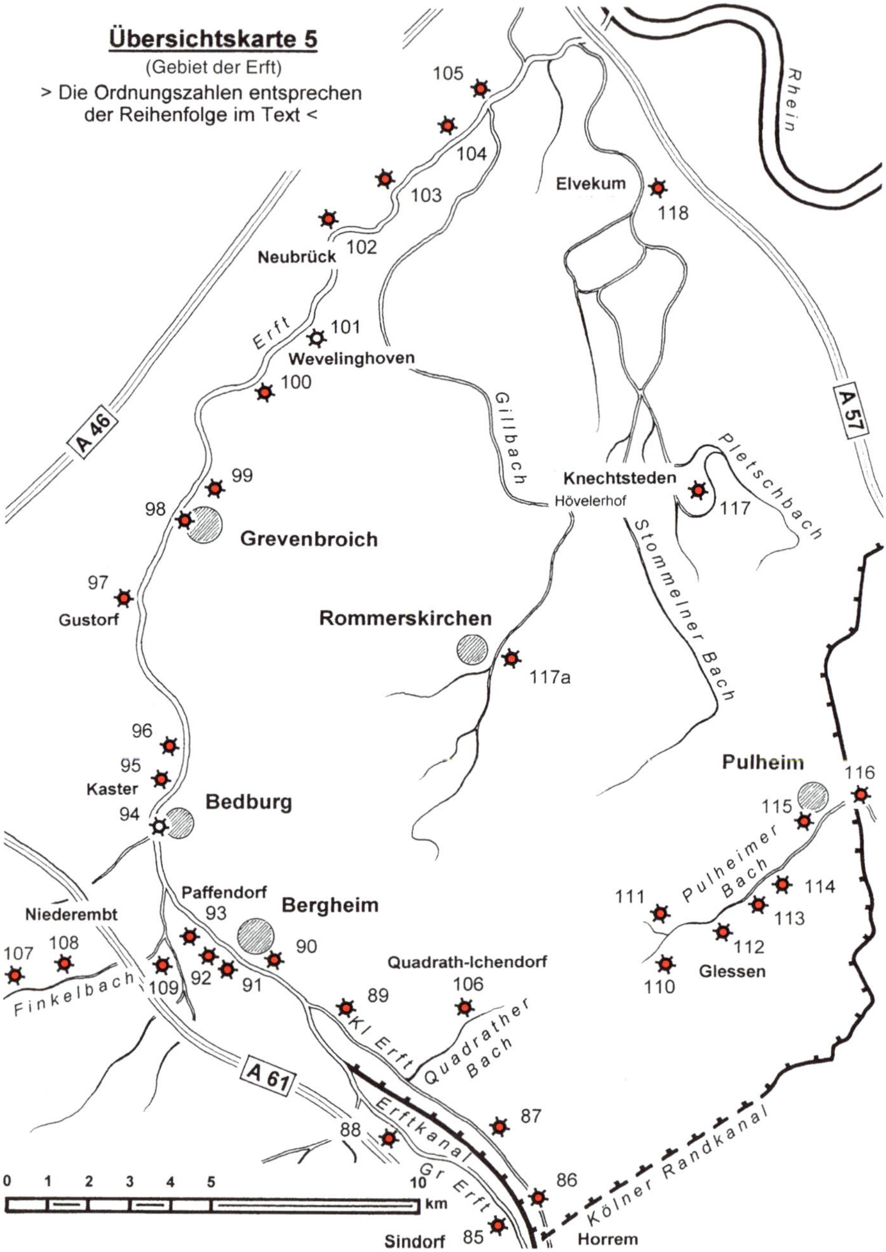

Im Plangebiet (li.-rh.): 35 Wassermühlen und um die 14 Windmühlen

Erft

Quelle:	Holzmülheim (südwestl. Bad Münstereifel)	Höhe: 520 m ü.M.
Mündung:	Rheinstrom-km 735 in Neuss-Grimlinghausen	Höhe: 29 m ü.M.
Länge:		104 km
Mittlere Breite in der Rheinebene:		
Abflußmenge im Jahresmittel		
am Pegel Bliesheim (Erftstadt) - 1966-88:		2,76 m^3/sec.
am Pegel Neubrück (Grevenbroich) - 1970-88:		22,60 m^3/sec.
Mühlenstandorte um 1890 (einschl. an Nebenbächen):		um die 200

Die Erft verbringt ein Viertel ihres „Lebens-Laufes" - ihre Jugendzeit gewissermaßen - in der Eifel, ihrem Ursprungsland. Dort ist sie flott und munter und hat beachtlichen Zulauf von einer nicht weniger munteren Anhängerschar von mittleren und kleinen Bächen und Gräben. Wenn sie dann aber bei Gymnich in die niederrheinische Bucht eintritt, geht es ihr offenbar wie allem, was sich im gereifteren Alter auf dieser Erde bewegt: Sie wird bedächtig-bequem und bleibt es, bis sie ihren Lauf vollendet hat.
Was sich da so menschlich vertraut anhört, ist bei einem langsam gewordenen Fluß für die Uferlandschaft eine Bürde. In der Jubiläumsschrift zum 100jährigen Bestehen des Erftverbandes heißt es: „...schon bei Dirmerzheim begann die eigentliche Versumpfung ..."; nicht nur die Wiesen seien „versauert" gewesen, wobei die Landwirte bei ihren Klagen meistens die letzte Silbe verschluckten. Auch das Vieh hatte zu leiden. Nach einem Bericht des Kölner Regierungspräsidenten waren hier in der ersten Hälfte des 19. Jh. in 40 Jahren nicht weniger als 3.000 Stück Rindvieh eingegangen, weil mit dem Wasser auch Bleischlamm aus den Bleigruben bei Kommern aufgespült worden war.
Nachdem zuvor so mancher Rettungsversuch wohl in eben jenen Sümpfen steckengeblieben war, änderte sich das, als die Betroffenen ihre Kräfte vereint und 1859 eine Genossenschaft gegründet hatten. Sie nannten ihre Gründung "Erftgenossenschaft", angesichts des nicht gerade kooperativen Verhaltens der Erft ein eher paradox klingender Name. Aber er wurde nicht mißverstanden: Flutkanäle, Abflußgräben, Schleusen und Deiche wurden gebaut. Flußschlingen verschwanden so gründlich, daß sich die Länge der Erft von 131 auf 104 km verringerte und das Gefälle entsprechend verbesserte.
Zwischen Kerpen und Bergheim hatte sich die Erft schon vor undenklichen Zeiten geteilt: Dort gab es eine Große und eine Kleine Erft. Um 1865 machte man daraus eine „Dreieinigkeit", indem kurzerhand man mitten zwischen „Groß" und „Klein" den Erftkanal grub. Die beiden „Erften" waren fortan hauptsächlich Mühlenbäche. Die Regulierung brachte durchschlagenden Erfolg. Der einst so ungebärdige Fluß war friedlich geworden.
In unserem Jahrhundert bekam man es noch mit einem anderen Problem zu tun: der Sümpfung (Trockenhaltung) der immer tiefer werdenden Braunkohlentagebaue. Die dabei abgepumpten Wassermengen mußten fortgeschafft werden. Dafür bot sich unter anderem die Erft an, die ihrerseits zwischen 1941 und 1987 ohnehin im Raum Bedburg-Frimmersdorf nicht weniger als sechsmal neuen Gruben ausweichen und verlegt werden mußte. Und, um ganz sicher zu gehen, wur-

de bei Frechen zum Rhein hin noch ein „Überlaufventil" geschaffen, der Kölner Randkanal.
Dabei hatte allerdings längst nicht mehr eine Genossenschaft, sondern der Erftverband (gegr. 1941) und schließlich der Große Erftverband (gegr. 1958) das Sagen. Wenn also heute die Erft flott und gleichmäßig fließt, dann sind das auch die überschüssigen Sümpfwässer der Tagebauanlagen. Aber die werden stetig weniger und bei der Einstellung des Grubenbaues in absehbarer Zeit sogar ganz wegfallen. Dann ist die Erft wieder auf die Natur allein angewiesen. In trockenen Zeiten könnte es dann passieren, daß man sie trockenen Fußes durchqueren kann.
Bei Grimlinghausen mündet die Erft in den Rhein. Aber sie hat hier ihre eigene Geschichte, auf die im Zusammenhang mit den Neusser Mühlen noch zurückzukommen sein wird. Jedenfalls lag hier das römische Novaesium, auf das die Stadt Neuss zurückgeht. Den Namen hat uns übrigens der römische Historiker Tacitus im Zusammenhang seiner Schilderung des Bataveraufstandes (70 n.Chr.) überliefert. Den Flußnamen des Flusses nennt er allerdings nicht. Wahrscheinlich hieß er damals "Arnefa", wie er dann im 5. Jh. genannt wurde. In einer Urkunde von 796 heißt er „Arnapa". 1166 finden wir ihn unter „Arlefe", was sich schließlich zu "Erft" abgeschliffen hat.
Kommen wir indes nach dieser Exkursion zu unseren Mühlen: Blickt man auf die Karten aus dem 19. Jh., dann zählt man im gesamten Einzugsgebiet der Erft um die 200 Wassermühlen. Besonders dicht besetzt waren der Neffelbach, der Rotbach, der Veybach, der Swistbach und der Pulheimer Bach. An der Erft selbst und ihren parallelen Mühlengräben befanden sich nur rd. 50 Mühlen. Hiervon wiederum hatten es die Erftsanierer im Niederungsgebiet nur mit 26 Mühlen zu tun, deren Stauwehre ihnen allerdings dann auch die Hauptsorge bereitet hatten. Ihre Zahl hatte sich 1959 auf jene 19 reduziert, die namentlich in der Mitgliederliste des Verbandes aufgeführt sind. Die Wehre gibt es zumeist noch. Die noch in Betrieb befindlichen Mühlen indes kann man inzwischen an einer Hand abzählen. Die anderen sind entweder umgewidmet worden oder von der Bildfläche verschwunden.

Alle Zitate sind aus der Festschrift „100 Jahre Erftverband", Bergheim-Erft 1959. Außerdem wurden die Jahresberichte des Verbandes ausgewertet. Siehe im übrigen: „Die Erft im Fluß der Zeit", Sonderdruck des Kölner Stadtanzeigers 1994.

85 Horremer Mühle

Kerpen-Horrem, Rathausstraße
(vor 1420 - heute) > Kleine Erft <

Die erste Burg Hemmersbach stammt aus dem 11./12. Jh. Sie befand sich ungefähr 2 km weiter südlich von der jetzigen Burganlage. Die Verlegung an den neuen Platz geschah, nachdem 1366 die alte Burg zerstört worden war. Ob das auch ungefähr das Entstehungsjahr der Burgmühle - der Horremer Mühle - war, ist schwer zu sagen. Das Schutzinteresse kann jedenfalls bei einer eventuellen Ver-

legung zusammen mit der Burg keine wesentliche Rolle gespielt haben, weil der Abstand zwischen der Mühle und der alten und der neuen Burg ungefähr gleich geblieben ist. Denn die Mühle steht ziemlich genau auf der Mitte zwischen beiden Burgplätzen.
Eine erste schriftliche Nachricht von der Mühle enthält das Hemmersbacher Rentbuch von 1483, das auf ein älteres Register von 1420 verweist. Danach hatte „Jan Baden Peter Baden Sohn" damals 90 Malter Roggen und aus der Ölmühle 6 Pfund Wachs an Jahrespacht zu leisten.
Die Mühle hat allezeit den Herren von Hemmersbach gehört. Zuletzt waren es die Grafen Berghe v. Trips, denen der Besitz 1751 zugesprochen worden war. Jüngst wurde die Mühle an die Pächterfamilie verkauft, die sie rd. 400 Jahre bewirtschaftet hatte. Aber das Trips´sche Wappen ziert noch immer den Eingang zum Mühlenhaus, zusammen mit der Jahreszahl 1890, dem Baujahr des jetzigen Gebäudes.
Bei den Akten des Erftverbandes findet sich ein Vermerk von 1917, wonach der Pächter nur noch für den Eigenbedarf mahle. Daran hat sich bis heute nichts geändert.
Die „Hormer Mühle", wie sie früher im Volksmund hieß, war zugleich Korn- und Ölmühle. Mühlrad und Mahleinrichtung sind noch vorhanden. Vom eisernen Wasserrad weiß man die genauen Daten: 5,60 m hoch und 0,80 m breit; es hat 48 Schaufeln.

HOLTHAUSEN, Josef, Horremer Mühle, Jubiläumsschrift 1966; SOMMER, Mühlen (242), S. 297; Archivalien des Erftverbandes zur Horremer Mühle. (Im Verbandsarchiv sind zu jeder Mühle im Verbandsgebiet Akten vorhanden, hauptsächlich mit Vorgängen aus dem 19. Jh. Dabei geht es im wesentlichen um Meinungsverschiedenheiten über Staurechte und Pegelhöhen, Wassermengen und Bachreinigung). Tranchot Bl. 80 Kerpen (1807): „moulin di bran - Sägemühle (?)", sowie TK 1845 u. 1893 Bl. 5006 Frechen: „HorremerM."

In Kerpen gab es außerhalb unseres Betrachtungsgebiets noch eine ansehnliche Zahl weiterer Mühlen, und zwar
an der Erft: 1) Brüggener Mühle u. knapp jenseits der südlichen Stadtgrenze die Gymnicher Mühle; 2) Türnicher Mühle; 3) Broichmühle und 4) Mödrather Mühle; **am Neffelbach:** 5) Obere Blatzheimer Mühle; 6) Petersmühle Blatzheim; 7) Mühle von Burg Bergerhausen; 8) Langenicher Mühle; 9) Obermühle Kerpen; 10) Stiftsmühle Kerpen und 11) Bannmühle Kerpen.
Die Erftmühlen haben sich in Kerpen trotz der umfangreichen Meliorisationsmaßnahmen noch ins 20. Jh. hinein retten können. Ähnlich die Mühlen am Neffelbach, der um 1800 insgesamt 24 Mühlen antrieb: Von ihnen lagen 6 in der Herrlichkeit Kerpen. Die Kerpener Bannmühle, die Stiftsmühle und die Langenicher Mühle waren allerdings schon im 16. Jh. eingegangen. Das auf der Bannmühle liegende Bannrecht für den Bezirk Kerpen wurde auf die Obermühle übertragen.
Die älteste Nachricht von einer Kerpener Mühle stammt von 1064. Deren Name ist nicht überliefert. Die Broichmühle (Bendmühle) ist 1275 erstmals erwähnt. Die meisten anderen Mühlen dürften ähnlich alt sein wie diese.
Heute ist keine einzige Mühle mehr in Betrieb. Die Mehrzahl ist verschwunden. Nur die Obermühle in Kerpen und die Gymnicher Mühle besitzen noch ein Wasserrad, liegen aber schon seit Jahrzehnten still.
SCHNEIDER, Philipp, „Mühlen in Altkerpen und ihre Gerechtsame", in: An Erft und Gillbach 1956, S. 39 ff.; WENSKY, Margret, in: Rhein. Städteatlas Nr 39 (1982) „Kerpen", Textteil.

Nr. 85 Horremer Mühle, Kerpen. 500 Jahre und mehr war sie die Mühle der Burg Hemmersbach. Erst jüngst verkaufte Graf Berghe v. Trips sie an jene Müllerfamilie, die rd. 400 Jahre lang ununterbrochen die Mühle gepachtet hatte. Die Mühle wird noch genutzt.

Nr. 86 Sindorfer Mühle, Kerpen. Auch sie ist eine alte Hemmersbacher Mühle, noch voll funktionstüchtig und noch immer im Gebrauch. Alljährlich veranstaltet der Besitzer zugunsten ihrer Erhaltung ein Mühlenfest.

86 Sindorfer Mühle

Kerpen-Sindorf, Sindorfer Mühle
(vor 15. Jh. - heute) > Große Erft <

Zu Hemmersbach gehörte noch Sindorf und mit ihm eine weitere Mühle, nämlich diese hier an der Großen Erft. Dorf und Mühle sind im 15. Jh. als jülich´sches Lehen an die Herren von Hemmersbach gekommen. Die Sindorfer Mühle war Korn- und Ölmühle. Sie bediente das westliche Erftniederungsgebiet mit dem Ort Sindorf.
Auf dem Türbalken über dem Eingang zum heutigen Mühlenhaus steht „Juni 1791". Die Mühle gehört zu den wenigen, die noch immer Wasserradantrieb haben. Das eiserne Rad aus dem 19. Jh. wurde um 1980 durch Rheinbraun renoviert. Es ist eines von ursprünglich zwei Rädern für die zwei Mahlgänge und die frühere Ölpresse.
Der heutige Eigentümer hat das Anwesen vom Grafen Berghe v. Trips - dem letzten Herrn auf Hemmersbach - erworben. Er hängt an seiner Mühle und veranstaltet alljährlich im September auf seinem Hof ein Mühlenfest, dessen Erlös zu ihrer Instandhaltung dient.

SOMMER, aaO., S. 296; o.Verf., „Sindorf und seine Vergangenheit", in: An Erft und Gillbach 1952, S. 2 ff; Angaben des Eigentümers; Tranchot Bl. 80 Kerpen (1807): „moulin de Sindorf", sowie TK 1845 u. 1893 Bl. 5006 Frechen: Mühlensymbol/"Sindorfer M."

87 Pliesmühle

Bergheim, Quadrath-Ichendorf, Sandstraße
(13./14. Jh. - um 1945) > Kleine Erft <

Mit „Plies" ist „Fließ = Flüßchen" gemeint, wie man früher die kleine Schwester der Großen Erft wohl auch nannte. Die Pliesmühle gehörte von Anfang an zum Schloß Frens in Ichendorf, von dem sie nur wenige hundert Meter entfernt liegt. Die Vorgängerburg des heutigen Schlosses ist aus dem 13. Jh.
Über den Ursprung der Mühle gibt es keine konkreten Nachrichten. Er dürfte aber ebenfalls schon in das 13./14. Jh. zu datieren sein. Denn eine Burg ist an dieser „antriebsgünstigen" Stelle kaum denkbar.
Im 19. Jh. besaß die Pliesmühle zwei Wasserräder, von denen eines die Ölpressen antrieb, die nachweislich aber schon um 1825 stillgelegt waren. Die Fruchtmühle indessen arbeitete noch bis um 1945. Von der Mahleinrichtung im Mühlenhaus sind nur noch ruinöse Reste vorhanden. Auch die einstmals zwei Wasserräder sind längst verschwunden. Mittlerweile ist - nach einer Erbteilung auf Schloß Frens - aus dem Mühlengut das „Gestüt Pliesmühle" geworden.

ANDERMAHR, Geschichte Bergheim (4), S. 61 ff. u. 189; SOMMER, aaO., S. 296; ferner Tranchot Bl. 70 Bergheim (1807/08): „Pliesmühle", sowie TK 1845 u. 1893 Bl. 5006 Frechen: „PließerM./PliesM."

Nr. 87 Pliesmühle, Bergheim. Die Pliesmühle („Mühle am Flüßchen") gehörte zu Schloß Frens und stammt aus dem 13./14. Jh. Sie befand sich rechts im Gebäude nahe dem Wehr und lief bis um 1945. Heute beherbergt der Hof das "Gestüt Pliesmühle".

Nr. 89 Kentener Mühle, Bergheim. Sie gehörte früher dem Kölner Erzstift. Das heutige Gebäude ist von 1781. Wasserrad und Mahleinrichtung stehen seit 1962 still. Sie sind noch vollständig erhalten

88 Escher Mühle

Bergheim-Ahe

(vor 1166 - nach 1950) > Große Erft <

Die Escher Mühle liegt ungefähr 2 km nordwestlich von Ahe. Zu ihr und ihrer langen Geschichte gibt es zwei Versionen: Die eine - vertreten von Habrich - reiht sie in den uralten Grundbesitz des Damenstiftes Essen ein, von dem man weiß, daß im 14. Jh. auch eine *„moele gelegen zo A"* dazugehörte (siehe bei Nr. 92 Paffendorfer Mühle). Mit dem Kürzel „A" ist das Dorf Ahe gemeint. Diese Mühle habe anfangs „Ahermühle", dann „Aechermühle" geheißen, aus dem schließlich auf gut Rheinisch „Eschermühle" geworden sei.

Richtiger indes dürfte die andere Version sein. Sie bezieht sich auf eine Urkunde des Kölner Erzbischofs Reinald aus dem Jahre 1166, in welcher er der Abtei Altenberg bestätigt, daß ihr auch eine *„molendinum iuxta fluvium arlefe* - eine Mühle am Erftfluß" - gehöre. In den Altenberger Pachtakten taucht denn auch ab 1459 regelmäßig die Escher Mühle auf. Da sie die einzige Altenberger Mühle an der Erft war, kann es sich 1166 nur um diese Mühle gehandelt haben. Ihren Namen erklärt der Elsdorfer Heimatforscher Noll damit, daß sie zuerst in Esch am Escher Bach gestanden habe und wohl schon früh an die ergiebigere Erft versetzt worden sei.

Läßt man beide Versionen auf sich wirken, dann kann es sich nur um zwei verschiedene Mühlen gehandelt haben, von denen allein die Escher Mühle überdauert hat. Und in der Tat: Zur ehemaligen Burg Widdenau nahebei gehörte im 15. Jh. eine Erftmühle, die bei der alten Erftbrücke stand, aber im 19. Jh. schon lange verschwunden war.

1651 war Gerhart Kolpein aus Kerpen Pächter der Escher Mühle. Er hatte sich gegenüber Altenberg verpflichtet, die im 30jährigen Krieg zerstörte „Fruchten Mühl und eine Olligs Mühl" auf eigene Rechnung wieder aufzubauen, gegen Verrechnung mit den Abgaben. Kolpein ist ein Ur-Ur-Ahn des berühmten Priesters und Gesellenvaters Adolf Kolping (geb. 1813 in Kerpen). Die Familie Kolping saß im 19. Jh. auch auf der Kentener Mühle (Nr. 89).

Im 19. Jh. waren auf der Escher Mühle 2 Mahlgänge und in einem besonderen Gebäude zwei Ölpressen in Betrieb. Die Kornmühle ist noch bis nach 1950 gelaufen. Vor einigen Jahren wurde die Mühle abgebrochen. Seither besteht das Anwesen nur noch aus einsamen landwirtschaftlichen Gebäuden, die von anderer Stelle aus bewirtschaftet werden.

HABRICH, Hans, „Bäche und Flüsse im Wandel der Zeiten", in: An Erft und Gillbach 1954, S. 17 ff.; HINZ, Hermann, „Über Wüstungen im Kreise Bergheim/Erft", in: Rhein. Vierteljahresblätter 1956, S. 344/45; ders., Kreis Bergheim (106), S. 251; Hinz vermutet in einer Wüstung 300 m westl. der Escher Mühle eine ehem. Wassermühle - vielleicht im Zusammenhang mit der „Doppelnennung"; LACOMBLET, Urkundenbuch (154), Bd. I, Nr. 423 (Urkunde von 1166); MOSLER, Urkundenbuch Altenberg (179), S. 193; MUSIAL, Hubert, „Adolf Kolpings ältester Vorfahr: der Müller Gerhart Kolpein", in: Kerpener Heimatblätter 1982, S. 117 ff.; NOLL, Heimatkunde Krs. Bergheim (186), S. 116; SCHNEIDER, „Heimatkundliches aus Ahe", in: An Erft und Gillbach 1953, S. 2; SOMMER, aaO., S. 293; Tranchot Bl. 70 Bergheim (1807/08): „Tschermuhl", sowie TK 1845 u. 1893 Bl. 5005 Bergheim: „EscherM."

89 Kentener Mühle

Bergheim-Kenten, Brückenstraße
(vor 1358 - 1962) > Kleine Erft <

Kenten war eine kurkölnische Enklave, umgeben von Jülicher Gebiet. Kurkölnisch war auch die Erftmühle, 1358 erstmals urkundlich belegt. Aus einem Weistum aus dem 16. Jh. ist folgender Artikel zum „Kundendienst" des kurfürstlichen Müllers interessant: *„Auch hatt unßer ggster (gnädigster) churfürst undt erzbischoff allhie im dorff einen muller, der sall den nachpahren das malder fruchten mahlen umb ein viertell, undt so einigh nachpahr fruchten hette außzuholen binnen der bannmeilen, das soll man dem muller ahnsagen. Wan aber der muller die fruchten nit einholt, so sall er die fruchten umb halben molter mahlen."*
Das heutige Mühlengebäude mit dem angesetzten Radhaus ist ausweislich der Maueranker von 1781. Es beherbergte bis zur Stillegung 1962 eine Korn- und (im vorigen Jahrhundert) eine Ölmühle. Wie auch in einigen anderen Fällen wurde die Ölmühle außerhalb der Ölfrucht-Ernte zum Gipsmahlen benutzt. - Wasserrad und Mahleinrichtung sind noch erhalten.

ANDERMAHR, Geschichte Bergheim (4), S. 60 ff.; HERMANNS, „Hoheit und Herrlichkeit Kenten", in: Erftland 1924 S. 13 ff. (mit wörtl. Wiedergabe des zitierten Weistums aus dem Archiv Frens, Kaps. IV, Conv, 1); OHM/VERBEEK, Denkmäler des Rheinlandes „Kreis Bergheim 1", S. 66; SOMMER, aaO., S. 292; THÜNER, Herrlichkeit Kenten (249), S. 21 ff.; ferner Tranchot Bl. 70 Bergheim (1807/08), sowie TK 1845 u. 1893 Bl. 5005 Bergheim: Mühlensymbol/„M."

90 Bergheimer Mühle

Bergheim, Klosterstraße
(vor 1243 - 1862) > Erft <

Während die Herrlichkeit Kenten kurkölnische Enklave war, zählte das benachbarte Bergheim zum Herzogtum Jülich. Die Jülicher übten schon seit dem 12. Jh. die Vogteirechte für die hier begüterte Grundherrin Kornelimünster aus. Die Ursprungssiedlung lag am Abhang der Ville, daher der Name „Bergheim", der dann auf die im 13. Jh. gegründete Stadt in der Talaue überging.
Die zugehörige Wassermühle lag notwendigerweise von Anfang an unten im Tal am Fluß. Sie wird erstmals in einer von Walram - dem Bruder des Grafen von Jülich und derzeitigen Herrn von Bedburg - 1243 ausgestellten Urkunde genannt. In diesem Schriftstück ist sogar von *„tria molendina apud Berchem* - drei Mühlen bei Bergheim" die Rede. Welche drei Mühlen damit auch im einzelnen gemeint waren, mit Sicherheit befand sich die in der späteren Stadt darunter.
Die Zahl gibt allerdings einige Rätsel auf. Vielleicht waren nur drei Funktionen gemeint, die zu einem Betrieb vereinigt waren, aber in getrennten Gebäuden ausgeübt wurden - etwa die einer Getreidemühle, einer Ölschlägerei und einer Lohmühle. Wahrscheinlicher ist aber, daß damals tatsächlich noch zwei weitere (jülich´sche) Mühlen bestanden haben. Ralf Kreiner, der sich damit jüngst auseinandergesetzt hat, rechnet in jedem Falle die Zievericher Mühle dazu, weil sie von

demselben Erftarm angetrieben wurde wie die Bergheimer Mühle. Die dritte Mühle dürfte zwischen Bergheim und Kenten gelegen haben, wo bei Ausschachtungsarbeiten Scherben aus dem 11./12. Jh. und Reste von Mühlsteinen gefunden wurden. Die Bergheimer Mühle befand sich innerhalb des ummauerten Stadtvierecks, das von der Erft von Süd nach Nord genau in der Mitte durchflossen wurde. Unterhalb der beiden Mühlengebäude - einer Korn- auf der linken und einer Ölmühle auf der rechten Erftseite - war ein Mühlenkolk. Als herrschaftliche Bannmühle war sie für Bergheim, Nieder- und Oberaussem, sowie den Kleinen Mönchshof und den Büsdorfer Fronhof zuständig.
Als um 1860 der Erftkanal geplant wurde, kam dafür nur eine möglichst gerade Linie zwischen Ahe und Zieverich in Frage. Das bedeutete, daß die drei Erft-Arme im Bergheimer Raum geordnet werden mußten - was wiederum nur auf Kosten der Bergheimer Mühle zu bewerkstelligen war. Da sich die Erftgenossenschaft mit dem Besitzer über die Entschädigung nicht einigen konnte, wurde ein Enteignungsverfahren eingeleitet, das nach einigem Streit über das leidige Geld 1862 mit einer vertraglichen Regelung endete: Der Postmeister Schrock aus Jülich, dem die Mühle gehörte, trat Mühle und Staurecht für 16.000 Taler an die Genossenschaft ab. Wasserlauf und Mühlenkolk wurden verfüllt. Heute befindet sich an ungefähr dieser Stelle das Bergheimer Krankenhaus.

ANDERMAHR, aaO., S. 50 ff., 70 ff. u. 144; KREINER, Städte und Mühlen (147), S. 331 ff.; SOMMER, aaO., S. 292; UTERMARCK, Walter, Die Erftmelioration (Diss. Bonn 1932), S. 28; Archivalien des Erftverbandes zur Bergheimer Mühle; ferner TK 1845 Bl. 5005 Bergheim: Mühlensymbol.

91 Zievericher Mühle

Bergheim-Zieverich, Zievericher Mühle
(vor 1243 - um 1960) > Erft <

Auch Zieverich gehörte zu Jülich, vermutlich gleich lange wie Bergheim, von dem die Zievericher Burg nur gut 1.000 m entfernt ist. Auch hier besaßen die Jülicher eine Wassermühle - und zwar seit mindestens 1243 (siehe bei Nr. 90 Bergheimer Mühle).
Diese Mühle lag früher einige hundert Meter weiter südlich vom heutigen Standort, wohl um sie von der Burg aus besser schützen zu können. Die Verlegung ist höchstwahrscheinlich 1715 geschehen, als man den jetzigen Mühlenhof errichtete. Wie fast alle Erftmühlen war sie zugleich Mahl- und Ölmühle. Auch mit ihren drei mächtigen unterschlächtigen Wasserrädern unterschied sie sich kaum wesentlich von den Nachbarmühlen. Um 1960 wurde der Betrieb eingestellt. Inzwischen ist aus dem stattlichen Mühlenhaus und den Hofgebäuden eine ansehnliche Wohnanlage und aus dem Mühlenteich ein „Anglerparadies" mit einer Kaffee-Wirtschaft geworden.

ANDERMAHR, aaO., S. 70 ff.; KREINER, Städte und Mühlen (147), S. 332; NOLL, Heimatkunde Bergheim (186), S. 104/105; OHM/VERBEEK, Denkmäler des Rheinlandes „Kreis Bergheim 2", S. 68; SOMMER, aaO., S. 292; Tranchot Bl. 70 Bergheim: „moulin", sowie TK 1845 u. 1893 Bl. 5005 Bergheim: „ZievericherM."

Nr. 91 Zievericher Mühle, Bergheim. Sie lief mehr als 700 Jahre, bis um 1960. Der frühere Standort lag einige hundert Meter weiter oberhalb. Jüngst wurde das stattliche Anwesen zu einer komfortablen Wohnanlage umgestaltet. Der Weiher ist ein "Anglerparadies".

Nr. 92 Paffendorfer Mühle, Bergheim. Schon 1339 stand sie im Einkünfteverzeichnis des Essener adligen Damenstifts. Nach der Säkularisation lief sie als Mahl-, Säge-, Schleif- und Papiermühle. Gemahlen hat sie bis um 1980, zuletzt allerdings mit Elektroantrieb.

92 Paffendorfer Mühle

Bergheim-Paffendorf, Mühlenwehr
(vor 1339 - um 1980) > Erft <

Der lotharingische König Zwentibold war zu Pfingsten 898 ein freigebiger Gast im adligen Damenstift zu Essen, aus dem die spätere Großstadt hervorgegangen ist. Er schenkte dem Stift aus seinem linksrheinischen Besitz eine ganze Reihe von Oberhöfen, darunter auch den zu Kirdorf, der später in Glesch und Paffendorf aufgeteilt wurde. Einem Oberhof waren Lehnshöfe zugeordnet, in Paffendorf allein um die 60. In die Schenkung ausdrücklich eingeschlossen waren auch die zugehörigen Mühlen, die allerdings nicht einzeln bezeichnet wurden.
In einem Weistum über die Einkünfte des Paffendorfer Fronhofes aus dem 15. Jh. sind folgende folgende 5 Mühlen aufgeführt: *„... item ein moele gelegen zu A* (Ahe), *item eyn zo Paffendorp, item eyn ain dem Haidwich, item eyn zo Geleschs* (Glesch), *item eyn zo Kyrdorp* (Kirdorf) *up dem dame."* Allein die Mühle am „Haidwich - Heideweg" läßt sich nicht identifizieren. Nach dem Weistum ist sie *„in de mulle zo Paffendorp geflossen"*, was man wohl nur als „vereinigt/aufgegangen" verstehen kann. Wahrscheinlich hat es sich bei der Heideweg-Mühle um eine Windmühle gehandelt.
Nun - die Mühlen sind mit Sicherheit schon vor 1400 vorhanden gewesen, wegen ihrer Einbeziehung in die Schenkung, aber auch wegen der Notwendigkeit, eine so große Zahl von Höfen zu versorgen. Alle fünf sind bereits 1339 im Essener Einkünfteverzeichnis aufgeführt, auch unsere Paffendorfer Stiftsmühle. Für sie hatte man eigens von der Erft einen Mühlengraben abgezweigt und am Rand der nassen Erftniederung entlang geführt. So lag sie zwar nahe der Siedlung und gewissermaßen auf dem Trockenen. Gleichwohl hatte man sie noch auf Pfählen gründen müssen, wie sich erst jüngst nach Bauschäden herausstellte, die mit der Grundwasserabsenkung zu tun hatten.
Nach der Säkularisation war die Paffendorfer Mühle eine Mahl-, Säge und Schleifmühle. Ab 1836 diente sie lange Zeit als Papiermühle. Noch 1880 hatte der Inhaber der Papiermühle - Deplat aus Niederembt - seine Initialen „G.D." am Torbogen anbringen lassen, der die Gebäude aus dem Jahre 1835 und die jüngeren Anbauten abschloß. In den letzten hundert Jahren war sie wieder Mahlmühle, ehe sie ihren Betrieb um 1980 einstellte. Die Mahleinrichtung ist noch vorhanden, nicht indes das Wasserrad. Das war schon vor mehr als 50 Jahren beseitigt worden, als die Elektrizität Einzug gehalten hatte.
Die heute 80jährige Eigentümerin harrt auf ihrem ansehnlichen Mühlenhof unverdrossen aus, obwohl „auf der Mühle kein Glück liegt", wie sie sagt: Die Mutter ihres Ehegatten sei schon 1911 bei der Geburt von Zwillingen verstorben. Vier Jahre später ertrank eines der Kinder in der Erft. 1962 habe sie ihre einzige Tochter im Alter von 12 Jahren bei einem unverschuldeten Verkehrsunfall verloren. Elf Monate später starb ihr Ehemann, plötzlich und unerwartet. Wie aber auch immer - sie hängt an ihrer Mühle, und nach einer langwierigen Beseitigung der Absenkungsschäden wird erst einmal der Hof neu gepflastert.

HABRICH, aaO., S. 17; HARLESS, Archiv f. d. Geschichte des Niederrheins (88), S. 7;

Nr. 94 Bedburger Mühle, Bedburg. 1291 belehnte der Kölner Erzbischof seinen Gefolgsmann Johann v. Reifferscheid mit Burg und Mühle Bedburg. Im 19. Jh. wurde die Mühle mit moderner Technik versehen. Die zugehörige, jenseits der Erft stehende Ölmühle spielte da schon lange keine Rolle mehr. Nach 1964 wurde aus der Kornmühle ein Hotel.

Nr. 95 Kasterer Mühle, Bedburg. Das Bild der alten Stadt Kaster wäre unvollständig, gäbe es darin nicht auch die ehemals jülich´sche Mühle am Erfttor. Sie lief bis um 1930. Teile der Antriebstechnik sind in dem heutigen Wohnhaus noch erhalten.

LACOMBLET, Urkundenbuch (154), Bd. I, Nr. 81; OHM/VERBEEK, in: Denkmäler des Rheinlandes „Kreis Bergheim 3", S. 61; MEINECKE, Rolf, „Schloß Paffendorf", S. 6/7; PETRY, Der Paffendorfer Zehntstreit (199), S. 18 ff.; SCHAUMANN, Rhein. Archiv 101 (1977), S. 351; SOMMER, aaO., S. 291; Tranchot Bl. 70 Bergheim (1807/08): Mühlensymbol; sowie TK 1845 u. 1893 Bl. 5005 Bergheim: Mühlensymbol/„M."

93 Glescher Mühle

Bergheim-Glesch, Zum Erftufer
(vor 1339 - um 1950) > Erft <

Grundherrin in Glesch war - wie in Paffendorf - seit Zwentibolds Schenkung von 973 das adlige Damenstift Essen. Im Einkünfteverzeichnis des Stifts von 1339 stand die Glescher Mühle mit der von Paffendorf in einer Reihe. Sie muß sogar bedeutender gewesen sein als diese: Sie hatte mit 22 Malter Korn die Hälfte mehr als Jahrespacht zu leisten.
Übrigens siegelte ein Hermann von Glesch 1484 als Schöffe in Köln mit einem Wappen, das ein Mühleisen trug. Das ist das quadratische Schmiedestück, auf dem im Mahlgang der Läuferstein ruht. Hermann von Glesch hatte demnach wohl in irgendeiner Beziehung zu einer Mühle gestanden, wahrscheinlich zu eben dieser in Glesch.
Die Mühlen des Damenstifts in Esch und Paffendorf bedienten einen großen Kundenkreis aus den gewässerfernen Dörfern der Jülicher Börde, die wegen fehlender Infrastruktur keinem Mahlzwang unterlagen. Als dann 1740 von Jülich-Berg der Bau einer Windmühle in Niederembt genehmigt wurde, klagten die Stiftsdamen beim Reichskammergericht wegen wirtschaftlicher Benachteiligung. Wie das Gericht entschied, ob Bedürfnis oder Bestand wichtiger waren, ist nicht überliefert.
Im 19. Jh. besaß die Escher Mühle 3 Wasserräder, 4 Mahlgänge, 1 Schälgang und 2 Ölpressen. Das war ein stattliches Inventar, das ihr wirtschaftliches Gewicht widerspiegelt.
Sie war bis um 1950 in Betrieb. 1962/63 mußte das Gebäude weichen, als man Erft und Erftkanal zusammenlegte.

KREINER, Städte und Mühlen (147), S. 164/165; NOLL, Heimatkunde Bergheim (186), S. 154; OHM/VERBEEK, Denkmäler des Rheinlandes „Kreis Bergheim 1", S. 97; SAGASTER, A., „Aus der Geschichte von Glesch", in: An Erft und Gillbach 1947/48, S. 35 ff.; SOMMER, aaO., S. 290; ferner TK 1845 u. 1893 Bl. 5005 Bergheim: Mühlensymbol.

94 Bedburger Mühle

Bedburg, Friedrich-Wilhelm-Straße
(vor 1291 - 1964) > Erft <

Die altadlige Familie derer von Bedburg ist schon im 12. Jh. bezeugt, deren Burg allerdings erst 1240. Im Jahre 1291 wird Johann v. Reifferscheid vom Kölner Erzbischof mit Bedburg belehnt. Aus demselben Jahr stammt auch eine Nachricht, daß Johann einige nahegelegenen Höfe vom Mahlzwang seiner landesherrlichen Bedburger Mühle befreit.

Das Düsseldorfer Hauptstaatsarchiv verwahrt eine Urkunde von 1569, in welcher der Bannbezirk der Mühle beschrieben ist: Nicht weniger als 12 Orte waren Bedburg zugeordnet. Weitere 9 hatten hier mahlen zu lassen, wenn die Büsdorfer Mühle still stand. Groß wie der Mahlbezirk waren auch die Einnahmen: 1680 waren es 20 Malter Weizen, 127 Malter Roggen und 40 Malter Gerste.
War also die Getreidemühle schon eine der frühen Großmühlen an der Erft, so durfte auch hier die an der Erft fast obligate Ölmühle als Betriebsbestandteil nicht fehlen. Sie war allerdings kleiner und lag aus Brandschutzgründen auf der anderen Seite des Mühlenwehrs, wo sich das Schloß befindet.
1863 beantragte der damalige Besitzer Franz von Meer, sein *„Mühlenetablissement"* mit einer Turbine ausstatten zu dürfen. 1872 folgte der Konzessionsantrag auf Einbau einer *„Dampf-Locomobile"* wegen *„andauernden geringen Wasserstandes der Erft."* Die „Locomobile" war trotz ihres Standortes mitten in der Stadt offenbar umweltfreundlich: Man werde weder *„die Nachbarschaft in ungesetzlicher Weise stören, noch das öffentliche Interesse gefährden."* Die „Dampfmaschine zum Mehlmahlen" wurde genehmigt.
1964 wurde die Mühle stillgelegt. Heute befindet sich in dem Gebäude ein Hotel, dessen Gäste durch das Wehr nachhaltig „berauscht" werden.

FIRMENICH, Stadt Bedburg (61), S. 26; KIRCHHOFF/BRASCHOSS, Geschichte Bedburg (135), S. 93, 146, 155 u. 175; KREINER, Städte und Mühlen (147), S. 339 ff.; SOMMER, aaO., S. 290 ; HSTAD JB III 1156 u. Akten Kurköln II 1127; Stadtarchiv Bedburg, Mühle Kürstgens & Cie., Bestand Bedburg 2155; ferner TK 1845 u. 1893 Bl. 5005 Bergheim: Mühlensymbol.
Westlich von Bedburg floß noch der Lipperbach, der in alter Zeit ein Mühle in Lipp (erstmals 1343 genannt) und eine in Oppendorf antrieb (erstmals 1263 genannt). Beide Mühlen sind seit Jahrhunderten nicht mehr vorhanden (KIRCHHOFF/BRASCHOSS, aaO., S. 71).

95 Kasterer Mühle

Bedburg-Kaster, Mühlenstraße
(vor 1384 - um 1930) > Erft <

„Kaster, Preußens kleinste Stadt, mit festen Mauern und Toren bewehrt. Ich wüßte hierzulande kaum ein Dorf, das so klein, aber auch keinen Ort, der so idyllisch wäre wie dieses Städtchen, Zons eingeschlossen, das noch ganz seinen mittelalterlichen Charakter bewahrt hat. In fünf Minuten hat man Kaster besichtigt, aber tagelang könnte man hier verweilen und würde immer noch neue Schönheiten entdecken." So schrieb Peter Esser 1935 in einem Aufsatz über eine Erftwanderung. An diesem Bild hat sich bis heute nichts geändert - nur, daß in Kaster inzwischen vor seinen Mauern aus der Umsiedlung von Braunkohleverdrängten eine große „Neustadt" entstanden ist.
Zu den gepriesenen Schönheiten der Altstadt gehört auch die alte Wassermühle an der Kasterer Mühlenerft, einem Altarm der regulierten Erft. Schon 1384 ist sie anläßlich einer Neuverpachtung als Herzoglich Jülich´sche Kameralmühle erwähnt, deren Bannbezirk einen erheblichen Teil des Amtes Kaster umfaßte. Aus der ältesten bekannten Rentmeister-Rechnung Jülichs von 1398/99 weiß man, daß die

Mühle damals drei Wochen lang wegen Reparaturarbeiten still gelegen hat; dem Pächter waren deswegen 15 Malter Roggen an Pacht nachgelassen worden. Wahrscheinlich hat die Mühle schon weit vor diesen Daten bestanden. Immerhin sind die Herren von Kaster seit 1148 bekannt.
Das heutige Mühlenhaus auf der Stadtmauer ist von 1626. Damals war das alte Gebäude einem Brand zum Opfer gefallen, wie er sich in Mühlen häufig ereignete - vor allem, wenn Mehl und Öl im gleichen Gebäude produziert wurden, wie hier. Das war indes nicht immer so, wie die sehr umfangreichen Akten im Düsseldorfer Hauptstaatsarchiv gerade aus dem 16. Jh. erweisen. Hier sind die baulichen, rechtlichen und wirtschaftlichen Verhältnisse zwischen 1528 und 1574 ausführlich dokumentiert, nachzulesen in Ralf Kreiners „Städte und Mühlen im Rheinland".
Interessant sind die Unterlagen über den Neubau 1547, für den 136.000 Ziegelsteine benötigt wurden. Der Bau ersetzte das alte - offenbar in Fachwerk ausgeführte - Gebäude der Kornmühle, das etwas weiter ab vom Erfttor stand, und das der kleineren Ölmühle von wahrscheinlich 1399 auf der gegenüberliegenden Erftseite.
Die einstmals drei Wasserräder trieben nach einem Bericht von 1837 drei Mahlgänge und zwei Ölpressen an. Die zuletzt noch verbliebene Mehlmühle besaß Turbinenantrieb. Bis 1961 hat sie noch gearbeitet. Nach 1980 wurde das Gebäude restauriert und zu einer Wohnung umgebaut. Nur der Antriebsmechanismus im Untergeschoß ist erhalten geblieben.

ESSER, Peter, „Die untere Erft", in: Der Niederrhein 1935, S. 127 ff; FIRMENICH, aaO., S. 26; HERBORN/MATTHEIER, Die älteste Rechnung des Herzogtum Jülich (104), S. 112; KREINER, Städte und Mühlen (147), S. 348 ff.; SOMMER, aaO., S. 272; OHM/VERBEEK, Denkmäler, „Kreis Bergheim 2" (193), S. 68; JRD 30/31 (1985), S. 389.

96 Schloßmühle Harff

Bedburg
(13. Jh. - um 1955) > Erft <

Harff war jülich´sches Lehen und gehörte zur Herrschaft Paffendorf. In diesem Zusammenhang ist es schon 1230 genannt. Ähnlich alt dürften Burg und auch die zugehörige Erftmühle gewesen sein. Sie lag am nördlichen Ortsausgang, nur 3 km unterhalb der Kasterer Mühle. Es war ein stattlicher Bau aus dem 17/18. Jh., mit dem Gräflich Mirbach´schen Wappen geschmückt und als Öl- und Kornmühle genutzt.
Noch kurz vor dem Zweiten Weltkrieg waren Fachwerkkonstruktion und technische Einrichtung instandgesetzt worden. Da lief die Mühle allerdings nur noch mit Elektromotor, und das mächtige unterschlächtige Wasserrad war verfallen.
Die nächste amtliche Nachricht von der Mühle stammt vom Landeskonservator. Sie ist von 1956 und gleicht einer „Todesanzeige": *„Nach geringfügigen Kriegsschäden von der Bevölkerung niedergerissen"*. Es dürfte aber kaum frevlerischer Übermut gewesen sein. Denn damals standen die Abraumbagger von Rheinbraun schon vor der Tür. Zwischen 1956 und 1976 wurden die Dorfbewohner nach Kaster umgesiedelt. Harff gibt es nicht mehr.

Nr. 97 Gustorfer Mühle, Grevenbroich. Die einstige kurkölnische Mühle aus dem 14. Jh. gibt es nur noch als Ruine, seit sie 1961 vollständig ausbrannte. Allein das Ständerwehr aus Holz ist neu und in seiner Gliederbauweise typisch für die Erft (siehe auch Bild unten).

Nr. 98 Erftmühle, Grevenbroich. Diese - erstmals 1273 erwähnte - Mühle im Schatten des Grevenbroicher Schlosses ist in vergrößerter und modernisierter Form noch heute in Betrieb. Sogar die Wasserturbinen laufen noch, um den elektrischen Strom für die Walzenstühle zu liefern. Nur die Ölmühle jenseits der Erft gibt es nicht mehr.

BREMER, Die Mühle zu Harff, in: „Erftland" Jg. 5 (1928), S. 89 ff.; ESSER, Peter, „Die untere Erft", in: Der Niederrhein 1935, S. 127 ff.; SOMMER, aaO., S. 271; WILDEMAN, „Die Erhaltung der Wind- und Wassermühlen", in: Rhein. Heimatpflege 8 (1936), S. 362 ff; ders. in: Rhein. Heimatpflege 9 (1937), S. 619; JRD 20 (1956) S. 62; ferner Tranchot Bl. 59 Grevenbroich (1807/08): „moulin"; sowie TK 1893 Bl. 4905 Grevenbroich: Mühlensymbol.
In Harff war bis um 1550 noch eine zweite Mühle. Sie lag rd. 1.500 m erftaufwärts, gegenüber Darshoven (so: BREMER, aaO.; anderer Ansicht: HINZ, Hermann, „Über Wüstungen im Kreise Bergheim (Erft)", in: Rhein. Vierteljahresblätter 1956, S. 348; die angeblichen Trümmer seien Reste aus der Römerzeit).
Auch in Morken und Königshoven müssen Mühlen gestanden haben. Das geht aus einer Urkunde von 1311 hervor, nach welcher einige Ritter ihre dortigen Mühlen und Mühlengerechtsamen an den Jülicher Grafen verkauften. Ferner ist noch eine Mühle in Elsdorf genannt, vielleicht am Fliessgraben gelegen. Von allen drei Mühlen schweigt die spätere Überlieferung. Hierzu: LACOMBLET, Urkundenbuch (154), Bd. III Nr. 106.

97 Gustorfer Mühle

Grevenbroich-Gustorf, Zur Wassermühle
(vor 1335 - 1961) > Erft <

Als vor einigen Jahren das kurkölnische „Land unter dem Krummstab" in einer großen Ausstellung gewürdigt wurde, befand sich unter den Exponaten ein Pergament in Latein über die Abrechnung der Kosten für den Wiederaufbau der Gustorfer Mühle. Kriegsknechte des Grafen von Berg hatten hier 1398 die Brandfackel geschwungen. Zehn Handwerker (Schreiner, Säger und Maurer) waren beim Bau in Lohn und Kost gewesen. Sie dürften nicht schlecht gelebt haben: 21 Tonnen Bier hatten ihr Augenmaß gefördert.
Die - 1335 erstmals erwähnte - erzbischöfliche Mühle hat denn auch bis 1775 gehalten, wenn man der Mauerinschrift des heute ältesten Teiles vertrauen darf, der damals ein Neubau gewesen war. Als Bannmühle für die Dörfer Gustorf, Gindorf und Frimmersdorf hatte sie schließlich einen sicheren und beachtlichen Kundenkreis. Was den Müller allerdings nicht davon abhielt, zuzeiten auch noch in Nachbarbezirken zu „wildern" und die allfälligen Beschwerden auszulösen, wie berichtet wird.
Interessant ist die Entwicklung der Pachten. Sie zeigt für die damaligen Verhältnisse große Werte, aber auch deren Verfall:

1386	*60 Malter, davon 43 in Geld*
1392	*dazu 2 Schweine, deren Wert angerechnet wurde*
1450	*80 Malter*
1580	*100 Malter, was den Pächter zur Kündigung veranlaßte*
1687	*233 Reichstaler*
1703	*283 Reichstaler*

Bei der Säkularisation 1802 erwarb der Mühlenpächter von Sinsteden die Mühle, der damals auch noch eine Ölschlägerei angeschlossen war. Johann Adolf von Sinsteden, ein ohne Erben gebliebener Bauer, vermachte 1878 die Mühle der Pfarrkirche, die sie zunächst der Erftgenossenschaft für 20.000 Taler zum Kauf

anbot, bevor sie die Mühle 1914 anderweitig veräußerte; die Genossenschaft hätte sie gern gekauft, hatte aber nicht das nötige Geld.
1920/23 - während der Inflationszeit - erfolgten der große Ausbau und die Umstellung auf Turbinenantrieb. Im November 1961 setzte ein Großbrand dem vielhundertjährigen Mühlenleben ein gewaltsames Ende. Seither schaut sie die Nachwelt nur noch aus toten Fensterhöhlen an. Allein das erft-typische hölzerne Ständerwehr ist erneuert worden. Vielleicht gibt es ein Beispiel, nun auch das alte Gemäuer wieder zu neuem Leben zu erwecken.

BREMER, Amt Liedberg (25), S. 188 ff.; KLAPHECK, Die Baukunst am Niederrhein (138), S 13; SOMMER, aaO., S. 271; Land unter dem Krummstab, Ausstellungskatalog (192), S. 128; Archivalien des Erftverbandes zur Gustorfer Mühle; ferner Tranchot Bl. 59 Grevenbroich (1807/08): „moulin", sowie TK 1845 u. 1893, Bl. 4905 Grevenbroich: „Mühle/ GustorferM." Frimmersdorf hatte übrigens mindestens seit 1384 eine eigene Mühle gehabt, die aber schon im 16. Jh. nicht mehr bestand. Sie war Ursache für ständigen Streit wegen der von Gustorf in Anspruch genommenen Hand- und Spanndienste, weil sich die Frimmersdorfer auf ihre Eigenständigkeit seit alters her beriefen.

98 Erftmühle

Grevenbroich, Schloßstraße
(vor 1273 - heute) > Erft <

Die Grafen von Kessel waren im späten Mittelalter als Inhaber der Vogteirechte für die Benediktinerklöster St. Vitus in Gladbach und St. Pantaleon in Köln am mittleren Niederrhein beinahe allgegenwärtig - so auch in Broich, dem späteren Grevenbroich. Nach falscher Bündnispolitik und Verschuldung begann ihr Stern jedoch im 13. Jh. zu sinken, der einst gleich hell war wie der ihrer klevischen, geldrischen und jülichschen Nachbarn. 1279 hatten sie mit ihrem Stammland an der Maas auch ihren Grafentitel verloren und nannten sich fortan nur noch Herren zu Broich. Der letzte von ihnen - Walram - starb 1304 kinderlos. Seine Erben waren die Grafen von Jülich.
Das gefiel indes dem Kölner Erzbischof wenig, ohne daß dieser seine Ansprüche durchsetzen konnte. Schon 1273 hatte nämlich Graf Heinrich v. Kessel Grevenbroich an Kurköln verpfändet. Ausdrücklich Pfandbestellung einbegriffen war die Mühle, für die uns der arg bedrängte Graf damit eine erste Nachricht über ihre Existenz liefert.
Das Zwangsgemahl umfaßte das Amt Grevenbroich. Zeitweilig erstreckte es sich auch auf den Dingstuhl Fürth. Dessen Gebiet lag jenseits der Erft im Gräflichen Lande, in dem Dyck das Sagen hatte. 1574 kam der Mahlzwang auf Betreiben der unzufriedenen Fürther auf die Elsener Mühle. Der darüber schwer verärgerte Grevenbroicher Müller revanchierte sich mit dem Abgraben des Wassers. Er mußte den Kanal aber wieder schließen. Handel und Händel lagen eben allezeit dicht beieinander.
1778 wurde die alte Mühle durch einen Neubau ersetzt. Schon 1551 wird von einer Ölmühle berichtet, die auf der anderen Seite der Erft stand. 1856 ließ der Müller Theodor Broich die Kornmühle mit einer Turbine ausstatten. Auf der

Ölmühlenseite indes blieb das Wasserrad, bis sich die Ölmüllerei nicht mehr lohnte.
Seit 1873 gehört das Anwesen der Familie Kamper, deren Vorfahren bereits in Erprath und Eppinghoven Müller waren. Heute steht dort ein moderner Mühlenbetrieb, der die Bäckereien ringsum beliefert. Aber die Turbine - längst ist es eine neue - arbeitet noch immer und erzeugt den elektrischen Strom für die Walzenstühle. Geblieben ist auch die idyllische Lage beim Schloß, von einem Zeitgenossen 1917 als *„poetischer Winkel"* beschrieben: *„Kein Wechsel der Jahreszeit tut dieser wasserbelebten, wildnisumhegten Weltabgeschiedenheit Abbruch."*

BREMER, Herrschaft Dyck (26), S. 148 ff.; KIRCHHOFF, Hans Georg, „Zu einigen Problemen der mittelalterlichen Geschichte der Stadt Grevenbroich", in: Beiträge zur Geschichte der Stadt Grevenbroich, Heft 3 (1980), S. 12 ff.; KREINER, Städte und Mühlen (147), S. 368 ff.; LACOMBLET, Urkundenbuch (154), Bd. I Nr. 423; SOMMER, aaO., S. 271; ferner Tranchot Bl. 59 Grevenbroich (1807/08): „moulin"; sowie TK 1893 Bl. 4905 Grevenbroich: „M".

99 Elsener Mühle

Grevenbroich, Stadtparkinsel
(vor 1263 - 1954/55) > Erft <

In Elsen - nur etwa 2 km westlich vom alten Grevenbroich - besaß Rütger v. Brempt ein freies Erbgut, zu dem eine Mühle auf der Erft gehörte. 1263 verkaufte er es den Deutschordensrittern, die hier eine Kommende einrichteten. Die Kornmühle hatte keinen originären Mahlzwang, beteiligte sich aber kräftig bei der ständigen „Umverteilung" des Zwangsgemahls durch die Dycker Landesherren.
Die große Zeit der Elsener Mühle kam allerdings erst nach der Säkularisation, als der beschlagnahmte Ordensbesitz - damals zur Kölner Kommende St. Katharina gehörig - in private Hände überging. 1808 erwarb der Grevenbroicher Kaufmann Friedrich Koch (1775 - 1847) den Betrieb, der aus einer Getreide, Öl- und Lohmühle bestand. Koch wandelte ihn in eine mechanische Spinnerei um - ähnlich wie Brügelmann es ein gutes Jahrzehnt zuvor bereits in seinem Ratinger „Cromford" gemacht hatte (Nr. 35).
Als Antrieb für die Spinnmaschinen dienten die Wasserräder. Das junge Unternehmen geriet aber in Schwierigkeiten, als England nach 1815 mit seinen Textilprodukten wieder auf dem Kontinent erschien. 1820 ging es in Konkurs und verlor seine Einzelbetriebe in Grevenbroich. Nur die „Spinnmühle" an der Erft überlebte und produzierte - später mit anderen Antriebsmitteln - bis 1954/55.
Heute ist von der Elsener Mühle und ihren Nachfolgebauten nichts mehr zu sehen. Ein modernes Wohngebiet hat seinen Platz eingenommen.

BREMER, Herrschaft Dyck (26), S. 148 ff.; BÜTTNER, Die Säkularisation der Kölner geistlichen Institutionen (31), S. 312; EMSBACH, Karl, „Die Spinnerei an der Elsener Mühle in frühindustrieller Zeit - Zur Geschichte der einst größten Fabrik des Kreises", in: Beiträge zur Geschichte der Stadt Grevenbroich, Bd. 6 (1985), S. 123 ff.; LACOMBLET, Urkundenbuch II (154), Bd. II, Nr. 528; SOMMER, aaO., S. 246; ferner Tranchot Bl. 59 Grevenbroich (1807/08): „moulin"; sowie TK 1893 Bl. 4905 Grevenbroich: „Elsermühle".

Nr. 100 Obermühle Wevelinghoven, Grevenbroich. Weil sie seit dem 12. Jh. dem Kölner Domkapitel gehörte, hieß sie früher „Kapitelsmühle". Mehrfach ist sie abgebrannt, zuletzt noch 1995. Aber sie arbeitet unverdrossen weiter - bis heute. Das Bild zeigt sie beim Wiederaufbau 1996.

Nr. 101 Untermühle Wevelinghoven, Grevenbroich. Sie war die „Gräfliche Mühle", weil sie einst den Grafen von Kleve gehört hatte. Um 1800 besaß sie 4 Wasserräder, die später von Turbinen abgelöst wurden. Seit 1960 liegt der stattliche Betrieb still.

100 Obermühle

Grevenbroich-Wevelinghoven, Brückenstraße
(12. Jh. - heute) > Erft <

Feuergefährdet war der Mahlbetrieb zu allen Zeiten. Ein Blitzschlag oder auch Leichtsinn genügten, um den Mehlstaub zu entzünden, der nicht viel anders reagiert als etwa Kohlenstaub. Das mußte auch diese Mühle in unserem Jahrhundert zweimal bitter erfahren: 1917 erlebte sie einen Großbrand, bei dem der Besitzer und sein Obermüller vom einstürzenden Mauerwerk erschlagen wurden; 1995 brannte das Unternehmen erneut ab und wurde wieder aufgebaut. Die Mühle gehörte eh und je dem Kölner Domkapitel, und zwar der örtlichen Überlieferung nach schon seit dem 12. Jh. In Wevelinghoven nannte man sie deswegen „Kapitelsmühle". Da gibt es allerdings auch eine Urkunde von 1155, mit welcher Kaiser Friedrich Barbarossa der Abtei Knechtsteden ihre Güter bestätigte. Darin ist neben zwei anderen auch eine *„molendinum in Wevelinghove"* aufgeführt. Man hat allerdings bis heute nicht herausbekommen, welche der beiden Wevelinghover Mühlen das war. Diese hier wird es wohl deshalb nicht gewesen sein, weil sie noch in den Säkularisationsakten unter dem Grundvermögen des Kölner Domkapitels aufgeführt ist.
Im 19. Jh. hat sich die Bezeichnung „Obermühle" allgemein durchgesetzt. Sie ist noch immer gebräuchlich, als Gegensatz zur „Untermühle" am anderen Ende der Stadt. Um indes den Namensindex vollständig zu machen: Für Napoleons Kartographen war sie die „Alte Mühle", nachdem wenige Jahre zuvor die Untermühle abgebrannt und neu errichtet worden war. Und sie benannte sich auch nach den jeweiligen Eigentümern: „Kauhlens Mühle" (im 19. Jh.) und „Kottmanns Mühle" (ab 1894).
Wie die meisten Erftmühlen war sie zugleich Mahl- und Ölmühle. Als die Ölmühlenzeit vorbei war, diente dieser Betriebsteil als Sägemühle - aber nur kurze Zeit. In den 20er Jahren wurden die beiden großen Wasserräder durch Turbinen ersetzt, die lange Zeit „nebenher" auch noch den elektrischen Strom „für das halbe Dorf" erzeugten, wie sich der Eigentümer erinnert. Erst 1968 stellte man gänzlich auf Elektrizität um. Heute gehört die „Mühle Kottmann KG" zu den wenigen Unternehmen, die noch in Betrieb sind.

BAUMANNS, Geschichte Wevelinghovens (11), S. 72 u. 131; BÜTTNER, Säkularisation der Kölner geistlichen Institutionen (31), S. 318; SOMMER, aaO., S. 243 ; ferner Tranchot Bl. 50 Glehn (1806/07): „Alte Mühle"; sowie TK 1845 u. 1893 Bl. 4805 Wevelinghoven: Mühlensymbol/ „OberM." Siehe im übrigen unten unter Nr. 101.

101 Untermühle

Grevenbroich-Wevelinghoven, Römerstraße
(vor 1305 - um 1960) > Erft <

Bis um 1800 hieß sie allgemein die „Gräfliche Mühle". Dietrich von Kleve, Graf von Hilkerode, hatte nämlich 1305 einen zum Kloster Gnadental bei Neuss gehörenden Hof bei Ramrath/Gohr *„um seiner und seiner Vorfahren Seelenheil willen"*

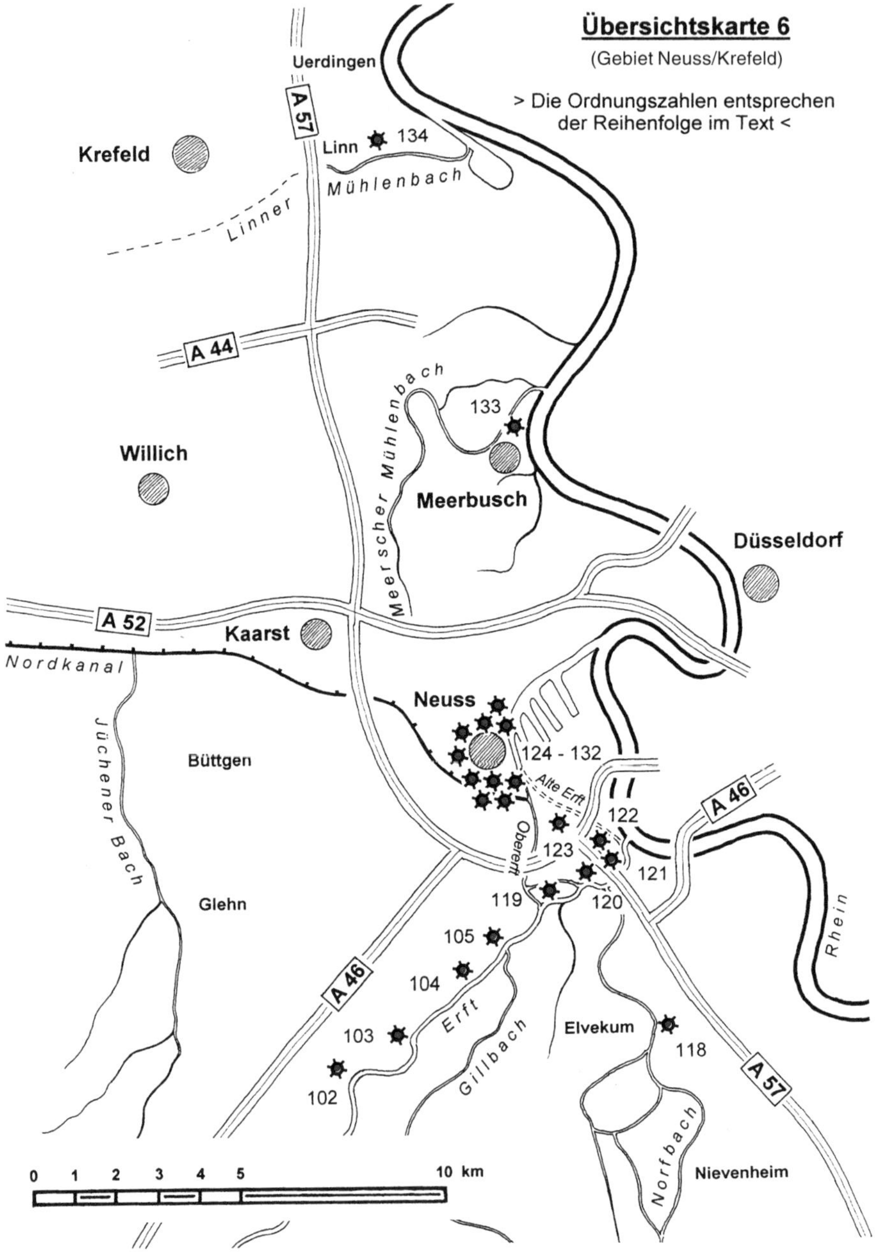

Im Plangebiet (li.-rh.): 22 Wassermühlen und um die 10 Windmühlen

vom Mahlzwang der Unteren Mühle in Wevelinghoven befreit, solange dieser Hof zum Kloster gehöre. Das ist die erste zuverlässige und urkundlich abgesicherte Erwähnung der Mühle.

Umgekehrt steht - wie bei der Oberen Mühle (siehe bei Nr. 100) - auch hier die Frage zur Diskussion, ob nicht sie eben jene Mühle „in Wevelinghove" war, die schon 1155 zum kaiserlich bestätigten Inventar des Klosters Knechtsteden gehört hatte. Immerhin könnte sie dann später durch Tausch oder Kauf an das Kloster Gnadental gekommen sein. Aber auch hier gibt es wiederum Zweifel. Denn einer Urkunde von 1311 zufolge hatte der Graf von Kleve eine Mühle in Wevelinghoven zurückgekauft, allerdings nicht von Gnadental, sondern vom Stift St. Andreas in Köln.

Wenn es in Wevelinghoven nicht noch eine dritte - bisher unbekannte - Mühle gegeben hat, dann wird sich die Verwirrung wohl kaum auflösen lassen. Man muß deshalb davon ausgehen, daß 1305 das Jahr der erstmaligen Erwähnung der Unteren Mühle bleibt.

Mit der Säkularisation 1802 kam die Mühle an Arnold Kraatz. Er hatte allerdings eine Brandruine gekauft. Denn im Vorjahr war die Untere Mühle abgebrannt, und seine erste „Amtshandlung" war, die Öl- und Mahlmühle mit ihren nicht weniger als vier Wasserrädern wiederaufzubauen. Von nun an hatte sie auch einen Zweitnamen: „Neue Mühle".

1809 ereignete sich an der Brücke vor der Mühle eine erschütternde Tragödie, die den Wevelinghofenern lange in Erinnerung blieb: Der Meisterknecht vom Aldebrückerhof war bei Eisgang in den Mühlenkolk gefallen, konnte sich aber an einen Weidenbaum klammern, der bis zur Krone im Wasser stand. Vier lange Stunden hatte er so im Eiswasser ausgehalten, von vorbeitreibenden Eisschollen zerschunden und und vor Kälte erstarrt. Es ist nicht überliefert, was alles zu seiner Rettung versucht wurde - nur, daß aus dem Nachbarort Kapellen ein Kaplan herbeigerufen worden war, der dem hoffnungslos Verlorenen vom Ufer aus nur noch die Generalabsolution erteilen konnte.

Das Unglück geschah am 25. Januar. Genau 12 Tage zuvor war in Wardhausen bei Kleve die mutige und durch Goethes Ballade berühmt gewordene Johanna Sebus ertrunken. Sie hatte ihr junges Leben lassen müssen, als sie ihre Angehörigen aus Sturm und Eis retten wollte.

Aber zurück zu unserer Mühle: Sie brannte 1929 erneut ab. Bei Wiederaufbau erhielt sie dann das heutige Gesicht einer neuzeitlichen Großmühle. Gleichzeitig erfolgte die Umstellung auf Turbinenantrieb.

Bis um 1960 ist die Untere Mühle gelaufen. Dann mußte sie sich trotz beachtlicher Leistungsfähigkeit und technischer Ausrüstung der Übermacht der Industriemühlen beugen und wurde geschlossen. Die Gebäude stehen noch und warten auf eine angemessene Verwendung.

BAUMANNS, aaO., S. 131 ff.; LORENZ, Gohr-Nievenheim-Straberg (170), Urkunde Nr. 109 (Befreiung vom Mahlzwang 1305) mit Hinweis auf den Rückkauf der Mühle 1311; SCHMITZ, Friedrich, „Die Erft in Grevenbroich", in: Festbuch des Bürgerschützenvereins 1989, S. 148; SOMMER, aaO., S. 243; ferner Tranchot Bl. 51 Holzheim (1807): „Neumühle"; sowie TK 1845 u. 1983 Bl. 4805 Wevelinghoven: Mühlensymbol/ „Unt.M."

Nr. 102 Neubrücker Mühle, Grevenbroich. 1678 wurde sie von den Herren auf Schloß Dyck erbaut. Seit 1875 befindet sie sich in Privathand. Zuletzt war sie Mahl- und Sägemühle. Das Sägegatter hatte man eingebaut, als sich die hier vorher betriebene Ölmüllerei wegen der billigen US-Importe von Erdöl nicht mehr lohnte, die den europäischen Kontinent ab der 2. Hälfte des 19. Jh. überschwemmten.

1956 wurde die Mühle stillgelegt, ausgeräumt und als Wohnhaus genutzt. - Das obere Bild stammt aus der Zeit um 1900. Die Aufnahme unten gibt den heutigen Zustand der noch immer respektablen Anlage wieder.

102 Neubrücker Mühle

Grevenbroich-Kapellen, Kottenkamp
(1678 - 1956) > Erft <

Als Ergänzung des „Windmühlenbauprogrammes" der Herren auf Dyck aus dem 16. Jh. (Windmühlen in Aldenhoven und Büttgen) entstand 1678 eine Wassermühle an der Erftbrücke bei Gilverath. Widerstände der Mühlennachbarn wehrte Graf Salentin mit dem Hinweis auf seinen Mühlenbann im Gräflichen Lande ab. Die neue Mühle sei nur eine Nachfolgerin der untergegangenen Hombroicher Bannmühle (Nr.103).
Gegen den Bau der Mühle war kaum mit Erfolg anzugehen. Aber mit deren Zwangsgemahl mochte sich der Eigentümer des benachbarten Gilverather Hofes, der Abt von Kornelimünster, nicht abfinden. Er ging bis zum Reichskammergericht in Wetzlar, nachdem die couragierte Neubrücker Müllerin Sophia Cremer das erstinstanzliche Urteil kurzerhand zum Fenster hinaus geworfen hatte. Der Abt obsiegte nach jahrzehntelangem Prozeß 1721.
Bis 1875 wurde die Mühle von Dyck verpachtet, dann wegen wirtschaftlicher Schwierigkeiten und erheblichen Erneuerungsaufwandes verkauft. Da sich damals die Ölmüllerei kaum mehr lohnte, entstand an ihrer Stelle ein Sägegatter. Getreidemehl und Sägemehl schienen sich gut ergänzt zu haben, zumindest hier. Denn der umgestellte Betrieb lief bis 1956.
Heute ist die Mühle ein Wohnhaus. Aber zwei der ursprünglich drei Wasserräder zieren sie noch immer.

BREMER, Herrschaft Dyck (26), S. 146 u. 158 ff.; KIRCHHOFF, Geschichte der Stadt Kaarst (136), S. 168 ff; SOMMER, aaO., S. 242; ferner TK 1845 u. 1893 Bl. 4805 Wevelinghoven: Mühlensymbol.

103 Hombroicher Mühle

Neuss-Holzheim, Kapellener Straße/Hombroich
(vor 1218 - nach 1588) > Erft <

Nach einem Einkünfteverzeichnis von 1218 hatte das Gerresheimer Kanonissenstift Einkünfte aus einer Mühle in „Hemsvorde". Hinter diesem Hemsvorde steckt nach Bremer der an der Erft liegende Hof Hombroich („Hohenbroich/Hohenbrück"). Im 15 Jh. gehörten Hof und Mühle den Johannitern. Die Mühle war zu dieser Zeit Bannmühle der reichsunmittelbaren Herrschaft Dyck und soll von allen umliegenden Mühlen den größten Bannbezirk gehabt haben. Aus dem Jahre 1480 ist überliefert, daß sich das Kloster St. Nikolaus (bei Dyck) vom Hombroicher Mahlzwang freigekauft hat.
Im Kölnischen Krieg (1582 - 1589) wurde die Mühle zerstört. Es bestand zwar die Absicht, sie wieder aufzubauen. Aber dabei blieb es. Heute erinnert nichts mehr an diese einst so bedeutende Einrichtung.

BREMER, Amt Liedberg (25), S. 190/193; ders., Herrschaft Dyck (26), S. 149 ff.

Nr. 104 Eppinghover Mühle, Neuss. Sie gehörte seit 1231 zum ehemaligen Zisterzienserinnenkloster Eppinghoven (im Bildhintergrund). Das große Mühlengebäude vorn rechts stammt aus dem frühen 18. Jh. Turbine und Mahlwerk wurden 1967/68 stillgelegt.

Nr. 105 Erprather Mühle, Neuss. Bis zur Säkularisation war sie kurkölnischer Besitz. Ab 1898 befand sie sich gemeinsam mit der Hildener Lehnsmühle (Nr. 3) in einer Hand und wurde zur Industriemühle ausgebaut. Heute dient sie zur Paniermehlfabrikation.

104 Eppinghover Mühle

Neuss-Holzheim, Eppinghovener Straße
(vor 1220 - 1967/68) > Erft <

„Von Gerresheim nach Gerresheim - über Brüssel". So könnte die Kurzfassung ihres Lebensweges lauten. Schon 1220 standen Hof und Mühle in Eppinghoven im Güterverzeichnis des um 900 gegründeten Kanonissenstiftes Gerresheim. 1231 ging der Besitz im Tauschwege an das Zisterzienserinnenkloster Saarn bei Mülheim/Ruhr, das auf ihm eine selbständige Niederlassung gründete.
Nach den Kriegszerstörungen im unruhigen 17. Jh. wurde das Kloster im Barockstil wiederaufgebaut. Das auf dem Vorplatz noch heute stehende stattliche Mühlengebäude ist in der jetzigen Form allerdings erst gegen Ende des 18. Jh. entstanden. Bartholomäus Kamper und seine Ehefrau Cornelia hatten es errichtet und *„dem Schutze Gottes"* befohlen, wie es über dem Portal eingemeißelt steht.
Um 1850 wurde das 1803 mit der Säkularisation „bürgerlich" gewordene Klosteranwesen mitsamt Mühle „königlich". König Leopold von Belgien hatte es gekauft, um es schließlich seiner in Brüssel lebenden Favoritin Arcadia Meyer - ausgestattet mit dem wohlklingenden Titel einer Baronin v. Eppinghoven - zu schenken. 1905 kehrte Eppinghoven wieder an seinen Ursprung zurück: nach Gerresheim, an den Besitzer der dortigen Glashütte.
Um diese Zeit mußten auch die 3 Wasserräder einer Turbine weichen. 1967/68 wurde der Betrieb geschlossen. Die früher auch hier obligate Ölmühle hatte schon hundert Jahre zuvor aufgehört zu bestehen.

BREMER, Herrschaft Dyck (26), S. 150, KLOMPEN, Säkularisation (139), S. 162; SOMMER, aaO., S. 247; WEIDENHAUPT, Das Kanonissenstift Gerresheim (265), S. 87; EMSBACH/TAUCH, Kirchen u. Klöster im Kreis Neuss (51), S. 186 ff.; ferner Tranchot, Bl. 51 Holzheim (1807): „M."; sowie TK 1893, Bl. 4806 Neuss: „M."

105 Erprather Mühle

Neuss-Reuschenberg, Burgweg
(12./13. Jh. - 1957) > Erft <

Ein Erdhügel in der Wiese, ein kleiner Hof und eine große Mühle sind die Erinnerungen an die Herren von Erprath, die 1150 in der Überlieferung auftauchen. 1405 verkauften die Erben Erpraths ihre *„burgh genant Erproide mit allen yren heirlicheiden* ... (und) *tzween muelen"* dem Kölner Erzbischof. Die beiden Mühlen - eine Ölmühle und eine Kornmühle - lagen nur zehn Minuten Fußweg unterhalb der benachbarten Eppinghovener Mühle. Man kann sicher sein, daß sie ein ähnliches Alter hatten wie jene.
Genaueres über die Mühle wissen wir erst aus der Zeit nach der Säkularisierung, als sie vom geistlichen in den weltlichen „Stand" überwechselte: Derselbe Kamper hatte sie gekauft, der auch die Eppinghover Mühle erworben hatte und dessen Nachfahren wir in Grevenbroich begegnet sind. Da waren die Zeiten allerdings längst vorbei, wo sich der Fuhrknecht der Erprather Mühlenkarre bei der

Kundschaft nicht durch Rufen, sondern nur durch Peitschenknallen bemerkbar machen durfte. So nämlich hatten sich Kurköln und Dyck 1404 bei einer Auseinandersetzung über den Erprather Mühlenbann geeinigt und dabei wohl nicht bedacht, daß auch die „rufenden“ Mühlenknechte eine Peitsche in der Hand hatten.
1853 war die Erprather Mühle schon auf dem Wege zur späteren Großmühle: 3 Räder bewegten 5 Mahlgänge, und 2 Räder trieben Ölpressen an. 1898 ging die Mühle *„mit Wasserkraft von 150 PS und Bahnanschluß”* (so Rembert in einer Firmenbeschreibung von 1936) auf Julius Gottschalk aus Hilden über, uns bereits von der dortigen Lehnsmühle (Nr. 3) her bekannt. Die hohe PS-Zahl konnte nur von Turbinen kommen, auf die man mittlerweile umgestellt hatte. Durch eine Dampfmaschine erhöhte Gottschalk die Tagesmahlleistung schließlich auf 1.000 Doppelzentner.
1942 übernahm Daniel Albrecht Schmidt aus Solingen den Betrieb. 1958 legte er den herkömmlichen Mahlbetrieb still und begann mit der Produktion von Paniermehl. Das mittlerweile hochmoderne Unternehmen arbeitet für einen weltweiten Markt.

BREMER, Liedberg (25), S. 193; KIRCHHOFF, Glehn (137), S. 91 u. 97 ff.; LACOMBLET, Urkundenbuch (154), Bd. IV Nr. 40; REMBERT, in Die Heimat (Krefeld) 1936, S. 74 ff.; SOMMER; aaO., S. 246/247; ferner Tranchot, Bl. 51 Holzheim (1807): „M”.; sowie TK 1844 u. 1893 Bl. 4806 Neuss: „Erprather Mühle”.

106 Pletschmühle

Bergheim, Quadrath-Ichendorf, Domackerstraße
(14./15. Jh. - 1945) > Quadrather Bach <

Beim alten Rodungsdorf Quadrath saß seit dem 12./13. Jh. auf einem Lehnsgut der Abtei Brauweiler die Adelsfamilie Schlenderhan. Ihnen folgten später die Raitz v. Frentz und die v. Oppenheim. Ihr Schloß Schlenderhan hat ab dem 19. Jh. als Sitz eines Gestüts Berühmtheit erlangt.
Beim Schloß lag eine Mühle, die ursprünglich zum direkten Nachbargut Hs. Hall gehörte, das 1578 zu Schlenderhan kam. Angetrieben wurde sie durch einen Bach, der aus der Ville reichlich Wasser heranführte, das oberhalb der Mühle in einem Teich aufgestaut und dann oberschlächtig auf das Wasserrad geleitet wurde. Daher kommt der lautmalerische Name „Pletschmühle”. In alter Zeit hieß sie allerdings „Rasselsmühle”, vielleicht nach einem Pächter.
Die Pletschmühle wurde bewirtschaftet, bis sie 1945 zerschossen wurde und ausbrannte. Um 1950 wurde die Ruine abgebrochen. Der Bach ist durch den Braunkohlentagebau versiegt.

BÖCKER, Otto, „Ein Spaziergang durch das alte Quadrath”, in: An Erft und Gillbach 1954, S. 26; bei ihm ist allerdings nicht ganz klar, ob er die Pletschmühle meint, denn er spricht von einer „Quadrather Erftmühle”, von der ansonsten nichts bekannt ist; JANSEN, Schlenderhan (116), S. 70 ff. u. 78/79; SOMMER, aaO., S. 296; ferner Tranchot Bl. 70 Bergheim (1897/08), sowie TK 1945 u. 1893 Bl. 5006 Frechen: Mühlensymbol/„M.”

Finkelbach

Sein Quellgebiet liegt bei Rödingen auf der Jülicher Börde, deren Oberflächenwasser er nach Osten zur Erft hin abführte. Er hatte ein so gutes Gefälle, daß er schon nach wenigen Kilometern bei Oberembt die erste von zwei oberschlächtigen Mühlen antreiben konnte. Seinen Taleinschnitt hieß man den „Embegrund", nach dem die beiden „Embt-Dörfer" Ober- und Niederembt benannt wurden. Wahrscheinlich hieß er selber früher sogar „Embe" oder „Embter Bach", ehe er den nicht mehr zu deutenden Namen „Finkelbach" erhielt.
In alter Zeit muß der Bach viel Wasser geführt haben, für das die weiten Bürgewälder zwischen Bedburg und Jülich ein schier unerschöpfliches Reservoir waren. Aber die großen Rodungen im 19. Jh. nahmen ihm weitgehend seine Lebenskraft. Heute kann man ihn im im Sommer nur noch am kräftigeren Grün des Bewuchses am Bachbett erahnen. Ohnehin ist er zu einem erheblichen Teil kanalisiert.
Nach Habrich soll er um 1200 nachweislich 4 Mahl- und Ölmühlen angetrieben haben. Es sind jedoch nur 3 namentlich bekannt: die in Oberembt, die Richardshovener und die Kirdorfer Mühle. Kreiner berichtet allerdings noch von einer Mühle in Pattern, die 893 im Urbar der Abtei Prüm („in Patterne molendinum") erwähnt wurde. Er nimmt an, daß es sich um den Ort dieses Namens bei Güsten/Rödingen im Ursprungsgebiet des Finkelbaches handelt. Deren weiteres Schicksal hüllt sich allerdings in Dunkel.

HABRICH, Hans, „An den heiligen Wassern des Embegrundes", in: An Erft und Gillbach 1952, S. 29/30; zum Namen: KIRCHHOFF/BRASCHOSS, Geschichte Bedburg (135), S. 31; KÖHLER, Der Landkreis Bergheim/Erft (144), S. 253; KREINER, Städte und Mühlen (147), S. 91 ff.; NOLL, F. W., Heimatkunde des Kreises Bergheim (186), S. 155; siehe im übrigen auch „Malefink(bach)" im Einzugsgebiet der Rur.

107 Oberembter Mühle

Elsdorf-Oberembt, Neusser Straße
(vor 1563 - 1960) > Finkelbach <

Nach einem Weistum des Oberembter Fronhofes von 1563 war der Müller der Mühle in Oberembt verpflichtet, den Finkelbach stets *„in guter reparation"* zu halten. Der Fronhof gehörte zum Besitz des adligen Damenstifts Essen. Damit erschöpft sich allerdings die Information über die frühen Jahre der Mühle.
Die Mühle hatte ein oberschlächtiges Wasserrad. 1837 besaß sie zwei Mahlgänge. In der zweiten Hälfte des 19. Jh. litt sie zunehmend an Wassermangel. Zuletzt (bis um 1960) lief die *„kleine Oberembter Mühle"* (so Köhler) nur noch mit Elektroantrieb. Heute ist von ihr nichts mehr vorhanden.

HABRICH, Hans, in: An Erft und Gillbach 1954, S. 18; KÖHLER, Der Landkreis Bergheim (144), S. 253; SOMMER; aaO, S. 291/92; ferner TK 1845 u. 1893 Bl. 5005 Bergheim: Mühlensymbol.

108 Richardshovener Mühle

Elsdorf-Niederembt, Gut Richardshoven
(vor 1272 - 1850/60) > Finkelbach <

Das Rittergut Richardshoven (Richartzhoven) gehörte bis zur Säkularisation der Abtei Kornelimünster, dann dem preußischen Staat. Schon im 11. Jh. wurde es erstmals urkundlich genannt. Seit der ersten Hälfte des 19. Jh. befindet es sich im Privatbesitz.
Zu der auch heute noch malerischen Besitzung gehörte seit alters her eine Wassermühle mit einem oberschlächtigen Rad. Schon 1272 wurde sie im Zusammenhang mit Knechtsteden erwähnt.
Sie ist eine Schicksalsgenossin der Oberembter Mühle und ebenso verschwunden wie diese.

HABRICH, Hans, „Ein kulturgeschichtliches Denkmal ...", in: An Erft und Gillbach 1949, S. 11/12; EHLEN, Abtei Knechtsteden (50), S. 64; KÖHLER, aaO., S. 253; KREINER, Städte und Mühlen (147), S. 96; SOMMER, aaO., S. 291; ferner TK 1845 Bl. 505 Bergheim: Mühlensymbol.

109 Kirdorfer Mühle

Bedburg-Kirdorf, Theod.-Heuss-Straße
(vor 1288 - 1. H. 20. Jh.) > Finkelbach <

Schon 1288 erfahren wir von ihr, daß ein gewisser Ritter Johannes gen. Princel sie dem Grafen Adolf v. Berg zu Lehen auftrug. 1339 gehörte sie dem Essener Stift. In einem Weistum des Fronhofes zu Paffendort aus dem 15. Jh. wird sie als *„moele ... zo Kyrdorp up dem dame* (auf dem Damm)" aufgeführt. 1398/99 steht sie mit 15 Maltern Weizen in der Rentmeister-Rechnung des Herzogtums Jülich. Nach dem Ende des Alten Reiches ging die Mühle an G. Deplat, dessen französischer Name darauf schließen läßt, daß er aus der napoleonischen Zeit am Niederrhein „hängengeblieben" ist - ähnlich der Windmüllerfamilie Fallier im Raum Kleve. Deplat hatte auch die Paffendorfer Mühle erworben, die er zu einer Papiermühle machte.
Die Kirdorfer Mühle lief von den Finkelbach-Mühlen am längsten, bis ins 20. Jh. hinein. Um 1950 wurde das verfallene Gebäude abgebrochen. Jetzt gehen über den ehemaligen Mühlenhof eine Abraumbandanlage und eine Betriebsstraße von Rheinbraun hinweg.

HABRICH, Hans, „Bäche und Flüsse ...", in: An Erft und Gillbach 1954, S. 17; HERBORN/ MATTHEIER, Die älteste Rechnung des Herzogtums Jülich 1398/99 (104), S. 48; KREINER, Städte und Mühlen (147), S. 341; LACOMBLET, Urkundenbuch (154), Bd. II Nr. 841; HARLEß, Archiv für die Geschichte des Niederrheins (88), S. 8; SOMMER, aaO., S. 290/92; zum Stift Essen: siehe unter Nr. 92 Paffendorfer Mühle; ferner TK 1845 u. 1893 Bl. 5005 Bergheim: Mühlensymbol/„Kirdorfermühle".

Pulheimer Bach

Man weiß nicht so recht, ob und wohin man ihn als Nebenfluß einordnen soll. Man kennt zwar seinen Ursprung im „Entenmeer" beim Gut Neuhof westlich von Glessen. Aber nach einem mehr oder weniger heftigen, aber kurzen Leben von nur „gut 8 km Länge", verliert er sich in den Laachen hinter Pulheim. Das sind Kolke eines ehemaligen Rheinbettes, deren Zulaufwasser im löß-haltigen porösen Untergrund versickert.
In alten Urkunden (z. B. im Glessener Weistum von 1570) heißt er kurz und knapp „die baach" oder auch „Breiter Baach". Für die Glessener ist er selbstverständlich der Glessener und für die Sintherner der Sintherner Bach. Die Pulheimer hingegen können sich auf den amtlichen Namen „Pulheimer Bach" berufen.
Seinen Wassernachschub bezieht er aus den Anhöhen der nördlichen Ville und der Abraumhalde „Glessener Höhe". Das Quellgebiet liegt bei 120 m über NN. Bei Sinthern - nach rd. 3 km - ist er schon auf rd. 70 m „heruntergekommen". Das Bachende nahe der Pletschmühle hinter Pulheim liegt auf nur noch 45 m. Mit diesem Gefälle konnte er früher sieben Mühlen antreiben hat - allein fünf davon oberschlächtig.
Etwa auf halber Strecke - bei Sinthern - hat man jüngst einen regelrechten Staudamm quer durch das hier schon relativ flache Bachtal gezogen. Damit wollte man nicht etwa den Bach zu einem See aufstauen. Im Gegenteil - der Bach sollte gezähmt und die Felder und Wiesen sollten vor Überschwemmungen bewahrt werden. Denn trotz Regulierung ist er noch immer unberechenbar. Bei plötzlichem „Überangebot" an Regen- und Tauwasser entsteht dann tatsächlich ein Stausee auf Zeit, den man bei Entwarnung behutsam wieder ablassen kann.
Übrigens führt man die Namen seiner Anliegerorte auf sein Wasser zurück: Glessen = Gleiten; Sinthern = Tröpfeln; Pulheim wird mit einem Pfuhl in Verbindung gebracht - nur gewässerkundlich, versteht sich.

HERMANNS, „Ein Glessener Weistum 1570", in: Erftland 1926, S. 45; NEUEN, Gottfried, „Pulheim im Wandel der Zeiten", in: Heimat- und Ortsgeschichte zur Pulheimer Woche 1966, S. 20; WELTERS, H., „Fliesteden ein Grenzdorf des Kreises", in: An Erft und Gillbach 1950, S. 51.
Der Name „Keuscherbach" - wie in der Auflistung von SOMMER, aaO, S. 295 - kommt nur in einer Karte von 1835 vor. Vermutlich hing er mit dem „Keuschenbroich" zwischen Glessen und Sinthern zusammen. Ab Sinthern war dieser Name nicht mehr üblich. Hierzu: REYKERS, Chronik von Brauweiler, S. 107 ff., und SCHAUFF, Jacob, "Ursprung und Name des Ortes Geyen", S. 5/6 (Manuskript Stadtarchiv Pulheim).

110 Braunsfelder Mühle

Bergheim-Glessen, Am Mühlenteich
(vor 1312 - um 1960) > Pulheimer Bach <

Die erste urkundliche Überlieferung ist ein Tauschvertrag aus dem Jahre 1312 zwischen dem Ritter Rabodo von Odenkirchen mit dem Grafen von Jülich, mit dem der Odenkirchener das Gut Neuhof bei Glessen mit der zugehörigen „*molendino in Glessin sito* - der in Glessen gelegenen Mühle" erhielt. Den Neuhof

hatte der Jülicher Graf von seinem Bruder Walram von Bergheim geerbt.
Über die Zeit ab dem 17. Jh. gibt es eine originelle „Datensammlung". Sie war in Holz geschnitzt und reichte bis ins 17. Jh. zurück. In die Kammertür neben dem Mahlraum hatten nämlich die Müllergesellen die Daten ihrer Dienstzeit eingeschnitten.
Um die Mitte des 18. Jh. ging das Gut in den Besitz des Frh. Franz v. Braunsfeld und seiner Frau Adelheid Henriette v. Schiller über. Braunsfeld hatte sich in die Familie mit dem großen Dichternamen eingeheiratet. Ein Nachfahr von ihm ist dadurch legendär geworden, daß er sich nach dem allgemeinen Fortfall der feudalen Privilegien in französischer Zeit hartnäckig geweigert hatte, Steuern zu zahlen. Erst 200 Mann Kavallerie und eine Kanonenbatterie hatten ihn schließlich „überzeugen" können. Außer dem zerschossenen Hoftor war allerdings kein Schaden entstanden.
Die Mühle konnte das indes nicht treffen. Die lag weitab im Dorf. Sie hat bis um 1960 - zuletzt im Dienste der Familie Fabritius - unverwandt „oberschlächtig" gemahlen, in den letzten Jahrzehnten allerdings auch mit elektrischer Unterstützung. Mittlerweile ist sie verschwunden, der Teich zugefüllt.

ANDERMAHR, Die Grafen von Jülich als Herren von Bergheim (3), S. 36/37; BREDEHÖFT, Hermann, „Ein Spiegelbild der Landschaft: Glessen", und KLEIN, Paul, „Der Starrkopf vom Neuhof", in: An Erft und Gillbach 1950, S. 4 u. 41; G.V., „Die alte Mühle in Glessen", in: Kölnische Rundschau v. 1. Okt. 1949; HERMANNS, „Ein Glessener Weistum 1570" in: Erftland 1926, S. 45 („Junker Stommels Mühl"); SOMMER, aaO., S. 295; ferner Tranchot Bl. 71 Lövenich (1807/08), sowie TK 1845 u. 1893 Bl. 5006 Frechen: Mühlensymbol/„M."

111 Abtsmühle

Bergheim-Glessen, An der Abtsmühle
(vor 1656 - 1886) > Pulheimer Bach <

Am seichten Abhang östlich der Glessener Kirche befand sich seit dem 14./15. Jh. ein Hof der adligen Familie von der Ehren. 1646 erwarb der Abt von Brauweiler das verpfändete Besitztum. Er ließ den Hof instandsetzen und auf einem dichten Pfahlrost eine neue Kornmühle bauen und um eine Ölmühle ergänzen. Die Kornmühle muß nach dem Tenor des Berichtes in den Abtei-Akten Nachfolgerin einer älteren Mühle gewesen sein.
Schon aus der Hanglage geht hervor, daß die Mühle nicht vom Pulheimer Bach angetrieben wurde, sondern von einem kleinen und namenlosen Nebengewässer. Die Lage am Hang machte einen oberschlächtigen Betrieb möglich.
Im 19. Jh. wurde die Abtsmühle vom Müller der nahegelegenen Windmühle mit betreut. Ihr Ende kam 1886 unter Blitz und Donner. Dabei wurde eigenartigerweise nicht die auf dem Berg stehende Windmühle, sondern die Wassermühle „erschlagen" und brannte vollständig ab. Heute ist von ihr nichts mehr zu sehen. Ihr einst so tüchtiger Antriebsbach ist nur noch ein schmächtiges Rinnsal.

SIMONS, Historische Wanderungen zwischen Erft und Rhein (241), S. 109 ff.; SOMMER, aaO., S. 295; ferner Tranchot Bl. 71 Lövenich (1807/08), sowie TK 1845 u. 1893 Bl. 5005 Frechen: Mühlensymbol/„M."

112 Olligsmühle

Pulheim-Sinthern, Dammstraße
(um 1500 - 2. H. 19. Jh.) > Pulheimer Bach <

Der Glessener/Pulheimer Bach fließt zwischen Glessen und Sinthern durch vergleichsweise ebenes Gelände. Da war nur ein unterschlächtiger Mühlenantrieb möglich. Und es gibt auch ein Bild aus dem Jahre 1904, das den Besitzer mit einem weißen Ziegenbock vor dem schon stark verfallenen großen unterschlächtigen Mühlrad zeigt. Das eiserne Rad hatte sich offensichtlich schon seit Jahrzehnten nicht mehr gedreht, wohl seit dem gewaltigen Konkurrenzdruck der im vorigen Jahrhundert aufkommenden US-Erdöl-Importe.
Die Mühle gehörte bis zur Säkularisation der Abtei Brauweiler, dessen Abt Johannes I. (1498-1515) sie gemeinsam mit der Sintherner Mühle hatte anlegen lassen. Das Mühlenhaus steht noch, ist aber längst für Wohnzwecke umgebaut. Nur noch zwei Steine des Kollerganges zeugen von seiner einstigen Funktion, angelehnt an die Giebelwand.

REYKERS, aaO., S. 107 ff.; SCHAUFF, aaO., S. 15; SOMMER, aaO., S. 294 (mit dem Foto von 1930); Kölnische Rundschau v. 17.8.56 u. 22.1.66; ferner Tranchot Bl. 71 Lövenich (1807/08), sowie TK 1845 u. 1893 Bl. 5005 Frechen: Mühlensymbol/„M."

113 Sintherner Mühle

Pulheim-Sinthern, An der Ölmühle
(um 1500 - um 1930/40) > Pulheimer Bach <

Im Neubaugebiet unterhalb des Hochwasserschutzdammes stand die Sintherner Mahlmühle. Öl ist hier allerdings nie geschlagen worden. Insoweit ist der - neue - Straßenname irreführend. Im übrigen war sie aber eine Zwillingsschwester der Olligsmühle und hatte mit ihr ein gemeinsames Geburtsdatum.
Beide Mühlen und ihre fischreichen Mühlteiche hatten sich nach ihrer Entstehung um das Jahr 1500 in kurzer Zeit so gut entwickelt, daß sie den Neid der Bauern in der Nachbarschaft erregten. Zunächst wurde über den Wasserentzug durch die Stauwehre geklagt - erfolglos, wie die Brauweiler Chronik berichtet. Dann habe man sich zusammengerottet, die Schleusen zerstört und die zappelnden Fische als Beute mitgenommen. Indes, Neid und Zorn seien auch hier schlechte Ratgeber gewesen. Als die Übeltäter nämlich heimkamen, sei ihnen ein gehöriger Schreck in die Glieder gefahren: Ihre Äcker und Saaten waren durch den von ihnen selbst ausgelösten Wasserschwall zerstört. - So hatten alle den Schaden, der Abt indessen noch Stoff für seine nächste Predigt.
In der Säkularisation wurde die Mühle verkauft und war noch jahrzehntelang danach gemeinsam mit der verschwisterten Olligsmühle in einer Hand. Um 1930/40 wurde sie stillgelegt und später abgerissen. Der kleine Stauteich, von dem aus das Wasser auf das oberschlächtige Mühlrad geleitet wurde, ist verfüllt. Auf dem ehemaligen Mühlengelände stehen inzwischen Wohnhäuser.

SIMONS, aaO., S. 74; SOMMER, aaO., S. 294; SCHAUFF, aaO., S. 15; ferner TK 1893 Bl. 5005 Frechen: Mühlensymbol.

Nr. 112 Olligsmühle Sinthern, Pulheim. „Ollig", „Ollich" und „Oly" sind alte Bezeichnungen für Öl, die in vielen Mühlennamen vorkommen. Diese Mühle hier gehörte früher zur Abtei Knechtsteden. In der zweiten Hälfte des 19. Jh. wurde sie stillgelegt und ist heute Wohnhaus.

Nr. 114 Geyener Mühle, Pulheim. 962 hatte sie der Erzbischof dem Kölner Stift St. Cäcilia geschenkt. Sie zählt damit zu den ältesten Mühlen am Niederrhein. Sie lief bis um 1950. Dann wurde sie Wohnhaus, in dem noch die Nachfahren des letzten Müllers leben.

114 Geyener Mühle

Pulheim-Geyen, Mühlengrund
(vor 962 - um 1950) > Pulheimer Bach <

Es gehört schon einige Vorstellungskraft dazu, sich aus dem alten Wohnhaus und der eigenartigen Geländeform der Wiese am Geyener Sportplatz ein Bild von einem Mühlenteich und einer altehrwürdigen Mühle auszumalen. Die Gedanken müssen schon weit zurückgehen - bis ins hohe Mittelalter hinein. Da nämlich hatte der Kölner Erzbischof im Jahre 962 durch eine umfangreiche Zuwendung einen Konkurs abgewendet, der dem in wirtschaftlicher Not befindlichen Kölner Damenstift St. Cäcilia drohte, wenn es denn damals schon das Rechtsinstitut des Konkurses gegeben hätte.
Wie aber auch immer, dem Stift wurde geholfen, unter anderem mit der Schenkung der Wassermühle in *„villa Gegina* - Geyen". Beim Donnenstift scheint die Mühle allerdings nicht geblieben zu sein. Denn 850 Jahre später wird sie von den Säkularisations-Buchhaltern zu den Gütern des Kölner Fronleichnamskonvent gezählt und brachte beim Verkauf 15.000 frs. in die Kasse des Herzogs von Wagram.
Die Mühle arbeitete mit ihrem oberschlächtigen Wasserrad noch bis nach dem Zweiten Weltkrieg. Heute wird sie von den Nachfahren des letzten Müllers bewohnt.

BÜTTNER, Säkularisation der Kölner geistlichen Institutionen (31), S. 331; SCHREINER, Peter, „1025 Jahre Geyen und Sinthern", in: Pulheimer Beiträge 11 (1987), S. 201 ff.; SOMMER, aaO., S. 294; ferner Tranchot Bl. 71 Lövenich (1807/08), sowie TK 1845 u. 1893 Bl. 5005 Frechen: Mühlensymbol/„M."
Nach SCHAUFF, aaO., S. 4, ist nicht auszuschließen, daß die dem Cäcilienstift gehörige Mühle an anderer Stelle gestanden hat und später dann durch die Mühle der Fronleichnamsherren abgelöst wurde.

115 Pulheimer Mühle

Pulheim, Zur Alten Wassermühle
(vor 1301 - um 1930) > Pulheimer Bach <

1301 schenkte Walram II. von Jülich, Herr von Bergheim, dem St. Georg-Stift in Köln die Einkünfte *„de molendino nostro sito infra villam Poilheim* - seiner Mühle innerhalb des Dorfes Pulheim". Grund für die Schenkung war vermutlich ein schlechtes Gewissen. Denn er wollte mit ihr das Unrecht wiedergutmachen, daß er im Streit dem Stift durch Zerstörung ihrer alten Pulheimer Mühle angetan habe. So zumindest ließ er es in der Schenkungsurkunde ausdrücklich niederlegen.
Dieses Papier mit der Sühnegabe ist die älteste Urkunde über unsere Mühle. Dann fließen die Nachrichten zwar nur noch spärlich. Aber das Geschenk hat Graf und Kloster bis in unser Jahrhundert hinein überdauert.
Wie die Nachrichten, so floß auch der Pulheimer Bach nicht allzu üppig. Die unterschlächtig betriebene Mühle konnte im 19. Jh. nur wenige Stunden täglich arbeiten. Als dann der Braunkohleabbau kam, war es mit ihr schnell vorbei. Nur bis

Nr. 116 Pletschmühle, Pulheim. Beim Namen „Pletschmühle" kann man fast immer davon ausgehen, daß es sich um eine oberschlächtige Mühle handelt, mit denen der relativ flache Niederrhein nicht eben reichlich gesegnet war. Diese hier war wohl eine Gründung der Abtei Brauweiler. Die Mühle arbeitete bis 1930. Heute ist das Anwesen ein Reiterhof.

Nr. 120 Gnadentaler Mühle, Neuss. 1676 wurde sie vom Zisterzienserinnenkloster Gnadental erbaut. Sie hat das Kloster überdauert und ist seit etwa 1950 ein Künstleratelier.

etwa 1930 haben die Pulheimer Bäcker hier ihr Mehl beziehen können. Heute erinnert allein noch ein Straßenname an die Mühle, die von den alten Bergheimern stets „Ohligmühle" genannt wurde, obwohl sie in den letzten zweihundert Jahren eine Fruchtmühle war.

ANDERMAHR, Die Grafen von Jülich als Herren von Bergheim (3), S. 35/36; BLUM, Ernst, „Die Bürgermeistereien (Mairies) von Pulheim und Stommeln in französischen Statistiken von 1804", in: Pulheimer Beiträge 13 (1989), S. 104/05; LACOMBLET, Urkundenbuch (154), Bd. III Nr. 7; SOMMER, aaO., S. 294; ferner Tranchot Bl. 71 Lövenich (1807/08): Mühlensymbol.

116 Pletschmühle

Pulheim, Pletschmühlenweg/Industriestraße
(um 1500 - um 1930) > Pulheimer Bach <

„Pletsch-" steht für herabschießendes Wasser. Hier, an der Terrassenkante östlich von Pulheim, kann man sich das leicht vorstellen, obgleich sich das Plätschern in Pulheim schon seit Jahrzehnten nur noch in einem unterirdischen Betonrohr ereignet.
Unsere Pletschmühle dürfte ursprünglich zu Brauweiler gehört haben, das just in diesem Raum um 1500 eine Regulierung durchführte, um das Bachwasser in einer Reihe von Fischteichen anzusammeln. Später war sie Eigentum der Kölner Karthäusermönche. Im 19. Jh. - nach der Säkularisation - gehörte sie zum nahegelegenen Rittergut Hs. Orr.
Die Pletschmühle hatte das Staurecht bis zur Pulheimer Mühle. Die Dorfbewohner wird das Zurückhalten des Wassers kaum begeistert haben. Aber schon gegen Ende des 19. Jh. erhielt der Bach hier so wenig Wassernachschub, daß der Müller nur noch einige Stunden, und zwar in der Nacht, arbeiten konnte. Nach Beginn des Braunkohlabbaus war sogar der Einsatz einer Dampflokomobile und später eines Elektromotors notwendig.
Um 1930 wurde die Mühle stillgelegt. Heute ist der Pletschmühlenhof ein Reiterhof.

PAGENSTECHER, Carl, „Geschichte des Rittergutes Haus Orr", unveröffentlichtes Manuskript (Stadtarchiv Pulheim); SOMMER, aaO., S. 294; ferner Tranchot Bl. 71 Lövenich (1807/08), sowie TK 1845 u. 1893 Bl. 5006 Frechen: „PletschM."

117/118 Die Mühlen der Abtei Knechtsteden

Zwei Ordnungsnummern, aber drei Mühlen: Die dritte war eine der beiden Wevelinghovener Mühlen und ist hier bereits entweder unter Nr. 100 Obere oder Nr. 101 Untere Mühle registriert. Die drei Mühlen gehörten der 1130/34 gegründeten Praemonstratenser-Abtei Knechsteden.
Nachzulesen ist es in zwei Urkunden aus dem Jahre 1155, mit denen nacheinander Papst Hadrian IV. und Kaiser Friedrich I. das Kloster in ihren Schutz nahmen.

Darin sind fast gleichlautend auch die Klostergüter aufgezählt, u.a. (in der Kaiserurkunde): *„... curtem in knechstede cum molendino, ... molendinum in Wevelinghove, molendinum in Elveka...* - einen Hof also in Knechtsteden und je eine Mühle in Wevelinghoven und in Elvekum." 1232 wurde die Schutzurkunde von Kaiser Friedrich II. mit ähnlichem Wortlaut bestätigt.

Die als erste genannte war die eigentliche **Abtei-Mühle (Nr. 117).** Sie muß unmittelbar beim Kloster gestanden haben, dessen Ländereien im Osten vom Pletschbach und im Westen vom Stommelener Bach berührt wurden. Der Pletschbach fließt in den Stommelener Bach, dieser später in die Erft. Antriebsgewässer der Mühle war vermutlich der Pletschbach. Das ist aus einer Klage der Höninger Pfarrgenossen aus der Zeit um 1290 zu schließen, die sich dagegen wandten, daß der Abt vom Stommel(en)er Bach aus einen Graben für die zusätzliche Versorgung seiner Mühle gegraben hatte. Dadurch sahen sie eine Mühle am Höveler Hof benachteiligt, von der sie offenbar bedient wurden.

Der Pletschbach dürfte also trotz seines „flinken" Namens wohl nur wenig Gefälle und geringen Zulauf gehabt haben, um genug Wasser für Knechtsteden zu liefern. Die Klage der Höninger hatte offenbar keinen Erfolg. Denn noch 1616 werden Wassergraben und Klostermühle in einem Weistum über das Untergericht zu Knechtsteden erwähnt. Die Tranchot-Karte von 1807 und die späteren topographischen Landesaufnahmen enthalten indes beides nicht mehr. Die Knechtstedische Mühle muß demnach schon vorher eingegangen sein. Von der erwähnten Höveler Mühle weiß man ohnehin nicht mehr als ihren Namen.

Auch von der **Mühle in Elvekum (Nr. 118)** gibt es nur spärliche Nachrichten. Für 1232 ist sie erstmals bezeugt. Sie kann nur am Stommelener Bach südwestlich des Dorfes gelegen haben, wo sich eine Gruppe kleinerer bäuerlicher Siedlungen befindet. Sehr lange Zeit hat sie wohl nicht bestanden.

Bei der abteilichen Mühle in Wevelinghoven ist man zwar besser dran, weil sie noch vorhanden ist. Aber man hat die mehr oder weniger freie Auswahl unter der Oberen und der Unteren Mühle. Denn bis heute ist es nicht gelungen, eine von ihnen als ehedem Knechtstedische Mühle auszumachen.

EHLEN, Abtei Knechtsteden (50), S. 25, 29 u. 48, sowie Anhang S. 3; LACOMBLET, Urkundenbuch (154), Bd. I Nr. 384 u. Bd. II Nr. 187; LORENZ, Gohr - Nievenheim - Straberg (170), S. 588; ferner Tranchot Bl. 51 Holzheim (1807) u. Bl. 60 Rommerskirchen (1807/08), sowie die nachfolgenden Landesaufnahmen.

Auch in Zons hat es eine Wassermühle gegeben, wenn auch wohl nur für kurze Zeit. 1551 wird sie gemeinsam mit der Stadtturm-Windmühle genannt. Aber schon 1563 spielt sie in ähnlichem Zusammenhang keine Rolle mehr, muß also wieder untergegangen sein; so: HANSMANN, Aenne, Geschichte des Amtes und der Stadt Zons (86), S 95.

Zu Anfang des 13. Jh. muß es auch noch eine **Eggershovener Mühle (Nr. 117 a)** gegeben haben (siehe Übersichtskarte 5, Seite 152). Eggershoven war ein Gutshof bei Rommerskirchen. Es stand am Gillbach, einem Zufluß der Erft, der zwischen ihr und dem Stommelener Bach liegt. Die Mühle ist als *„molendini dicti Egairshoven"* in einer Urkunde von 1211 erwähnt, mit der ein Sohn des Ritters Matthias gegenüber der Abtei Altenberg auf jedes Anrecht auf den zugehörigen Mühlenteich *(„moylindich")* verzichtete (abgedruckt bei MOSLER, Urkundenbuch der Abtei Altenberg (179), Bd. I, Nr. 65). Das ist allerdings die einzige Nachricht von dieser Mühle. Da der Gillbach sonst keine einzige Mühle antrieb, litt die Mühle wahrscheinlich an Wassermangel und hat nicht lange bestanden.

Die Erftmündung

Im Rechtswesen kennt man die Folgepflicht. Irgendwie gilt sie auch für Nebenflüsse - entweder direkt aus dem naturgesetzlichen Gefälle oder indirekt, wenn nämlich der Mensch die elementaren Bedingungen verändert. Beides ist der Erftmündung passiert.
Die Erft muß sich in alter Zeit an ungefähr derselben Stelle mit dem Rhein vereinigt haben, wo auch heute ihre Mündung liegt: bei Grimlinghausen. Daraus erklärt sich auch die Wahl des Standorts für das römische Kastell Novaesium, das hier gelegen hat. Erft und Erftniederung bildeten damals einen sicheren Winkel mit dem Rheinstrom, der gleichzeitig wichtiger Versorgungsweg war. Die große römische Grenzstraße längs des Rheins überquerte hier die Erft mit einer festen Steinbrücke, die 1500 Jahr gehalten hat. Von Novaesium aus war 43 n.Chr. die XX. Legion nach Britannien ausgerückt.
Bis zu ihrem Abzug vom Niederrhein 300 Jahre später werden es die Römer vielleicht noch nicht als besonders nachteilig gespürt haben, daß der Rhein noch unschlüssig war, ob er bei Novaesium bleiben sollte. Denn er war auch hier in seiner notorischen Unruhe ständig beim „Bettenmachen". Nicht von ungefähr gab es damals vor der Erftmündung eine langgestreckte Insel, die er mit zwei Armen umfloß. Am linken Arm entstand etwas unterhalb der römischen Ursprungssiedlung die Stadt Neuss. Im hohen Mittelalter entschied sich unser Strom dann allerdings mehr und mehr für den rechten Arm und ließ den anderen verkümmern. Darauf reagierte die Erft, indem sie nun vor Grimlinghausen nach Norden abbog und sich kurzerhand in das verlassene Rheinbett legte. Im 13. Jh. lag schließlich Neuss nicht mehr am Rhein, sondern an der Erft.
Neuss hatte zwar von jeher auch noch einen anderen Wasserspender: das aus der Gegend von Kaarst stammende Flüßchen Krur. Es speiste die städtischen Befestigungsgräben im Westen, wenn auch nicht eben üppig. Die Erft wiederum drohte auf die Dauer zu verlanden, wie an dieser Stelle schon der Rhein zuvor. Denn der Umweg nach Norden kostete wertvolles Gefälle und ließ dem Fluß Zeit, Schlamm und andere Schwebstoffe in Ruhe abzusetzen.
Das indes hätte die Neusser und zugleich auch ihren kurkölnischen Landesherrn getroffen. Also schloß man 1456 ein Abkommen, das sich für Neuss bis in unsere Zeit hinein segensreich auswirken sollte: Die Stadt erhielt das Recht, die Erft bei Selikum anzuzapfen und über einen rd. 3,6 km langen Kanal zusätzlich Wasser in die Stadtgräben zu leiten. Selikum lag immerhin an die 5 m höher als Grimlinghausen. So jedenfalls konnte man die Stadtgräben besser versorgen, zugleich mit dem gewonnenen Gefälle direkt bei der Stadt Wassermühlen betreiben. Dafür nahm man die, der Stadt ausdrücklich auferlegte, Entschädigungspflicht gegenüber den benachteiligten Mühlen unterhalb des Abzweigs in Kauf. Jedenfalls war es von allen damaligen Neusser Wasserbaumaßnahmen die wichtigste. Sie sorgte dafür, daß nicht auch die Neusser Wirtschaft noch „verlandete", sondern einen bemerkenswerten Aufschwung nahm.
Eine Mühle hatte man übrigens schon 1445 vorsorglich erworben - die erzbischöfliche Stechmühle, die jetzt an das Neusser Obertor verlegt wurde. 1458 brachten die Neusser zusätzlich auch die Helpensteiner Mühle in ihre Hand und

1714 noch die Epgesmühle. Alle drei Mühlen hatten unterhalb des Abzweigungspunktes gelegen.
Einen Rückschlag gab es allerdings im Burgundischen Krieg: Karl der Kühne ließ bei der Belagerung der Stadt 1474 bei Grimlinghausen einen künstlichen Durchstich zum Rhein herstellen, um den standhaften Neussern das Erftwasser abzugraben. Das Selikumer Wehr - die „Ark" - befand sich ohnehin in seiner Hand. Die nun durch Zwang „folgepflichtig" gewordene Erft war aber im Ergebnis kein dauerhafter Verbündeter gewesen. Als der Krieg nach weniger als einem Jahr vorbei war, blieb zwar die „burgundische" Mündung. Aber die städtische Ark bei Selikum sorgte dafür, daß der Hauptteil des Erftwassers weiterhin nach Neuss zu fließen hatte.
Heute gibt es die alte Neusser Erft nicht mehr. Im Zusammenhang mit der Kontinentalsperre Napoleons gegen England hatte ihr Bett allerdings unversehens noch eine „kontinentale" Aufgabe bekommen. Sie sollte das östliche Mündungsstück eines Schiffahrtskanals zur Maas sein - des „Grand Canal du Nord". 1808 wurde mit dem Bau begonnen. Bei Neersen war allerdings bereits Endstation, weil sich das Projekt nach der Einverleibung der Niederlande 1810 politisch erledigt hatte. Übrigens war damals auch der Erftkanal beteiligt: Ihm hatte man die Wasserhaltung zugedacht. Heute speist der Erftkanal nur noch die städtischen Grünanlagen und führt nach neuerlichen Sanierungsmaßnahmen auch wieder fließendes Wasser. Er heißt allerdings heute „Obererft" - eine Ernennung, die allenfalls historisch zu verstehen ist, weil das Gewässer unterhalb der Erft liegt.
Das alles hat die Erft selbst unbeeindruckt gelassen. Der Löwenanteil des Erftwassers ergießt sich bei Grimlinghausen in den wieder näher herangerückten Rheinstrom, wie die Römer es gewohnt waren und Karl der Kühne von Burgund es einst befohlen hatte.

HEIERTZ, Wilhelm, „Frisches Wasser für Selikum und innerstädtische Gewässer", in: 25 Jahre Cornelius-Gesellschaft Neuss-Selikum 1970-1995 (Festschrift), S. 99 ff.; KREINER, Die Wassermühlen der Stadt Neuss (146), S. 14 ff.; ders., Städte und Mühlen (147), S. 382 ff.; LACOMBLET, Urkundenbuch (154), Bd. IV Nr. 311 (Urkunde von 1456); LÖHRER, Geschichte der Stadt Neuss (168), S. 119 ff.; SCHELLER, Der Nordkanal (222), S. 24; SCHMITZ, Neuss in Geschichte und Wirtschaft (228), S. 162 ff.; TÜCKING, Geschichte der Stadt Neuss (250), S. 333 ff.; WISPLINGHOFF, Geschichte der Stadt Neuss I (271), S. 1 u. 94.

119 Selikumer Mühle

Neuss-Reuschenberg, Gerhard-Hoehme-Allee
(vor 1341 - 1772) > Erft <

Selikum ist heute im Rheinland eher als Sitz der Landfrauenschule denn durch eine Erftmühle bekannt. Aber eine solche Mühle hat auch hier jahrhundertelang bestanden.
Aus der Vogelschau gesehen, liegt das umfangreiche Anwesen mit Schloß und Gutshof auf einer Insel, gebildet aus der Erft, der Obererft (Erftkanal) und einem Verbindungsgraben zwischen diesen beiden. Dieser Verbindungsgraben muß schon vor 1456 vorhanden gewesen sein, vor dem Bau des Erftkanals. Denn

bereits 1341 wurde in einem Kaufvertrag eine Wassermühle aufgeführt, die genau an diesem Graben lag. Verkäufer und derzeitiger Herr auf dem Mehrhof - so hieß das Besitztum damals - war der Ritter Johannes de Mehren.
Der Mehrhof war jülich´sches Lehen, das 1405 bei in einer „Flurbereinigung" zusammen mit der Herrschaft Erprath auf Kurköln überging. Merkwürdig ist allerdings, daß diese Mühle im Zusammenhang mit dem Erftkanalbau nicht erwähnt wird. Es sind auch keine Verhandlungen über den Nachteilsausgleich überliefert, in den der Erzbischof in seinem Privileg von 1456 die Herrschaft Erprath ausdrücklich einbezogen hatte.
Als Neuss 1740 das bisher hölzerne Wehr - die berühmte „Ark" - bei Selikum in Stein neu bauen wollte, rückte die Mühle ins Rampenlicht der Neusser Mühlengeschichte. Dieses Wehr stand nämlich auf Selikumer Boden. Der Besitzer von Selikum verweigerte die Zustimmung zum Bau. Er verwies darauf, daß die bischöflichen Urkunden von 1445 und 1458 zum Erftkanal nichts über ein Wehr enthielten. Die Stadt fand ebenfalls einige Ungereimtheiten heraus, u.a. daß die derzeitige Selkumer Mühle garnicht genehmigt worden war. Erst 1772 verglichen sich die Parteien nach ihrem „30jährigen Krieg": Die Oberkante der Ark mußte abgesenkt, die Mühle indes stillgelegt werden.

BRANDTS, Haus Selikum (22), S. 91; ders. in: 25 Jahre Corneliusgesellschaft Neuss-Selikum 1970-1995, S. 32 ff.; ders. „Zur Geschichte von Selikum", in: Programmheft der Corneliusgesellschaft Neuss-Selikum 1982, S. 13 ff.; KREINER, Städte und Mühlen (147), S. 424 ff.; LANGE, Joseph, „Neuss-Selikum, ein Stadtteil im Grünen" (Festschrift 1980), S. 91.

120 Gnadentaler Mühle

Neuss-Gnadental,
(1676 - um 1950) > Erft <

Das 1203 gegründete Zisterzienserinnenkloster Gnadental lag zwar an der Erft, besaß aber lange Zeit keine eigene Mühle, sondern ließ auf einer Nachbarmühle mahlen. 1523 schloß die Äbtissin mit der Stadt Neuss einen Vertrag, wonach der Mühlenknecht der städtischen Mühle kostenlos den Getreide- und Mehltransport durchzuführen hatte. Das Kloster brauchte zudem nur die halbe Molter zu entrichten. Dabei spielt auch eine „Buschmühle" eine Rolle, die vermutlich am Platz der ehemaligen Stechmühle stand (siehe Nr. 121). Mit ihrem Entgegenkommen wollte die Stadt offensichtlich verhindern, daß unterhalb ihrer Selikumer Ark eine Klostermühle entstand, mit der sie wegen des Erftkanals nichts wie Schwierigkeitenen bekommen würde.
1676 entschlossen sich Äbtissin und Konvent des Klosters Gnadental dennoch zum Bau einer eigenen Mühle. Ein betagter und kinderloser Müller habe sich erboten, die Mühle innerhalb der Klosterimmunität zu errichten, heißt es im Genehmigungsantrag. Die Kölner kurfürstlichen Behörden hatten keine Bedenken gegen das Vorhaben, weil die Mühle nur dem Eigenbedarf dienen sollte und Dritte nicht benachteiligt wurden.
In der Säkularisierung wurde aus dem Kloster ein Gutshof, den Frankreich als

„Dotation für die Ehrenlegion" bestimmte. Die wiederum bedachte damit einen verdienten General, der jedoch schon 1815 Hof und Mühle verkaufte. Ein Soldat ist eben weder Bauer noch Müller.
Die Gnadentaler Mühle besaß seinerzeit zwei unterschlächtige Räder zum Antrieb von drei Mahlgängen. 1869 erhielt sie Turbinenantrieb, nachdem zuvor schon zusätzlich eine Dampflokomobile eingesetzt worden war.
Um 1950 wurde der Betrieb stillgelegt und an ein Künstlerehepaar verkauft. Seither dient das Gebäude als Wohnung und Atelier.

LACOMBLET, Urkundenbuch (154), Bd. II 403; SOMMER, aaO., S. 246; Auskunft des Eigentümers; ferner TK 1893 Bl. 4806 Neuss: „Gnadenthaler M."

121 Stechmühle

Neuss-Grimlinghausen
(vor 1280 - um 1445) > Alte Erft <

Ob sie die größte und bedeutendste der drei mittelalterlichen Wassermühlen im Neusser Burgbann war, der im Süden bis an die Erft heranreichte, weiß man nicht. Man kennt nicht einmal mehr ihren genauen Standort. Weil indes der Hof Uckelichem nahebei lag, geht die Neusser Geschichtsforschung davon aus, daß sie nahe dem Erftknick beim Hackenberg gestanden haben muß. Aus einer Handschrift aus dem 17. Jh. ist zumindest die Reihenfolge der drei alten Burgbann-Mühlen bekannt: Unterhalb Gnadental lagen an der Alten Erft nacheinander die Stechmühle, die Helpensteiner Mühle und die Epgesmühle. Demnach muß sie von diesen Mühlen diejenige gewesen sein, die am weitesten oberhalb gelegen hat.
Daß sie einen eigenen Mahlbezirk besaß, ergibt sich aus der Rechtsstellung und Praxis ihres Eigentümers, des Kölner Erzbischofs. Der Bezirk erstreckte sich auf den Neusser Burgbann, mit Ausnahme des Viertels, für das die Epgesmühle zuständig war. Es gibt auch gute Gründe dafür, daß die Mühle sogar schon im 11. Jh. vorhanden gewesen ist. Aber erst 1280 findet sie Erwähnung, anläßlich einer Verpfändung von Mühleneinkünften an einen Neusser Bürger. In späteren Urkunden erfahren wir ihren Namen: „Steynmule" oder auch „Byschofsmule". Später heißt sie „Steghmule", vielleicht wegen eines dort vorhandenen Steges, und schließlich „Stechmühle".
Die Stechmühle wurde zur Urahnin für die Neusser Mühlenwirtschaft und Ölindustrie. Sie steht am Anfang einer Genealogie, die 1445 mit einem Vertrag beginnt, den Erzbischof Dietrich mit seinem *„lieven getruwen Burgermeister, Scheffen, Raide ind gantzer gemeinheit (der) Statt Nuyse"* geschlossen hatte. In diesem Vertrag wurde vereinbart, daß die Stechmühle mitsamt dem Gemahl für 125 Rheinische Gulden im Jahr an die Stadt Neuss in Erbpacht vergeben wurde. Durch eine einmalige Zahlung von 2.000 Gulden konnte die Pacht abgelöst werden, wovon die weitsichtigen Neusser Stadtväter schon wenige Tage später Gebrauch machten. Ganz so lieb und getreu waren die Neusser bei diesem Geschäft allerdings nicht gewesen. Um den Preis nicht in die Höhe zu treiben, hatten sie zunächst den

Bürger Johann König als Strohmann vorgeschickt. Erst als dieser mit dem in Geldnöten befindlichen Erzbischof einen annehmbaren Preis ausgemacht hatte, war die Stadt in Erscheinung getreten.
Die Mühle wurde alsbald nahe heran an die Stadt umgesetzt, wahrscheinlich an das Niedertor, weil man sie dort ständig im Blickfeld hatte und sie dort am leichtesten zu verteidigen war. Ob das technisch geschah, unter Verwendung des Inventars, oder nur wasser- und mühlenrechtlich, ist unbekannt. 1523 und 1546 taucht wohl vorübergehend noch einmal im Zusammenhang mit Mahlgeschäften des Klosters Gnadental eine „Buschmühle" auf. Man nimmt an, daß am ehmaligen Standort der Stechmühle vorübergehend eine Mühle dieses Namens betrieben wurde.

KREINER, Die Mühlen der Stadt Neuss (146), S. 31 ff. u. 76 (Text des Pachtvertrages); ders., Städte und Mühlen (147), S. 399 ff.; LAU, Quellen (160), S. 153; LÖHRER, aaO., S. 121; TÜCKING, aaO., S. 49; WISPLINGHOFF, Geschichte der Stadt Neuss Bd. I (271), S. 94.

122 Helpensteiner Mühle

Neuss-Grimlinghausen
(vor 1289 - Ende 15. Jh.) > Alte Erft <

Zwei Jahre nach der erzbischöflichen Zustimmung zum Bau des Erftkanals und vermutlich noch während der Bauzeit gelang es den Neussern, diese vorletzte der alten Mühlen an der Alten Erft in ihre Hand zu bekommen. Schon 1289 wird sie zusammen mit der Stechmühle erwähnt. Sie muß direkt am Knick der Erft nahe Grimlinghausen gestanden haben und gehörte den Helpensteinern. Schon am Dickelsbach in Lintorf sind wir einer anderen und sehr alten Mühle (Nr. 44) begegnet, die diesem nicht minder alten rheinischen Rittergeschlecht gehörte, und am Rothenbach nahe der niederländischen Grenze werden wir auf noch eine weitere Helpenstein´sche Mühle treffen (Nr. 315).
Die Helpensteiner Mühle an der Erft gehörte damals der *„wollgebornen ind Edlen Jonfferen Eve, einicher dochter zu Lynepe ind zu Helpenstein."* Evas Vormünder vergaben sie 1458 mit allem Zubehör gegen einen Jahreszins von 32 Rheinischen Gulden in Erbpacht an die Stadt Neuss. Damit wurde ein Streit beigelegt, der beim Bau des Erftkanals unausbleiblich gewesen war. Man hatte sich geeinigt, *„umb vreden zu halden ind ... schaden ind achterdeyle zu verhueden* - um Frieden zu halten und Schaden und Nachteile zu vermeiden", wie es einsichtsvoll in der Vertragsurkunde heißt.
Später hört man von der Mühle nichts mehr. Vermutlich haben die Neusser ihre Einrichtung in die Stadt verbracht.

KREINER, Die Wassermühlen der Stadt Neuss (146), S. 44 u. 77 ff. (Wortlaut der Pachturkunde); ders., Städte und Mühlen (147), S. 406; LÖHRER, aaO., S. 123; TÜCKING, aaO., S. 49. Siehe auch unter Nr. 44 (Helpensteiner Mühle).

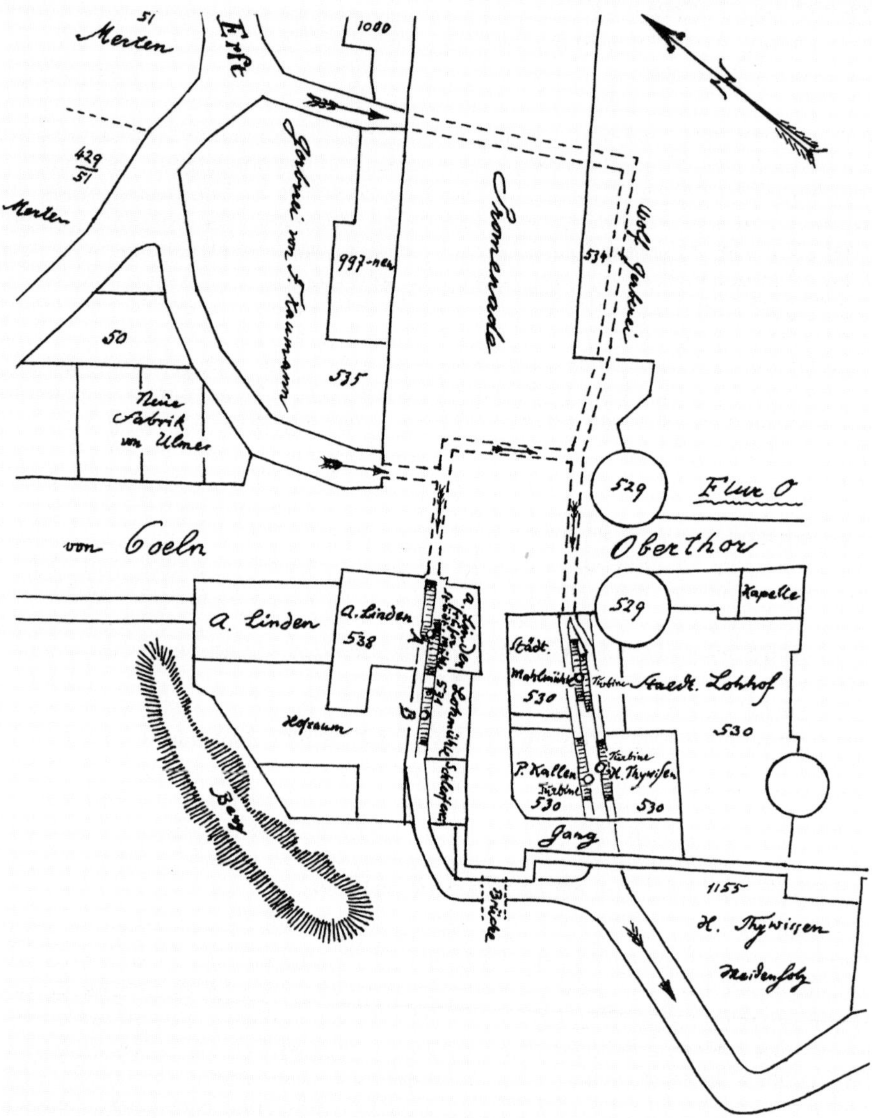

Nr. 124-132 Erftmühlen der Stadt Neuss. Die Stadt Neuss hatte Mitte des 15. Jh. von Kurköln das Recht erworben, innerhalb ihres Burgbannes Mühlen anzulegen. So entstanden bis um 1800 im Schutze der Stadttore insgesamt 9 Wassermühlen. Sie waren der Grundstock für die bedeutende Neusser Mühlenindustrie. Hier ein Situationsplan vom Obertor aus der Zeit um 1870, auf dem 7 Wasserräder und 2 Turbinen vermerkt sind. - Nachzeichnung des Originals aus Wilden: Thywissen, Mensch und Werk, S. 14.

123 Epgesmühle

Neuss, Kölner Straße/Am Römerbad
(vor 1195 - 1648) > Alte Erft <

Als *„molendinum abatisse Nussiensis* - Mühle der Neusser Äbtissin" (von St.Quirinus) wird sie anläßlich einer Grenzbeschreibung im Jahre 1195 aktenkundig. Als "Epgesmühle" ist sie in die Neusser Geschichte eingegangen. Und das hat wiederum mit jener Äbtissin zu tun. Nun ist es zwar von „abatisse/Äbtissin" über „Abdisse" zu „Epges" sprachlich ein ziemlich weiter und vor allem holpriger Weg. Aber der Volksmund hatte keine Probleme damit.
Die Epgesmühle stand ungefähr dort, wo die A 57 die Trasse des Napoleon-Kanals kreuzt. Löhrer schreibt 1839 in seiner Stadtgeschichte, daß *„noch vor wenigen Jahren die Pfähle sichtbar gewesen"* seien, *"auf denen sie geruht habe"*. Besonders angenehm konnte diese Ruhe für Mühle und Müller allerdings nicht gewesen sein, obwohl sie Zwangsmühle für einen Teil der Stadt (das Rheintorviertel) und für Uedesheim war und ihre feste Kundschaft hatte. Denn sie war die vom Neusser Erftkanal am meisten betroffene Mühle: Ein großer Teil des Wassers floß an ihr vorbei.
Die ständigen Streitigkeiten zwischen der Stadt und der Äbtissin samt ihren Mühlenpächtern um eine gerechte Wasserzuteilung und korrekte Einhaltung der Mahlbezirksgrenzen füllen Bände. Als die Mühle im letzten Kriegsjahr 1648 zerstört worden war, pachtete die Stadt die Mahlgerechtigkeit - wohl auch, um einen Wiederaufbau zu verhindern. 1714 wurde sie Erbpächterin, was dem endgültigen „Aus" der Mühle gleichkam.

KREINER, Städte und Mühlen (147), S. 412 ff.; LACOMBLET, Urkundenbuch (154), Bd. II Nr. 408; LÖHRER, aaO., S. 122; SCHELLER, Der Nordkanal (22), S. 2 u. 24; TÜCKING, aaO., S. 228 u. 337.

124-132 Die Erftmühlen der Stadt Neuss

Mit dem Bau des Erftkanals in den Jahren nach 1456 hatten die Neusser den Zweck verfolgt, ihre wirtschaftliche Position zu verbessern, die durch die allmähliche Abwanderung des Rheinstromes ernstlich bedroht war. Einerseits setzten sie alles daran, den Schiffahrtsweg zum Rhein offenzuhalten. Andererseits mußten sie neue Erwerbsmöglichkeiten eröffnen. Dazu brauchten sie vor allem leistungsfähige Energiequellen, also Wassermühlen. Die wiederum setzten einen besseren Anschluß an die Erft und den Besitz von Mühlengerechtigkeiten voraus. Daß sie hier erfolgreich waren, haben wir beim Kauf der erzbischöflichen Stechmühle 1445 und der Helpensteiner Mühle 1458 bereits erfahren. Jedenfalls war die Stadt nun innerhalb ihres Burgbannes frei und konnte frei in Mühlen investieren.
Es war der erste Schritt zur Konzentration von Mühlenkapazitäten, die weit über die Deckung des eigenen Bedarfs hinausgingen. Bisher - und noch bis zum Eintritt in das Industriezeitalter im 19. Jh. - war es vor allem bei den Ölmühlen üblich,

Das Obertor in Neuss um 1580. Die Gebäudegruppe vor der Toranlage umfaßt die Obertor-Wassermühlen. Auf einem Stadtturm am oberen Bildrand befindet sich die Stadtwindmühle aus dem 15. Jh. - Ausschnitt eines Kupferstiches aus der damaligen Zeit von Franz Hogenberg.

---

daß sie in den Anbaugebieten standen. In Neuss hingegen begann man, sich nach den Absatzmärkten auszurichten.
Außer den Wassermühlen gab es in Neuss auch Roßmühlen und eine - einzige - Windmühle auf einem der südwestlichen Stadttürme. Sie sicherten die Produktion in wasserarmen Zeiten, auch wenn ihre Leistung im Vergleich zu der Leistung der Wassermühlen gering war.
Alle Wassermühlen lagen am Stadtgraben. An Wasser war dort in normalen Zeiten kein Mangel, seit man zusätzliche Mengen über den Erftkanal heranführte. Die zwangsläufige Lage jenseits der Stadtmauer bedeutete aber auch zugleich Zugänglichkeit von unbefugter oder gar feindlicher Seite. Dem begegnete man dadurch, daß man sie ausschließlich im Schutzbereich der Stadttore plazierte, wo sie außerdem verkehrsgünstig lagen.
Bis zur napoleonischen Zeit gehörten sämtliche Mühlen der Stadt. Sie hatte in ihrem Burgbann das Monopol und bestimmte Zahl, Größe und Funktion der Wassertriebwerke. Die Mühlen wurden im weitesten Sinne als Regiebetriebe geführt, auch wenn sie zum großen Teil verpachtet waren. Die Getreidemühlen hat-

ten ohnehin stadteigenes Personal. Und bei Abschluß der Pachtverträge war die Stadt stets bemüht, Einfluß und Kontrolle zu behalten. Daran änderte auch nichts, wenn Pächter gelegentlich die Investitionen übernahmen und vorleisteten.
Die erste Privatmühle wurde erst nach Einführung der Gewerbefreiheit unter französischer Herrschaft gebaut, und zwar 1798. Ein weiterer Schritt zur Privatisierung folgte 1813, wenn auch zwangsweise. Napoleon hatte nämlich den Verkauf sämtlicher öffentlichen Betriebe angeordnet, um damit die Kosten seines gescheiterten Rußlandfeldzuges zu decken. Die Stadt Neuss brauchte sich jedoch nur von den vier lukrativen Ölmühlen zu trennen. Für die anderen Mühlen gab es kein Gebot, sodaß sie weiterhin städtisch blieben. In jedem Falle blieb Neuss zielstrebig auf seinem Wege, einer der größten Industriemühlenstandorte Deutschlands zu werden.

Die Mühlen am Obertor
Das Obertor war der wichtigste Mühlenstandort. Hier war man der Erft am nächsten und hatte die günstigste Stauhöhe. Hierhin wurde die Stechmühle verlegt, zumindest aber deren verwendbare Technik, möglicherweise später auch die der Helpensteiner Mühle. Bis um 1800 waren dort folgende Mühlen entstanden:

- nach 1445 eine Pulvermühle
- nach 1475 eine neue Ölmühle
- 1595 eine Schneidemühle an der äußeren Schleuse
- um 1600 eine Lohmühle
- 1647 eine 2. Ölmühle
- 1665 eine Walkmühle
- 1687 eine 3. Ölmühle
- im 18. Jh. eine Getreidemühle

Rein rechnerisch wären das acht Mühlen. Aber es ist nicht mehr exakt nachvollziehbar, ob sie alle über die ganze Zeit bestanden haben, die gleiche Funktion hatten oder zusammengelegt worden waren. Im 19. Jh. gab es hier jedenfalls nur noch fünf Mühlen: die beiden großen Ölmühlen von Thywissen und Kallen, sowie die städt. Walk- und Lohmühle, die schließlich in eine Ölmühle umgewandelt wurde; außerdem existierten hier noch zwei Mahlmühlen, von denen die eine 1872 an den Kaufmann Auer in Köln ging, die andere (wiederum eine frühere Ölmühle) von Adolf Linden betrieben wurde. Thywissen und Kallen gehörten zu den Begründern der im 19. und 20. Jh. bedeutenden Neusser Ölindustrie. Ab 1841 gesellte sich noch die Familie Werhahn hinzu, die später mit ihren weitgespannten Interessen die wirtschaftlich erfolgreichste Familie in Neuss werden sollte.

Die Mühlen am Rheintor
Am Rheintor standen drei Mühlen: nach 1475 errichtete die Stadt eine Loh- und Ölmühle, beide unter einem Dach. 1654 kam eine Walkmühle hinzu. Die Ölmühle (spätere Mahlmühle) gehörte 1813 zu denen, die aufgrund der Anordnung Napoleons verkauft wurden. 1840 wurde sie letztmalig erwähnt. 1833 entstand als Gründung von Adolf Linden am Rheintor auch noch eine weitere Mahlmühle.

Die Mühle am Niedertor

Nur eine einzige Mühle - eine Mahlmühle - hat am Niedertor gestanden. Wahrscheinlich war es der Nachfolgebetrieb der ehemaligen Stechmühle. Schon in der Stadtrechnung von 1493 ist sie aufgeführt. Auch im ganzen 19. Jh. war sie noch in Betrieb, erst mit zwei Wasserrädern, dann nur noch mit einem. Bis Anfang der 1870er Jahre gehörte sie der Stadt, die sich dann von ihr trennen wollte, sie aber nicht an den Mann bringen konnte.

Die Mühle am Hamtor

Erst relativ spät bekam auch das Hamtor „seine" Mühle: 1798 erhielt Gottfried Schweden die Genehmigung, dort eine Zwirnerei zu gründen. Er scheint damit wenig Erfolg gehabt zu haben. Denn schon 1804 wandelte er sie in eine Ölmühle um. Die Ölmühle ging später an die Familie Kamper (siehe Nr. 98 Erftmühle Grevenbroich, 104 Eppinghover und 105 Erprather Mühle).

An diesen Stadttoren standen also um 1800 insgesamt neun Wassermühlen. Nur das Hessentor an der Erft und das Zolltor im Westen waren "mühlenfrei". Die Mehrzahl waren Ölmühlen, die Neuss im 19. und 20. Jh. zu einem der bedeutendsten Standorte der Ölmüllerei in Deutschland machten. Um 1850 zählte man sogar insgesamt nicht weniger als 14 Ölmühlen, von denen allerdings die wenigsten noch mit Wasserkraft arbeiteten. Die letzte und bedeutendste Neugründung geschah 1890 durch die Gebr. Sels. Damals hatte sich die Neusser Ölindustrie bereits auf acht Betriebe mit zusammen 600 Arbeitern konzentriert.
Vorreiter in moderner Produktionstechnik war Thywissen, der schon 1828 eine hydraulische Presse und 1834 eine Dampfmaschine einsetzte. Seine Konkurrenten folgten erst viel später. Daß man ab 1850 zunehmend auch auf die leistungsfähigeren Turbinen umstellte, verstand sich von selbst. Den Öleinfuhren aus der Neuen Welt begegnete man, indem man neue Märkte suchte und sich auf die Herstellung von Industrieölen, auf Speiseölen und Speisefetten stützte. Durch das Anwachsen der Bevölkerung im beginnenden Industriezeitalter gewannen auch die Mahlmühlen zunehmend an Bedeutung. Außer Backmehl wurden nun auch Futtermittel hergestellt, um den steigenden Bedarf an Tierprodukten zu befriedigen.
Anfang des 20. Jh. arbeiteten alle Mühlen mit Dampfkraft und Elektrizität. Aus herkömmlichen Wassermühlen waren Industrieunternehmen geworden, die es wegen des größeren Platzbedarfs, vor allem aber wegen der besseren Verkehrsmöglichkeiten in das Hafengebiet gezogen hatte. Alsbald war auch die letzte Stadttor-Mühle verschwunden. Heute sieht man von ihnen nichts mehr, nicht einmal mehr Reste - auch nicht vor dem einst so "mühlenreichen" Obertor, das als einziges Stadttor erhalten geblieben ist.

ENGELS, Stadtgeschichte Neuss Bd. 3 (52), S. 92 ff.; KALLEN, Die Neusser Industrien (125), S. 60 - 132; KREINER, aaO., S. 28 ff.; ders., Städte und Mühlen (147). S. 378 ff.; LAU, Quellen (160), S. 153 ff.; LÖHRER; AAO., S. 407; SOMMER, aaO, S. 227 u. 244; TÜCKING, aaO., S. 284; WISPLINGHOFF, Stadtgeschichte Neuss (271), Bd. 1, S. 410 ff.; ders., Stadtgeschichte Bd. 2, S. 39 ff.

Meerscher Mühlenbach

Quelle:	nördl. Neusser Furth	40 m ü.M.
Mündung:	Rheinstrom-km 753 (Ilvericher Altrheinschlinge)	26 m ü.M.
Länge:		8 km
mittlere Breite:		2 m
Mühlenstandorte um 1890:		1

Einen besonderen Namen scheint er in alter Zeit nicht gehabt zu haben. Denn der Kölner Erzbischof Philipp nennt ihn 1183 in einer Notariatsurkunde für das Kloster Meer schlicht „rivi decursum, qui in proximo erat - einen Bachlauf, der in der Nähe (des Klosters) war". Dieser Bach „in proximo" war damals näher an das Kloster heran gelegt worden. Eine große Maßnahme kann es allerdings kaum gewesen sein. Denn auch die alte Burg Meer, die zum Kloster geworden war, hatte ihr Frischwasser aus diesem Bach bezogen.
Der Meersche Mühlenbach - wie er dann wegen seiner Mühle hieß - fließt an der Kante der Mittelterrasse entlang und sammelt das dort anfallende Wasser. Dabei durchquert er noch heute den Meerbusch, der damals erheblich größer gewesen sein dürfte als heute. Das wiederum garantierte dem Kloster gleichmäßigen Wassernachschub. Denn Wälder halten mit ihrem Wurzelwerk und Blätterdach den „Segen von oben" stets länger fest als Wiesen in Sonne und Wind.
In der Neuzeit muß sich diese günstige Lage dann aber verschlechtert haben. 1828 vermerkte der Neusser Landrat auf einem Erhebungsbogen, ihm seien die Verhältnisse des „nur von den sparsamen Gewässern aus dem Broiche zusammenfließenden Mühlenbaches" persönlich bekannt. Der Betrieb der Meerer Mühle sei sehr witterungsabhängig.
Das Gelände unterhalb der Mühle ist Teil der Ilvericher Rheinschlinge, einem Altrheinarm. Weil es häufig überschwemmt war, sprach man vom „Meer", wovon sich auch der Name von Burg und Kloster ableitete. Auffällig sind hier auch die Bezeichnungen „Isseldyck" und „Isselhof", die eine enge Verwandtschaft zum Flußnamen „Issel/Ijssel" anzeigen.

LACOMBLET, Urkundenbuch (154), Bd. I Nr. 490; zur alten Burg u. zum Kloster Meer: HELLMICH, Geschichte Büderichs (98) u. KEUSSEN, Kloster Meer (133) S. 5 ff.

133 Meerer Klostermühle

Meerbusch-Büderich, Isseldyck
(vor 1201 - 1902) > Meerscher Mühlenbach <

„Auf schwergeblockten Findlingsfundamenten ragt die verwitterte Mühle, das Gemäuer ausgebaucht, voller Risse und Sprünge. Durch ein leeres Fenster siehst du schwarzes Gebälk sich zu seltsamen Figuren verrenken. Das Rad ist vermorscht, die eichene Achse aus ihren Lagern abgesackt. Aus hausteingefaßter Rinne stürzt das trinkklare Wasser in langen Strähnen zur Tiefe, quillt hier und dort durch die Fugen der hinterspülten Wehrmauer. Ausgebrochene Blöcke türmen sich drunten in der dammernden Kühle. Noch hält das Bauwerk aus Menschenhand stand. Aber das Wasser hat Zeit, unermeßlich viel Zeit, wie die Natur selbst Zeit hat, arbeitet

nicht von heute auf morgen. Das Wasser wird hier Sieger bleiben."
So beschrieb Karl Schorn in bewegender Lyrik das langsame Sterben einer jahrhundertealten Mühle, die von der seliggesprochenen Hildegunde von Meer gegründet worden war und deshalb eigentlich Unsterblichkeit verdient hätte. Würde er heute dort vorbeikommen, fände er nicht einmal mehr ein Gerippe, allenfalls im dichten Dornengestrüpp noch die Reste des Gerinnes, über das einst das Wasser auf das Mühlrad geleitet wurde. Das Mühlenhaus aus Fachwerk wurde um 1960 beseitigt, nachdem der Krieg dem prophezeiten Sieg des Wassers kräftig nachgeholfen hatte.
Die Geschichte der Meerer Mühle beginnt 1183: Erzbischof Philipp von Köln bescheinigte der *„domina Hildengundis, nobilis et pia fundatrix cenobii quod est in mere* - der adligen Dame Hildegunde, der frommen Stifterin des Klosters Meer", daß sie die Anlieger des Meerschen Baches ordnungsgemäß entschädigt hatte, als sie diesen Bach näher an das Kloster heranlegen ließ. Unter den Entschädigten hatten sich außer der Kirche St. Gereon in Köln auch zwei Mühlenbesitzer befunden, Rudolf und Engelbert. Während deren Mühlen stillgelegt wurden, errichtete Hildegund eine eigene Klostermühle - eben jene, deren Untergang Schorn 700 Jahre später in Moll-Tönen besungen hatte.
1804 fiel das säkularisierte Kloster mitsamt seiner Mühle für 180.000 frs. an die Krefelder Seidenfabrikanten von der Leyen. Damals bestand die Mühle aus zwei Mühlen: der Ölmühle, die 150 Schritt oberhalb lag und unterschlächtig betrieben wurde, und der unterhalb liegenden Kornmühle, die oberschlächtig betrieben wurde. Was da wie ein Wortspiel klingt, hatte seinen topographischen Hintergrund. Denn die Kornmühle stand oben am steilen Abhang zur Rheinaue, die vier Meter tiefer lag als der Klostergrund. Einen Mühlenteich gab es übrigens nicht. Der Bach diente auf seiner ganzen Länge mit aufgehöhtem Ufer als Staubecken und mußte durch den Meerer Müller dreimal jährlich bis Kaarst gereinigt werden. So stand es im Pachtvertrag.
Der häufig durch Wasserarmut behinderte Mahlbetrieb bekam 1887 Unterstützung durch eine Dampfmaschine. 1902 lohnte sich auch das nicht mehr. Die Mühle wurde endgültig geschlossen. Die Ölmühle war bereits einige Jahrzehnte zuvor dem Erdöl zum Opfer gefallen.

FÖHL, Walter, „Über die Baugeschichte der Meerer Klosterkirche", in: Die Heimat (Krefeld) 1934 S. 112 ff.; HELLMICH, Geschichte Büderichs (98), S. 48 ff.; KEUSSEN, Das Kloster Meer (133), S. 24 u. 39; LACOMBLET, Urkundenbuch (154) Bd. I Nr. 490; KLOMPEN, Säkularisation (139), S. 157; KÖNIG/HELLMICH, „Die Haus-Meerer Wassermühle in Büderich", in: Beiträge zur Geschichte der Technik und Industrie (VDI) Bd. 20 (1930) S. 154 ff.; SCHORN, Karl, „An der alten Schloßmühle", in: Der Niederrhein (Krefeld) 1938 S. 57/58; SEELING, Hans, „Die Meerer Korn- und Ölmühlen", in: Büdericher Heimatblätter 1966 S. 27 ff.; SOMMER, aaO., S. 226; ferner TK 1893 Bl. 4706 Düsseldorf: Mühlensymbol.
Im 13. Jh. muß es am Meerschen Bach außer den abgelösten Mühlen noch eine weitere gegeben haben, die in „Bavenrode" (Bovert b. Osterath). Sie gehörte den Herren v. Millendonk. Schon 1201 steht sie mit Abgabeansprüchen wegen der Nutzung des halben Baches im Besitzverzeichnis von Meer (Lacomblet II Nr. 1). 1253 wurde sie Klostereigentum. 1272 erfolgte die Entlassung der Mühlenbewohner aus dem Willicher Gerichtsverband. Dann brechen die Nachrichten ab. KAISER („Die Mühlen in Willich und Osterath", in: HK Krs. Viersen 1975, S. 118 ff.) geht davon aus, daß die Mühle im späten 16. Jh. untergegangen ist. Der Meersche Mühlenbach hatte jedenfalls fortan nur noch die Klostermühle zu bedienen.

Linner Mühlenbach

Quelle:	heute im Botanischen Garten Krefeld	Höhe: 32 m ü.M.
Mündung:	Rheinstrom-km 764 (Rheinhafen)	Höhe: 24 m ü.M.
Länge:		7 km
Mittlere Breite:		1-2 m
Zahl der Mühlen um 1890		1

Der Linner Mühlenbach ist ein Beispiel dafür, wie ein uralter Vorfluter zunächst zur Bewässerung von Landwehrgräben als Stadtbegrenzung herangezogen und später von der sich unablässig ausdehnenden Stadt in deren Kanalisation verdrängt wurde.
Das ursprüngliche Quellgebiet war die Heidelandschaft an der Hückelsmay. Als dann 1357 von Kurköln die Landwehr gegen die moersische Stadt Krefeld gebaut wurde, mußte auch unser Vorfluter seinen „Verteidigungsbeitrag" leisten und wurde zum militärisch schnurgerade ausgerichteten Wehrgraben. Und weil dieses Stück Landwehr entlang der „Gath" verlief, hieß unser Vorfluter "Gather Bach". So blieb das bis in das beginnende 20. Jh. hinein, als offene Gräben im Stadtgebiet (mit recht) lästig wurden. Unser Bach wurde mehr und mehr verrohrt, bis die erste Hälfte seines ursprünglich 7 km langen Laufes allmählich unter der Erde verschwand und schließlich keine praktische Rolle mehr spielte. Die heutige "Quelle" im Botanischen Garten hat eher symbolischen Wert, zumal unser Bach ohnehin wohl nie gesprudelt und gerauscht haben dürfte.
Auf kurkölnischer Seite - das alte Krefeld gehörte zur Grafschaft Moers - verbindet sich sein Name mit dem alten Burgstädtchen Linn und seiner Mühle. Aber zuvor hieß er noch anders, zumindest für die Düsseldorfer Statistiker von 1836: „Hoferzbach". Das hatte mit Hof und Erz nichts zu tun, war wohl eher ein Hörfehler. Gemeint war vielmehr die "Hofarth (Hochfahrt)", eine Furt zwischen Oppum und Linn. Dieser Name hat sich aber verloren, seit das mittelalterliche Wegesystem durch Stadtstraßen abgelöst wurde.
Nun - in Linn war und blieb er der Mühlenbach. Burg und Siedlung Linn waren im 11./12. Jh. entstanden. Anfangs floß unser Bach mitten durch den Ort. Als dann aber im 14. Jh. die Stadtbefestigung gebaut und die Burg mit einem zweiten Burggraben gesichert wurde, leitete man ihn in das Burg- und Stadtgrabensystem ein, das damit für die „hinter" der Stadt liegende Mühle zu einem großen Wasserreservoir wurde.
Bis 1906 floß der Linner Mühlenbach in einen alten Rheinarm, an dem auch schon das Römerkastell Gelduba gestanden und das er wahrscheinlich mit Trinkwasser versorgt hatte. Als dann zu Beginn unseres Jahrhunderts in diesen Rheinarm hinein der Krefelder Rheinhafen gebaut wurde, war der Hafen für den Mühlenbach Endstation. Hier ist heute allerdings vom Fließen des Baches nichts mehr zu merken, der schon in Linn eigentlich nur noch ein stehendes Gewässer ist, das zunehmend verlandet.

BEHR u. a., Krefeld-Uerdingen (14), S. 120 ff.; KLÜMPEN-HEGMANNS, Linn (141), S. 60 ff.; ROTTHOFF, in: Rhein. Städteatlas IV Nr. 23 (1978) „Linn", Textteil.

Nr. 134 Kurfürstliche Mühle Linn, Krefeld. Nördlich der Erft haben die Windmühlen die Oberhand. Im heutigen Stadtgebiet Krefelds gab es 20 Windmühlen und nur eine einzige Wassermühle, eben diese hier bei der alten kurkölnischen Stadt Linn. Sie lief bis um 1900.

Nr. 135 Oberste Mühle, Moers. Eine erste Nachricht über sie gibt es aus der Zeit um 1600. Die Mühle verdankt ihre Existenz der Bündelung der Zuläufe zu den Stadtgräben, als Moers von den Spaniern und Oraniern zur Festung ausgebaut wurde. Nach über 100jährigem Stillstand wurde sie 1981 restauriert. Die Einrichtung stammt von der Mühle in Niep (Nr. 142).

134 Kurfürstliche Mühle

Krefeld-Linn, Am Mühlenhof

(vor 1602 - um 1900) > Linner Mühlenbach <

Nördlich von Neuss sind die Wassermühlen hoffnungslos in der Minderheit. Allein im heutigen Stadtgebiet von Krefeld hat es nur eine einzige Wassermühle gegeben, bei insgesamt nicht weniger als 20 Windmühlen: die Kurfürstliche Mühle am Stadtgraben. Das Städtchen Linn war Sitz eines kurkölnischen Amtes, das bis vor die Grenzen von Neuss und Korschenbroich reichte. Es war eine typische Burgmannssiedlung, die schon im 12. Jh. bestanden hat und um 1300 Stadtrechte erhielt. Um etwa 1350 wurde die Stadtbefestigung angelegt. Das könnte auch die Entstehungszeit der Wassermühle am neu entstandenen Stadtgraben gewesen sein. Eine sichere Nachricht von ihr gibt es allerdings erst aus dem Jahre 1602. Vielleicht war aber doch die nahegelegene kurfürstliche Windmühle - die um 1400 erbaute Geismühle - schon vor ihr da. Denn sie war die eigentliche Zwangsmühle für das Land Linn, also auch für die Stadt. Erst auf Beschwerden der Zwangsgenossen war auch das Mahlen auf der Wassermühle in Linn zugelassen worden, zumal sie ja ebenfalls dem Landesherrn gehörte. Und auf den Druck der Heerdter und der Lanker - sie gehörten ebensfalls zum Amt Linn - war ja schon 1574 in Heerdt und 1751 in Lank der Bau einer Mühle erlaubt worden. Was zum Leidwesen des Wassermüllers blieb, war das Recht des Geismüllers, seine Karre auch in der Stadt Linn fahren zu lassen.
Die Linner Wassermühle hatte durch ihre exponierte Lage jenseits von Stadtmauer und Stadtgraben stets Sicherheitsprobleme. So wurde sie im 30jährigen Kriege von der hessischen Besatzung abgebrochen, weil sie wohl als zu risikoreicher Außenposten angesehen wurde. Beim Wiederaufbau 1650 erhielt sie zusätzlich eine Ölmühle. Diese Ölmühle ist wohl bereits von Anfang an als Roßmühle betrieben worden, weil der Wasserzulauf notorisch gering war und der Stadtgraben aus Sicherheitsgründen nicht allzusehr „geplündert" werden durfte. Das Streben nach einer Sicherung der Mühle stand offenbar auch noch um 1830 beim Neubau im Vordergrund, zum Schutz gegen Marodeure und anderes Gesindel. Dabei hat man eine architektonisch interessante Lösung gefunden und nebeneinander zwei völlig gleiche Gebäude errichtet, zwischen denen sich das Tor des Mühlenhofes befand. Anstelle der sonst üblichen Fenster besaßen die Mühlengebäude nur lange schmale Lichtschlitze. Im nördlichen Bau war die Roßmühle, im südlichen die Wassermühle untergebracht.
Beide Gebäude gibt es heute noch. Allerdings enthalten sie nicht mehr Mühlen, sondern sind als Lager und Stall genutzt. Die Mühlen wurden schon um 1900 stillgelegt und ausgeräumt. Lediglich das hölzerne Wasserrad existiert - wieder; denn vor einigen Jahren wurde es aus denkmalpflegerischen Gründen neu angesetzt. Aber es wird nur noch durch Regen naß. Das Mühlengerinne steht praktisch trocken.

KLOMPEN, Säkularisation (139), S. 124; KLÜMPEN-HEGMANNS, Linn (141); REMBERT, „Zur Geschichte des Hauses Latum und des Mahlzwanges der Geismühle", in: Die Heimat (Krefeld) 1951 S. 124 ff.; ROTTHOFF, Rhein. Städteatlas IV Nr. 23 (1978) „Linn", Textteil; SOMMER, aaO., S. 212; JRD 25 (1965) S. 163; ferner TK 1844 u. 1893 Bl. 4605 Krefeld: „M"./Mühlensymbol.

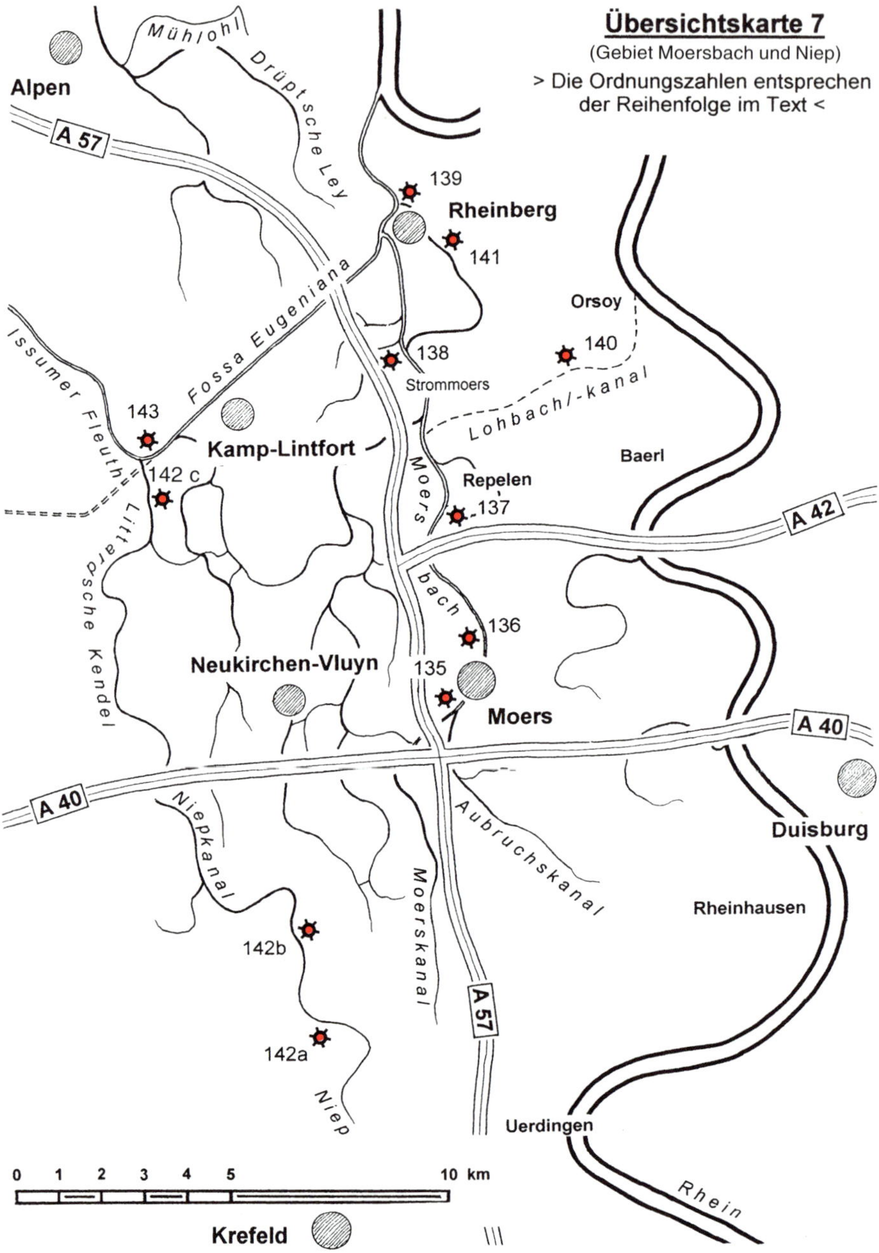

Im Plangebiet (li.-rh.): 11 Wassermühlen und um die 53 Windmühlen

Moersbach

Quelle:	südlich von Haus Traar (Krefeld)	Höhe: 32 m ü.M.
Mündung:	Rheinstrom-km 806, üb. Rheinberger Altrhein	Höhe: 17 m ü.M.
Länge:		28 km
Mittlere Breite:		4-5 m
Abflußmenge im Jahresmittel 1994 am Pegel Rheinberg:		2,5 m^3/sec.
Mühlenstandorte um 1850:		3

Von seiner Quelle irgendwo zwischen den ehemals festen Häusern Zwingenberg und Traar ist er in alter Zeit mehr oder weniger brav links und längs des Rheines in Richtung Norden geflossen - wahrscheinlich bis nach Birten. Nach der noch heute gut erkennbaren Bodenformation dürfte er dabei eines der zahlreichen verlassenen Nebenbetten des Rheines benutzt haben, ehe er sich nach gemächlichen 50 km mit dem großen Strom vereinigte.
So war das noch im Mittelalter. Dann aber wurde unser Rhein-Trabant ein Planungsobjekt der Militärs und der Politik. Begonnen hat es mit Rheinberg, das seine Stadtgräben bewässern mußte und dafür den nahen Moersbach zu sich heranzog. Fortgesetzt wurde es in der Stadt Moers, die um 1600 von den Spaniern und nachfolgend den Oraniern zu einer mächtigen Festung ausgebaut wurde. Auch dort brauchte man viel Wasser für die Festungsgräben. Weil nun der verhältnismäßig bescheidene Moersbach diese Wassermengen nicht liefern konnte, erhielt er Verstärkung, indem man ihm über einen künstlichen Kanal die Wässer aus seiner westlichen Nachbarschaft - vom Achterathsheidegraben und Ophülsgraben - zuführte. Für die Mühlen indessen oberhalb und unterhalb der Stadt Moers war das zum Vorteil. Die obere konnte in ihrem kleinen Mühlenteich zusätzliches Antriebswasser sammeln. Für die untere waren die ausgedehnten Festungsgräben der „Mühlenweiher".
Wenig später - inzwischen tobte der 30jährige Krieg - mußte unser Bach einen weiteren Eingriff hinnehmen, der von der Absicht der Spanier bestimmt war, die abtrünnigen niederländischen Provinzen durch einen Kanal vom Rhein zur Maas von Handel und Schiffahrt abzuschneiden: die berühmte Fossa Eugeniana. Dieser 1626/27 begonnene Kanal wurde westlich Rheinbergs vom Altrhein aus zunächst in das Bett des Moersbaches hineingeführt. Das sparte Erdaushub und versorgte den Kanal mit dem nötigen Wasser. Damit nun nicht schon gleich zu Beginn das Kanalwasser in den Altrhein ablief, hielt man es in Rheinberg durch ein Stauwehr und eine Schleuse fest, deren Reste noch heute zu sehen sind. Das indessen war wiederum eine günstige Gelegenheit für den Bau einer Wassermühle an dem hier zum Schiffahrtskanal gewordenen Moersbach.
Auch im Namen unseres Baches gab es Veränderungen. Wenn man die Nachrichten richtig deutet, muß er bei Rheinberg früher „Löth" oder „Lüth" geheißen haben. Für den übrigen Bachlauf sind allerdings aus alter Zeit keine Namen überliefert. Mercator läßt ihn in seiner Karte der Grafschaft Moers von 1591 anonym fließen. Heurdt gibt ihm in seiner Karte aus der Zeit um 1680 nur im oberen Teil den Namen „Die Meurse". In den Karten des 19. Jh. heißt er allgemein „Moers-

kanal". Erst in neuerer Zeit führt er auf der ganzen Strecke den heute durchgehend üblichen Namen „Moersbach".
Den stärksten Eingriff indessen sollte der Moersbach in unserem Jahrhundert erleben. Und der kam von tief unten. Inzwischen hatte nämlich der Ruhrbergbau den Rhein überschritten. Zwischen Friemersheim und Rheinberg gab es 1910 bereits 7 Kohlenschächte. Und weil man vor allem bei der Emscher schlimme Erfahrungen mit den, in Kohleabbaugebieten unvermeidlichen, Bergsenkungen gemacht hatte, wollte man sich am Linken Niederrhein frühzeitig vorsehen. Man gründete 1913 die „LINEG", die „Linksniederrheinische Entwässerungsgenossenschaft". Sie sollte dafür sorgen, daß hier keine „Emscherverhältnisse" entstanden.
Kernpunkt der LINEG-Planung war die Ableitung des Wassers aus dem Absenkungsgebiet über einen Kanal zur Maas hin. Immerhin läge die Maas bei einer diagonal geführten Kanalstrasse rd. 10 m tiefer als der Rhein. Das reichte aus, um die erwarteten Bergsenkungen bei der Kohle von bis zu 8 m und beim Steinsalz von bis zu 5,40 m auszugleichen. Aber die Schwierigkeiten mit den Niederländern, Kriegswirren und die Rücksicht auf die Landwirtschaft standen dagegen. Da man aber alsbald Abhilfe schaffen mußte, machte man es im Kleinen wie die Niederländer im Großen: man baute Polderpumpwerke.
Diese Lösung hatte sich im Laufe der Jahrzehnte so bewährt, daß man 1988 den Maas-Kanal-Plan endgültig aufgab und sich ganz dem Poldersystem verschrieb. Zu dieser Zeit bestanden bereits 67 Vorflutpumpenanlagen, die nach einem raffinierten Meß- und Regelwerk gesteuert wurden und bestens aufeinander abgestimmt waren. Der natürlichen Quelle unseres Baches hatte sich damit gewissermaßen einen Vielzahl von „Pumpenquellen" hinzugesellt, die dafür sorgen, daß das Wasser so weit angehoben wird, daß man wie eh und je das Weitere dem natürlichen Gefälle überlassen kann. Den Erfolg kann man an den Rheinberger Kaskaden ablesen, wo der Pegel ist. Und man sieht ihn aus der Luft, wenn man von Düsseldorf aus nach Norden fliegt. Dann ist der Moersbach im Gegenlicht wie ein silbernes Band der vielfach geschwungene Begleiter am Boden, bis er sich schließlich im Rhein verliert
Und die Moersbach-Mühlen? Sie haben von all den Wasserbau- und Regelungsmaßnahmen nichts mehr. Sie liegen schon seit 50 und mehr Jahren still oder es gibt sie nicht mehr.

MEYER, Rheinhausen (178), S. 151; PISTOR/SMEETS, Die Fossa Eugeniana (200), S. 25 ff.; Entwässerungsgesetz. für das linksrheinische Industriegebiet v. 29.4.1913 (G.S. S. 251); Entwässerungsplan für das Gebiet des Linken Niederrheins vom Juni 1910 (Archiv der LINEG); Bauplan der LINEG, Teilentwurf Vorflut 1988.

135 Oberste Mühle (Aumühle)

Moers, Venloer Straße
(um 1600 - um 1828)

> Moersbach <

Der Kartograph Johannes Mercator vermittelt uns die erste sichtbare und sichere Nachricht über die obere der beiden stadtnahen Moerser Wassermühlen in seiner Karte des „Murs Comitatus - der Grafschaft Moers" vom Jahre 1591. Dort findet

sich auf der Mitte zwischen Bettenkamp und Moers deutlich lesbar der Eintrag „vol mull (Walkmühle)". Vielleicht ist es jene Mühle, deren „hoff zu Moelenbroich" im Jahre 1448 Gegenstand einer Dotierung an das Moerser Karmeliterkloster durch Graf Vincenz und Gräfin Anna v. Moers war; denn hier im Süden der Stadt befand sich das Aubruch, nach dem die Mühle früher gelegentlich auch „Aumühle" genannt wurde. Indes, einen Mühlenbruchhof gibt es auch südwestlich von Neukirchen, sodaß Zweifel aufkommen. Sie werden noch verstärkt durch einen Bericht des Drosten v. Schweichel an den Prinzen von Oranien von 1608, aus dem man den Eindruck gewinnen kann, daß die Oberste Mühle überhaupt erst um jene Zeit gebaut wurde. Der Drost hatte sich besorgt über die Versorgung allein durch die Windmühlen geäußert und den Bau einer herrschaftlichen Wassermühle empfohlen.
Der Ausbau der Stadt zur Festung um 1600 durch die Spanier und Oranier war für die Mühle vorteilhaft, weil sie dadurch kräftigen Wasserzulauf bekam. Nun konnte sie als Kornmühle zuverlässig „Verpflegungsdienst" für die Festungsbesatzung leisten. Daß außerdem durch den Mühlenstau auch das sog. Bettenkamper Meer bei Kriegsgefahr versumpft werden konnte, war für die Festungsbauer eine interessante Draufgabe.
Sie war eine Zwangsmühle und bildete mit der Stadtwindmühle eine durch das Moersische Mühlenreglement von 1612 festgelegte Betriebseinheit.
Die Mühle lief nachweislich bis um 1828. Ob sie später noch einmal genutzt wurde - bis 1890, wie Vieg berichtet - ist zweifelhaft. Denn in den amtlichen Karten ab 1840 wird sie nicht mehr dargestellt.
1981 erlebte sie eine Renaissance, als man das erhalten gebliebene Mühlenhaus aus dem 19. Jh. um einen kleinen Anbau versah und darin die Mühle vom Bestendonkshof bei Niep unterbrachte. Die funktionsfähige Kombination aus „ganz Alt" und „ganz Neu" kann man hinter Glas besichtigen. Und zur Komplettierung und Freude der Fotografen dreht sich draußen ein neues Wasserrad.

BOSCHHEIDGEN, Die oranische und vororanische Befestigung von Moers (21), S. 26 u. 91; ECKOLDT, Waltraud, „Moerser Mühle mahlt Mehl", in: HK Kreis Wesel 1982 S. 161 ff.; KEUSSEN, Urkundenbuch II (134), Nr. 2475; OTTSEN, Geschichte der Stadt Moers (195), Bd. I, S.178/79 (mit Abdruck des Berichts von 1608); SOMMER, aaO, S. 201; THELEN, Hermann, „Die Mühlen der Grafschaft Moers", in: HK Kreis Moers 1965 S. 108; VIEG, Heinrich, „Zur Geschichte eines Grafschafter Bauernhofes", in: Die Heimat (Krefeld) 1941 S. 117; Festschrift der Stadt Moers zur 650-Jahr-Feier 1950, S. 52; zur Bestendonksmühle s. unten unter „Niersgebiet";
ferner Mercator-Karte von 1591: „vol mull", und Karte der Grafschaft Moers von Heurdt (um 1680): „Watermeule", sowie Tranchot Bl. 29 Moers (1804/05): „Oberste Wasser Mühle".

136 Unterste Mühle

Moers, Mühlenstraße
(vor 1666 - um 1945) > Moersbach <

Aus dem Jahre 1490 gibt es eine Pachtaufstellung der gräflich-moersischen Mühlen. Darin ist zwar auch eine „Mühle in Moers" erwähnt. Aber man weiß nicht, welche gemeint ist - die stadtnahe Unterste Wassermühle oder die Windmühle

oder vielleicht auch die etwas weiter ab gelegene Oberste Mühle. Wann also die Unterste Mühle erbaut wurde, weiß man nicht. Mercator weist in seiner Grafschafts-Karte von 1591 an diesem Standort keine Mühle aus. Sie hat also damals noch nicht bestanden. Sonst wäre auf ihre Darstellung bei der Grafschafts-Hauptstadt kaum verzichtet worden.
Aus dem Jahr 1666 erfahren wir dann, daß sie vom Landesherrn zusammen mit der Obersten Mühle (und der Roßmühle) an einen gewissen Geurt ter Mitz auf 12 Jahre verpachtet wurde. In der Karte von Heurdt aus der Zeit um 1680 ist sie folgerichtig verzeichnet. Ihre Entstehung muß also irgendwie mit dem Bau der Stadtbefestigung zusammenhängen, der sie außerordentlich begünstigte. Vermutlich hat ihr das Stadtgrabensystem auch das Überleben bis 1945 gesichert, als die Oberste Mühle längst aufgegeben war.
Die übrigen bekannten Daten: 1749 hatte sie 106 Reichstaler und 45 Stüber an Pacht aufzubringen. Bis zur napoleonischen Zeit war sie eine Bannmühle. Um 1900 wurde ihr eine Dampfmaschine beigegeben. Im Zweiten Weltkrieg erlitt sie Totalschaden. Seither ist sie von der Bildfläche verschwunden.

SOMMER, aaO., S. 200; THELEN, Hermann, „Die Mühlen der Grafschaft Moers", in: HK Kreis Moers 1965 S. 101 ff.; ferner Karte der Grafschaft Moers von Heurdt (um 1680): „Watermeule", sowie TK 1844 Bl. 4505: Mühlensymbol.

137 Repeler Mühle

Moers-Repelen, Rheinkamper Ring
(vor 855/56 - 17./18. Jh.) > Moersbach <

Obwohl sie bereits 855/56 in einer Schenkungsurkunde zugunsten des Klosters Echternach als Zubehör des Hofes zu Repelen („Reple") ausdrücklich erwähnt ist, zählt sie eigentlich zu den „großen Unbekannten" der niederrheinischen Mühlengeschichte. Denn fortan gibt es nur indirekte Nachrichten über ihre Existenz.
So ist 1534 bei einer Grundstücksübertragung die Lage einer Wiese damit umschrieben, daß sie an den Mühlendeich stößt. Die Wiese gehörte dem Viegenhof, der mitten im Dorf liegt. Der Viegenhof wiederum ist höchstwahrscheinlich mit dem Hof zu Repelen identisch. Dennoch will hier nicht alles zusammenpassen: Der Hof zu Repelen (Viegenhof) hatte im 13. Jh. den Rittern von Repelen gehört, die zu dieser Zeit urkundlich mehrfach in Erscheinung traten. 1322 gelangte er dann nachweislich durch Kauf an die Deutschordensritter (Kommende Rheinberg), wo er bis zur Säkularisation blieb. Es ist nicht klar, wann und wieso sich die Echternacher von ihrem Besitz getrennt haben könnten.
Eine zweite Information liefert uns das Sterberegister der Kirchengemeinde Repelen. Dort findet sich der in frommer Naivität geschriebene Eintrag, daß am 12. März 1768 der Hans L., genannt Schribben, *„des nachts einen Büchsenschuß weit nördlich vom Pastorat im Mühlengraben ertrunken"* sei.
Wo ein Mühlengraben war, da muß auch eine Mühle gewesen sein. Aber damit ist auch schon die Beweisführung erschöpft. Alles andere liegt im Nebel.

KELTER, Chronik Rheinkamp (127), S. 44 u. 222; VIEG, Heinrich, „Zur Geschichte eines Grafschafter Bauernhofes", in: Die Heimat (Krefeld) 1941 , S. 105 ff. u. 183 ff. (Insbes. 117 u. 202); WAMPACH, Grundherrschaft Echternach (261), Quellenband Nr. 145. In den Karten der Grafschaft Moers von Mercator (1591) u. von Heurdt (um 1680) ist die Mühle nicht erwähnt.

138 Mühle von Strommoers

Moers-Rheinkamp, Rheinberger Straße
(vor 1256 - 17. Jh.) > Moersbach <

Das Allodialgut Strommoers aus dem 10. Jh. gehörte der Benediktiner-Abtei Deutz. 1256 wurde es im Rahmen einer größeren Transaktion an das Kloster Kamp verkauft, und zwar mitsamt der Mühle, die in der Kaufurkunde ausdrücklich genannt ist.
Das ist allerdings auch die einzige Nachricht über die Mühle - vielleicht deshalb, weil sie neben dem großen Gut mit seinen zuletzt 500 Morgen wohl nur eine untergeordnete Rolle gespielt hat. Möglicherweise diente sie allein der Eigenversorgung und hatte keine öffentliche Bedeutung. In der Grafschaftskarte von Heurdt (um 1680) entdeckt man zwar bei genauem Hinsehen an einem bachnahen Gutsgebäude von Strommoers so etwas wie ein Mühlrad. Aber das ist auch alles. Bei der Vermögensauflistung im Rahmen der Säkularisation jedenfalls ist eine Mühle nicht erwähnt. Und in den sehr genauen Topographischen Karten des 19. Jh. sucht man sie vergeblich.

DICKS, Die Abtei Kamp (42), S. 166; KELTER, Chronik Rheinkamp (127), S. 210; KLOMPEN, Säkularisation (139), S. 140; LACOMBLET, Urkundenbuch (154), Bd. I Nr. 357 u. II Nr. 425. Südlich von Strommoers gab es übrigens lt. Heurdt (Karte der Grafschaft Moers, um 1680) einen Hof „Meulefelt". Vielleicht besteht da ein Zusammenhang mit dem Klostergut (s. hierzu auch KELTER, Chronik Rheinkamp, S. 223). KEUSSEN (Urkundenbuch I Nr. 277 u. 278) gibt zwei Urkunden wieder, in denen im Jahre 1320 Sweder v. Friemersheim seine *„Güter in Luttelmoelenvelt mit der dabeiliegenden Mühle"* dem Kloster Kamp verkaufte (so die Titelzeilen); im nachfolgenden lateinischen Text steht allerdings nur die allgemeine Formel *"cum omnibus suis attinentiis* - mit allem Zubehör". Nach DICKS (aaO.) ist damit der Hof Meulevelt gemeint, den er Repelen zuordnet.
Bei Mercator (Karte der Grafschaft Moers 1591) ist zwischen Neukirchen und Repelen eine „New mull" als Wassermühle eingetragen. Sie liegt hier allerdings nicht direkt am Moersbach, sondern an einem Zuflußgraben (Wiesfurthgraben?). Nun ist nachweislich ziemlich genau an diesem Ort 1585 eine Bockwindmühle aufgestellt worden, die damals ebenfalls "Neue Mühle" hieß. Wahrscheinlich hat sich der Kartograph hier geirrt; vgl hierzu auch VOGT, Windmühlenführer (259), S. 129.

139 Mühle vor dem Rheintor

Rheinberg, Rheinstraße
(vor 1600 - 1902) > Moersbach/Fossa Eugeniana <

Als die kurkölnische Exklave Rheinberg 1232 zur Stadt erhoben worden war, müßte sie wegen der nötigen Unabhängigkeit nach außen hin alsbald über eine Mühle

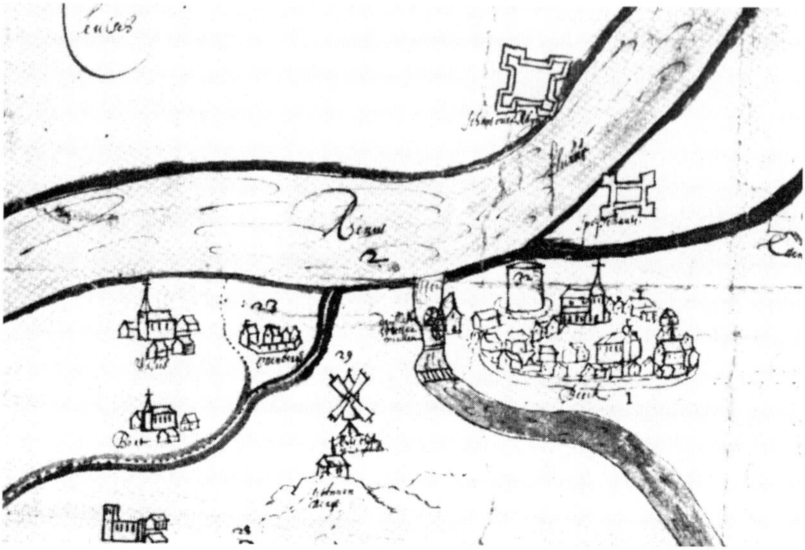

Nr. 139 Mühle vor dem Rheintor, Rheinberg. Neben einer Wind- und Roßmühle hatte Rheinberg - nördlichster Stützpunkt von Kurköln - innerhalb der Stadt auch eine Wassermühle. Da sie nach dem Bau der Fossa Eugeniana der Erweiterung der Stadtbefestigung im Wege war, entstand 1635 draußen nahe der Kanalschleuse ein Ersatzbau. Die Lage ist aus der Karte des Amtes Rheinberg von 1636 zu ersehen. Unten: Die heutige Situation an der alten Schleuse; die Mühle hatte ihren Standort in der Nähe des Turmes im Hintergrund, ehe sie 1902 abbrannte.

verfügt haben. Nachrichten darüber aus damaliger Zeit gibt es allerdings nicht. Aber um 1600 war man gut ausgestattet, in allen "Disziplinen" gewissermaßen: mit einer Wind-, einer Roß- und schließlich einer Wassermühle. Diese drei Mühlen machten immerhin 1633 mit 3.960 Reichstalern die deutlich höchste Einnahmeposition der Stadt aus.
Während der Moersbach beim Bau der Fossa Eugeniana 1626-29 zwar zur Wasserspeisung des ersten Kanalabschnitts herangezogen worden war, scheint das die an diesem Bach gelegene innerstädtische Wassermühle nicht betroffen zu haben. Erst die umfangreichen Fortifikationsmaßnahmen der 1633 in Rheinberg eingezogenen Niederländer brachten die Mühle zum Erliegen. Die Niederländische Regierung erlaubte deshalb der Stadt 1635, einige hundert Meter unterhalb eine Ersatzmühle zu bauen, und zwar an der Kanalschleuse beim Rheintor. Das nötige Geld nahm die Stadt beim Junker Wilhelm v. Werth auf, dem sie für das Darlehen von 550 Reichstalern eine jährliche Rente von 33 Talern versprach.
Die neue Mühle besaß nach einer Karte des Amtes Rheinberg von 1636 zwei unterschlächtige Wasserräder. Nach den Flurkarten des 19. Jh. waren es sogar drei. Die Mühle hat mehreren Zwecken gedient: Sie war Korn- und Lohmühle; zeitweilig lief sie sogar (in einem besonderen Gebäude) als Schwarzmehlmühle. 1832 wurde das gesamte Anwesen an Privathand verkauft.
Die Schwarzmehlmühle brannte 1875 ab, wenige Tage vor Weihnachten. Die Presse ermahnte damals in ihrem Bericht die Bürgerschaft, endlich mit der Errichtung einer Feuerwehr voranzumachen. Die wurde dann zwar gegründet, hatte indes nicht verhindern können, daß 1902 auch die Getreidemühle ein Raub der Flammen wurde. Später mahnte dann ein Steigerturm der Feuerwehr zum Brandschutz - bezeichnenderweise genau dort, wo sich die beiden Brände ereignet hatten.

ANDERNACH, Rhein. Städteatlas Nr. 40 (1982) „Rheinberg" (Textteil); PISTOR/SMEETS, Fossa Eugeniana (200), S. 27; SOMMER, aaO., S. 191; WITTRUP, Aus Rheinbergs vergangenen Tagen (272), S. 66/67; Mitteilungen des Vereins von Geschichtsfreunden zu Rheinberg, Heft 1 (1880), S. 112; Bote für Stadt und Land (Xanten) v. 25.12.1875; ferner Tranchot Bl. 17 Borth (1803 ff.): „Moulin de Rhinberg", sowie TK 1843 Bl. 4405 Rheinberg: "WasserM." Katasterunterlagen des Kreises Wesel.

140 Lohmühle

Rheinberg-Orsoy, Am Lohbach
(vor 1550 - 18. Jh.) > Lohbach <

Ihren Bedarf an Gerberlohe deckte die Grafschaft Moers aus dem einst riesigen „Hasloc-Wald". Sein Name kommt aus dem Keltischen und erinnert an Asterix und seinen mispelschneidenden Druiden. Von ihm ist die Kurzform „Hees" übrig geblieben, die am Niederrhein allgemein für „Wald/Busch" üblich ist. In Mercators Karte von 1591 heißt unser Wald „Die Hees", während sich der humanistisch gebildete Heurdt 1680 für das vornehm-lateinische „Hees silva" entschied. Heute heißt er schlicht „Baerler Busch" und ist ein beliebtes Wandergebiet.
Mit ihrem unermeßlichen Eichenbestand war die Hees ein wichtiger Wirtschafts-

faktor - wichtig für die Schweinemast und vor allem für die Gewinnung von Eichenrinde. Um die nun gleich an Ort und Stelle zu Lohe mahlen zu können, hatte der Landesherr eigens eine Mühle bauen lassen. Das Antriebswasser kam vom Lohbach, der Moersbach und Rhein miteinander verband und möglicherweise künstlich gegraben wurde. Denn auch der Name „Lohkanal" ist üblich. Bei Mercator heißt er „Die Kendel" und bei Heurdt „Die Kennelt". Daß der Graben zugleich auch die Stadtgräben im „ausländischen" Orsoy füllte, dürfte das strategische Denken der Moerser eher angeregt haben.
Die Lohmühle stand mit ihrem langgestreckten Mühlenweiher am Nordrand des Waldes. Eine Zeichnung aus dem Jahre 1550 stellt sie mit einem unterschlächtigen Rad dar. In den Karten des 19. Jh. ist sie nicht mehr enthalten.
In der unmittelbaren Nachbarschaft auf der Anhöhe vor dem Binsheimer Feld gab es übrigens schon damals - und gibt es noch - eine „beflügelte" Schwester: die Korn-Windmühle. Sie gehörte ebenfalls dem Grafen von Moers.

DICKS, Abtei Kamp (42) S. 9 (zu den Namen „Hasloc" u. „Hees"); KELTER, Chronik Rheinkamp (127), S. 41, 223, 230 u. 238; OTTSEN, O., „Lohbach und Lohmühle", in: „Land und Leute", Beilage der „Grafschafter" 1932 Nr. 6 (Juni); THELEN, Hermann, „Die Mühlen in der Grafschaft Moers", in: HK Kreis Moers 1965 S. 101 ff.

141 Casseler Wassermühle

Rheinberg, Am Mühlenkolk
(1323 - Ende 18. Jh.) > Winterswicker Abzugsgraben <

1323 gestattete der Kölner Erzbischof Heinrich II. dem Kamper Abt, vor der Casseler Pforte in Rheinberg eine Windmühle zu errichten. Aber der Abt baute eine Wassermühle, was ihm offenbar nicht übelgenommen wurde. Denn schon 1331 erlaubte ihm derselbe Bischof, gegenüber der *„molendinum rivuale, vulgo dicitur casselremoilen* - Wassermühle, die gemeinhin Casseler Mühle heißt", eine Windmühle zu bauen, die nun auch wirklich entstand.
Bis zum 18. Jh. findet man dann zwar um die 35 Urkunden über Casseler Wind- und Wassermühlen. Aber eine exakte und zuverlässige Zuordnung der Objekte zu Institutionen und Personen ist kaum möglich. Man weiß nicht einmal, ob und inwieweit die darin genannten Mühlen mit den beiden Kamper „Ursprungsmühlen" identisch sind. Zumindest soviel scheint sicher zu sein: Die Casseler Mühlen wurden zwischen 1495 und 1713 der Familie v. Hambroich als Lehen gegeben. Wegen der Zweiherrigkeit des Standorts traten dabei sowohl der Kölner Kurfürst als auch der Graf von Moers als Lehnsgeber auf. Darüber galt dort die Spruchweisheit, daß sich Kurfürst und Graf jeden Apfel teilen mußten, der vom Baume fiel. Die Abtei Kamp dürfte gleichwohl im Geschäft geblieben sein, zumindest als Verwalterin oder sonstwie rechtlich Beteiligte.
Die Wassermühle ist vor 1790 eingegangen. In den Akten über die Säkularisation und in der Kartierung Tranchots zu Anfang des 19. Jh. erscheint nur noch die Windmühle.

DICKS, Abtei Kamp (42), S. 242, 308, 340 u. 613; KEUSSEN, Urkundenbuch (134): 12 Belehnungsurkunden zwischen 1495 (III Nr. 4597) u. 1713 (V Nr. 7410); KWIATKOWSKI, Jürgen, „Die Casseler Mühlen zwischen Rheinberg und Budberg", unveröff. Manuskript.

142a-c Beskes, Selster und Sassenrather Mühle

Neukirchen-Vluyn, Kapellener Straße/Geilingsweg
Rheurdt, Kamper Straße/Kirchstraße > Niep / Nenneper Fleuth <

Niep, Nenneper Fleuth und Littardsche Kendel waren gewissermaßen der „Oberlauf" der Issumer Fleuth und gehörten folglich zum Einzugsgebiet der Maas. Seit dem Bau der Fossa Eugeniana und seit den vielen Querverbindungen zum Moersbach, die im Laufe der Zeit zur Entwässerung der Bruch- und späteren Bergsenkungslandschaft im Raume Moers entstanden sind, ist diese Strecke dem Rhein zugeordnet.

An diesem Flußabschnitt lagen mehrere Mühlen. Am weitesten oberhalb stand die **Beskes Mühle (Nr. 142a)**. Sie ist erst im 19. Jh. (im Jahre 1811) errichtet worden. Es herrschte damals zwar schon Gewerbefreiheit. Aber den um ihre Wiesen besorgten Bauern hatte der Bauherr vorher schriftlich zusichern müssen, daß er das Wasser nicht so lange aufhalten werde, „*daß es am Lütheschen Dicke* (Luiter Dyck) *nicht mehr herabtreiben kan, jedoch große Wassergüße ausgenommen.*"
Die Mühle besaß drei Mahlgänge. Bei dem stetig sinkenden Wasserzulauf aus der ebenso stetig wachsenden Stadt Krefeld konnten sie allerdings nur im Wechselbetrieb eingesetzt werden. Immerhin hat sie noch recht und schlecht bis um 1950 ihren Dienst getan, als sie wegen Bergschäden abgebrochen werden mußte. Aber die Beskes Mühle lebt dennoch weiter: Eines ihrer Mahlwerke wurde an die Stadt Moers verkauft und steht dort heute als Anschauungsobjekt in der restaurierten Obersten Mühle (Nr. 135).

Am Beskeshof - zu dem die Mühle gehörte - liegt ein Findling mit der Inschrift „*1350 Jahre Beskesmühle*". Da wird an eine Vergangenheit erinnert, die eigentlich erst 1811 begonnen hatte. Indes - so ganz falsch ist diese Inschrift nicht. Denn es gab - indirekt zumindest - eine Vorläuferin, die **Selster Mühle (Nr. 142b)**, ein Stück unterhalb beim Selster Hof gelegen. Diese Mühle ist schon um 1350 im Roten Buch der Stadt Kempen bei einer Grenzbeschreibung des Landes Kempen erwähnt. Auch in einem Grenzprotokoll aus dem Jahre 1566 zur Vogtei Gelderland spielte sie eine Rolle. Dort heißt es nämlich, die Grenze gehe „*...toe Zelst tuschen den hof ind spicker durch in den Moelenkolck ...*" Als 1811 die Beskes Mühle gebaut wurde, gab es die Selster Mühle nicht mehr - und eben auch keine Beeinträchtigung eines Untermüllers.

Östlich Rheurdt befand sich an der Nenneper Fleuth die **Sassenrather Mühle (Nr. 142c)**. Sie soll schon im 12. Jh. bestanden haben und von den geldrischen Grafen Heinrich I. (+ 1182) oder Otto I. (+ 1207) im Zusammenhang mit einer Grablege dem Kloster Kamp testamentarisch vermacht worden sein. Das schließt Matthias Dicks aus einem Rezeß über den Mahlzwang vom Jahre 1457. Zweifelsfrei erwiesen ist dagegen, daß die Mühle zu „*Sassenraide*" 1270 dem Abt und Konvent zu Kamp mit der Auflage übertragen wurde, die Einkünfte daraus jeweils auf Lebenszeit einem Kamper Mönch zukommen zu lassen. Der generöse „Spender" war allerdings nicht ein Graf von Geldern, sondern Heinrich Herr von Alpen. Die Mühle gehörte zu seinem Lehnsgut „*bercdale*", das die Abtei bereits seit längerem bewirtschaftete.

Die Mühle lief bis um 1830. Der Betrieb war wohl nur möglich gewesen, weil man eine Flußschlinge der trägen Fleuth durch einen Graben abgeschnitten und so Gefälle und Abfluß verbessert hatte. Gleichwohl muß sie wenig Bedeutung gehabt haben. Denn bei der Säkularisation erlöste sie nur 1.075 frs. Das ist die mit weitem Abstand niedrigste Summe, die damals am Niederrhein bei der Versteigerung von Wassermühlen erzielt wurde.

DASSEL, Wolfgang, „Die Sassenrather Wassermühle", in: GHK 1985, S. 14 ff.; DICKS, Abtei Kamp (42), S. 5/6 u. 179/180; ECKOLDT, Waltraud, „Moerser Mühle mahlt Mehl", in: HK Krs. Wesel 1982, S. 161 ff.; FRANKEWITZ, Die geldrischen Ämter (66), S. 110 u. 452; KEMPER, Ulrich, „Hart an der Grenze", in: Beiträge zur Stadtgeschichte von Neukirchen-Vluyn (93), S. 37; KLOMPEN, Säkularisation (139), S. 141; THELEN, Hermann, „Beeskesmühle und Bestendonkshof in Niep", in: HK Krs. Moers 1966; 101 ff.; SOMMER, aaO., S. 197 u. 202.
In seiner „Antiquarischen Charte der Umgegend von Geldern" erwähnt Michael Buyx gleich unterhalb der Sassenrather Mühle noch zwei weitere Wassermühlen. Über beide Mühlen ist kaum etwas bekannt. Eine „***molend.***[inum] ***Urmit***" mit der beigefügten Jahreszahl 1349 bezieht sich dem Namen nach offenbar auf die nahegelegene Siedlung Oermten (Oermter Berg). Nach FRANKEWITZ, Die geldrischen Ämter (66), S. 110, Anm. 172, ist diese „Urmit-Mühle" schon 1294/95 in der geldrischen Rechnung aufgeführt. Dann verliert sich ihre Spur. - Über die **Eckers Mühle**, die Buyx mit dem Vermerk „Ruine" versehen hat, gibt es indes keine weiteren Nachrichten.

143 Goesvorter Mühle

Kamp-Lintfort, Kamperbrück
(vor 1296 - 16. Jh.) > Issumer Fleuth <

Das Straßendorf Kamperbrück etwa 1.000 m westlich vom Kloster Kamp hat seinen Namen von einer Brücke über den damaligen Kendel, der heutigen Issumer Fleuth. Diese Brücke hieß im 13. Jh. „Goysvoirt" (später Gorsvoirt, Goesvort), zusammengesetzt aus einem Flurnamen und einer alten Bezeichnung für „Furt". Der Kamper Abt hatte sie bauen lassen, um einen besseren Zugang zu seinen jenseitigen Besitzungen zu haben.
Vermutlich gleichzeitig mit der Brücke entstand nahebei eine Wassermühle, die 1296 als „molendinum Goysvoirt" urkundlich erwähnt wird. Ob sie indessen schon 1253 - gleichzeitig mit der berühmten Windmühle auf dem Dachsberg - errichtet wurde (Dicks meint das in seiner Geschichte der Abtei Kamp), ist allerdings nicht erwiesen. Insgesamt besaß Kloster Kamp vier Wassermühlen und drei Windmühlen.
Unsere Mühle an der „Gänsefurt" wird 1508 noch einmal in einer Urkunde genannt, als Erzbischof Hermann von Köln der Abtei eine Bruchland-Parzelle nahe der „molendinum Goesvoert" übereignet. Dann schweigt die Geschichte über sie.

BUYX, Michael, „Antiquarische Charte der Umgebung von Geldern" (1878): *„pons Goissvoirt 1341"*, mit Wassermühlensymbol; DICKS, Die Abtei Kamp (42), S. 34, 188 u. 429 mit umfangreichen Quellenangaben und Zitaten aus den Kamper Urkunden.

Drüptsche Ley - Xantener Altrhein

Quelle: nördlich Rheinberg	Höhe: 26 m ü.M.
Mündung: Rheinstrom-km 823, üb. Xantener Altrhein	Höhe: 14 m ü.M.
Länge:	22 km
Mittlere Breite:	2-3 m
Abflußmenge im Jahresmittel:	unbek.
Mühlenstandorte im Einzugsgebiet um 1890:	1

„Ley" ist eine der vielen altdeutschen Bezeichnungen für einen kleinen Wasserlauf. Mit der Loreley hat sie nichts zu tun. Die ist einmalig, während man unseren niederrheinischen Leys häufig begegnet. Allein im Dreieck Goch-Geldern-Rheinberg gibt es mehr als 20 davon.
Südlich von Xanten ist es der Altrhein unterhalb Birten, der die Leys anzieht. Er ist hier als verlassenes Strombett so präsent wie kaum sonst. Hauptgewässer ist die „Drüptsche Ley" bei Rheinberg, die einst die Fortsetzung des Moersbaches gewesen sein soll. Bei Birten heißt sie „Schwarze Ley", was bei dem moorigen Untergrund nicht gerade für einen reißenden Strom steht. Nicht von ungefähr heißt hier eines der Dörfer „Veen" und die südlich angrenzende Gemarkung "Veenen".
Es kann deshalb auch nicht überraschen, wenn es dort im Laufe der Jahrhunderte überhaupt nur zwei Ley-Mühlen gegeben hat. Nur eine von ihnen hat sich ins 19. Jh. retten können. Beide Mühlen gehörten zu adligen Häusern: zum Haus Loo an der „Mühloi" („Mühlenley") bei Alpen und zum Haus Winnenthal. Die Winnenthaler Mühle lag zunächst an der Veener Ley und wurde 1853 an den Winnenthaler Kanal verlegt, den man einige Jahre vorher zwischen Alpen und Birten gebaut hatte, um die leidigen Vorflutverhältnisse im Veen-Gebiet zu verbessern.
Wegen der Steinsalz-Abbaufelder im Untergrund im Großraum Xanten gehört das Einzugsgebiet unserer Ley zum Genossenschaftsgebiet der bergbauerfahrenen LINEG. Hier spielen allerdings Bergsenkungen keine Rolle wie beim Moersbach und „seinen" Kohlezechen. Steinsalzkavernen brechen nicht ein.

144 Bönninger Mühle

Alpen, Hs. Loo
(15./16. Jh. - nach 1690) > Mühlohlsley <

Nur zweimal - in den Grenzprotokollen der Herrschaft Alpen von 1620 und 1690 - liest man von ihr. Dort wurde (z.B. 1620) vom gemeinsamen Limitengang festgehalten, daß die Grenze *„umb das haus Lohe hinluefft, bis an die Bunninger mullen durch die Arck"*. Bönning hieß die Gemarkung (vgl. Bönninghardt); Haus Lohe heißt heute Haus Loo.
Das Rittergut stammt aus dem 14. Jh. Im 17. Jh. gehörten zu dem Gut zwei Mühlen: eine Windmühle, bei Heurdt 1680 als „Loomeulen" eingezeichnet, und die obengenannte Grenzmühle, an deren Arche „die Herrlichkeit zuende" war. Man kann davon ausgehen, daß zumindest die Wassermühle bereits im 15./16. Jh.

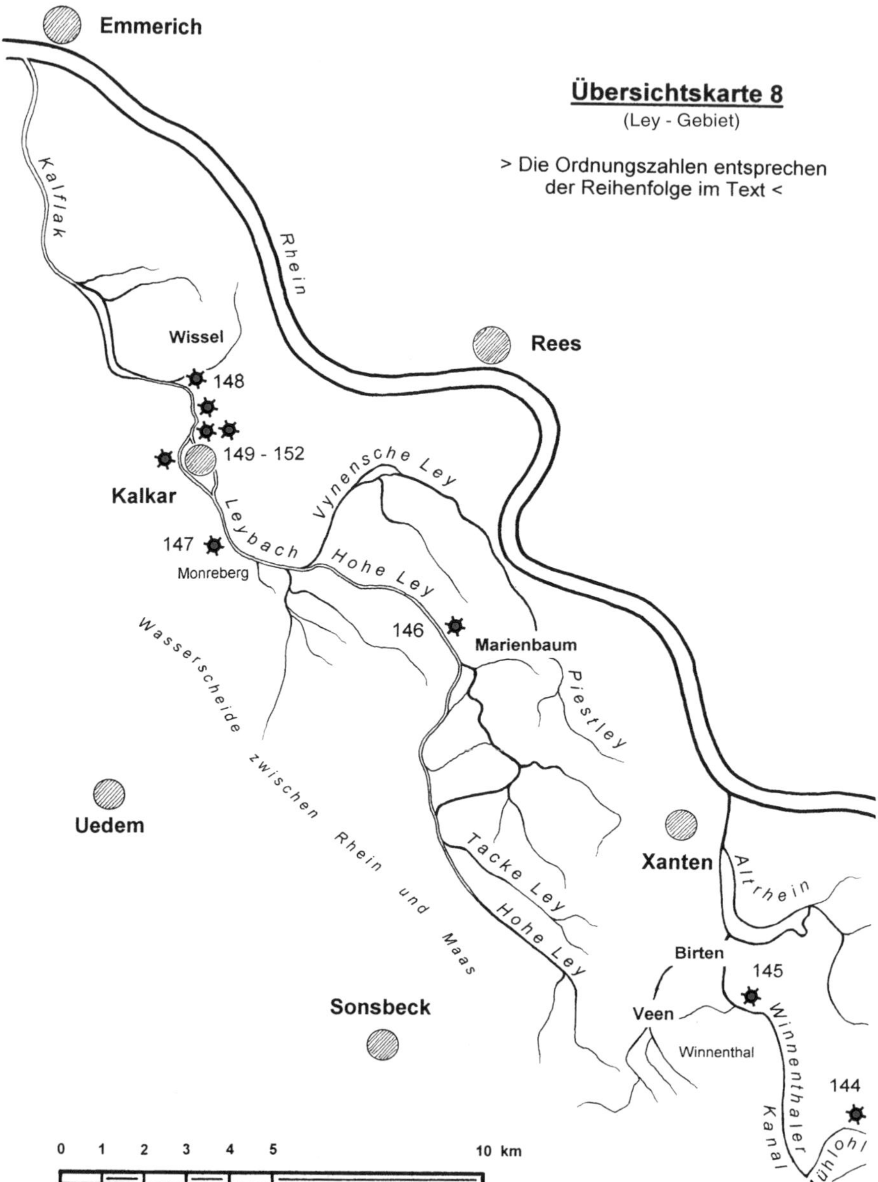

Im Plangebiet (li.-rh.): 9 Wassermühlen und um die 35 Windmühlen

bestanden hat. Denn an Wassernachschub aus dem Land zu Füßen der Bönninghardt dürfte es nicht gefehlt haben, zumindest damals nicht. Sonst wären an ihrem Oberlauf damals wohl kaum die Burg und die Siedlung Alpen gegründet worden.
Ende des 18. Jh. war Hs. Loo - und zugleich auch seine Mühle - stark verfallen. In der ersten Hälfte des 19. Jh. erwarb der Budberger Pfarrer Wilhelm Roß das Anwesen und ließ neben der ruinösen mittelalterlichen Burganlage einen herrschaftlichen Gutshof im klassizistischen Stil errichten. Roß wurde später Landesbischof und Propst in Berlin. Er starb 1854 auf Haus Loo.

SCHMITZ, Alpen (225), S. 82/83. Wilhelm Roß hatte übrigens 1806 auch mit Geldmitteln seiner vermögenden Ehefrau die Casseler Windmühle gekauft (KLOMPEN, Säkularisation, S. 120; ferner oben unter Nr. 141). HEURDT, Karte der Grafschaft Moers (um 1680).
DICKS berichtet in seiner Geschichte der Abtei Kamp (42), S. 238, von einem Streit im Jahre 1317 zwischen dem Abt und den Herren von Alpen, die Vogteirechte über Kamper Besitzungen beanspruchten. Dabei wurde von den Alpenern u.a. vorgetragen, der Abt habe den *„Mühlenbach, der von Alters her einige ihrer Mühlen trieb, durch einen Graben boshafterweise abgeleitet und ihnen dadurch das Wasser entzogen".* Weiteres ist über die Alpener Mühlen nicht zu erfahren. Daß es sie aber gab, ist nicht unwahrscheinlich. Vielleicht gehörte die Mühle von Haus Loo dazu.

145 Johannismühle

Xanten-Birten, Zur Wassermühle
(1827/28 - um 1950) > Veener Ley/Winnenthaler Kanal <

Die Birtener Johannismühle zählt zu den wenigen, die am unteren Niederrhein noch heute das Bild einer alten ländlichen Wassermühle vermitteln, zumindest äußerlich. Das stilvoll umgebaute Mühlenhaus ist allerdings seit Jahrzehnten ein Wohnhaus. Und das liebevoll restaurierte Mühlrad dreht sich leer.
Ursprünglich stand sie, zumindest ihre Einrichtung, einige 2 oder 3 km westlich bei der klevischen Landesburg Winnenthal. Es ist schwer vorstellbar, daß diese - heute selbst noch als Ruine stattliche - Burg aus dem 14. Jh. nicht schon von Anfang an eine eigene Wassermühle besaß. Denn sie lag an der Veener Ley, die auch die umfangreichen Burggräben füllte. Indes, im Bauantrag von 1827 steht, daß sie anstelle der Roßmühle errichtet werden solle.
Wahrscheinlich hat sich die „verspätete Burgmühle" nicht bewährt. Jedenfalls erwarb der damalige Besitzer des Burganwesens - Schmitz-Winnenthal - 1849 die nötigen Grundstücke, um einen leistungsfähigen Sammelkanal von der Veener Ley zum Altrhein zu bauen. Gewiß wollte er vor allem damit seine Ländereien besser entwässern. Aber auch die Mühle sollte einen günstigeren Platz erhalten. Sie wurde 1853 an diesen Kanal verlegt.
Mit dem neuen Standort bekam die bisherige „Veenmühle" auch einen neuen Namen: Man nannte sie „Johannismühle", entsprechend dem Vornamen ihres Eigentümers.

SOMMER, aaO., S. 185/86; Akten des Stadtarchivs Xanten; Katasterunterlagen des Kreises Wesel.

Nr. 145 Johannis-Mühle Birten, Xanten. Sie gehörte zu Hs. Winnenthal, war mit ihrem Baujahr 1827 allerdings eher eine „verspätete" Burgmühle. 1853 wurde sie nach Birten verlegt und lief dort bis um 1950. Das Mühlrad ist nur noch Dekor am heutigen Wohnhaus.

Nr. 146 Deymanns Mühle, Xanten. An der Straße von Marienbaum nach Vynen steht hinter der Brücke an der Hohen Ley der frühere Deymannshof. 1764 hatte Johann Heinrich Deymann neben diesem Hof eine Ölmühle errichtet. Sie ist bis 1856/57 gelaufen und wurde dann beseitigt. Das Bild zeigt das alte Wohnhaus aus dem 18. Jh. in seinem heutigen Zustand.

146 Deymannsmühle

Xanten-Marienbaum, Vynener Straße
(1764 - 1856/57) > Hohe Ley <

Der gelernte Müller und Marienbaumer „Einwanderer" aus Iserlohn - Johann Heinrich Deymann - schaffte es noch in der feudalistischen Ära, eine Wassermühle genehmigt zu bekommen, wenn auch mit List und auf Umwegen. Eine Ölmühle sollte es werden, angetrieben von einem Roß - so der Antrag. Und so wurde es auch nach Prüfung der Bedürfnisfrage genehmigt. Aber Deymann baute eine Wassermühle, was er wegen der Lage seines Anwesens unmittelbar an der Hohen Ley wohl von Anfang an auch vorhatte. Die Eigenmächtigkeit hatte keine Folgen. Deymann war Bürgermeister und Deichgräf.
Um 1800 wurde die Ölmühle um zwei amtlich genehmigte Getreidemahlgänge ergänzt. Als dann um die Mitte des 19. Jh. die Hohe Ley begradigt und von seinem Hof abgerückt worden war, scheint sich der Betrieb nicht mehr gelohnt zu haben. Jedenfalls wurde die Mühle 1856/57 stillgelegt und später abgebrochen. Heute erfährt man nur noch aus einer Metalltafel an der Haustür des einstigen Deymannshofes und jetzigen „Rosenhofes", daß hier einmal ein Bürgermeister gewohnt und eine Wassermühle geklappert hat.

LEHMANN, Michael, „Die Deymanns Wassermühle in Marienbaum", in: HK Kreis Wesel 1994, S. 169 ff.

Hohe Ley - Leybach - Kalflak

Quelle: 3 km südöst. Sonsbeck	Höhe: 25 m ü.M.
Mündung: Rheinstrom-km 852 (bei Emmerich)	Höhe: 11,5 m ü.M.
Länge:	38 km
Mittlere Breite:	4-5 m
Abflußmenge im Jahresmittel 1971 - 1987 am Pegel Marienbaum:	0,24 m^3/sec.
Mühlenstandorte um 1850:	2

Die Hohe Ley trägt ihren Namen zu recht: Sie ist von allen Leys die bedeutendste, längste und vor allem - der Name sagt es - trotz der oberhalb liegenden Drüptschen Ley irgendwie auch die „höchste". Sie hält in der Rheinebene den weitesten Abstand vom Strom und lehnt sich dicht an den niederrheinischen Höhenzug an, der einmal Endmoräne der Gletscher war. Sie war eine echte Rheintochter, die sich in einem der vielen ehemaligen Rheinläufe irgendwann einmal selbständig gemacht hatte. Von sechs kleinen Leys und aus ungezählten Bächen und Gräben sammelt sie das Wasser ein, um dann unter dem etwas bescheideneren Namen "Leybach" die Kalkarer Stadtgräben blank zu halten.
Als Kalkar 1230 gegründet wurde, hieß sie allerdings noch die „Monne" oder auch „Monnebach", der „Bach am Monreberg", auf dem die Klever Grafen eine ihrer Burgen hatten. Damals floß sie noch direkt hinter dem, allerdings erst viel später gebauten, Kalkarer Rathaus entlang. Bei der Stadtgründung hatte sie zusätzlich einen linken Arm bekommen, damit sie die Stadt umfassen konnte. Als die Stadt

dann im 14./15. Jh. nach Osten erweitert werden mußte, wurde noch ein rechter Umfassungsarm hinzugefügt. Der - ursprüngliche - Mittellauf blieb aber bestehen und durchquerte die Stadt von Süden nach Norden. Erst in unserem Jahrhundert wurde er zugeschüttet, um aus dem uralten Bachbett die „Grabenstraße" zu machen.
Hinter Kalkar wird der Leybach auf 12 km zur „Kalflak", zur „Kalkarer Lake". Für die Handels- und Tuchmacherstadt Kalkar war die Kalflak die Verbindung zum Rhein und wurde auch tatsächlich um 1550 kanalisiert. Auf der Stadtansicht von Braun-Hogenberg von 1572 sieht man vor dem Nordtor - der Ketelpforte - Schiffe und sogar einen Kran. Aber mit diesem Kanal hatten die Kalkarer nichts als Ärger. Denn er hätte am Rhein dringend eine Schleuse zur Wasserhaltung benötigt, damit er nicht bei jedem Niedrigwasser unbefahrbar wurde. Die wiederum scheiterte am Widerstand der Wisseler, die Sorgen um Deich und Hochwasserschutz hatten.
Daß die Ley auch zu allen Zeiten Wassermühlen antrieb, kann bei dem reichlichen Wassernachschub nicht wundern. Im Norden - an der Lede („Ley"), die später durchgehend „Kalflak" hieß - gab es sogar eine Poldermühle, vielleicht die einzige, die es am Niederrhein gegeben hat.
Bis einschließlich Marienbaum gehört das Einzugsgebiet der Hohen Ley zum Genossenschaftsgebiet der LINEG.

Literatur: GORISSEN, Niederrheinischer Städteatlas (79), „Kalkar"; ROTTHAUWE, Kostbarkeit Kalkar (216), S. 22, 33, 47 ff. und 97 ff.

147-152 Die Kalkarer Mühlen

Die Grafen von Kleve besaßen seit dem 11. Jh. auf dem Monterberg (Monreberg) ihre zweite Landesburg. Sie stand - wie jene in Kleve - in strategisch hervorragender Lage auf dem eiszeitlichen Stauchwall hoch über einem alten Rheinarm und mit weitem Blick auch nach Osten, wo das Klever Grafenhaus auf der anderen Rheinseite später Fuß fassen wollte und konnte. Unten an der Ley lag die Burgmühle. Sie hieß wie Berg und Burg: „Monmühle". Es ist die erste Mühle im Raum Kalkar, wie ja auch die Burg dem Bau der Stadt zeitlich voranging. Als diese um 1230 gegründet worden war, sollten ihr zu unterschiedlichen Zeiten nicht weniger als fünf Wassermühlen und ebensoviele Windmühlen folgen. Ihre höchste Zahl fällt mit der Blütezeit Kalkars im 15. und 16. Jh. zusammen.
Die Mühlen dürften allesamt Herrschaftsmühlen gewesen sein. Zwar verpfändete Graf Johann 1354 den Bürgern von Kalkar die Einnahmen aus den Mühlengefällen und gestand ihnen zu, in ihrem Stadtgebiet eigene Mühlen zu bauen. Aber er muß von seinem Ablösungsrecht Gebrauch gemacht und der Stadt die Mühlen dann verpachtet haben. Denn 1390 erbrachten die Kalkarer Mühlen dem Grafenhaus die höchsten Pachterträge, 700 Malter. Das mit Mühlen ähnlich gut versehene Goch hatte 1367 mit nur 450 Maltern in den klevischen Rechnungsbüchern gestanden.

147 Monmühle (vor 1188 - um 1340)
Die Mühle an der „Monne", wie die Ley hier hieß, stand etwa auf halbem Wege zwischen der Landesburg und der Stadt. Der Bach war vor der Mühle aufgestaut

und bildete einen Teich in der Form eines langgestreckten Dreiecks. 1188 „schenkte" die Klever Gräfin Aleidis sie dem Kloster Kamp, allerdings gegen Rückkaufsvorbehalt. 1318 war die klösterliche Mühle wieder gräflich. 1347 spielte in einer Beschreibung der Stadtgrenze nur noch ihr ehemaliger Standort eine Rolle, auf den Bezug genommen wurde. Sie war demnach eingegangen.

148 Ledemühle/Plasmolen (vor 1347 - 16. Jh.)
Bei der Gebietsbeschreibung von 1347 reichte Kalkar dem Text nach im Norden bis zur „Ledemoelen". „Lede" hieß die Abflußstrecke des Stadtgrabens und der Ley in die nördlich anschließende Kalflak. Die Mühle stand am Knick, hinter dem die Kalflak beginnt. Die Ledemühle muß mit der „Mühle des Herrn Everts von Wissel" an der „Calflake" identisch sein, auf die sich Graf Johann von Kleve in einer Urkunde von 1357 bezieht. 1544 war die Mühle noch vorhanden.
Im 15. Jh. hat an dieser Stelle eine zeitlang auch eine „Plasmoelen" - eine Poldermühle - gestanden. Mit ihr wollte man das umliegende Feuchtgebiet entwässern. Vielleicht war aber wiederum die Ledemühle gemeint, der man nur eine andere Funktion gegeben hatte.
Ein Plan des Magistrats von 1658, hier erneut eine Poldermühle einzusetzen, kam nicht zur Ausführung.

149/150 Kornmühlen vor der Ketelpforte (14./15. Jh. - um 1920)
Auf dem Vogelschaubild von Braun-Hogenberg aus dem Jahre 1572 ist eine der zwei Mühlen dargestellt. Wenn auf diesem Bild das in der Hochblüte stehende Kalkar als *„multis dotibus nobile oppidum* - als vornehme Stadt, mit vielen Gaben versehen" genannt wird, dann waren damit gewiß auch seine Mühlen als Sinnbild von Wohlstand und wirtschaftlicher Bedeutung gemeint. Überhaupt hat das Bild mühlengeschichtliche Bedeutung. Es zeigt dicht beieinander die drei wichtigsten Mühlentypen, die damals am Niederrhein vertreten waren: die Bockwindmühle (hier die Holtmoelen von 1318), die Turmwindmühle (die Steenmoelen von 1400) und unsere Wassermühle mit dem repräsentativen Treppengiebel und ihren zwei Wasserrädern. Sogar für Reserve - oder den Handel - ist gesorgt; denn beim Kran liegen drei Mühlräder, offenbar mit dem Schiff über die Kalflak herangeschafft und mit dem Kran an Land gehoben.
Diese „Braun-Hogenbergsche" Mühle ist im 14./15. Jh. errichtet worden, vielleicht als Ersatz für die Mon- und die umfunktionierte Ledemühle. Aus dem Jahre 1676 datiert ein Neubau. Der Grundstein mit dieser Jahreszahl ist noch erhalten und im jetzigen Wohnhaus seitlich eingelassen, das innerhalb der alten Mauern eingerichtet wurde.
Irgendwann muß aber diese ältere Keteltor-Mühle noch eine jüngere Schwester bekommen haben. In den städt. Mühlenakten des 19. Jh. heißt es, sie sei schon in *„unvordenklicher Zeit"* konzessioniert worden. Jedenfalls um 1850 hat sie noch gearbeitet.
Aus dem Inhalt der Mühlenakten mögen noch zwei Vorgänge herausgegriffen werden. Sie sind für das Mühlenwesen charakteristisch und zugleich auch Zeitdokumente: Da wendet sich der Verwaltungschef des Kantons Kalkar unter dem

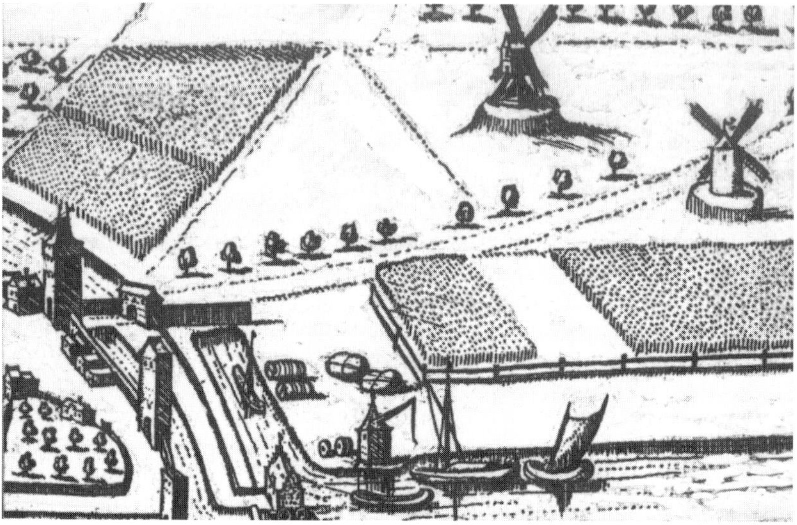

Nr. 147-152 Die Kalkarer Wassermühlen. Die Handelsstadt Kalkar besaß im 16. Jh. eine Reihe von Wind- und Wassermühlen. Auf dem Vogelschaubild Braun-Hogenbergs von 1572 sind dicht beieinander die wichtigsten Mühlentypen der damaligen Zeit zu sehen: Bockwindmühle, Turmwindmühle und Wassermühle. Neben dem Hafenkran liegen einige Mühlsteine, damals ein wichtiges Handelsgut. Die Wassermühle am unteren Bildrand wurde im 17. Jh. durch zwei Mühlen ersetzt. Von ihnen überlebte nur ein Müllerhaus auf dem Deich. In modernisierter Form dient es heute als Wohnhaus (unteres Bild). Der dort seitlich eingemauerte Grundstein von 1676 soll zur Mühle gehört haben, die unterhalb gestanden hat.

„24. Thermidor des 6. Jahres der einen und unteilbaren Republik Frankreich" an den *„Citoyen* (Bürger) *Schultz"* und bittet ihn, die Stadtwaage wiederherzustellen. Das sei der Wunsch *„aller ordnungsliebenden Einwohner, sowie auch der Bürger van der Grinten, Müller hierselbst".* Für die Bedienung halte er den *"Greis Janssen vorzüglich geschickt, da er der Waage gegenüber wohnt und stets ein wachsames Auge über dieselbe führen"* könne. Mit *„Gruß und Bürgersinn"* beschließt er den Brief und dessen ermunternden letzten Satz: *„Die Achtung der Rechtschaffenen und innere Zufriedenheit werden Ihr Lohn seyn."*
Fortan wurde zwar im Sinne von Gleichheit und Brüderlichkeit gewogen, aber gleichwohl auch kräftig gestritten, zum Beispiel über das Staurecht. 1835 hatte nämlich der Bauer Gerhard Verweyen die Müller Kersten und van der Grinten angezeigt, daß sie seine Äcker durch übermäßigen Stau überschwemmt hätten. Kersten und van der Grinten waren die Eigentümer der beiden Mühlen, die einander gegenüber lagen und ein und dasselbe Wehr nutzten.
Das Gericht erster Instanz hatte die beiden Delinquenten auf die Anzeige hin zu sechs Tagen Gefängnis und 13 Talern Geldbuße verurteilt. Aber das Klever Landgericht hob das Urteil nach dreijähriger Verhandlung wieder auf und sprach die Müller auf Kosten der Staatskasse frei: Sie hätten in gutem Glauben gehandelt. Das hier entsprechend anwendbare Niersreglement von 1769 erlaube einen Stau von *„sechs Daumen"* breit - breiten Daumen offenbar - über dem Pegel, zumindest in den Wintermonaten. Worauf sich nun die Stadtbehörde beeilte, endlich auch für Kalkar eine klare Stauregelung zu treffen.

151 Lohmühle vor der Ketelpforte (1614 - 1770)
An der Ketelpforte gab es zeitweilig noch eine dritte Wassermühle. Sie diente dem Schuhmacheramt als Lohmühle. Sie wurde überflüssig, als der Lederfabrikant Guerin 1770 das Hanselaer-Tor auf Abbruch kaufte und an Ort und Stelle aus den Steinen eine Turmwindmühle für die Verarbeitung von Lohe bauen ließ. Diese Windmühle ist übrigens eine der höchsten am Niederrhein und jüngst mit erheblichem Aufwand wieder instandgesetzt worden.

152 Vollmühle am Keteldeich (1489 - 1632)
Um die Mühlenversammlung an der Ketelpforte vollständig zu machen: Direkt neben der Straßenbrücke vor dem Stadttor befand sich eine Vollmühle (Walkmühle) für das Tuchgewerbe. Eine Vorgängerin hatte schon seit etwa 1489 etwas weiter südlich am Stadtgraben gestanden, war aber in einer Fehde zerstört worden. Neben der Brücke hatte man sie dann 1549 neu gebaut. Sie „walkte" bis 1632 und wurde bald danach abgebrochen.

FLINK, Klevische Städteprivilegien 1241 - 1609 (63), S. 154/155; ders., „Die klevischen Herzöge und ihre Städte", in: Land im Mittelpunkt der Mächte (182), S. 89/90; GORISSEN, Niederrheinischer Städteatlas, Heft „Kalkar", (79),S. 58/59; ders., Altklevisches ABC (76), S. 7; ROTTHAUWE, Kostbarkeit Kalkar (216), S. 33 u. 172; SCHLEIDGEN, Urkundenbuch Kleve-Mark 1223 - 1368 (223), S. 109 u. 379; SOMMER, aaO., S. 180; Mühlenakten der Stadt Kalkar 1797 - 1912 (Stadtarchiv Kalkar Nr. 1086); Katasterunterlagen des Kreises Kleve; ferner TK 1843 Bl. 4203 Kalkar: Mühlensymbol.

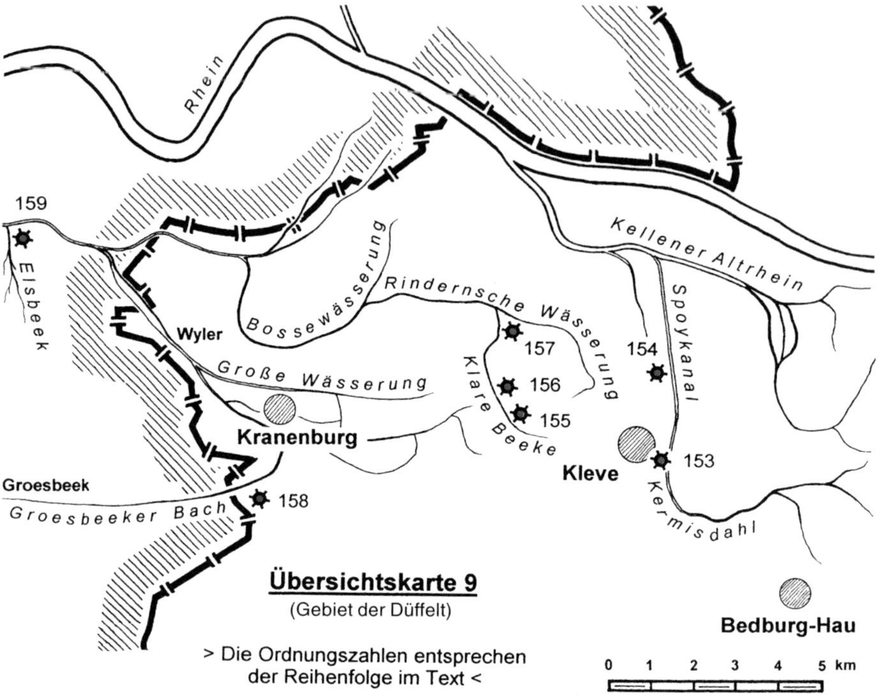

Übersichtskarte 9
(Gebiet der Düffelt)

> Die Ordnungszahlen entsprechen der Reihenfolge im Text <

Im Plangebiet (li.-rh.): 7 Wassermühlen und um die 23 Windmühlen

---

Kermisdahl und Altrheinschlingen

(Moyländer Graben - Kermisdahl - Rindernsche Wasser - Altrheine)

Bis zum 8. Jh. lag Kleve am Rhein, zumindest aber an einem schiffbaren Nebenarm des Rheines. Erst im 13./14. Jh. verlandete hier der Strom, dessen Lauf längst weitab nach Nordosten abgeschwenkt war. Zurück blieb das romantische Kermisdahl unterhalb des "Kliffs" das der Rheinstrom in der Vorzeit in den Gletscherschuttberg geschnitten hatte, auf dem Burg und Stadt Kleve ("Kliff") erbaut werden sollten.
In - oder richtiger durch - dieses "Dahl" flossen seit alters her die Oberflächenwässer aus dem Raum Kalkar/Bedburg-Hau, vermutlich aus einer Reihe von Bächen, die später zum Teil im Moyländer Graben zusammengefaßt wurden. Der Abfluß geschah dann über Altrheinarme und (ab dem 17. Jh.) durch den Spoy-Kanal, über den die Residenzstadt wieder mit dem Rhein verbunden wurde. Aber auch von den Altrheinarmen sind noch Reste erhalten, wie z. B. im Kellener und Griethausener Altrhein.

Aus dem Spätmittelalter sind Mühlen im Kermisdahl und im Klever Hamm (Hamm = Land innerhalb einer ehemaligen Rheinschlinge) bekannt. Von ihnen hat man die Bleeksche Mühle und die Mühle in Wardhausen eindeutig als Wassermühlen erkannt und auch vom Standort her gesichert. Aber im Raum Kellen/Rindern hat es noch mindestens vier weitere Mühlen gegeben, von denen man annimmt, daß sie Wassermühlen waren: in Ophusen, Endhuisen Griethausen und Schmidthausen. Im Grundbuch des Kölner Apostelstifts von 1285 ist zum Beispiel die Zahl von fünf Mühlen genannt, die zum Hof in Smithuisen (Schidthausen) gehört haben. Man hat diese Mühlen aber bis heute weder lokalisieren, noch als Wasser-, Wind- oder Roßmühlen identifizieren können. Wim van Heugten wirft in diesem Zusammenhang sogar die Frage auf, ob nicht auch Schiffmühlen denkbar seien, solange der Altrhein noch schiffbar war. Sicher läßt sich dazu noch einiges klären - auch die Frage, ob es nicht auch Balkenmühlen gewesen sein könnten (siehe Nr. 65). Hier, wo es um eine großflächige Darstellung geht, sind Antworten kaum möglich.

GORISSEN, Niederrheinischer Städteatlas, Heft „Kleve“ (77), S. 24/25; HILD, Jochen, „Der Kermisdahl bei Kleve”, in: HK Krs. Kleve 1967, S. 99 ff.; van HEUGTEN, Wim, „Schipmolens op de Rijn”, in: HK Krs. Kleve 1989, S. 112 ff.

153 Bleeksche Mühle

Kleve, Kermisdahl
(vor 1318 - um 1650) > Kermisdahl <

Sie wird im klevischen Heberegister von 1318 erstmals erwähnt, ist aber mit einiger Sicherheit wesentlich älter. Sie gehörte dem Grafen. Ihren Namen hat sie von der Bleiche (Bleek), an der sie lag, vor dem sog. Wassertor in Kleve, das den Zugang zur Mühle vermittelte.
Es ist anzunehmen, daß die Vorflut am Eingang des Kermisdahls über einen eigens dafür gegrabenen Mühlengraben auf das Wasserrad geleitet wurde. Vielleicht diente auch der alte Rheinarm als Mühlenteich. Urkunden von 1329 und 1345 befassen sich mit der Vergabe der Mühle in Erbpacht. Dabei erfährt man auch, daß die Mühle aus Stein erbaut und vom Erbpächter auf seine Kosten zu unterhalten war. In einem Vertrag zwischen dem Herzog und der Stadt von 1370 ist die - nun „herzogliche“ - Mühle bei einer Ortsbeschreibung erwähnt.
Als Johann Moritz von Nassau 1647 kurfürstlich brandenburgischer Statthalter in Kleve geworden war, dürfte die Wassermühle allerdings nur noch geringe Bedeutung gehabt haben. Ohnehin gab es in der Stadt längst mehrere leistungfähige Windmühlen. Vielleicht war der Kermisdahl wegen des Stauwehrs auch schon zu sehr versumpft, um noch genügend Antriebsenergie zu liefern. Kurzum - Moritz beschloß, seine ehrgeizigen Garten- und Parkbaupläne auch auf das Kermisdahl auszudehnen und legte die Mühle still.

FLINK, Klevische Städteprivilegien (63), S. 296/97 und 336 ff.; GORISSEN, Niederrheinischer Städteatlas (77), Heft "Kleve", S. 24/25 und 35; SCHLEIDGEN, Regesten Kleve-Mark (224), Urkunden Nr. 193 und 296; SCHOLTEN, Zur Geschichte der Stadt Kleve (234), S. 43 und 482.

154 Gräfliche Mühle Wardhausen

Kleve- Wardhausen
(vor 1440 - nach 1502) > Rindernsche Wasser <

Am Unterlauf unseres Gewässerzuges hat noch eine weitere Wassermühle gestanden. Ob sie zur Grundherrschaft des Klosters Echternach gehörte, das hier seit dem 8./9. Jh. begütert war, ist nicht nachzuweisen. 1381 wird sie aber in einem Kaufvertrag ausdrücklich erwähnt, mit dem Graf Adolf von Kleve die Herrschaft Wardhausen *„cum molendinis* - mit den Mühlen" erwarb. 1440 erging eine landesherrliche Verordnung über den Mahlzwang, wonach es den Mahlgenossen in Kleve freigestellt war, *„op die wyndtmoilen off op die watermoelen to Warthuysen ind ten Bleeke* - auf der Windmühle oder auf der Wassermühle in Wardhausen und der Bleekmühle" mahlen zu lassen. Eine weitere Nachricht gibt es aus dem Jahre 1502. Damals hatte sich der Herzog gegenüber der Stadt Kleve verpflichtet, ihr für ein (noch) nicht abgelöstes Darlehen 18 Gulden aus den gesamten Mühlengefällen zu zahlen, auch aus der Wardhausener Wassermühle. Es ist das letzte Mal, daß man etwas von dieser Mühle erfährt.

FLINK, Klevische Städteprivilegien (63) aaO., S. 338; GORISSEN, aaO. S. 24/25 (dort ist auch der Text der Verordnung von 1440 zitiert); ders., Rindern (78), S. 82 ff. (mit wörtlichem Auszug der Urkunde von 1381); ders., Niederrheinischer Städteatlas (77), Heft „Kleve".

Klare Beeke

Quelle:	„Sieben Quellen" im Reichswald b. Nütterden	30 m ü.M.
Mündung:	Große Wässerung (führt in die Waal)	11 m ü.M.
Länge:		3 km
Mittlere Breite:		1-2 m
Mühlenstandorte um 1850:		2

Der Reichswald zwischen Kleve, Kranenburg und Nijmegen liegt auf dem nördlichsten Stück unseres eiszeitlichen Stauchwalles. Der Wall ist hier zwischen 40 und 80 m hoch. Weil er sich - nicht zuletzt wegen der schlechten Bodenqualität - kaum anderweitig nutzen ließ, ist er nur in Teilen gerodet und gilt noch heute als das größte zusammenhängende Waldgebiet in Nordrhein-Westfalen.
Schon Tacitus wußte über ihn zu berichten: Der aufständische Bataverfürst Claudius Civilis habe im Jahre 70 n.Chr. seine Mitstreiter dorthin - in den „sacrum nemus", einen „Heiligen Wald" - zusammengerufen. Im Mittelalter hieß dieser ehedem heilige Wald nur noch schlicht „silva ketila" (Ketelwald). Erst ab etwa 1300 bürgerte sich der heutige Name ein.
Das Wasser aus unserem Reichswald fließt zur Nordseite hin in nur drei Bächen ab: in der „Schwarze Beeke" bei Frasselt, der „Klare Beeke" bei Nütterden und der „Rote Beeke" bei Kleve. Alle drei enden in der Großen Wässerung. Das ist einer der Ableitungsgräben der Düffel, dem ständig vom Hochwasser bedrohten Poldergebiet am Unterstrom des Rheins.

Von unseren „schwarz-weiß-roten" Bächen hat nur der mittlere Bach - die „Klare Beeke" oder auch „Renneke" genannt - Mühlen angetrieben. Bei seinem hierzulande ungewöhnlichen Gefälle von fast 20 m auf nur 3 km war das kein Wunder. Zudem entspringt er in den „Sieben Quellen". So heißt dort heute ein Erholungsgebiet. Das sollte man allerdings nicht allzu wörtlich nehmen. Denn „siepen" ist das mundartliche Wort für „rinnen", und da ist die magische Zahl „sieben" schnell bei der Hand.
Die Mühlen gibt es zwar nicht mehr, wohl aber existieren noch die ehemaligen Mühlenteiche, wo wegen des ständigen Zulaufs von Frischwasser Forellen gezüchtet werden.

KREUER, Der Reichswald (148); KRONSBEIN, „Quellen am unteren Linken Niederrhein", in: Natur und Landschaft am Niederrhein (140), S. 360 ff. - GORISSEN (Die Düffelt, Festschrift 1975, S. 143) nimmt allerdings an, daß in alter Zeit auch an der Rote Beek eine Wassermühle gestanden hat. Er folgert das aus einem Flurnamen „Moelle Stuck".

155 Klarenbecksche Papiermühle

Kranenburg-Nütterden, Papiermühle
(vor 1344 - um 1850) > Klare Beeke <

Ihre Vorläuferin gehörte wahrscheinlich zu den (mehreren) Wassermühlen, die Graf Johann von Kleve zusammen mit Klarenbeck 1344 dem Ritter Dietrich v. Bentheim als Lehen vergeben hatte. Die erste und wohl auch wichtigste Nachricht von einer Papiermühle an diesem Platz vermittelt uns indessen nicht eine Urkunde, sondern eine Federzeichnung. Der Niederländer Albert Meyering hat sie 1702 hergestellt. Sie zeigt ein langgestrecktes, niedriges Gebäude mit drei Wasserrädern und parallel dazu ein zweigeschossiges Wohnhaus.
In einer Statistik des Roerdépartements von 1804 liest man, daß sie „*weißes und graues Papier von der gewöhnlichen Art*" herstellte. Noch in der Kataster-Uraufnahme aus der Zeit um 1830 und in der preußischen Karte von 1843 ist sie mit der Bezeichnung „Papiermühle" eingetragen, in letzterer allerdings offensichtlich am falschen Platz. Dann verliert sich ihre Spur. Sie muß spätestens um 1850 aufgeben worden sein. Heute stehen an dieser Stelle Wohnhäuser mit der Adresse "Papiermühle". Die Beek gibt es hier nur noch als - meist trockenen - Graben.

GORISSEN, Friedrich, „Die Papiermühle von Klarenbeek", in HK Kreis Kleve 1965, S. 39/40; ders., Altklevisches ABC (76), S. 154; SCHLEIDGEN, Regesten Kleve-Mark (224), Urkunde Nr. 287; SOMMER, aaO., S. 178; VAN ECK, Jan, „Molens in de Duffelt", in: Düffel - Das Land wo wir wohnen" (94), S. 87 ff. u. 102; Katasterunterlagen des Kreises Kleve; ferner TK 1843 Bl. 4202 Cleve: „PapM."

156 Kornmühle am Weißen Raben

Kranenburg-Nütterden, Wassermühle
(Anf. 19. Jh. - Anf. 20. Jh.) > Klare Beeke <

An der Klaren Beeke liegen drei Weiher. Der untere sammelte das Wasser für die Burgmühle (siehe Nr. 157). Der mittlere zwischen der B 9 und dem Bahndamm

Nr. 155-157 Die Mühlen an der Klare Beeke, Kranenburg. An der Klare Beeke zwischen Kleve und Kranenburg lagen drei Wassermühlen. - Nachzeichnung der Urkarte von etwa 1830. Der eingesetzte Bildausschnitt ist aus einer Federzeichnung von A. Meyering aus dem Jahre 1702. Sie stellt die Papiermühle von Klarenbeck dar, die mit ihren drei Wasserrädern und großen Gebäuden eines für die damaligen Verhältnisse ansehnliches Unternehmen war.

hatte nichts mit einer Mühle zu tun, zumindest nicht direkt. Anders hingegen der obere Weiher: Hier stößt man auf die Merkwürdigkeit, daß sowohl davor als auch dahinter eine Mühle stand, und zwar oberhalb die Papiermühle und unterhalb eine Kornmühle. So jedenfalls zeigt es ein Situationsplan Nütterdens aus der Zeit um 1839. Es ist übrigens die einzige Karte, die an diesem Platz unmißverständlich und mit ihren Funktionsnamen zwei Mühlen aufführt.
Die Papiermühle ist wohl die eindeutig ältere. Daß sie oberhalb des Teiches stand, ist leicht aus ihrer geographischen Lage unmittelbar am Fuße des Höhenzuges zu erklären. Hier bekam sie das Antriebswasser aus natürlichem Gefälle und war nicht auf einen Stau angewiesen.
Anders die Kornmühle: Sie lag dort, wo die Fallhöhe deutlich geringer war. Sie brauchte einen Mühlenteich. Im Gegensatz zur Papiermühle wird sie allerdings in älteren Dokumenten nie genannt. Sie kann erst zu Beginn des 19. Jh. angelegt worden sein. Eine Störung durch die Papiermühle war nicht zu befürchten, da deren Blütezeit schon vorbei war. Auch die andere Papiermühle in der Düffel - die in Wyler - war ja schon 1819 zu einer Fruchtmühle umgerüstet worden.
In der preußischen Karte von 1893 ist die Kornmühle noch mit einem Mühlensymbol vermerkt. Im Verzeichnis zu den Katasterkarten steht „Wassermühlenhof". Der „Weiße Rabe" ist dort eine Flurbezeichnung. Weil spätere Nachrichten fehlen und kartographisch nur noch der Weiher überliefert ist, muß sie Anfang unseres Jahrhunderts eingegangen sein. Heute erinnert an sie nur noch der Straßenname „Wassermühle" in einem Neubaugebiet.

LAMERS, aaO., S. 211; SOMMER, aaO., S. 178; VAN ECK, Jan, „Molens in de Duffelt", in: Düffel - Das Land wo wir wohnen (94), S. 87 ff. u. 102; Katasterunterlagen des Kreises Kleve; Tranchot Bl. 4 Kranenburg: kein Eintrag; TK 1843 Bl. 4202 Cleve: Hier steht am Ausgang des Mühlenteiches „Papiermühle"; es kann nur eine Namensverwechslung vorliegen, weil die Papiermühle eindeutig jenseits der Römerstraße gestanden hat; TK 1893: Mühlensymbol.

157 Klarenbecksche Kornmühle

Kranenburg-Nütterden, Klarenbeck
(vor 1344 -1945) > Klare Beeke <

Um 1300 ist die Burg Klarenbeck entstanden. Aus dem Jahre 1344 gibt es die schon oben (Nr. 155) erwähnte Urkunde, in der Graf Johann v. Kleve die Burg dem Ritter Dietrich v. Bentheim als Lehen aufträgt. Dabei wurden u.a. auch Wassermühlen („*visscherien en molen* - Fischereien und Mühlen") genannt, ohne daß diese einzeln bezeichnet sind. In jedem Falle und auch schon aus ihrer Lage heraus ist die Burgmühle zu ihnen zu rechnen.
Seit Anfang des 17. Jh. besteht die Burg nicht mehr. Das heutige Haus Klarenbeck ist der ehemals zur Burg gehörige Elsenhof. Er und die Burgmühle haben die Burg um gut 200 Jahre überlebt. Der Hof besteht noch; die Mühle indes ist bei Kriegsende 1945 abgebrannt.

Von einem gewissen John Smith existiert eine Zeichnung vom Juni 1941, auf der hinter dem Weiher das eingeschossige Mühlengebäude zu sehen ist. Das tief heruntergezogene Walmdach sieht aus, als hätte sich die Mühle zum Schutz gegen Sturm und Regen in der extrem flachen Düffel einen Südwester übergezogen.

FRIEDRICHS, Otto, „Das Haus Klarenbeck in Nütterden" und VAN ECK, Jan, „Molens in de Duffel", in: Düffel - das Land wo wir wohnen" (94), S. 107 ff. bzw. S. 87 ff. u. 102; GORISSEN, Altklevisches ABC (76), S. 104; ders., Rindern (78), S. 80 ff. u. 137 (Abdruck der Urkunde von 1344); LAMERS, aaO., S. 209 ff.; SCHLEIDGEN, Regesten, Nr. 287; SOMMER, aaO., S. 176; ferner Tranchot Bl. 4 Kranenburg (1803/05): „Hozur Mühle" (?), sowie TK 1843 u. 1893 Bl. 4202 Kleve: Mühlensymbol/„M".

Groesbeeker Bach

Quelle:	b. Groesbeek (NL)	Höhe: 27 m ü.M.
Mündung:	Große Wässerung (führt in die Waal)	Höhe: 10 m ü.M.
Länge:		5 km
Mittlere Breite:		3 m
Abflußmenge im Jahresmittel am Pegel Kranenburg:		0,24 m^3
Mühlenstandorte um 1850:		1

Der Reichswald ist nicht überall ähnlich oder gleichmäßig hoch, sondern hat eine sehr unregelmäßige Oberflächenform. Die Natur arbeitet eben auch bei einem Stauchwall nicht mit der Nivellierwaage. Vermutlich schon in der Eiszeit sind durch ablaufendes Eiswasser Einschnitte entstanden ist. Zwischen Zyfflich und dem niederländischen Dorf Groesbeek war es ein breiter Einschnitt, in dem man im Mittelalter Rodungen unternommen und am Ende Heide- und Sumpfgebiete hinterlassen hatte.
Aus diesem Rodungsgebiet floß das überschüssige Wasser über die Groesbeek ab, die bei dem niederländischen Dorf entspringt, das nach ihr benannt ist („Groes" = „Groens/Grünland"). Die Herren von Groesbeck waren im Besitz der Waldgrafschaft für den Reichswald gewesen. In Groesbeek hatte Kaiserin Theophanu 980 ihren Sohn Otto (den späteren Kaiser Otto III.) auf einer Reise nach Nijmegen zur Welt gebracht.
Auf deutscher Seite führt unsere Beek einen „Doppelnamen", „Groesbeeker Bach", obwohl man am Niederrhein in seiner niederdeutschen Sprachtradition mit einer Beek schon durchaus die richtige Vorstellung verbindet. Jedenfalls müssen die Wassermengen von Beek und Bach früher ausgereicht haben, nicht nur die Sicherungsgräben von Haus Kreuzfurth und die Stadtgräben von Kranenburg zu bewässern, sondern auch noch eine Wassermühle anzutreiben. Heute ist der Bach nur noch einer von vielen regulierten Abzugsgräben, denen man bei uns auf Schritt und Tritt begegnet.

KREUER, Der Reichswald (148) .

158 Mühle von Haus Kreuzfurth

Kranenburg, Kreuzfurth
(vor 1609 - 2. H. 19. Jh.) > Groesbeeker Bach <

Der Rittersitz Cruysforth tritt 1397 erstmals urkundlich auf. Ab 1438 saß hier mehr als 300 Jahre lang die Familie von Spaen, der das Anwesen als klevisches Lehen übertragen worden war.
Im Alphabetischen Register der Klevischen Lande von 1725 ff. heißt es: *„Patrimonial-Mühle zu Creutzforth, eine Korn-Wassermühle denen von Spaen zuständig, Zwangspflichtige und Mahlgäste 4“.* Die Mühle stand an der Nordseite der wasserumwehrten Hofanlage, etwas abseits von den übrigen Gebäuden. In der Tranchot-Karte Nr. 4 (Kranenburg) von 1803/05 ist das Bauwerk deutlich erkennbar, allerdings fehlt das sonst übliche Mühlensymbol. Im Urriß der klevischen Katasteraufnahme hingegen hat der Landmesser ein kleines Mühlrad eingezeichnet. Und auch in der preußischen Uraufnahme von 1843 steht unverkennbar ein Mühlensymbol. Dann allerdings hören die Nachrichten auf. Es ist anzunehmen, daß die Mühle in der 2. Hälfte des 19. Jh. geschlossen worden ist.

GORISSEN, Altklevisches ABC (76), S. 122; ders. in der Karte des Amtes und der Deichschau Düffel aufgrund älterer Aufnahmen (1975): „M"; LAMERS, in: Kranenburg, S. 25; VAN ECK, „Molens in de Duffelt", in: Die Düffel - Land, wo wir wohnen (94), S. 105; Katasterunterlagen des Kreises Kleve.

Elsbeek

Aus dem bis Nijmegen reichenden niederrheinischen Höhenzug - hervorgegangen aus dem eiszeitlichen Stauchwall - kommt auch die Elsbeek. Sie soll alter Überlieferung nach aus hundert Quellen des Teufelsberges entspringen. Schon nach wenigen flotten Kilometern den Berg hinab endet sie im Wyler Meer. Bis 1945 gehörte der ausgedehnte Wald um den Teufelsberg zu Deutschland. Dann wurde er von den Niederländern besetzt und nach einem Staatsvertrag von 1963 niederländisches Staatsgebiet.
Da die Elsbeek in ihrer „deutschen Zeit" eine Mühle antrieb, mag sie aus historischen Gründen hier eingeschlossen sein.

159 Zyfflicher Papiermühle/Kornmühle

Beek-Ubbergen (NL)
(vor 1725 - um 1900) > Elsbeek <

Sie war eine Schwester der Klarenbeekschen Papiermühle und neben der in Wissen eine der drei klevischen Papiermühlen. Nach dem Altklevischen Register von 1725 war sie „Rudolf Moß zuständig", der diese klevische Herrschaftsmühle offensichtlich gepachtet hatte.
Die Mühle stand unten am Fuß des Teufelsberges beim Startjeshof, der ebenfalls im Landesbesitz war, und zu dem die Mühle wohl gehörte. Ten Hoet nennt den Hof in seinem Wanderbüchlein von 1825 „Herberg de Staart", an dem das Wasser

aus dem Berg *„herab brauste"*, ein Mühlrad antrieb und sich dann im Wyler Meer verlief. Noch heute ist hier eine vielbesuchte Ausflugsgaststätte.
Die Zyfflicher Papiermühle - so genannt nach der damaligen Gemeindezugehörigkeit - wurde um 1817 in eine Kornmühle mit zwei Mahlgängen umgewandelt. Ein regierungsamtlicher Bericht von 1852 bezeichnete sie als *„verwahrlost"*; sie werde kaum noch betrieben. Heute ist von der Mühle nichts mehr zu sehen. Sie wurde um 1900 stillgelegt und abgebrochen.

Van ECK, aaO., S. 88 u. 93/94, (mit einer Fotografie von ungefähr 1890); FÜRTJES-EGBERS, Mühlen in der Düffel (69); GORISSEN, Altklevisches ABC (76), S. 220; ders., „Die Papiermühle von Klarenbeek", in: HK Kreis Kleve 1965 S. 39/40; o. Verf., Huis/Haus Wylerberg (Nijmegen 1988); Katasterunterlagen des Kreises Kleve. Das Zitat aus dem Wanderbüchlein von TEN HOET (1825) wurde mitgeteilt von Herrn Th. Merkus aus Ubbergen (NL).
Nachrichtlich: Van ECK (aaO.) schreibt von *„verschiedenen Wassermühlen"* in Beek-Ubbergen, beschreibt aber nur eine, und zwar eine Mühle mitten in Beek. Ob es dort (auf der niederländischen Seite) noch eine weitere Elsbeek-Mühle gegeben hat, war nicht aufzuklären.

Stromgebiet Maas

Maas

Quelle: bei Langres (Lothringen - Frankreich)	Höhe: 384 m ü.M.
Mündung: Hollands Diep (NL)	Höhe: 0 m ü.M.
Länge:	874 km
Mittlere Breite bei Venlo:	100 m
Mittlere Abflußmenge im Jahresdurchschnitt 1974-1995 am Pegel Keizersveer (bei Dordrecht):	320 m^3/sec

Der Niederrhein ist eigentlich ein Zweistromland - nicht wie jenes berühmte Zweistromland an Euphrat und Tigris, aber doch auch von zwei großen Flüssen geprägt: vom Rhein und von der Maas. Daran ändert nichts, daß die mehr in politischer Konkurrenz als in volkstumsmäßigen Kategorien denkenden Diplomaten auf dem Wiener Kongreß die Landesgrenze ziemlich exakt in Kanonenschußweite von der Maas zogen. Damals - 1815 - konnten die gedachten „Kongreßkanonen" ungefähr 3 Meilen weit schießen. Da man die Maas außerhalb preußischer Reichweite halten wollte, waren diesseits dieser Linie Preußen und später Deutschland, jenseits die Niederlande. An eine Gleitklausel - etwa „nach dem jeweiligen Stande der Technik" - hatten die Diplomaten nicht gedacht. Sonst wären die Niederrheiner wohl heute größtenteils Niederländer.
Nun - die Maas, an der damals Maß genommen worden war, zieht ungefähr die Hälfte aller heimatlichen Flüsse und Bäche an. Die Wasserscheide zwischen ihr und dem Rhein durchquert den Linken Niederrhein von Norden nach Süden. Dabei fällt der Anteil deutlich zugunsten der Maas aus. Das liegt daran, daß die durch das Nordmeer entstandene niederrheinische Bucht nicht etwa gleichmäßig flach ist, sondern ein differenziertes Bodenrelief aufweist. Im Süden sind es die sehr unterschiedlichen Höhenlagen vor allem im „Mittelfeld" zwischen den beiden Strömen. Im Norden ist es vor allem der Höhenzug zwischen Krefeld und Nijmwegen, entstanden durch eine eiszeitliche Endmöräne, der die Gewässer zur einen oder zur anderen Seite hin abfließen läßt.
Ein Vergleich der Zuflüsse zeigt das sehr augenfällig: Außer einer Reihe kleinerer Bäche und Bachsysteme wie etwa im Ley-Gebiet bei Xanten/Kalkar gibt es nur zwei namhafte Zuflüsse zum Rhein: die Erft und den Moersbach. Anders dagegen sieht es mit den Zuflüssen der Maas aus. Von Süden nach Norden zählen wir dazu: den Rodebach im Selfkant; die Rur mit ihren Nebenflüssen Wurm und Inde; ihr folgen die Schwalm und schließlich die Niers mit der Nette.
Geologisch bietet die Maas übrigens noch eine Besonderheit. Sie liegt nämlich bei uns im Durchschnitt 5 m tiefer als der Rhein, weil das Maastal im Gegensatz zur ausgeschwemmten Rheinaue durch eine tektonische Absenkung der Erdkruste entstanden ist.
Aber der um vieles größere und stärkere Rheinstrom hat die Vorherrschaft. Über ihn fließt um die zehn mal mehr Wasser ab als über die Maas. Umgekehrt ist die mittlere höchste Wassermenge der Maas wesentlich ausgeprägter als beim Rhein, trotz der auch heute noch zuweilen verheerenden Rheinüberschwemmungen. Bei

ihrem höchsten Hochwasser in unserem Jahrhundert (1926) hatte sich bei der Maas ein Rückstau über die Niers bis zur Stadt Goch ergeben.
Wie der Rhein, so kommt auch die Maas von weit her: aus Lothringen, wo sie dem kalkreichen Hochplateau zwischen Nancy und Dijon entspringt. Auf ihrem langen Weg durchquert sie Nordfrankreich und Belgien, ehe sie bei Maastricht, dem römischen „Trajectum ad Mosam - Maasübergang", unser limburgischer Nachbar wird. Und sie verläßt uns erst dort, wo der Niederrhein aufhört, bei Nijmegen. Ab dort ist sie ein enger Weggenosse des Rheines, der hier in seinem Hauptarm „Waal" heißt und sich erst kurz vor der Nordsee mit ihr vereinigt. Das ist bei Dordrecht, dessen Namen man auf so vielen Binnenschiffen liest, die den Rhein und die Maas stromauf und stromab befahren.
Die Schiffahrt indessen gibt uns noch ein anderes Stichwort: „Rhein-Maas-Kanal", der die Großen der Geschichte immer wieder beschäftigt hat. Denn was lag näher, als das Zusammentreffen der beiden Ströme bereits am Niederrhein zu arrangieren und die Schiffahrtswege abzukürzen. Schon die Römer sollen zur Zeit des Kaisers Claudius einen ersten Versuch unternommen haben. Auch von Karl dem Großen ist ein solches Kanalprojekt überliefert. Die berühmt gewordene spanische „Fossa Eugeniana" (1626-29) zwischen Rheinberg und Venlo wurde zwar begonnen, blieb aber unvollendet. Auch der „Grand Canal du Nord", mit dem Napoleon 1810 die Niederlande vom Handelsverkehr abschneiden wollte, wurde nie fertig. Später hat es dann wiederholt Versuche gegeben, doch noch eine Kanalverbindung zu schaffen - nun allerdings weniger aus politischen Gründen, wie bei den Spaniern und Franzosen - sondern um der Verkehrswirtschaft willen. Sie alle sind nicht über das Verhandlungsstadium hinausgekommen. Wären sie Wirklichkeit geworden, dann hätten sie das landschaftliche und wirtschaftliche Gesicht des Niederrheins ohne Zweifel nachhaltig verändert.
Allerdings findet man an den Nebengewässern in dem Landstreifen zwischen der Maas und der Landesgrenze einige Standorte herkömmlicher Wassermühlen. Alles in allem sind das aber nicht mehr als 10 - 15. Die weitaus meisten davon haben im Süden gestanden. An der Niers gab es auf niederländischer Seite nur eine einzige Wassermühle, und zwar in Gennep nahe der Mündung. Auf diese Mühlen wird im nachfolgenden Teil nur dann eingegangen, wenn es dafür besondere Gründe gibt - etwa die unmittelbare Lage an der Grenze oder geschichtliche Zusammenhänge.

Zum geologischen Aufbau und Bodenrelief: THOMÉ, „Entstehung der Niederrheinischen Gewässer", in: Niederrheinisches Jahrbuch, Bd. VI (1963), S. 9 ff. Zum Rhein-Maas-Kanal: BÖTTGER, Wilhelm, „Um den Maas(Arcen)-Niederrhein-Kanal" (Denkschrift 1957); FÖHL, Walter, „Der Rhein-Maas-Schelde-Kanal" in: Zeitschrift für Verkehrswissenschaft 1956, S. 243 ff. Zu den Schiffmühlen: van HEUGTEN, Wim, „Schipmolens op de Rijn", in: HK Krs. Kleve 1989, S. 112 ff. Siehe im übrigen auch die von Willi BARTELS (Venlo) in mehreren Bänden zusammengestellte Kollage „Wind- en Watermolens", die allerdings in nur wenigen Exemplaren vervielfältigt worden ist.

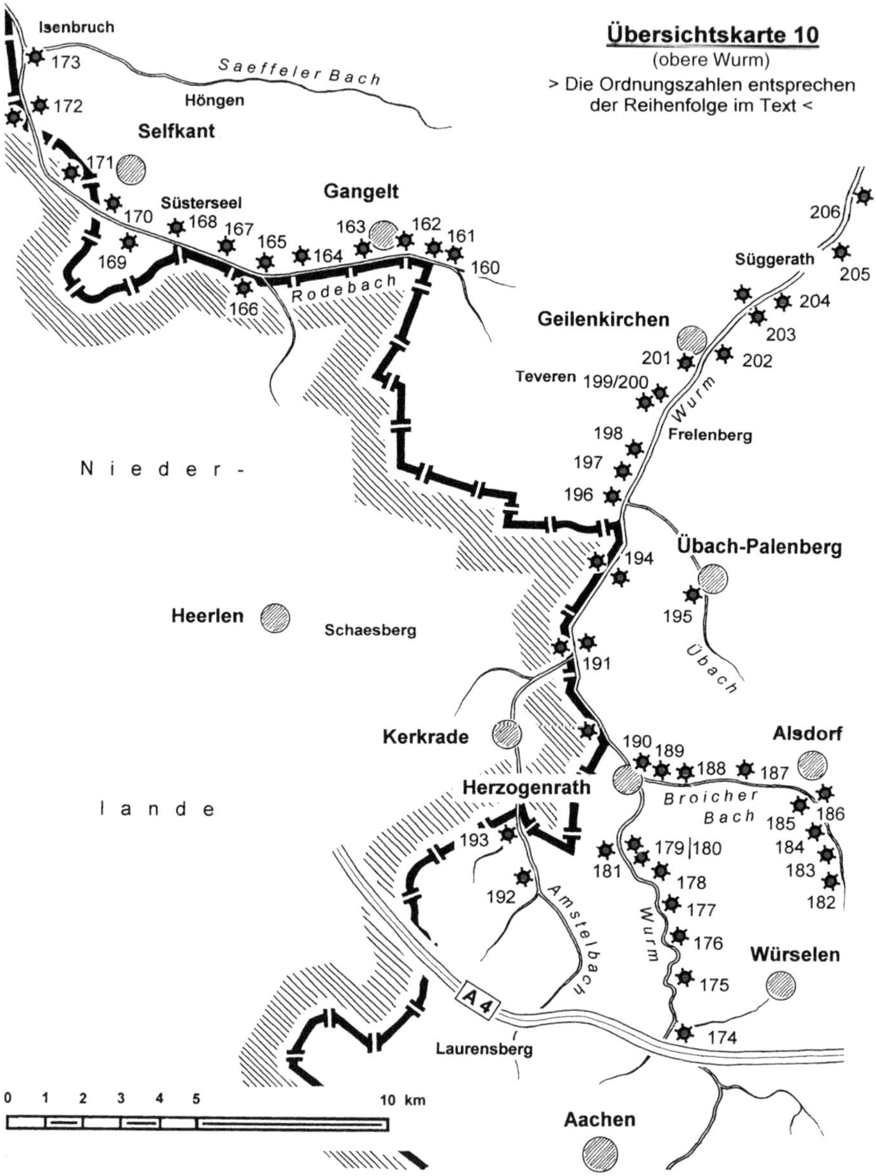

Im Plangebiet (nörd. A 4): 46 Wassermühlen und um die 6 Windmühlen

Rodebach/Rode Beek

Quelle: 3 km nordwestlich von Geilenkirchen	Höhe: 75 m ü.M.
Mündung: Geleenbeek bei Dieteren (NL); fließt zur Maas	Höhe: 27 m ü.M.
Länge:	25 km
Mittlere Breite:	4 m
Abflußmenge im Jahresmittel 1995 am Pegel Wehr:	0,37 m^3/sec.
Mühlenstandorte um 1890 (auf deutscher Seite):	13

Der Jesuitenpater Jacob Kritzraedt (1602-1672) ist ein viel zitierter Mann, wenn es um die Geschichte seiner Selfkantheimat geht. Im Vorwort zu seinem Büchlein über Millen-Born sagt er, mit seinen Forschungen sei es ihm wie dem vertrauten Rodebach ergangen: „Gleichwie unsere Robecke (so nicht unfüglich Rubicon Julio-Milla-Bornensis kan genent werden) anfänglich zwar im Sandt zu Geylrae also ein kleines Wässerlein ist, daß auch ein Vöglein darüber springen oder hüpfen möchte, allgemach mit zulaufenden Springadern so groß und breit erwachset, daß sie bald ein Mühlen (deren bis zum Haus Millen kaum 2 oder 3 Stunden Wegs, in die zehn oder eilff gezehlt werden) umtreibet und neben Gangelt, Süsterseel, Wehr, Tüdder, endlich neben Süsteren, als ein großer tiefer Bach in die Mase einlaufet."

Der Rodebach war zu Kritzraedts Zeit zusammen mit dem Saeffeler Bach die Lebensader des Selfkant, eines „toten Winkels" an der deutsch-niederländischen Grenze, der in Wirklichkeit lebendiges fruchtbares Land ist. Vom Saeffelbach hat der Selfkant seinen Namen.

Auf den Karten des 19. Jh. ist der Rodebach als ein stark mäandrierender Wasserlauf dargestellt - wie ein Wollfaden, der aus einer alten Strickjacke aufgeribbelt wurde. Die älteren Anwohner haben ihn noch als idyllischen Bachlauf in einem idyllischen Tal in Erinnerung. Sie nannten ihn wegen seines hellen Sandbettes zuweilen auch „Silberbach", obwohl eigentlich die eisenhaltigen Moorwässer Bach und Namen rot eingefärbt haben sollen - wie bei vielen anderen „Rotbächen" am Niederrhein auch.

Anfang des 20. Jh. war es allerdings mit der romantischen Verklärung vorbei. Der Rodebach wurde zu einem verschlammten „Schwarzbach", in dem sich die Abwässer der Zeche Hendrick sammelten. Schlimmer noch: der einst so munter fließende Bach hatte vor allem in seinem Oberlauf immer weniger Wasser; die Quelle versiegte, wahrscheinlich wegen der Sümpfungsmaßnahmen der Braunkohle und wegen der zunehmenden Bautätigkeit. Jetzt konnte nur noch eine Regulierung abhelfen, die im Unterlauf zwischen den beiden Kriegen und im Oberlauf in den 60er Jahren durchgeführt wurde. Nun paßte unser Bach zwar nicht mehr in die Landschaft, floß dafür aber in seinem grauen Betonbett sehr zielstrebig ab. Nur ein 400 m langes Uferstück bei der Etzenrather Mühle hat man kürzlich wieder renaturiert - indes, ohne dem Beton wehe zu tun, vorerst zumindest.

In den Niederlanden vereinigt sich der Rodebach - nun heißt er „Rode Beek" - mit der Geleenbeek, die über die Oude Maas schließlich in der heutigen Maas ihr Ziel findet. Übrigens hieß er um 700 „Sustara", später „Suestra" und „Süster". Die Namen der Orte Süsterseel und Susteren Seite gehen darauf zurück.

Nr. 160 Engelsmühle, Gangelt. Sie war die oberste und zählt zur „alten Garde" unter den Rodebachmühlen (13. Jh.). Sie war allerdings auch die erste, die wegen der Bachregulierung 1924 stillgelegt werden mußte. Das Mühlenhaus steht noch und ist bewohnt.

Nr. 161 Platzmühle, Gangelt. Wie auch die Engelsmühle hat sie ihren Namen von der letzten Müllerfamilie. In alter Zeit hieß sie „Schlagmühle", war also ursprünglich eine Ölmühle. Ihr setzte 1926 die Regulierung des Baches ein Ende. Nur der Mühlenhof blieb.

Der Wiener Kongreß hat den Rodebach auf weite Strecken zum Grenzfluß gemacht. Vorher gehörten zu den jülich´schen Ämtern Millen und Born auch die jenseits liegenden Gemeinden, unter ihnen Sittard. Zwischen 1949 und 1963 war er dann von der Grenzwacht noch einmal vorübergehend befreit. Erst die innereuropäische Öffnung der Grenzen unserer Zeit läßt keine Trennfunktion mehr spüren.
Und die vielen Wassermühlen am Rodenbach? Sie liegen inzwischen ausnahmslos still, seit sich der fast überall „zwangsumgesiedelte" Bach von ihnen entfernt hatte. Die beiden Mühlen am Oberlauf in Stahe waren die ersten; sie hauchten schon in den 20er Jahren ihr Mühlenleben aus. Die anderen folgten ihnen zwischen 1960 und 1970.

DERCKX/HENDRICKX, Die Grüne Grenze (41), S. 45 ff.; KLASSEN, in: Unsere Heimat, der Selfkantkreis Geilenkirchen-Heinsberg (239), S. 237; KRITZRAEDT, Bericht Millen-Born (150), Vorwort; SYMENS, H. „Vom Rodebach und seinen Mühlen", in: Die Heimat (Heinsberg) 1942, S. 49 ff.

160 Engelsmühle

Gangelt-Stahe, Rodebachstraße
(vor 1300 - 1924) > Rodebach <

An der Rodebachstraße in Stahe floß einst der Rodebach im engen Bogen nach Norden. Hier stand die Engelsmühle, benannt nach der letzten Müllerfamilie. Das Mühlenhaus gibt es noch, die Einrichtung indes nicht mehr. Schon 1924 hatte die Gemeinde das Staurecht erworben, um den Bach um einen Meter vertiefen und das Bruchland zwischen Stahe und Niederbusch trockenlegen zu können.
Die Engelsmühle war im Reigen der Rodebachmühlen die erste und oberste. Sie befand sich nur 1,5 km hinter der Quelle. Um 1300 gehörte sie zu einem Heinsberger Lehenshof. 1571 erlaubte Herzog Wilhelm von Jülich seinem „*underthanen Heinen von den Dhünen auf unser bächlein und wasserstrom*" zu Stahe eine „*Kornmulle*" zu errichten. Sie solle an derselben Stelle entstehen, „*da in vorigen Zeiten auch ein müll gestanden*". Die jährliche Angabe betrug: 3 Malten Roggen an die Rentmeisterei in Millen. Die Vorgängermühle soll 1542 in Flammen aufgegangen sein, als kaiserliche Truppen Vergeltung für einen erschlagenen Soldaten geübt hatten.
Die Engelsmühle und die etwa 500 m weiter unterhalb liegende Platzmühle waren die ersten, die in unserem Jahrhundert das Nachlassen der Quelle zu spüren bekamen. Schon 1924 wurde sie stillgelegt. Dem Müller mochte es recht gewesen sein, daß die Gemeinde ihn für das Staurecht entschädigte, weil sie mit der Bachregulierung beginnen wollte. Das Gebäude ist noch erhalten und bewohnt.

PIEPERS, W., „Aus der Geschichte einer Mühle in Stahe", in: HK Krs. Geilenkirchen-Heinsberg 1951, S. 29 ff.; SOMMER, aaO., S. 276; SYMENS, „Vom Rodebach und seinen Mühlen", in: Die Heimat (Heinsberg) 1942, S. 51; ferner TK 1892 Bl. 5002 Geilenkirchen: Mühlensymbol.

Nr. 162 Mohrenmühle. Schon seit ihrer ersten Erwähnung 1559 hieß sie „more moele“, ob nach einem Pächter oder dem Feuchtgebiet („Moor“), ist nicht geklärt. Sie lief bis 1956, zuletzt mit einer Turbine. Heute ist die Mohrenmühle ein landwirtschaftlicher Betrieb.

Nr. 163 Dahlmühle, Gangelt. Auch sie lief zuletzt mit einer Turbine, wie die meisten Mühlen am Rodebach. In der Kornmühle wurde noch bis 1935 auch Raps verarbeitet, als andere Ölmühlen längst geschlossen hatten. Seit der Nachkriegszeit dient sie Wohnzwecken.

161 Platzmühle

Gangelt-Stahe, Zur Platzmühle
(vor 1472 - 1926) > Rodebach <

In Stahe kennt man sie nur unter dem Namen der Müllerfamilie Platz, die sie zuletzt bewirtschaftete. In der älteren Geschichte heißt sie durchweg „Schlagmühle“ (z.B. im Gangelter Stadtbuch 1472) oder auch „Schlagoligsmühle“ (in einem Rechtsstreit 1723). Dieser alte Name zeigt an, daß sie traditionell eine Ölmühle gewesen ist. Im 19. Jh. hatte sich das aber geändert. Da war sie eine Lohmühle mit vier Stampfen und einem Mahlgang.
1926 - zwei Jahre nach der Engelsmühle - fiel sie der Staher Bruchmelioration zum Opfer. Heute gibt es hier nur noch ein kleines landwirtschaftliches Anwesen aus neuerer Zeit. Bei genauem Hinsehen entdeckt man allerdings auf der Kälberweide hinter dem Stall den grasüberwucherten Stein eines Kollerganges.

FLINK, Rhein. Städteatlas Nr. 14 „Gangelt“ (211), Textteil; GILLESSEN, Ortschaften (74), S. 106; HENNES, Anton, „Aus der Geschichte der Gangelter Mühlen“, in: Die Heimat, Beilage zur Heinsberger Volkszeitung 1943, S. 18/19 (die Abhandlung ist in 11 Folgen in der Geilenkirchener Volkszeitung zw. Dez. 1981 u. Febr. 1982 unter dem Titel „Mühlen wie Perlen an einer Schnur“ noch einmal abgedruckt worden); in seiner ausführlichen genealogischen Darstellung hat er die Platzmühle allerdings nur einmal beiläufig erwähnt; die Engelsmühle kommt bei ihm überhaupt nicht vor, möglicherweise wegen ihrer zuletzt nur noch geringen Bedeutung; SOMMER, aaO:, S. 275; SYMENS, „Vom Rodebach und seinen Mühlen“, in: Die Heimat (Heinsberg) 1942, S. 51; ferner Tranchot Bl. 65 Gangelt (1804/05): „Schlag Mhl.“, sowie TK 1846 u. 1893 Bl. 5002 Geilenkirchen: Mühlensymbol/„M“.

162 Mohrenmühle

Gangelt, Zur Mohrenmühle
(vor 1559 - 1956) > Rodebach <

Nach unserem Bürgerlichen Gesetzbuch ist die Besitznahme ein realer und eher handgreiflicher Vorgang, nicht etwa ein verbaler Akt, wo man mündlich oder schriftlich etwas über das Eigentum erklärt. Bei den Altvorderen war das noch viel augenfälliger und sehr symbolhaft. Als nämlich 1760 der Müller Johann Sprietz die Mohrenmühle übernahm, da wurde das so festgehalten: „*Man ist dann zur Mühle gegangen und hat Besitz ergriffen mit Auf- und Zuschließung der Türen, Anzünden und Auslöschung des Feuers, Auf- und Abschützung der Hiel, sodann Drehung des Mühlrades und Gehung der Mühle, Ausgrabung der Erde in dem Garten, auch Abpflückung der Zweige von den Bäumen, wie es Brauch und Sitte.*“
Das war keineswegs der erste Besitzübergang auf der Mühle und schon garnicht der einzige. Denn schon 1559 ist die Mühle in der Gangelter Kirchenrentliste erwähnt und hieß schon damals „more moele“. Sicher war sie viel älter und wie fast alle Rodebachmühlen eine herrschaftliche Mühle und in Erbpacht vergeben. Den Namen des ersten Pächters kann man allenfalls vermuten. Vielleicht war es ein Mohren oder Moren, obgleich es damals noch keine Familiennamen gab. Viel-

Nr. 164 Brommeler Mühle, Gangelt. Nach 600 Jahren endete sie im Zweiten Weltkrieg durch einen Kanonenschuß, der den Antrieb zerstörte. Heute ist die „Brombeer-Mühle" ein Gasthof.

Nr. 165 Etzenrather Mühle, Gangelt. Auch sie wurde nach 400 Jahren noch auf Turbinenantrieb umgestellt. Aber 1965 ging ihr der Atem aus. Dann begann eine zweite Karriere als Ausflugslokal am Tüdderner Hochwildgehege.

leicht hat die Bezeichnung der Mühle aber auch etwas mit dem Feuchtgebiet zu tun, das längs des Rodebaches allgegenwärtig war und dessen Trockenlegung den Mühlen schließlich den Atem nahm.
Die Mohrenmühle war eine Kornmühle. Sie hatte zwei Mahlgänge, die ab 1913 von einer 18 PS-Turbine angetrieben wurden. An der Turbine hing auch noch ein kleiner Stromgenerator. 1956 stellte der letzte „Mohrenmüller" Kreiten die Turbine endgültig ab. Seither erinnern nur noch ein Mühlstein und eine Hinweistafel am Hause an eine 500 Jahre alte Tradition.

GILLESSEN, Ortschaften (74), S. 104; HENNES, Anton, „Aus der Geschichte der Gangelter Mühlen", aaO., S. 18/19; SOMMER, aaO., S. 275; STAAS, P., in: Unsere Heimat, der Selfkantkreis (239), S. 198; ferner Tranchot Bl. 65 Gangelt (1804/05): Mohren Mhl.", sowie TK 1846 u. 1892 Bl. 5002 Geilenkirchen: „Mohrenmühle".

163 Dahlmühle

Gangelt, Zur Dahlmühle
(vor 1472 - Mitte 20. Jh.) > Rodebach <

Sie war ein jülich´sches Lehen im Besitz der Junker von Drimborn. Bei der Namensgebung stand das Tal des Rodebaches Pate, das hier besonders ausgeprägt ist. 1472 ist sie urkundlich erstmals erwähnt. Vermutlich ist sie mit der „nuwer moelen" (Waidmühle) identisch, die um 1500 in den Millener Rechnungsbüchern steht.
Die lange Namensliste der Dahlmüller hat Anton Hennes erforscht, dessen Vorfahren von der Mühle stammten. Dabei stellte er fest, daß die Gangelter Müllerfamilien oft miteinander verwandt oder verschwägert waren - eine Beobachtung, die man bei den Wind- und Wassermühlen unserer Heimat allgemein machen kann. Im 18. Jh. reichten die Gangelter Verbindungen bis nach Waldfeucht hinauf, dessen alte Windmühle mit der Dahlmühle in einer Hand war.
In einer Hand war in Gangelt offenbar auch die Grundversorgung mit „flüssigem Brot": Denn der Dahlmüller war in der zweiten Hälfte des vorigen Jahrhunderts auch Bierbrauer. Der letzte von ihm hieß Paulis, und die alten Gangelter brachten ihren Raps und ihr Getreide folgerichtig zur „Paulismühle" und nicht etwa zur Dahlmühle.
Anfang des 19. Jh. hatte man den Getreidemahlgang um eine Ölpresse erweitert. Sie war anders als die meisten Ölmühlen - der übermächtigen Konkurenz zum Trotz - noch bis um 1935 in Betrieb war, um den in dieser Gegend reichlich anfallenden Rapssamen zu verarbeiten. Wenige Jahre später stellte dann aber auch die Mahlmühle ihre Arbeit ein.
Heute dient das vorzüglich restaurierte Anwesen Wohnzwecken. Das Wasserrad an der Rückseite ist allerdings eine Attrappe. Denn die Mühle besaß seit 1913 eine Francis-Turbine. Für das Konzessionsgesuch, das im Archiv der Gemeinde Gangelt verwahrt wird, hatte Peter Paulis übrigens die Erneuerung des „verlorengegangenen" Ankernagels nachweisen müssen. Solche Nägel wurden in die Wand eingeschlagen und waren die Meßpunkte für das Einhalten der Staugrenzen, von

denen alle Mühlen an einem Antriebsgewässer abhingen. Für die Dahlmühle lag die Grenze bei 56,44 über NN.

GILLESSEN, Ortschaften (74), S. 103; HENNES, „Aus der Geschichte der Gangelter Mühlen", aaO., S. 19/20; SOMMER, aaO., S. 274; STAAS, aaO., S. 198; ferner Tranchot Bl. 65 Gangelt (1804/05): „Dahl Mhl.", sowie TK 1893 Bl. 5002 Geilenkirchen: „DahlM."

164 Brommeler Mühle

Gangelt-Mindergangelt, Schinvelder Straße
(vor 1317/27 - um 1940) > Rodebach <

Erste Kunde von ihr liefert uns eine Ortsbeschreibung im Gangelter Stadtbuch von 1317/27. Sie war eine jülich´sche Lehnsmühle, deren Personalliste nicht weniger lang ist als die ihrer Nachbarinnen. Sie soll nach den Brombeeren benannt sein, die es hier einstmals in großen Mengen zu pflücken gab. Aber neben Brommeler (auch „Bromeler") hat sie noch einen Zweitnamen: „Stegermühle", nach einem Streitobjekt zwischen Gangelt und Schinveld - den beiden Stegen nämlich, die hier über den Rodebach führten.
Just auf einem dieser Stege hatte nämlich 1492 ein geistlicher Herr einen Fehltritt getan und war im Bach ertrunken. Der Unfall löste Zuständigkeitsprobleme aus, die offenbar so weitreichend waren, daß ein amtlicher Limitengang (Grenzfeststellung) durch die Landdrosten von Millen und Valkenburg notwendig wurde. Für die Beisetzung kam der Limitengang allerdings zu spät. Die Leiche war in salomonischer Weise Gangelt zugesprochen worden, weil der Verunglückte *„mit dem Haupte nach Gangelt zu"* gelegen hatte, wie es in einem zeitgenössischen Bericht heißt.
Aus dem 18. Jh. sind drei kleine, aber bezeichnende Dinge überliefert: Als die „Brombeermühle" verkauft worden war, ließ der neue Eigentümer in den Deckenbalken stolz die Inschrift anbringen *„Anno 1713 Neiclaus Dreißen gehurt dei Mulen"*. Seinen Tod registrierte der Pfarrer 1734 mit dem lateinischen Eintrag *„Nicolaus ex molendino"*. Der Nachfolger Wilhelm Wolters erhielt 1766 im Sterberegister sogar ein ehrendes Prädikat: *„Molitor fidelis"* (ein zuverlässiger Müller), was offenbar nicht selbstverständlich war.
Wohl erst im 19. Jh. bekam die Mühle zu ihren Mahlgängen Ölschlagwerke, von denen noch heute die typischen glatten Steine des Kollerganges auf dem Grundstück zeugen, vier an der Zahl. Bis um 1920 war die Ölmühle, bis etwa 1940 die Kornmühle tätig, und zwar bis zuletzt von einem mächtigen unterschlägigen Wasserrad angetrieben. Das Rad wurde 1945 durch eine Artilleriegranate zerschossen.
Heute ist die Brommeler Mühle ein Landgasthof an der Straße nach Schinveld. Den umstrittenen Steg hat man längst durch eine Straßenbrücke ersetzt.

FLINK, Rhein. Städteatlas Nr. 14 „Gangelt" (211), Textteil; ders., Die ehemalige Stadt Gangelt (62), S. 13; GILLESSEN, Ortschaften (74), S. 94; HENNES, „Die Geschichte der Gangelter Mühlen", aaO., S. 20/21; PIEPERS, Wilhelm, „Das letzte Mühlenrad auf dem Rodebach", in: HK Kreis Heinsberg 1996, S. 158 ff.; SOMMER, aaO., S. 275; STAAS, aaO., S. 198; THOLEN, P., „Ein Limitengang 1492", in: Die Heimat (Heinsberg) 1938, S. 7 ff.; ferner Tranchot Bl. 65 Gangelt (1804/05): „Steiger Moelen", sowie TK 1893 Bl. 5002 Geilenkirchen: „BrommelM."

165 Etzenrather Mühle

Gangelt-Mindergangelt
(vor 1492 - 1965) > Rodebach <

Auf der gegenüberliegenden Seite des Rodebaches befindet sich das niederländische Dorf Etsenrade. Das erklärt den Namen unserer Mühle. Er kommt erstmals 1492 in jener Grenzbeschreibung vor („*moolen tot eitzssenrae*"), die durch den merkwürdigen Unfall auf dem Steg bei der benachbarten Brommeler Mühle ausgelöst worden war. Aus 1591 wird vermeldet, daß die Etzenrather Mühle von „*mutwilligen Bösewichtern*" in Brand gesteckt wurde.
1913/15 hatte unsere Mühle eine Turbine bekommen. Zuletzt half noch ein Elektromotor mit aus, als der Bach mehr und mehr verschlammte und schließlich auch noch das zusätzliche Wasser aus dem Schinvelder Bach ausblieb. Sicher hätte dieser Motor die Mühle auch noch über 1965 hinaus in Gang halten können, als der Rodebach verlegt worden war. Aber man sei vom Hinterland abgeschnitten und im Wettbewerb zu lange benachteiligt gewesen, als das Selfkantgebiet (bis 1963) niederländisch verwaltet wurde, meint der letzte Müller.
Inzwischen ist die Mühle am Rande eines Hochwildgeheges fester Bestandteil von Ausflugsplänen und eine vielbesuchte Kaffeewirtschaft. Der ehemalige Müller steht so selbstsicher hinter der Theke, als hätte er nie einen staubigen Kittel angehabt. Aber der Schankraum hat viel von der Ursprünglichkeit der alten Mühle behalten, der Willi Offergeld in heimatlicher Mundart nachtrauert:

Se hant de Bäek ´ne nüje Loop gegäeve.
Nuu es de Mü´ehle bau ganz o´ehne Läeve!
Et Waater löppt on schümmt und bruust neet mi´eh,
on ooch de Rar on Steen sech neet mi´eh dri´eh!
De Mü´ehle leggt nuu tösche Busch on Wej,
on aan dr bre´e Wä´eg doé wässt de Hej!

GILLESSEN, Ortschaften (74), S. 96; HENNES, „Aus der Geschichte der Gangelter Mühlen", aaO., S. 21 ff.; OFFERGELD, Willi, „De I´etzender Mü´ehle" (Gedicht in Gangelter Mundart über die Etzenrader Mühle), in: HK Selfkantkreis 1969, S. 181; SOMMER, aaO., S. 275; STAAS, aaO., S. 198; THOLEN, P., „Ein Limitengang 1492", in: Die Heimat (Heinsberg) 1938, S. 7 ff.; ferner Tranchot Bl. 65 Gangelt (1804/05): „Etzenrather Moelen", sowie TK 1893 Bl. 5002 Geilenkirchen: „Etzenrather M."

166 Roermolen

Jabeek (NL), Molenweg
(vor 1492 - Mitte 20. Jh.) > Rodebach <

Von unseren 14 Rodebachmühlen liegt nur eine auf niederländischer Seite, wenn man vom niederländischen Teil der der Millener Doppelmühle absieht. Es ist die Roermühle oder - nach dem nahegelegenen Dorf - die „Jabecker Mühle". Ihr Name soll ein Hinweis auf die Lage im Feuchtgebiet sein (siehe „Rohr" = „Schilf" im Deutschen).

Nr. 166 Roermolen, Jabeek (NL). Sie war eine alte Mahl- und Ölmühle und lief bis Mitte des 20. Jh. Heute wird auch sie vom regulierten Bach nicht mehr berührt. Das Anwesen ist bewohnt. Giebelmalerei und Mühlsteine erinnern noch an die frühere Funktion.

Nr. 167 Ingentaler Mühle, Selfkant. Sie dürfte erst im 18. Jh. erbaut und nach einer Flurbezeichnung benannt worden sein. Heute ist sie ein mittlerer landwirtschaftlicher Betrieb. Von der Mühle selbst ist nichts mehr zu sehen.

Im Protokoll über den Limitengang 1492 ist „Roers“ als ein topographischer Punkt westlich der Etzenrather Mühle angegeben. Da hier außer einer Mühle kein Gebäude stand und steht, kann es sich nur um die Mühle gehandelt haben. Aus dem Jahre 1690 gibt es im Gangelter Kirchenbuch einen Eintrag, wonach dem Lambert Lamberts in der „Ritzrohr mühl“ ein Sohn geboren wurde.
Das heutige denkmalgeschützte Gebäude zeigt auf der Giebelbemalung neben einem Müllerkarren die Jahreszahl 1794. Auf dem Hof des kleinen Anwesens befinden sich mehrere Mühlsteine einer Mahl- und einer Ölmühle (vom Kollergang). Von der Mühleneinrichtung ist allerdings nichts mehr vorhanden. Früher war in einem Anbau auch eine Roßmühle, um in strengen Wintern die Wassermühle zu ersetzen. Nach Meinung der Bewohner liegt die Mühle schon seit dem Zweiten Weltkrieg still.

HENNES, „Aus der Geschichte der Gangelter Mühlen“, in: Die Heimat (Heinsberg) 1943, S. 22; JANSEN, Peter, „Roßmühlen“, in: HK Selfkantkreis 1970, S. 28; THOLEN, „Ein Limitengang 1492“, ebenda 1938, S. 7 ff.; ders., in: HK Kreis Heinsberg 1933 S. 47; ferner TK 25 (NL) Nr. 68 G Brunssum: „Roermolen“.

167 Ingentaler Mühle

Selfkant-Süsterseel, Pfarrer-Kreins-Straße
(vor 1800 - Mitte 20. Jh.) > Rodebach <

Als einzige Mühle findet man sie in keiner der nicht wenigen geschichtlichen Darstellungen aus dem Selfkant erwähnt. In der Tranchot-Karte von 1804/05 ist sie jedoch verzeichnet. Im 19. Jh. tritt sie mehrfach unter dem Namen „Ingendahls Mühle“ als Mahlmühle mit zwei Mahlgängen und Ölmühle mit einer Presse in Erscheinung.
Zu ihr gehörte schon damals ein landwirtschaftliches Anwesen. Als solches wird sie auch heute noch bewirtschaftet. An die frühere Zeit erinnert nur noch ein Mühlstein, angelehnt an das neuzeitliche Wohnhaus.

SOMMER, aaO., S. 274; ferner Tranchot (1804/05) Bl. 65 Gangelt: „Mhl.“, sowie TK 1893 Bl. 4901 Waldfeucht: „M.“

168 Isstraßer Mühle

Selfkant-Süsterseel, Istraten
(vor 1343 - um 1970) > Rodebach <

Schon 1343 wird sie als Besitz der Herren von Heinsberg genannt. In einem Sittarder Grenzweistum aus dem Jahre 1351 heißt sie *„de overste moelen van Weer* (Wehr) *tot Ysstraeten*“. Es ist die erste Nachricht über die Mühle mit dem seltsamen und bis heute nicht befriedigend erklärten Ortsnamen, der zudem in unterschiedlicher Schreibweise vorkommt. Vielleicht meint er „Eisenstraße“, zumal in alter Zeit in der Rodebachgegend Raseneisenerz gegraben und bei der Nähe zur Kohle wohl auch verhüttet wurde (siehe Nr. 173 Isenbrucher Mühle).

Nr. 168 Isstraßer Mühle, Selfkant. Der eigenartige Name der schon im 14. Jh. erwähnten Mühle aus Heinsberger Besitz ist ungeklärt. Um 1970 wurde der ansehnliche Betrieb stillgelegt und später zu einer nicht minder ansehnlichen Wohnanlage umgestaltet.

Nr. 169 Wehrer Mühle, Selfkant. Das malerische alte Mühlengebäude im Ortsteil Wehr dient heute Wohnzwecken. Nur der Steinkran am rückwärtigen Eingang erinnert noch an die Mahlmühle aus dem 14. Jh.

Im 14. Jh. erscheint die Isstraßer Mühle als Lehen der Lisa von Etzenrade, 1602 des *„edlen und ehrenfesten Wilhelm v. Hanxeler, Herrn zu Herstale und Corvey“*. Über die Rechte und Pflichten von Müller und Mahlgenossen gibt jenes vielzitierte Breberer Mühlenweistum von 1557 Auskunft, dessen Einzelheiten bereits oben im allgemeinen Teil geschildert worden sind. Die Isstraßer Mühle ist hauptsächlich eine Fruchtmühle gewesen. Ihr Bannbezirk umfaßte das alte Kirchspiel Breberen im Lande Millen. Im 16. Jh. wurde aber auch Färber-Waid gemahlen.
Bis um 1970 war die Mühle in Betrieb. Nach dem tragischen Tode des letzten Müllerehepaares - es starb an einer Kohlengasvergiftung - wurde das Anwesen veräußert und zu einer Wohnanlage umgestaltet.

GILLESSEN, Ortschaften (74), S. 250; FLINK, Rhein. Städteatlas Nr. 14 „Gangelt“ (211), Textteil; ders., Altes Handwerk (73), S. 101; KLASSEN, „Süsterseel“, in: Unsere Heimat, der Kreis Geilenkirchen-Heinsberg, S. 237; SOMMER, aaO., S. 274; THOLEN, P. A., „Eine Waidmühle im Selfkant“, in: Die Heimat (Heinsberg) 1927, S. 78; ders., „Aus der 600jährigen Geschichte der Isstraeter Mühle“, in: HK Krs. Heinsberg 1933, S. 46 ff.; ders., „Die Isstraeter Mühle bei Süsterseel und das Breberer Mühlenrecht von 1557“, in: Die Heimat (Heinsberg) 1926, S. 79 ff., und „Zwei Urkunden zum Mühlenweistum von Breberen“, ebenda 1937, S. 70 ff.; ferner Tranchot Bl. 65 Gangelt (1804/05): „Isstrasser Mhl.“, sowie TK 1893 Bl. 5002 Geilenkirchen: „M.“

169 Wehrer Mühle

Selfkant-Wehr, Mühlenstraße
(14. Jh. - Mitte 20. Jh.) > Rodebach <

Die weitaus meisten Rodebach-Mühlen liegen auf der rechten Bachseite. Nur bei der Engels-, der Roer- und eben unserer Wehrer Mühle war das anders. Ihnen hatten Bodenrelief und Bachlauf einen Platz auf der linken Uferseite „zugewiesen“.
Erste Kunde von der Wehrer Mühle gibt es bereits aus dem 14. Jh. Welche Stellung sie neben der benachbarten Isstraßer Bannmühle hatte, ist indes unbekannt - nur, daß sie ebenfalls eine Mahlmühle war, und zwar mit zwei Mahlgängen. Zuletzt lief sie mit einer Turbine, wie sie nahezu allgemein am Rodebach im Einsatz war.
Das Mühlengebäude aus dem vorigen Jahrhundert ist noch erhalten, im rückwärtigen Teil allerdings stilvoll - mit dem Steinkran neben der Tür - umgebaut. Es dient als Wohnung.

SOMMER, aaO., S. 252; THOLEN, „Aus der 600jährigen Geschichte der Isstraeter Mühle“, in: HK Krs. Heinsberg 1933, S. 47; ferner Tranchot (1804/05) Bl. 65 Gangelt: „Mhl.“, sowie TK 1893 Bl. 4901 Waldfeucht: „M.“

170 Vollmühle Tüddern

Selfkant-Tüddern, Vollmühle
(vor 1608 - 1967) > Rodebach <

Gleich am südlichen Dorfeingang stößt man in Tüddern auf die Straßennamen „Oligstraße“ und „Vollmühle“, dazu ein Gaststättenschild „Zur Vollmühle“. Die Mühle

Nr. 170 Vollmühle Tüddern, Selfkant. Die Voll-(„Walk-")mühle steht nahe dem Bachübergang einer alten Römerstraße in Tüddern (Teudorum). Der niedrige Ursprungsbau rechts war nacheinander Walk-, Säge-. Öl- und Kornmühle. 1967 wurde die Mühle stillgelegt und ausgeräumt.

Nr. 171 Kornmühle Tüddern, Selfkant. Wahrscheinlich gehörte sie zum - inzwischen untergegangenen - Hs. Blumenthal. Sie lief bis 1944 und wurde dann zu einem Wohnhaus.

selbst - nur Eingeweihten erkennbar - steht indes gegenüber auf der anderen Straßenseite, flankiert von zwei Wohnhäusern. Früher war sie dort allein. Aber die auch im ziemlich abgelegenen Ort Tüddern stetig ausgreifende Wohnbebauung hat sie eingeholt.
Es ist ein historischer Platz, der sogar Eingang in die Straßenkarten der Römer gefunden hat: in Teudurum (Tüddern), just hier bei der Mühle, hat die Straße Xanten-Tongern den Rodebach und das Bruch überquert. In Bodenuntersuchungen wurde der Übergang archäologisch exakt nachgewiesen.
Nun wäre es allerdings zu gewagt, hier in Teudurum gleich auch eine Uralt-Mühle anzunehmen, als römische Unternehmung etwa. Sicher wird die Vollmühle schon früh bestanden haben. Schriftliche Kunde über sie erhalten wir indes erst in einem Papier aus dem Jahre 1608. Darin gestattet *„Von Gottes Gnaden Johann Wilhelm Herzog von Jülich etc. (seinem) Underthan Heinrich Sgroten ... zu Tüdder in (seinem) Ambte Born auf der Rode Bach ... an seine Vollmühle eine Holtzschneidemull dabey zu hangen*". Er verlangt dafür *„Jarlichs drey Goldgulden*" als zusätzliche Abgabe, zahlbar auf Martini (*Martini 1609 primus terminus*). Die Sägemühle wurde gebaut, wie aus den Abgabenquittungen aus den Jahren 1657, 1663 und 1717 hervorgeht, deren Kopien in der Vollmühle noch heute sorgfältig verwahrt werden.
Im 18. Jh. wurde die Walk- und Sägemühle zunächst in eine Ölmühle und schließlich 1878 in eine Getreidemühle verwandelt. Als solche lief sie bis 1967: bis 1924 mit einem unterschlächtigen Wasserrad von 4,76 m Höhe und 0,85 m Breite, wie in einer Baugenehmigung von 1878 nachzulesen ist. Das Rad befand sich übrigens mitten im Mühlenhaus, durch das der Rotbach hindurchfloß. So war es gegen Winterschäden geschützt.
1924 wurde das Wasserrad durch zwei hintereinander geschaltete Turbinen abgelöst, die noch bis 1967 liefen - zeitweilig unterstützt durch einen E-Motor. Die Säge brauchten sie allerdings schon seit 1943 nicht mehr anzutreiben, für die es im Kriege ohnehin kaum noch Arbeit gegeben hatte.
Der alte Müller Brandts hat die wechselvolle Geschichte seiner „Vollmühle" - die eigentlich seit 200 Jahren keine mehr war - aufschreiben wollen. Aber bei dem Vorsatz ist es geblieben. Nun sucht man in der Familie aus der Hinterlassenschaft und der Erinnerung zu retten, was noch zu retten ist. Und das ist mehr als bei so mancher anderen Rodebachmühle.

HAGEN, Römerstraßen in der Rheinprovinz (84), S. 222 ff.; SOMMER, aaO., S. 251/252; Mitteilungen und Urkunden der Eigentümer; ferner TK 1846 u. 1893 Bl. 4901 Selfkant: Mühlensymbol/„M".

171 Kornmühle Tüddern

Selfkant-Tüddern, Sittarder Straße
(vor 1654 - 1944) > Rodebach <

Über sie weiß man nur wenig. Kritzraedt müßte sie in seinem Millen-Born-Büchlein unter den *„zehn bis elf Mühlen bis Millen"* eigentlich mitgezählt haben. Immer-

Nr. 172 Millener Mühlen, Selfkant. Die Herren von Millen sind schon 1118 urkundlich genannt. Bei ihrer Burg, dem späteren Sitz eines jülich´schen Amtes, standen zwei Mühlen am Bach einander gegenüber. Die weiß getünchte Mühle auf dem Bild links befindet sich auf deutscher Seite. Sie ist bewohnt. - Rechts die „niederländische Mühle“.

Nr. 173 Isenbrucher Mühle, Selfkant. Sie gehörte früher dem nahegelegenem Hs. Schaesberg und ist die westlichste Mühle der Bundesrepublik. Bis zur Räumung des Grenzgebiets 1944 war sie in Betrieb. Übrig blieb ein Bauernhof.

hin stand sie an verkehrsgünstiger Stelle: an der Verbindungsstraße nach Sittard. In Tüddern hält man es für wahrscheinlich, daß sie früher zu Hs. Blumenthal gehörte, einem Rittersitz unmittelbar gegenüber, der im letzten Krieg zerschossen wurde.
Bis um 1830 war sie ausschließlich Getreidemühle. Dann erhielt sie neben ihren beiden Mahlgängen eine Ölpresse. Das unterschlägige Rad erlaubte allerdings nur den Betrieb im Wechselwerk. Um die Jahrhundertwende befanden sich die Kornmühle und die Vollmühle Tüdderns in der Hand der Vollmüller-Familie Brandts. Als sie 1944 bei der Räumung des Ortes vor der herannahenden Kriegsfront verlassen werden mußte, hieß sie „Kolleé-sche Mühle", nach dem derzeitigen Pächter.
Das Mühlenhaus, ein schlichter Backsteinbau, hat zwar den Krieg überlebt. Aber im Gegensatz zu den anderen Rodebach-Mühlen wurde die Tüdderner Kornmühle nicht wieder eröffnet, als sich der Pulverdampf verzogen hatte. Heute dient das Gebäude als Wohnhaus. Nur wenige Tüdderner kennen noch seine einstige Funktion, obwohl „Zur alten Mühle" in eisernen Lettern an der Seitenwand steht und ein Mühlstein darunter ein schwergewichtiges Ausrufungszeichen setzt.

SOMMER, aaO., S. 251; Angaben der Familie Brandts; ferner TK 1893 Bl. 4901 Selfkant: „M."

172 Millener Mühlen

Selfkant-Millen, Haus Millen
(12./13. Jh. - um 1970) > Rodebach <

Wenn Tüddern der wohl älteste Ort im Selfkant, dem „Land um den Saeffelbach" sein durfte, dann ist das kleine Dorf Millen der vielleicht geschichtlich bedeutendste. Millens Ursprung war die Burg eines alten Adelsgeschlechts. 1118 wird erstmals ein Heribert von Millen als Gefolgsmann des Grafen von Geldern genannt. Im 13. Jh. ging Millen auf Heinsberg über, das seinerseits im 15. Jh. durch Heirat an den Herzog von Jülich fiel. Die Jülicher machten es zum Verwaltungssitz eines gleichnamigen Amtes.
Zur Millener Burg gehörte seit alters her eine Mühle. Sie war eine Bannmühle und hieß zuletzt „Kurfürstliche Mühle Millen", ehe sie nach der Aufhebung des Amtes unter den Franzosen zusammen mit dem Haus Millen verkauft wurde und in Privatbesitz überging.
Nach der Überlieferung floß der Rodebach ursprünglich direkt unterhalb der Kirche entlang, also jenseits der Mühlengebäude. Im späten Mittelalter wurde der Bach begradigt, sodaß er nun das Kasteel berührte. So wird 1536 von einem „*Hilger Molner*" diesseits und „*Hermann Molner*" von der „*annder syde*" berichtet. Damals gab es also schon zwei Mühlen. Im übrigen hatte die mittelalterliche Bachverlegung 1815 eine Spätfolge, als nämlich der Rodebach Landesgrenze wurde: Nun befanden sich das Kasteel und eine Mühle auf niederländischer und die Schwestermühle auf preußischer Seite. Eine von ihnen war früher eine Ölmühle und die andere eine Kornmühle gewesen, ehe schließlich beide nur noch Getreide mahlten.

Trotz der staatsrechtlichen Trennung blieben die Mühlen bis zu ihrer Stillegung Ende der 60er Jahre eine wirtschaftliche Einheit. Die zuletzt eingesetzte Turbine trieb über eine Transmission beide Mühlen an. Nach der Stillegung wurde die deutsche Mühle verkauft, während die niederländische Mühle beim Schloß verblieb.
Beide Mühlen stehen unter Denkmalschutz. Von ihren Einrichtungen sind noch wesentliche Teile erhalten. Die deutsche Seite ist bewohnt und gehört zu einem Fischzuchtbetrieb.

GILLESSEN, Ortschaften (74), S. 252; ders., Altes Handwerk (73), S. 102; GREIN, Millen (80), S. 56 ff.; SOMMER, aao., S. 251; THOLEN, „Von den Waldfeuchter Mühlenverhältnissen im 16. Jh." In: HK Krs. Geilenkirchen-Heinsberg 1953, S. 45; ferner TK 1846 u. 1893 Bl. 4901 Selfkant: Mühlensymbol/ „M."

173 Isenbrucher Mühle

Selfkant-Isenbruch, Isenbrucher Mühle
(14. Jh. - 1944) > Rodebach <

Isenbruch ist die westlichste Ortschaft der Bundesrepublik. Sie hat mit dem Rodebach eine enge Namensverwandtschaft, allerdings nicht sprachlicher, sondern inhaltlicher Art: Während nämlich der Bach vom Eisenoxyd rostrot gefärbt war, ist das Isenbruch ein Gewinnungsgebiet von Raseneisenerz gewesen. Raseneisenerz, das war das „unter dem Rasen" liegende Eisenoxyd, das man vor allem in Feuchtgebieten fand und das hierzulande in alter Zeit die Grundlage für die Eisengewinnung war.
Im Süden Isenbruchs liegen außerhalb der Baugrenze das Gut Schaesberg und abseits davon die Isenbrucher Mühle. Sie dürfte mit jener Mühle identisch sein, die bereits im 14. Jh. im Heinsberger Lehensregister als Besitz des Gerhard v. Schaesberg aufgeführt ist. 1512 wird sie als „*moelen in dat Ysenbroeck*" urkundlich erwähnt. 1662 verzeichnet die Rechnung von Jülich-Berg einen „*Mertten oligschleger ihm Isenbroch*".
Auch die Isenbrucher Mühle war gleichzeitig Öl- und Mahlmühle. Kollergang und Schlagwerk der Ölmühle aus dem 17. Jh. haben die Selfkanter Mühlenforscher Wilhelm Piepers und Peter Tholen um 1950 aufgemessen und dokumentiert, ehe es beseitigt wurde. Die Schlagbank der Ölpresse bestand aus einem mächtigen und mit Eisenringen gefaßten Eichenstamm, wie er für diesen Zweck verwandt wurde, bevor man zur eisernen Schlagbank überging. Die deftige Bauweise der Isenbrucher Presse ist ein sicheres Indiz dafür, daß hier schon früh Öl geschlagen wurde.
Die Mühle - zuletzt nur noch Mahlmühle - lief bis Ende 1944, als das Grenzgebiet vor den heranrückenden alliierten Truppen geräumt wurde. Sie nahm ihren Betrieb nicht wieder auf und wurde in den 50er Jahren abgebrochen. Übrig blieb ein Bauernhof mit einem angelehnten Mühlstein.

GILLESSEN, Ortschaften (74), S. 249; ders., Altes Handwerk (73), S. 108; MAYER, Franz, „Zur Geschichte des Adels im Heinsberg-Wassenberger Lande", in: HK Kreis Heinsberg 1928 S. 18 ff.; PIEPERS, Wilhelm, „Rund um unsere Mühlen" (mit ausf. Beschreibung der Isenbrucher Ölmühle), in: HK Kreis Heinsberg 1958, S. 121 ff.; SOMMER, aaO, S. 250; ferner TK 1846 u. 1893 Bl. 4901 Selfkant: „Isenbrucher M./M."

Wurm

Quelle:	im Aachener Wald	Höhe: 260 m ü.M.
Mündung:	Rur bei Kempen (Heinsberg)	Höhe: 31 m ü.M.
Länge:		45 km
Mittlere Breite in der Niederung		10 m
Mittlere Abflußmenge 1967-88 am Pegel Randerath		3,61 m^3/sec.
Mühlenstandorte um 1890 (einschl. an Nebengewässern):		rd. 80

Mit ihren nur 45 km Länge und ihren Nebenbächen litt die Wurm gewiß nicht an Unterbeschäftigung: Nicht weniger als rd. 80 Mühlen und sonstige Wasserradantriebe hatte sie gemeinsam mit ihren Trabanten auf Trab zu halten. Sie standen dicht bei dicht und machten dadurch den Fluß mit dem so bescheiden klingenden Namen zu einem wichtigen Energielieferanten. Sogar für die Gewinnung von Steinkohle - einem anderen bedeutsamen Energieträger - war seine Antriebskraft lange Zeit sehr gefragt.

Aber beginnen wir damit, wo auch sie beginnt, mit der Quelle. Schaut man auf die heutigen Karten, dann nimmt die Wurm einen sehr weltläufigen Anfang - nämlich in den Fontänen auf dem Europaplatz in Aachen. Aber das täuscht. Denn sie entspringt in Wirklichkeit im wasserreichen Aachener Wald, muß sich dann aber gleich den meisten ihrer zahlreichen kleinen Zuflüsse der Deckelung und Versiegelung beugen, die inzwischen das Schicksal vieler alter Fließgewässer in den Städten ist. Und so ist es wohl richtig, daß sie am Europaplatz zumindest ans Tageslicht kommt - wenn und soweit sie dann überhaupt noch sie selbst und nicht die Summe vieler städtischer Regenwassereinläufe ist.

Ob sie da gewissermaßen „vorgewärmt" ist, müßte man sich hier fragen. Denn mit „Wurm" sei nichts anderes als „warm" gemeint. So jedenfalls heißt es zuweilen in den Beschreibungen. Aus der ältesten bekannten Bezeichnung als „Vurmius fluviola" (827) kann man es wohl kaum ableiten und auch nicht aus dem später gebräuchlichen Namen „Worm". Schließlich würde der so gemeinverständlich anmutende Name so gut wie kein anderer für ein Flüßchen passen, das sich da durch die Landschaft schlängelt.

Ab der Wolfsfurt hinter der Querung der Autobahn A 4 haben Wurm und Wurmtal weitgehend ihre Ursprünglichkeit bewahrt. Hier gibt es noch die alten Windungen durch die malerische und „naturgeschützte" Talaue. Beiderseits ragen bewaldete Abhänge um die 60 m hoch auf. Wo es indes flacher wird und keine eindeutige Tallinie mehr besteht, hatte der Kohlenschlamm aus den Zechen zu einer starken Auflandung des Flußbettes geführt. Dem konnte nur eine Regulierung abhelfen, die dann ab 1965 im Raum Geilenkirchen begonnen wurde. Längst ist die Wurm auch nicht mehr der „Tintenfluß", als der sie früher - auch wegen der Industrieabwässer und des Kohlenschlammes - galt.

Ab Nirm (südlich Randerath) war die Wurm ab dem 14. Jh. zweigeteilt: Der Hauptlauf war nun die „Alte Wurm" und der künstliche Nebenlauf die „Junge Wurm". Aber darüber wird später bei den „Jung-Wurm-Mühlen" noch zu reden sein.

Die Alte Wurm hat zwar auch Regulierungseingriffe hinnehmen müssen, namentlich im mittleren und unteren Abschnitt. Aber sie mündet wie eh und je bei Kempen -

Nr. 174 Wolfsfurter Mühlen, Würselen. Aus der - schon 1200 urkundlich erwähnten „wolvesmolen" an der Wurm wurden später drei Mühlen, aus denen sich Anfang des 19. Jh. eine mit Wasserkraft betriebene Textilfabrik entwickelte (siehe Cromford, Nr. 35). Sie war bis 1930 in Betrieb und ließ nur dieses Gebäude zurück.

Nr. 175 Adamsmühle, Würselen. Die Mahleinrichtung befand sich im Mittelbau oberhalb des Teiches. Sie lief vom 15. Jh. bis um 1900 und ist seither ein Landgut.

einem Ortsteil von Heinsberg - in die Rur, die sie auf den letzten Kilometern mehr oder weniger treu und in relativ geringem Abstand begleitet hat.

ARETZ, Josef, „Die Wurm", in: Heimatblätter Krs. Aachen 1963, S. 59 ff.; GILLESSEN, „Die Junge Wurm und ihre Mühlen", in: Selfkantheimat 1959/60, S. 18 ff.; KALINKA, Naturraum Wurmtal (124); KLEINEN, Franz, „Die Regulierung der Wurm", in: HK Selfkantkreis 19 .. S. 170 ff. u. 19.. S. 148 ff.; KRÖGER, „Unsere Wurm, von der Quelle bis zur Mündung", in: HK Heinsberger Lande 1932, S. 75 ff.; TICHELBÄCKER, H., „Der Heinsberger Mühlenkanal", in: HK Selfkantkreis 1962, S. 18 ff.

174 Wolfsfurter Mühlen

Würselen, Wolfsfurt
(vor 1200 - 1930) > Wurm <

Die Wurm war auf ihren ersten zehn Kilometern bis zum Beginn unseres Betrachtungsgebietes gut mit Wassermühlen bestückt: mit nicht weniger als 26, allesamt für die Versorgung der Bevölkerung und für die renommierte Aachener Tuch- und Metallindustrie tätig.
„Unsere" erste Mühle befindet - oder richtiger, befand - sich an der Wolfsfurt, einem noch heute sehr abgelegenen Wurmübergang in der Talaue. Aus der Sicht der Wassernutzung war ihr Platz allerdings gut gewählt. Denn direkt oberhalb war der Einlauf des Meisbaches, was der Wurm einige Verstärkung brachte.
Eine erste Erwähnung der Mühle gibt es aus dem Jahre 1200, als ein Priester Wichmann die Hälfte seines Anteils an der „Wolvesmolen" an die Kirche verschenkt hatte. 1622 ist bei einer neuerlichen Eigentumsübertragung von nunmehr drei Mühlen an der Wolfsfurt die Rede, von denen eine am westlichen Ufer lag und eine weitere zerfallen war. Die Mühle auf der östlichen Seite war wohl die älteste und von alters her zunächst eine Getreidemühle gewesen. Nach weiteren überlieferten Vertragstexten (von 1668) handelte es sich noch um zwei Kupfermühlen (von 1719), um eine Kupfer- und eine Mahlmühle.
1813 wurden die Wolfsfurter Mühlen von dem Tuchfabrikanten Wilhelm Kuetgens erworben, der einen Antrieb für seine Textilmaschinen brauchte. Das Unternehmen muß sich so gut entwickelt haben, daß es von Kaiser Franz I. von Österreich anläßlich eines Kaisertreffens in Aachen 1818 besichtigt wurde. - Die Fabrik arbeitete bis 1930 und wurde dann geschlossen. Heute sind die alten Fabrikbauten zum Teil niedergelegt. Der Rest wird zu Wohnzwecken genutzt.

v. COELS, aaO., S. 104 ff. u. 107; KRETZSCHMAR, Frank, „Baudenkmäler", in: Stadtgeschichte Würselen (268), Bd. I S. 372; LACOMBLET, Urkundenbuch (154), Bd. II Nr. 201 (Urkunde von 1235: „Wolefsmolen"); MEUTHEN, Aachener Urkunden (177), Nr. 204; NIKOLAY-PANTER, Marlene, in: Stadtgeschichte Würselen (268), S. 29/30; SOMMER, aaO., S. 306. In der Karte des Quartiers Würselen (1760-75) von Scholl (Beilage Stadtgeschichte Würselen) und in den topographischen Karten des 19. Jh. - Tranchot 1805/07 u. TK 1892 - ist unter dem Namen „Wolfsfurt" nur der umfangreiche Gebäudekomplex, nicht aber das Mühlensymbol enthalten; dieses Symbol war bei Wasserradantrieben zur industriellen Nutzung nicht üblich (abweichend: TK 1843, die ein Mühlensymbol enthält). Auf das Vorhandensein einer Mühle weist auch der Mühlengraben hin, wie bei den anderen Mühlen in diesem Bereich.

Die dritte, schon 1673 untergegangene Mühle hieß vermutlich „**Clotzer Mühle**"; vielleicht hatte der Name mit der Aachener Familie v. Clotz zu tun. v.Coels (aaO.) führt diese Mühle in ihrer Aufstellung zwar als eine selbständige Einrichtung unterhalb der Wolfsfurter Mühlen. Der ansonsten aber ziemlich gleichmäßige Abstand der Mühlenstaue im Gebiet des damaligen Würselen spricht dafür, daß die Clotzer Mühle zum Wolfsfurter Mühlenverband gehörte.

175 Adamsmühle

Würselen, Adamsmühle
(nach 1456 - um 1900) > Wurm <

Im Register des Schleidener Lehens steht sie als „Neue Mühle". Dieses Lehen war 1428 mit allen Rechten durch Kauf an die Reichsstadt Aachen gekommen, die fortan im „Aachener Reich" (so mit ihrem Umland genannt seit 1336) als Lehensgeber auch für alle Mühlengerechtsame auftrat. Allerdings stammt das erste der in Aachen archivierten Lehnsregister aus dem Jahre 1456. Und darin ist die Neue Mühle - wie unsere Mühle zunächst hieß - nachgetragen worden.
Ab 1618 taucht anläßlich einer Anteilsübertragung der Name Hein Adams auf, dessen Familie dann die Mahl- und Ölmühle gehörte. Sie gab ihr auch ihren Namen, der sich trotz einiger Eigentumsveränderungen bis auf den heutigen Tag erhalten hat.
Aus der Zeit der berüchtigten „Bockreiter" - einer Räuberbande, die um 1775 im Lande Heinsberg ihr Unwesen trieb - ist ein Überfall auf die Adamsmühle überliefert. Die Bockreiter hatten für ihren „Raid" einen Sonntag ausgewählt, als nur die Müllerin, eine Magd und ein Knecht zuhause waren. Aber der Angriff wurde abgeschlagen. Besonderen Mut hatte die Magd bewiesen: Sie hatte einen der Angreifer mit einem Kupferkessel am Kopf getroffen, sodaß er beim Einstiegsversuch abstürzte und sich das Genick brach. Seine Spießgesellen flüchteten, nachdem sie das Gesicht des Toten bis zur Unkenntlichkeit grausam zerschnitten hatten, damit es nicht identifiziert werden konnte. Die Leiche ließ der Aachener Magistrat zur Abschreckung am nächsten Baum aufknüpfen.
Die ständige Gefährdung der meist abgelegenen Mühlen war die eine Seite, das nicht immer hochgepriesene Ansehen der Müller eine andere. Die Reputation des Mitbesitzers der Adamsmühle - Sebastian Kind - war allerdings so groß, daß er 1817 zum ersten preußischen Bürgermeister von Würselen bestellt wurde. Kind blieb bis 1848 im Amt. Seine Amtsgeschäfte hat er lange Zeit auf seiner Mühle erledigt, die somit auch „Rathaus" war.
Die Adamsmühle lief mit zuletzt zwei unterschlächtigen Eisenrädern bis um 1900. Dann wurde sie stillgelegt. Das Mühlengebäude aus der Zeit zwischen 1725 und 1750 dient heute landwirtschaftlichen Zwecken.

v. COELS, aaO., S. 10 u. 107 ff.; HOFFMANN, Walter, „Siedlungsnamen", in: Stadtgeschichte Würselen (268), Bd. I S. 194; KRETZSCHMAR, Frank, „Baudenkmäler", ebenda, S. 372; SOMMER, aaO., S. 305; SCHMIDT, P., „Der Bockreiterüberfall auf die Adamsmühle", in: Heimatbl. des Landkrs. Aachen 1932 H. 3, S. 7 ff.; SYMEN, ebenda 1937, S. 2 u. 8 ff.; WYNANDS, Stadt Würselen (274), S. 17/18; ferner Karte des Quartiers Würselen (1760-75) von Scholl (Beilage Stadtgeschichte Würselen): Adams Mühl"; Tranchot 1805/07 Bl. 86 Aachen: „Adams Mühle", sowie TK 1845 u. 1892 Bl. 5102 Herzogenrath: „Adams M."

Bei v. COELS (aaO., S. 111 ff.) sind noch zwei weitere Mühlen aus dem Umfeld der Adamsmühle genannt: **Kalenmühle** (bei Schweilbach) und **Klantenmühle** (bei Scherberg). Sie seien beide 1482 bei einer Übertragung durch die Kirchmeister von Würselen erwähnt worden. Für die Kalenmühle kennt man Rechtshandlungen noch bis 1665, für die Klantenmühle bis 1558.

176 Teutermühle und Pumpenkunst

Würselen, Schweilbacher Straße
(vor 1569 - um 1800) > Wurm <

Ihre Geschichte ist so wechselhaft wie bedeutsam: 1569 als „Tute molen“ erstmals erwähnt, hatte sie lange Zeit den v. Bongart - Herren im Heydener Ländchen - brav ihren Mahldienst geleistet. „Tute/Teut“ hat allerdings nichts mit dessen Jagdhorn zu tun, sondern meint ein spitz zulaufendes Grundstück, hier wohl an einer „Spitzkehre“ der Wurm.
1684/85 richtete die Stadt Aachen just hier an der Teut eine Kohlengrube ein und benötigte dafür die Mühle, der sie sonst das Wasser abgegraben hätte. Sie einigte sich mit dem Eigentümer, der ihr seine Mühle verkaufte und die Bauern auf seine anderen Mühlen verwies.
Im Wurmtal traten die Lagerstätten infolge der Erosion zutage und konnten von der Hangseite her leicht abgebaut werden. Und damit sind wir vom weißen Mehl bei der „schwarzen“ Kunst, nicht etwa der Zauberei, der bildenden Kunst oder den Wasserkünsten in einem Barockgarten, sondern der bergbaulichen „Kunst“. Unter „Kunst“ verstand man in früheren Jahrhunderten jede Art von Maschine, mit der man den Bergleuten helfen konnte.
Irgendwann mußte der Bergbau den Kohleflözen in Tiefen folgen, die unter dem Wasserspiegel der Wurm lagen und aus denen es keinen natürlichen Ablauf des Grubenwassers mehr gab. Also mußte man das Wasser mindestens bis zur Talsohle heben, um es dann über Abflußstollen zur Wurm hin ablaufen zu lassen. Lange Zeit geschah das durch „Wasserknechte“, die Ledereimer Hand über Hand nach oben reichten. Die nächste Entwicklungsstufe waren Handpumpen. Ein weiterer Fortschritt war der Antrieb durch Treträder (die „Tretkunst“) und Pferdegöpel („die „Roßkunst“), ehe schließlich im 16. Jh. der Pumpenantrieb durch Wasserräder eingeführt wurde - eben die „Wasserkunst“.
An Gebirgsbächen - im Erzbergbau etwa - war das noch vergleichsweise leicht. Man leitete das herabfließende Wasser einfach neben den Stollen auf ein Mühlrad, das dann die Pumpen bewegte. Schwieriger dagegen war es bei den Niederungsflüssen, wie Wurm und Inde: hier mußte die Kraft durch ein langes Feldgestänge bis zum Pumpenhaus gebracht werden, wo sie über ein Drehkreuz auf das Pumpengestänge übertragen wurde. Das Feldgestänge erinnert an eine Scherenzange, mit der man Greifarm und Greifhand verlängern kann.
In Teut nun hatten die Aachener Grubenherren um 1685 eine solche Wasser- oder Pumpenkunst an der Wurm bei der ehemaligen Teuter Mühle erbaut, was ja zu deren Schließung als Mahlmühle geführt hatte. Sie war eine der ersten dieser Art im Aachener Revier. Bei aller Wesensveränderung blieb unsere Mühle gleichwohl zumindest sich und ihrem ursprünglichen Nutzen treu. Denn ohne Kohle konnte auf Dauer kein Backofen beheizt werden.

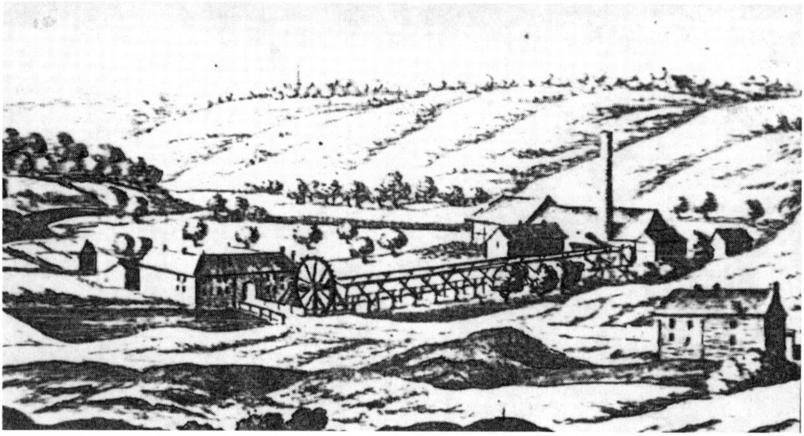

Nr. 176 Teutermühle und Pumpenkunst, Würselen. Unter einer „Kunst" verstand man im Bergbau jede Art von Maschinen, die den Menschen die Arbeit abnahmen oder erleichterten. So gab es für die Wasserhaltung in den Gruben die „Pumpenkunst". Das waren Pumpen, die mit Wasserkraft angetrieben und über ein mehr oder weniger langes „Feldgestänge" bewegt wurden. - Oben das Mühlrad und Feldgestänge der Kohlengrube Teut. Der Schornstein am Betriebsgebäude war ein Wetterkamin, unter dem zur Verstärkung des Luftzuges im Schacht und in den Stollen ständig ein Feuer brannte. - Stich aus der Zeit um 1750, Stadtarchiv Aachen. Unteres Bild: Systemzeichnung aus dem 16./17. Jh.

Die Teuter Kunst hat bis um 1800 gearbeitet. 1808 sah man von ihr nur noch spärliche Reste, die sich bald verloren.

HOFFMANN, Walter, „Siedlungsnamen“, in: Stadtgeschichte Würselen (268), Bd. I S. 206; KÖNIG, Walter, „Der Steinkohlenbergbau im Raum Würselen, ebenda, S. 219 ff, hier 248 ff.; REPETZKI/HEIBONN, Auf den Spuren des Fortschritts (209), S. 22; SCHUNDER, Geschichte des Aachener Steinkohlenbergbaus (237), S. 101 ff., 113 u. 145; SOMMER, aaO., S. 306; WÖLFEL, Das Wasserrad (273), S. 115 ff.; (in den topographischen Karten des 18. u. 19. Jh. nur „Teuter Hauß/Teuterhof“).

177 Pumper Mühlen

Würselen, Waldstraße
(1. H. 17. Jh. - um 1920) > Wurm <

Bei ihnen lief die Entwicklung genau umgekehrt wie bei der Teuter Mühle: Hier an dem scharfen Vorsprung des rechten Wurmufers war bereits im frühen 17. Jh. in der Grube „Der Haan“ Bergbau mit Wasserkraft-Sümpfung betrieben worden. Aber schon nach wenigen Jahrzehnten kam der Abbau zum Erliegen. Nur das Pumpenhäuschen blieb zurück, zunächst als Bauwerk und nach dessen Verfall als Ortsbezeichnung.
Weil nun der Bergbau diesen Standort - und das Wurm-Gefälle - nicht mehr in Anspruch nahm, verlieh der Aachener Magistrat aus seiner Schleidener Lehensherrschaft heraus 1648 einigen Kupfermeistern das Recht, an der ehemaligen Pumpe Kupfermühlen zu errichten. Das ging zwar nicht ohne Probleme ab. Denn auch hier fühlte sich Heydener Herr v. Bongart benachteiligt und störte die Bauarbeiten sogar *„gewalttätig“*, wie es in einem zeitgenössischen Bericht heißt. Aber auch hier siegte am Ende die Vernunft. Man einigte sich darauf, daß der Stau nur so gebraucht werden durfte, wie die *„Pompen Kohlere es vorhin gethan“.*
Wohl von Anfang an wurden mehrere Mühlen gebaut. Später ist sogar von insgesamt sechs Mühlen die Rede. Ob sie alle in getrennten Gebäuden untergebracht waren, ist indes unklar. Um 1750 wurden in drei der Mühlen Fingerhüte hergestellt. Anfang des 19. Jh. wird von Öl-, Mahl- und Schleifmühlen (für Nähnadeln) berichtet. Um 1920 wurde die letzte Pumper Mühle geschlossen. Heute sind von ihr nur noch Fundamente zu sehen.

v. COELS, aaO., S. 113 ff.; HOFFMANN, Walter, „Siedlungsnamen“, in: Stadtgeschichte Würselen (268), Bd. I S. 204; SCHUNDER, aaO., S. 108; SOMMER, aaO., S. 305; ferner Karte des Quartiers Würselen (1760-75) von Scholl (Beilage Stadtgeschichte Würselen): „Pompenhäusgen“; Tranchot 1805/07 Bl 86 Aachen: „Pumpe Häusgen“ u. Mühlensymbol; sowie TK 1846 u. 1892 Bl. 5192 Herzogenrath: Mühlensymbol / „Pumper M.“ - Zu den Herren von Heyden siehe auch Nr. 192.

178 Bardenberger Mühle (Alte Mühle)

Würselen-Bardenberg, Mühlenweg/Alte Mühle
(867 - um 1900) > Wurm <

867 erwarb König Lothar II. in einem Tauschgeschäft mit dem Jülicher Vasallen Otbert u.a. *„in comitatu juliacensi in commarca bardunbach curtilem cum ... molendini*

Nr. 178 Bardenberger Mühle, Würselen. Wir haben hier einen unserer ältesten urkundlich überlieferten Mühlenstandorte, schon 867 genannt. Die Stillegung der Mühle um 1900 hing mit dem Bergbau zusammen. Zunächst wurden dann in dem Gebäude Bergarbeiterfamilien untergebracht. Seit 1972 ist das ansehnliche Anwesen im Erholungsgebiet Wurmtal ein bekannter Hotel- und Gaststättenbetrieb.

---

loca II - einen kleinen Hof mit zwei Mühlstellen in der Grafschaft Jülich in der Gemarkung Bardenberg". So heißt es in einer Urkunde, deren Originalabschrift aus dem 10. Jh. in der Stadtbibliothek zu Trier aufbewahrt wird. Welche Mühlstellen gemeint waren, ist nicht gesagt. Vielleicht handelte es sich (noch) nicht um bereits vorhandene Mühlen, sondern um Plätze, die für die Anlegung von Mühlen geeignet waren. Man kann aber mit einiger Sicherheit annehmen, daß zumindest einer davon der Rurübergang zwischen Bardenberg und Kohlscheid gewesen sein muß.

In der ersten Hälfte des 13. Jh. bezog dann nachweislich die Abtei Klosterath Einkünfte aus einer Mühle bei Bardenberg. Eine namentliche Meldung gibt uns allerdings erst eine Urkunde von 1566. Als Herzoglich Jülich´sche Mühle hatte sie den Ort Bardenberg - vielleicht sogar das ganze Amt Wilhelmstein - als Bannbezirk. 1836 trieben drei unterschlächtige Wasserräder zwei Mahlgänge und Ölpressen an.

Erst um 1900 wurde die Bardenberger Mühle stillgelegt. Zunächst machte man aus den Gebäuden aus dem 18./19. Jh. Wohnungen für die Familien der leitenden Bergleute der nahegelegenen Grube Ath. 1972 wurden sie unter dem Namen „Alte Mühle" in einen attraktiven Hotel- und Gaststättenbetrieb umgewandelt, der heute von vielen Spaziergängern in der großartigen Naturlandschaft aufgesucht wird.

KRETZSCHMAR, Frank, „Baudenkmäler“, in: Stadtgeschichte Würselen Bd. I (268), S. 371 ff.; NELLESSEN, Wilhelm, in: Geschichte der Alten Mühle“, in: Heimatblätter Aachen 1979, S. 40 ff.; SOMMER, aaO., S. 304; RENN, Heinz, „Die Jubiläumsurkunde vom 20. Januar 867“, in: Heimatblätter Krs. Aachen 1979 (H. 2-4), S. 3 ff. (Faksimile in lateinischer Sprache und Übersetzung); WENSKY, Margret, „Zur Geschichte von Bardenberg“, in: Stadtgeschichte Würselen (268), Bd. I, S. 147; WYNANDS, Stadt Würselen (274), S. 8; STEINBUSCH, Jakob, „Geschichte der Alten Mühle“, in: Heimatbl. des Krs. Aachen 1979, S. 40 ff.; ferner Tranchot 1805/07 Bl. 86 Aachen: „Bardenberger Mühl“; sowie TK 1845 u. 1892 Bl. 5102 Herzogenrath: Mühlensymbol / „Bardenberger M.“

179/180 Die Pumpenkünste

in den Bergwerken Ath und Furth

Würselen, südlich und nördlich Burg Wilhelmstein

(um 1680 - um 1880) > Wurm <

In einer Karte des Markscheiders Städtler aus Eschweiler von 1789 sind auf der Höhe von Wilhelmstein relativ dicht beieinander vier Pumpenkünste mit zusammen fünf Wasserrädern eingezeichnet. Die aufwendigen Anlagen bestimmten lange Zeit das Bild am Ufer der Wurm.

Die beiden südlichen (**Nr. 179**) gehören zur Grube Ath, benannt nach dem „Adit“, dem für die Grubenwässer üblichen Abflußstollen. Die Grube Ath ist im 16. Jh. entstanden. Schon früh hatte die jülich´sche Bergbehörde vorgeschlagen, eine hydraulische Pumpenkunst zu bauen. Vermutlich waren dann aber die Kosten für den zunächst noch sehr bescheidenen Betrieb zu hoch gewesen. Erst um 1680 ging man daran, Wasserräder für den Pumpenantrieb (und die Grubenfahrt, die „Fahrkunst“) aufzustellen. Die nun modernisierte Grube Ath wurde dann zwar ständig erweitert, war aber mehrfach von Bränden und Grubenunglücken heimgesucht. 1861 explodierten schließlich sogar die Dampfkessel der mittlerweile beschafften Dampfpumpenanlage („Feuerkunst“). 1879 wurde die Unglücksgrube stillgelegt und verschwand von der Bildfläche.

Bedeutsamer und auch wohl glückhafter war die etwas weiter nördlich gelegene Grube Furth. Sie hatte um 1550 mit der Kohlenförderung begonnen. Aus kleinen Anfängen heraus entwickelte sie sich aber so gut, daß sie hundert Jahre später bereits an die 40 Leute beschäftigen konnte. Das war angesichts der damals vorherrschenden Kleinbetriebe viel. Mit der Modernisierung indessen ließ man sich Zeit. Noch um 1700 wurde nur mit Handpumpen gearbeitet, insgesamt 13. Dann erst wurde die hydraulisch angetriebene Pumpenkunst eingeführt (**Nr. 180**). Diese Wasserantriebe hielt man dann allerdings stets auf einem so hohen technischen Stand, daß sie bis zur Schließung der Grube um 1883/84 arbeiteten, als andere Gruben längst Dampfmaschinen besaßen.

Die Further Pumpenkunst galt damals als Sehenswürdigkeit, von den Dörflern als „achtes Weltwunder“ bezeichnet und bestaunt, und nicht nur von ihnen: Auch die Österreichischen und russischen Monarchen ließen es sich nicht nehmen, sie bei ihrem Aachener Treffen im Herbst 1818 eigens zu besuchen. Kaiser Franz I. von Österreich kam standesgemäß in einer sechsspännigen Kutsche angereist. Sein russischer Amtskollege Alexander I. hingegen hatte einen Ritt vorgezogen, um unerkannt zu bleiben.

Nr. 180 Pumpenkunst der Grube Furth, Würselen. Das frühere Betriebsgebäude der Pumpenkunst der Grube Furth dient jetzt als Wohnhaus. An der seitlichen Hauswand ist das kreuzförmige Balkenlager des Feldgestänges noch gut zu erkennen. - Bild unten: So ungefähr sah die Situation einmal aus. Über das Drehkreuz wurden gleichzeitig die Pumpen und die „Fahrkunst" für die Grubenfahrt auf und ab bewegt. Die Grube Furth arbeitete mit diesem Antriebssystem noch bis zu ihrer Schließung 1883. Im Gebäude befand sich noch ein kleiner Betsaal, in dem die Schutzpatronin St. Barbara um Beistand zum "Glückauf" angerufen wurde. Ein solcher Saal war früher in allen Gruben üblich.

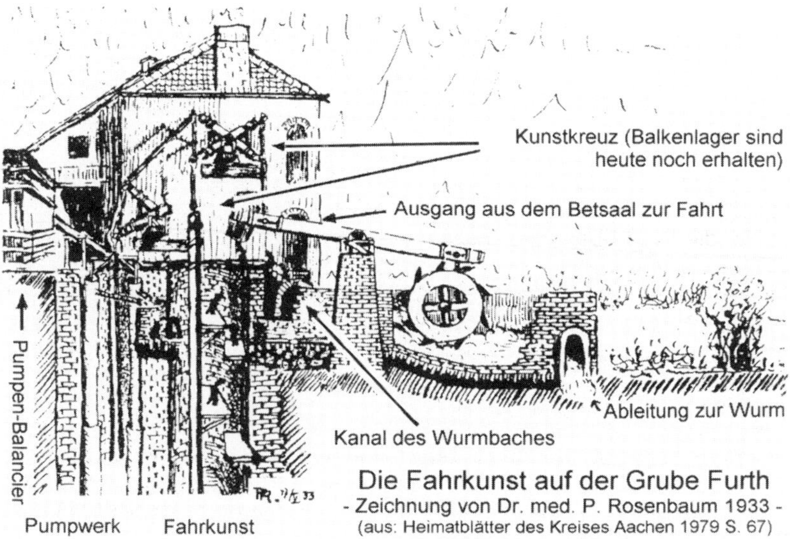

Die Fahrkunst auf der Grube Furth
- Zeichnung von Dr. med. P. Rosenbaum 1933 -
(aus: Heimatblätter des Kreises Aachen 1979 S. 67)

Die Grube Neue Furth, wohin der Abbau ab etwa 1780 nach Norden gewandert war, schloß 1883/84. Eines der Betriebsgebäude steht noch heute. Es ist bewohnt.
Nur das Balkenlager des Drehkreuzes für die Fahr- und Pumpenkunst an der Giebelwand erinnert noch an seine einstige Bedeutung. Es ist von der Seite jenseits der schmalen Zufahrtsstraße gut zu sehen.

KÖNIG, Walter, „Der Steinkohlenbergbau im Raum Würselen", in: Stadtgeschichte Würselen (268), Bd. I S. 237 ff.; ders., „Die Grube Furth", in: Bardenberger Heimatheft 2/1986, S. 4 ff.; ders., „Die Grube Ath", ebenda 1987, S. 2 ff.; NELLESSEN, Wilhelm, „Bardenberg im ältesten Bergbaugebiet Europas", in: 1100 Jahre Bardenberg (9), S. 44; ROSENBAUM, Paul, „Von der Fahrkunst auf der Grube Furth", in: Heimatbl. des Krs. Aachen 1979, S. 66 ff.; SCHUNDER, Geschichte des Aachener Steinkohlenbergbaues (237), S. 63 ff.; SOMMER, aaO., S. 304; WYNANDS, Stadt Würselen (274), S. 9; ferner Tranchot 1805/07 Bl. 86 Aachen: „Ather Pomp / Furter Pomp".

181 Die Pumpenkünste der Klosterrather Gruben

Herzogenrath-Kohlscheid
(1616 - um 1800) > Wurm <

Wann im Großraum Aachen die Steinkohle entdeckt wurde, ist für unser Thema zwar nicht entscheidend, aber vor dem Hintergrund der Wasserkraftnutzung gleichwohl interessant. In den Annalen der Abtei Klosterath - des späteren Rolduc - ist unter dem Jahr 1113 ein Platz „Kalculen" genannt. Man hat das mit „Kohlkuhle" übersetzt. Stimmt diese Deutung, dann stünde hier allerdings die Wiege der deutschen und sogar kontinentaleuropäischen Steinkohlengewinnung. Aber da gibt es Zweifel - wie auch bei der Legende, daß ein Klosterather Mönch die Kohle beim Pflügen entdeckt hatte. Gesichert ist indes, daß hier mindestens seit Anfang des 13. Jh. Steinkohle im primitiven Tagebau und in kleinen Schächten gefördert wurde. Steinkohle war damals ein außerordendlich wertvoller Brennstoff und ein teures Handelsgut.
Klosterrath war daran kräftig beteiligt. Der weitsichtige Abt Balduin von Horpuch hatte schon 1616 für seine Grube am Kohlberg bei Pesch eine Pumpenkunst aufstellen lassen, die erste an der Wurm überhaupt.
Weit größere Anlagen enstanden 1773 für die Klostergruben in Maubach und 1780 noch für eine Nachbargrube. Das Maubacher Wasserrad maß 13 m. Von ihm aus wurde die Kraft über Transmissionsstangen zum Pumpenhaus geleitet und dort mit dem üblichen „Kunstkreuz" auf das Pumpengestänge umgelenkt. Diese Anlagen arbeiteten aber nur bis um 1800, zumal die Franzosen nur an der Ausbeutung, nicht aber an der Unterhaltung der Anlagen interessiert waren. Nach 1815 setzte sich auch hier die Dampfkraft durch. Sie war bei größeren Teufen leistungsfähiger, allerdings auch teuer. Denn die „Feuerkunst" verbrauchte einen erheblichen Teil der geförderten Kohle.

GIERLICHS, Wilhelm, „Aus der Geschichte von Herzogenrath", in: Heimatblätter Krs. Aachen 1938 S. 3 ff., hier S. 53/54; SCHUNDER, aaO. (237), S. 27 ff., 92 ff. u. 116; ferner Tranchot 1805 Bl. 76 Herzogenrath: „Moulin R." (bei Pesch; mit der Ruine ist höchstwahrscheinlich eine der obigen Anlagen gemeint).

Nr. 182 Broicher Mühle, Alsdorf. Von den acht Mühlen am Broicher Bach war sie die oberste und gehörte bis 1817 zum kurkölnischen Lehnsgut Hs. Broich. Die Kornmühle befand sich im Gebäude rechts, das seit ihrer Stillegung um 1925 als Wohnhaus genutzt wird.

Nr. 183 Kranentalsmühle, Alsdorf. Von der Mühle und dem Gewässer ist nichts mehr zu sehen. Aber an der Rückseite des alten Bauernhofes kann man die frühere Situation noch leidlich gut erkennen. Schon nach dem Ersten Weltkrieg wurde der Mahlbetrieb eingestellt.

Broicher Bach

Wanderungen durch das romantische Broichbachtal vermitteln ein großartiges Naturerlebnis. Josef Stommel, der dort auf der Römermühle aufgewachsen ist, hatte auf die Frage nach seiner Heimat stets geantwortet: „Wir wohnen in der rheinischen Schweiz." Das stimmt, wenn man sich die Schweizer Berge etwas kleiner denkt. Gerade hier haben das Naturschutzgebiet Wurmtal und das Broichbachtal mit ihren grünen Talauen und den für niederrheinische Verhältnisse „steilen", meist bewaldeten, Berghängen vieles gemeinsam. Bei Alsdorf gibt es sogar noch einen beinahe exotischen Kontrastpunkt: Wenn es frisch geschneit hat, könnte der weithin sichtbare Abraumkegel ein niederrheinischer Fujiyama sein.
Entstehung und ständigen Unterhalt verdankt das Tal dem Broicher Bach. Er entspringt in zwei Quellarmen mitten im Gebiet des früheren jülich´schen Gerichts Broich und ist im Druchschnitt 3 m breit. Nach einem kurvenreichen Weg über einen Höhenunterschied von 80 m mündet er bei Herzogenrath in die Wurm. Auf den älteren Karten kann man entlang seines Laufes 16 Teiche ausmachen. Zumeist waren es Fischteiche, sieben von ihnen aber auch Mühlenteiche für ebensoviele Broichbachmühlen.
Mit dem Bergbau kamen allerdings auch die Probleme - vor allem für die Wasserqualität. Eben die hatte noch Mitte des 19. Jh. eine Aachener Textilfabrik mit einer Wollwäscherei an den Broicher Bach gelockt (siehe Nr. 189 Erckensmühle). Heute ist der Bach - früher auch „Mühlenbach - Möllebaach" geheißen - auf weite Strecken reguliert.

BOEHMER, Julius, in: Zeitschrift des Aachener Geschichtsvereins 1937, S. 176; STOMMEL, Josef, „Mein Heimattal", in: Festschrift 25 J. Heimatfreunde Noppenberg 1986.

182 Broicher Mühle

Alsdorf-Broich, Broicher Mühle
(vor 1683 - um 1925) > Broicher Bach <

Die zwei Quellbäche des Broicher Baches reichten schon nach gut einem Kilometer aus, um am Fuße der Anhöhe bei Linden und Neusen den großen Broicher Weiher zu füllen. Gleich unterhalb des Weihers liegt die ehemalige Broicher Mahlmühle.
Die Mühle gehörte früher zum kurkölnischen Lehensgut Broich, einem Rittersitz, der auf das 12 Jh. zurückgeht, 1248 dem Grafen von Jülich verpfändet und nicht wieder eingelöst wurde. Vor 1500 kamen Gut und Mühle an die Familie v. Zweibrüggen, 1649 durch Heirat an die Familie v. Schellart. Aus einer Schellart´schen Vermögensaufstellung von 1683 erfährt man, daß zum Mühlenhof mit Benden (Wiesen) und Baumgärten 36 Morgen Land gehörten. 1817 wurde die Mühle vom Rittergut abgetrennt und kam an die Familie v. Negri auf Zweibrüggen, die sie an Peter Offergeld verpachtete, den damaligen Erbpächter auf der Kellersberger Mühle (Nr. 184).

Nr. 184 Kellersberger Mühle, Alsdorf. Die Mühle des nahegelegenen Ritterguts Kellersberg läuft noch, allerdings elektrisch. Bach und Turbine hatten schon 1960 ausgedient. Im übrigen gibt es hier außer Mehl „Alles für Tier und Garten", wie es im Firmenprospekt heißt.

Nr. 185 Alsdorfer Mahlmühle, Alsdorf. Nach dem roten Anstrich ihrer Wirtschaftsgebäude ist sie für die Alsdorfer die „Rote Mühle". Sie stammt aus der Zeit vor 1420 und war Bannmühle für Alsdorf. Seit sie um 1970 stillgelegt wurde, ist sie Sitz einer Spedition.

Die Mühle wurde bereits nach dem Ersten Weltkrieg stillgelegt. Heute ist die Besitzung ein landwirtschaftlicher Betrieb. Den Weiher gibt es allerdings noch. Er war und ist noch immer ein beliebtes Ausflugsziel. Der Kellersberger Lehrer Peter Schieffer hat ihn 1908 in feiner Posie *„ein strahlendes Auge im Grünen, das zum Himmel schaut*" genannt.

HEFFELS, Bernd, „Die Mühlen am Broichbach", in: Terminkalender der Kellersberger Vereine 1997, S. 6 ff.; v. NEGRI, Frh., „Broich", in: Heimatblätter Krs. Aachen 1932 H. 2, S. 7 ff.; SOMMER, aaO., S. 308; Mitteilung des Eigentümers; in der Tranchot-Karte von 1805 und der TK 1846 sind nur Teich und Gebäude enthalten, ohne nähere Bezeichnung, offenbar wegen der Lage im Blattschnitt; in TK 1892 Bl. 5103 Eschweiler: „Broicher M."

183 Kranentalsmühle

Alsdorf, Kranentalsmühle
(17./18. Jh. - um 1918) > Broicher Bach <

Auch von der Kranentalsmühle steht nur noch der Mühlenhof. Die Mahleinrichtung wurde schon nach dem Ersten Weltkrieg stillgelegt. Man hat dann noch einige Jahre eine Kornbrennerei unterhalten, um sich schließlich allein der Landwirtschaft zu widmen.
Das Alter der Mühle ist nur noch ungefähr zu sagen. Tranchot erwähnt sie 1805 als „Dahl Mühle". Zu Broich scheint sie nicht gehört zu haben. Sonst hätte man sie in der Schellart´schen Vermögensaufstellung von 1683 (siehe Nr. 182) gefunden. Ihre Lage unterhalb von Ofden läßt da eher den Schluß zu, daß sie Kellersberg als Zweitmühle zuzurechnen ist. Die wenigen Urkunden im Besitz des jetzigen Eigentümers befassen sich nur mit der Wegeunterhaltung im 19. Jh. und damit, daß 1906 ein Bergmann Joseph Greten im Mühlenweiher ertrunken ist.
Für den Namen der Mühle hat man noch keine befriedigende Erklärung gefunden. Mit Kranichen scheint er nichts zu tun zu haben, weil sich dieser Namensbestandteil nach den Katasterunterlagen nur auf die Mühle bezieht, nicht aber auf die Flur, in der sie liegt. Vielleicht ist er auf den Familiennamen eines Pächters zurückzuführen.

HEFFELS, Bernd (siehe Anm. zu Nr. 182); SOMMER, aaO., S. 303; Mitteilung des Eigentümers; ferner Tranchot 1805 Bl. 76 Herzogenrath: „Dahls Mühle"; sowie TK 1846 u. 1892 Bl. 5102 Herzogenrath: „Krahnenthals-M."

184 Kellersberger Mühle

Alsdorf-Ofden, Dorfstraße
(vor 1600 - heute) > Broicher Bach <

Im Kontor der noch immer in Betrieb befindlichen Mahlmühle hängt eine Urkunde des *„Johann Hugo Frantz Carl Freiherr von und zu Leerodt, Domkapitular zu Halberstadt*". Mit ihr wurden 1740 der *„ehrbare und achtbare Peter Offergeld und dessen Hausfrau Helena Gouders"* zu Erbpächtern der Mühle gemacht, die mindestens seit dem 16. Jh. zum nahegelegenen Rittergut Kellersberg gehörte.

Nr. 186 Alsdorfer Ölmühle, Alsdorf. Unmittelbar bei der „Roten" steht die „Weiße Mühle". Sie ist ähnlich alt wie jene, mit der sie ursprünglich wohl betrieblich zusammengehörte. Um 1870 wurde die Ölschlägerei aufgegeben. Die obere Aufnahme mit der Müllerfamilie vor dem großen unterschlächtigen Wasserrad stammt aus der Zeit vor der Jahrhundertwende. Die heutige Situation (Bild unten) ist vom 20. Jh. bestimmt: Von einer modernen Straße, der Abraumhalde der stillgelegten Zeche im Hintergrund und dem ebenfalls "ruhenden" landwirtschaftlichen Betrieb, wie ihn der Besitzer nennt.

Seither - also nun beinahe 300 Jahre - ist die Kellersberger Mühle im Besitz der Offergelds, denen sie heute auch zu Eigentum gehört. Im 19. Jh. besaß die Mühle zwei unterschlächtige Wasserräder. Um 1930 wurde sie auf Turbinenantrieb umgestellt, 1960 auf Elektroantrieb. Sie läuft immer noch.
Als branchenübliches Erinnerungsstück steht an der Außenfront ein Mühlstein angelehnt. Müller Offergeld verwahrt aber noch einen anderen Stein, den Denkstein vom Friedhof, der dort 1837 für seinen Ur-Ur-Ahn aufgestellt worden war. Jener Ludwig Offergeld war nämlich von seinem Mahlknecht erschlagen worden. Er hatte ihn zurechtgewiesen, als er zur Nachtzeit betrunken mit dem Müllerkarren heimkehrte.

HEFFELS, Bernd (siehe Anm. zu Nr. 182); SOMMER, aaO., S. 303; Auskunft und Unterlagen des Eigentümers; ferner Tranchot 1805 Bl. 76 Herzogenrath: „Ofden Mühle", sowie TK 1846 u. 1892 Bl. 5102 Herzogenrath: „Mühle / M."

185/186 Die Alsdorfer Mühlen

Alsdorf, Würselener Straße
(vor 1420 - um 1970) > Broicher Bach <

Wenn der Broicher Bach in alter Zeit Ofden passiert hatte, befand er sich schon nach wenigen hundert Metern statt noch im Jülichschen unversehens in Brabant, später sogar in Spanien, zu dem Brabant seit Karl V. gehörte. Dieser Grenzübertritt hatte allerdings keine mühlenrechtlichen Folgen. Hüben wie drüben bestand das Mühlenregal, hüben wie drüben gab es Herrschaft- und Bannmühlen.
Die erste brabantisch-spanische Mühle war die von Alsdorf. Ursprünglich war sie im Besitz der Ritter von Alsdorf, die schon im 14. Jh. erwähnt sind. 1420 wird sie als Zwangsmühle für deren Herrschaftsbereich aufgeführt. Es ist die jetzige „Linkens-Mühle" (**Nr. 185**), so genannt nach ihrem Eigentümer und letzten Müller, oder die „Rote Mühle", nach ihrem dunkelroten Anstrich. Sie lief bis um 1970, ehe das Anwesen Sitz einer Spedition wurde.
Unterhalb des Weihers steht die Ölmühle (**Nr. 186**), wegen ihrer kalkweißen Wände bei den Alsdorfern auch „Weiße Mühle" genannt. Von ihrem Ursprung her hat sie wohl mit der Mahlmühle zusammengehört, auch wenn sie getrennt von ihr bewirtschaftet und verpachtet wurde. Die deutliche bauliche Trennung ist nicht nur mit Feuersicherheitsgründen, sondern auch aus dem Höhenunterschied des Geländes zu erklären: die Mahlmühle lief deshalb mit einem oberschlächtigen, die Ölmühle mit einem unterschlächtigen Wasserrad. Die Ölmühle war bis um 1870 in Betrieb. Der Mühlenhof ist heute in der Terminologie der Finanzbehörden ein „ruhender" landwirtschaftlicher Betrieb - so mit einigem Humor der Besitzer.

HEFFELS, Bernd (siehe Anm. zu Nr. 182); KRAEMER, A., „Aus der Geschichte der Gemeinde Alsdorf", in: Heimatbl. Landkrs. Aachen 1935, H. 2, S. 3 ff.; SOMMER, aaO., S. 303; ferner Tranchot 1895 Bl. 76 Herzogenrath: „Alsdorfermühle"; sowie TK 1846 u. 1892 Bl. 5102 Herzogenrath: „Alsdorfer Mühlen". - Nur wenige hundert Meter unterhalb ist bei Tranchot (aaO.) eine „moulin brule" (Ölmühle?) ausgewiesen. In den Nachfolgekarten des 19. Jh. findet sich jedoch darüber kein Hinweis mehr. Wahrscheinlich war die Ölmühle gemeint, die der Kartograph etwas zu weit abgerückt hat.

187 Römermühle

Herzogenrath-Noppenberg, Römergasse
(16. Jh. - 1960) > Broicher Bach <

Auch von Herzogenrath führt ein Weg nach Rom. So nämlich hieß noch vor 200 Jahren in der Tranchot-Karte der östliche Teil entlang der Hangkante zum Bachtal. Im Norden schloß sich das „Romerveld“ an, durch das der „Grand Chemin de Maastrecht à Juliers“ führte.
Unten im tiefen Tal lag die Walkmühle oder „Romer-Mühle à foulon“, wie Tranchots Landmesser sie nannten. Sie gehörte zu Hs. Ottenfeld und stammte aus dem 16. Jh. Ab etwa 1850 war sie eine wasserkraftbetriebene Spinnerei. Im Jahre 1900 richtete die aus dem Siegerland stammende Familie Stommel in der stillgelegten Spinnerei eine Werkzeugschleiferei ein, deren Hauptprodukt Feilen waren. Weil Stommel die Anschrift mißfiel, änderte er den Mühlennamen in „Römermühle“ - historisch falsch, reklametechnisch richtig.
1947 mußte das Wasserrad wegen Bergsenkungen stillgelegt werden, 1960 der ganze Betrieb, weil die Grubenschäden inzwischen auch die Gebäude bedrohten. Aus dem Mühlenhof wurde nach dem Abbruch der Gebäude eine Wiese mit einem alten Schleifstein am Wegesrand und einer Erinnerungstafel an die „Schliifmölle“.

HEFFELS, Bernd (siehe Anm. zu Nr. 182); SOMMER, aaO., S. 303; STOMMEL, Karl, „Die Römermühle - Ein Unternehmen im Wandel der Zeit“, in: Festschr. 25 J. Heimatfreunde Noppenberg 1986; Aachener Volkszeitung v. 16. Aug. 1960; ferner Tranchot 1805 Bl. 76 Herzogenrath: „Romer Mühle“; sowie TK 1846 Bl. 5102 Herzogenrath: „Reamers Mühle“ (wahrsch. ein Schreibfehler).

188 Berger Mühle

Herzogenrath-Noppenberg, Berger Mühle
(17./18. Jh. - 1935) > Broicher Bach <

Lieber hätten die Noppenberger Heimatfreunde ihre zusehends verfallende Berger Mühle instandgesetzt und zu ihrem Domizil gemacht, mit Treffpunktsräumen und Heimatmuseum. Aber dann machte ein Privatmann das Rennen und hat seit 1996 damit begonnen, das Anwesen im romantischen Broichbachtal in zeitgemäße Wohnungen umzugestalten. Man wird sehen, was dabei im Konflikt zwischen Denkmalpflege und Nutzbarkeit vom altvertrauten Erscheinungsbild des Mühlenhofes übrig bleibt und was zwischen die Mühlsteine der Rentabilität gerät.
„Berg“ ist die alte Bezeichnung für die - später „Noppenberg“ genannte - Straßensiedlung oberhalb des Baches. Die nach ihr benannte Mühle war eine Getreidemühle aus dem 17./18. Jh., von Baron Blankart erbaut und wohl Hs. Ottenfeld zugehörig. Der Bach führte so reichlich Wasser, daß nach einem Bericht aus dem Jahre 1822 von den vier Mahlgängen drei gleichzeitig gehen konnten. Angetrieben wurden sie von einem oberschlächtigen Wasserrad, das noch bis 1935 seinen Dienst versah. Dann wurde die Mühle stillgelegt und zu Wohnzwecken genutzt.

HEFFELS, Bernd (siehe Anm. zu Nr. 182); SOMMER, aaO. S. 303; Aachener Volkszeitung v. 31. Juli 1996 (zum Umbauvorhaben); ferner Tranchot 1805 Bl. 76 Herzogenrath", sowie TK 1846 u. 1892 Bl. 5102 Herzogenrath: übereinstimmend „Berger Mühle"

189 Ölmühle am Damm / Erckensmühle

Herzogenrath, Dammstraße
(18. Jh. - 1908) > Broicher Bach <

Herzogenrath besaß zwei Mühlen: Die alte Bannmühle an der Wurm (siehe Nr. 190) und die in der örtlichen Geschichtsschreibung so genannte „Ölmühle am Damm". Dieser Damm lag östlich vom Stadtkern im Ortsteil Ofden. Er war aufgeschüttet worden, um die Wassermassen aufzuhalten, die bei anhaltendem Regen, vor allem aber wegen der Grubenwässer aus Alsdorf Häuser und Straßen bedrohten.
Die Mühle muß mindestens schon im 18. Jh. bestanden haben und dürfte damals ausschließlich Ölmühle gewesen sein. In der allgemeinen Bewertung der Liegenschaften 1776 wurde sie auch als solche aufgeführt und mit einem Jahresnettoertrag von 135 Talern angesetzt. Das war etwa ein Fünftel des Ansatzes für die Bannmühle.
Im Tranchot´schen Kartenwerk von 1805 steht sie dann allerdings als „Moulin à Than" angegeben. Das ist die französische Bezeichnung für „Lohmühle" Die Identität ergibt sich aus dem Standortvergleich mit späteren Karten. Ab 1820 ist von einer Walkmühle die Rede, die 1836 den Gebr. Erckens aus Aachen-Burtscheid gehörte. 1850 verlegten die Eigentümer einen Teil ihrer Aachener Textilproduktion in die Mühle. Fortan hieß sie nur noch „Erckensmühle", die zunächst mit Wasserkraft, später mit Dampfkraft arbeitete. Der Betrieb lief bis 1908. Dann folgte eine Wohnhausnutzung, bis die ehemaligen und wenig ansehnlichen Fabrikgebäude 1987 im Zuge der Stadtsanierung abgerissen wurden. Übrig blieb der Straßenname „Erckensmühle".

ARETZ, Josef, „Von Mühlen und Wasserkünsten", in: Heimatblätter Krs. Aachen 1961, S. 60; GIERLICHS, Wilhelm, „Aus der Geschichte der Stadt Herzogenrath", in: Heimatblätter Krs. Aachen 1938, S. 56; KATTERBACH/SCHNITKER, „Herzogenrather Industrie in Vergangenheit und Gegenwart", in: Heimatblätter Krs. Aachen 1938, S. 105; SOMMER, aaO., S. 303 (mit unklarer Zuweisung); Katasterkarten (Stadtarchiv Herzogenrath); ferner Tranchot 1805 Bl. 76 Herzogenrath: „Moulin à Than"; TK 1846 u. 1892 Bl. 5102 Herzogenrath: kein Hinweis auf eine Mühle, nur Gebäudeeintrag.

190 Bannmühle

Herzogenrath, Kleikstraße
(vor 15./16. Jh. - 1914) > Wurm <

Das alte „Roda Ducis" - das Rode des Herzogs von Limburg und heutige Herzogenrath - geht auf eine Burg aus dem frühen 12. Jh. zurück. Für die Limbur-

ger waren sie und die zugehörige Siedlung der Burgleute die östlichste Besitzung. Dementsprechend wurde sie ausgebaut und war vielfach umkämpft. Geistliches Pendant zur Burgsiedlung war die ungefähr gleichaltrige Augustinerabteil Klosterath, das heutige Rolduc, seit 1815 durch die Staatsgrenze von Herzogenrath getrennt.
Zu Herzogenrath gehörte die Bannmühle, eine Korn- und Ölmühle. Sie hat wahrscheinlich schon im 13. Jh. als Versorgungseinrichtung von Burg und Stadt bestanden. Zuverlässige Kenntnis hat man aber erst aus dem 15./16. Jh. In einem Stadtplan von 1550 ist auch ihr Standort eingezeichnet. Ob sie allerdings dem Landesherrn oder der Abtei gehörte, ist unklar. Zumindest die Nutzung dürfte beim Kloster gelegen haben, wie aus ihrer mehrfachen Erwähnung in den Klosterather Akten des 15./16. Jh. hervorgeht. So wurde sie 1766 vom Abt Haghen von Grund auf erneuert. Andererseits nannte man sie im 18./19. Jh. in Herzogenrath stolz „Kaiserliche Bannmühle", weil das Land Herzogenrath zuletzt zu Österreich gehört hatte. Bei der Bewertung der Liegenschaften wurde sie mit einem Netto-Ertrag von 750 Gulden/Jahr angesetzt und war damit die am höchsten eingeschätzte Liegenschaft.
Im 19. Jh. entwickelte sich die ehemalige Bannmühle zu einem großen und namhaften Betrieb „amerikanischer Konstruktion", wie es in einem Bericht von 1866 heißt. 1910 erwarb die Stadt Herzogenrath das Anwesen, das 1914 abgerissen wurde, um die schwierig gewordenen Abflußverhältnisse der Wurm im Stadtgebiet zu verbessern.

DELAHAYE, Josef, „Alte Straßen und Häuser", in: Heimatblätter Krs. Aachen 1938, S. 60; GIERLICHS, Wilhelm, „Aus der Geschichte der Stadt Herzogenrath", in: Heimatblätter Krs. Aachen 1938, S. 3 ff, hier S. 56; SOMMER, aaO., S. 302; STEINBUSCH, Chronica Rodensis (246), S. 73; ferner TK 1892 Bl. 5102 Herzogenrath: Mühlensymbol.
Nur 2 km unterhalb liegt auf niederländischer Seite direkt an der neuen Wurmbrücke die **„Baalsbrugger Molen"** (Tranchot 1805 Bl. 76 Herzogenrath: „Balsbrugen Mühle"). Das Backsteingebäude aus dem 18./19. Jh. und das Wehr sind noch erhalten. Die Mühle - eine Mahl- und Ölmühle, erstmals 1437 als Klosterrather Besitz erwähnt - steht seit den 60er Jahren still.

191 Nivelsteiner Mühle

Herzogenrath, Nivelsteiner Weg
(vor 1692 - um 1920) > Wurm <

Haus und Mühle Nivelstein (von: „Nebelstein" od. „Haus neben dem Grenzstein") standen an der Wurm ungefähr 2,5 km oberhalb von Rimburg. Für die Rimburg hatte es seit dem 13. Jh. die Funktion eines Verteidigungspostens. Ab 1474 wurde Nivelstein bei einer Erbteilung von Rimburg getrennt. Am Ende eines von nun an häufigen Eigentümerwechsels stand der Untergang der Besitzung in der ersten Hälfte unseres Jahrhunderts.
Wahrscheinlich ist die Mühle gleich alt wie der Adelssitz. Schriftliche Erwähnung findet sie allerdings erst 1692, und zwar im Lagerbuch von Klosterrath, dem sie damals zinspflichtig war. Um 1800 wird die frühere Mahlmühle als Walkmühle

gemeldet. In einer Verpachtungsanzeige von 1846 ist sogar von zwei Mühlen die Rede („*auf preußischem und holländischem Gebiet belegen*"); diesseits war die Walkmühle und jenseits eine Mahl- und Ölmühle. Letztere wurde erst 1843 gegründet. Sie hat nur bis 1892 bestanden und wurde 1945 abgebrochen.
Um 1920 war auch die auf deutscher Seite stehende Walkmühle bereits verfallen. In einem noch leidlich benutzbar gebliebenen Gebäudeflügel befand sich allerdings eine bescheidene Gastwirtschaft, die noch traurige Berühmtheit erlangen sollte: Wie für das äußerst abgelegene Gebäude nicht anders zu erwarten, diente es zunächst vor allem Schmugglern als Unterschlupf. In der Kriegszeit wandelte sie sich dann aber in einen geheimen Stützpunkt für jüdische Flüchtlinge, die man von einer Leipziger Zentrale aus hier bei Nacht und Nebel über die Wurm in Sicherheit brachte, um sie vor der Deportation in eines der berüchtigten Vernichtungslager zu retten. Indes - der Platz war zwar verschwiegen, nicht aber alle Mitwisser waren es. Die Hilfsaktion wurde verraten. Eine der mutigen Fluchthelferinnen mußte ihre Beteiligung im KZ mit dem Tode büßen.

HANSSEN, Die Rimburg (87), S. 258 ff.; KAHLEN, Heimatklänge (121), S. 26 ff.; SOMMER, aaO., S. 301/302; unveröff. Chronik der Nivelsteiner Mühle jenseits der Grenze (Stadtarchiv Herzogenrath); ferner Tranchot 1805/07 Bl. 76 Herzogenrath: „Neivelsteiner M."; TK 1846 u. 1892: nur Gebäude eingetragen, kein sonstiger Hinweis.

Amstelbach

Schon der Name, den man eher im Großraum Amsterdam suchen würde (Amstelmeer), ist einen eigenen Bericht wert: In den „Annales Rodenses (Jahrbüchern der Abtei Klosterath") aus dem 12. Jh. heißt unser Bach „Anstela". Im Laufe der Zeit hat sich die verkürzte Form „Anstel/Amstel" entwickelt. Schließlich wurde daraus „Anselder Beek"; so jedenfalls steht es in der Gewässerkarte NW. Auch „Richtericher Bach" und „Mühlenbach" waren gebräuchliche Namen. Aber im ehemaligen Heydener Ländchen heißt er jetzt Amstelbach. In der niederländischen Stadt Kerkrade ist er sogar namenlos: Dort fließt er durch ein Staubecken, den Cranenweyer.
Unser Bach ist knapp 10 km lang und im Schnitt 2-3 m breit. Er entspringt westlich Kohlscheid. Seit dem Wiener Kongreß läuft er zu einem Drittel auf deutschem und zu zwei Dritteln auf niederländischem Gebiet. Südlich der Rimburg mündet er bei Übach-Palenberg in die Wurm.
Unterwegs speist der Amstelbach die Gräben einiger fester Häuser, von denen Hs. Heyden das wohl stattlichste und bedeutsamste war. Zu Heyden gehörten zwei Wassermühlen: die Obermühle und die Untermühle. Ihnen folgten auf der niederländischen Seite noch drei weitere: Die Hammolen, die Ansteler „Oligmule" und etwas unterhalb noch die Mühle von Eijgelshoven.

BOEHMER, Julius, in: Zeitschr. des Aachener Geschichtsvereins 1937, S. 178; GIERLICHS, Wilhelm, „Gelände- und Siedlungsnamen in der Gemeinde Richterich", in: Heimatblätter Krs. Aachen 1940 H. 1/2, S. 3 ff.

Nr. 192 Obermühle, Aachen-Horbach. Sie ist die ältere der beiden Mühlen von Hs. Heyden am Amstelbach. Über 600 Jahre (bis um 1960) wurde dort gemahlen. Heute ist sie mit ihren restaurierten Gebäuden Sitz eines „Forums für Fort- und Weiterbildung".

Nr. 193 Untermühle, Aachen-Horbach. Die Mühle im Winkel an der niederländischen Grenze hörte zur gleichen Zeit auf wie ihre Heydener Schwestermühle. Aus dem Mühlenhof wurde dann ein Reiterhof. Auch hier ist die Mahleinrichtung verschwunden.

192 Obermühle

Aachen-Horbach, Scherbstraße
(um 1300 - um 1960)

> Amstelbach <

Der Rittersitz Heyden wurde um 1300 von den Dynasten v. Bongart erbaut. Ab 1361 war er Mittelpunkt und landesherrlicher Verwaltungssitz des „Heydener Ländchens", einer jülich´schen Unterherrschaft zwischen Richterich (heute Aachen) und Eyjgelshoven (heute Kerkrade NL). Die Hauptburg am Amstelbach wurde 1689 zerstört. Nur die Vorburg hat die Zeiten überdauert.
Während Hs. Heyden einige hundert Meter abseits liegt, steht die zugehörige Wassermühle unmittelbar an der Straße - mit ihren weißgetünchten Gebäuden noch immer eindrucksvoll und unübersehbar. Ob sie bereits um 1240 - früher also als die Burg - bestanden hat, wie es auf einer Tafel am Eingang heißt, mag bezweifelt werden. Es ist wohl wie mit der Priorität von Huhn oder Ei.
Weil der Bach schon auf seinen beiden ersten Kilometern über 20 m Gefälle und aus dem Waldgebiet nördlich von Aachen reichlichen Zulauf hatte, konnte die Mühle oberschlächtig angetrieben werden. Als herrschaftliche Einrichtung war sie Bannmühle für Richterich und Horbach. Bei ihrer exponierten Lage war sie allerdings schwer zu schützen. Das nutzte 1605 der mit dem Mahlzwang unzufriedene Junker von Hirtz auf Ürsfeld. An einem dunklen Novemberabend hatte er die Eingänge auskundschaften lassen und war dann um Mitternacht mit seinen Leuten vor der Mühle erschienen. Aber der Müller - durch den verdächtigen Kundschafter mißtrauisch geworden - war vorbereitet. Er und sein Hausgesinde hielten stand, bis ein Mahlknecht es geschafft hatte, die Bergleute einer benachbarten Grube zu alarmieren, die dann die Meute in die Flucht schlugen.
Der Junker preschte davon, nicht ohne zuvor noch seine Pistolenläufe leerzuschießen und einen der Verteidiger zu verwunden. Seine Kumpane wurden auf 15 Jahre des Landes verwiesen, der Junker von Hirtz indes durfte bereits nach einigen Jahren wieder heimkommen - eine merkwürdige Umkehrung der feudalen Verantwortlichkeit.
Im April 1793 hatte der Heydener Müller wieder einmal Besuch - diesmal jedoch nicht von Raubgesindel, sondern von dem jungen Herzog von Orléans und General der Revolutionsarmee, der sich enttäuscht von den neuen Herren in Paris abgewandt hatte. Er hielt sich in der Obermühle eine zeitlang verborgen, um sich dann als „Leonhard Bardenheuer aus Körrenzig" endgültig in Sicherheit zu bringen. So nämlich hieß der Heydener Mühlenpächter, der ihm seine Personalpapiere geliehen hatte, um ihm die Flucht mit einer anderen Identität zu ermöglichen. Ob der hohe Flüchtling es ihm oder seiner Familie später gedankt hat, ist nicht überliefert. Immerhin war er von 1830 - 1848 als Louis Philippe König von Frankreich.
Aber von den ungebetenen und gebetenen Gästen wieder zurück zur Mühle selbst: Sie tat ihren Dienst bis um 1960. Seit 1995 ist sie mit ihren hervorragend restaurierten Gebäuden Sitz eines „Forums für Fort- und Weiterbildung" in der Trägerschaft eines gemeinnützigen Vereins.

CLEMEN, Kunstdenkmäler Bd. 9 „Kreise Aachen und Eupen" (34), S. 493 ff.; SCHMIDT, P., „Haus Heyden", in: Heimatbl. Krs. Aachen 1932, H. 4, S. 1 ff.; SCHMITZ, Peter, „Aus der

Nr. 194 Rimburger Mühlen, Übach-Palenberg. Im Schatten der Rimburg stehen zu beiden Seiten der Wurm ihre beiden alten Mühlen. Links im Bild - auf dem deutschen Ufer - ist es die Mahlmühle, rechts die alte Ölmühle. Beide Gebäude dienen heute Wohnzwecken.

Geschichte des Ländchens Zur Heyden und der gleichnamigen Burg", ebenda, 1940, H. 1/2, S. 14 ff.; SISTENICH, Franz, „Ein Überfall auf die Heydener Mühle", ebenda 1936, S. 130 ff.; SOMMER, aaO., S. 304; zur Flucht von Louis Philippe: siehe Rur-Blumen 1937, Nr. 33; ferner Tranchot 1805/07 Bl. 86: „Mühlenbacher Mühle" (mit dem nahen Haus Mühlenbach hatte die Mühle allerdings nichts zu tun); sowie TK 1846 u. 1892 Bl. 5102 Herzogenrath: „Ober Mühle / Obr. M."

193 Untermühle (Tüter Mühle)

Aachen-Horbach, Bückerhofer Weg
(16./17. Jh. - 1963/64) > Amstelbach <

Knapp „10 m Gefälle" weiter unten liegt nahe der niederländischen Grenze bei Kerkrade eine weitere Mühle, ebenfalls oberschlächtig und ebenfalls eine Mahlmühle. Sie ist allerdings nicht weiß, sondern im Urzustand der erdbraunen Backsteinfarbe. Aber das Gehöft ist unübersehbar, auch wenn seit der Stillegung der Mühle nur noch ein einsamer Mühlenstein übrig geblieben ist. Alles andere, was an eine Mühle erinnert, ist verschwunden. Der Hof ist zu einer Pferdepension umgewidmet.

Über die Mühle gibt es nur spärliche Nachrichten. Sie gehörte einst zu Hs. Heyden. Sie dürfte jünger sein als ihre „obere" Schwester, der eigentlichen und historischen „Heydener Mühle". Der heutige Eigentümer gibt als Entstehungszeit das 16./17. Jh. an.

Ihr merkwürdiger Zweitname „Tüter Mühle“ leitet sich von „Tute“ ab und bedeutet ein spitz zulaufendes Grundstück - hier auch ein Hinweis auf die Ecke in der Landesgrenze, in der sie liegt (vgl. im übrigen mit einen ähnlichen Bedeutungshintergrund: Nr. 176 „Teuter Mühle“). Vielleicht kann man das altertümliche Wort mit „Trichter-“ oder „Winkelmühle“ übersetzen.

SOMMER, aaO., S. 304; Mitteilung des Eigentümers; Tranchot 1805 Bl. 86 Aachen: „Tute Molen“, ferner TK 1846 u. 1892 Bl. 5102 Herzogenrath: „Teuten-Mühle / Unt.-M.“

194 Die Rimburger Mühlen

Übach-Palenberg, Bruchhausener Straße
(12./13. Jh. - um 1945) > Wurm <

Die Rimburg war mit den Rittersitzen Wilhelmstein und Nievelstein Glied einer Burgenkette an strategisch wichtiger Stelle. Schon die berühmte römische Heerstraße von Köln über Jülich nach Tongern überquerte hier den Fluß. Die Anfänge der jetzigen Burg liegen im 12. Jh. Erster namentlich bekannter Herr auf Rimburg war Wilhelm von Mulrepas (Mulrepach, Mulrepesch), der zwar ab 1253 häufig bei Beurkundungen auftrat, mehr noch aber als Raubritter bekannt wurde. Mit seinen Überfällen auf kölnische und Brabanter Kaufleute hatte er es so arg getrieben, daß der Herzog von Brabant 1278 das Rimburger Raubritternest buchstäblich ausräucherte.
Für uns ist eher der Name „Mulrepas“ von Interesse. Er bedeutet nichts anderes als „Mühlenbach“ - ohne daß allerdings bekannt wäre, welcher von unseren heimatlichen Mühlenbächen damit gemeint ist. Daß indes auch zur Mulrepas´schen Rimburg schon damals eine Mühle gehört hat, dürfte wegen der direkten Lage an der Wurm sicher sein. Urkundlich wird sie aber erst 1543 genannt.
Die Mühle stand - und steht noch - unmittelbar vor dem Wirtschaftshof der auch in ihrer heutigen Form sehr eindrucksvollen Burg. Die Liste ihrer Pächter ist ab 1642 exakt überliefert. Leonard Nötlings - der die Liste anführt - hatte z.B. 50 Malter „gutten Roggen“ als Pacht abzuliefern, dazu 24 Taler, sowie am Neujahrstage 6 Pfund Zucker und zu Ostern ein fettes Schwein und 300 Eier. Damit nicht genug: Für die Schloßwirtschaft mußte er unentgeltlich mahlen und außerdem seinem Herrn jederzeit mit Pferd und Wagen zur Verfügung stehen. Sei einziger Trost mag da gewesen sein, daß er eine Zwangsmühle mit festem Kundenstamm gepachtet hatte. Aber auch das scheint nicht ausgereicht zu haben, den nötigen Lebensunterhalt zu sichern. Nötlings - nomen est omen - erneuerte seinen sechsjährigen Pachtvertrag nicht mehr.
Die Rimburger Mahlmühle besaß zwei Wasserräder, von denen heute nur noch der verrostete Rahmen eines Rades zu sehen ist. Das Gebäude aus dem frühen 19. Jh. dient jetzt Wohnzwecken.
Auf der gegenüberliegenden - heute niederländischen - Seite der Wurm war eine Ölmühle, die ebenfalls zu Rimburg gehörte. Sie wurde in der zweiten Hälfte des 16. Jh. erbaut. 1880 erfuhr sie eine gründliche Erneuerung und Umstellung auf Turbinenantrieb. Auch sie liegt längst still und ist heute ein Wohnhaus.

CLEMEN, Kunstdenkmäler Bd. 9 „Kreise Aachen und Eupen“ (34), S. 534 ff.; GILLESSEN, Ortschaften (74), S. 267; HANSSEN, Die Rimburg (87), S. 69 ff. u. 254 ff.; PFERDMENGES,

Karl, „Geschichte der Rimburg", in: Heimatblätter Krs. Aachen 1937, S. 67; SOMMER, aaO., S. 279; QUIX, Rimburg (203), S. 9; Mitteilung der Stadt Übach-Palenberg an den Verf.; ferner Tranchot 1805 Bl. 76 Geilenkirchen: „Moulin"; sowie TK 1846 u. 1892 Bl. 5002 Geilenkirchen: Mühlensymbol / „M."

Übach

Die beiden - heute zu einer Stadt vereinigten - Ortschaften Übach und Palenberg waren schon eh und je miteinander verbunden: durch den Übach, nach dem die eine von ihnen benannt ist. Mit ehedem nur rd. 5 km Länge ist er der kürzeste unter den Wurmzuflüssen in unserem Betrachtungsgebiet. Seine Quellen haben in der Gegend zwischen Merkstein und Alsdorf gelegen. Aus den einstigen Wäldern sprudelten sie reichlich. Heute sind sie durch Bergschäden versiegt. Der Übach ist zu einem regulierten Flutgraben für Oberflächen- und Klärwässer geworden, und so heißt er auch im Wasserbau-Deutsch. Im Siedlungsbereich sieht man ihn nicht einmal mehr. Er ist verrohrt.
In der Überlieferung hatte er viele Namen, meist mit lokalem Bezug, wie das in der noch nicht so mobilen Gesellschaft bei kleinen Gewässern häufig war: „Herbach" (auf der Anhöhe nahe den Quellen), „Übach" oder „Mühlenbach" und „Palenbach" (in Palenberg). Oder aber der Volksmund nannte ihn schlicht „de Bäek", was mit „die Bach" zu übersetzen wäre. Denn Bäche waren ja für unsere Altvorderen weiblichen Geschlechts.
Bei „Mühlenbach" weiß man es nicht genau: War das Haus Mühlenbach in Übach der Namensgeber für den Bach oder waren Bach und Rittersitz nach der Mühle benannt, die früher in Übach stand? Immerhin gab es im weiteren Umfeld mehrere Häuser dieses Namens und (seit dem 12. Jh.) die mit ihnen verbundene Adelsfamilie derer von Mulrepas (Mühlenbach - siehe Nr. 194).
Im Mittelalter trieb unser Bach zwei Mühlen an - so jedenfalls 1231 nach einem Übereinkommen zwischen der Abtei Thorn und dem Herzog von Limburg. Die Äbtissin von Thorn war die Grundherrin, der Herzog der Landesherr von Übach. Eine dieser Mühlen hat am Hs. Mühlenbach gestanden (siehe Nr. 195). Der Standort der anderen ist unbekannt.
In diesem Zusammenhang muß man auch noch einmal auf die schon bei der Bardenberger Mühle (Nr. 178) zitierte Urkunde von 867 zurückkommen. Dort sind nicht nur zwei Mühlstellen in Bardenberg genannt, sondern auch noch zwei weitere „in villa palembach - im Ort Palenberg". Dieser Ort liegt an der Wurm, und man kennt dort nur die aus dem 19. Jh. stammende Marienthaler Mühle (Nr. 196). Vielleicht hatte die Marienthaler Wurm-Mühle eine frühe Vorläuferin. Aber es ist auch nicht ganz auszuschließen, daß eine der seinerzeit auf König Lothar übertragenen Mühlstellen am Übach gelegen hat, der schließlich just hier in die Wurm mündete.

GILLESSEN, Altes Handwerk (73), S. 101; JANSEN, Peter, „Auf der Suche nach den alten Ursprüngen des Übaches und seiner Zuflüsse", in: HK Selfkantkreis 1962, S. 63 ff.; KAHLEN, Übach-Palenberg (122), S. 65 ff.

195 Übacher Mühle

Übach-Palenberg, Rathausplatz
(12. Jh. - 1875) > Übach <

Mitten im Stadtteil Übach fließt der Übacher „Namenspatron" unterirdisch. Daß er auf dem jetzigen Rathausplatz eine Mühle angetrieben hat, können sich die Einwohner kaum noch vorstellen. Aber sie haben (seit 1984) eine ansehnliche Erinnerungshilfe: in der Brunnenanlage auf dem Rathausplatz mit dem bronzenen Wasserrad und einer Tafel mit den „Lebensdaten" des „Mölke", wie das Mühlchen im Volksmund hieß.
Das „Mölke" gehörte zum Haus Mühlenbach direkt nebenan. Die örtliche Geschichtsschreibung datiert sein Entstehen in das 12. Jh. Ursprünglich hatte ein großer Mühlenweiher von 250 x 80 m dazu gehört, der dann aber im 18. Jh. zusammen mit der Mühle ein Stück weiter zur Ortsmitte hin verlegt wurde. Dabei dürfte auch die Vereinfachung der Gewässerunterhaltung eine Rolle gespielt haben, die hier dem Müller oblag.
Das günstige Bachgefälle ließ einen oberschlächtigen Antrieb zu. Die Kornmühle besaß nur einen Mahlgang. Knapp hundert Jahre (bis 1875) drehte sich noch das Mühlrad. Dann mußte die Mühle schließen, weil der Mühlenweiher verlandet war.

ESSER, Peter, „Op et Mölke zu Übach", in: Heimatblätter Krs. Aachen 1932; JANSEN, Peter, „Auf den Spuren ...", in: HK Selfkantkreis 1962, S. 64; KAHLEN, Übach-Palenberg (122), S. 66 u. 72/73; SOMMER, aaO., S. 279; Mitteilung der Stadt Übach-Palenberg; ferner TK 1846 Bl. 5002 Geilenkirchen: Mühlensymbol.
Nachrichtlich: In einer Urkunde vom Jahre 1231 ist die Rede von zwei Mühlen am Übach. Wahrscheinlich hat also damals neben der vorgenannten noch eine weitere Mühle bestanden, die zum Rittersitz Weienberg gehörte. - Siehe im übrigen auch unter „Übach".

196 Marienthaler Mühle

Übach-Palenberg, Marienstraße
(1831/32 - 1936) > Wurm <

Marienberg ist ein alter Pfarrort am Westabhang des Wurmtales, benannt nach der Kirchenpatronin. Und weil die Kirche oben am Berg stand, konnte die Wassermühle unten am Fluß folgerichtig nur eine Marien-"Thaler" Mühle sein.
Die Mühle ist allerdings erst 1831/32 erbaut worden und war damit die zweitjüngste Mühle an der Wurm überhaupt, nach der nur zwei Jahre älteren Horriger Mühle. Eigentlich überrascht es, daß man den rd. 3 km langen Flußabschnitt zwischen Rimburg und Zweibrüggen mit einer Höhendifferenz von um die 7 m so lange ungenutzt gelassen und erst in jüngerer Zeit eine Wassermühle aufgestellt hatte. Immerhin sind Marienberg und das gegenüber liegende Palenberg alte Siedlungen. Vielleicht besteht aber auch hier ein Zusammenhang mit der Palenberger Mühle aus der Kaiserurkunde von 867 (siehe Nr. 178), der allerdings noch aufgeklärt werden müßte.
Unsere Marienthaler Mühle hier war Korn-, Öl- und Graupenmühle. Sie besaß

Nr. 197 Zweibrügger Mühle, Übach-Palenberg. „Herr und Knecht", Schloß und Mühle, stehen hier dicht beieinander, auch wenn das feudale Dienstverhältnis längst aufgelöst ist. Die Mühle wurde als letzte im Kreisgebiet 1974 stillgelegt und ist seither Wohnhaus.

---

zwei Wasserräder. Wie die meisten Mühlen, die das Ölschlagen nur „nebenbei" betrieben, war sie jedoch ab Ende des 19. Jh. nur noch Mahlmühle.
Das Mühlengebäude hat den Krieg unbeschädigt überstanden, nicht allerdings die ersten Wochen nach Kriegsende. Da nämlich wurde sie Opfer einer Explosion von Munition, die noch in großen Mengen auf dem Hof gestapelt war. Die Reste verschwanden mit dem Ausbau der Wurm. Heute steht an dieser Stelle ein langgestrecktes Mehrfamilienhaus.

HÖNINGS, Matthias, „Mühlen an den Ufern der Wurm", Heimatjahrbuch Geilenkirchen 1950, S. 18 ff.; v. LOEVENICH, Joseph, Beiträge zur Heimatgeschichte des Kreises Geilenkirchen-Heinsberg 1925, S. 125; SOMMER, aaO.; S. 279; Chronik der Bürgermeisterei Scherpenseel; Mitteilung von Reinhold Esser, Übach-Palenberg; ferner TK 1846 u. 1892 Bl. 5002 Geilenkirchen: Mühlensymbol / „Marienthaler M."

197 Zweibrügger Mühle

Übach-Palenberg, Zur Mühle
(vor 1450 - 1974) > Wurm <

Die früheste Nachricht von der „Burg an den zwei Brücken" enthält wenig Schmeichelhaftes: 1397 wird Herr Leynart v. Zweibrüggen in aller Form zum *„Feind der Stadt Köln"* erklärt. Vielleicht hatte er dem rauf- und raublustigen Rimburger Nachbarn nachzueifern versucht.

Wo eine Wasserburg war, gab es im Zweifel auch eine Mühle. Die von Zweibrüggen begegnet uns in einer Urkunde aus dem Jahre 1450. Darin verzichtet Clas Machartz aus Geilenkirchen auf eine Forderung gegen seinen Heinsberger Landesherrn, nachdem ihm die Mühle auf Lebenszeit überlassen wurde. Es muß für ihn kein schlechter Tausch gewesen sein. Denn zum Bannbezirk der Mühle gehörten sechs umliegende Dörfer, darunter Scherpenseel im Westen und das 5 km seitab im Osten liegende Beggendorf. Nur Übach war als Exklave der limburgischen Abtei Thorn ausgenommen.
Im 19. Jh. zählte man 3 Wasserräder, 2 Mahlgänge und eine Ölpresse. Die Mahlmühle wurde 1974 nach der Wurmregulierung stillgelegt. Sie war die letzte mit Wasserkraft betriebene Mühle im Kreisgebiet. Heute ist das Gebäude in Privathand. Als Teil einer größeren Hofanlage aus dem 18./19. Jh. ist es bewohnt. Es besteht die Absicht, das vor der Gebäudesanierung abgenommene Wasserrad herzurichten und wieder anzubringen.

GILLESSEN, Ortschaften (74), S. 272; KAHLEN, Übach-Palenberg (122), S. 90 ff.; SCHMIDT, P., „Von alten Mühlen im Jülichschen Amt Geilenkirchen“, in: Heimatblätter (Beilage z. Geilenkirchener Ztg.) April 1925; SOMMER, aaO., S. 178/79; Mitteilung der Stadt Übach-Palenberg; ferner Tranchot 1805 Blatt 76 Herzogenrath: „Moulin“; sowie TK 1892 Bl. 5002 Geilenkirchen: „M.“

198 Frelenberger Mühle

Übach-Palenberg, Grabenstraße
(vor 1458 - 1949) > Wurm <

Das Heinsberger Ritterlehen Frelenberg - zuerst erwähnt 1242 - bestand aus zwei Höfen und einer Mühle. Der Unterste Hof war der eigentliche altadlige Sitz an der Wurm. Zu ihm gehörte die Wasser-Mühle. Der Oberste Hof hingegen stand am Berg bei der Kirche, daher auch der Ortsname, der „Heimstatt eines freien Herrn“ bedeutet. Einer dieser „freien Herren“ war Andreas v. Harff, der 1458 mit den beiden Frelenberger Höfen belehnt wurde. Das Datum ist zugleich die erste urkundliche Erwähnung der Mühle. Wenige Jahre später wurde der Unterste Hof mit seiner Mühle abgetrennt. Im 18. Jh. befand er sich in der Hand der Grafen von Gemen im Westfälischen. Die Mühle besaß drei unterschlächtige Wasserräder, die zwei Mahlgänge und eine Ölpresse antrieben. Sie war in Erbpacht ausgegeben.
1949 wurde der Betrieb stillgelegt, das Anwesen nach dem Tode des Müllerehepaares Lüttges verkauft. Heute dienen die restaurierten Gebäude Wohnzwecken. Das alte Fachwerkhaus indes, in dem sich die Mühle befand, ist noch ruinös.

GILLESSEN, Ortschaften (74), S. 263; HÖNINGS, Matthias, „Mühlen an den Ufern der Wurm“, in: Heimatjahrbuch Geilenkirchen 1950, S. 18 ff.; KAHLEN, Übach-Palenberg (122), S. 87; v. LOEVENICH, Joseph, in: Beiträge z. Heimatgesch. des Krs. Geilenkirchen, S. 163; SCHMIDT, P., „Von alten Mühlen im Jülichschen Amt Geilenkirchen“, in: Heimatblätter (Beilage z. Geilenkirchener Ztg.) April 1925; SOMMER, aaO., S. 178; QUIX, Rimburg (203), S. 126 ff.; Mitteilung von Reinhold Esser, Übach-Palenberg; ferner Tranchot 1805 Bl. 76 Herzogenrath: „Moulin“; sowie TK 1892 Bl. 5002 Geilenkirchen: Mühlensymbol.

Nr. 198 Frelenberger Mühle, Übach-Palenberg. Sie war als Teil eines gleichnamigen Ritterlehens Öl- und Mahlmühle. 1949 wurde sie stillgelegt. Die Wurm fließt heute rd. 100 m seitab von dem ruinösen Fachwerkbau, in dem die Mühle untergebracht war.

Nr. 200 Mühle Eichenthal, Geilenkirchen. Die alte Mühle zu Hommerschen des Heinsberger Konvents wurde 1945 zerstört. Die Mühle Eichenthal nebenan ist jüngeren Datums. Sie lief von 1823 bis 1914. Von ihr steht nur noch das Gut, heute ein Reiterhof.

199/200 Die Mühlen zu Hommerschen

Geilenkirchen, Hommerschen
(vor 1300 - 1945) > Wurm <

Die Herren von Heinsberg besaßen seit dem 12. Jh. südlich von Geilenkirchen den Hof Hommerschen. Aus dem „-heim“-Namen (noch bei Tranchot 1805/07 heißt der Ort „Hummersheim“) darf man annehmen, daß seine Geschichte bis in die fränkische Zeit zurückreicht.
1180 bestätigte der Erzbischof Philipp von Heinsberg, daß seine Eltern dem von ihnen gestifteten Prämonstratenserkonvent in Heinsberg u.a. den Hof Hommerschen geschenkt hatten. Die beim Hof stehende Getreidemühle gehörte offenbar nicht dazu. Denn im Jahre 1300 überließ Gottfried v. Heinsberg diese *„molendinum nostrum apud curiam de Hummersheym situm* - unsere Mühle, die beim Hof Hummersheim gelegen ist“ (Mühle Hommerschen Nr. 199) dem Konvent in Erbpacht. In die Überlassung einbegriffen war der Mahlzwang für einige Ortschaften östlich von Geilenkirchen.
1608 gestattete der Herzog von Jülich als Rechtsnachfolger der Heinsberger dem Kloster, auch seine Ölmühle von der Mühle in Aldenhoven nach Hommerschen zu verlegen. In Wirklichkeit war es eine Heimkehr von einem „Zwischenaufenthalt“ in Aldenhoven, wohin die Konventsdamen die Ölmühle einige Jahrzehnte zuvor geholt hatten (siehe Nr. 225).
1808 wurde die - inzwischen säkularisierte - Mühle wegen Baufälligkeit stillgelegt und abgebrochen. Das war aber nicht ihr Ende, sondern Anlaß für einen Neubau - wohl keineswegs des ersten an dieser Stelle. Sie erhielt sogar eine unmittelbare Nachbarin. Denn nach einer Erbteilung errichtete 1823 ein Miterbe in Steinwurfweite ein weiteres Hofgut, das er „Eichenthal“ nannte. Auch dieses Gut erhielt offenbar im großzügigen verwandtschaftlichen Einverständnis eine Mühle (**Mühle Eichenthal - Nr. 200**). Es war ebenfalls eine Korn- und Ölmühle, für die eigens ein Zweigkanal gegraben wurde. Von nun an gab es in Hommerschen zwei Höfe und zwei Mühlen.
Die Eichenthal-Mühle arbeitete bis zum Ersten Weltkrieg. Heute ist nur noch der Durchlaß des Mühlengrabens unter dem Anbau am Herrenhaus des jetzigen Reiterhofs zu sehen. Ihre ältere Schwester von Gut Hommerschen hielt noch etwas länger durch, ehe sie im Zweiten Weltkrieg zerstört und - im Gegensatz zu dem Gutshof gegenüber - nicht wieder aufgebaut wurde.

FLUSS, Herbert, „Beiträge zur Geschichte der Hünshovener Ölmühle“, in: HK Selfkantkreis 1960 S. 20, 1961 S. 35 u. 1964 S. 27; GILLESSEN, Ortschaften (74), S. 121; LACOMBLET, Urkundenbuch (154) Bd. I, Nr. 476 (Urk. von 1180), u. II, Nr. 1048 (Urk. von 1300); v. LOEVENICH, Joseph, in: Beiträge z. Heimatgeschichte des Krs. Geilenkirchen 1925 S. 163: MEURER, Peter, „Der Grundbesitz des adligen Damenstifts Heinsberg“, in: Annalen d. Hist. Vereins f.d. Niederrhein 1978, S. 87; SCHMIDT, P., „Von alten Mühlen im Jülichschen Amt Geilenkirchen“, in: Heimatblätter (Beilage z. Geilenkirchener Ztg.) April 1925; SOMMER, aaO., S. 278; SPRÜNKEN, Hans-Josef, „Geilenkirchens Mühlen“, in: HK Krs. Heinsberg 1992 S. 35 ff.; WENSKY, Margret, in: Rhein. Städteatlas Nr. 47 (1985) „Geilenkirchen“, Textteil; JRD 19 (1951), S. 75; ferner Tranchot 1805/07 Bl. 66 Geilenkirchen: „Moulin Hummersheim“; TK 1846 u. 1892 Bl. 5002 Geilenkirchen: Mühlensymbol.

Nr. 191 Kornmühle (Beeretz-Mühle), Geilenkirchen. Sie war zwar die Stadtmühle, gehörte aber dem Landesherrn und ist 1486 als landesherrliche „Kornmoelen" bezeugt. Bis um 1970 war sie in Betrieb. Geblieben sind nur Haus und Name - als Gaststätte.

Nr. 202 Hünshofener Ölmühle, Geilenkirchen. Sie lag nahe der Kornmühle an einem Nebenarm der Wurm. Genau 573 Jahre (1380 - 1953) ist sie gelaufen, ehe die Industriemühlen sie zur Aufgabe zwangen. Das herrschaftliche Haus der letzten Ölmüllerfamilie Basten ist heute die „Gute Stube" für städtische Kulturveranstaltungen und fürs Heiraten.

201 Kornmühle (Beeretz-Mühle)

Geilenkirchen, Herzog-Wilhelm-Straße
(vor 1486 - um 1970) > Wurm <

Von der nahe benachbarten Hünshovener Mühle (Nr. 202) weiß man aus deren Genehmigungsurkunde das Entstehungsjahr: 1380. Sie lag an einem Nebenarm der Wurm und war eine Ölmühle.
Die eigentliche alte Geilenkirchener „Stadtmühle“ indessen stand am Hauptarm der Wurm. Sie ist zwar erst 1486 als landesherrliche „*kornmoelen*“ urkundlich bezeugt. Aber als ein selbstverständliches Zubehör einer Landesburg am Fluß dürfte diese Kornmühle erheblich älter sein. In den Rechnungen von Jülich-Berg findet sich unter 1539 die Eintragung, daß die „*Corn molenn vur gelennkirchen* (vor Geilenkirchen)“ für 12 Jahre verpachtet wurde.
Anfang des 19. Jh. gehörte diese Kornmühle (oder auch „Beeretz-Mühle“, nach ihrem letzten Müller) Gottfried Camphausen. Er hatte sie als beschlagnahmten Jülich´schen Fiskalbesitz vom französischen Staat erworben. Als Napoleon 1806 mit der Kontinentalsperre die Einfuhr englischer Garne unterbunden hatte, ließ der offensichtlich flexible neue Eigentümer sogleich in seiner Mühle mechanische Spinnstühle aufstellen, die mit Wasserkraft angetrieben wurden. Sie liefen allerdings nur bis „Waterloo“. Dann nämlich waren Kontinental-Europa und die Einfuhren wieder frei. Den Camphausens blieb nichts anderes übrig, als ihre Mühle wieder „als Mühle“ zu nutzen - jetzt allerdings auch zum Ölschlagen. Der heftige Widerstand aus der Hünshovener Ölmühle „nebenan“ hatte es nicht verhindern können - schließlich war jetzt Gewerbefreiheit.
Die Familie Camphausen brachte zwei berühmte Söhne hervor: Ludolf C. (1803 - 1890) ging nach Köln, wo er sich zunächst durch die Übernahme einer großen Ölmühle, schließlich aber als Bankier, Wirtschaftsführer und führender Kopf der rheinischen Liberalen einen Namen machte. Im Revolutionsjahr 1848 suchte er vergeblich zwischen dem Frankfurter Parlament und dem preußischen König zu vermitteln. Sein jüngerer Bruder Otto C. (1812 - 1896) machte in Berlin Karriere. Er war von 1869 - 1878 unter Bismarck Finanzminister und wurde nach seinem Ausscheiden geadelt.
Geilenkirchens Kornmühle lief bis um 1970, und zwar bis zuletzt mit einem Wasserrad an seiner charakteristischen Giebelfront. Als im Januar 1971 das gut erhaltene eiserne Rad bei der Wurmregulierung abgenommen wurde, erklärten die amtlichen Stellen der kritischen Öffentlichkeit, sie würden das Wahrzeichen an dem Gebäude wieder anbringen lassen, wenn das technisch möglich sei. Bei dieser Zusage ist es geblieben. Offenbar hatten Zusage und technische Möglichkeiten ihre Grenzen. Heute ist das Gebäude eine Gaststätte. Die viele hundert Jahre alte Tradition vertritt einzig deren Name „Kornmühle“.

GILLESSEN, Altes Handwerk (73), S. 102; SCHMIDT, P., „Von alten Mühlen im Jülichschen Amt Geilenkirchen“, in: Heimatblätter (Beilage z. Geilenkirchener Ztg.) April 1925; SPRÜNKEN, Hans-Josef; „Geilenkirchens Mühlen an der Wurm“, in: HK Krs. Heinsberg 1992, S. 35 ff.; SOMMER, aaO., S. 276 (mit Aufnahmen vom alten Zustand); JRD, 19 (1951), S. 75 u. 25 (1961), S. 99; Rur-Wurm-Nachrichten v. 15. u. 21. Jan. 1971; ferner Tranchot 1805/07 Bl. 66 Geilenkirchen: „Moulin“; sowie TK 1846 u. 1892 Bl. 5002 Geilenkirchen: nur Gebäude.

202 Hünshovener Ölmühle

Geilenkirchen, Konrad-Adenauer-Straße
(1380 - 1953) > Kleine Wurm <

Ihr „Geburtsdatum" ist genau bekannt: Am 24. November 1380 erhielten die Eheleute Heinrich und Katharina Coenen aus Geilenkirchen von den Herren zu Heinsberg das Recht, in der Nähe der Wurmbrücke eine Ölmühle zu errichten. Sie hatten dafür jährlich 55 Quart (= etwa 60 l) Öl an die Hofkammer abzuliefern. Um ihnen das Wirtschaften nicht allzu schwer zu machen, erhielten sie mit der Rechtsverleihung die Zusicherung, daß zwischen Hommerschen und Trips keine weitere Ölmühle zugelassen würde.
Die Mühle stand an der Kleinen Wurm, einem östlichen Abzweig zwischen Hommerschen und der Geilenkirchener Brücke. Über diesen Zweig floß etwa 1/3 des Wurmwassers. Obwohl er nach den späteren Kartendarstellungen stark mäandrierte, ist er möglicherweise als gerader Kanal eigens für diese Mühle künstlich angelegt worden. Beweise dafür gibt es allerdings nicht.
Die Mühle entwickelte sich im Laufe der folgenden Jahrhunderte vom Kleinbetrieb zu einem angesehenen Unternehmen, das die Wirtschaftskrisen, Fremdeinfuhren und technischen Umstellungen weitgehend überstand. Noch bis 1920 wurde nach Väterart mit Kollergängen und Schlagpressen gearbeitet, ehe hydraulische Pressen zum Einsatz kamen. Aber auch dann noch fand das ehrwürdige Holzwerk aus den Rahmen, Stampfen und Kammrädern respektvolle Verwendung: Der damalige Eigentümer Hubert Basten (ab 1910) ließ aus ihm die Decke der Diele in seinem Wohnhaus täfeln.
1925 war auch die Wasserrad-Zeit vorbei. Basten stellte den Antrieb auf eine 26 PS-Turbine um, die später durch den Einsatz von Dampf- und Elektrizität ergänzt und schließlich ersetzt wurde. Nach der Zerstörung im Zweiten Weltkrieg erlebte die Hünshovener Ölmühle mit dem Wiederaufbau noch einmal eine Blüte, aber nur kurz. Der veränderte Markt und die großen Konkurrenzunternehmen an den Schiffahrtswegen waren stärker als Durchhaltewille und Tradition. 1953 geriet die mittlerweile 573 Jahre alte Ölmühle in Finanznot und mußte schließlich aufgegeben werden.
Von der Einrichtung ist nur ein angelehnter Mühlstein geblieben. Aber das herrschaftliche „Haus Basten" mit dem malerischen alten Mühlenhof dahinter ist ein Schmuckstück und Mittelpunkt des neuen Geilenkirchen. Seit 1989 dient das spätbarocke Gebäude der Stadt als Gute Stube für Kulturveranstaltungen und als Trauungsort. Vielleicht erinnert es die jungen Brautpaare an die Tugend der Beständigkeit.

FLUSS, Herbert, „Beiträge zur Geschichte der Hünshovener Ölmühle", in: HK Krs. Geilenkirchen Heinsberg 1959, S. 37 ff. mit Fortsetzungen bis Jg. 1967. Der Verfasser hat hier vor dem breit angelegten Hintergrund der allgemeinen Geschichte auf rd. 100 Seiten die Ereignisse aus der Geschichte „seiner" Mühle beschrieben, in der er in leitender Funktion gearbeitet hatte. Es ist eine der detailliertesten und umfangreichsten geschichtlichen Darstellungen einer einzelnen Mühle am Niederrhein überhaupt. MEYER, Lutz-Henning, „Geschichte des Hauses Basten" (gedrucktes Vortragsmanuskript, Stadt Geilenkirchen); SOMMER, aaO., S. 278; Tranchot 1805/07 Bl. 66 Geilenkirchen: „moulin", sowie TK 1846 u. 1892 Bl. 5002 Geilenkirchen: Mühlensymbol.

203a/b Die Tripser Mühlen

Geilenkirchen, Tripser Mühlenpfad
(vor 1376 - um 1960) > Wurm <

In der Eheberedung zwischen den Familien v. Berghe und v. Trips aus dem Jahre 1376 erhielt die Braut Nees v. Trips als Mitgift das elterliche Anwesen mit allem Zubehör, auch „Mühlen". Aus der „Hünshovener" Konkurrenz-Klausel von 1380 („*keine weitere Ölmühle zwischen Hommerschen und Trips*"- siehe Nr. 202) gilt der Rückschluß, daß mit den „Mitgift-Mühlen" eine **Mahl- und Ölmühle (Nr. 203a)** gemeint war. Ölpresse und Mahlgang befanden sich vermutlich in ein und demselben Gebäude, wie es damals noch allgemein üblich war.
Der Bannbezirk der Mühle beschränkte sich auf die die gleichnamige bäuerliche Siedlung, die später untergegangen ist und in den neueren Karten nicht mehr erscheint. Dieser Wettbewerbsnachteil wurde in 1581 in einer Eingabe an Jülich beklagt, wegen der älteren Bannbezirksrechte Dritter wahrscheinlich aber ohne Erfolg.
Die Tripser Mühle wurde in neuerer Zeit (in jedem Fall nach 1900) von ihrem historischen Platz auf die andere Seite der Wurm umgesetzt. Um 1960 stellte sie auch dort den Betrieb ein. Heute befindet sich an dieser Stelle eine Pumpstation.
Ab 1776 gab es bei Trips auch noch eine **Lohmühle (Nr. 203b)** mit eigenem Wasserradantrieb. Der Herr auf Trips und ein Geilenkirchener Lederfabrikant hatten sie gemeinsam gebaut. Sie ging vor der Jahrhundertwende ein und verfiel.

REINARTZ, Werner, „Die Erbauung der Lohmühle bei Schloß Trips Anno 1776", in: HK Selfkantkreis 1960 S. 70 ff.; SCHMIDT, P., „Von alten Mühlen ...", in: Heimatblätter (Beilage z. Geilenkirchener Ztg.) April 1925; SOMMER, aaO., 276; SPRÜNKEN, Hans-Josef, „Geilenkirchens Mühlen", in: HK Krs. Heinsberg 1992 S. 35 ff.; ferner Tranchot 1805/07 Bl. 66 Geilenkirchen: „Moulin"; sowie TK 1846 u. 1892 Bl. 5002 Geilenkirchen: Mühlensymbol / „M."

204 Horriger Mühle

Geilenkirchen, Gut Horrig
(1830 - um 1910) > Wurm <

Die Öl- und Lohmühle zu Horrig war eine Neuerscheinung auf dem unter den Franzosen frei gewordenen Mühlenmarkt: Erst 1830 wurde sie erbaut. Aber mit ihren zwei unterschlächtigen Wasserrädern hatte sie ständig Antriebsprobleme: Sie hing mehr oder weniger von der Tripser Mühle ab, weil das Gefälle zwischen Trips und Horrig nur vier Fuß (etwa 1 m) betrug. Um 1910 schloß sie ihr Mühlentor und verschwand wieder von der Bildfläche.

HÖNINGS, Matthias, „Mühlen an den Ufern der Wurm", in: Heimatjahrbuch Geilenkirchen 1950, S. 18 ff.; v. LOEVENICH, Joseph: Beiträge zur Heimatgeschichte des Krs. Geilenkirchen 1925, S. 163; REINARTZ, Werner, in: Unsere Heimat, der Selfkantkreis 1956, S. 92; SOMMER, aaO., S. 276; ferner TK 1846 u. 1892 Bl. 5002 Geilenkirchen: Mühlensymbol / „M."

Nr. 203 Tripser Mühlen, Geilenkirchen. Rechts - nicht zu sehen - steht das Schloß Trips; links vom Zufahrtsweg - nicht mehr zu sehen - stand vom 14. Jh. bis um 1960 die Mahl- und Ölmühle. Ihr Platz war bei den Hofgebäuden. Ab 1776 hatte sie sogar noch Gesellschaft: durch eine Lohmühle, die aber schon vor 1900 verfiel.

Nr. 205 Süggerather Mühle, Geilenkirchen. Sie gehörte einst den v. Palant zu Weisweiler, später dann den Herzögen von Jülich. Die Mühle fiel 1940 einem Hochwasser zum Opfer. Nur das Müllerhaus und eine kleine Landwirtschaft sind von ihr übrig geblieben.

205 Süggerather Mühle

Geilenkirchen-Süggerath, Am Mühlenkamp
(vor 1456 - 1940) > Wurm <

Der Rodungsort Süggerath taucht urkundlich erstmalig 1153 als Tafelgut des Kölner Erzbischofs auf; Siedlungskern war ein Hof. Später gehört das Dorf zum jülich'schen Amt Randerath. 1456 wird die *„moelen zo sugroide"* als elterliches Erbteil dem Emondt von Palant zu Weisweiler zugesprochen. 1652 ist von einem Neubau die Rede. Aus 1689 erfährt man, daß die Süggerather Mühle vom Randerather Hofgericht Prummern verwaltet wird. Dieses Gericht hatte in jenem Jahr die fällige Vereidigung des Müllersohnes als Mahlknecht abgelehnt, - er sei zu unerfahren und man möge einen genehmeren Kandidaten präsentieren. Im 19. Jh. wird sie als Öl- und Mahlmühle mit zwei unterschlächtigen Wasserrädern gemeldet. 1940 wurde sie vom Hochwasser zerstört und nicht wieder aufgebaut. Heute stehen nur noch das Müllerhaus aus der Zeit um 1900 und ein zugehöriges kleines landwirtschaftliches Anwesen. Auch von der Wurm ist hier nichts mehr zu sehen. Sie fließt einige hundert Meter seitab in einem neuen Bett.

BÜNDGENS, Wilhelm, „Die Güter des ersten Ritters von Palant", in: Rur-Blumen 1942, S. 149; HAUBROCK, Fr., „Die Mühlen des ehem. Amtes Randerath", in: HK Selfkantkreis 1961, S. 29; HÖNINGS, Matthias, „Mühlen an den Ufern der Wurm, in Heimatjahrbuch Geilenkirchen 1950, S. 18 ff.; SCHMIDT, P., Von alten Mühlen..." in: Heimatblätter (Beilage z. Geilenkirchener Ztg.) April 1925; v.LOEVENICH, Joseph: Beiträge zur Heimatgeschichte des Krs. Geilenkirchen 1925, S. 163; SOMMER, aa0., S. 276; TICHELBÄCKER, H., in: HK Selfkantkreis 1962, S. 132; ferner Tranchot 1805/07 Bl. 66 Geilenkirchen:"Moulin"; sowie TK 1846 u. 1892 Bl. 5002 Geilenkirchen: Mühlensymbol.

206 Müllendorfer Mühle

Geilenkirchen-Müllendorf, Mühlenstraße
(15. Jh. - um 1965) > Wurm <

Ob die kleine Straßensiedlung Müllendorf nach der Mühle benannt ist oder auch nur „das Dorf am Mühlenbach" meint, ist zwar strittig. Da die Wurm indes keineswegs ein unbedeutender Bach ohne Namen war, muß man aber wohl der ersteren Version den Vorzug geben. Denn die Mühle war neben dem alten Lehenshof der Herren von Randerath früher das einzige nennenswerte Gebäude des Weilers.
Der Dorfname taucht 1510 als „Moellendorp" erstmals urkundlich auf. Unweit liegt das Schloß Leerodt aus dem 14. Jh. Im 17. Jh. waren Schloß, Lehnshof und Mühle in der Hand derer v. Leerodt, Gefolgsleuten des Herzogs von Jülich.
Unsere Mühle dürfte also mindestens schon im 15. Jh. bestanden haben. 1869 wurde sie in Privathand abgegeben, nachdem der letzte Leerodt verstorben war. Noch bis um 1965 ist sie gelaufen, zuletzt mit Elektroantrieb. Dann fiel das stattliche Anwesen der Wurmregulierung zum Opfer. Nur die beiden Pfeiler der Toreinfahrt blieben stehen.

GILLESSEN, Ortschaften (74), S. 131; HÖNINGS, Matthias, „Mühlen an den Ufern der Wurm", in: Heimatjahrbuch Geilenkirchen 1950, S. 18 ff.; REINARTZ, Werner, „Die Ortschaften des Selfkantkreises", in: Heimat Selfkantkreis (239), S. 92; ferner Tranchot 1805/07 Bl. 66 Geilenkirchen: Moulin"; sowie TK 1846 Bl. 5002 Geilenkirchen u. Bl. 5003 Linnich: Mühlensymbol / „M".

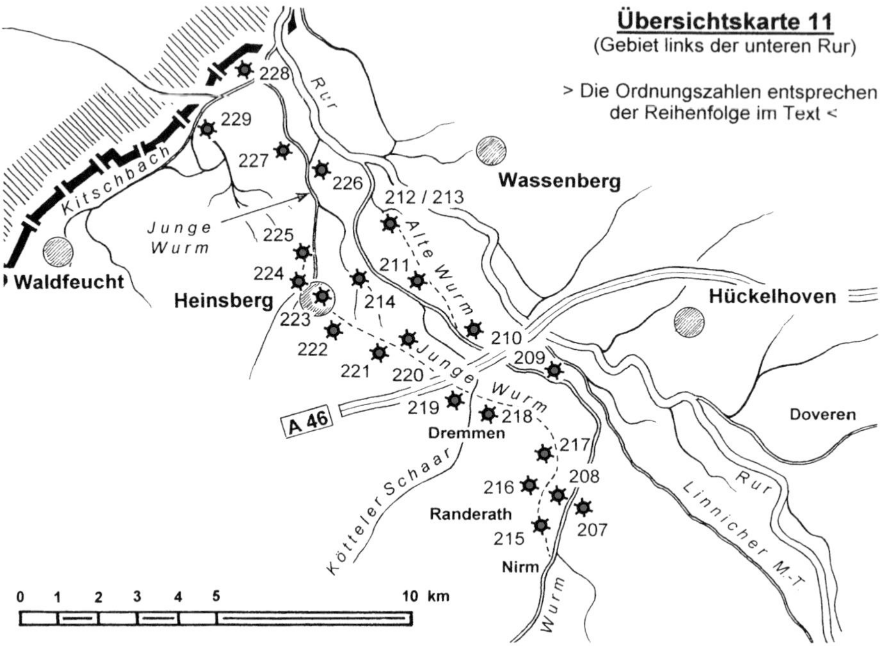

Im Plangebiet (li. der Rur): 22 Wassermühlen und um die 14 Windmühlen

---

207 Randerather Ölmühle

Heinsberg-Randerath, Buschstraße
(vor 1503 - 1930) > Wurm <

Im einstigen jülich´schen Städtchen Randerath gab es vier Mühlen. Davon lagen zwei an der Jungen Wurm und zwei an der Alten Wurm vor dem Buschtor. In alter Zeit soll hier ein Heerweg die Wurm in einer Furt überquert haben, bevor - vermutlich im Zusammenhang mit dem Bau der Stadtbefestigung - eine Brücke gebaut wurde. Direkt bei der Brücke entstand damals auch ein Stauwehr, um den Stadtgraben füllen zu können.
Das war für den Landesherrn eine willkommene Gelegenheit, Wehr und Wehrhaftigkeit mit der Ökonomie zu verbinden: Er ließ rechts der Wurm eine Ölmühle bauen, die allerdings auch einen Mahlgang bekam. Ein herzoglicher Erbpachtbrief von 1503 ist die erste Nachricht, die darüber auf uns gekommen ist. Erbpächter der *„Olichsmoele vur unser Stat“* wurde damals nach subtiler Art von Beamtenbesoldung der *„Amptman zu Randeroide“*.

Die übrige Geschichte der Mühle ist beinahe zwangsläufig: 1794 Konfiszierung durch die Revolutionstruppen Frankreichs; später Verkauf in Privathand. 1875 Stillegung der Ölpresse, der billigen Auslandsimporte wegen; Umstellung auf Dampfmaschine; fortan hieß sie „Dampfmühle Nellen", später „Heffels-Mühle", jeweils nach den Eigentümern; 1930 Schließung der Mühle - vielleicht wegen der sich abzeichnenden Weltwirtschaftskrise - und Beschränkung auf Landwirtschaft.
Mühlenhof und Mühle wurden im Zweiten Weltkrieg zerstört. Nur das Stallgebäude längs der Wurm blieb erhalten. Auf dem Hof befindet sich jetzt ein modernes Wohnhaus.

GILLESSEN, Altes Handwerk (73), S. 108; HAUBROCK, Fr., „Die Mühlen des ehem. Amtes Randerath", in: HK Selfkantkreis 1961, S. 25 ff.; SOMMER, aaO., S. 266; ferner Tranchot 1805/07 Bl. 66 Geilenkirchen: „Moulin", sowie TK 1843 u. 1893 Bl. 4903 Erkelenz: „M."
Weil diese hier die älteste der Randerather Mühlen ist, könnte man annehmen, sie habe möglicherweise schon 1155 bestanden. Denn SPEHL berichtet in einem Aufsatz über Waidmühlen (in: Heimatblätter Geilenkirchen, März 1925, S. 22), daß es bereits in jenem Jahr in Randerath eine Waidmühle gegeben habe. Er bezieht sich dabei auf die Urkunden des Mirbach´schen Archivs zu Harff (Annalen Bd. 57, S. 473). Aber er irrte. Zum einen hat er hier die Archiv-Nr. (1155) mit der Jahreszahl (1545) verwechselt. Zum anderen ist in jener Urkunde von einem „Sandberg neben der Waidmühle" die Rede, nicht indes von einem Bachtal. Nebenbei: Im zitierten Mirbach´schen Archiv findet sich unter Nr. 1400 eine Urkunde aus dem Jahre 1574, wo der Herzog erlaubte, einen neuen Weg zur Randerather Mühle anzulegen.

208 Bommers-Mühle

Heinsberg-Randerath, Buschstraße
(1609 - 1945) > Wurm <

Sie ist nur scheinbar die „Zwillingsschwester" der alten Ölmühle genau auf der anderen Seite der Wurm. Denn sie ist gut hundert Jahre jünger als jene. Erst 1609 wurde sie erbaut, als Ersatz für eine 1608 in Kleinsiersdorf durch Blitzschlag zerstörte landesherrliche Wurm-Mühle. Das Vorhaben hatte bei den Randerathern einige Verbitterung ausgelöst, weil sie just in der Erntezeit Hand- und Spanndienste leisten mußten.
Beide Randerather Mühlen waren vom selben Stauwerk abhängig und daher aufeinander angewiesen, wurden aber getrennt verpachtet. Sie mußten sich auch in den Mahlzwang teilen, der sich über Stadt und Kirchspiel Randerath erstreckte. Auch die Bommersmühle hatte zusätzlich ein Ölschlagwerk, wie ihre Nachbarin. Im 19. Jh. wurde in der Mühle eine zeitlang Feldspat für Düngezwecke gemahlen. Sie lief bis zu ihrer Kriegszerstörung noch als Mahlmühle. Ihr Besitzer hatte vom Nachbarn dessen Staurechtsanteil erworben, als dieser sein unterschlächtiges Wasserrad durch eine Dampfmaschine ersetzt hatte. - Heute ist das Mühlengrundstück ein öffentlicher Parkplatz.

HAUBROCK, Fr. , „Randerath", in: HK Selfkantkreis 1951, S. 31 ff.; ders. „Die Mühlen des ehem. Amtes Randerath", in: HK Selfkantkreis 1961, S. 25 ff.; SOMMER, aaO., S. 266;

Nr. 207/208 Randerather Wurm-Mühlen, Heinsberg. Wer hier die ehemaligen Herrschaftsmühlen sucht, findet nur noch einen Stall und einen Parkplatz. Bei dem Stall stand die Ölmühle von etwa 1503, gegenüber die Kornmühle von 1609. Beide wurden 1945 zerstört.

Nr. 209 Porselener Mühle, Heinsberg. Die Gebäude zu beiden Seiten der Wurm sind noch da, auch die Spuren der Antriebe. Baujahr 1799. Rechts war die Öl- und Kornmühle von 1799, links die Walk- und Papiermühle, in der zuletzt Garnspindeln gedrechselt wurden. Mit der Wurmregulierung 1960 kam das „Aus". Die Mühle schloß, die Drechslerei wurde umgesiedelt.

wegen der Karteninhalte im 19. Jh. wird auf Nr. 207 verwiesen, da die Kartographen beide Mühlen offenbar als eine Einheit angesehen haben.
Haubrock berichtet (in: HK Selfkantkreis 1965, S. 152) noch von einer dritten Mühle an diesem Platz, die 1511 einem Peter von Beyenburg verpachtet worden sei. Sie habe aber wohl nicht lange bestanden, weil das Antriebswasser für drei Mühlen zu schwach war. Für Kriegszeiten habe man außerdem wahrscheinlich innerhalb der Stadtmauern noch eine „Notmühle" gehabt. Jedenfalls sei deren mit Eisenstangen gesichterter Wasserdurchlaß bei Ausschachtungsarbeiten im Mauerfundament entdeckt worden.

209 Porselener Mühle

Heinsberg-Porselen (Bleckden), Porselener Mühle
(1799 - 1965) > Wurm <

Sie war eine von vier aufeinanderfolgenden Wurm-Mühlen, die sämtlich erst um 1800 - in französischer Zeit also - errichtet worden sind. Bis dahin waren die beiden Rande-rather Mühlen die letzten Mühlen am Unterlauf gewesen. Die rd. 15 km lange Strecke von hier bis zur Mündung in die Rur war über Jahrhunderte hinweg „mühlenfrei" geblieben, und ein Gefälle von nicht weniger als 18 m hatte „brachgelegen". Die Ursache dafür war hauptsächlich der schwierige Baugrund in den feuchten Rur-Benden. Aber Herrschaft und Wirtschaft hatten den Mangel gut verschmerzen können, dank der wesentlich günstiger gelegenen Jungen Wurm.
Nun aber, im soeben angebrochenen Zeitalter der Gewerbefreiheit, gab es einen starken Anreiz für Privatunternehmer, das bislang ungenutzte Energie-Potential zu aktivieren. Diese Mühle hier in Porselen/Bleckden ist 1799 von der Familie Lowis erbaut worden. Sie bestand aus zwei Gebäuden, zwischen denen die Wurm hindurchfloß. In dem Gebäude auf der rechten Wurmseite befand sich eine Korn- und Ölmühle mit zwei Wasserrädern. Links war eine Walk- und Papiermühle mit einem überdachten Rad.
1821 wurde die Papiermühle von der Bracheler Papiermühle Berens (Nr. 282) übernommen. Ab 1860 kamen beide Porselener Mühlen in die Hände verschiedener Unternehmer, behielten jedoch ihre bisherigen Funktionen weitgehend bei. Ein erneuter Eigentümerwechsel 1897/98 brachte für die bisherige Papiermühle allerdings eine grundlegende Veränderung. Sie wurde in eine respektable Drechslerei umgewandelt, in der zeitweilig um die 40 Arbeiter Spindeln für die Textilindustrie herstellten. Die „rechte" Mühle indessen veränderte sich nur insofern, als die um 1900 unrentabel gewordene Ölschlägerei aufgegeben und mit dem verbliebenen Wasserrad nur noch Korn gemahlen wurde.
Das lief so bis zur Wurmregulierung Mitte der 60er Jahre, bei welcher der Mühlenstau aufgegeben werden und beseitigt werden mußte. Der Drechslereibetrieb wurde umgesiedelt, die Wassermühle stillgelegt. Das ehemalige Drechslereigebäude übernahm der Eigentümer der Kornmühle und brachte damit nach gut 100 Jahren das Anwesen wieder in eine Hand. Heute ist die Porselener Mühle ein landwirtschaftlicher Betrieb.

BERENS, Die Mühlen zu Porselen (16), mit einer umfangreichen Daten- und Urkundensammlung; GILLESSEN, Flurnamen und Flurgeschichte (75), S. 98/99; SOMMER, aaO., S. 263; ferner Tranchot 1805/07 Bl. 56 Heinsberg: „Neumuhl", sowie Tk 1843 u. 1893 Bl. 4903 Erkelenz: „Porselener M. / M."

Nr. 211 Unterbrucher Mühle, Heinsberg. Wie die in Porselen, ist auch diese Korn- und Ölmühle erst zur Franzosenzeit (um 1800) entstanden. 1816 kam auf der anderen Seite der Wurm eine Papiermühle hinzu (oberes Bild links, gegenüber dem Schutzhäuschen für das Wasserrad).
Die Fotografie unten zeigt die noch heute stehenden Gebäude von der anderen Seite. Der hell gepflasterte Weg markiert das einstige Flußbett, das um 1960 bei der Regulierung verfüllt wurde. Der Mahlbetrieb lief bis 1995, zuletzt elektrisch. Die Papiermühle indes war schon 1858 eingegangen. Sie hatte mit der Düren-Jülicher Papierindustrie nicht mithalten können. - Federzeichnung im Besitz der Müllerfamilie Thönnissen.

210 Öl- und Papiermühle Oberbruch

Heinsberg-Oberbruch, Fremery-Straße
(1797 - 1888) > Wurm <

Hier wurde Industriegeschichte geschrieben. Aber angefangen hatte es 1797 mit einer Wassermühle. Der Kaufmann Andreas Josef Berens hatte sie gebaut, um Büttenpapier und - während der Kontinentalsperre Napoleons - Ölpapier zum Einwickeln von Stahlwaren herzustellen, das man bis dahin in England hatte kaufen müssen. Als dann aber um die Mitte des 19. Jh. die Wasserqualität wegen der Industrieabwässer aus dem Aachener Wirtschaftsgebiet zu schlecht wurde, verkaufte Berens 1864 den Betrieb und konzentrierte sich fortan ganz auf die Papierproduktion auf der Rischmühle in Brachelen (Nr. 282). In Oberbruch indessen reichte es nur noch für die Herstellung von Pappendeckel aus Stroh. 1888 ging auch das nicht mehr. Der Betrieb wurde eingestellt.
Das war hier dann zwar das Ende der traditionellen Mühlenzeit. Aber Gelände und Gebäude begannen jetzt ihre zweite - eigentliche - Karriere. Gewiß nutzte man den Wasserantrieb neben der schon zuvor installierten Dampfmaschine noch eine zeitlang weiter. Nun aber (ab 1891) ging es um die Produktion von Glühlampen, für die mit der stark aufkommenden Elektrizifizierung der Industriebetriebe und Haushalte ein immer stärkerer Bedarf entstand. Diese Produktion war für die Unternehmer Fremery und Urban jedoch nur eine Zwischenstufe. Denn bei der Entwicklung belastbarer Glühfäden hatten sie ein neues Verfahren zur Herstellung von Kunstseide entdeckt. Sie stellten den Betrieb um die Jahrhundertwende darauf um und legten damit den Grundstein für die weltbekannten Glanzstoffwerke, die von hier ihren Ausgang nahmen.
Die alten Mühlengebäude mit den ehemals zwei Wasserrädern gehören einer fast vergessenen Vergangenheit an. Sie sind an modernen Fabrikbauten gewichen, in denen noch heute Kunstfasern produziert werden.

GEUENICH, Geschichte der Papierindustrie (71), S. 369 ff.; GILLESSEN, Flurnamen und Flurgeschichte (75), S. 104; SCHWAB, Susanne, „Oberbrucher Glühlampen leuchteten der Textilfaser-Industrie den Weg“, in: HK Kreis Heinsberg 1989, S. 168 ff.; SOMMER, aaO., S. 257; ferner Tranchot 1805/07 Bl. 56 Heinsberg: „Moulin á papier“.

211 Unterbrucher Mühle

Heinsberg-Unterbruch, Wurmstraße
(um 1800 - 1995) > Wurm <

Wenn es richtig ist, daß es nach einer Aufstellung im Herzogtum Jülich aus dem 18. Jh. unterhalb Randerath an der Wurm noch keine einzige Mühle gab, dann kann auch die Unterbrucher Mühle (wie die Porselener und die Oberbrucher Mühle) nicht vor 1794 entstanden sein, als die französischen Revolutionstruppen das Rheinland besetzten. Die Tranchot-Karte von 1805/07 verzeichnet sie allerdings. Die Mühle gehörte dem Müller Heinrich Lowis, der sie offenbar erbaut hatte, und dessen Name uns auch schon bei der Porselener Mühle begegnet ist. Sie lag auf

Nr. 212/213 Lohmühle, Heinsberg. Auch im Haag gab es erst um 1800 eine Mühle (Gebäude links im Bild). Neben Lohe wurde hier Getreide und Raps verarbeitet und gewalkt. Bei einer Erbteilung 1815 trennte man die Funktionen und baute gegenüber eine zweite Mühle. Die Mühle links lief bis um 1930, die Mühle rechts bis 1960. Aus beiden wurden Wohnungen.

Nr. 214 Vollmühle Unterbruch, Heinsberg. Trotz vielfältiger Verwendung hat die Voll-(Walk-)mühle aus dem frühen 15. Jh. ihren Namen behalten. Zuletzt war sie Knochen- und bis 1960 schließlich Mahlmühle. Das restaurierte Anwesen steht unter Denkmalschutz.

der linken Wurmseite und war Mahl- und Ölmühle mit zwei Wasserrädern. 1816 ergänzte Lowis seinen Betrieb auf dem gegenüberliegenden Flußufer um eine kleine Papiermühle. Vielleicht hatte er sich dabei übernommen. Denn schon sechs Jahre später mußte er das Anwesen verkaufen. Auch hier besteht eine merkwürdige Parallele zur Porselener Mühle, die sehr ähnlich angelegt und schon 1821 unter den Hammer gekommen war.
Aber dann kam der Betrieb doch noch auf soliden Grund. Die Papiermühle lief zwar nur bis 1858; wahrscheinlich war sie zu klein und konnte mit den mächtig aufstrebenden Jülicher und Dürener Papierfabriken nicht mithalten. Die Kornmühle indes hielt durch, und zwar länger als die meisten ihrer Mühlenschwestern - bis 1995. Weil die Wurm sie vor einigen Jahrzehnten aus Meliorationsgründen verlassen hatte, lief sie zuletzt elektrisch. Aber man kann den alten Flußlauf zwischen den beiden im alten Zustand verbliebenen Mühlengebäuden noch gut erkennen, auch wenn er jetzt eine gepflasterte Durchfahrt ist.

GEUENICH, Geschichte der Papierindustrie (71), S. 371; SOMMER, aaO., S. 255; JRD 30/31 (1985) S. 502; Mitteilung des Eigentümers; ferner Tranchot 1805/07 Bl. 56 Heinsberg: „Bruckermuhl", sowie TK 1843 u. 1893 Bl. 4902 Heinsberg: Mühlensymbol / „M".

212/213 Lohmühle

Heinsberg-Unterbruch, Haag
(um 1800 - 1930/1960) > Wurm <

Auch sie ist eine der neuen Wurm-Mühlen, die erst unter französischem Regime entstanden sind. Sie lag am linken Wurmufer und war eine Korn-, Öl, Loh- und Vollmühle - mithin ein vielfach beschäftiger Betrieb.
So ist auch der Erbteilungsvertrag zwischen den vier Kindern des verstorbenen Müllerehepaares Jülicher von 1815 verständlich, in dem die beiden Söhne die bestehende Mühle bekamen, während die beiden Töchter das auf der anderen Wurmseite liegende Grundstück erhielten, um darauf eine Getreide- und Ölmühle zu bauen. Dabei ist kulturgeschichtlich interessant, daß von den vier Geschwistern nur Maria Elisabeth mit ihrem Namen unterschrieb, während die anderen unter Zeugen drei Kreuze malten.
Einvernehmlich wurden Nutzung und Unterhaltung des Stauwehrs geregelt. Sogar der eingeführte Firmenname „Lohmühle" durfte von beiden Parteien genutzt werden, obwohl es sich um zwei rechtlich und wirtschaftlich unterschiedliche Unternehmen handelte. Später konzentrierte sich die „linke" Lohmühle auf die namensgerechte Lohmüllerei, ergänzt um ein Sägewerk. Die „rechten" Lohmüller hingegen legten das Schwergewicht auf die Mehl- und Ölproduktion. Gemeinsam scheinen sie hingegen (hauptsächlich im Winter) Knochen gemahlen zu haben. Die dabei verbreiteten Gerüche machten keinen Nachbarschaftsärger, weil die beiden Mühlen ziemlich einsam im Gelände standen.
Die „linke" Lohmühle arbeitete bis um 1930, die „rechte" noch bis 1960. Die Gebäude beider Mühlen sind heute bewohnt. Das eine davon ist allerdings stark verändert, das auf der rechten Seite indessen noch weitgehend im alten Zustand.

Wo einst die Wurm zwischen beiden hindurchfloß, ist „auf dem inzwischen Trokkenen“ eine Gasse geblieben.

DEUSSEN, Hans, „Zur Geschichte von Unterbruch“, in: HK Heinsberger Lande 1990, S. 57; SOMMER, aaO., S. 245; ferner Tranchot 1805/07 Bl. 56 Heinsberg: „Lohmuhl“, sowie TK 1843 u. 1893 Bl. 4902 Heinsberg: „die Lohmühle / LohM.“

214 Vollmühle Unterbruch

Heinsberg-Unterbruch, Wassenberger Straße
(vor 1419 - 1983) > Alte Bach (Wurm) <

Es gab am Niederrhein nicht viele Mühlen, die im Laufe ihrer Geschichte so viele Nutzungsarten erlebt haben, wie diese. Sie war Walk-, Korn-, Öl-, Knochen-, Lohmühle und Häckselschneiderei. Aber den ursprünglichen Namen „Vollmühle“ hat sie trotz aller Vielfalt von Anfang an geführt und bis zuletzt beibehalten.
Sie dürfte (nach der Dahlmühle) die zweitälteste Heinsberger Mühle gewesen sein, wenn man ihre frühe Bedeutung für die schon ab dem 13. Jh. bezeugten Zünfte in Betracht zieht. Außerdem spricht vieles dafür, daß sie vom Bau des Heinsberger Mühlenkanals betroffen war und seinetwegen vom Schafhausener Mühlenbach an den („die“) Alte Bach verlegt werden mußte. Dieser Bach war ein künstlicher Abzweig von der Wurm. Wahrscheinlich hat unsere Vollmühle übrigens früher „Vongelaak-Mühle“ (wegen ihrer Lage am gleichnamigen Anwesen mit einem Teich) geheißen.
Ins Licht der dokumentierten Geschichte tritt sie allerdings erst mit einem Vertrag vom Jahre 1419, den die Herren von Heinsberg wegen einer Kornrente geschlossen hatten. Von da an gibt es reichlich Nachrichten über Mühle, Pachtverhältnisse und den Mahlzwang über Ober- und Unterbruch. Im 17. Jh. waren sogar das Dorf Unterbruch und in der Franzosenzeit die Stadt Heinsberg als Erbpächter aufgetreten und hatten die Mühle wohl als eine Art kommunalen Eigenbetrieb geführt.
1827 wurden die jetzt noch stehenden Gebäude errichtet. Als dann 1846 eine Knochenstampferei installiert wurde, geriet das zu einem „Umweltskandal“ und wurde von den Nachbarn mit allen Mitteln bekämpft. Auch die Fuhrwerkspferde auf der Wassenberger Straße fühlten sich gestört, allerdings nicht durch den üblen Geruch, sondern wegen des ihnen gefährlich erscheinenden großen Wasserrades. Das Rad wurde dann zwar verkleidet, als ein Fuhrmann durch ein scheuendes Pferd schwer verletzt worden war. Aber die Knochenmühle blieb - bis 1928, als man sich schließlich nur noch mit dem Mahlen von Getreide beschäftigte.
1960 verschwand mit der Wurmregulierung das Wasserrad. Bis 1983 wurde noch elektrisch weitergemahlen. Heute ist das Anwesen ein ansehnliches Privatdomizil und steht unter Denkmalschutz.

BERENS, „Die Mühlen der Stadt Heinsberg“, in: HK Kreis Heinsberg 1985, S. 23 ff.; CORSTEN, Domanialgut (36), S. 111; GILLESSEN, Ortschaften (74), S. 200; MAYER, Franz, „Die älteren Mühlen“, in: HK Heinsberger Landes 1933, S. 41 ff.; SOMMER, aaO., S. 254; TICHELBÄCKER, H., „Der Heinsberger Mühlenkanal“, in: HK Geilenkirchen-Heinsberg 1962, S. 133/134; ferner Tranchot 1805/07 Bl. 56 Heinsberg: „Follemuhl“ (allerdings mit falschem Standort, nämlich an der Wurm), sowie TK 1843 u. 1893 Bl. 4902 Heinsberg: VollM.“

Junge Wurm / Heinsberger Mühlenkanal / Mühlenbach

Man hätte diese drei Namen für ein zusammenhängendes Fließgewässer noch gut um einige mehr erweitern können, um das komplizierte „flüssige" Beziehungsgeflecht links der Wurm zwischen Randerath und Karken zu beschreiben. Auffällig ist allerdings, daß hier „Fluß", „Kanal" und „Bach" einträchtig nebeneinander stehen. Kein Wunder also, daß sich die Heinsberger Geschichtsforschung damit beschäftigt hat. An Fragen war ja kein Mangel: Ist die Junge Wurm ein natürlicher Abkömmling der Alten Wurm oder ist sie ein Ergebnis früher Wasserbaukunst? Wenn ja, welchen Zweck hatte sie und seit wann gibt es sie?
Man fand auch Antworten. Einig ist man sich darin, daß beim Entstehen der Jungen Wurm der Mensch seine Hand im Spiele hatte. Aber sie ist auch ein durchgehender Gewässerzug. Es ist also durchaus korrekt, ihn insgesamt mit „Junge Wurm" zu bezeichnen. Man stimmt auch darin überein, daß die Eingriffe dazu dienten, Wassermühlen anzulegen. Sicher gab es Zusatzfunktionen, z.B. die Stadt Heinsberg mit frischem Wasser zu versorgen und auch deren Stadtgräben, wenn dazu die Oberflächenwässer nicht ausreichten. Für die Entwässerung von Feuchtgebieten war die Junge Wurm allerdings nicht gedacht. Im südlichen Teil hätte sie es auch nicht gekonnt, weil sie dort um bis zu 2 m höher gelegt worden war, um die Mühlen gleichmäßiger bedienen zu können.
Severin Corsten hat die Ansicht vertreten, sie sei von den Heinsbergern schon um 1170 gebaut worden, und zwar in einem Zuge. Anders sei der Bau der Aldenhovener Mühle aus eben dieser Zeit nicht zu erklären. Man könne entlang der Jungen Wurm um die 10 alte Mühlen zählen - für die sich die gewaltige Anstrengung gelohnt habe.
Gillessen und vor allem Tichelbäcker hatten hier einige Zweifel, und mit recht. Denn die Aldenhover Mühle lag anfänglich garnicht am Heinsberger Mühlenkanal, sondern am Liecker Mühlenbach; an den Kanal kam sie erst viel später, als der Bach zu versiegen drohte. Und zumindest ein Teil der anderen Mühlen an der Jungen Wurm war ursprünglich nicht auf sie angewiesen: Die Dremmener Mühle z.B. hatte „ihren" Erbgraf, die Schafhausener Mühle „ihren" gleichnamigen Mühlenbach.
Tatsächlich sprechen alle Anzeichen dafür, daß die Junge Wurm nicht in ganzer Länge künstlich gegraben wurde, sondern aus Verbindungsstücken zwischen natürlichen Wasserläufen bestand. Sie ist mit hoher Wahrscheinlichkeit in Abschnitten und zu verschiedenen Zeiten gebaut worden. Als Bauzeit ist das 14. und 15. Jh. anzunehmen, wobei der Heinsberger Kanal schon Ende des 13. Jh. mit der Stadtbefestigung entstanden sein dürfte. Wie aber auch immer - eine große wasserbautechnische Leistung blieb es allemal. Das ist unbestritten.
Heute ist das Heinsberger Gewässernetzwerk auf einige regulierte Wasserläufe zusammengeschrumpft. Den Namen „Junge Wurm" findet man nur noch im Norden, wo er früher nicht üblich war. Südlich Heinsberg ist die Junge Wurm ganz verschwunden. 1944 hatte man sie hier in einen Panzergraben eingeleitet, um den Vorstoß der Alliierten aufzuhalten. Nach dem Kriege wurden beide - Panzergraben und Junge Wurm - eingeebnet. Alle Standorte von Wassermühlen - insgesamt sind es 12 - liegen auf dem Trockenen, auch die im regulierten Nordab-

schnitt. Damit hat sich auch der alte Streit zwischen den „Jung-Wurm-" und „Alt-Wurm-Müllern" um die Zuteilung der Wassermenge (2 : 3 oder 3 : 4) endgültig erledigt. Die Beschreibung unseres Wasserlaufes ist nur noch ein Nachruf.
Bevor wir die verbliebene Junge Wurm jenseits der Landesgrenze in die Rur entlassen, muß noch der Kitschbach erwähnt werden. Er kommt aus Waldfeucht und ist der einzige Zulauf, der Mühlen angetrieben hat. Auch er ist nur noch ein Schatten seiner selbst und ein unbedeutendes Rinnsal.

ARETZ, Josef, „Die Wurm ...", in: Heimatblätter Krs. Aachen, 1963 H. 3, S. 59 ff.; CORSTEN, Domanialgut Heinsberg (36), S. 36/37; GILLESSEN, Leo, „Die Junge Wurm und ihre Mühlen", in: Selfkantheimat 1959, S. 18 ff., 28 ff., 33 ff. u. 41 ff. TICHELBÄCKER, H., „Der Heinsberger Mühlenkanal", in: HK Geilenkirchen-Heinsberg 1962, S. 128 ff. U. 1963, S. 142 ff.

215 Lambertz-Mühle / Vollmühle

Heinsberg-Randerath, Feldstraße
(vor 1534 - um 1990) > Junge Wurm <

Etwa tausend Meter hinter dem Abzweig der Jungen von der Alten Wurm lag zwischen beiden Gewässern die alte jülich´sche Stadt Randerath. Hier begann die lange Reihe der - meist landesherrlichen - Mühlen an der Jungen Wurm, und zwar mit einer Voll-(Walk)mühle für die hier schon früh ansässig gewesene Textilproduktion.
Die Vollmühle stand außerhalb der Stadtmauer, vor dem Feldtor. Die externe Lage ließ sie in der Reformationszeit zu einer „Gebetsmühle" werden. Hier nämlich trafen sich 1534/35 die Prädikanten aus Wassenberg, um den Randerathern auf ihre Weise das Evangelium zu predigen. Dem verdanken wir auch die erste Nachricht über die Mühle. Auch 1624 nutzten die damals noch ungelittenen Reformierten die Abgelegenheit der Mühle, um dort ihren Gottesdienst abzuhalten.
1838 wurde die Walkmühle in eine Knochenmühle umgewandelt, der später auch eine Ölschlägerei angegliedert wurde. Ab 1882 diente die Mühle als Mahlmühle, die alsbald anstelle des Wasserrades eine Turbine bekam. 1960 wurde der Mahlbetrieb eingestellt.
Seit Anfang der 90er Jahre ist der Mühlenhof verschwunden und hat einem Wohnhausneubau Platz gemacht.

HAUBROCK, Franz, "Mühlenbesitzer an der Alten und Jungen Wurm", in: Selfkantheimat 1957, S. 25 ff.; ders., „Die Mühlen ... Randerath", in: HK Selfkantkreis 1961, S. 25 ff.; GILLESSEN, Leo, „Die Junge Wurm und ihre Mühlen (III), in: Selfkantheimat 1957, S. 33; SOMMER, aaO., S. 265; ferner TK 1893 Bl. 4903 Erkelenz: „M."
Vor dem Feldtor stand 1604 (Jahr der Genehmigung durch den Herzog von Jülich) in Randerath noch eine Pulvermühle, möglicherweise in Verbindung mit der Vollmühle. Sie wurde von dem Pulvermacher Hieronymus von Hasselweiler betrieben. Mehr weiß man darüber allerdings nicht. - In der Hubertusschlacht 1414 bei Linnich soll der Überlieferung nach ein Bote nach Randerath geschickt worden sein, um *„donre cruys* - Donnerkraut" zu holen. Ob sich auch damals schon dort eine Pulvermühle befand oder aber nur ein Pulverdepot, ist nicht bekannt. Für alle Angaben: HAUBROCK, aaO.

216 Brünkers Mühle (Drieschmühle)

Heinsberg-Randerath, Driesch
(1849 - 1936) > Junge Wurm <

Randerath war auch noch im 19. Jh. ein Schwerpunkt der Textilproduktion, wo in drei Tuchfabriken um die 300 Weber arbeiteten. Um die Tuche aufzurauhen, unterhielten die Gebr. Brünker auf dem Driesch eine mechanische Rauherei, die von Wasserkraft angetrieben wurde. Nach der Verlegung der Produktion nach Gladbach/Rheydt wurde auf der Mühle Lohe, später Getreide gemahlen.
Das Mühlenhaus steht noch und ist bewohnt. Die Trasse der Jungen Wurm führt direkt daran vorbei und ist noch zu erkennen, auch noch die Brüstung der ehemaligen Straßenbrücke. Die Familie Brünker unterhält heute auf dem Grundstück nebenan einen Baustoffhandel.

HAUBROCK, Franz, „Die Mühlen ... Randerath“, in: HK Selfkantkreis 1961, S. 25 ff.; SOMMER, aaO., S. 266; ferner TK 1893 Bl. 4903 Erkelenz: „M.“

217 Horster Mühle

Heinsberg-Horst, Mühlenteich
(vor 1492 - 1958) > Junge Wurm <

Die landesherrliche Mühle zu Horst gehörte zum dortigen Fronhof, der schon 1372 erwähnt ist. Von der Mühle direkt erfahren wir allerdings erst in einer Urkunde von 1492. Sie besaß die Mahlgerechtigkeit für Horst, Porselen und einen Teil von Dremmen. Aus 1596 ist ein Lenhart Schepers als „Mullenknecht“, 1655 *„Lenhardt Noethlichs als „mullner zur Horst“* überliefert. Um 1800 saß die Familie Lambertz auf der Horster Mühle, die uns später als Eigentümerin der oberen Mühle in Randerath begegnet. Die Erlebnisse des Johann Lambertz während der Franzosenzeit hat Elisabeth Nobis-Hilgers anschaulich erzählt.
Von etwa 1500 bis Ende des 18. Jh. gehörte zur Horster Mühle auch eine Waidmühle. Aus den zermahlenen Blättern des Waid - einer Pflanze - wurde seit Römerzeiten ein blauer Farbstoff zum Färben von Textilien gewonnen. Durch die Einfuhr von Indigo im 17./18. Jh. kamen Waidanbau und Waidmühlen zum Erliegen.
Die Horster Mühle lief bis 1958. Die anderen Mühlen an der Jungen Wurm lagen zu dieser Zeit längst still oder hatten durch die Panzergrabenaktion gegen Ende des Krieges ihr Wasser verloren. Nun stellte auch sie - als letzte - den Betrieb ein, um den Weg für die Einziehung des Wasserlaufs und Verbesserung der Ablaufverhältnisse im Raum Heinsberg freizumachen.
Das Mühlengebäude ist seither als Wohnhaus genutzt. Aber die beiden Mahlgänge und Teile des Antriebs sind noch vorhanden und wurden jüngst restauriert. Der engagierte Eigentümer will auch wieder ein Wasserrad anbringen.

CORSTEN, Domanialgut Heinsberg (36), S. 101; GILLESSEN, Ortschaften (74), S. 172; ders., Altes Handwerk (73), S. 102; ders. „Die Junge Wurm und ihre Mühlen (III)“, in: Selfkantheimat 1957 S. 34; ders., Flurnamen (75), S. 98; ders., in: Unsere Heimat - der

Nr. 216 Brünkers Mühle, Heinsberg. Oberhalb Randerath nahm die Junge Wurm ihren Anfang. Sie brachte dem Ort zwei weitere Mühlen. Von ihnen steht nur noch die Mühle auf dem Driesch. Sie lief von 1849 bis 1936, zunächst als Rauherei, dann als Mahlmühle. Der Grünstreifen rechts neben dem Haus ist die Trasse des zugeschütteten Wasserlaufs.

Nr. 217 Horster Mühle, Heinsberg. Sie war eine landesherrliche Bannmühle und lief vom 15. Jh bis 1958. Mahlgänge und Antriebsteile sind im Vorderhaus noch vorhanden.

Selfkantkreis (239), S. 228; MAYER, Franz, „Die älteren Mühlen ...“, in: HK Heinsberger Lande 1933, S. 42; NOBIS-HILGERS, Elisabeth, „Der Müller von Horst“, in: HK Selfkantkreis 1957, S. 87 ff.; SOMMER, aaO., S. 265; SPEHL, Wilhelm Josef, „Allerlei vom Mühlenbach“, in: Die Heimat (Heinsberg) 1938, S. 92; TICHELBÄCKER, H., „Der Heinsberger Mühlenkanal“, in: HK Geilenkirchen Heinsberg 1963, S. 142; Wertgutachten für die Ablösung des Staurechts 1958 (im Besitz der Familie Heiligers, der das Anwesen heute noch gehört); ferner TK 1893 Bl. 4902 Erkelenz: „M.“

218 Talmühle

Heinsberg-Dremmen, Talmühlenstraße
(vor 1461 - um 1945) > Junge Wurm <

Um 1500 hatte die - 1461 erstmals erwähnte - herrschaftliche Ölmühle am Rande des Wurmtales (im „Dahl“) bei Dremmen jährlich 25 Quart (= etwa 40 l) Öl an Jülich zu entrichten.
1806 wurde die bis dahin eher unscheinbare Ölmühle durch die Horster Müllerfamilie Lambertz in eine Mahlmühle mit zwei Wasserrädern und zwei Mahlgängen umgewandelt. Die Aufhebung der Feudalrechte und damit auch des Mühlenbannes hatten es möglich gemacht.
Die Mühle lief bis um 1945. Sie steht seit dem Verschwinden der Jungen Wurm auf dem „Trockenen“ und ist selbst mit einiger Vorstellungskraft schwerlich noch als ehemalige Mühle zu erkennen. Das Rauschen von der neuen Autobahn nebenan hat das Rauschen des Baches abgelöst. Das Anwesen ist bewohnt.

CORSTEN, Domanialgut Heinsberg (36), S. 111; GILLESSEN, Leo, „Die Junge Wurm und ihre Mühlen (III)“, in: Selfkantheimat 1957, S. 34; ders., Ortschaften (74), S. 198; MAYER: Franz, „Die älteren Mühlen ...“, in: HK Heinsberger Lande 1933, S. 42; SOMMER, aaO., S. 259; SPEHL, Wilhelm Josef, „Allerlei vom Mühlenbach“, in: Die Heimat (Heinsberg) 1938, S. 92; ferner Tranchot 1906/07 Bl. 56 Heinsberg: „Ohlmuhl“, sowie TK 1843 u. 1893 Bl. 4902 Heinsberg: „GörtzM. / ThalM.“

219 Liecker Mühle (Drieschermühle)

Heinsberg-Dremmen, Siebertstraße
(1808 - 1930) > Junge Wurm <

Dremmen gehörte in alter Zeit zum Horster Mühlenbannbezirk. Erst nach Aufhebung des Mahlzwanges in französischer Zeit errichtete der Sohn des damaligen Maire von Dremmen - Heinrich Lieck - auf dem Driesch eine Mahlmühle. „Driesch“ ist eine hier vielfach gebräuchliche Bezeichnung für unbeackertes Allmende-, Überschwemmungs-, oder Ödland.
Die Mühle stand nur rd. 700 m unterhalb der alten Dahlmühle und war wegen der nicht gerade üppigen Stauverhältnisse Gegenstand von langwierigen Prozessen, zunächst vor französischen und schließlich vor preußischen Gerichten. Erst 1829 kam es zwischen den streitenden Müllern zu einer Einigung.

Nr. 218 Talmühle Dremmen, Heinsberg. Über 500 Jahre hat sie gelaufen. Dann setzte ihr der Krieg 1945 ein gewaltsames Ende, als das Wasser der Jungen Wurm in einen Panzergraben umgeleitet wurde und die Mühle „auf dem Trockenen" stand.

Nr. 219 Liecker Mühle, Heinsberg. Auch diesem Gebäude in Dremmen sieht man nicht mehr an, daß es von 1808 bis 1930 eine Wassermühle gewesen ist. Mahlwerk und Mühlrad sind ebenso verschwunden wie der Wasserlauf, der sie einst angetrieben hat.

Nach ihrem letzten Inhaber ist die Mühle heute in Dremmen auch unter dem Namen „Heitzer Mühle" bekannt. Das Gebäude von 1808 dient jetzt als Wohnhaus.

GILLESSEN, Leo, „Die Junge Wurm und ihre Mühlen (III)", in Selfkantheimat 1957, S. 34; SOMMER, aaO., S. 259; ferner TK 1843 u. 1893 Bl. 4902 Heinsberg: „Liecker M. / M."

220 Schafhausener Ölmühle

Heinsberg-Schafhausen, Torfbruch
(15. Jh. - um 1920) > Junge Wurm <

Sie lag im Schafhausener Bruch und war eine Privateinrichtung, für die im 18. Jh. an den Landesherrn als jährliche Anerkennungsgebühr 40 Quart (rd. 60 l) Öl zu entrichten waren.
In neuerer Zeit hat sie als Kornmühle gedient, wie nicht zuletzt auch aus dem Mahlstein vor dem Anbau hervorgeht. Ansonsten ist von ihrem Mühlendasein nichts mehr übrig geblieben. Das Gebäude ist heute Wohnhaus.

CORSTEN, Domanialgut Heinsberg (36), S. 111; GILLESSEN, Leo, „Die Junge Wurm und ihre Mühlen (III)", in: Selfkantheimat 1957, S. 35; ders., Ortschaften (74), S. 194; SOMMER, aaO:, S. 258; ferner Tranchot 1806/07 Bl. 56 Heinsberg: Ohlmuhl", sowie TK 1843 u.1893 Bl. 4902: Mühlensymbol / „M."

221 Schafhausener Kornmühle

Heinsberg-Schafhausen, Kühlerstraße
(vor 1307 - Mitte 20. Jh.) > Junge Wurm <

Das stattliche Anwesen steht noch heute sichtbar in der Tradition der langen Reihe der herrschaftlichen Zwangsmühlen an der Jungen Wurm. Der Bannbezirk umfaßte die Dörfer Schafhausen, Hülhofen und Eschweiler, sowie das ganze Kirchspiel Waldenrath. Ihre erste urkundliche Erwähnung geschah 1307. Als nämlich damals die Heinsberger Stadtmühle verpachtet wurde, erhielt der Pächter die Zusicherung, daß der Müller von Schafhausen keine Mahlkunden aus der Stadt bedienen darf: „*Nolumus insuper, quod multur noster de Scayphuysen ... veniat in urbem nostram de Heynsbergh ...* - Überdies wollen wir nicht, daß unser Müller von Schafhausen in unsere Stadt Heinsberg kommt", hieß es in bestem Kanzlei-Latein im Pachtvertrag. Diese Zusicherung brauchte der Heinsberger Müller, um die damals ungewöhnlich hohe Pacht von 100 Malter Roggen zu erwirtschaften; das war mehr als doppelt so viel wie beim Durchschnitt der anderen landesherrlichen Mühlen.
Im 19. Jh. war an das unterschlägige Wasserrad noch eine Ölpresse angeschlossen. Um die Mitte des 20. Jh. wurde die Mahlmühle stillgelegt. Auf dem Mühlenhof befindet sich heute ein Landproduktenhandel.

CORSTEN, Domanialgut Heinsberg (36), S. 36, 101 u. 163 (Abdruck der Urk. von 1307); GILLESSEN, Leo, „Die Junge Wurm und ihre Mühlen (III)", in: Selfkantheimat 1957, S. 34;

Nr. 220 Schafhausener Ölmühle, Heinsberg. Im Dorf Schafhausen standen zwei Mühlen. Von ihnen diente die obere seit dem 15. Jh. der Ölproduktion, bevor sie in ihren letzten Jahrzehnten (bis um 1920) zum Mahlen eingesetzt und schließlich zum Wohnhaus wurde.

Nr. 221 Schafhausener Kornmühle, Heinsberg. Die untere und wesentlich ältere Kornmühle (von vor 1307) war eine landesherrliche Bannmühle. Sie hatte im alten Heinsberg-Jülicher Land beträchtliche wirtschaftliche Bedeutung. Heute beherbergt sie einen Landhandel.

ders., Ortschaften (74), S. 194; MAYER, Franz, „Die ältesten Mühlen ...", in: HK Heinsberger Landes 1933, S. 42; SOMMER, aaO., S. 258; SPEHL, Wilhelm Josef, „Allerlei vom Mühlenbach", in: Die Heimat (Heinsberg) 1938, S. 92; TICHELBÄCKER, H. „Der Heinsberger Mühlenkanal", in: HK Geilenkirchen-Heinsberg 1962, S. 134; ferner TK 1843 u. 1893 Bl. 4902 Heinsberg: Mühlensymbol / „M."

222 Dahlmühle

Heinsberg, östl. Erzbischof-Philipp-Str./Klevchen
(Vor 1461 - 1914) > Mühlenkanal (Junge Wurm) <

Von den drei Mühlen im engeren Umfeld der Stadt Heinsberg war sie die jüngste. Man nimmt an, daß sie um 1457 vom Propst des Heinsberger Damenstiftes in einem von ihm erworbenen Haus vor dem Feldtor erbaut wurde. Gesichert ist diese Annahme allerdings nicht. Denn schon 1561 befand sie sich nachweislich in der Hand des Landesherrn. Sie war - gemeinsam mit der Stadtmühle - Zwangsmühle für das Stadtgebiet und einen Teil der Dörfer Aphoven und Laffeld.
Der Heinsberger Mühlenforscher Hubert Berens hat ihr Schicksal im Auf und Ab ihres Bestehens aufgeschrieben: Die wechselnden Pachtverhältnisse in Konkurrenz zur Stadtmühle, den Brand während der Jülicher Fehde 1542/43 und den Konflikt mit dem Ausbau der Stadtbefestigung durch den Jülicher Festungsbaumeister Pasqualini um 1590; damals drohte sie, von den Verkehrswegen abgeschnitten zu werden, und man erwog sogar ihren Abbruch.
1808 wurde sie - nun französischer Fiskalbesitz - an den Tuchfabrikanten Trappmann verkauft, blieb aber weiterhin Kornmühle. Nach einem großen Schadenfeuer 1880 wandelte der neue Eigentümer Schleicher sie in eine Korbwarenfabrik um. Den Wasserantrieb nutzte er indes weiterhin, ab 1890 durch eine Turbine. 1914 gab Schleicher das Staurecht auf, nachdem eine leistungsfähige Dampfmaschine installiert war.
Die Gebäude fielen 1944 der Kriegszerstörung zum Opfer. Die Korbwarenfabrik wurde zwar wieder aufgebaut, aber dann im Zuge einer Stadtsanierung umgesiedelt. Heute spielt man auf dem Gelände Tennis.

BERENS, Hubert, „Die Talmühle zu Heinsberg", in: HK Heinsberger Lande 1987, S. 57 ff.; CORSTEN, Domanialgut Heinsberg (36), S. 101/102 u. 110; GILLESSEN, Leo, „Die Junge Wurm (Schluß)", in: Selfkantheimat 1957, S. 41; ders., Ortschaften (74), S. 156; MAYER, Franz, „Die älteren Mühlen", in: HK Heinsberger Lande 1933, S. 42; SOMMER, aaO., S. 256; ferner TK 1843 u. 1893 Bl. 4902 Heinsberg: Mühlensymbol / „M."

223 Stadtmühle

Heinsberg, Hochstraße
(um 1307 - 1905) > Mühlenkanal (Junge Wurm) <

Die mittelalterlichen Städte lagen aus Sicherheitsgründen durchweg nur an jeweils einer Fluß- oder Bachseite. Bei einer Besiedlung beider Seiten befürchtete man, die Mauerdurchlässe für ein Gewässer könnten als „Einladung" mißverstan-

den werden. Deshalb befanden sich die für die Versorgung unentbehrlichen Mühlen durchweg dicht bei den Stadttoren, wo man sie vor Übergriffen schützen konnte.
Eine solche „Stadttormühle" hatte auch Heinsberg: die Dahlmühle (Nr. 222). Aber es besaß auch innerhalb der Stadt noch eine Wassermühle - die berühmte Ausnahme der Regel. Man hatte nämlich unter der Stadtmauer einen Tunnel gebaut und mit soliden Eisengittern versehen. So konnte die Junge Wurm in einem Kanal durch die Stadt und jenseits über einen ähnlichen Tunnel weiter nach Norden fließen. Das brachte nicht nur Antriebskraft für ein Mühlrad, sondern auch Nutz- und Löschwasser mitten in die Stadt hinein.
Diese „Stadtmühle", wie sie allgemein hieß, wurde um 1307 von den Herren von Heinsberg erbaut. Das ergibt sich aus der Pachturkunde vom 14. August jenen Jahres, mit der sie einem gewissen Gottfried gen. Sceylairt und seinen Nachkommen *„temporibus perpetuis* - auf ewige Zeiten" gegen 100 Malter Roggen jährlich überlassen wurde. Gottfried hatte die Mühle in gutem Zustand zu halten, der herrschaftliche Eigentümer hingegen das nötige Bauholz zu liefern.
Daß auch der Ewigkeitsbegriff allerdings sehr relativ sein kann, zeigen die vielen nachfolgenden Neuverpachtungen und wechselnden Pachtbedingungen. Hubert Berens hat das anschaulich geschildert. Zeitweilig waren alle drei Heinsberger Mühlen gleichzeitig verpachtet. Um 1542 bekam die Mühle ein zweites Wasserrad. 1711 brannte die Mühle ab und mit ihr die ganze Nachbarschaft. Aber man zögerte nicht, sie wieder aufzubauen.
Um 1808 wurde die Stadtmühle als konfiszierter Feudalbesitz von Frankreich zugleich mit der Dahlmühle an Privathand verkauft. Hundert Jahre später - 1905 - verzichtete der Stadtmüller auf das Staurecht, nur wenige Jahre vor dem „Dahlmüller", dem Korbwarenfabrikanten. Wahrscheinlich war ihm die Konkurrenz der vielen ländlichen Wind- und Wassermühlen im Selfkantgebiet zu groß, vielleicht aber auch die Unterhaltung des Mühlenkanals zu lästig geworden. Jedenfalls betätigte er sich fortan nur noch als Bäcker. Das Mühlenhaus (die Bäckerei) wurde 1944 im Krieg zerstört und nicht wieder aufgebaut.

BERENS, Hubert, „Die Stadtmühle zu Heinsberg", in: HK Heinsberger Lande 1986, S. 22 ff.; GILLESSEN, Leo, „Die Junge Wurm und ihre Mühlen (Schluß)", in: Selfkantheimat 1957, S. 41/42; SOMMER, aaO., S. 256; TICHELBÄCKER, H., „Der Heinsberger Mühlenkanal", in: HK Geilenkirchen-Heinsberg 1962, S. 128 ff.
Neben der Stadtmühle gab es ab dem 16. Jh. innerhalb der Stadt noch eine Roßmühle, um die Mehlversorgung sicherzustellen (BERENS, Hubert, „Die Roßmühle zu Heinsberg", in: HK Heinsberger Lande 1988, S. 37 ff.). Solche Roßmühlen waren damals in den befestigten Städten als „Notmühlen" die Regel, neben Windmühlen auf den Stadttürmen oder - wie hier - den Wassermühlen.

224 Pulvermühle

Heinsberg, Nähe Westpromenade
(1608 - 1672) > Überlauf (Kalle) des Stadtgrabens <

Wer Schwarzpulver zu machen verstand, lebte zwar selber gefährlich, war aber auch von den Landesfürsten umworben. So erteilte Herzog Johann Wilhelm von

Jülich 1608 dem Johann von (*aus*) Frenz die Genehmigung, in Heinsberg eine Pulvermühle einzurichten. Dafür wurde ihm für zwei Goldgulden im Jahr ein kleines Grundstück nordwestlich der Stadt überlassen, das einigermaßen durch Teiche und Damm isoliert lag. Johann hatte seinem Herzog und der Stadt Heinsberg aus seinem „kriegwichtigen Betrieb" gegen einen angemessenen Preis das nötige Schießpulver zu liefern.
Die Zerkleinerungs- und Mischgeräte wurden durch Wasserkraft angetrieben, die ihre Energie aber nicht aus dem Mühlenkanal, sondern aus einem schmalen Überlauf des Stadtgrabens bezog, der aus nahegelegenen Teichen und auch aus der Jungen Wurm reichlich Nachschub bekam.
Pulvermacher sind an Vorsicht gewöhnt. Aber gegen höhere Gewalt sind sie nicht gefeit: Bei einem Sommergewitter in der Morgenfrühe des 20. Juni 1652 traf ein Blitz die Mühle und löste eine gewaltige Explosion aus. Der Pächter Michael Pulvermacher - sein Beruf war inzwischen auch Familienname geworden - fand dabei den Tod. Michael war ein angesehener Bürger gewesen: Er hatte sich nicht nur auf Pulver und Blei verstanden, sondern war nach alter Väter Art als Bogenschütze der St. Sebastianus-Bruderschaft Schützenkönig gewesen. Im Totenbuch bescheinigte ihm der Pfarrer, daß er „*vir bonae conscientiae et vitae* - ein Mann von gutem Gewissen und guter Lebensführung" war.
Die Mühle wurde allem Anschein nach wieder aufgebaut. Denn aus dem Jahre 1678 wird gemeldet, daß die Truppen Ludwigs XIV. ihren Abbruch veranlaßt hatten. Sie konnten bei ihrem Kriegszug gegen die Niederlande kein Pulver in ihrem Rücken brauchen.

CORSTEN, Domanialgut (36), S. 115/116; KRÜCKEL, Paul. „Eine Pulvermühle zu Heinsberg", in: HK Heinsberger Lande 1989, S. 69 ff.; WOLTERS, Theo, „Eine Pulvermühle in Heinsberg 1608", in: Die Heimat (Heinsberg) 1928, S. 60.

225 Aldenhover (Liecker) Mühle

Heinsberg-Lieck, Waldfeuchter Straße/Liecker Mühle
(vor 1170 - um 1985) > Liecker Bach (Junge Wurm) <

Sie ist die älteste bekannte Mühle der Heinsberger Landesgeschichte. 1170 beurkundete der Kölner Erzbischof Philipp von Heinsberg u.a. die Stiftung von 7 Malter Roggen aus den Einkünften von der Aldenhover Mühle für das Läuten der Glokken von St. Gangolf. Aldenhoven war der frühere Name von Lieck bei Heinsberg. Die Mühle lag am Liecker Mühlenbach und besaß den Mahlzwang für Kirchhoven und Teile von Aphoven und Laffeld. 1518 verkaufte der damalige Erbpächter seine Rechte „*dem ehrbaren Propst und der Priorin samt dem ganzen Konvent des Frauenklosters vor Heinsberg, welches dem Prämonstratenserorden gehört.*" Das Eigentum an der Mühle indes blieb beim Landesherrn, der einige Jahre später der Abtretung auch formell zustimmte.
Die Nonnen hatten alsbald die Ölpresse von ihrer Mühle in Hommerschen bei Geilenkirchen (siehe Nr. 199) zu ihrer Kornmühle nach Aldenhoven verlegt, um sie näher beim Stift zu haben. Damit war aber der Liecker Bach vermutlich über-

Nr. 225 Aldenhover Mühle, Heinsberg. Seit 1170 steht sie in den Urkunden und ist die älteste bekannte Mühle im Raum Heinsberg. Da sie erst um 1985 geschlossen wurde, hatte sie zugleich auch die längste „Dienstzeit". Zwischen 1518 und 1802 war sie an den Heinsberger Frauenkonvent verpachtet.

Nr. 226 Kemper Mühle, Heinsberg. Auch sie zählt zu den landesherrlichen Mühlen. Sie besaß das Zwangsgemahl für das Dorf Kempen. Um 1950 wurde sie stillgelegt. Mittlerweile liegt auch die zugehörige Landwirtschaft still.

fordert gewesen. 1608 geschah die Rückverlegung nach Hommerschen. Hundert Jahre später war der Bach nur noch ein Bächlein, sodaß man nun die Mühle völlig umbauen und den Heinsberger Mühlenkanal in Anspruch nehmen mußte, der auf der anderen Seite des Mühlenhofes lag.
1806 kam die Mühle unter den französischen „Säkularisations-Hammer“ und ging für 12.000 frs. in Privathand über. Das weitere Schicksal der Mühle war: 1926 Umstellung auf Diesel; da hatte eines von den beiden Wasserrädern schon stillgelegen. 1930/35 verschwand auch das zweite Rad, und man ging ganz auf Elektroantrieb über. Um 1985 - nach über 800 Jahren - wurde die Mühle außer Dienst gestellt. Die Einrichtung ist weitgehend ausgeräumt. Die Gebäude stehen aber noch unverändert. Ein Schild mit dem Namen der Mühle, ein Mühlstein vor dem grünen Hoftor und ein Wandgemälde im Inneren sind die einzigen Relikte.

BERENS, Hubert, „Die Aldenhover Mühle zu Lieck“, in: HK Heinsberger Lande 1981, S. 39 ff.; CORSTEN, Domanialgut (36), S. 101 ff.; GILLESSEN, „Die Junge Wurm (II)“, in: HK Selfkantkreis 1957, S. 28/29 u. 42; ders., Ortschaften (74), S. 149; LACOMBLET, Urkundenbuch (154), Bd. 1 Nr. 436; SOMMER, aaO., S. 255; ferner Tranchot 1806/07 Bl. 56 Heinsberg: „Lecker muhl“, sowie TK 1843 u. 1893 Bl. 4902 Heinsberg: „LieckerM. / M.“

226 Kemper Mühle

Heinsberg-Kempen, Oberstraße
(vor 1462 - Mitte 20. Jh.) > Mühlenbach (Junge Wurm) <

Die landesherrliche Mühle im Straßendorf Kempen war Zwangsmühle für Kempen. Aus dem relativ kleinen Bannbezirk erklärt es sich, daß sie 1462 - dem Jahr ihrer ersten Erwähnung - nur 15 Malter Roggen als Pacht abzuführen hatte. Etwas mehr, nämlich 40 Quart (= rd. 60 l) Öl waren für die Ölmühle fällig.
1891 wurden die zwei Wasserräder durch eine Turbine ersetzt, der nach der Umlegung des Baches 1938 ein Elektromotor folgte. Die Getreidemühle lief noch bis Mitte unseres Jahrhunderts. Die Ölschlägerei hatte man allerdings schon gegen Ende des 19. Jh. aufgegeben. Das Gebäude von 1795 steht noch. Die zugemauerten Durchbrüche für die Radachsen kann man noch ausmachen.

CORSTEN, Domanialgut Heinsberg (36), S. 101; GILLESSEN, Leo, „Die Junge Wurm und ihre Mühlen (Schluß)“, in: Selfkantheimat 1957, S. 42; ders., Ortschaften ( ), S. 178; MAYER, Franz, „Die älteren Mühlen“, in: HK Heinsberger Lande 1933, S. 41 ff.; SOMMER, aaO., S. 253; ferner Tranchot 1806/07 Bl. 56 Heinsberg: „Kempermuhl“, sowie TK 1843 u. 1893 Bl. 4902 Heinsberg: „KemperM.“

227 Karker Mühle

Heinsberg-Karken, Mühlenstraße
(vor 1556 - heute) > Mühlenbach (Junge Wurm) <

Diese Mühle hatten die Heinsberger wahrscheinlich schon 1317 mit der Grundherrschaft der Herren von Karken erworben. Zuverlässige Kenntnis von ihr gibt

Nr. 227 Karker Mühle, Heinsberg. Die Junge Wurm ist hier längst nach weit abseits „reguliert". Aber dank Elektrizität gibt es die Mühle noch - wie seit 450 Jahren, wenn auch mit zeit- und marktgemäßem Programm.

Nr. 228 Wolfhager Mühle, Heinsberg. Sie befindet sich schon seit Jahrzehnten im "Ruhestand". Nicht nur die außen angelehnten Mühlsteine, sondern auch noch die Mahleinrichtung und sogar Schlagbank und Kollergang der Ölpresse sind noch vorhanden und werden in der wohl 700 Jahre alten Mühle in Ehren gehalten.

indes erst ein Vermerk im Lehensverzeichnis der (Jülicher) Mannkammer Wassenberg von 1556, wo sie zusammen mit der „alten Burg zu Karken“ aufgeführt ist. Einen Mahlzwang besaß sie vermutlich nicht, wenngleich um 1600 gerade über die Benutzung fremder Mühlen ein erbitterter Streit zwischen den Karkern und dem Lehensinhaber geführt wurde.
Hubert Berens, der auch die Geschichte der Karker Mühle bis ins Detail erforscht hat, berichtet von einigen Merkwürdigkeiten in ihrer Laufbahn, die sich ansonsten weitgehend im historisch „Mühlenüblichen“ hielt: So war nach der Auflösung des Karker Burghofes im 17. Jh. die Mühle auf der herkömmlichen Obligation des Lehensträgers buchstäblich hängengeblieben, im Kriegsfalle für die herzogliche „Kavallerie“ einen Berittenen zu stellen. Es wurde erst bemerkt, als der so unversehens zu ritterlichen Würden gekommene Müller anläßlich eines Vasallentreffens in Grimlinghausen vergeblich aufgerufen worden war. Nicht weniger kurios war, daß der lebensfrohe und volkstümliche Kurfürst Wilhelm II. („Jan Wellem“) 1706 den *„höchst ehrenwerten Johann Baptist Fiori“* mit der Mühle belehnte; Fiori war Jan Wellems Leibbarbier und hatte sich mit Messer und Schere bis zum Hofkammer-Rat und Vasallen hinauf „rasiert“.
Im „gewerbefreiheitlichen“ 19. Jh. wurde mit dem benachbarten Kempener Müller kräftig über die Stauhöhe gestritten, unter Wassermüllern durchaus an der Tagesordnung. Als Kempen 1891 eine Turbine erhielt, zog der Karker Müller 1900 nach. Nicht nur in der Ausdauer blieb er am Ende klarer Sieger: Die Karker Mühle läuft immer noch, wenn auch nicht mehr mit Wasserantrieb und nicht mehr als Mahlmühle, sondern als Futtermühle mit moderner Einrichtung.
Die beiden Mahlgänge gibt es übrigens noch. Sie befinden sich auf dem Altenteil und werden in Ehren gehalten.

BERENS, Die Karker Mühle (16); CORSTEN, Domanialgut Heinsberg (36), S. 101 u. 105; GILLESSEN, Leo, „Die Junge Wurm und ihre Mühlen (Schluß)“, in: Selfkantheimat 1957, S. 42; ders., Ortschaften (74), S. 177; ders., „Die ältesten Lehensverzeichnisse der Mannkammer Wassenberg“, in: HK Erkelenzer Lande 1971, S. 111 ff.; MAYER, Franz, „Die älteren Mühlen“, in: HK Heinsberger Lande 1933, S. 41 ff.; SOMMER, aaO., S. 253; ferner TK 1843 u. 1893 Bl. 4902 Heinsberg: „KarkerM.“

228 Wolfhager Mühle

Heinsberg-Karken, Wolfhager Mühle
(14. Jh. - Mitte 20. Jh.) > Mühlenbach (Junge Wurm) <

Der Name „Wolfhagen“ soll nichts mit Wölfen zu tun haben, sondern eine alte Bezeichnung für „Galgenfeld“ sein. Das war vielleicht keine gute Adresse für eine Mühle - zumal Müller in alter Zeit nicht immer gut beleumdet waren. Aber sie hat es überdauert: Schon im 10./11. Jh. soll sie entstanden sein und zu einer alten Motte gehört haben. Aber das ist eher ein Verdacht. Sicheres weiß man erst aus dem 14. Jh.
Sie gehörte den Heinsbergern, hatte aber keinen Mahlzwang. Die Erbpächter holten ihr Gemahl in Karken und seinem westlichen - heute niederländischen - Umfeld. 1550 wurde eine Ölschlägerei angeschlossen. Hierzu im Originalton die

Nr. 230 Oberköttenicher Mühle, Niederzier. „500 Jahre Mühle - 50 Jahre Gärtnerei" - so könnte der Lebenslauf dieser Mühle in Kurzfassung lauten. Den Wendepunkt setzten 1944 die herannahende Kriegsfront und die Zwangsräumung.

Nr. 233 Mühle Harff, Niederzier. Sie war seit Mitte des 18. Jh. Betriebsteil eines Landgutes. Von den vier Krauthausener Mühlen hat sie als einzige der Dürener Papiermühlenexpansion widerstanden. Heute ist nur noch die Maueröffnung für die Radwelle hinter dem alten Wohnhaus zu sehen. Der Rest ist Geschichte.

Rechnungsakten von Jülich-Berg: „*Anno 1550 hatt mein gnedigster furst unnd herr Johannen Muller auff der Wolfhagen gnediglich vergunt unnd zugelaßen, daß Er an Ihrer gnaden Korn mullen auff der Wolfhagen ein new Olichsrhatt (-rad) hangen möge*".
Nach 1800 kam die von den Franzosen konfiszierte Mühle in Privathand und blieb bis heute Eigentum der Nachfahren des damaligen Erwerbers, der zeitweilig auch eine Windmühle unterhielt.
1942 wurde auf das Staurecht verzichtet. Seither ist das Wasserrad zwar verschwunden. Aber das Mahlwerk und sogar die vollständige Einrichtung der Ölmühle (Kollergang und Schlagbank) sind als wohlgehütete Reminiszenz an eine jahrhundertalte Tradition erhalten geblieben.
Der Mühlenhof mit dem nicht nur kartographischen Ehrentitel „Wolfhager Mühle" ist mit den mächtigen Kollergang-Steinen als Torwächtern heute ein ansehnlicher landwirtschaftlicher Betrieb.

CORSTEN, Domanialgut Heinsberg (36), S. 101/102; GILLESSEN, Ortschaften (74), S. 204; ders., Altes Handwerk (73), S. 108; HELMGES, Geschichte der Zivil- und Kirchengemeinde Karken (99), S. 39/40; THOLEN, Gerhard, „Zur Geschichte der Wolfhager Mühle", in: HK Heinsberger Lande 1983, S. 59 ff.; ferner Tranchot 1806/07 Bl. 56 Heinsberg: „Wolfagermuhl", sowie TK 1843 u. 1893 Bl. 4802 Wassenberg/Birgelen: „WolfhagerM."

229 Kitscher Mühle

Waldfeucht-Haaren, Kitscherweg
(vor 1545 - Mitte 19. Jh.) > Kitschbach <

Die regionale Geschichtsforschung nimmt an, daß die Kitsch(bach)er Mühle zum Hof Kirenz gehörte, der bereits im 13. Jh. erwähnt wird. Namentlich erscheint die Kitschmühle allerdings erst viel später, und zwar im Waldfeuchter Schöffenbuch von 1545 - 1583 („*Kitzse moelen*"). In diesem Buch sind eingangs die Selfkanter Mühlenverhältnisse festgestellt: Die „*moelener* (Müller)" der Kitscher, der Millener und der Wolfhager Mühle seien „*nach ald herkoemen*" verpflichtet, das Gemahl in Waldfeucht abzuholen. Besondere Aufmerksamkeit genoß bei dieser amtlichen Auflistung das Pferd der Mühlenkarre: Die Mahlgäste waren gehalten, dem „*peert ... einen schouf stroes*" und „*einen emmer waeters*" zu geben.
Die Mühle besaß einen Mahlgang, angetrieben von einem unterschlächtigen Wasserrad. Sie hat bis Mitte des 19. Jh. bestanden. Der heute an dieser Stelle stehende Bauernhof hält in seinem Namen „Kitscher Mühle" die Erinnerung an die frühere Zeit wach.

GILLESSEN, Ortschaften (74), S. 283; SOMMER, aaO., S. 228; THOLEN, Gerhard, „Von den Waldfeuchter Mühlenverhältnissen", in: HK Geilenkirchen-Heinsberg 1953, S. 45.; ferner Tranchot 1806/07 Bl. 56 Heinsberg: „Katschermuhl", sowie Tk 1843 u. 1893 Bl. 4902 Heinsberg: „KitscherM. / Kitscher Mühle".
Aus dem Raum Waldfeucht / Haaren sind noch drei weitere Mühlen bekannt, und zwar aus einem Güterverzeichnis von 1277, das die Nutzungsrechte an Immobilien im nördlichen Selfkant abgrenzt: **Mühle bei Schersrade** („*molendinum apud Schersraide*") - sie soll am Oberlauf des Kitschbaches gelegen haben, **Mühle von Harbruch** („*molendinum*

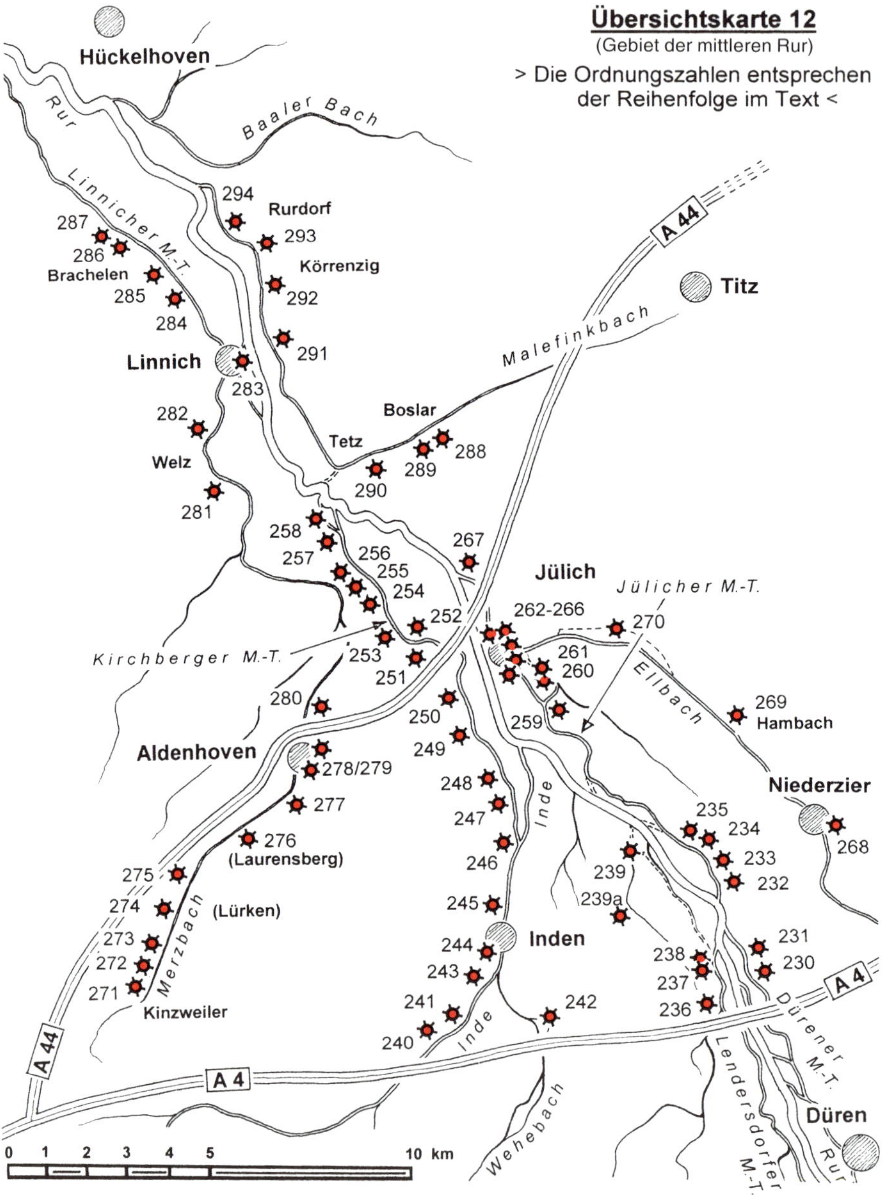

Im Plangebiet: 66 Wassermühlen und um die 10 Windmühlen

de Harbruch") und die **Mühle von Quaitbech** (Kitschbach?); letztere wurde unter Zuhilfenahme des Heinsbergischen Einkünfteverzeichnisses von 1343 identifiziert. In die Urkunde von 1277 waren ausdrücklich nur solche Güter aufgenommen worden, die mindestens 50 Jahre bestanden hatten. Die drei Mühlen gehörten zum Hofverband der Herren von Altena, waren demnach kein Heinsberger Besitz. Ihre genaue Lage ist nicht mehr auszumachen. Wahrscheinlich standen sie am Kitschbach und am Waldfeuchter Bach. Schon im 15. Jh. werden sie nicht mehr erwähnt. - Für alle Angaben: GILLESSEN, Leo, „Mittelalterliche Wüstungen westlich Heinsberg", in: HK Kreis Heinsberg 1989, S. 31 ff. (Mit Abdruck der Urkunden); ferner Mitteilung der Gemeinde Waldfeucht.

Rur

Quelle:	im Hohen Venn (Belgien)	Höhe: 579 m ü.M.
Mündung:	Maas, bei Roermond (NL)	Höhe: 18 m ü.M.
Länge:		207 km
Mittlere Breite in der Niederung:		25 m
Mittlere Abflußmenge 1973-88	am Pegel Jülich-Stadion:	16,6 m^3/sec.
Mühlenstandorte um 1890 (einschl. an Mühlenteichen):		rd. 90

Die Lateiner kannten hier keinen Unterschied. Ruhr und Rur hießen bei ihnen „Rura". Die Sprachforschung bringt den Namen mit der Vorstellung vom „Brausen, Rauschen und Toben" zusammen. Unsere Rur ohne „h" besaß in römischer Zeit sogar eine eigene Göttin. Das ist auf einem Votivstein zu lesen, der bei Roermond gefunden wurde: „Sextus Opsilius Geminus ... Rurae solvit libens merito - ... weiht (diesen Altarstein) der Rura und löst damit gern ein (ihr) gegebenes Gelübde ein".
Erst die Kartographen Napoleons verwandelten den Namen in „Roer", wohl in Anlehnung an die niederländische Sprech- und Schreibweise. 1939 wurden dann die Karten wieder umgezeichnet, zumindest in Deutschland, um den „urdeutschen" Namen wiederherzustellen. Nur 1944/45, als die Rur zum Frontgebiet geworden war, vergaß man den nationalen Stolz. Nun mußte sie noch einmal „Roer" heißen. Man hätte sie sonst mit der Ruhr verwechseln können, und das wäre nicht nur aus propagandistischen Überlegungen fatal gewesen. Nebenbei: Der Geburtsname ist sowieso völlig anders. Denn für die Wallonen ist es die „Neure Aiwe", die da im Hohen Venn das Licht der Welt erblickt, jenem uralten Hochmoor zwischen Eupen und Malmedy.
Die ersten Schritte des Bächleins sind sehr behutsam. Dann aber - bei Monschau - macht es der „wilden" Herkunft seines Namens alle Ehre. Dort wird es zu einem aufregenden Wildwasser, das von mutigen Kanuten sehr geschätzt wird. Erst eine Talsperre und die drei Rurseen bei Schwammenauel bändigen den Wildfang. Sie sind zwischen 1900 und 1959 in mehreren Abschnitten gebaut worden und Deutschlands größtes Trinkwasserbecken.
Ab Düren gibt sich die Rur, die noch geräuschvoll durch Monschau stürmt, sehr niederrheinisch. Hier muß sie sich Zeit nehmen, um im flachen Land voranzukommen. Versumpfte Wiesen, Bruchwälder und eine verwilderte Uferlandschaft sind - oder besser, waren - die Folge. Nach dem Zweiten Weltkrieg griffen dann

die Wasserbauer auch an der Rur ein, um den Überschwemmungen, Uferabbrüchen und Anlandungen ein Ende zu machen. Sie haben das mutwillige Kind der Eifel jedoch nicht zu preußischer Gradlinigkeit gezwungen, wie etwa die Niers bei Neersen und Viersen, sondern es in der vertrauten Landschaft belassen, wo immer das ging. Auffällig sind nur die „Rutschen", wo das Wasser auf einer langgezogenen Schräge mit darin einbetonierten Natursteinen buchstäblich abrauscht.

Die Rur hat neben einigen Bächen zwei größere Zuflüsse: die Inde und die Wurm. Ein anderer - allerdings nicht weniger bedeutsamer „Zufluß" kommt aus den westlichen Teilen des Braunkohlenreviers, wo die nicht anderweitig verwendeten Sümpfungswässer auch über die Rur abgeleitet werden. Deren „Quellen" liegen allerdings einige hundert Meter tief und sind dank vieler starker Pumpen sehr ergiebig. Entsprechend eilig hat es denn auch der regulierte Fluß, wie man allenthalben sehen kann.

Es hat Überlegungen gegeben, aus der Rur (und der Wurm) eine Schiffahrtsstraße zu machen - als Verbindung zwischen den Niederlanden, dem Jülicher Land und der Stadt Aachen. Erste Pläne entstanden schon im 16. Jh., verschwanden aber in den Akten. Auch das napoleanische Frankreich hätte sein neues Roer-Departement gern durch eine solche Schiffahrtsverbindung wirtschaftlich besser erschlossen. Denn inzwischen spielte die Kohle aus dem Wurm-Revier eine wichtige Rolle. Aber auch daraus wurde nichts, obwohl 1811 bereits konkrete Entwürfe auf dem Tisch lagen. Der bevorstehende Rußlandfeldzug setzte andere Prioritäten - und letztlich auch Napoleons Herrschaft ein Ende.

Das Scheitern tat der Rur keinen Abbruch. Im Gegenteil: Es erleichterte den vielen Mühlen das Dasein, die durch die mächtig aufstrebende Düren-Jülicher Papierindustrie eine ähnlich große wirtschaftliche Bedeutung bekamen wie die Schleifkotten und Schmiedehämmer im Bergischen. Sie wurden allerdings hier nicht durch den Fluß selbst angetrieben, sondern durch besser beherrschbare „Subunternehmer". Das nämlich waren die zahlreichen Seitenkanäle („Mühlenteiche"), die rechts und links der Rur in passender Breite von 3-4 m angelegt, von der Rur und der Inde gespeist und dann wieder in die Rur zurückgeleitet wurden.

Beschließen wir den Überblick mit einem Zitat der niederrheinischen Schriftstellerin Vilma Sturm, die einmal den Spuren der Rur gefolgt war: „In Belgien geboren, in Deutschland aufgewachsen, verehelichte sie sich in Holland mit dem Maasstrom, ein Flüßchen nur, aber weltläufig. Wer vermutete es, wenn man den Ursprung bedenkt, (in einem kleinen Bauerngarten) bei Petersilie und Kohl ..."

ENGELS, „Die „Roer" wurde wieder zur „Rur"", in: HK Kreis Jülich 1957, S. 83 ff.; HEINRICHS, Wassenberg (96), S. 17 ff.; RICK, „Mit der Rur „ohne h" als Wanderführer", in: Der Niederrhein 1984, S. 241 ff.; SPRÜNKEN, „Rur und Wurm als Schiffahrtsstraßen", in: HK Heinsberger Lande 1976, S. 76 ff.; STURM, Vilma, „Der Rur auf der Spur", in: HK Heinsberger Lande 1973, S. 44 ff.; WERMELSKIRCHEN, „Die Regulierung der Rur", in: HK Kreis Jülich 1963, S. 83 ff.; o. Verf., „Die Rur" in: Rur-Blumen 1941 S. 179 ff.

Vom Dürener bis zum Jülicher Mühlenteich

Von den Mühlenteichen, den Seitenkanälen entlang der Rur, lagen allein sechs auf der rechten Seite. Der oberste davon begann bei Maubach (nördlich Nideggen), der unterste endete bei Broich (nördlich Jülich). Ob sie alle und durchgehend künstlich angelegt waren, läßt sich nicht mehr feststellen. Von den beiden Teichen mit den Städte-Namen nimmt man als sicher an, daß ihnen ein natürlicher Zufluß der Rur zugrunde gelegen haben muß, ähnlich wie bei der Jungen Wurm. Die ungebärdige Rur selbst und ihr versumpftes Vorland taugten nur zur Absicherung im Westen, nicht aber zur Versorgung der Städte und schon garnicht zum Antrieb von Wassermühlen.

Was sich heute als ein - fast - durchgehender Gewässerzug darstellt, bestand ursprünglich aus aufeinanderfolgenden Teilstücken, deren Anfang und Ende jeweils etwa mit den alten Territorial- und Ämtergrenzen zusammenhing. Zuständigkeitsfragen sind also überhaupt nichts Neues. Erst später - wohl ab dem 16./17. Jh. - hat man diese Gewässer unter Beibehaltung von Überläufen zur Rur hintereinander „geschaltet". Eine einzige Unterbrechung blieb allerdings, und zwar bei dem Weiler Selhausen. Hier ist die Rur auf 700 m ohne Begleiter.

Auch ansonsten wurden die Teiche im Laufe der Zeit verändert. In den beiden Städten gab die Stadtbefestigung den Anlaß. So mußte der Dürener Teich im 13. Jh. wegen des Baues der Stadtmauer nach Westen um den neuen Dürener Stadtgraben herum verlegt werden. In Jülich blieb der alte Lauf innerhalb der Stadt zwar erhalten, ähnlich wie in Heinsberg. Aber hier nötigten die großen Festungsbauten ab dem 16. Jh. zu Eingriffen, vor allem im Bereich der Bastionen. Ab dem 19. Jh. traten unter dem Druck der unaufhörlich wachsenden Industrie neben der Verbesserung der Vorflut die Maßnahmen zur Reinhaltung des Wassers in den Vordergrund.

Wie der Name schon sagt, waren diese Gewässer aber primär Mühlenteiche. Der Dürener Mühlenteich trieb um 1810 nicht weniger als 14 Mühlen an, von denen drei in unser Betrachtungsgebiet fallen. Der Krauthausener Teich hingegen wies nur drei Mühlen auf, der Jülicher Teich dagegen wiederum sechs. Die Mehrzahl dieser Mühlen wurde in Papiermühlen umgewandelt, die meisten davon im 19. Jh.

GEUENICH, Geschichte der Papierindustrie (71), S. 73 ff.; ders., „Die Mühlen des Kreises Düren in den Jahren 1820 und 1830 - Über Alter und Entstehung der Mühlenteiche", in: Unsere Heimat (Düren), S. 33 ff. (mit Fortsetzungen im gleichen Jg.). - Zum Jülicher Mühlenteich im einzelnen siehe weiter unten.

230/231 Die Köttenicher Mühlen

Niederzier-Huchem/Stammeln, Jülicher Straße
vor 1435 - 1944) >Dürener Mühlenteich <

Zwischen Birkesdorf und Selhausen, wo der Dürener Mühlenteich in die Rur einmündet, ist bis 1846 auf den topographischen Karten außer zwei Mühlengehöften nur rur-typisches Drieschland ausgewiesen, das wegen seiner häufigen Überschwemmungen kaum zu besiedeln war. Einzig zwei landesherrliche Mühlengehöfte bilden die berühmte Ausnahme. Beide tragen den Ortsnamen „Köttenich". Schon bei Aldenhoven am Merzbach sind wir auf diesen Namen gestoßen (Nr. 278) Köttenicher Mühle), der dort - wie vermutlich auch hier - ursprünglich „Köttingen" hieß, dann aber ab dem 18. Jh. umgangssprachlich in „Köttenich" verändert wurde.

Nun - in der rechts-rurischen Köttenicher Flur war da zunächst die **Oberköttenicher Mühle (Nr. 230)** - Abb. Seite 318. Mit hoher Wahrscheinlichkeit war es jene Kornmühle „Kottingen", die in der Jülicher Rentmeisterrechnung von 1434/35 mit 21 Malter Hafer veranlagt worden war. Das Kottingen bei Aldenhoven kann wegen des örtlichen Zusammenhanges der anderen in der Aufstellung erwähnten Mühlen kaum gemeint sein. Die südlich an die Oberköttenicher Mühle anschließende Gemarkung „Mühlenfeld" ist bereits 1564 nachgewiesen, ein weiteres Zeichen für das hohe Alter der Mühle. 1944 - nach über 500 „Dienstjahren" - wurde der Mahlbetrieb eingestellt, als die Bevölkerung wegen der Kriegsereignisse evakuiert werden mußte. Nach dem Kriege stellten sich die Nachfahren der letzten Müllerfamilie auf Landschaftsgärtnerei um. Von der Mühleneinrichtung ist nichts mehr vorhanden.

Etwa tausend Meter weiter unterhalb stand die **Niederköttenicher Mühle (Nr. 231)**. Nach ihrem letzten Besitzer hieß sie auch Harff´sche Mühle. Die Harffs waren im benachbarten Krauthausen ansässig und an der dortigen Papierfabrikation beteiligt. Nach dem räumlichen Zusammenhang muß es die in der oben zitierten Rentmeisterrechnung aufgeführte Mühle des nahegelegenen Ortes Selhausen gewesen sein. Denn dieser Weiler lag zwar an der Rur, hatte aber keinen „Mühlenteich-Anschluß". Der Dürener Mühlenteich endete oberhalb, und der Krauthausener Mühlenteich begann erst unterhalb. Wie die Oberköttenicher Mühle war sie zugleich Korn- und Ölmühle. Ihre Abgabe wurde 1435 aber mit nur 14 Malter festgelegt, lag also niedriger. Offenbar waren beide Köttenicher Mühlen nicht sehr bedeutend. Auch bei der Einschätzung durch die französischen Behörden 1807 wurden beide Mühlen mit dem niedrigsten Beitragsanteil eingestuft, als die Unterhaltungskosten für den Dürener Mühlenteich aufzuteilen waren.
Anfang des 20. Jh. ging das Mühlengrundstück in das Anwesen der benachbarten Textilfirma Schoeller auf. Das war das Ende der Mühle. Der Mühlenteich ist hier heute nur noch ein schmales, mehr stehendes als fließendes Gewässer.

BERS, Aldenhoven (17), S. 20/21; DINSTÜHLER, Jülicher Rentmeisterrechnungen 1434/35 (43), S. 32; GEUENICH, Geschichte der Papierindustrie (71), S. 81 ff.; SOMMER, aaO., S. 318; Eigentümerauskünfte; ferner Tranchot 1806/07 Bl. 78 Jülich: „Ober-/Niederköttenicher Mühle", sowie TK 1843 u. 1893 Bl. 5104 Bl. 5104 Düren: „Ob.-/Ndr.Köttenicher M."

232-235 Die Krauthausener Mühlen

Niederzier-Krauthausen, Aachener Straße
(um 1565 - um 1980) > Krauthausener Mühlenteich <

Krauthausen bestand früher aus den beiden dicht beieinander liegenden Weilern Ober- und Niederkrauthausen. Seit dem 19. Jh. sind die Ortsteile zu einem lang-

gestreckten Straßendorf zusammengewachsen. Ursache für diese Entwicklung waren die Papiermühlen mit ihrem steigenden Platz- und Arbeitskräftebedarf. Eine dieser Mühlen liefert uns sogar den ältesten bekannten Nachweis für die Papierherstellung im Jülich-Dürener Raum überhaupt.
Zahl und Zuordnung der dicht beieinander liegenden Mühlen sind etwas schwierig festzustellen, weil die Namen mehrfach geändert wurden. Jedenfalls führt eine Teichordnung von 1760 insgesamt vier Mühlen auf. Die Tranchot-Karte von 1806/07 stimmt damit überein. Sie bezeichnet sie (in der Fließrichtung des Teiches) nacheinander als „papeterie - moulin - moulin - papeterie". Um diese Zeit gab es also erst zwei Papiermühlen.

Am südlichen Dorfende stand die **Obere Papiermühle (Nr. 232).** Ihr Platz war ungefähr dort, wo heute das große Wellpappenwerk Rheinland ist, das allerdings mit der Mühle direkt nichts zu tun hat. Schon 1636 muß diese Papiermühle bestanden haben, wie Josef Geuenich anhand der Berufsangaben in den Kirchenbüchern festgestellt hat. Nach ihnen war damals ein *„Gerhard, der Papiermacher"* auf der Obermühle tätig. Wahrscheinlich war es Gerhard Bongen, dessen Nachfahren Windelschmidt das Unternehmen bis 1894 führten. Dann machten die neuen Besitzer aus der Papiermühle eine Baumwoll-Aufbereitunganstalt. Erst nach einem weiteren Verkauf 1922 entstand auf dem Grundstück die bereits erwähnte Wellpappenfarik Rheinland.

Die zweite Mühle war die **Mühle Harff (Nr. 233)** - Abb. Seite 318. Sie war eine Mahl- und Ölmühle und gehörte zum Harff´schen Gutshof im Ortsteil Niederkrauthausen. 1760 wurde sie in der obenerwähnten Teichordnung aufgeführt. Wahrscheinlich ist sie aber wesentlich älter. Sie ist ihrer ursprünglichen Funktion treu geblieben und lief bis 1944.
Den Gutshof (heute ein Reiterhof) gibt es noch. Das ehemalige Mühlengebäude ist nach den Maueranken von 1835 und dient jetzt dem Besitzer als Wohnhaus. Draußen an der Wasserseite ist noch im efeubewachsenen Mauerwerk die frühere Öffnung für die Welle des großen unterschlächtigen Wasserrades zu erkennen.

Mitten im Dorf Oberkrauthausen befand sich die **Fingerhutsmühle (Nr. 234)**. Hier ergeben sich Irritationen, weil sie im 16. Jh. Unterste Mühle hieß. Das hängt damit zusammen, daß die Mühle Nr. 4 jüngeren Datums ist. Diese hier war eben jene Mühle, in der hierzulande erstmals Papier hergestellt wurde. Kenntnis davon haben wir durch einen Berufsunfall. Nach einer Jülicher Gasthausrechnung von 1579/80 war nämlich dort ein Markus Wolters auf Krücken *(„uf Kruckhen")* erschienen und hatte um einen Arztkostenzuschuß gebeten. Er sei in der Papiermühle *(„Pappeiren Mullhen")* zu Krauthausen gestürzt und vom *„Meister"* (wohl einem „Chef-Wundarzt") behandelt worden.
Diese Mühle war Jülicher Kellnerei-Rechnungen zufolge zwischen 1565 und 1579 entstanden. Aber bereits 1591 stellte sie die Papierproduktion ein und wurde Kornmühle, was sie dann bis um 1800 auch blieb. Zu Beginn des 19. Jh. stellte sie Fingerhüte her. Davon hat sich der Name „Fingerhutsmühle" erhalten. Noch in unserer Zeit wurden bei Ausschachtungsarbeiten große Mengen verrosteter Fin-

Nr. 234 Fingerhutsmühle, Niederzier. Die an die untergegangene Obere Krauthausener Mühle anschließende ehemalige Fingerhutsmühle diente zunächst als Kornmühle, stanzte dann Fingerhüte (daher der Name) und produzierte von 1832 bis 1980 Pappdeckel. An der Straße kämpfen jetzt Bütte und Kollergang gegen das Vergessen an.

Nr. 235 Untere Papiermühle Niederzier. Von 1762 bis 1928 stellte sie Papier her, dann Reißwolle. Heute ist sie Sitz eines Antiquitätenhandels. Die Wasserturbine befand sich hinter dem weißen Gebäude rechts und wurde kürzlich erst ausgebaut.

gerhüte gefunden, die hier gestanzt worden waren. 1832 schien man sich wieder an die uralte Tradition zu erinnern. Jedenfalls wurde das Pochwerk gegen einen Kollergang ausgewechselt, und die Mühle kehrte wieder zur Papiermacherei zurück. Konzessionäre waren die Geschw. Windelschmidt von der Oberen Papiermühle. In den folgenden Jashrzehnten vollzieht sich auch hier der Übergang vom bescheidenen Handwerksbetrieb zur „Krauthausener Deckelfabrik GmbH". Im Zweiten Weltkrieg wurde die Fabrik zu 90 % zerstört, dann aber wieder aufgebaut. Um 1980 jedoch stellte sie ihren Betrieb endgültig ein. Seither dämmern die Gebäude vor sich hin. Nur noch eine Bütte mit dem Kollergang erinnert in einer kleinen Grünanlage an die vergangene Zeit.

Die jüngste im Krauthausener Mühlenquartett ist die **Untere Papiermühle (Nr. 235)**. Sie lag am Niederfeldweg, einem kleinen Abzweig der Aachener Straße. Erst 1762 ist sie erbaut worden, und zwar gleich für die Papierherstellung. Bauherr war Peter Kufferath. Beteiligt waren aber auch wiederum die bereits erwähnten Bongen und Windelschmidt. Nach einem Brand 1824 wurde sie größer neu errichtet und gleichzeitig die Gerstenschälmühle auf die gegenüberliegende Teichseite verlegt. Auch in den zwei anderen Krauthausener Papiermühlen wurden Graupen hergestellt, damals offenbar ein lohnendes Nebengeschäft.
Die „Krauthausener Papier- und Wellpappenfabrik" - wie sie hieß - lief bis 1928, ehe der Betrieb auf die Produktion von Reißwolle umgestellt wurde. Aber auch dann wurde noch neben Dampf- und Elektroantrieb die Wasserkraft über eine 20 PS-Turbine genutzt, bis das Unternehmen um die Mitte unseres Jahrhunderts endgültig zum Stillstand kam. Heute befindet sich in den Gebäuden ein Antiquitätenhandel.

GEUENICH, Geschichte der Papierindustrie (71), S. 25 u. 532 ff.; LENZ, Chr., „Die Papierindustrie im Jülicher Lande", in: Rur-Blumen 1928, Nr. 50; RAHIER, Josef, „Die Papierindustrie im Kreise Jülich", in: HK Krs. Jülich 1958, S. 135 ff.; SCHAUMANN, Technik und technischer Fortschritt (220), S. 344; SOMMER, aaO., S. 315/316; ferner Tranchot 1806/07 Bl. 78 Jülich: (siehe oben im Text), sowie TK 1893 Bl. 5104 Düren (Reihenfolge wie vor): „Fabr. / Mühlensymbol / Pap.M. / -"

Lendersdorfer Mühlenteich

Links der Rur ist er das Gegenstück zum Dürener Mühlenteich, der ihm gegenüber auf der rechten Seite des Flusses liegt. Sein Zweck war neben dem eines Flutgrabens hauptsächlich der Antrieb von Wassermühlen. Um 1810 gab es davon auf der ganzen Teichstrecke 18, davon vier in unserem Betrachtungsgebiet.
Wie der Name schon andeutet, schert er bei Lendersdorf südlich von Düren aus der Rur aus. Weil 1342 schon eine Mühle zu Mariaweiler (am Lendersdorfer Mühlenteich eben) urkundlich erwähnt ist, muß er zu dieser Zeit schon bestanden haben. 1380 ist er selber in einem Pachtregister als „molendych van Lendersdorp" genannt. Einer Teichordnung von 1556 nach ging er damals nur bis Merken. Wahrscheinlich war aber in alter Zeit im benachbarten Dingstuhl (Gerichtsbezirk) Pier-Merken bereits ein weiterer Teich, der dann nach 1556 mit dem Lendersdorfer

Nr. 236 Frohnsmühle, Düren. Der Betrieb aus dem 18. Jh. liegt seit 20 Jahren still. Er hatte trotz Modernisierung im Wettbewerb mit den Industriemühlen nicht mithalten können.

Nr. 239 Müllenarker Mühle, Inden. Sie steht direkt beim Schloß Müllenark, war Namensgeberin für Schloß und Rittergeschlecht und ist Titelbild dieses Buches . Das Mühlengebäude ist im Kern eine Anlage des 16./17. Jh. Von der Mahleinrichtung ist noch einiges vorhanden. Das von ihm in Verwahrung genommene eiserne Wasserrad will der Eigentümer wieder anbringen. Die Chancen dafür stehen gut. Er ist Kupferschmied.

Teich verbunden wurde. Dieser „Pier-Merkener Teich" hatte die Mühle von Hs. Müllenark mit Antriebswasser zu versorgen.

GEUENICH; Geschichte der Papierindustrie (71), S. 73 ff.

236 Frohnsmühle

Düren-Merken, Roermonder Straße
(vor 1800 - um 1980) > Lendersdorfer Mühlenteich <

Mit „Fron" und „Fronhof" hat sie nichts zu tun. Sie war auch wohl jüngeren Datums und keine Bannmühle. Ihren Namen hat sie von einer Familie Frohn, der die Mühle im 19. Jh. lange Zeit gehört hat.
Im Jahre 1800 dürfte die Mühle allerdings schon bestanden haben, da sie um diese Zeit in einer amtlichen Auflistung erscheint und auch Tranchot sie in seinem Kartenwerk aufführt, und zwar als „Schälgerstenmühl" (Graupenmühle). Graupen waren früher ein zwar fester, aber weichgekochter Bestandteil eines jeden einfachen Speiseplanes, im Überdruß auch wenig fein mit „Kälberzähne" tituliert.
Im 19. Jh. lief die Frohnsmühle mit zwei unterschlächtigen Wasserrädern, von denen eines noch heute als Antrieb für einen Stromgenerator eingesetzt wird. Aber die Mühle selbst liegt seit etwa 1980 still und ungenutzt. Sie hatte im Wettbewerb gegenüber den Industriemühlen nicht mithalten können. Zuletzt war sie als Mälzerei verwandt worden.

ENGELS, Franz, „Zwangsmühlen im Dingstuhl Pier-Merken", unveröff. Manuskript 1959 (Archiv Geschichtsverein Inden e.V.); GEUENICH, Geschichte der Papierindustrie (71), S. 81/82; SOMMER, aaO., S. 319; Auskunft der Eigentümerfamilie; Tranchot 1806/07 Bl. 78 Jülich: „Schälgerstenmühl", sowie TK 1893 Bl. 5104 Düren: „Frohns-M."

237/238 Merkener Mühlen (Papierfabrik Gebr. Schmitz)

Düren-Merken, Katharinenstraße
(15. Jh./1806 - 1943) > Lendersdorfer Mühlenteich <

Die beiden Merkener Mühlen lagen östlich des Dorfes. Einst war das in freier Landschaft. Heute wäre das am Rande einer sich ausbreitenden Bebauung, denn es gibt die Mühlen nicht mehr. Untereinander hatten sie einen Abstand von weniger als 200 m mit einem Gefälle-Unterschied von nur 55 cm.

Die weitaus ältere von ihnen war die **Obere Mühle (Nr. 237)**. Sie gehörte zu den Zwangsmühlen im Jülicher Dingstuhl Pier-Merken und hatte den Bann für Merken. Über ihr Alter ist wenig überliefert. Aber sie muß wegen des Gesamtzusammenhanges in der Aufteilung des Mahlzwanges ähnlich alt sein wie die benachbarten Zwangsmühlen in Lucherberg (Wagmühle, Nr. 242) und Schophoven (Müllenarker Mühle, Nr. 239). Im 15. Jh. dürfte sie folglich schon bestanden haben. 1780 gehörte sie einem Kanonikus von Wetting. 1816 wurde sie von seinen Erben an den Papierfabrikanten Arnold Schmitz von der Unteren Merkener Mühle verkauft. Schmitz setzte sie zunächst weiterhin als Mahl-, Öl- und Schälmühle ein, ehe er sie 1834 ganz in seine Papierfabrikation in der Unteren Mühle mit einbezog.

Die **Untere Mühle (Nr. 238)** ist dagegen relativ neu. Sie wurde erst 1805/06 von der französischen Regierung als *„fabrique du papier"* konzessioniert. Bauherren waren der Dürener Papiermacher Carl Josef Hollmann und der aus Merken stammende Kaufmann Arnold Schmitz. Hollmann zog sich schon nach wenigen Jahren zurück. Schmitz, der auch Bürgermeister von Merken war, führte das Unternehmen allein weiter und machte daraus eine ansehnliche Fabrik, die 1827 schon 70 Arbeiter beschäftigte. Für die Jugendlichen unter ihnen richtete er 1836 eine Abendschule ein, damals eine ungewohnte Fördermaßnahme. Auch im technischen Bereich war die Firma fortschrittlich: 1840 Aufstellung einer kontinuierlich arbeitenden Papiermaschine; 1852 Dampfantrieb; 1863 Ersatz der Wasserräder durch eine Turbine.
Die Nachfahren des Firmengründers hatten keine so glückliche Hand, zumindest nicht in Sozial- und Lohnfragen. Bei einem Großbrand 1889 kam es sogar so weit, daß sich die Arbeiter wegen voraufgegangener Lohnkürzungen weigerten, bei den Löscharbeiten an ihrer Arbeitsstelle mit Hand anzulegen. Die Firmenleitung lenkte dann allerdings schnell ein. 1890 wurde die Fabrik wieder aufgebaut - nun größer und unter Einbeziehung der Oberen Mühle, sodaß beide Mühlen zu einem Betrieb verschmolzen wurden. 1943 wurde die Papierfabrikation zugunsten des Hauptbetriebes in Sachsen eingestellt. Heute befindet sich in den Gebäuden die aus Düsseldorf hierhin umgesiedelte Lackfabrik CWS.

ENGELS, Franz, „Zwangsmühlen im Dingstuhl Pier-Merken", unveröffentl. Manuskript 1959 (Archiv Geschichtsverein Inden e.V.); GEUENICH, Geschichte der Papierindustrie (71), S. 41 u. 307 ff.; SOMMER, aaO., S. 318; CWS - 125 Jahre (1864-1989) Tradition und Fortschritt (Festschrift 1989); ferner Tranchot 1806/07 Bl. 78 Jülich: „Moulin á Farine" (Obere M.) / „Papeterie" (Untere M.), sowie TK 1893 Bl. 5104 Düren: „Papier-M."

239 Müllenarker Mühle

Inden-Schophoven, Hs. Müllenark
(vor 1434 - um 1965) > Lendersdorfer Mühlenteich <

Es gibt bei uns zahlreiche Adelsgeschlechter, die ihren Namen aus dem Mühlenwesen ableiten: v. Millendonk, v. Molbach und v. Molenvelde etwa, oder v. Mulstroe, v. Rismule, v. Veltmühlen und eben v. Müllenark, um deren Burg und Mühle es hier geht. Bei den Müllenarks ist der Ursprung sogar noch draußen sichtbar: im Mühlengerinne (= Arche / Ark) am Mühlengebäude.
Weil die Mühle „Patin" eines ganzen Rittergeschlechts ist, dürfte sie so alt sein wie Familie und Burg. Die Müllenarks sind seit dem 12. Jh. bekannt. Ihr Besitz war kurkölnisches Lehen, das allerdings nach heftigen Fehden und einer politischen Heirat um 1300 an Jülich fiel. Die Mühle wird allerdings erst in der Jülicher Rentmeister-Rechnung von 1434/35 genannt: Dort stand sie mit einer Jahresabgabe von 12 Malter Roggen zu Buch.

Die Müllenarker Mühle war Zwangsmühle für die Dörfer Pier und Schophoven. Das jetzige, hervorragend restaurierte Gebäude mit dem Barock-Dach stammt aus dem 18. Jh. Die Mühle lief bis um 1965. Dann wurde das Wasser „abgeklemmt", weil es die Wasserwirtschaft anderweitig nutzen wollte. Aus dem Anwesen - das nicht mehr zum Gutshof gehört - wurde Wohnhaus und Werkstatt eines Kupferschmieds. Die Mahleinrichtung ist aber noch größtenteils erhalten. Nur das eiserne Wasserrad hat man einstweilen eingelagert, bis sich jemand findet, der seine Instandsetzung finanziert.

DINSTÜHLER, Jülicher Rentmeister-Rechnungen 1434/35 (43), S. 32; SOMMER, aaO., S. 316; o.Verf., „Malerischer Mühlenwinkel auf Gut Müllenark", in: Rur-Blumen 1931, Nr. 40; Mitteilungen des Geschichtsvereins Inden e.V. III/1996; Tranchot 1806/07 Bl. 78 Jülich: „Moulin", sowie TK 1893 Bl. 5104 Düren: „M".
Es ist nicht auszuschließen, daß die Müllenarker Mühle ursprünglich vom Schlichbach angetrieben wurde. Er fließt nur 200 m westlich an der Burg vorbei. Der Lendersdorfer Mühlenteich hingegen mußte in einem weitem Bogen (künstlich) herangeführt werden. Vielleicht ist diese Umleitung erst im 17. Jh. entstanden. Ein Indiz dafür ist, daß es zwischen 1620 und 1636 in Pommenich eine Papiermühle gegeben hat, die aber nur kurze Zeit bestanden hat - **Nr. 239a Papiermühle zu Pommenich.** Pommenich liegt am Schlichbach, der damals offenbar noch genügend Wasser hatte, um eine Mühle anzutreiben. Heute ist er ein eher unbedeutender Graben. Die Kellnerei-Rechnung des Amtes Jülich von 1636/37 meldet den Abbruch der Pommenicher Mühle; sie sei nicht mehr „*in esse* (vorhanden)". So: GEUENICH, Geschichte der Papierindustrie (71), S. 315.

Inde

Quelle:	Osthertogenwald östl. Eupen (B)	Höhe: 375 m ü.M.
Mündung:	bei Jülich	Höhe: 80 m ü.M.
Länge:		rd. 40 km
Mittlere Breite in der Niederung:		10 m
Mittlere Abflußmenge 1971 - 94 am Pegel Kirchberg		3,27 m³/sec.
Mühlenstandorte um 1890 (einschl. an Nebengewässern)		rd. 40

Der Name klingt den meisten von uns eher ungewohnt. Mehr vertraut ist da wohl der Indus - jener mächtige Strom an der Westseite Indiens, bis zu dem Alexander der Große 326 v. Chr. mit seinem Heer gekommen war, als er die Grenze der orientalischen Welt auf seine Weise „ermitteln" wollte.
Nun - unsere Inda, so der alte Name, ist nicht eine unüberwindliche Figur aus dem Altertum, sondern ein eher zierliches Flüßchen. Man kannte diesen Namen zwar schon in römischer Zeit. Damals meinte er jedoch kein Gewässer, sondern einen Ort, der dann 814 von Ludwig d. Frommen für die Gründung eines Benediktinerklosters ausgewählt wurde. Irgendwann - um das Jahr 1000 etwa - ging dann der Name auf den Fluß über, und das Kloster Inda nannte sich „Kornelimünster", nach seinem Schutzheiligen. Im Gegenzuge - als Ersatz gewissermaßen - entstand am Unterlauf unseres Flusses ein neuer Ort namens Inden.

Nr. 241 Schälmühle, Inden. „Schälmühle" meint das Schälen von Gerste zu Graupen. Unsere Mühle diente diesem Zweck und heißt heute noch so. Aber sie war zu verschiedenen Zeiten u. a. auch Loh- und Mahlmühle.

Sie bietet sich für einen Vergleich „einst - jetzt" an. Das obere Bild (Privataufnahme des Eigentümers) von 1930 zeigt noch den Zustand, wie er - mit baulichen Anpassungen - um die 400 Jahre lang bestanden hat. Davon ist nur der zementierte Feuchtigkeitsschutz an der Außenwand geblieben, wo sich früher das unterschlächtige Rad gedreht hat (Bild unten von 1997). Heute sind in den Gebäuden Handwerksbetriebe zuhause.

Nach ihrem abwechslungsreichen Weg von Belgien ins Jülicher Land hat die Inde nach Kornelimünster die Städte Stolberg und Eschweiler passiert, vor allem aber eine Reihe von Bächen aufgenommen, ehe sie das flache Land erreicht. Dieser Zuwachs aus den regenreichen Gebieten am Nordhang der Eifel verursachte den Anliegern am Unterlauf früher oft nasse Füße. Erst der Ausbau und die Begradigung des Flußbettes ab 1957 sorgten für Abhilfe.
Um das Jahr 2000 muß die Inde ab dem Dorf Inden ihr Bett erneut verlassen und in ein Bett weit westlich der Braunkohlengrube hinüberwechseln, damit der Tagebau weitergehen kann.
Ungeachtet ihrer Eskapaden im flachen Land waren die Inde und ihre Nebengewässer fleißig: Sie trieben zusammen um die 40 Wassermühlen, von denen allerdings die meisten in der höhergelegenen Gefällstrecke zu suchen sind. Nicht darin eingerechnet sind die vielen Mühlen am Kirchberger Mühlenteich. Der wiederum ist ja kein Nebengewässer, das Zugewinn bringt, sondern eine „Tochter" der Inde, die von ihr eine andauernde Mitgift erhält. Aber darüber ist weiter unten in einem eigenen Abschnitt zu berichten.

BLUMENTHAL, W. O., „Der Ausbau der Inde", in: HK Krs. Jülich 1966, S. 45 ff.; KOCH, Geschichte der Stadt Eschweiler (142), S. 15 ff.

240 Burgmühle

Inden-Frenz, Unterstraße
(vor 1456 - um 1900) > Inde <

Als das Erbe des Weisweiler Ritters Werner v. Palant 1456 unter seinen acht Kindern aufgeteilt wurde, entfiel auf den Sohn Emond u.a. die „*moelen zu vrayntzen* (Frenz)". Die Mühle war ein Unterlehen, das die eigentlichen Lehensträger v. Merode erst Ende des 17. Jh. ablösen und zurückgewinnen konnten.
Die Mühle besaß den Mahlzwang in Frenz und einem Teil von Langerwehe. Mit den weiter ab liegenden Langerwehern kam es deswegen häufig zu Streitigkeiten, die 1753 sogar zu einem Prozeß führten. Ein Frenzer Mühlenknecht hatte nämlich einem Langerweher angeblich zu wenig Mehl zurückgebracht. Da der Knecht angetrunken war und beide Seiten nur noch „handfeste" Argumente gelten ließen, war eine Prügelei die unausbleibliche Folge. Der herbeigerufene Gerichtsbote hatte dabei entweder Autoritäts- oder Neutralitätsprobleme: Er sorgte in der Weise für die öffentliche Sicherheit und Ordnung, daß er solange das Pferd des Müllerkarrens hielt, „*damit in der Dunkelheit bei dem tumult niemand zu Schaden kome*", so das Protokoll. Der Prozeß, den die Langerweher Mahlgenossen schließlich verloren, war nicht weniger schwierig. Er dauerte die zeitliche „Kleinigkeit" von 33 Jahren.
Ende des 19. Jh. wurde die Mahl- und Ölmühle in eine Kunstwollfabrik umgewandelt. Heute ist von ihr allerdings nichts mehr zu sehen. Auf dem Gelände stehen Wohnhäuser.

BÜNDGENS, Wilhelm, „Die Güter des ersten Ritters von Palant" , in: Rur-Blumen 1942, S. 149; SCHUMACHER, August, „Die Zwangsmühle zu Frenz", in: Heimatblätter (Düren), 1924, Nr. 38-40; SOMMER, aaO., S. 319.

Nr. 242 Wagmühle, Inden. Ihr verdanken wir die erste Nachricht (von 1413) über die Braunkohlegewinnung im Rheinland: einen schriftlichen Vergleich von zwei adligen Nachbarn über die Beeinträchtigung der Vorflut bei den Abgrabungen. Die Mühle wurde 1914 stillgelegt und in Wohnungen umgewandelt.

Nr. 242 Fuchstaler Papierfabrik, Jülich. Kirchberg war ein Papiermühlen-Schwerpunkt. Während die anderen Mühlen längst aus neuzeitlichen Bauten bestehen, sind bei ihr noch das Kontorgebäude und dahinter die Trümmer des 1912 abgebrannten Unternehmens zu sehen.

241 Schälmühle

Inden-Frenz, Oberstraße
(1568 - 1957) > Inde <

Als sich die Frohnsmühle (Nr. 236) gegenüber den französischen Kartographen um 1800 als „Schäl-Gerstenmühle“ profiliert hatte, gab es am benachbarten Indefluß schon seit der Reformationszeit eine „Schälmühle“ (Graupenmühle). 1568 hatte nämlich der Herr v. Merode dem Bauern Nellis erlaubt, eine solch spezielle Mühle am Nordrand seines Dorfes Frenz anzulegen. Bis dahin hatte die Frenzer Burgmühle das Gerstenschälen besorgt, nebenbei gewissermaßen. Nellis hatte seinem Herrn für die Erlaubnis jährlich einen Kaupaun und für die Pfarrkirche zu Lamersdorf 29 Quart Öl zu liefern.
Später diente die Schälmühle auch als Malz-, Eisenschneide- und Lohmühle. 1780 wurde sie von den Merodes völlig umgebaut. Ab 1803 war sie ausschließlich Mahlmühle, in der zuletzt hauptsächlich geschrotet wurde. Aber ihren Traditionsnamen behielt sie bis zur Stillegung 1957 beim Ausbau der Inde und darüber hinaus bis heute unverändert bei. Mahlwerk und Wasserrad sind allerdings längst verschwunden. Die Wirtschaftsgebäude des Mühlenhofes sind vermietet.

SCHUMACHER, August, „Die Zwangsmühle zu Frenz“, in: Heimatblätter (Düren) 1924, Nr. 38 - 40; SOMMER, aaO., S. 318/19; Tranchot 1806/07 Bl. 78 Jülich: „Schälmühle“, sowie TK 1843 u. 1893 Bl. 5104 Düren: „Schäl-M.“

242 Wagmühle

Inden-Lucherberg
(vor 1413 - 1914) > Wehebach <

Der Wehebach ist ein Hauptzufluß der Inde. Er kommt aus der Eifel, wo er eine Talsperre speist und eine Reihe von Mühlen antreibt. Die unterste dieser Mühlen liegt an einem wahrscheinlich künstlichen Abzweig südlich von Lucherberg. Ihr Name „Wagmühle“ hat mit einer Mühlenwaage allerdings nichts zu tun, sondern bedeutet nicht anderes als „Wehe-(Wah-)bachmühle“. Damit deckt sich auch eine Eintragung im Pierer Taufbuch von 1622, wo ein Johann „Wahmüller“ als Taufpate angegeben ist.
Dieser Wagmühle am Wehebach verdanken wir - gewiß unbeabsichtigt und eher zufällig - die erste Nachricht über die heute so bedeutsame wie umstrittene Braunkohlegewinnung im Rheinland. Auch vor gut 500 Jahren hatte es darüber Streit gegeben, bei dem es allerdings nicht um Prinzipien, sondern um Nachbarschaftrechte ging. Man schrieb das Jahr 1413. Johann v. Meroitgen und seine Stolgesellen (*Mitgewerken*) hatten bei dem von ihnen betriebenen Abbau von Braunkohlevorkommen der Wagmühle das Wasser abgegraben. Es kam zwischen ihnen und dem Mühleneigentümer - Werner v. Palant - zu einer Auseinandersetzung, die aber friedlich-schiedlich endete: mit einem Vertrag, mit dem sich die Bergbauunternehmer verpflichteten, die von ihnen verursach-

ten Schäden an der Mühle zu beseitigen und darüber hinaus für die Dauer ihrer Schürftätigkeit jährlich 15 Rheinische Gulden zu zahlen.
Die mit den damals einfachen Mitteln am Lucherberg erreichbaren Braunkohlemengen dürften sich bald erschöpft haben. Erst gut 400 Jahre später - um 1830 - setzte die Grabungstätigkeit wieder ein, und zwar unter Frh. v. Goltstein, ebenfalls Herrn auf Merödgen. Heute liegt dieser Bereich im sog. Westrevier, wo der Braunkohlenabbau noch bis ins nächste Jahrtausend gehen wird.
Aber zurück zur Wagmühle: Sie war Zwangsmühle für die Dörfer Lucherberg und Luchem. Seit mindestens 1640 saß ein Reinerus Judten (Jüdden) als Pächter auf der Mühle, die dann seine Nachfahren noch bis ins 19. Jh. hinein bewirtschaften. In jenem Jahrhundert wurde die Mühle eine zeitlang auch zum Spinnen, Walken und Mahlen von Gerberlohe eingesetzt. 1914 ging das Anwesen in den Besitz der Grube Goltstein über, was der Stillegung gleichkam. Denn in den Gebäulichkeiten wurden nun Arbeiterwohnungen eingerichtet. Seit dem Abbruch der kriegszerstörten Wirtschaftgebäude steht heute seitab vom Wehebach nur noch das modernisierte ehemalige Müllerwohnhaus.

JURDEN, Delbert A. / XHONNEUX, Renate, „The Jurden Family - eine rheinisch-amerikanische Familiengeschichte", in: Altvertrautes neu gesehen (Publikation des Geschichtsvereins Inden e.V.) Bd. 3, 1995/96, S. 67 ff.; SOMMER, aaO., S. 319; WUTZLER, Bertram, „Johann v. Meroitgen und die Stolgesellen", in: Braunkohle (Rheinbraun) 10/1989, S. 358; Urkunde v. 23.4.1413: Stadtarchiv Köln, HUA Nr. 1/8190; Jülicher Kreisblatt v. 25.7.1914; ferner Tranchot 1896/07 Bl. 78 Jülich: „Wagmühle", sowie TK 1893 Bl. 5104 Düren: Wag-M."

243 Papiermühle Lamersdorf

Inden-Lamersdorf, Schwarzer Weg
(vor 1608 - heute) > Inde <

Schon 1608 hatte der Herzog von Jülich einem gewissen Servais (Servatius) aus Gladbach die Konzession erteilt, die Voll- und Mahlmühle zu Lamersdorf in eine Papiermühle umzuwandeln. Es war eine der ersten Konzessionen dieser Art im Raum Düren. Aber den mutigen Servais muß muß wohl der Mut verlassen haben. Jedenfalls wurde aus dem Vorhaben nichts. Die Mühle blieb, was sie war: Zwangsmühle für Lamersdorf.
Erst gut 200 Jahre später - 1815 - kam es doch noch zu einer Umwandlung, als aus der herzoglichen Mühle eine Privatmühle geworden war. Heinrich Engels aus Düren wurde mit ihr zum Gründer einer bedeutenden Papierfabrik. Für die Entwicklung der Papierindustrie im Dürener Raum hatte sie insofern Bedeutung, als Friedrich Wilhelm van Auw hier in Lamersdorf 1837 als erster eine Papiermaschine aufstellte, die „Papier ohne Ende" produzierte und damit die Ablösung der alten handwerklichen Tradition des handgeschöpften Papiers einläutete. Gleichzeitig war damals - sehr früh also - zusätzlich zum Wasserantrieb eine Dampfmaschine eingebaut worden. Hergestellt wurden Tapeten, die damals zunehmend in allgemeinen Gebrauch kamen.
Die Papierfabrik Lamersdorf macht heute zwar keine Tapeten mehr, ist aber mit zeitgemäßem Programm und moderner Ausstattung noch immer in Betrieb.

GEUENICH, Geschichte der Papierindustrie (71), S. 328 ff.; SOMMER, aaO., S. 318; Festschrift „Papierfabrik Lamersdorf 1957“ (Archiv des Geschichtsvereins Inden e.V.); TK 1893 Bl. 5104 Düren: „Fbr.“

244 Papiermühle Inden

Inden, An der Erk
(vor 1537 - heute) > Inde <

Schon 1537 soll hier eine Farbmühle gestanden haben, die 1732 in eine Öl- und Sägemühle umgewandelt wurde. 1763/64 wurden Papierbütten aufgestellt, aus denen im folgenden Jahrhundert unter der Regie der Unternehmer Engel und van Auw eine leistungsfähige Papierfabrik hervorging.
1922 stieg die Fa. Henkel AG in Düsseldorf in das Unternehmen ein, um hier ihr Verpackungsmaterial herstellen zu lassen. Aus dem Jahre 1924 ist im Gemeindearchiv Inden ein Vorgang vorhanden, der aus Anlaß der Erweiterung der Bauten und Produktionsanlagen entstanden ist und Licht auf die damaligen Verhältnisse im Umweltschutz wirft. Die Papiermühle hatte den Antrag gestellt, ihre Produktionsabwässer in den Turbinengraben ableiten zu dürfen. Sie seien „*nur etwas getrübt*“. Das hatte zu heftigen Protesten aus Altdorf und Kirchberg geführt, unterstützt durch den Rheinischen Bauernverband: Man könne die Inde (und wohl auch den Altdorfer Mühlenteich) nicht mehr zum Waschen der Wäsche, zur Wassergeflügelhaltung, als Viehtränke und Bewässerung der Wiesen nutzen, wie bisher; auch die Fischerei werde ruiniert.
Der Antrag wurde genehmigt, weil nur natürliche Stoffe (aufgelöstes Stroh) und nur in geringer Menge eingeleitet würden. Sie würden eher nutzen als schaden - als Fisch- und Entenfutter und als Wiesendünger. Im übrigen sei das in der Fabrik verschmutzt ankommende Inde-Wasser dort schon so gründlich gereinigt, daß - auch für die Altdorfer Wäscherinnen - keinerlei Trübung mehr feststellbar sei.
Heute ist die „PKI - Papier- und Kartonfabrik Inden GmbH“ in der Hand eines irischen Konzerns. Wegen des Braunkohlentagebaues muß sie auf längere Sicht um ihren Standort bangen. Eine Verlegung scheint es nicht zu geben, weil die Frage der Entschädigung ungelöst ist.

GEUENICH, Geschichte der Papierindustrie (71), S. 335 ff.; LENZ, Chr., „Die Papierindustrie im Jülicher Lande“, in: Rur-Blumen 1928, Nr. 50; SOMMER, aaO., S. 316/17; THEUNERT, Kreis und Stadt Jülich (248), S. 195; Gemeindearchiv Inden, Fach 38 („Papierfabriken“); Jülicher Nachrichten vom 11. Febr. 1998.

245 Kornmühle Inden

Inden, Mühlenstraße
(vor 1409 - um 1960) > Inde <

1409 wurde Daniel von Geuenich vom Kölner Domstift mit dem sogenannten Domhof und der zugehörigen Mühle zu Inden belehnt. Von den Mühlen im Raum Inden hatte sie nicht nur ihre Ursprungsform als Getreidemühle beibehalten, son-

dern sich um 1820 zum bedeutendsten Betrieb in der Region entwickelt: Sie bestand aus drei Gebäuden, jedes mit einem unterschlächtigen Wasserrad versehen. Zur inneren Einrichtung gehörten drei Mahlgänge und zwei Ölschlagwerke, zudem noch ein Schälgang für Gerste. Zur Jahrhundertwende war daraus ein stattlicher Mühlenbetrieb geworden, von dem heute allerdings nicht mehr viel zu sehen ist.
Nach der Inde-Regulierung wurde aus dem Anwesen ein Raiffeisen-Markt, dessen Gebäude nur noch Lagerzwecken dienen. In wenigen Jahren muß das Grundstück abgeräumt werden, um dem fortschreitenden Braunkohlentagebau Platz zu machen.

GEUENICH, Josef, „Der Erbforsthof ... in Düren“, in: Dürener Geschichtsblätter Nr. 63 (1974); SOMMER, aaO, S. 316; Tranchot 1806/07 Bl. 78 Jülich: „moulin“, sowie TK 1893 Bl. 5104 Düren: „M.“

Kirchberger Mühlenteich

Amtlich heißt er „Altdorf-Kirchberg-Koslarer Mühlenteich“. Tranchot nannte ihn „Deich-Rivière“ (-Fluß). In den neueren Karten ist er kurz und bündig ein „Mühlengraben“. In Floßdorf kann man besonders deutlich sehen, wie er entgegen seinem natürlichen Drange den Hang entlang fließt. Kein Zweifel also, daß er von Menschenhand geschaffen wurde: Man hat ihn bei Altdorf von der Inde abgezweigt und ihm über ein Wehr den nassen Proviant für seine rd. 13 km lange Reise zur Rur zugeteilt.
Wann er entstanden ist, weiß man nicht exakt zu sagen. Da er aber an vier Adelshäusern vorbeifließt, deren Gräben speist und Mühlen mit Wasser versorgt, kann er eigentlich kaum jünger sein als sie. Die Barmener Burg hat zum Beispiel schon im 14. Jh. bestanden. Vielleicht gab es auch ortsnahe alte Bäche, die man irgendwann zu einem durchgehenden Wasserlauf miteinander verbunden hat. Das dürfte dann aber spätestens im 15./16. Jh. gewesen sein. Sonst hätte es die Streitereien über die Unterhaltung des Einlaufbauwerks bei Altdorf kaum gegeben, wo im 17. Jh. „althergebrachte Übung“ behauptet wurde und sich die Müller von Koslar und Barmen kräftig beteiligten.
Im 17. Jh. hat der Wasserlauf mindestens sieben Mühlen angetrieben, bevor er in die Rur entlassen wurde. Im 19. Jh. war deren Zahl auf 13 angewachsen. Seine wirtschaftliche Bedeutung war mithin erheblich und erklärt den Aufwand. Da hatte man auch die früher so umstrittene Frage der Unterhaltung des Teiches längst geregelt: Nach einer Polizeiverordnung von 1878 war jeder Mühlenbesitzer für eine bestimmte Strecke verantwortlich. Abgelassen und gereinigt wurde jeweils in der Woche, in welche Peter und Paul fiel. Der Mühlenteich mußte durchgehend eine Breite von 9 Fuß (= 2,83 m) aufweisen. Für die Arbeiten hatten die Müller von Montag bis Mittwoch Zeit. Am Donnerstag erschienen die Bürgermeister zur Inspektion.

GEUENICH, Geschichte der Papierindustrie (71), S. 102/103; HANNEN, Josef, „Der Kirchberger Mühlenteich im vorigen Jahrhundert“, in: Rur-Blumen 1937, Nr. 31; JOPPEN,

Heinrich, „Der Altdorfer Mühlenteich und seine Wassertriebwerke“, in: HK Krs. Jülich 1955, S. 57 ff.; LENZ, Chr. „Die gewerblichen Betriebe am Kirchberger Mühlenteich“, in: Rur-Blumen 1928, Nr. 35.

246 Altdorfer Mühle

Inden-Altdorf, Mühlenberg
(vor 1653 - um 1970) — > Kirchberger Mühlenteich <

Da sie gleich hinter dem Abzweig des Mühlenteiches von der Inde lag, spricht vieles dafür, daß sie zu den Mühlen zählt, die alsbald nach dem Bau des Wasserlaufs errichtet wurden, im 14./15. Jh. also. Sie war eine landesherrliche Mühle, die den Mahlzwang für das Kirchspiel Hohn besaß. Aus einem Pachtvertrag von 1653 weiß man, daß die Jülicher Obrigkeit den Nachbarmüller in Kirchberg zur Unterhaltung des Einlaufbauwerks bei Altdorf verpflichtet hatte. Weil indes der Altdorfer Müller von alters her die Unterhaltungspflicht mit ihm gemeinsam hatte, muß auch dessen Mühle damals (1653) schon bestanden haben. Als Ausgleich für die Sonderbelastung hatten sie die Fuchstaler Waldgerechtsame.
Diese Regelung brachte ständigen Ärger: mit den zahlreichen Untermüllern bis hin nach Barmen, weil ihnen angeblich zu oft das Wasser ausblieb, und mit den Bauern, weil deren Wiesen häufig überschwemmt waren. Erst nach langem Streit, der über 150 Jahre dauerte, wurde das Kriegsbeil 1741 begraben und die Last auf alle Anlieger verteilt.
Im ausgehenden 19. Jh. wurde ein großes 5-geschossiges Gebäude errichtet und mit Walzenstühlen und einer leistungsfähigen Wasserturbine ausgerüstet. Die Mühle lief bis um 1970, ehe Rheinbraun sie aufkaufte, stillegen und abbrechen ließ. In einigen Jahren wird das Mühlengrundstück mit dem Dorf in der fortschreitenden Braunkohlen-Abbaugrube verschwunden sein.

A. F. , „An der Altdorfer Mühle“, in Rur-Blumen 1936 Nr. 40, S. 286 ff.; GEUENICH, Geschichte der Papierindustrie (71), S. 103; JOPPEN, Heinrich, „Der Altdorfer Mühlenteich und seine Wassertriebwerke“, in: HK Krs. Jülich 1955, S. 57 ff.; LENZ, Chr., „Die gewerblichen Betriebe am Kirchberger Mühlenteich“, in: Rur-Blumen 1928 Nr. 35; TISCHLERS, Heinrich, „Streitigkeiten um die Erhaltung des Altdorfer Mühlenwehrs“, in: Altdorf, Geschichte seines Werdens und Schicksals (Festschrift 1951), S. 33 ff.;

247 Fuchstaler Papierfabrik

Jülich-Kirchberg, Im Fuchstal
(1825 - 1912) — > Kirchberger Mühlenteich <

In Kirchberg lagen drei Mühlen. Alle drei waren zuletzt Papierfabriken. Die Fuchstaler Fabrik ist aus einer Öl- und Gerstenmühle hervorgegangen, die erst 1825 konzessioniert wurde. Ihren Namen hat sie von einem kleinen romantischen Talzug an der östlichen Kante der Gebäudeterrasse zwischen Wurm und Rur.
1856 verkauften die Eigentümer - eine Erbengemeinschaft - die Mühle an den

Papierfabrikanten Carl Eichhorn, der zwei Jahre zuvor schon die untere Kirchberger Mühle erworben und in eine Papierfabrik umgewandelt hatte. Eichhorn ließ eine Turbine einbauen und stellte drei Maschinen auf, die mit rd. 80 Beschäftigten Papier und Pappen produzierten.
1912 brannte das Unternehmen ab. Es wurde nicht wieder aufgebaut. Das Trümmerfeld ist bis heute unverändert. Nur das ehemalige Bürogebäude an der Straße blieb übrig.

GEUENICH, Geschichte der Papierindustrie (71), S. 344/45; JOPPEN, Heinrich, „Der Altdorfer Mühlenteich und seine Wassertriebwerke", in: HK Krs. Jülich 1955, S. 57 ff.; LENZ, Chr., „Die gewerblichen Betriebe am Kirchberger Mühlenteich", in: Rur-Blumen 1928, Nr. 35; ders. „Die Papierindustrie im Jülicher Lande", in: Rur-Blumen 1928, Nr. 50; SOMMER, aaO., S. 315; TK 1893 Bl. 5104 Jülich: „Fuchsthaler Fabr."

248 Kirchberger Mühle (Papierfabrik Kirchberg AG)

Jülich-Kirchberg, Teichstraße
(vor 1653 - 1980) > Kirchberger Mühlenteich <

Von den drei Kirchberger Mühlen des 19. Jh. war nur eine - diese mittlere hier - die eigentliche alte Dorfmühle. Sie ist auch als einzige 1806/07 bei Tranchot vermerkt. Für sie darf im übrigen dasselbe gelten wie für die Altdorfer Mühle: Sie gehörte mit hoher Wahrscheinlichkeit am Mühlenteich zu den Mühlen der „ersten Stunde" und trug gemeinsam mit Altdorf die Unterhaltungslast des Einlaufbauwerks. Das geht aus dem bereits oben (bei Nr. 246) erwähnten Pachtvertrag des Kirchberger Müllers aus dem Jahre 1653 hervor, der bei einem Rechtsstreit vor der Düsseldorfer Hofkammer 1741 eine entscheidende Rolle spielte.
In französischer Zeit und bis 1894 gehörte die Mahlmühle der Familie Sommer. Dann wurde sie von der Papierfabrikantendynastie Eichhorn (siehe Nr. 247 u. 249) erworben und zu einer Papierfabrik umgebaut. Aber schon 1897 verpachtete Eichhorn die Fabrik und verkaufte sie an eine neu gebildete Gesellschaft, die sich „Papierfabrik Kirchberg AG" nannte. Bei den Kirchbergern hieß sie kurz und bündig „Die Aktie". Die Fabrik lief bis 1980. Dann wurde sie geschlossen. Heute befindet sich auf dem Gelände ein Getränkegroßhandelsbetrieb.

GEUENICH, Geschichte der Papierindustrie (71), S. 346 ff.; JOPPEN, Heinrich, „Der Altdorfer Mühlenteich und seine Wassertriebwerke", in: HK Krs. Jülich 1955, S. 57 ff.; LENZ, Chr. „Die gewerblichen Betriebe am Kirchberger Mühlenteich", in: Rur-Blumen 1928, S. 57 ff; SOMMER, aaO, S. 315; ferner Tranchot Bl. 78 Düren: „Moulin", sowie TK 1893 Bl. 5104 Jülich: „M."

249 Papierfabrik Carl Eichhorn

Jülich-Kirchberg, Wymarstraße
(nach 1807 - heute) > Kirchberger Mühlenteich <

Der Kirchberger „Mittelmüller" Wilhelm Sommer hatte sie zwischen 1807 und 1820, wo sie erstmals in einer Statistik erscheint, als Ölmühle erbauen lassen. Sie ist

also eine relativ junge Wassermühle. Um 1830 erscheint sie als Papiermühle, die Sommer jenem Papiermacher Dohmen verpachtet, der in Schophoven mit seiner Wind-Papiermühle gescheitert war, einer Kuriosität unter den Papiermühlen.
1854 geriet die Familie Sommer in Geldschwierigkeiten und mußte ihre untere Mühle veräußern. Erwerber war der tatkräftige Carl Eichhorn aus dem Bergischen. Es ist Eichhorns erste Papiermühle in Kirchberg, der er später noch zwei weitere hinzufügte. Eichhorn modernisierte die Mühle und baute sie zu einer großen und leistungsfähigen Fabrik aus. Das Unternehmen besteht noch unter dem Namen „Carl Eichhorn GmbH - Wellpappenwerke".

GEUENICH, Geschichte der Papierindustrie (71), S. 349 ff.; JOPPEN, Heinrich, „Der Altdorfer Mühlenteich und seine Wassertriebwerke", in: HK Krs. Jülich 1955, S. 57 ff.; LENZ, Chr., „Die gewerblichen Betriebe am Kirchberger Mühlenteich", in: Rur-Blumen 1928, S. 57 ff.; SOMMER, aaO., S. 290; ferner TK 1893 Bl. 5104 Jülich: „Pap.-Fbr."

250 Wackers Mühle

Jülich, Aachener Landstraße
(1770 - 1960) > Kirchberger Mühlenteich <

Die einstige Ölmühle an der Aachener Landstraße ist noch heute ein Treffpunkt, den man kaum verfehlen kann: freistehend, weithin sichtbar und nur einen Büchsenschuß vom Westufer der Rur entfernt. Am 11. September 1804 war sie sogar der Mittelpunkt der damaligen Welt - für einige Minuten jedenfalls. Hier nämlich wurde Napoleon bei seiner großen Niederrhein-Tour von den Spitzen der Jülicher Gesellschaft feierlich begrüßt. Die Mühle hatte den „Bürger General" allerdings kaum interessiert, wohl auch nicht die vor ihr angetretenen Honoratioren. Denn der erfahrene Stratege hatte seit seinem Herannahen von der Aldenhovener Höhe nur ein Auge für den im Bau befindliche Festungs-Brückenkopf gehabt, den er für viel zu niedrig hielt.
Wie der Besitzer unserer Mühle - der „Citoyen Theneé" - darüber dachte, ist nicht überliefert. Jedenfalls stand seine Ölmühle mitten im Schußfeld. Schon bei der Belagerung und Beschießung Jülichs durch die Verbündeten 1814 wurde sie schwer in Mitleidenschaft gezogen und mußte neu aufgebaut werden. Später erfuhr sie weitere, nun aber betriebliche, Veränderungen: 1849 wurde sie zur Lohmühle, 1890 durch Gabriel Wackers zur Walzenmahlmühle umgerüstet.
Gabriel Wackers war einer von drei Wackers-Brüdern, die um 1850 von Roermond nach Herzogenrath gekommen waren. Von dort aus waren er und sein Bruder Jakob 1864 nach Koslar hinübergewechselt (siehe Nr. 251). 1872 hatte er dann die Lohmühle an der Aachener Landstraße übernommen. Damals hieß sie noch Neubourheimer Mühle, ehe er ihr seinen Namen gab. Daneben unterhielt er in Jülich gemeinsam mit seinem Bruder noch die Stadtmühle (Nr. 262).
Die Wackers-Mühle lief bis 1960. Dann wurde sie ausgeräumt und in ein Mehrfamilienhaus umgewandelt.

GEUENICH, Geschichte der Papierindustrie (71), S. 354; JOPPEN, Heinrich, „Der Altdorfer Mühlenteich und seine Wassertriebwerke", in: HK Krs. Jülich 1955, S. 57 ff.; KUHL, Geschichte

Nr. 250 Wackersmühle, Jülich. Vor dieser Mühle im Weichbild der Stadt wurde Napoleon bei seiner großen Niederrheintour 1804 von den Jülicher Honoratioren begrüßt. Der hohe Gast war damals gleich alt wie die Mühle, die ihn dann aber um 140 Jahre überlebte. Heute ist sie Wohngebäude.

Nr. 251 Papierfabrik Schleipen & Erckens, Jülich. Wie in Krauthausen, so steht auch hier ein Kollergang als „Denkmal". Aber anders als dort läuft noch die - heute moderne - Fabrik, die aus einer Kornmühle hervorgegangen ist.

der Stadt Jülich (151), Bd. III, S. 120 ff.; LAU, Quellen - Jülich (161), S. 61; LENZ, Chr., „Die gewerblichen Betriebe am Kirchberger Mühlenteich", in Rur-Blumen 1928, Nr. 50; SOMMER, aaO., S. 289; THEUNERT, Kreis und Stadt Jülich (248), S. 105; ferner Tranchot 1806/07 Bl. 78 Jülich: (nur Gebäude eingetragen, ohne Funktionsbezeichnung); sowie TK 1893 Bl. 5004 Jülich: „Thenes-M."

251 Papierfabrik Schleipen & Erkens

Jülich-Koslar, Rurauenstraße
(18. Jh. - heute) > Kirchberger Mühlenteich <

Die Koslarer mußten bis um 1500 ihr Getreide auf der Barmer Burgmühle mahlen lassen, die Bannmühle für den Dingstuhl Koslar-Barmen war. Es ist deshalb sehr unwahrscheinlich, daß es hier in Koslar bis dahin eine Mühle gegeben hat. Erst nach dem Niedergang des Rittergeschlechts v. Barmin und der Zersplitterung ihres Grundbesitzes dürften weitere Mühlen in diesem Raum zugelassen worden sein.
Zu ihnen gehörte im Süden Koslars die im 19. Jh. sogenannte Küppers-Mühle. Wann die Mahlmühle genau entstanden ist, läßt sich nicht mehr feststellen - vermutlich erst im 18. Jh., weil die am Dorfausgang nach Barmen stehende Offergeld´sche Mühle mit Sicherheit älter war. Es war übrigens jene Mühle, die 1864 von den drei Brüdern Wackers aus Roermond (siehe Nr. 250) gepachtet worden war. Als diese sich nach Ablauf des neunjährigen Pachtvertrages getrennt hatten, erwarb die Fa. Schleipen & Erkens die Mühle und baute sie zu einer gleichnamigen Papierfabrik aus, die heute noch besteht.

GEUENICH, Geschichte der Papierindustrie (71), S. 354 ff.; JOPPEN, Heinrich, „Der Altdorfer Mühlenteich und seine Wassertriebwerke", in: HK Krs. Jülich 1955, S. 57 ff.; LENZ, Chr., „Die Papierindustrie im Jülicher Lande", in: Rur-Blumen 1928, Nr. 50; SOMMER, aaO., S. 284; Tranchot 1806/07 Bl. 78 Jülich: „Eipmans Mühle", sowie TK 1893 Bl. 5003 Linnich: „Papier-Fbr."

252 Kriegers Mühle

Jülich-Koslar, Rurauenstraße/Steffensrott
(18. Jh. - 1. H. 19. Jh.) > Kirchberger Mühlenteich <

Nur einen Steinwurf weit unterhalb der Papierfabrik Schleipen & Erkens stand eine weitere Wassermühle, die bei Tranchot als „Criegers Mühle" verzeichnet ist. Lenz berichtet 1928, daß zu seiner Zeit bei der Straßenbrücke nahe dem Bürgermeisteramt noch Mauerreste davon zu sehen gewesen seien. Damit erschöpfen sich allerdings die Nachrichten über eine Mühle, die weder nachhaltige Bedeutung gehabt, noch weitere Erinnerung ausgelöst hat.

LENZ, Chr., „Die gewerblichen Betriebe am Kirchberger Mühlenteich ...", in: Rur-Blumen 1928, Nr. 35; SOMMER, aaO., S. 284; ferner Tranchot 1806/07 Bl. 78 Jülich: „Criegers M."

Nr. 253 Offergeldsche Mühle, Jülich. Die Tradition der Mühle am Ortsausgang von Koslar geht bis ins 16./17. Jh. zurück. Trotz Modernisierung 1979 mußte der Betrieb aufgegeben und für Wohnzwecke umgebaut werden. Man hatte „den Anschluß an die Großmühlen verpaßt" - so die Eigentümer.

Nr. 254 Overbacher Mühle, Jülich. Sie gehörte zu Hs. Overbach, dem alten Barmener Rittersitz, der im 15. Jh. „über den Bach" verlegt worden war. Sie lief bis 1944. Der Mühlenhof besteht als landwirtschaftlicher Betrieb weiter.

253 Offergeld´sche Mühle

Jülich-Koslar, Zur Mühle
(16./17. Jh. - 1979) > Kirchberger Mühlenteich <

Am nördlichen Dorfausgang von Koslar befand sich eine weitere Mahlmühle. In der ersten Hälfte des 19. Jh. war sie in der Hand eines Barons v. Dalwigk, der in Koslar Grundbesitz hatte. Um 1880 ging sie auf die Müllerfamilie Offergeld über, die sie mit Walzenstühlen und einer Wasserturbine ausstattete. Die Mühle lief bis 1979 und mußte dann stillgelegt werden, weil man den Anschluß an die Großmühlen verpaßt hatte - so der heutige Besitzer.
Heinrich Joppen berichtet, daß auf dieser Mühle jene denkwürdige Vereinbarung vom 24. Juni 1689 geschlossen wurde, in der die Untermüller ihre gegenseitigen Pflichten am Mühlenteich festschrieben. Ihr Sprecher („*Schultheiß*") sollte der Koslarer Kornmüller (von der späteren Offergeldschen Mühle) sein. Wer ihm nicht „*gehorsam*" war, hatte 1/2 Tonne Bier als Sühne zu erbringen. Die gleiche Menge Gerstensaft war fällig, wenn ein neuer Müller „*auf dem Wasser*" antrat, der „*nach altem Gebrauch getauft*" werden mußte. Offenbar war der Durst in den notorisch staubigen Mühlen ein wirksames Regulativ.
Die umfangreichen Mühlengebäude sind inzwischen weitgehend zu Wohnungen umgebaut worden.

LENZ, Chr., „Die gewerblichen Betriebe am Kirchberger Mühlenteich ...", in: Rur-Blumen 1928, Nr. 50; JOPPEN, Heinrich, „Der Altdorfer Mühlenteich und seine Wassertriebwerke", in: HK Krs. Jülich 1955, S. 57 ff.; ferner TK 1893 Bl. 5003 Linnich: „M."

254 Overbacher Mühle

Jülich-Barmen, Gansweid
(15. Jh. - 1944) > Kirchberger Mühlenteich <

Das Dorf Barmen kann in seiner tausendjährigen Geschichte auf zwei adlige Häuser zurückblicken und auf drei Wassermühlen. Eines dieser Häuser war Hs. Overbach, eigentlich nur ein Ersatzbau für die zerstörte Burg der Ritter v. Barmin, der ursprünglichen Herren im „Barmener Hause".
Das Hs. Overbach entstand in der zweiten Hälfte des 14. Jh. Die nach ihm benannte Mühle wird allerdings jünger sein, da den Barmin die alte Burgmühle (Nr. 255) gehörte und kaum Bedarf für eine weitere Mahlmühle bestanden haben dürfte. Erst als die Burgmühle im 15. Jh. durch Erbgang an die Kellenberger gekommen war, brauchten die Schloßherren auf Overbach eine neue Mühle - schon, um nicht vom Nachbarn abhängig zu sein.
Haus und Mühle Overbach wechselten in der Folgezeit vielfach den Besitzer. Nicht weniger als 12 Namen enthält die Veränderungsliste. Letzter Eigentümer vor der Zerstörung durch Artilleriebeschuß 1944 war Graf Hoensbroech auf Kellenberg. Er baute die Mühle nicht wieder auf, sondern verkaufte den Mühlenhof 1950, der seither nur noch landwirtschaftlich genutzt wird. Von Hs. Overbach hatte er sich schon 1918 zugunsten des Salesianer-Ordens getrennt, der darin ein Internat einrichtete.

Nr. 255 Burgmühle Barmen, Jülich. Neben der von Hs. Overbach gab es noch eine ältere und eigentliche Burgmühle der Herren von Barmin. Vom Ursprung her war sie eine Kornmühle, dann eine Ölmühle und ab 1900 eine Feilenschleiferei. Nach der Kriegszerstörung 1944/45 entstand auf den Fundamenten das Wohnhaus auf dem unteren Bild.
Vergleicht man die Aufnahme mit der Zeichnung ist die frühere Situation auch im heutigen Zustand noch wiederzuerkennen. Die Zeichnung hatte ein Soldat gemacht, als er dort vor dem Beginn des Westfeldzuges 1939/40 in Quartier gelegen hatte. Sie ist stark zerknittert, ehe man ihren dokumentarischen Wert erkannte.

Aus der wechselhaften Geschichte der Overbacher Mühle sind zwei Dinge berichtenswert: Rechtsgeschichtlich interessant ist das Protokoll aus dem Jahre 1660, das beschreibt, wie Graf und Gräfin Hoensbroech nach damaliger Übung symbolhaft Besitz von der Mühle nahmen - durch Anzünden des Herdfeuers, Anfassen des Mühlrades und Ausrupfen von Wiesengras. Nicht minder bedeutsam ist, daß es auch am Altdorfer Mühlenteich wegen des Wasserzulaufs ständig Streit zwischen Untermüllern und Obermüllern gab. So war im Jahre 1741 von Overbach (und Kellenberg) aus Front gegen die Altdorf-Kirchberger Müller gemacht worden, weil diese das Einleitungswehr nicht ordentlich bedienten und pflegten. (Siehe unter Nr. 246 u. 248).

HOLTZ, Barmen 1979, S. 118 ff.; ders., Barmen - Ein Rundgang durch die alten Dorfstraßen (109), S. 91 ff.; JOPPEN, Heinrich, „Der Kirchberger Mühlenteich und seine Wassertriebwerke", in: HK Krs. Jülich 1955, S. 57 ff.; LENZ, Chr., „Die gewerblichen Betriebe am Kirchberger Mühlenteich", in: Rur-Blumen 1928, Nr. 35; GEUENICH, Geschichte der Papierindustrie (71), S. 103; SOMMER, aaO., S. 284; ferner Tranchot 1805/07 Bl. 67 Linnich: „Moulin", sowie TK 1893 Bl. 5003 Linnich: „Overbacher M."

255 Burgmühle (Mittlere Mühle)

Jülich-Barmen, Seestraße
(vor 1410 - 1944) > Kirchberger Mühlenteich <

Die Burg der Herren v. Barmin war die Vorläuferin des mitten im Dorf stehenden Eschenhofes. Zu ihr gehörte die Mühle, die wahrscheinlich so alt war wie die Burg, die schon im 13./14. Jh. bestanden hatte. Überdies war sie bis um 1500 Zwangsmühle für den Dingstuhl Koslar-Barmen. Namentlich genannt wird die Mühle allerdings erst 1410 in einem Kaufvertrag zwischen den Rittern Heinrich v. Barmin und Wilhelm v. Vlatten.
Die Burg wurde 1352 vom damaligen Markgrafen von Jülich zerstört, der auf diese „unmißverständliche" Weise seinen aufrührerischen Vasallen zur Ordnung rufen wollte. Die Barmin hatten die Lektion offenbar verstanden und siedelten sich jenseits des Mühlenteiches (Baches) neu an. Ihr neues Domizil nannten Sie „Haus Overbach" (siehe Nr. 254). Die Mühle indes war ihnen geblieben und bekam später in der Overbacher und Kellenberger Mühle sogar noch jüngere Schwestern. Mehr noch: Sie fiel schließlich an die Barmin-Verwandten auf Hs. Kellenberg. Die indes machten aus der Kornmühle schleunigst eine Ölmühle, um ihre Schloßmühle nicht weiter lästiger Konkurrenz auszusetzen.
Um 1900 - inzwischen lohnte sich das Ölschlagen nicht mehr - verpachtete der Herr auf Kellenberg die Mühle auf 99 Jahre an Wilhelm Risse aus dem Bergischen Land. Risse hatte in seiner Heimat auf einem Schleifkotten gelernt und verwandelte sein Pachtobjekt in eine Feilenschleiferei. Fortan wurden hier abgenutzte Feilen blank geschliffen, um dann in Feilenhauereien in Düren, Gladbach und Krefeld wieder erneuert zu werden.
Bei den Rurkämpfen 1944 wurde die Mühle zerstört und nicht wieder aufgebaut. Auf den Fundamenten entstand später ein Wohnhaus. Die Familie Risse besitzt noch neun alte Schleifsteine, mit denen sie ihren Hof gepflastert hat. Sie sind eine Erinnerung an die Mühle, aber auch an ihre Vorfahren: Vater und Großvater Risse

Nr. 256 Kellenberger Mühle, Jülich. Einige hundert Meter abseits vom Schloß Kellenberg steht seit mindestens 600 Jahren die zugehörige Kornmühle. Sie gehört zum Hausstand des Grafen Hoensbroich. Dessen Vorfahr Jan von Werth, Freiherr und Bayrischer Reitergeneral im 30jährigen Kriege hatte Schloß und Mühle als Mitgift für seine Tochter gekauft. Mühlenhof und Mühleneinrichtung sind auch nach der Betriebseinstellung 1963 unverändert erhalten geblieben. - Oben eine Federzeichnung der Vorderseite von Ernst Ohst; unten eine Aufnahme der Rückseite der Mühle mit dem verkleideten Wasserrad.

waren an einer Steinstaublunge gestorben; ihre stummen Zeugen sind diese, von ursprünglich 1,70 auf 0,80 m Durchmesser abgeriebenen, Steine.

HOLTZ, JOPPEN und LENZ: wie bei Nr. 254; SOMMER, aaO., S. 284; ferner Tranchot 1805/07 Bl. 67 Linnich: Moulin", sowie TK 1893 Bl. 5003 Linnich: „M."

256 Kellenberger Mühle

Jülich-Barmen, Kellenberger Mühle
(14./15. Jh. - 1963) > Kirchberger Mühlenteich <

Der Rittersitz Kellenberg war ein Absplіß von Overbach. Die Anlage von Burg und Mühle wird ins 14./15. Jh. datiert. Das heute noch stehende Mühlengebäude trägt im Maueranker die Jahreszahl 1784. Die Mühleneinrichtung ist noch vollständig mit ihren zwei Mahlgängen erhalten. 1963 wurde die Mühle stillgelegt und dann nur noch als romantischer Wohnsitz genutzt.
Die Mühle gehört dem Grafen Hoensbroech, der auf Schloß Kellenberg wohnt. Dessen berühmtester Vorfahr war der volkstümliche Jan von Werth. Jan hatte es vom niederrheinischen Pferdeburschen zum bayrischen Reitergeneral und Freiherrn gebracht und 1638 den Kellenberger Besitz als spätere Mitgift für seine Tochter gekauft. Zu Kellenberg gehörte auch die ehem. Burgmühle im Dorf (Nr. 255), sodaß von Werth zweifacher Mühlenbesitzer war.
Die Kellenberger Mühle war stets eine Mahlmühle und ist bis zuletzt mit einem unterschlächtigen Wasserrad gelaufen, das allerdings heute in seinem Schutzhäuschen still vor sich hin rostet.

HOLTZ, JOPPEN und LENZ: wie bei Nr. 254; SOMMER, aaO., S. 282/283; Tranchot 1805/07 Bl. 67 Linnich: „M.in", sowie TK 1893 Bl. 5104 Jülich: „Kellenberger M."

257 Pickartzsche Mühle

Linnich-Floßdorf, Mühlengracht
(vor 1600 - 1976) > Kirchberger Mühlenteich <

Sie ist die Vorletzte am Altdorfer Mühlenteich und zählt zu den älteren Mühlen an seinem Unterlauf. Schon vor 1600 hat sie nachweislich bestanden. In den Jülicher Rechnungen von 1623/24 erscheint sie als Ölmühle. Wie es aussieht, war sie eine Privatmühle. Denn die Besitzer (= Müller) wurden zu Steuern und „Grafenabgabe" veranlagt. Der Müller Martin Wickrath gehörte zu der „Genossenschaft" der Untermüller von 1689 (siehe Nr. 253).
1830 bekam sie zusätzlich ein Sägewerk. Als die Familie Pickartz die Mühle im Jahre 1900 übernahm, wurden Ölpresse und Säge gegen die Einrichtung einer Fruchtmühle ausgetauscht. 1922 hatte auch das oberschlächtige Wasserrad ausgedient. Fortan war eine 35 PS - Turbine der „Mühlenmotor".
1976 hauchte die Pickartz-Mühle ihr wohl 400jähriges Mühlenleben aus, erdrückt durch die Übermacht der Industriemühlen. Lange Zeit wurde noch die Mahleinrichtung gehütet und mit Stolz und zugleich Wehmut vorgezeigt. Aber dann mußte man sie 1996/97 verschrotten, weil sie dem Umbau zu Wohnungen im Wege

Nr. 257 Pickartz´sche Mühle, Linnich. Auch diese Mühle hat der Dürener Künstler Ohst gezeichnet, als sie noch in „Amt und Würden" war. Sie ist die vorletzte der einst 13 Mühlen am künstlich angelegten Kirchberger Mühlenteich und noch bis 1976 gelaufen, seit 1922 mit einer Wasserturbine.

Die Pickartz waren die letzten Müller dieser Mühle, die in still-romantischer Umgebung unten im Linnicher Ortsteil Floßdorf steht. Sie hatten 1900 die vorherige Öl- und Sägemühle in eine Mahlmühle umgewandelt. Jetzt befinden sich in dem hohen Mühlengebäude neben dem Müllerhaus Wohnungen.

war. „Niemand wollte sie haben", bedauert die Tochter des letzten Müllers Pickartz. Nur die Mahlsteine hat man als stumme Zeugen behalten.

JOPPEN, Heinrich, „Der Altdorfer Mühlenteich und seine Wassertriebwerke", in: HK Krs. Jülich 1955, S. 57 ff.; LENZ, Chr., „Die gewerblichen Betriebe am Kirchberger Mühlenteich", in: Rur-Blumen 1928, Nr. 35; MÜCKTER, Gerhard, „Wind- und Wassermühlen im Raume der Stadt Linnich", in: Jahresblätter des Linnicher Geschichtsvereins 1991, S. 64 ff.; SOMMER, aaO., S. 281; Tranchot 1805/07 Bl. 67 Linnich: „M.in à huile" (Ölmühle), sowie TK 1893 Bl. 5003 Linnich: „M".

258 Riesen-Mühle (Floßdorfer Mahlmühle)

Linnich-Floßdorf, Mühlengracht
(1783 - 1944) > Kirchberger Mühlenteich <

Sie gehört zu den wenigen Mühlen, die Geburtstag feiern konnten. Man weiß nämlich das genaue „Geburtsdatum": Sie wurde am 18. Januar 1783 von Kurfürst Karl Theodor genehmigt. Die Genehmigung geschah gegen den Widerspruch des Kellenberger Schloß- und Mühlenherrn, der Nachteile für seine Betriebe befürchtete. Denn es gab keine durchschlagenden Ablehnungsgründe, die er hätte ins Feld führen können: Vom Rückstau war Kellenberg nicht betroffen, weil noch eine Mühle dazwischen lag. Floßdorf hatte nie zum Barmener Bannbezirk gehört, und der Adelsstand allein war schon lange keine Anspruchgrundlage mehr.
Die Mühle war zu keiner Zeit ein Riesenunternehmen, wie der Name glauben machen könnte, sondern ein bescheidener Fachwerkbau. Aber sie wurde unversehens dazu „ernannt", als ein Peter Riesen 1894 Müller in Floßdorf wurde und seinen werbeträchtigen Namen mit einbrachte. Man wird an einen Trödler erinnert, der Renner heißt.
Im Zweiten Weltkrieg wurde die Mühle schwer getroffen, angeblich durch eine verirrte „V 2" - Rakete. Ohnehin litt sie da schon so sehr unter Altersschwäche, daß der Abbruch der Ruine einem Neubeginn vorgezogen wurde. Heute ist von ihr nichts mehr zu sehen.

Quellen wie bei Nr. 254; Sommer, aaO., S. 282; ferner Tranchot 1805/07 Bl. 67 Linnich: „Moulin", sowie TK 1893 Bl. 5003 Linnich: „M."

Jülicher Mühlenteich

Bis um 1925 - als er mit dem Krauthausener Teich verbunden wurde - führte der Jülicher Mühlenteich ein Eigendasein. Bei der Altenburg verließ er die Rur, um sich erst auf der Höhe von Broich wieder mit ihr zu vereinigen. Südlich von Jülich fließt er mitten durch die Rurniederung, nördlich der Stadt führt sein Weg am Fuß der Merscher Höhen entlang. Unterwegs versorgte - und entsorgte - er nacheinander die Altenburg, Hs. Lorsbeck, Gut Vogelsang (die spätere Karthause), die Stadt Jülich und schließlich Broich.
Was sich da wie ein durchgehender Wasserlauf darstellt, ist im Jülicher Stadtgebiet durch zwei aus dem Osten heranfließende Gewässer - die Spließkalle und den Ellbach - ziemlich kompliziert. Das hängt auch mit der Gründung Jülichs zu-

Nr. 259 Karthäuser-Mühle, Jülich. Von den Mühlen in der einstigen Herzogsstadt ist rechts der Rur nur von der südlichsten etwas übrig geblieben, zwar nicht von der Mühle, aber vom Durchlaß des Mühlenteichs neben der Toreinfahrt zum (verschwundenen) Kloster. Die Mühle wurde mit den übrigen Gebäuden des Klosterhofs bei Kriegsende 1945 zerstört.

---

sammen und der - hier nicht zu erörternden - Frage, ob Jülichs Kastell am Ellbach erbaut wurde und der Name der Stadt von „Illiacum - Ellheim" abzuleiten ist. Ebensogut kann aber auch der alte Siedlungskern an einem früheren Arm der Rur gelegen haben, in den östlich der Ellbach eingemündet ist. Dann wäre dieser alte Flußarm der Anreiz für die Ansiedlung gewesen und in einer regulierten Form der spätere Mühlenbach geworden.

Als der Mühlenteich 1334 erstmals in einer Urkunde genannt wurde, war er längst etabliert. Ohnehin machen die späteren Veränderungen ab dem Festungsbau im 16. Jh. bis in die Neuzeit hinein und die nicht immer einheitliche Bezeichnung der Gewässer die Gewichtung schwer. Für uns kommt es hauptsächlich auf den Mühlenteich als solchen an, der schließlich nicht von ungefähr so hieß.

Diesen Wasserlauf hat man - auch wegen der Mühlen - stets beibehalten. Im Festungsbereich baute man seinetwegen regelrechte Aquaedukte und unterirdische Kanäle mit einem raffinierten Steuerungssystem von Schleusen. Mit den mächtigen Festungsgräben hatte er nichts zu tun: Die wurden im Kriegsfall von der Rur her geflutet.

Heute gibt es hier keine Wassermühlen mehr. Und auch der Mühlenteich ist im Stadtgebiet kaum mehr auszumachen - im Gegensatz zum Ellbach, so heißt nämlich jetzt das Gewässer im Stadtplan, das zwischen Stadtkern und Rur fließt.

FISCHER, Adolf, Der Jülicher Stadtteich und seine Geschichte", in: Rur-Blumen 1929, Nr. 39; GEUENICH, Geschichte der Papierindustrie (71), S. 99 ff.; LAU, Quellen - Jülich (161), S. 66/67; VAßEN, M., „Mühlenteich und Müllerei in Jülich", in: Rur-Blumen 1929, Nr. 40.

259 Karthäuser-Mühle

Jülich, Königskamp
(vor 1517 - 1944) > Jülicher Mühlenteich <

Die Jülicher Grafen besaßen seit dem 12./13. Jh im Süden vor ihrer Stadt die sog. Altenburg, mit dem zugehörigen Gutshof Vogelsang. Diesen Platz stifteten 1478 ihre herzoglichen Nachfahren zum Bau eines Karthäuserklosters.
Bei einem herrschaftlichen Hof muß auch eine Mühle gelegen haben. Aber erst 1517 hören wir etwas von ihr - in einer Urkunde, mit der die Karthäuser vom Jülicher Pastor Claes Schmitz einen „*Kamp by irer Mullen*“ erwarben. Es könnte sich bei der „Mullen“ um die Speckmühle (Nr. 260) gehandelt haben, zumal der Gedanke an sie so nahe liegt wie die Mühle selbst. Aber das paßt nicht damit zusammen, daß die Speckmühle nachweislich 1559 einem anderen gehörte und erst 1572 vom Kloster erworben wurde. Also muß doch noch eine Mühle im Spiel gewesen sein, wahrscheinlich eben die alte Hofmühle von Hs. Vogelsang. Als dann die Karthäuser 1682 die Speckmühle wegen der Festungserweiterung aufgeben mußten, durften sie zwar eine neue Mühle bauen, aber nur innerhalb des Klostergevierts und nur für den Eigenbedarf.
Gleichwohl bleibt da einiges offen, vor allem die Frage, was denn aus der Mühle von 1517 geworden ist. Sie ist wohl kaum mehr zu klären. In den beiden letzten Jahrhunderten scheint es jedenfalls nur noch die als Ersatz konzessionierte „Karthäusermühle“ gegeben zu haben. Und die kam mit der Säkularisation in Privathand, war dann Öl-, Knochen-, Loh- und wieder Fruchtmühle. Als solche lief sie bis zu ihrer Kriegszerstörung 1944. Heute ist von ihr nichts mehr zu sehen.

BERS, Jülich - Geschichte einer Rheinischen Stadt (18), S. 84 ff.; DE JONG, Jülicher Daten (117), S. 57/58; KUHL, Geschichte der Stadt Jülich (151), Bd. IV, S. 25 ff. u. 38 ff.; LAU, Quellen - Jülich (161), S. 60; SOMMER, aaO., S. 289; ferner Tranchot 1805/07 Bl. 78 Jülich: Mühlensymbol, sowie TK 1893 Bl. 5004 Jülich: „M.“

260 Speckmühle

Jülich, Bahnhofstraße
(vor 1330 - 1682) > Jülicher Mühlenteich <

„Speck“ bedeutet hier nichts Nahrhaftes, sondern ist eine alte Bezeichnung für eine Knüppelbrücke, die im Bereich des heutigen Bahnhofes über den Mühlenteich führte. An dieser Brücke befand sich eine Wassermühle, die nach ihrem Standort benannt war.
Die Mühle gab es schon im Spätmittelalter. Aus dem Jahre 1330 stammt nämlich eine Urkunde im Jülicher Pfarrarchiv, in der ein „*Gerardus molendinarius in Specka* - ein Müller Gerhard in Speck“ erwähnt ist. 1572 wird die Mühle von den Karthäusermönchen gekauft. Verkäufer war vermutlich Peter Romer Scholtys, der noch 1559 als Eigentümer in einem Erkundigungsbuch stand.
Als im Jülich-Klevischen Erbfolgestreit 1610 Prinz Moritz von Oranien Stadt und Festung mit 30.000 Mann belagerte, ging die außerhalb liegende Mühle in Flam-

men auf. Sie wurde dann zwar wieder aufgebaut, mußte aber 1682 neuen Festungswerken weichen, denen sie im Wege war. Zum Ausgleich wurde den Mönchen erlaubt, innerhalb ihres Klosters eine neue Mühle zu bauen (siehe Nr. 259).

KUHL, Geschichte der Stadt Jülich (151), Bd. II S. 284/85 u. Bd. IV S. 26; LAU, Quellen - Jülich (161), S. 60; VAßEN, Wirtschaftsgeschichte der Stadt Jülich (252), S. 100.

261 Ölmühle (Papierfabrik Meyburg & Meißner)

Jülich, Wilhelm-Vogt-Straße
(1754 - 1944) > Jülicher Mühlenteich <

Der Jülicher Stadtmüller Matthias Küpper erbat und bekam 1754 die kurfürstliche Genehmigung, auf dem „Verkesdriesch" im Südosten Jüliches eine Ölmühle zu errichten. Offenbar hat er sie als Ergänzung zu seiner innerstädtischen Kornmühle gedacht, für die aus Platz- und Umweltgründen eine Ölschlägerei nicht in Frage kam. Der Standort der neuen Mühle ist in der Nähe des Platzes der Speckmühle zu suchen, die 1682 dem Bau eines neuen Vorwerks zum Opfer fiel (Nr. 260). Da auch diese Mühle im weiteren Festungsbereich lag, mußte Küppers Nachfolger - Leopold Erdmann - 1831 bei der Konzessionsverlängerung die Bedingung in Kauf nehmen, daß die Mühle im Verteidigungsfalle entschädigungslos beseitigt werden durfte, um freies Schußfeld für die Festungsartillerie zu haben.
Die Bedingung trat glücklicherweise nicht ein. 1869 wurde die Ölmühle - wie viele andere Mühlen an Rur und Inde - zum Zellkern für die Gründung der später namhaften Papierfabrik Meyburg & Meißner. Das Werk fiel dann allerdings doch noch einem Krieg zum Opfer: dem verheerenden Luftangriff auf Jülich am 16. November 1944. Es wurde nicht wieder aufgebaut. Heute ist dort ein Wohngebiet mit Einfamilienhäusern.

GEUENICH, Geschichte der Papierindustrie (71), S. 549/50; LAU, Quellen - Jülich (161), S. 61; RAHIER, Josef, „Die Papierindustrie im Kreise Jülich", in: HK Krs. Jülich 1958, S. 135 ff.; VAßEN, M., „Mühlenteich und Müllerei in Jülich", in: Rur-Blumen 1929, Nr. 40; SOMMER, aaO., 289; ferner Stadtplan von Capellmann 1886: Mühlensymbol / „Laufs M."

262 Ditges-Mühle

Jülich, Nähe Schwanenteich
(vor 1530 - 1552) > Jülicher Mühlenteich <

Als Alexander Pasqualini Mitte des 16. Jh. den Ausbau Jülichs zu einer Festungsstadt plante, war im Plangebiet eine Privatmühle im Wege: die Ditges-Mühle, benannt nach einem früheren Eigentümer Ditgen (Dytgen). Einem Jülicher „Erbungsbuch" von 1530 zufolge war sie damals die dritte Mühle in Fließrichtung des Mühlenteichs, nach der Mühle des Karthäuserklosters und der Speckmühle. 1537 ging sie auf einen Goswin Nickel über, Jülicher Bürger und Schwager des Zöllners Caspar Sengel. Letzterer (Sengel) war offenbar beim Kauf durch Darlehen oder aus erbrechtlichen Gründen beteiligt. Jedenfalls stand ihm aus der Mühle eine

Erbrente von jährlich 7 Malter Roggen zu. Nickel hatte sich dann schon 1552 aus den eingangs genannten Gründen von seiner Mühle wieder trennen müssen. Während er dafür offenbar aus der Landeskasse entschädigt wurde, lief die Rente seines Schwagers weiter, nun allerdings auf Landeskosten. Die Urkunde, mit der Herzog Wilhelm die Belastung übernommen hatte, ist noch im Düsseldorfer Hauptstaatsarchiv vorhanden. Erst 1814/15 wurde die bemerkenswert langlebige Rente abgelöst.
Über das genaue Alter der Ditges-Mühle ist nichts bekannt. Sie dürfte schon lange vor 1530 vorhanden gewesen sein. Da sie unterhalb der Speckmühle gestanden hat, müßte ihr Standort ungefähr im Bereich des heutigen Schwanenteiches beim Rathaus zu suchen sein, mit hinreichendem Abstand zur nachfolgenden Stadtmühle.

BERS, Günter, „Eine Mühle im Vorfeld der Stadt Jülich“, in: Neue Beiträge zur Jülicher Geschichte, Bd. VI 1995, S. 93 ff.; LAU, Quellen - Jülich (161), S. 60.

263 Stadtmühle

Jülich, Stiftsherrenstraße
(vor 1237 - 1914) > Jülicher Mühlenteich <

Jülich war durch seine Lage am Rurübergang der Römerstraße von Gallien nach Köln eh und je ein strategisch interessanter Platz. Unter den Frankenkönigen hatte sich aus der römischen Militär- und Poststation eine Siedlung mit Kirche und Kastell entwickelt. Dieses Kastell ist seit 927 nachgewiesen, als Erzbischof Wichfrid von Köln dem Kölner Kloster St. Ursula ein Stück Land „*iuxta castellum iulicham* - gegenüber dem Jülicher Kastell“ schenkte.
Sicher gibt es gute Gründe, zu dieser Zeit schon hier auch eine Mühle zur Versorgung des Stützpunktes zu vermuten. Aber sichere Bestätigung gibt uns erst eine Urkunde Papst Gregors IX. von 1237, in der zum Besitz der Abtei Altenberg auch eine „*molendinum in Juliaco* - eine Mühle in Jülich“ gezählt wird. Diese Mühle stand mitten in der Stadt, nahe der Kirche. Sie ist die älteste Jülicher Mühle, von der wir Kenntnis besitzen. Der Altenberger Abt hat sie allerdings später dem Grafen überlassen. Jedenfalls tritt sie in der Folgezeit als landesherrliche Mühle in Erscheinung. In einer Eingabe von 1620 bezeichnet sich der Pächter als „*Ihro Durchlaucht Muller*“. Sie war mit dem Mahlzwang ausgestattet, der aber nur für die Bauern, nicht indes die Stadtbürger galt.
Die Stadtmühle gibt uns ein klassisches Beispiel für das sprichwörtliche „Mißtrauensverhältnis“ zwischen Müller und Mahlgästen. Schon seit 1698 hatten die Jülicher Bäkker zur Förderung der Ehrlichkeit eine Waage verlangt. Die wurde dann auch aufgestellt, zunächst in der Mühle, dann im Rathaus und schließlich wieder am „Tatort“. Gleichwohl war die Mühle immer wieder ins Gerede gekommen, trotz Verordnung und Vereidigung des Waagenschreibers. Gewiß haben die Müller zu allen Zeiten „gut“ gemessen. Unser damaliger Stadtmüller scheint aber wahrhaft „maßlos“ gewesen zu sein. Kurzum: 1783 wogen die 23 Bäcker ein Jahr lang nach und waren auf einen „Schwund“ von sage und schreibe 5.700 Pfund gekommen. Mit dieser Zahl zogen sie vor Gericht und gewannen.
Nach der Konfiszierung durch Frankreich kam die Stadtmühle in Privathand. Letzte

Eigentümer und Müller waren die Wackers von der Ölmühle an der Aachener Landstraße (Nr. 250). Am Fastnachtsdienstag 1914 brannte sie ab, vielleicht als Opfer einer Nachlässigkeit im rheinischen Karneval. Die ehrwürdigen hohen Treppengiebel und das verkohlte Dachgerüst standen noch viele Jahre, ehe die Ruine verschwand.

BERS, Jülich - Geschichte einer Rheinischen Stadt (18), S. 144 (Bild); FISCHER, Adolf, „Die alte Jülicher Stadtmühle", in: Rur-Blumen 1932, S. 39; KUHL, Geschichte der Stadt Jülich (151), Bd. II, S. 283/284; LACOMBLET, Urkundenbuch (154), Bd. I Nr. 88 und Bd. IV Nr. 604; LAU, Quellen - Jülich (161), S. 7 u. 60/61; MOSLER, Urkundenbuch Abtei Altenberg (179), Bd. I, Nr. 132; SOMMER, aaO., S. 289; ferner Stadtplan von Capellmann 1886: Mühlensymbol / „Stadt M."

264 Festungsmühle (Papierfabrik Laufs)

Jülich, Schirmerstraße
(2. H. 16. Jh. - um 1920) > Jülicher Mühlenteich <

Im Jahre 1821 bot der preußische Militärfiskus seine *„in den Festungswerken sehr vorteilhaft gelegene, jedoch nicht zum Wohnen eingerichtete Wassermahlmühle"* zur Verpachtung an. Die Anzeige sagt eigentlich alles: Es war eine „bombenfeste" Mühle, die der Notversorgung der Garnison diente, in der früher aber vor allem Pulver gemahlen wurde. Sie lag in einem Vorwerk unter 2 m dickem Tonnengewölbe und hatte eine spartanisch einfache Ausstattung. Das Antriebswasser erhielt sie über eine unterirdische Zuleitung.
Ihr Bau fällt mit der großen Ausbaumaßnahme zusammen, die der Festungsbaumeister Alexander Pasqualini in der zweiten Hälfte des 16. Jh. durchführte und Jülich in eine Festung verwandelte. Daneben gab es noch eine Roßmühle, ebenfalls bombenfest untergebracht, und zwar im Schloß auf der Zitadelle. Herzog Johann Wilhelm hatte ihren Bau 1596 angeordnet - *„unabhängig vom Winde und auch brauchbar, wenn das Wasser vom Feinde abgeschnitten wurde."*
Nach Schleifung der Festung 1860 wurde die Mühle an die Familie Laufs verkauft, die aus ihr zunächst eine Loh- und Walkmühle, dann (1881) eine Papierfabrik machte. Um 1920 wurde der Betrieb aufgegeben, 1939 die Firma gelöscht.

FISCHER, Adolf, „Der Jülicher Stadtteich", in: Rur-Blumen 1929 Nr. 39; GEUENICH, Geschichte der Papierindustrie (71), S. 551; LAU, Quellen - Jülich (161), S. 60; LENZ, Chr., „Die Papierindustrie im Jülicher Lande", in: Rur-Blumen 1928, Nr. 50; RAHIER, Josef, „Die Papierindustrie im Kreise Jülich", in: HK Krs. Jülich 1958, S. 135 ff.; SOMMER, aaO., S. 288/89; VAßEN, M., „Mühlenteich und Müllerei in Jülich", in: Rur-Blumen 1929, Nr. 40; ferner Stadtplan von Capellmann 1886: Mühlensymbol / „Laufs M."

265 Wecks-Mühle

Jülich, Mühlenstraße
(vor 1545 - 1891) > Jülicher Mühlenteich <

Sie ist wahrscheinlich mit der „Breidenbender Mühle" identisch, die im Norden der Stadt vor dem Kölner Tor stand. Vom Festungsbau war sie nicht betroffen.

Nach einer Rechnung aus dem Jahre 1545 hatte der Jülicher Vogt Heinrich von Berchem für die Mühle 12 Albus an Pacht zu entrichten, vielleicht an den Landesherrn. Im Jahre 1588 ist sie als Eigentum der Palandts auf Breidenbend bei Linnich gemeldet. 1610 ging die Mühle bei der Belagerung Jülichs durch Moritz von Oranien zugrunde. Noch 1620/21 heißt es in der Kellnerei-Rechnung: „... *ruyniert und abgebrandt, auch biß heudt dato nitt widderumb uffgebawet*". Aber später befand sich an dieser Stelle dennoch wieder eine Mühle. Schließlich ließ die Topographie nur hier ein Stauwerk zu, wenn man zu der Festungsmühle und zugleich zum stets nassen Rurvorland genügend Abstand halten wollte.
Im 19. Jh. stand die mittlerweile privatisierte Mahl- und Ölmühle im Eigentum der Familie Kannengießer-Wecks. Im Gegensatz zu allen anderen Mühlen am Jülicher Teich hatte sie zwei Wasserräder. Nach einem Brand 1891 kam sie 1897 an die Fa. Thompson & Norris, die dort - als erste in Deutschland - eine Wellpappenfabrik errichtete, die aber nur mit Dampfantrieb lief. Die Papierfabrik gibt es nicht mehr. Auf dem Gelände befindet sich heute eine große Baufirma.

GEUENICH, Geschichte der Papierindustrie (71), S. 544; KUHL, Geschichte der Stadt Jülich (151), Bd. I, S. 221 u. Bd. II, S. 284; SOMMER, aaO., S. 288; VAßEN, M., „Mühlenteich und Müllerei in Jülich", in: Rur-Blumen 1929, Nr. 40; ferner Stadtplan von Capellmann 1886: Mühlensymbol / „Wecks M.", sowie TK 1893 Bl. 5004 Jülich: „WecksM."

266 Pleißmühle

Jülich, Heckfeldstraße
(16. Jh. - um 1730) > Jülicher Mühlenteich (Spließkalle) <

Im Süden der Stadt kreuzte die aus dem Selgerbusch kommende Spließkalle den Mühlenteich, mit dem sie sich ein Stück unterhalb vereinigte. An dieser „Kalle" (Graben) stand die herzogliche Walkmühle. Wegen ihrer abseitigen Lage diente sie in der Pestzeit in der zweiten Hälfte des 16. Jh. als Siechenhaus. Dem Anschein nach war sie damals außer Betrieb.
1622 nahm Crato Krafft die Mühle in Erbpacht und brachte sie wieder auf Vordermann - nun allerdings als Korn-, Säge- und Ölmühle. Krafft, dessen eigenartiger Vorname dem Griechischen entnommen und nichts anderes als eine freie Übersetzung seines Nachnamens war, bekleidete 1633/34 das Amt des Bürgermeisters. Für die Wirtschaftsgeschichte Jülichs ist er insofern von Bedeutung, als er schon 1630 im benachbarten Broich eine Papiermühle angelegt hatte (Nr. 267), die allerdings nicht florierte. 1657 wollte er auch die Pleißmühle in eine Papiermühle umwandeln und bekam dafür auch die behördliche Erlaubnis. Aber er hat den Plan nicht verwirklicht - vielleicht wegen seiner schlechten Erfahrungen mit der Broicher Mühle.
Um 1730 verschwand die Pleißmühle, weil das Grundstück in die Festungsanlagen einbezogen wurde.

GEUENICH, Geschichte der Papierindustrie (71), S. 543 u. 552; KUHL, Geschichte der Stadt Jülich (151), Bd. Bd. II. S. 284; LAU, Quellen - Jülich (161). S. 61; PELZER, Willi, „Die öffentliche Krankenpflege in Jülich", in: HK Krs. Jülich 1964, S. 98.

Nr. 267 Broicher Mühle, Jülich. Nördlich der Stadt hat im Dorf Broich eine ehemals herzogliche Mühle überlebt. Sie war bis 1926 in Betrieb, als ihr ein Hochwasser zum Verhängnis wurde. Das äußerlich unveränderte Gebäude ist heute Wohnhaus.

---

267 Broicher Mühle

Jülich-Broich, Mühlenend

(vor 1638 - 1926) > Jülicher Mühlenteich <

Unten am Fuß der Merscher Höhen stand in der Rurniederung eine herzogliche Kornmühle mit dem Mahlzwang für Dorf und Kirchspiel Broich. Sie wurde vom Jülicher Mühlenteich angetrieben, der ein Stück unterhalb in die Rur mündete. Die Mühle war wegen ihrer exponierten Lage vom Rurhochwasser besonders gefährdet. Mancher Pächter hatte deshalb vor der Zeit aufgeben und abziehen müssen.

So war es auch dem Müller Claß Stolfenberg ergangen, als 1638 der Jülicher Patrizier Crato Krafft (siehe Nr. 266) die Mühle gegen 16 Malter Roggen im Jahr in Erbpacht übernahm. Wenig später erhielt er die Erlaubnis, neben seiner Kornmühle auch eine *„Pampier Mull“* (Papiermühle) zu erbauen. Aber die unberechenbare Rur war offenbar stärker als Crato. Schon 1670/71 gab er die Mühle wieder auf. Die Tradition dieser ältesten Jülicher Papiermühle scheint gleichwohl irgendwie doch noch nachgewirkt zu haben, wenn auch nur für kurze Zeit: Um 1895 stellte ein Jülicher Fabrikant in Broich Pappendeckel her.

Die Kornmühle indessen hat immer wieder neue Interessenten gefunden, zuletzt die Familie Engels, der das Anwesen noch heute gehört. Sie lief bis 1926, als der Mahlbetrieb nach einem schlimmen Hochwasser endgültig eingestellt werden mußte. Das ehemalige Mühlengebäude ist jetzt Wohnhaus. Aber zahlreiche Mühlsteine am Haus und im Garten lassen seine frühere Bedeutung noch immer erkennen. Den Mühlenteich gibt es hier allerdings nicht mehr. Er wurde vor einigen Jahrzehnten aus wasserbautechnischen Gründen rd. 1 km oberhalb in die Rur „abgebogen". Das Reststück ist zugeschüttet.

BERS, Jülich - Geschichte einer Rheinischen Stadt (18), S. 113/114; GEUENICH, Geschichte der Papierindustrie (71), S. 552; KEUTMANN, Arnold, in: Rur-Blumen 1937, Nr. 10 u. Nr. 13 (mit Abdruck des Pachtvertrages von 1638); KUHL, Geschichte der Stadt Jülich (151), Bd. II, S. 284; LENNARTZ, Unser Heimatdorf Broich (162), S. 64; TK 1893 Bl. 5004 Jülich: „M." Zwischen dem mittelalterlichen Jülich und dem Straßendorf Broich gab es früher das Jülicher Stadtdorf Petternich, das im 16. Jh. den Festungsbaumaßnahmen geopfert wurde. In Petternich soll es nach LAU (Quellen - Jülich, S. 60) zwei Mühlen gegeben haben, eine der Familie v. Linzenich und eine der Familie v. Velroide gen. Meuter. BERS (aaO., S. 113) nennt zusätzlich eine „Kapellenmühle", die 1482 erwähnt sei. Vielleicht ist sie identisch mit einer der beiden vorgenannten Mühlen.

Ellbach

Früher hieß er „Ill" oder „Elle". Nach dem Rheinischen Namenslexikon von Friedrich Seuser soll das soviel bedeuten wie „die Eilende". Nun kommt unser Ellbach - wie er seit Jahrhunderten genannt wird - zwar aus der Voreifel bei Kreuzau. Aber mit Geschwindigkeit hat er nicht viel mehr zu tun als andere Niederungsbäche auch, von denen etliche heutzutage den richtigen Schub erst aus den Kläranlagen erhalten.
Sein Weg entlang den Bürgewäldern und dem Hambacher Forst verläuft vergleichsweise gerade, erst recht nach den Meliorationsmaßnahmen in neuester Zeit. Bei Stetternich gibt es sogar einen Alten und einen Neuen Ellbach. Der Neue ist nichts anderes als ein Mühlenteich, den man für die Lindenberger Mühle gegraben hat. Heute spielt der Ellbach allerdings nur noch als Abzugsgraben eine Rolle, der im Sommer meist trocken ist. Schon früher hatte er häufig Probleme mit dem Wassernachschub. Das war auch wohl der Grund dafür, daß es auf der ganzen Strecke von immerhin um die 30 km nur vier Mühlen gab. Und von zwei Mühlen - Niederzier und Lindenberg - wurde bereits 1822 an die Regierung in Düsseldorf gemeldet, daß sie wenig Wasser hätten und „von Mai bis November völlig still" lägen.
Zwei Ort sind nach dem Ellbach benannt: das Dorf Ellen und - allerdings umstritten - die Stadt Jülich. Bei Jülich („Illiacum - Elliacum - Ellheim") mag das manchen überraschen, der hier von seiner Schulzeit her ein sicheres Andenken an Julius Caesar angenommen hatte („Juliaeum"). Aber Stadtgründer kann Julius Caesar nicht gewesen sein. Denn er war garnicht am Niederrhein. Und die römische Militärstation am Jülicher Rurübergang war nur eine von vielen an der großen Römerstraße von Belgien nach Köln. Warum also hätten also die Römer gerade sie nach ihrem großen Feldherrn benennen sollen?

Zur Herkunft des Ortsnamens Jülich: DE JONG, Jülicher Daten (117), S. 16 ff.; SEUSER, Rheinisches Namenslexikon (240), S. 68.

Nr. 269 Schloßmühle Hambach, Niederzier. Hambach entstand um 1300 als Jagdschloß der Grafen von Jülich. Im 16. Jh. wurde das Schloß zu einer mächtigen Landesburg ausgebaut, die heute allerdings zum großen Teil verfallen ist.
Nur einen Steinwurf seitab steht die Schloßmühle (unser Bild). Sie hat die Zeiten unbeschadet überdauert und lief bis 1980. Heute ist der Mühlenhof ein Reiterhof. Teile der Mahleinrichtung sind noch vorhanden.

268 Niederzierer Mühle

Niederzier, Mühlenstraße
(vor 1368 - um 1930) > Ellbach <

Die am Ellbach gelegenen beiden fränkischen Siedlungen „Cyrna superior“ und „Cyrna inferior“ heißen heute - schlicht, aber nicht schlecht - „Zier“. Seit dem 13. Jh. werden sie von einer Wasserburg aus regiert, die in „Cyrna inferior - Niederzier“ steht. Die Burg gehörte zunächst den Herren von Zier und dann 400 Jahre lang den v. Hochsteden, Vasallen der Grafen und Herzöge von Jülich.
Ein Stück oberhalb der Burg - ungefähr auf halbem Wege zum Zwillingsort Oberzier - stand die zu ihr gehörige Wassermühle, eine Mahlmühle. Sie muß so alt sein wie die Burg, obgleich sie erst 1368 erwähnt wird und das eher beiläufig, in einem Grundstücksvertrag („Land, das jenseits der Mühle liegt“).
Um 1850 wurde die „Burg“-Mühle durch die v. Hochsteden an Privat verkauft. Große Bedeutung kann die Mahlmühle zu dieser Zeit allerdings nicht mehr gehabt haben. Denn in einem Bericht von 1822 heißt es, sie leide oft an Wassermangel. Damit war sie nicht allein: Den anderen Ellbach-Mühlen erging es da-

mals kaum besser. Dennoch lief der Betrieb noch bis um 1930, zuletzt mit einem Elektromotor.
Heute ist von der Mühle nichts mehr zu sehen. Die Gebäude des stark veränderten Mühlenhofs werden für Wohnzwecke genutzt. Die ehemalige Burg hat indes noch „Regierungsfunktion“: Sie ist Rathaus.

DINSTÜHLER, Jülicher Rentmeister-Rechnungen (43), S. 32; SOMMER, aaO., S. 315; Archiv des Geschichts- und Heimatvereins Niederzier; ferner Tranchot 1806/07 Bl. 79 Buir: „Niederzierer Mühle“, sowie TK 1893 Bl. 5104 Düren: „M.“ - Im 15. Jh. wurden von der Kellnerei Hambach Einnahmen aus zwei Wassermühlen und einer Waidmühle abgerechnet. Später ist aber stets nur von einer Mühle die Rede. Möglicherweise hat es damals bei der Kornmühle noch eine Ölmühle gegeben. Waidmühlen hingegen waren meist keine Wassermühlen.

269 Schloßmühle

Niederzier-Hambach, Schloßstraße
(vor 1434 - 1980) > Ellbach <

Um 1300 hatten die Jülicher Grafen als Ersatz für ihre zerstörte Altenburg im Hambacher Forst ein Jagdschloß errichtet, das sie „Hambach“ nannten, wohl in Anlehnung an ihren Herkunftsort Heimbach. Als nicht mehr mit Pfeil und Bogen gejagt wurde, ließen sie das für die Jagd nötige Pulver in ihrer „Krautmull“ auf dem Schloß herstellen. Das war verhängnisvoll: 1512 flogen Mühle und Schloß in die Luft, im selben Jahr, in dem auch Jülich durch die Nachlässigkeit eines Nachtwächters brannte.
Zwischen 1548 und 1563 wurde das Jagdschloß vom herzoglichen Baumeister Pasqualini in der heute noch sichtbaren großzügigen Form als Landesburg neu gebaut, etwa gleichzeitig mit der nahen Festung Jülich. Damals hatte aber die Schloßmühle nebenan am Ellbach schon bestanden. Denn schon 1434/35 taucht sie mit 12 Malter Roggen als Abgabe in der Jülicher Rentmeister-Rechnung auf. Sie besaß den Mahlzwang für das Dorf.
Die Mühle kam zusammen mit der zugehörigen Landwirtschaft nach dem Ende des alten Reiches in Privathand. Ihre zwei Mahlgänge wurden durch ein oberschlächtiges Rad angetrieben. Man kann das noch heute daran erkennen, daß das Gebäude tiefer liegt als die Umgebung. In den letzten Jahrzehnten lief die Mühle nur noch elektrisch, ehe sie um 1980 stillgelegt wurde. Das Landgut wird seither von einer Reitergemeinschaft genutzt. Die alte Mahleinrichtung ist noch vollständig erhalten, an die neuerdings eine Malerei außen an der Giebelwand erinnert.
Von einem anmaßenden Hambacher Müller gibt es folgende Geschichte: In der Franzosenzeit ging der Maire im regennassen Forst spazieren, als der Müller hoch zu Roß vorbeisprengte und rief: „*Platz da, sonst gibt´s Mostert!*“ Er wurde mit Schlamm bespritzt. Andertags erhielt der Maire Besuch von einer armen Witwe, die ihn um Unterstützung bat, weil der Müller sie wegen eines unverschuldeten Mietrückstandes von 60 Talern aus der Wohnung werfen lassen wollte. Er versprach Hilfe, lud den Müller vor und fragte ihn: „*Wen hattet Ihr gestern beleidigen wollen, den Privatmann oder den Maire?*“ Der Müller begriff schnell. Er entschied

Nr. 270 Lindenberger Mühle, Jülich. Nicht weit von Hambach steht Lindenberg, einst eine jülich´sche Vasallenburg, heute ein Landgut. Vorgelagert ist eine Kornmühle, die von 1760 bis um 1930 in Betrieb gewesen ist. Dann wurde aus ihr ein Gesindehaus. Aber das eiserne oberschlächtige Wasserrad hat bis heute „eisern" durchgehalten, wenn auch im Trockenen und im Verborgenen.
Oben eine Federzeichnung von Ernst Ohst. Unten ein Blick in den weitgehend erhaltenen Mühlenhof mit dem für Wohnzwecke modernisierten Mühlengebäude.

sich für den Privatmann und war am Ende froh, mit einem Schadensersatz von 60 Talern davonzukommen, als Alternative zu einem „Gastspiel“ in der Jülicher Zitadelle. Mit: „*Das war der Pfeffer zu dem Mostert von gestern!*“ war der Müller entlassen. Das Geld indes bekam die Witwe. - Eine schöne Geschichte - vielleicht nicht wahr, aber lehrreich.

BREUER, G., „Der Müller und der Maire“, in: Rur-Blumen 1942, S: 3; DINSTÜHLER, Jülicher Rentmeister-Rechnungen (43), S. 32; KUHL, Geschichte der Stadt Jülich (151), Bd. II, S. 301; SOMMER, aaO., S. 290; Mitteilung des Eigentümers; Rhein. Heimatpflege 1937, S. 619; ferner Tranchot 1806/07 Bl. 78 Jülich: „Moulin“., sowie TK 1893 Bl. 5004 Jülich: „M“. Bei SOMMER, aaO., ist für 1830 noch eine Papiermühle in Hambach erwähnt. Hier handelt es sich um die Papiermühle in Krauthausen (Nr. 232/233); siehe GEUENICH, Geschichte der Papierindustrie (71), S. 35.

270 Lindenberger Mühle

Jülich-Stetternich, Mühlenweg
(1760 - um 1930) > Neuer Ellbach <

Das Gut Lindenberg im Jülicher Stadtdorf Stetternich ist der Rest einer alten jülich´schen Vasallenburg, deren Anfänge bis in 13./14. Jh. zurückreichen. Seine Lage direkt am Ellbach spricht dafür, daß unmittelbar an der Burg schon früh auch eine Mühle gestanden hat. Das jetzt noch vorhandene Mühlengebäude liegt allerdings am Neuen Ellbach, einem eigens zur Verbesserung der Vorflutverhältnisse gegrabenen Mühlenteich, der etwas oberhalb des alten Ellbachs verlief. Dieser Mühlenteich muß ungefähr zur gleichen Zeit gegraben worden sein, als auch die (neue) Lindenberger Mühle entstand: 1760. Bauherrin war die Freiin v. Eynatten.
Aber auch dann dürfte die Mühle kaum aus ihren Problemen herausgekommen sein. 1822 wird gemeldet, daß sie von Mai bis November völlig still liege. Gleichwohl blieb sie bis um 1930 in Nutzung. Dann wandelte man die Mühle in ein Gesindehaus um. Heute ist sie ein Wohngebäude in nostalgischer Umgebung. Das seitlich etwas versteckt liegende Wasserrad und einige Mühlsteine erinnern noch an die alte Zeit.
Wie in Hambach weiß auch hier der Volksmund von einem hartherzigen Müller zu berichten, der offenbar eine lebende Bestätigung der vielen geflügelten Worte war, die von alters her den Ruf der Müller beschreiben. Nun - unser Müller zu Lindenberg soll seinen Hund auf jeden gehetzt haben, der ihn um einen Gefallen oder eine milde Gabe bat. Gott habe ihn deshalb nach seinem Tode zur Strafe nachts als Hund rastlos um die Mühle laufen und heulen lassen. Erst durch das Gebet eines frommen Dorfpfarrers habe seine gehetzte Seele endlich Ruhe gefunden.

BERS, Jülich - Geschichte einer Rheinischen Stadt (18), S. 112; SOMMER, aaO., S. 288; TICHLERS, H. „Der hartherzige Müller auf der Schloßmühle zu Lindenberg“, in: HK Krs. Jülich 1951, S. 63; ferner Tranchot 1806/07 Bl. 78 Jülich: „Moulin“, sowie TK 1893 Bl. 5004 Jülich: „M.“
LAU, Quellen - Jülich (161), S. 60 berichtet unter Hinweis auf Jülicher Stadtrechnungen von einer Schleifmühle, die 1531 ein Schloßmacher Heinrich angelegt habe. Vor 1562 sei sie in eine Pulvermühle umgeändert worden. Wahrscheinlich hat sie wegen der dann beginnenden Festungsbauten nicht mehr lange bestanden. Interessant ist, daß die Abgaben nicht in die Kellnerei, sondern die Stadtkasse geflossen sind.

Nr. 271 Obermühle Kinsweiler, Weisweiler. Der Merzbach rauscht zwar dekorativ, aber arbeitslos am Stau oben hinter herab. Denn die Mühle der einstigen Herren von Kinsweiler existiert seit 1965 nicht mehr. Sie wurde zu stilvollen Residenzwohnungen umgestaltet.

Merzbach

Merzbrück mit seinem Flugplatz, Niedermerz und Merzenhausen sind Stationen auf seinem Weg, der im Propsteier Wald südlich der Autobahn A 4 beginnt. Der Anfang des Merzbaches (alter Name: „Martbach") ist nicht mehr auszumachen, allenfalls in Dränagerohren. An seinem Ende unterhalb Linnichs folgt eine weitere Merkwürdigkeit: Er mündet nicht in die Rur, sondern in einen künstlich angelegten Graben - den Linnicher Mühlenteich.

Die Daten: Die Länge des Merzbaches wurde mit rd. 26 km gemessen. Bei einem Höhenunterschied von 205 zu 60 m brachte das zwar ein gutes Gefälle und ermöglichte durchweg oberschlächtigen Antrieb für seine um die zehn Wassermühlen. Ansonsten ist der Bach aber eher ein Bächlein von vielleicht 2 m Breite im Mittel. Er fror in strengen Wintern leicht zu und hatte im Sommer nach der Heuernte noch die angrenzenden Wiesen zu bewässern. Den Rest an Schwierigkeiten haben ihm Steinkohlenbergbau und Braunkohlentagebau gebracht.

In der zweiten Hälfte des vorigen Jahrhunderts haben sich die Müller zunächst noch durch Dampfmaschinen „über Wasser zu halten" versucht. Aber deren Betrieb war teuer und führte dazu, daß um 1900 fast alle Merzbachmühlen stillgelegt wurden und sich die Müller fortan nur noch als Landwirte betätigten.

Übrigens hat der Braunkohlenabbau im Revier „Zukunft West" den Merzbach zweimal (1963 und 1966/67) gezwungen, beiseite zu rücken und einen weiten Bogen um die sich ausbreitenden Gruben zu machen. Seither fließt er zwischen Kinzweiler und Niedermerz die Autobahn A 44 entlang, auf 900 m sogar durch ein dickes Rohr.

BLUMENTHAL, W. O., „Der Merzbach“, in: HK Krs. Jülich 1968, S. 106 ff.

271-273 Die Kinzweiler Mühlen

Weisweiler-Kinzweiler, Kirchstraße/Mühlenweg
(vor 1456 - um 1965) > Merzbach <

Das Rittergeschlecht derer v. Kinzweiler taucht 1234 erstmals urkundlich auf, und zwar unter den Vasallen der Grafen von Jülich. Es besaß im gleichnamigen Ort zwei Burgen - die ältere Oberburg (noch 1456 in der Palantschen Erbteilung erwähnt) und die heute noch vorhandene Niederburg. Die Oberburg ist schon lange verschwunden. Aber die zugehörige **Obermühle (Nr. 271)** - eine Mahlmühle - war noch bis um 1965 in Betrieb, ehe das Anwesen vor einigen Jahren unter Wahrung des alten Baubestandes von 1786 zu Residenz-Wohnungen umgestaltet wurde.
Nahe der Niederburg befanden sich eine weitere Mahlmühle (das sog. **Mühlchen** - nomen est omen - **Nr. 272)** und einige hundert Meter weiter noch eine **Ölmühle (Nr. 273)**. Alle Mühlen hatten ein oberschlächtiges Wasserrad. Schon 1884 wurde die Ölmühle, 1895 das Mühlchen stillgelegt. Von beiden ist nichts mehr zu sehen.
Die Burgen und die zugehörigen Mühlen waren jülich`sches Lehen. 1782 erwarb Graf Hatzfeld zu Kalkum (bei Düsseldorf) die gesamte Besitzung von Kurpfalz, zu dem Jülich damals gehörte. Hatzfeld hatte bei der Übernahme das Pachtrecht des Burgpächters Wültgens derart grob mißachtet, daß diesen schließlich die Düsseldorfer Hofkammer mit Anteilen am Eschweiler Kohlberg entschädigen mußte. Wültgens und vor allem seine tatkräftige Tochter Christine Englerth (1767-1838) wußten den ihnen zugefallenen Bergwerksbesitz geschickt zu mehren. Unter anderem gehörten ihnen die Gruben Ath und Furth an der Wurm (siehe Nr. 179/180). Christine Englerth - Mutter von 12 Kindern - war die Gründerin des Eschweiler Bergwerksvereins und wurde so die wohl bedeutendste Unternehmerin des 19. Jh.

BÜNDGENS, Wilhelm, „Die Güter des ersten Ritters von Palant“ (1456), in: Rur-Blumen 1952, Nr. 40; LENZ, Chr., „Die Mühlen am Merzbach“, in: Rur-Blumen 1927, Nr. 15; OELLERS, Heinrich, „Zur Geschichte Kinzweilers“, in: Heimatbl. Lkrs. Aachen 1939, S. 4 ff.; ders., „Die Merzbachmühlen früher und heute“, ebenda S. 22 ff.; SOMMER, aaO., S. 308-310; ferner Tranchot 1805 Bl. 77 Aldenhoven: „Cornmühle/Oligmühle“, sowie TK 1843 u. 1893 Bl. 5103 Eschweiler: Mühlensymbole.

274/275 Die Mühlen in Lürken und Laurenzberg

Tagebau Zukunft/West
(nach 1800/17. Jh. - 1901/1911) > Merzbach <

Die Dörfer Lürken und Laurenzberg gibt es nicht mehr. Sie sind im Braunkohlen-Tagebau „Zukunft West“ untergegangen. Heute ist dort rekultiviertes Ackerbau-

Nr. 276 Niedermerzer Mühle, Aldenhoven. Ihr Lebenslicht erlosch bei dem stetig schwächer fließenden Merzbach schon 1901. Auf dem Mühlenhof weiß man nicht einmal mehr, in welchem der verfallenden Hintergebäude die Mühle gewesen ist. Nur aus der Geländeform ist noch der Mühlenweiher zu erahnen.

---

gebiet. In beiden Dörfern gab es eine Mühle. Sie waren aber schon nicht mehr betroffen, als die Abraumbagger anrückten.
Die Mühle in Lürken (Nr. 274) war eine Ölmühle und erst nach 1800 gebaut worden. 1867 wurde sie zu einer Feilenschleiferei umgerüstet, weil sich die Ölschlägerei nicht mehr lohnte. Bis 1887 liefen die Schleifsteine mit Wasserkraft. Dann diente eine Dampflokomobile als Antrieb, um kontinuierlich arbeiten zu können. 1901 wurde der Betrieb geschlossen. Übrig blieb der Mühlenhof - zunächst, denn er stand auf zu kostbarem Boden, wie die Bagger eindrucksvoll bewiesen.
Die Laurenzberger Mühle (Nr. 275) war eine Mahlmühle. Sie gehörte zur gleichnamigen Burg und war vermutlich so alt wie diese. Im 19. Jh. befand sie sich - gleich den drei Kinzweiler Mühlen - im Besitz des Grafen Hatzfeld und später des Herzogs von Arenberg. 1911 wurde sie stillgelegt.
Aus der Franzosenzeit ist überliefert, wie mit verzweifeltem Mut der damalige Mühlenpächter „Mölle Jan“ 1793/94 gegen die Soldaten der anrückenden Revolutionsarmee angetreten war. Jan war nicht nur Müller, sondern auch Gemeindevorsteher. Mit dem Säbel in der Hand hatte er am Dorfeingang gestanden, um die ungebetenen Gäste zurückzuweisen. Diese hatten ihn aber schnell darüber „belehrt“, wie Macht vor Recht ging. Anderntags sollte er für seine „unerhörte Freveltat“ erschossen werden. Aber dazu kam es nicht: Mölle-Jan konnte fliehen.

LENZ u. OELLERS: wie Nr 271-73; SOMMER, aaO., S. 307/08; ferner Tranchot 1805 Bl. 77 Aldenhoven: „Moulin“ (nur Laurenzberg).

276 Niedermerzer Mühle

Aldenhoven-Niedermerz, Johannesstraße
(18. Jh. - 1901) > Merzbach <

Wo hier einst der Mühlenweiher war, stehen jetzt auf einer Wiese Obstbäume. Das alte Backhaus am Rande der Obstwiese zerfällt langsam. Und wo genau sich bei der Hofanlage das Mühlrad befunden hat, wissen die Nachfahren des letzten Müllers nicht mehr zu sagen.
Die Quellenlage zur Geschichte der Mühle ist dünn, wie bei fast allen Merzbachmühlen. Gleich den meisten Mühlen am Bach besaß die Niedermerzer Mühle ein oberschlächtiges Rad. Gegen 1870 mußte zur Unterstützung eine Dampfmaschine eingebaut werden. Damit war man zwar unabhängig vom Wassernachschub und konnte ganztägig mahlen, mußte nun aber für zusätzliches Mahlgetreide sorgen, damit sich der Aufwand lohnte. Also stellte der geschäftstüchtige Müller oben an die Aachener Landstraße einen Mann hin, der den vorbeikommenden Landwirten und Handelsleuten den gleichen Getreidepreis anbot, wie er in Aachen gezahlt wurde.
Ende des Jahrhunderts scheint diese Kundenwerbung ausgebrannt zu sein. Jedenfalls legte der neue Besitzer Koch die Mühle still und widmete sich nur noch der Landwirtschaft, die aber heute ebenfalls längst ruht. Kochs Nachfahren gehen anderen Berufen nach.

LENZ u. OELLERS: wie Nr. 271-73; SOMMER; aaO., S. 307; ferner Tranchot 1805 Bl. 77 Aldenhoven: „Niedermertzer Mühle“, sowie TK 1893 Bl. 5103 Eschweiler: „M.“

277-280 Die Mühlen in Aldenhoven

Aldenhoven
(15. Jh. - 1912) > Merzbach <

In Aldenhoven war das Kölner Domstift sehr begütert. 1460 zählte sein Besitz hier nicht weniger als 18 Höfe. Zu ihnen gehörte auch das sog. Burghaus Köttingen, 1429 erstmals genannt und als Lehen ausgegeben. Auch der Aldenhovener Vorort Pützdorf (das „Brunnendorf“) ist aus einem domstiftischen Hofgut hervorgegangen.
Zu den „Dom-Gütern“ gehörten mehrere Mühlen. Am weitesten oberhalb lag die **Pützdorfer Mühle (Nr. 277)**. Sie muß schon im 15. Jh. bestanden haben, da sie dem domstiftischen Hof zugeordnet war. Ab dem 16. Jh. führte sie insofern ein Eigenleben, als sie unabhängig vom Hof verpachtet wurde.
Im 18. Jh. hieß sie „Bergsmühle“, nach der Familie v. Hallberg, in deren Besitz sie zwischenzeitlich übergegangen war. Im 19. Jh. wurde sie als Mahl- und Lohmühle mit einem oberschlächtigen Wasserrad registriert. Wie die anderen Merzbachmühlen litt auch sie an notorischem Wassermangel. Auch hier suchte man Hilfe durch eine Dampfmaschine, die wohl nicht dauerhaft war. Denn schon 1893 wurde die Mühle stillgelegt.
Dann hat man in dem Mühlengebäude Glühstrümpfe für Gaslaternen hergestellt, schließlich (bis 1920) Knochen entfettet. Heute ist das Grundstück Teil der Grünanlage „Römerpark“ mit dem ehemaligen Mühlenweiher als Mittelpunkt.

Nr. 280 Köttenicher Mahlmühle, Aldenhoven. Dieser neuzeitliche Hof unterhalb des Autobahndammes ist kartographisch noch immer als „Köttenicher Mühle" ausgewiesen. Indes - die Mühle gibt es schon seit 1912 nicht mehr. Die Nachfahren des letzten Müllers kennen ihren Standort nur noch aus spärlichen Bodenfunden rechts unten auf der Wiese.

Einigermaßen schwierig ist die Differenzierung der drei Mühlen im Ort Aldenhoven selbst, weil alle mit dem Namen „Köttenich“ verbunden sind. Vorab: „Köttingen“ und „Köttenich“ sind identisch; letzterer ist der ab dem 18. Jh. gebräuchliche Name. Nach Günter Bers scheint es (außer der in Pützdorf) in Aldenhoven nur die Mühle am Burghaus gegeben zu haben, die erst im 18. Jh. belegt sei. Daneben erwähnt er allerdings hernach eine - allem Anschein nach andere - domstiftische Mühle, die 1478 vom Dechanten und Domkapitel an die Gemeinde Aldenhoven verpachtet wurde. Die vom Burghaus sei Ende des 19. Jh., die „Aldenhovener Mühle“ 1912 stillgelegt worden.
Lenz und Oellers hingegen berichten in ihrer Auflistung der Merzbach-Mühlen nur von einer Mühle, der „Köttenicher Mühle“, die 1912 stillgelegt worden sei. Auch Kohlhaas kennt nur diese Mühle; nach einem Grenzprotokoll von 1763 sei sie das „*Mühlchen, da vormalen noch näher bei Aldenhoven gestanden*“, und „*Franz Krehmer*“ habe die jetzige (wohl um 1750) „*auf der Wiese neben dem Weiddriesch erbaut*“. Alle drei Autoren meinen hier offenkundig jene Mühle nördlich der Stadt (jenseits der heutigen Autobahn A 44), die in allen Karten des 19. Jh. und noch heute als „Köttenicher Mühle“ angegeben ist.
In ihrer Inventarisation der Mühlenverhältnisse im 19. Jh. führt Susanne Sommer indessen drei Mühlen auf: die **Oberköttenicher (Nr. 278)** und die **Unterköttenicher Mühle (Nr. 279)**, beides Mahl- und Ölmühlen mit je zwei

unterschlächtigen Wasserrädern, ferner eine **Köttenicher Mahlmühle (Nr. 280)** mit oberschlächtigem Antrieb; letztere gehörte der Familie Plum. Eine Verwechslung ist ausgeschlossen, weil bei der amtlichen Aufnahme 1836 für jede der drei Mühlen ein anderer Besitzer genannt ist.
Wie auch immer - unstrittig dürfte nur die Köttenicher Mühle (Nr. 280) an der A 44 sein. Sie ist tätsächlich noch bis 1912 gelaufen. Dann wurde der Betrieb am Bach eingestellt, ins Dorf verlegt und war dort nur noch Motormühle. An der alten Stelle unten im Bachtal beschränkt man sich seither auf die Landwirtschaft.

BERS, Günter, „Aldenhoven - Phasen der Siedlung und Stadtentwicklung", in: Forum Jülicher Geschichte, Heft 3, S. 19 ff. und 30 ff.; KOHLHAAS, Anton, „Die Marktveste Aldenhoven", in: Rur-Blumen 1932, Nr. 8; LENZ u. OELLERS: wie Nr. 271-73; SOMMER, S. 285 u. 307; ferner (zur Pützdorfer Mühle): Tranchot 1805/07 Bl. 77 Aldenhoven: „Peutz Mühl", sowie TK 1843 u. 1893 Bl. 5103 Eschweiler: Mühlensymbol/"M."; (zu den Köttenicher Mühlen): Tranchot, aaO.: „Biergans Mühle", sowie TK 1843 u. 1893 Bl. 5003 Linnich: „Köttenicher M."

281 Oberste Mühle (Rohrmühle)

Linnich-Welz, Kreisstraße
(vor 1560 - um 1910) > Merzbach <

Welz ist ein sehr alter Ort, der gemeinsam mit Rurdorf eine Enklave des limburgischen Landes Herzogenrath (Rode) gewesen ist. Nach einer handschriftlichen Urkundensammlung des Niederländers P. Russel mit dem Titel „Leenhof van Rode" sollen sich die beiden Welzer Mühlen um 1350 in der Hand eines gewissen Raso Maskereel befunden haben. Eine Bestätigung dafür gibt es allerdings nicht. In den limburg-brabantischen Registern erscheint die Oberste Mühle erst 1560 als Lehen eines Theil Schoemecher. Das Lehen bestand aus der Mühle, einer Weide, einem Morgen Land und einem Weiher am Merzbach. Außer weiteren Übertragungen 1594 und 1698 wird dann nur noch festgehalten, daß „*die Umstände hierbei ziemlich verwirrend*" seien.
Ab dem 18. Jh. gehörte die Mühle - deren zweiter Name „Rohrmühle" nicht aufgeklärt ist - zum benachbarten Gut Franken. Im 18. Jh. stand dieses Gut im Eigentum des Johann Gottfried Franken, Kurfürstlicher Hofrat in Düsseldorf. Seine Familie wurde später in den Adelsstand erhoben und nannte sich von Franken-Welz. Auch diese Mühle hatte unter der „Unzuverlässigkeit" des Merzbaches so sehr zu leiden, daß 1869 zusätzlich zum oberschlächtigen Wasserantrieb eine Dampfmaschine eingesetzt werden mußte. Kurz vor dem Ersten Weltkrieg wurde sie stillgelegt, und aus dem Mühlengebäude eine Scheune gemacht. Heute ist von ihr nichts mehr zu sehen.
Letzter Mühlenpächter war Peter Wilhelm Sauer. Er gab seinen Müllerberuf auf und arbeitete fortan in Koslar als Fuhrmann, Kellner und - als Dorftanzlehrer.

LENZ u. OELLERS : wie Nr. 271-73; RUSSEL, P.: „Die Herrlichkeit von Welz und Rurdorf", in: Leenhof van Rode (unveröff. Manuskript, Stiftung Fontes Rodenses, Kerkrade); SOMMER, aaO., S. 281; ferner TK 1843 u. 1893 Bl. 5003 Linnich: „M."

Nr. 282 Unterste Mühle Welz, Linnich. Hier ist zumindest noch der alte Mühlenhof übrig geblieben. Die (oberschlächtige) Mühle stand vor der hellen Giebelwand. Sie stammte aus dem 16. Jh., lief bis um 1920 und wurde dann abgebrochen.

---

282 Unterste Mühle

Linnich-Welz, Hilferter Höfe
(vor 1568 - um 1920)

> Merzbach <

Während die Oberste Mühle in Welz unmittelbar am südlichen Dorfeingang lag, muß man ihr nördliches Gegenstück - die Unterste Mühle - buchstäblich suchen. Sie liegt ein gutes Stück abseits von der Siedlung, ist vom Ort her kaum zu sehen und in ihrem „Versteck" unten im Merzbachtal nur über einen schmalen Hohlweg zu erreichen.
Auch über diese Mühle ist der Bestand an älteren Quellen eher dürftig. Russel (siehe Nr. 281) berichtet, daß 1568 ein Simon Mobus die Unterste Mühle zu Lehen empfangen habe, gelegen *„unter dem Hof der Herren vom Teutonischen* (Deutschen) *Orden*". Zur Mühle habe ein Morgen Land gehört. Um 1700 sei sie als Mehl- und Ölmühle bezeichnet worden. Nach einigen Zwischenbesitzern habe 1792 Frh. v. Overschie, Herr zu Overbach (siehe Nr. 245) die Mühle gekauft.
Anfang des 19. Jh. war die Mühle wieder in Privathand. Sie besaß ein oberschlächtiges Wasserrad und einen Mahlgang, wie auch die Oberste Mühle. 1863 bekam sie zusätzlich den für Merzbach-Mühlen fast unvermeidlichen Dampfantrieb. Um 1920 wurde sie stillgelegt und einige Jahre später abgebrochen. Der Mühlenhof blieb dagegen als landwirtschaftlicher Betrieb erhalten.

LENZ u. OELLERS: wie Nr. 271-73; RUSSEL: wie Nr. 281; SOMMER, aaO., S. 281; ferner Tranchot 1805/07 Bl. 67 Linnich: „M.in", sowie TK 1843 u. 1893 Bl. 5003 Linnich: „Unt.Mühle / M."

Linnicher Mühlenteich

Die Stadt Linnich liegt oben auf dem nördlichen Ausläufer des Höhenrückens zwischen dem Rurgraben und dem Taleinschnitt des Merzbaches. Noch heute ist seine verteidigungstechnisch günstige Lage eindrucksvoll sichtbar. Sie hatte allerdings auch einen Nachteil: Merzbach und Rur lagen zu weit ab, um Wasser zu liefern und eine Wassermühle hinreichend vor Feindeinwirkung zu schützen. Also mußte man von der Rur einen Abzweig graben und unterhalb der Stadtmauer am Rurtor vorbei führen. Das nützte Linnich und überdies auch dem Nachbardorf Brachelen.

Dieser Mühlenteich dürfte schon im 12./13. Jh. vorhanden gewesen sein. Denn das Urbar der Benediktinerabtei Prüm von 1222 nennt zwei Mühlen in Linnich. Ob es diese Mühlen allerdings schon im 9. Jh. gegeben hat (das Urbar wird auf 893 zurückdatiert), ist eher zweifelhaft. Denn der Fronhofverband Linnich war in jener Zeit nur eine vergleichsweise lockere Verbindung von um die 40 Einzelhöfen, aber noch kein geschlossenes Gebiet in einheitlicher Hand. Die indes wäre allein in der Lage gewesen, einen so aufwendigen Kanal von immerhin 10 km Länge durchzusetzen und zu bauen. Erst um 1200 waren die Herren von Randerath Lehensträger und spätere Vögte über Linnich/Randerath.

Ein Problem muß aber schon von Anfang an bestanden haben - das Einlaufbauwerk. Die Linnicher Mühle lag nämlich nicht nur rd. 350 m abseits von der Rur, sondern auch 4 - 5 m höher als dessen Wasserspiegel. Also mußte der Abzweig weit oberhalb liegen, und zwar bei Floßdorf. Das wiederum hatte zur Folge, daß der Teich zunächst durchs „Ausland" geführt werden mußte. Rurdorf gehörte nämlich nicht zu Randerath/Heinsberg/Jülich, sondern als Enklave zu Limburg und war ab dem 16. Jh. sogar spanisch.

Mochte man das in früherer Zeit noch irgendwie geregelt haben, so kam es ab dem 18. Jh. zum heftigen Streit, weil die Rurdorfer sich über Wasserschäden beklagten. Man entschloß sich, jetzt auf der Höhe von Linnich die Rur entsprechend aufzustauen und erst ab hier das Wasser in den Teich einzuleiten. Aber diese Rechnung hatte man ohne die Rur gemacht, die offenbar alles daranzusetzen schien, die Anlage zu zerstören. 1797 - unter der Franzosenherrschaft - gelang es den Mühlenbesitzern zwar, eine vertragliche Regelung mit der Gemeinde Rurdorf zu treffen. Wirksame Abhilfe brachte indessen erst ein massives steinernes Wehr, das die Mühlenbesitzer von Linnich und Brachelen 1875/76 bauen ließen, um die Versorgung ihrer inzwischen zu großen Mahl- und Papiermühlen herangewachsenen Betriebe sicherzustellen. Es ist wahrscheinlich das kostspieligste Unternehmen an einem der vielen Mühlenteiche überhaupt gewesen, das zudem privat bezahlt wurde.

Heute gibt es hier keine Wassermühlen mehr. Jetzt steht der Schutz vor Hochwasserschäden im Vordergrund. Hierzu hat man den Unterlauf ab Brachelen begradigt. Eine Besonderheit gegenüber allen anderen Mühlenteichen ist jedoch geblieben: Der Linnicher Mühlenteich fließt nicht wieder zurück zur Rur, von wo er ausging, sondern mündet in die Wurm.

BRINGS, Josef, „Linnich - Ausgangspunkt einer wirtschaftlichen Betrachtung", in: HK Krs. Jülich 1957, S. 51 ff.; LIECK, F.J., „Der Streit der Gemeinde Rurdorf um die Anlage des

Nr. 283 Mühle Weitz, Linnich. Sie ist schon 1222 im Urbar des Klosters Prüm genannt. Später war sie bis zur Franzosenzeit die „Kurfürstliche Mühle" und stand im Schutz und Schatten des mächtigen Rurtores der Stadt Linnich. Ab 1847 gehörte sie der Müllerfamilie Weitz, die sie zu einem leistungsfähigen Unternehmen ausbaute. Aber auch sie mußte vor dem Hintergrund der Mühlenstrukturgesetze 1966 aufgeben.
30 Jahre später begann sie eine zweite Karriere, nun als Museum für Glasmalerei, die in Linnich Tradition hat. - Das Bild oben zeigt den alten Zustand vor der Umgestaltung. Das untere Bild von 1997 mit dem rückwärtigen Anbau wurde kurz vor der Museumseröffnung gemacht.

Mühlenteiches“, ebenda 1967, S. 81 ff.; SCHULTE, Linnich - Geschichte einer niederrheinischen Stadt (236), S. 17 ff. u. 63; WERTH, Jakob, „Der Dich wütt affgelosse“, in: Aus Linnichs Vergangenheit, Bd. 1, S. 65 ff.

283 Mühle Weitz

Linnich, Rurstraße
(vor 1222 - 1966)

> Linnicher Mühlenteich <

„Meines Gnädigsten Fürsten und Herrn Kornmoelen“ heißt es in einem Lageplan vom Oberlauf des Linnicher Mühlenteiches aus der Zeit um 1610. Darin ist auch die Mühle beschrieben, mit zwei Wasserrädern, Mahlstube, sowie *„Küch, Camer, Stall und Schweinenstall“*. Gegenüber, auf der anderen Seite des Teiches, steht des *„Gnädigen Fürsten und Herrn Olimoell“* - etwas kleiner und mit nur einem Wasserrad.
Es war also schon eine ansehnliche Anlage, die da im Schutze des mächtigen Rurtores in Linnich stand. Es handelte sich um jene zwei Mühlen, die im Prümer Urbar von 1222 genannt sind. Auch in einem Vertrag zwischen Arnold von Randerath und Gottfried I. von Heinsberg aus dem Jahre 1307 sind sie erwähnt. Gemeint waren in diesem Vertrag die in einem weiteren Vertrag zwischen Randerath und Heinsberg von 1395 genannten *„weytmoelen en Coerenmoelen tot Linghe* - Waid- und Kornmühle zu Linnich“ zwischen Hermann v. Randerath und Wilhelm III. von Jülich. Beide Mühlen befanden sich zu dieser Zeit längst in der Hand des Randerathers. Die Ölmühle dürfte erst später entstanden sein, weil sie hier noch nicht vorkommt. Aber 1483 spielte sie bei einer Pfandverschreibung eine Rolle.
Anfang des 19. Jh. ist das von Frankreich beschlagnahmte Anwesen in Privathand übergegangen. 1847 kaufte es Christian Weitz, der daraus die bedeutendste Fruchtmühle im damaligen Kreise Jülich machte. Die wenig später von ihm ebenfalls übernommenen Breitenbender Mühle (Nr. 291) wurde zum Zweigbetrieb. Um 1880 baute Weitz englische Walzenstühle ein und ersetzte die Wasserräder durch eine Turbine. Im Zweiten Weltkrieg erlitt die Mühle schwere Beschädigungen. Sie kam dann zwar wieder in Gang. Der älteste Teil mit dem malerischen Treppengiebel von 1608 war jedoch unwiederbringlich verloren. Als dann die wirtschaftliche Lage der mittelständischen Betriebe zunehmend schwieriger wurde und eine großzügig geförderte Stillegungsaktion lief, warf auch die Familie Weitz 1966 das Handtuch und schloß den Betrieb.
Aber die Gebäude blieben erhalten und begannen jüngst in umgestalteter Form eine neue Laufbahn als Museum für Glasmalerei, die in Linnich Tradition hat. Und die Geschichte der Mühle wäre unvollständig, wenn nicht Dr. Heinrich Weitz (1890 - 1962) genannt würde, der auf der Mühle geboren wurde. Er war Finanzminister von Nordrhein-Westfalen und Präsident des Deutschen Roten Kreuzes.

LACOMBLET, Urkundenbuch (154) Bd. II, Nr. 59; LIECK, F.J., „Die Schicksale ... auf der Linnicher Mühle“, in: HK Krs. Jülich 1967, S. 81 ff.; MÜCKTER, Gerhard, „Wind- und Wassermühlen im Raume der Stadt Linnich“, in: Jahresblätter des Linnicher Geschichtsvereins 1991, S. 64 ff.; SCHULTE, Linnich - Geschichte einer Niederrheinischen Stadt (236), S. 17 ff.; SOMMER, aaO., S. 280; WERTH, Jakob, „Die Mühlekaar“, in: Aus Linnichs Vergangenheit, Bd. 1 (1982), S. 62 ff.; Festschrift „100 Jahre Chr. Weitz GmbH, Walzenmühle, Linnich Rhld.“ (1950).

Nr. 284 Rischmühle, Hückelhoven. Vor 1600 begann sie als Ölmühle. 1640 war sie Papiermühle - eine der ältesten am Niederrhein. Sie lief bis um 1965. Zuletzt wurde allerdings nur noch Düngekalk gemahlen. Teile der Gebäude sind heute vom Reitsport besetzt.

Nr. 285 Oberste Mühle, Hückelhoven. Die Rischmühle lag zwar einige hundert Meter oberhalb. Aber diese hier war älter (1343 erwähnt), stand am Ortseingang und war deshalb die „Oberste" in Brachelen. Sie lief bis um 1960, zuletzt unter dem Namen „Offergeldsche" Mühle. Die Gebäude stehen leer.

284 Rischmühle

Hückelhoven-Brachelen, Rischmühlenstraße
(vor 1410 - um 1965) > Linnicher Mühlenteich <

Etwa auf der Mitte zwischen Linnich und Brachelen steht Hs. Rischmühlen, einst ein Rittersitz, um 1900 ein beliebtes Ausflugslokal und heute ein Bauernhof. Rischmühlen zählt zwar zu den Häusern, die ihren Namen von einer Mühle ableiten, vielleicht sogar aus einer Mühle hervorgegangen sind. Von einer Mühle direkt beim Hof ist allerdings nichts bekannt. Wohl befindet sich 750 m weiter unterhalb eine Mühle, die sich „Rischmühle“ nennt. Vielleicht hat sie früher zum Rittersitz gehört oder ist von dort an diesen Platz versetzt worden.
Das Adelsgeschlecht derer v. Rischmühlen geht auf das 14. Jh. zurück. Zumindest ihrem Namen nach müßte die Mühle gleich alt sein. Immerhin gibt es insofern einen Hinweis, als 1695 der Heinsberger Rentmeister berichtet, er habe in den Lagerbüchern von 1410 einen Erbpachtvertrag über die Rischmühle (eine Ölmühle) gefunden. Wahrscheinlich war es eben jene Ölmühle, die damals für 60 Quart Öl einem gewissen Heinken Koehlken übertragen worden war. Diese Ölmühle hatte auf dem heute noch so genannten Öldriesch gestanden; „Öldriesch“ heißen übrigens noch heute Flur und Straße gegenüber der Mühle.
Um 1640 - so berichtet der Rentmeister weiter - sei die Mühle durch Arnold v. Gruithausen in eine Papiermühle umgewandelt worden. Arnold, der sich auf Hs. Blumenthal eingeheiratet hatte, war offenbar ein tüchtiger Unternehmer: Ihm gehörten in Brachelen neben der Rischmühle auch noch die Unterste und die Oberste Mühle. Seine Papiermühle zählt am Niederrhein zu den ältesten Gründungen dieser Art überhaupt.
Den eigentlichen Aufschwung erfuhr die Rischmühle allerdings erst um 1790, als der Kaufmann Andreas Josef Berens aus Heinsberg den Betrieb übernahm und im Laufe der Jahre zu einem angesehenen Unternehmen machte. Berens gründete 1797 in Oberbruch (Nr. 210) und übernahm 1821 in Porselen (Nr. 209) je eine weitere Papiermühle, die aber im Laufe der Zeit zu Nebenbetrieben von Brachelen wurden. Das wichtigste Produkt war während der Franzosenzeit das sog. Nadelpapier, das rostfrei Lagerung und Versand von Metallwaren ermöglichte und vorher allein von den Briten erzeugt wurde. Später spezialisierte er sich auf anspruchsvolle Papiersorten und belieferte damit u.a. die staatlichen Behörden in Berlin.
Schon 1842 schaffte Berens eine Dampfmaschine an, 1865 wechselte er die beiden Wasserräder gegen eine Turbine aus. Erst 1890 - nach genau 100 Jahren - gaben die Berens das Werk in andere Hände. Zuletzt firmierte es unter „Heinrich Kommer, Pappenfabrik“, der ab 1904 auch die Unterste Mühle in Brachelen gehörte. Die Papiermühle war bis nach dem Zweiten Weltkrieg in Betrieb. Dann wurde noch bis etwa 1965 Düngekalk für die Landwirtschaft gemahlen. Seither dämmern die Gebäude vor sich hin. Ein Teil dient dem Pferdesport.

GEUENICH, Geschichte der Papierindustrie (71), S. 362 ff.; GILLESSEN, Ortschaften (74), S. 230; LENTZEN, Paul, „Die Bracheler Papiermühle“, in: HK Krs. Geilenkirchen-Heinsberg 1971, S. 121 ff.; SOMMER, aaO., S. 268 u. 280; ferner Tranchot 1805/07 Bl. 67 Linnich: „M.in á papier“, sowie TK 1893 Bl. 4903 Erkelenz: „Pap.Fbr.“

Nr. 287 Unterste Mühle, Hückelhoven. 1343 war sie gegenüber der „molendinum superius" (siehe Nr. 285) die „molendinum inferius", die Unterste Mühle in Brachelen. Nach der Verwendung als Mahl-, Öl- und Sägemühle lief sie von 1904 bis 1965 als Pappenfabrik.

---

285 Oberste Mühle

Hückelhoven-Brachelen, Grabenstraße
(vor 1343 - um 1960) > Linnicher Mühlenteich <

Über mehr als 2 km zieht sich das langgestreckte Straßendorf Brachelen hin. Im Dorf befanden sich drei Mühlen.

Die oberste (und die unterste, Nr. 287) von ihnen gehörte den Heinsbergern. Seit 1343 ist sie als *„molendinum superius* - Oberste Mühle" nachweisbar. Aus dem Jahre 1385 gibt es einen Erbpachtbrief, mit dem Goedert und Phillippa *„here ind vrouwe van Heynsberg*" ihre Kornmühlen zu Brachelen mit Zwangsgemahl und Gerätschaften an *„Neesen van Hoesteden, die Elich wyff was heren Goedartz van Brakelen Ritters yere beyder eligen soen*" ausgaben. Sie verpflichteten sich, ihre *„lude bynnen dem Kirsspell van Brakelin, die in dat gemaill gehoerende syn*", dazu anzuhalten, nur auf diesen Mühlen mahlen zu lassen. Die Jahrespacht betrug (wohl für beide Mühlen zusammen) 36 Malter Roggen. Als Molter durften die Erbpächter von jedem Malter ein Viertel einbehalten.

Um 1640 ging die Oberste Mühle auf Arnold v. Gruithausen über, weil dieser Ansprüche gegen den Landesfiskus hatte. Neben ihrer eigentlichen Funktion als Mahlmühle besaß sie - zumindest im 19. Jh. - auch noch zwei Ölpressen. In unserem Jahrhundert wurde sie zu einem mittelständischen Betrieb ausgebaut und gehörte zuletzt der Familie Offergeld, nach der sie auch „Offergeldsche Mühle“ hieß. Um 1960 erfolgte die Stillegung. Heute sind die Gebäude weitgehend ungenutzt.

CORSTEN, Domanialmühlen (36), S. 108; GILLESSEN, Ortschaften (74), S. 210; ders., Das älteste Mannbuch der Herrschaft Heinsberg (72), S. 249/50 (Urk. von 1385); MAYER, Franz, „Die älteren Mühlen ...“, in: HK Heinsberger Lande 1933, S. 42; SOMMER, aaO., S. 267; ferner TK 1843 Bl. 4903 Erkelenz: „M.“

286 Mittlere Mühle (Ölmühle)

Hückelhoven-Brachelen, Hauptstraße
(17./18. Jh. - um 1935) > Linnicher Mühlenteich <

Die - auch zeitliche - Zuordnung der Mittleren Mühle ist schwierig, da sie offensichtlich nicht zu den in den alten Urkunden vielfach erwähnten zwei Bracheler Bannmühlen gehörte. Vermutlich ist sie erst im 17./18. Jh. entstanden, vielleicht durch die Besitzer von Hs. Horrig, vor deren Tür sie gewissermaßen lag. 1819 wurde sie aus nicht bekannten Gründen um 10 Ruten (= rd. 40 m) versetzt und in massivem Stein neu errichtet. Sie muß also damals schon ein beträchtliches Alter gehabt haben, vielleicht sogar baufällig gewesen sein.
Die amtlichen Karten des 19. Jh. nennen sie zwar stets eine Ölmühle. Sie besaß aber neben ihren beiden Schlagbänken auch zwei Getreidemahlwerke. Als Mahlmühle ist sie auch bis um 1935 gelaufen. Im Zweiten Weltkrieg diente sie einer ausgelagerten Düsseldorfer Metallfirma als Ausweichstelle, in der Granaten gedreht wurden. 1944 wurde sie durch Kriegseinwirkung zerstört. Heute ist nur noch das ehemalige Mühlenwehr zu sehen.

CORSTEN, Domanialgut (36), S. 111; SOMMER, aaO., S. 267; ferner Tranchot 1805/07 Bl. 67 Linnich: „M.in á huile“, sowie TK 1843 u. 1893 Bl. 4903 Erkelenz: „Ö.M.“

287 Unterste Mühle

Hückelhoven-Brachelen, Alter Steinweg/Wedauer Straße
(vor 1343 - um 1965) > Linnicher Mühlenteich <

Wenn man dem am Orte üblichen Sprachgebrauch folgen darf, dann ist sie jene „*molendinum inferius* - Unterste Mühle“, die 1343 neben der wohl gleichaltrigen Obersten Mühle als Heinsberger Besitz bezeugt ist und 1385 zusammen mit der Untersten Mühle von den Heinsbergern in Erbpacht ausgegeben wurde (siehe Nr. 285). Um 1500 war die Mühle zugunsten der Landeskasse mit 18 Malter Roggen Pacht belastet. Mit der „Obersten Mühlenkollegin“ teilte sie sich im Zwangsgemahl. Dem entspricht, daß sie noch bei Tranchot als „Mühle“ und nicht als „Ölmühle“ bezeichnet wird, wie ihre Nachbarin. In eine Ölmühle wurde sie erst 1822 umgeändert.

Ab etwa 1620 war sie in der Hand des Arnold v. Gruithausen. Arnold hatte dann 1625 den zusätzlichen Bau einer Walk- und Sägemühle unterhalb der Untersten Mühle genehmigt bekommen. In einer Notiz in den alten Heinsberger Akten von 1724 heißt es u.a.: „... *weylen aber beyde Muhlen abgebrändt undt die holtschneidtmuhl ... 1684 wiederumb in gang bracht worden* ...“ Also muß die Sägemühle um diese Zeit noch gearbeitet haben. Dann aber brechen die Nachrichten darüber ab.
1904 siedelte die Pappenfabrik Hirtz & Kommer (ab 1937: Fa. Heinrich Kommer) von Niederau bei Düren auf unsere Mühle um und baute sie zu einer namhaften Papiermühle aus. Offenbar war die Liegenschaft von der Familie v. Gruithausen an sie verkauft worden, die noch bis 1914 auf Blumenthal saß.
Um 1965 wurde die Pappenfabrik Kommer stillgelegt. Die Gebäude stehen noch und sind zum großen Teil ungenutzt.

CORSTEN, Domanialgut (36), S. 101, 106 ff. u. 116; GEUENICH, Geschichte der Papierindustrie (71), S. 367 u. 423 ff.; GILLESSEN, Ortschaften (74), S. 210; ders., Altes Handwerk (73), S. 118; SOMMER, aaO., S. 268; ferner Tranchot 1805/07 Bl. 67 Linnich: „M.in“, sowie TK 1843 u. 1893 Bl. 4903 Erkelenz: „Ö.M.“

Malefink

Im amtlichen Sprachgebrauch ist dieses kleine Fließgewässer männlich und heißt „der Malefinkbach“. Die Bevölkerung indessen liebt es kürzer und weiblich - „die Malefink“. Eigentlich ist aber der Artikel nebensächlich, denn es heißt hierzulande gemeinhin ja auch nicht „der“, sondern „die Bach“. Wesentlicher ist da schon die Erklärung des Namens, den man mit „schwarzer Bach“ übersetzt, seiner „dunklen“ (sprich: moorigen) Herkunft wegen. Irgendwie erinnert er an die berühmt-berüchtigte Via Mala der Literatur, obwohl das ein Weg und nicht ein „Lauf“ war. Und wenn „Fink“ für „Bach“ steht, dann hätte man beim schwarzen „Fink-Bach“ sogar den sprachlich fragwürdigen „weißen Schimmel“. Besser - man läßt die schwierige Sache mit der Namensdeutung auf sich beruhen.
Nun - unsere Malefink stammt aus der Gegend von Hasselsweiler. Der genaue Ursprung ist allerdings nicht auszumachen, weil es keine eigentliche Quelle gibt. Ihr rd. 16 km langer Weg führt dann zunächst durch einen romantischen Geländeeinschnitt, vorbei an Hompesch, wo das gleichnamige und später weit verbreitete Adelsgeschlecht herkam. Ferdinand v. Hompesch war der letzte Großmeister des berühmten Johanniterordens auf Malta. Hinter Hompesch durchquert sie den einstigen jülich´schen Amtssitz Boslar und das Dorf Tetz, wo ehedem eine Burg stand. Dann schwenkt die Malefink unvermittelt kurz vor der Rur in einem rechten Winkel nach Norden ab und fließt an Breitenbend und Körrenzig vorbei. Sie begleitet ihren Zielfluß noch bis hinter Rurich, um schließlich die bis dorthin verschleppte Vereinigung doch noch zu vollziehen.
Heute ist unser „Schwarzbach“ kaum mehr als ein Bächlein und oft noch weniger als das. Man kann sich kaum vorstellen, daß er einmal sieben Mühlen angetrieben hat und lebenserhaltendes Gewässer für eine ganze Reihe von Ansiedlungen war. Damit wenigstens die Teiche im Ruricher Schloßpark nachgefüllt werden und nicht austrocknen können, wird heute von Rheinbraun Wasser zugesetzt. Der Herr auf

Schloß Rurich hat es unter Hinweis auf ein 1545 verbrieftes Wasserrecht an der Malefink durchgesetzt.

ENGELS, Peter, „Die Malefink und ihre Umrahmung", in: HK Krs. Jülich 1959, S. 42 ff.; MÜCKTER, Gerhard, „Der Malefinkbach - ein einheimisches Gewässer früher und heute", in: Jahresblätter des Linnicher Geschichtsvereins 1993, S. 86 ff. Siehe im übrigen auch den „Finkelbach" im Einzugsgebiet der Erft.

288/289 Die Boslarer Mühlen

Linnich-Boslar, Degerstraße / am Bahndamm
(Kornmühle: vor 1577 - um 1920) > Malefink <

Boslar hatte zwei Mühlen. **Die Kornmühle (Nr. 288)** im Dorf gehörte von alters her zum Rittersitz Limbach, einem jülich´schen Lehen. Eine erste Meldung von ihr haben wir von einem Lagerbuch des Lohnbusches von 1577. Danach bestand für sie eine Holzgerechtigkeit, nach welcher der Müller - wie häufig bei den herrschaftlichen Mühlen - das zur Mühlenerhaltung notwendige Bauholz entnehmen durfte. Eine Nachricht aus dem Jahre 1586 ist indes eher von ärztlichem Interesse. Da heißt es in einem Beschwerdebrief über das Benehmen von spanischen und kurkölnischen Truppen, daß der Müller *„hart und also verwundt worden, daß man die Wundt an dreien orten anhefften mußte.*" Er muß wohl für den bewaffneten Appetit von Söldnern zu wenig Verständnis gezeigt haben.
In der Franzosenzeit kam die Mühle in Privathand. Sie war offenbar ein bescheidenes Gebäude: Als sie nämlich 1871 von Franz Peter Themanns erworben wurde, hieß es im Kaufvertrag, sie sei mit Stroh gedeckt. Um 1920 hatte die Themanns-Mühle - so ihr letzter Name - zwar längst Dachpfannen, mußte aber stillgelegt werden, weil sich der Betrieb offenbar nicht mehr lohnte. Heute befindet sich an ihrer und an der Stelle des Mühlenhofes eine Wiese. Auch den langgestreckten Mühlenweiher gibt es nicht mehr.
Weiter unterhalb, nahe dem Bahndamm bei Tetz stand eine herzogliche **Waidmühle (Nr. 289)**. Sie war eine der wenigen Wassermühlen, die ausschließlich Färberwaid mahlten. Nach der Flurbezeichnung hieß sie „Mühle im Hämisch". Schon 1497 ist sie zusammen mit benachbarten Waidmühlen in einer Aufzeichnung des Amtmannes von Boslar genannt. Später scheint sie zugleich auch Ölmühle gewesen zu sein, wie aus einer Kirchenbucheintragung hervorgeht, nach welcher ein Ölmüller Johann Kück am 18. März 1774 auf der Hämischmühle verstorben ist. Dann brechen die Nachrichten über die Mühle ab. Bei Tranchot (1805/07) ist sie nicht mehr erwähnt. Von ihr ist heute nichts mehr zu sehen.

PETERS, Boslar - ein Dorf im Jülicher Land (198), S. 72 ff.; SOMMER, aaO., S. 286; o. Verf., „Über die Mühlen zu Boslar", in: Rur-Blumen 1924, Nr. 34; ferner TK 1843 Bl. 5003 Linnich u. 1893 Bl. 5004 Jülich: Mühlensymbol.
Bei PETERS und im anonymen Beitrag in den Rur-Blumen ist von einer „Mühle von Goir" die Rede, mit der die Boslarer Kornmühle gemeint ist. Bedeutung und Herkunft dieses offensichtlich sehr alten Namens waren nicht aufzuklären. In Boslar ist weder eine Familie, noch eine Gemarkung bekannt, die so heißt.

Nr. 290 Tetzer Mühle, Linnich. Es war wohl eher ein Aufbäumen gegen das allgemeine Mühlensterben, als man ihr 1960 noch ein neues Wasserrad gab. Aber Rad und Bach sind längst von dichtem Strauchwerk überwuchert. Die Mühle aus dem 14. Jh. war zu alt und zu klein, um noch bestehen zu können. Sie ist verlassen. Türen und Fenster sind verschlossen.

---

290 Tetzer Mühle

Linnich-Tetz, Mühlenfalder
(vor 1351 - um 1944) > Malefink <

Das Dorf Tetz liegt an der Hangkante der Merscher Höhe. Kein Wunder also, daß seine Mühle mit einem verhältnismäßig kleinen Wasserrad für oberschlächtigen Betrieb auskam. Man kann es heute noch sehen - oder richtiger, könnte. Denn wie weiland Dornröschens Schloß sind Arche und Mühlrad gänzlich von Strauchwerk überwuchert.
Tetz gehörte ursprünglich den Jülichern. 1351 verkaufte Graf Wilhelm von Jülich das Dorf und den gräflichen Hof mit allem Zubehör, „*mit Brauhaus und Mühle*", für 2.250 Mark kölnisch „*dem ehrsamen Mann, Herrn Godard v. Hompesch*". Im 17. Jh. hat die Mühle mehrfach den Besitzer gewechselt. Am längsten gehörte sie der Familie v. Brachel. Gegen Ende des Zweiten Weltkrieges wurde der Mahlbetrieb eingestellt und nicht wieder aufgenommen. 1960 erhielt die Mühle zwar noch einmal ein neues Wasserrad, und auch die Stauanlage wurde instandgesetzt. Aber da ging es mehr um das Denkmal als um Mahlen. Ohnehin war ja die Zeit der kleinen Mühlen längst vorbei. Heute träumt das verlassene Gebäude in den Tag hinein.

KUHL, Geschichte der Stadt Jülich, Bd. I (151), S. 196/97; MÜCKTER, Gerhard, „Wind- und Wassermühlen im Raume der Stadt Linnich“, in: Jahresblätter des Linnicher Geschichtsvereins 1991, S. 64 ff.; SOMMER, aaO., S. 280/81; JRD 25 (1965), S. 103; ferner TK 1843 und 1893 Bl. 5003 Linnich: Mühlensymbol/“M.“

291 Breitenbender Mühle

Linnich, Im Gansbruch
(vor 1456 - um 1916) > Malefink <

Breitenbend war ein brabantisches Lehen, das im 14. Jh. an das berühmte jülich´sche Adelsgeschlecht v. Palant kam. Bei einer Erbteilung der Familie Palant im Jahre 1456 wird auch die Mühle genannt, die östlich der Burg stand. Sie war keine Bannmühle. 1648 - im letzten Jahr des 30jährigen Krieges - wurde die Burg geschleift. Übrig blieben der Wirtschaftsteil, aus dem ein Gutshof wurde. Auch die Mühle blieb stehen, die schließlich nach einigen Wechseln um 1850 an den Linnicher Müller Weitz kam. Er hatte sie übernommen, um lästige Konkurrenz von seinem expandierenden Stadtbetrieb (Nr. 283) fernzuhalten.
Die Mühle ist dann bis um die Mitte des Ersten Weltkrieges als „Nebenstelle“ der Mühle Weitz gelaufen. Anschließend diente sie bis zu ihrer Zerstörung im Zweiten Weltkrieg als Wohnhaus. Nach dem Kriege wurden die Reste des aus dem 18. Jh. stammenden Gebäudes beseitigt, wie auch die von Gut Breitenbend. Heute ist dort ein Gewerbegebiet.
Noch Anfang der 30er Jahre hatte der Linnicher „Hans Sachs“, der Bäckermeister und Heimatdichter Jakob Werth oft einen „Erinnerungs-Spaziergang“ nach Breitenbend gemacht, wo in seiner Jugendzeit das Korn zu grobem Mehl geschrotet worden war, das dann in der Backstube seines Vater zu Graubrot verbacken wurde. Damals habe ein alter Junggeselle das Mahlgeschäft in der Breitenbender Mühle betrieben, schrieb er. Da sei die Frage eher akademisch gewesen, ob in der Mühle wohl manch schöne Müllerin gewohnt habe, trotz aller Verführung zum Träumen „im kühlen Grunde“.

BÜNDGES, Wilhelm, „Die Güter des ersten Ritters v. Palant“, in: Rur-Blumen 1942, Nr. 40; LENZ, Chr., „Schloß Breitenbend bei Linnich und seine Geschichte“, ebenda, 1928, Nr. 37; MÜCKTER, Gerhard (wie zu Nr. 290); SOMMER, aaO., S. 280; WERTH, Jakob, „In einem kühlen Grunde - Erinnerungen an die Breitenbender Mühle“, in: Rur-Blumen 1934, Nr. 23; ferner Tranchot 1805/07 Bl. 67 Linnich: „M.in“, sowie TK 1843 u. 1893 Bl. 5003 Linnich: „Sg.M.“ / „Breitenbender M.“

292 Körrenziger Mühle (Strycks Mühle)

Linnich-Körrenzig, Wiesenstraße
(um 1450 - um 1925) > Malefink <

Am 2. Juni 1029 schenkte Kaiser Konrad II. der Benediktinerabtei Burtscheid Güter in „Wil“, „Altenhof“ und „Cornizich“ mit allem Zubehör, zu dem auch „Wassermüh-

Nr. 292 Körrenziger Mühle, Linnich. Der jetzt unscheinbare Malefinkbach fließt bei den Bäumen an den Hofgebäuden entlang, an denen sich noch bis um 1925 ein Wasserrad gedreht hat. Es spricht einiges dafür, daß die Mühle im Jahre 1029 vom Kaiser der Abtei Burtscheid geschenkt worden war. Gesichert ist allerdings erst eine Nachricht von 1450, wo sie in den Rentbüchern als Besitz des Herzogs von Jülich geführt wird.

---

len" genannt wurden. Was mit dem Ort Wil gemeint ist, konnte bisher nicht ausfindig gemacht werden. Altenhof indessen wurde als Frei Aldenhoven südlich von Linnich identifiziert. Und Cornizich ist nichts anderes als das heutige Dorf Körrenzig.

Wenn man also Wil ausklammern muß und weiß, daß Altenhof nicht an einem Gewässer lag, dann ist es in der Tat nicht unwarscheinlich, daß die Körrenziger Wassermühle in die Kaiserliche Schenkung einbezogen wurde. Allerdings ist auch nicht auszuschließen, daß die lange Aufzählung aller denkbarer Pertinenzien (des Grundstückszubehörs) in der Urkunde nur eine der ehedem gebräuchlichen Textformeln war.

Die erste ausdrückliche Nennung der Körrenziger Mühle geschah erst 1450 in einem Rentbuch, wo die „Öl- und Kornmühle an dem Broich" zum Besitz des Herzogs von Jülich gerechnet wird. Sie war Zwangsmühle für das Dorf Körrenzig - auch nach den späteren Eigentumsübergängen auf die v. Palant zu Breidenbend und die v. Hompesch auf Schloß Rurich. 1717 räumte Graf Reinhard Vincent v. Hompesch der Linnicher Kirchengemeinde den Nießbrauch an der Mühle ein, unter der Auflage, nach seinem Tode in der Kirche beigesetzt zu werden.

Im 19. Jh. kam die Mühle - ausgestattet mit einem unterschlächtigen Wasserrad, zwei Mahlgängen und einer Ölpresse - in Privathand. Aber da hatte sie schon mit Wassermangel zu kämpfen. In einem amtlichen Bericht von 1822 heißt es vielsagend: „*Der Müller hat Zuspruch genug, aber kein Wasser.*" Dennoch war die Mühle bis Mitte der 20er Jahre unseres Jahrhunderts in Betrieb. Seit den Zerstörungen bei den Kampfhandlungen an der sog. Rurfront 1944/45 ist äußerlich von der Mühle nicht mehr viel übrig geblieben. Der - stark modernisierte - Mühlenhof steht allerdings noch.

HANSEN, Körrenzig - Dorf an der Rur (85), S. 35 ff. (Urkunde von 1029) u. 117 ff.; MÜCKTER, Gerhard, (wie Nr. 290); SCHULTE, Linnich - Geschichte einer niederrheinischen Stadt (236), S. 231; SOMMER, aaO., S. 279/80; ferner TRANCHOT 1805/07 Bl. 67 Linnich: „moulin", sowie TK 1843 u. 1893 Bl. 5003 Linnich: Mühlensymbol / „Körrenziger M."
Im 15./16. Jh. bestand in Körrenzig auch eine Waidmühle. Eine Nachricht von 1572 besagt, die Mühle sei einige Jahre zuvor von der Rur „abgedrieben" worden, bei Hochwasser offenbar (HANSEN, aaO.). Daraus kann man aber nicht zwingend schließen, daß es sich um eine Wassermühle gehandelt haben muß.

293 Ruricher Schloßmühle

Hückelhoven-Rurich, Malefinkstraße
(vor 1545 - um 1960) > Malefink <

Wer die alte „Route d´Aix la Chapelle à Crefeld" Napoleons - die heutige Bundesstraße 57 - befährt, kommt hinter Hückelhoven-Baal an einem englischen Park vorbei. Es ist der Schloßpark von Rurich, der das gleichnamige Barockschloß umgibt. Die Geschichte dieses Schlosses und der angrenzenden Burgmanssiedlung geht bis in das 13. Jh. zurück. Damals war Rurich die Burg „Rureke". Nach den Herren von Rurich saßen hier die v. Reuschenberg und (ab 1612) die v. Hompesch, die 1787 das jetzige Schloß bauten. Heute gehört das Anwesen dem Grafen Dürckheim-Montmartin.
Zur Burg und zum späteren Schloß gehörte eine Wassermühle. Sie dürfte ähnlich alt sein wie der Rittersitz. Denn die Malefink hatte mit Sicherheit bei der Ansiedlung nicht nur für die Burggräben eine Rolle gespielt, sondern war auch zweifellos sogleich als Antriebsquelle für die traditionelle Burgmühle „entdeckt" worden. Eine „Geburtsurkunde" gibt es allerdings nicht. Wohl aber hatte der Herzog von Jülich 1545 dem damaligen Besitzer Heinrich v. Reuschenberg das Wasser- und Staurecht für den Betrieb der Mühle urkundlich verbrieft.
In einem weiteren Schreiben aus demselben Jahr teilte der Herzog dem Ruricher Burgherrn mit, daß *„selbige Kornmühle stehen bleiben mag*". Dabei ging es allerdings nicht etwa um die Verlängerung einer Betriebserlaubnis, die war ja gerade noch bestätigt worden, sondern um einen merkwürdigen Verzicht. Der Herzog und seine Verbündeten verzichteten auf die „Möglichkeit", daß die Mühle in einer gerade laufenden Fehde behelligt würde. Dafür hatte der Reuschenberger 160 Gulden als „Gebühr" erlegen müssen. Es war wohl so eine Art Schutzgeld, was da verlangt und gezahlt worden war. Wahrscheinlich war das damals nicht ungewöhnlich, zumal sich Kriege zu allen Zeiten wenig „mühlenfreundlich" verhielten und bei feindlichen Auseinandersetzungen jeder zu retten suchte, was zu retten war.
Das heute noch vorhandene Mühlengebäude trägt in den Ankersplinten die Jahreszahl 1768. Damals war die Mühle abgebrannt. Reichsgraf Wilhelm v. Hompesch hatte nicht gezögert, den wichtigen und für ihn einträglichen Wirtschaftsbetrieb

Nr. 293 Ruricher Schloßmühle, Hückelhoven. Niederungsburgen lagen gewöhnlich an einem Fließgewässer, so auch der Rittersitz Rurich aus dem 13. Jh. Die Versorgung verlangte, daß eine Mühle dazugehörte.
Rurich besaß zwei Mühlen: diese Kornmühle beim Schloß, 1445 erstmals erwähnt, und etwas weiter ab eine jüngere Ölmühle. Die erstere war bis um 1960 in Betrieb. 1986 brannte sie völlig aus und ist seither mit einem Notdach versehen. - Von der **Ölmühle (Nr. 294)** ist nur noch der Standort markiert: durch einen Mühlstein, der vor einigen Jahren dort abgelegt wurde (unteres Bild). Sie lief bis etwa 1870, wurde dann als Feldscheune benutzt und schließlich abgebrochen.

schnell wiederherzustellen. Immerhin lag auf der Mühle das Bannrecht für die benachbarten Kirchspiele Baal und Körrenzig. Graf Wilhelm muß aber ansonsten ein sparsamer Mann gewesen sein. Als er nämlich einige Jahre später das neue Barockschloß bauen ließ, diktierte er dem Notar in sein Testament, daß dieser Neubau *„einzig für das Ansehen der Familie und zur Erhaltung des Namens„* diene.
Bis 1870 lief die Mahlmühle mit einem unterschlächtigen Wasserrad. Dann trat an dessen Stelle eine Turbine. Das wirkte sich offenbar so leistungsfördernd aus, daß noch eine Gattersäge angeschlossen wurde. Ab etwa 1900 kam noch eine weitere - damals allerdings weniger mühlentypische - Aufgabe hinzu: Die Mühle hatte den gesamten elektrischen Strom für Schloß und Gutsbetrieb zu erzeugen, ehe sie an die öffentliche Stromversorgung angeschlossen wurden.
Im Zweiten Weltkrieg wurde die Mühle bei den Kämpfen an der Rur zerstört. Nach der Instandsetzung lief sie noch bis um 1960. Dann folgte eine Wohnnutzung. Dabei brannte die Mühle zweimal ab, zuletzt 1986. Seither steht das mit Mitteln der Denkmalpflege zumindest äußerlich gut instandgehaltene Gebäude leer. Nur der Dachstuhl fehlt. An seiner Stelle übernimmt ein Flachdach den Schutz vor Wind und Wetter.

MÜCKTER, Gerhard (wie Nr. 290); SOMMER, aaO., S. 266; JRD 30/31 (1985), S. 504; ferner TK 1843 u. 1893 Bl. 5003 Erkelenz: Mühlensymbol / „M“.

294 Ruricher Ölmühle

Hückelhoven-Rurich, Dr. Baeumker-Straße
(vor 1800 - 2. H. 19. Jh.) > Malefink <

Wer die Wohnstraße im Norden des Dorfes ein Stück geradeaus nach Westen geht, noch am Madonnen-Obelisk am Waldesrand vorbei, der findet an der Malefink-Brücke am Rande des Rurtales einen Mühlstein mit einem gußeisernen Kegelrad. Es ist zwar der Stein einer Kornmühle und hat mit einer Ölmühle wenig zu tun. Gleichviel - einen sinnfälligeren Denkstein könnte man einer verschwundenen Mühle kaum setzen.
Diese Ölmühle war zwar das Pendant zur gräflichen Mahlmühle beim Schloß. Sie dürfte aber allem Anscheine nach erst im 18. Jh. entstanden sein. Denn außer der Eintragung in der Tranchot-Karte aus den Jahren 1805/07 gibt es von ihr keine älteren Nachrichten. Daß sie im übrigen rd. 700 m weiter unterhalb stand, hatte nichts mit der Feuersicherheit, sondern mit der Trägheit des Antriebsgewässers zu tun.
Ihre Ausstattung mit nur einer einzigen Schlagpresse und einem Graupenschälgang war bescheiden. Erst im 19. Jh. kam eine zweite Betriebseinheit hinzu. Als dann ab etwa 1870 die meisten Ölmühlen wegen der Billigimporte geschlossen werden mußten, ereilte auch sie das Ölmühlenschicksal. In der topographischen Karte von 1893 ist schon das traditionelle Mühlenzeichen durch das Kürzel „sch.“ (= Scheune) ersetzt. Heute gibt es hier nur noch mehr oder weniger freie Rur-Landschaft. Die Malefink ist in den Sommermonaten nur ein schmales Rinnsal.

SOMMER, aaO., S. 266; ferner Tranchot 1805/07 Bl. 67 Linnich: „moulin á huile“, sowie TK 1843 u. 1893 Bl. 4903 Erkelenz: „Öl.M.“ / „sch.“

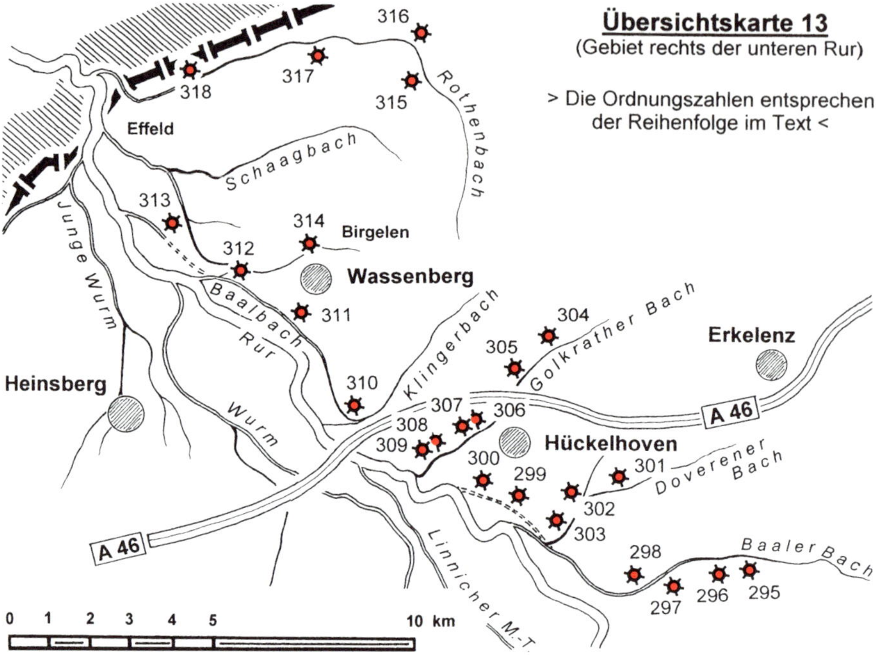

Im Plangebiet (re. der Rur): 23 Wassermühlen und um die 6 Windmühlen

---

Baaler Bach und Baalbach

Um es vorweg zu sagen: Es geht hier nicht nur um einen Bach mit zwei Namen, sondern um zwei Bäche mit einem hochgradig verwandten Namen und um noch einige Nebenbäche dazu. Und weil auch der Baalbach manchmal Baaler Bach genannt wird, kann man sie gleichwohl für ein und denselben Gewässerzug halten, der da zwischen Baal und Effeld der Rur hinterherzulaufen scheint. Aber sie haben nichts miteinander zu tun.

Der - südlich verlaufende - Baaler Bach kommt aus dem Lövenicher Bruch. Dort heißt er, um die Verwirrung komplett zu machen, eigentlich Nysterbach, ehe er sich durch die Ortschaft Baal windet und dann nach Nordwesten abschwenkt. Dort hat er noch einige Rittersitze in der Ruraue zu versorgen, um schließlich bei Hückelhoven-Doverack in der Rur zu verschwinden. Auf seiner Wegstrecke von etwa 10 km steht ihm ein Gefälle von rd. 40 m zur Verfügung, um voranzukommen. Überdies muß er kräftig Mühlen antreiben. Dabei hilft ihm allerdings der sogenannte Mühlenbach, der aus Richtung Hetzerath über Doveren herankommt. Die Namen Baal und Doveren mit Doverhahn, Doverheid und Doverack haben

alle irgendwie mit „Wasser" zu tun. Sie kommen aus dem Keltischen. Insofern ist das niederrheinische Doveren mit dem ungleich bekannteren englischen Dover namensverwandt. Vielleicht kommt im Namen Doverack das Wasser sogar zweimal vor, wenn nämlich die Endsilbe „-ack" vom lateinischen „aqua" abgeleitet sein sollte. Aber das ist nicht erwiesen und auch den Mühlen ziemlich egal, für die nicht der Name, sondern der Nachschub wichtig ist.
Nebenbei: Bei den Verbesserungsmaßnahmen der letzten Jahrzehnte ist unser Bach nicht nur begradigt worden, sondern man hat ihn auch verkürzt. Früher verband er sich erst bei Doverack mit der Rur. Heute trifft er sich schon bei Hs. Grittern mit seiner großen Schwester.
Der - nördlich verlaufende - Baalbach setzt die Ableitungsarbeit seines südlichen Namensvetters von Ratheim aus fort, wo er im Haller Bruch mit mehreren kleinen „Ärmchen" beginnt. Auch er hat einige kräftige Zuläufe - vor allem mit dem Golkrather Bach und dem Klingerbach, die das Oberflächenwasser aus dem Bördeland zum Rurgraben hin abführen.
Auch beim Baalbach haben die Regulierungsarbeiten zu einigen Veränderungen geführt. Er mündet jetzt nicht mehr erst bei Steinkirchen, sondern schon vor Wylack in die Rur. Aber man hat sein altes Bett jenseits der Baggerseen wieder für die Vorflut benutzt, wobei er auch einen Teil des Birgelner Baches aufgenommen hat.
In Teilstücken wurden und werden unsere Bäche auch „Mühlenbach" genannnt. Bei den zahlreichen Mühlen war das nicht verwunderlich: Beim Baalerbach und seinen Gefährten zählt man deren neun, beim Baalbach mit seinen Zuläufen sind es sogar elf Wassermühlen. Von diesen Mühlen läuft keine mehr, und nur eine (die Romersmühle, Nr. 306) hat noch ihr Wasserrad - weil es „eingemauert" ist.

BROICH, Jakob, „Die Bäche und Mühlen rechts der Rur im Amte Wassenberg", in: HK Selfkantkreis 1960, S. 85 ff.; REINARTZ, Werner; „Nysterbach und Baalerbach", in: HK Erkelenzer Lande 1962, S. 132 ff.

295 Ophover Mühle

Erkelenz-Lövenich
(vor 1469 - 1951) > Nysterbach/Baaler Bach <

Als die Brüder Daem und Godart von Harff am 1. Februar 1469 das väterliche Erbe unter sich aufteilten, fiel das Schloß Nierhoven *„mit den Mühlen"* an Godart. Mit den „Mühlen" - eigentlich war es nur eine - hatte es ständig Schwierigkeiten gegeben. In einem Bericht der Schöffen des Dingstuhls Lövenich aus dem 16. Jh. steht, daß die Nierhovener Mühle wegen des zurückgehenden Wassers und der Verlandung der Mühlenteiche im Laufe der Zeit viermal habe jeweils nach unterhalb verlegt werden müssen: Zuerst war sie bei Klein-Boslar, dann bei Lövenich, schließlich am Schloßweiher und zuletzt nahe dem Rittergut Ophoven. Dort blieb sie und erhielt den irreführenden Namen „Ophover Mühle", obwohl sie mit diesem Hof sie nichts zu tun hatte. Mögliche Probleme mit Ophoven waren ohnehin spätestens dadurch erledigt, daß Godarts Nachfahren dieses Gut nicht lange danach mit Nierhoven vereinigten.

Nr. 295 Ophover Mühle, Erkelenz. Sie gehörte den v. Harff zu Nierhoven und wurde seit ihrer Ersterwähnung 1469 wegen des nachlassenden Wassernachschubs mehrfach verlegt. Bis 1951 war sie in Betrieb. Seit den 20er Jahren war sie zugleich eine vielbesuchte Ausflugsgaststätte. Heute ist sie verlassen und ruinös.

Nr. 296 Ölmühle Baal, Hückelhoven. Auch sie gehörte zu Hs. Nierhoven und ist jetzt ebenfalls nur noch eine Ruine in einsamer Bruchlandschaft. 1934 wurde sie stillgelegt, war dann eine zeitlang noch bewohnt, ehe das Anwesen aufgegeben wurde.

Der erste dieser Nachfahren war übrigens ein weitgereister und für damalige Verhältnisse ein welterfahrener Mann: Arnold von Harff. Arnold hatte nämlich zwischen 1496 und 1499 als Junker eine Reise nach Rom und Jerusalem und durch einige Mittelmeerländer unternommen. Sein 260seitiger Reisebericht hatte selbst am Jülicher Hofe so großen Eindruck gemacht, daß Godert beschloß, seinen berühmten Neffen zu seinem Erben zu machen.
Im 19. Jh. bekam die Mühle einen Dampfkessel, sodaß die beiden Mahlgänge und der Kollergang einen zusätzlichen Antrieb erhielten. Noch bis 1951 lief die Mühle, zuletzt allerdings nur noch elektrisch.
Auf das absehbare Ende war sie allerdings gut vorbereitet: Sie hatte sich schon zwischen den beiden Weltkriegen als Ausflugsgaststätte empfohlen und dazu einiges aufgewendet. Vor allem aber kam ihr dabei die Lage in der schönen Naturlandschaft abseits der Siedlungen zugute. Draußen luden Tische und Stühle zu Kaffee und Kuchen ein. Auf dem Mühlenweiher schwammen zwischen den Teichrosen Kähne und Schwäne.
Aber auch das ist inzwischen nur noch Erinnerung. Die einst so vielbesuchte Ophover Mühle liegt zwar noch immer im offiziell ausgewiesenen „Erholungsgebiet Baaler Bach". Indes - sie ist eine zerfallende Ruine, die sich inmitten von schlankem Auengehölz im Unterwasser spiegelt. Der Mühlenweiher oberhalb ist inzwischen so sehr verlandet, daß man bald auf ihm spazierengehen kann. Das schon im 15./16. Jh. so heftig beklagte Schicksal fortschreitender Verlandung der Teiche am Baaler Bach scheint sich an ihm endgültig erfüllt zu haben.

GILLESSEN, Ortschaften (74), S. 231; KORTH, Leonard, „Gräfl. Mirbachsches Archiv zu Harff", Nr. 605 u. 837, in: Annalen des Historischen Vereins für den Niederrhein, Bd. 57 (1894); MAYER, Franz, „Die älteren Mühlen ...", in: HK Heinsberger Lande 1933, S. 43; PORTEN, Baal (201), S. 16 ff.; REINARTZ, Werner, „Baal, Lövenich und Rurich einst und jetzt" (Erkelenz 1958); ders., „Nysterbach und Baaler Bach", in: HK Kreis Erkelenz 1952, S. 135; SOMMER, aaO., S. 264; ferner Tranchot 1806/07 Bl. 57 Erkelenz: „Ophover Muhlen", sowie TK 1843 u. 1893 Bl. 4903 Erkelenz: „Ophover M."

296 Ölmühle (Kratzen- oder Mertensmühle)

Hückelhoven-Baal, Am Alten Bahnhof
(vor 1560 - um 1939) > Baaler Bach <

Sie gehörte zum Ophover Hof und war die eigentliche Ophover Mühle. Der Hof war im 15./16. Jh. im Besitz derer v. Palant auf Breidenbend bei Linnich. 1560 befanden sich Hof und Mühle in der Hand des Junkers Wilhelm v. Harff zu Nierhoven, der schon die sog. Ophovener Mühle besaß (Nr 295). 1743 wurde die Mühle bei einer Vermögensaufstellung wie folgt spezifiziert: „*Item* (ferner) *eine Ölmühle an einer Seite des Baaler Baches mit Gärten, Teich etc. = 2 ½ Morgen.*" 1822 wird sie in einer amtlichen Feststellung als eine unterschlägig betriebene Frucht- und Ölmühle mit einem Mahlgang und zwei Pressen im Wechselwerk beschrieben. Bezeichnend ist der Zusatz: „*Der Müller muß das Gemahl mit der Karrig beiholen, welches wegen der vielen in der Nähe gelegenen Mühlen sehr gering ist.*" Damals wurde die Mühle von einem Franz Kratz betrieben, was ihr den zu-

Nr. 297 Mittelmühle Baal, Hückelhoven. „Die Mühle an der Bahlen im Kirchspiel Körrenzig" (so eine Urkunde von 1416) war bis zur Säkularisation im Besitz des Kreuzherrenklosters Hohenbusch. Als die mittlere von drei Baaler Mühlen hieß sie „Mittelmühle", oder auch nach dem letzten Müller „Wackersmühle". Seit 1970 liegt sie still, weil der Bach verlegt wurde.

Nr. 298 Pletschmühle, Hückelhoven. Der Bauernhof ist nicht mehr als Mühle zu erkennen, die immerhin von mindestens 1306 bis um 1950 gelaufen ist. Auch hier war früher ein Kloster beteiligt: der adlige Damenkonvent Dalheim.

mindest einprägsamen Namen „Kratzenmühle“ einbrachte, unter dem sie heute noch in Baal bekannt ist.
Die Ölmühle lief bis vor dem Zweiten Weltkrieg. Danach wurde sie noch eine zeitlang als Wohnung genutzt. Dann aber wurde sie endgültig verlassen und verfiel. Ein alter Baaler Bürger konnte die Verlassenheit erklären: „*Wer nicht auf einer Mühle geboren ist, hält es dort nicht aus.*“

HEIMFRIED, „Rittersitz und Mühle Ophoven bei Baal“, in: Heimatblätter (Erkelenz), Beilage Nr. 3/1929; PORTEN, Baal (201), S. 19 ff.; REINARTZ, Werner, „Nysterbach und Baaler Bach“, in: HK Krs. Erkelenz 1962, S. 135; SOMMER, aaO., S. 264; ferner Tranchot 1806/07 Bl. 57 Erkelenz: „Öl Muhl“, sowie TK 1843 u. 1893 Bl. 4903 Erkelenz: „OlichsM./M.“

297 Mittelmühle (Wackersmühle)

Hückelhoven-Baal, Krefelder Straße
(vor 1416 - um 1970) > Baaler Bach <

Die Mühle auf dem Hackeberg mitten in Baal war seit alters her mit dem Scherreshof verbunden. Dieser Hof liegt auf halbem Wege nach Lövenich. Er muß ursprünglich dem Dalheimer Konvent gehört haben. Das ergibt folgende Urkunde vom 21. Dezember 1416, die (unter Nr. 50) im Archiv des Grafen Wolf-Metternich in Klein Bullesheim (Euskirchen) verwahrt wird. Sie lautet (verkürzt): „*Abt Johann und der Konvent zu Altenberg nehmen von der Äbtissin und dem Convent zu Dalheim die diesem gehörende Mühle an der Bahlen (Baelen) im Kirchspiel Körrenzig (Korensick) auf 300 Jahre ... für 6 Malter Roggen jährlich, lieferbar am Remigiustage, in Pacht.*“
Eine Pachtdauer von drei vollen Jahrhunderten paßte in das traditionelle Denken der Kirche in großen Zeiträumen. Gleichwohl scheinen es sich die Altenberger später dann doch anders überlegt und das Pachtrecht vorzeitig aufgegeben zu haben, vielleicht wegen der großen räumlichen Entfernung zwischen Altenberg und Baal. Denn 1511 hatten Prior und Konvent der Erkelenzer Kreuzbrüder die Mühle den Eheleuten Peter Lemmen in Erbpacht gegeben. Eigentümer und damit verfügungsberechtigt waren sie bereits seit 1469. In jenem Jahre war ihnen nämlich die Mühle von den Dalheimer Zisterzienserinnen auf Abschlagszahlung verkauft worden.
Die Ordensgemeinschaft der Kreuzbrüder, der im Raum Hückelhoven-Erkelenz insgesamt drei Mühlen gehörte, ist aus der Kreuzzugbewegung entstanden. Sie lebte nach der Augustinerregel. Die Erkelenzer Niederlassung bestand schon seit 1302. Sie stand übrigens in enger Verbindung zu dem bereits oben erwähnten Kreuzherrenkloster Marienfrede an der Issel (Nr. 76). Ihr umfangreicher Grundbesitz belief sich um 1750 auf nicht weniger als 1.250 Morgen.
Die Mittelmühle - wie sie wegen ihrer Lage zwischen zwei anderen Baaler Mühlen genannt wurde - blieb bei Hohenbusch, bis sie mit dem ganzen anderen klösterlichen Grundvermögen 1802 als geistlicher Besitz säkularisiert wurde.
Der letzte Eigentümer hieß Wackers. Die Mittelmühle (Wackersmühle) war stets eine Kornmühle und besaß ein unterschlächtiges Wasserrad. Als das Bachbett

Nr. 299 Bocketsmühle, Hückelhoven. Die 1959 stillgelegte Mühle befand sich im Gebäudeteil links. Sie stammte wohl erst aus dem 18. Jh. Ihr Name wird unterschiedlich erklärt: Entweder geht er auf eine Familie v. Bochelt zurück oder aber darauf, daß hier vornehmlich Buchweizen vermahlen wurde.

---

aus Regulierungsgründen auf die andere Seite des Mühlenhofes verlegt wurde, mußte sie auf elektrischen Betrieb umstellen. Um 1970 wurde sie geschlossen.

ARETZ, Die Kreuzherren von Hohenbusch (5), S.12/13; HAAß, Hohenbusch - Conventus Alti Nemoris (83), S. 12; PORTEN, Baal (201), S. 23; REINARTZ, Werner, „Straßen- und Flurnamen der Gemeinde Baal", in: HK Krs. Erkelenz 1957, S. 102; SCHROIFF, 1100 Jahre Doveren - St. Dionysius (223), S. 156; SOMMER, aaO., S. 264; ferner TK 1843 u. 1893 Bl. 4903 Erkelenz: Mühlensymbol/"M."

298 Pletschmühle

Hückelhoven-Baal, Friedhofstraße
(vor 1306 - 1957) > Baaler Bach <

Auch das Zisterzienserinnenkloster Dalheim wird uns im Wassenberger Land im Zusammenhang mit Mühlen noch mehrfach begegnen. Es ist zwischen 1191 und 1196 in Ophoven von dem Edelherrn Otto v. Born und seiner Gemahlin Petronella gegründet worden, und zwar in Ophoven am Baalbach, der hier die Rur ein Stück begleitet. Die Zisterzienser waren ein Reform-Orden der Benediktiner. Der Ophovener Konvent sollte adligen Damen ein Leben in religöser Beschaulichkeit vermitteln. Offenbar war es den Nonnen hier aber zu unruhig. Denn schon nach

gut 50 Jahren (1258) siedelten sie nach Dalheim um, in das „Heim im Tal (des Rothenbaches)", das sie seiner weltabgeschiedenen Stille wegen „*vallis coeli* - Himmelstal" nannten.
Gleichwohl behielt der Konvent seine Vermögensinteressen entlang der Rur bei und suchte mit Erfolg hier seinen Besitz zu mehren, auch im weitabgelegenen Baal. So hatten schon 1306 Gerhard und Mechthildis v. Nyvenheim zugunsten des Konvents auf einen Mühlenzins aus der in Baal gelegenen Pletschmühle verzichtet. Wenige Jahre darauf (1315) konnte der Konvent den Zins an sich selbst überweisen. Denn er hatte die Mühle gekauft, mitsamt dem Neuenhof, zu dem sie gehört hatte. Es war die Dritte im Dalheimer Mühlenbunde, nach Ophoven (Nr. 313) und Dalheim (Nr. 317).
Die Mühle lief mit einem großen unterschlägigen Wasserrad, ihres „oberschlägigen" Namens zum Trotz. Im 19. Jh. besaß sie drei Mahlgänge und einen zusätzlichen Gang zum Graupenschälen. Sie lief bis 1943 mit Wasser und dann noch bis 1950 mit elektrischem Strom. Heute ist sie nur noch ein neuzeitlicher landwirtschaftlicher Betrieb, dem man seine Vergangenheit nicht mehr ansieht.

MAYER, Franz, „Die älteren Mühlen ...", in: HK Heinsberger Lande 1933, S. 43; PORTEN, Baal (201), S. 24; REINARTZ, Werner, „Straßen- und Flurnamen der Gemeinde Baal", in: HK Krs. Erkelenz 1957, S. 97; ders., „Baal, Lövenich und Rurich einst und jetzt", (Erkelenz 1958); SOMMER, aaO., S. 265; ferner Tranchot 1806/07 Bl. 57 Erkelenz: „Plesch Muhl", sowie TK 1943 u. 1893 Erkelenz: „PletschM."

299 Bocketsmühle

Hückelhoven, An Bocketsmühle
(18. Jh. - um 1959) > Baaler Bach <

Dem Namen nach möchte man zunächst an eine Bockwindmühle denken, wenn sie nicht eine Wassermühle gewesen wäre. Nach der Volksmeinung hat der Name mit dem Buchweizen zu tun, der hier in alter Zeit gemahlen wurde und vielfach in ländlichen Haushaltungen verwandt wurde, zum Backen des Buchweizenpfannkuchen etwa. Es wird aber auch die Ansicht vertreten, daß der Name auf eine Familie von Bochelt zurückzuführen sei.
Entstehungszeit und Zugehörigkeit der Mühle liegen im Dunklen. Franz Mayer zählt sie nicht zu den von ihm beschriebenen älteren Mühlen im Heinsberg-Wassenberger Lande. Bei Tranchot (1806/07) steht sie als „Bokes Mühl" verzeichnet. Man kann also davon ausgehen, daß sie im 18. Jh. erst entstanden ist.
Im 19. Jh. besaß die Bocketsmühle ein unterschlächtiges Wasserrad, zwei Mahlgänge und zwei Ölpressen. Bis 1940 lief die Mühle mit Wasserkraft, dann noch bis um 1959 mit Motorantrieb. Heute ist das Anwesen zwar für Wohnzwecke hergerichtet, aber das Mühlengebäude steht noch. An die einstige Bedeutung erinnert nur mehr ein Straßenname.

GILLESSEN, Ortschaften (74), S. 209; MAYER, Franz, „Die älteren Mühlen ...", in: HK Heinsberger Lande 1933, S. 41 ff.; SOMMER, aaO., S. 263; ferner Tranchot 1806/07 Bl. 57 Erkelenz: „Bokes Mühl", sowie TK 1843 u. 1893 Bl. 4903 Erkelenz: „Doveracker M." (offenbar irrtümliche Bezeichnung) / „BocketsM."

Nr. 300 Doveracker Mühle, Hückelhoven. Sie lief nur 40 Jahre, von 1890 bis 1930, und zwar als Lohmühle. Dann wurde sie von der Zeche Sophia-Jacoba gekauft und als Wohnhaus, zeitweilig auch als Schule genutzt, ehe sie vor einigen Jahren in Privathand überging.

---

300 Doveracker Mühle

Hückelhoven, Doverack
(um 1890 - um 1930) > Baaler Bach <

Doverack war ein Unterlehen von Haus Hall. Schon 1231 ist ein *„miles* (Ritter) *Thomas de Doverak"* als Zeuge genannt, und zwar in eben jener Urkunde, mit welcher der Herr von Helpenstein dem Zisterzienserinnenkloster Ophoven seine Dalheimer Mühle verkaufte (siehe Nr. 317).
Aber unsere Mühle hier war eine Lohmühle und hatte mit dem Doveracker Lehen nichts zu tun. Sie entstand erst um 1890, wohl als moderner Ersatz für die alte Millicher Lohmühle (Nr. 309), die dann ja auch alsbald stillgelegt wurde. Interessant ist ihr Standort kurz vor der Einmündung des Mühlenbaches in die Rur und hart an der Überschwemmungsgrenze. Bis um 1930 ist die Mühle gelaufen. Dann wurde das Anwesen von der Zeche Sophia-Jacoba übernommen und in ein Wohnhaus für Zechenangehörige umgewandelt. Später diente das Gebäude als Behelfsschule und wurde schließlich in Privathand abgegeben.

GILLESSEN, Ortschaften (74), S. 212; SOMMER, aaO., S. 263 (ohne nähere Angaben); ferner TK 1893 Bl. 4903 Erkelenz: „L.M."

301 Doverhahner Mühle

Hückelhoven-Doveren, Doverhahn
(vor 1576 - 1960) > Mühlenbach <

Die Mühle „*im Haen*" (im Hain) oberhalb Doveren war Korn- und Ölmühle. 1576 wird sie als „*mullen im Doverener Hain*" erwähnt. Um 1700 kam sie durch Kauf an das Kloster Hohenbusch, das es in Erbpacht vergab.
Nach der Säkularisation blieb das Erbpachtverhältnis noch bestehen, bis Eigentümer und Müller nach einem weiteren Verkauf identisch waren. Die Vorfahren des heutigen Besitzers (die beiden Brüder Handschuhmacher) stammten aus Österreich. Sie waren 1870 nach Doverhahn gekommen, hatten dort zunächst als Mahlknechte gearbeitet und schließlich die Mühle gekauft. 1960 mußte der kleine Betrieb aufgegeben werden. Er war nicht mehr konkurrenzfähig.
Heute zählt das noch bewohnte Anwesen in malerischer Umgebung zu den wenigen Wassermühlen, die ihr altes Erscheinungsbild bewahrt haben. Auch das Mahlwerk ist noch vorhanden. Und in der Mahlstube gibt es eine Erinnerung an die einstigen Klosterherren: ein gleichseitiges Ordenskreuz, das in einen Balken eingeschnitten ist und die Jahreszahl 1706 trägt. Aber die Mühle ist unübersehbar vom Verfall bedroht, und vom oberschlächtigen Wasserrad trotzt nur noch der gußeiserne Speichenkern auf der Radachse der Vergänglichkeit.

GILLESSEN, Ortschaften (74), S. 214; MAYER, Franz, „Die älteren Mühlen ...", in: HK Heinsberger Lande 1933, S. 43; SCHROIFF, 1100 Jahre Doveren (223), S. 156; SOMMER, aaO., S. 263; Privatarchiv Dieter Menneken, Hückelhoven; ferner TK 1843 u. 1893 Bl. 4903 Erkelenz: Mühlensymbol/"M."

302 Doverener Mühle

Hückelhoven-Doveren, Dammweg
(15./16. Jh. - um 1970) > Mühlenbach <

Nach Franz Mayer soll sie zu dem dortigen Oberhof gehört haben, einem Wassenberger Lehen der Herren von Tüschenbroich. Demnach muß sie spätestens im 15./16. Jh. vorhanden gewesen sein. Damit erschöpfen sich allerdings die Nachrichten aus ihrer Frühzeit.
Im Ort kennt man die Doverener Mühle auch unter den Namen „Finkenmühle" (nach einer Familie Vinken oder Fincken Anfang des 19. Jh.) oder auch „Mittelmühle" (nach ihrem Standort zwischen den beiden anderen Mühlenbach-Mühlen). Sie war eine Mahl- und Ölmühle mit unterschlächtigem Antrieb.
Nach ihrer Schließung um 1970 wurden die Gebäude in ein Hotel-Restaurant mit 50 Betten umgewandelt. Von der Mühle blieb nur noch der Name.

MAYER, Franz, „Die älteren Mühlen ...", in: HK Heinsberger Lande 1933, S. 43; SOMMER, aaO., S. 263; Privatarchiv Dieter Menneken, Hückelhoven; ferner TK 1843 u. 1893 Bl. 4903 Erkelenz: „M./M."

Nr. 301 Doverhahner Mühle, Hückelhoven. Sie hätte wohl in einem Märchen der Brüder Grimm vorkommen können, so alt und verwunschen ist sie. Die ehemalige Hohenbuscher Mühle aus der Zeit vor 1576 hat bis 1960 Korn für das tägliche Brot gemahlen. Die Inneneinrichtung ist noch vorhanden.

Nr. 302 Doverener Mühle, Hückelhoven. Nach ihrer Stillegung um 1970 wurde sie zu einem Hotel-Restaurant umgebaut. Ansonsten weiß man von ihr nur, daß sie aus dem 15./16. Jh. stammt und Teil eines alten Wassenberger Lehens war.

303 Mollenmühle

Hückelhoven-Doveren, Mollenmühle
(vor 1315 - um 1914) > Mühlenbach <

Gab es oberhalb des Ortes Doveren den „Hain", so lag unterhalb in der Rurniederung die Heide: die „Doverheide". Sie umfaßte ehemals drei Höfe: Grittern, Bissem und den Scheurerhof. Zum Hof Bissem gehörte die spätere Mollenmühle. In einem Brabanter Lehensbuch aus der Zeit um 1315 ist sie erstmals erwähnt, und zwar als Besitzung eines „Adam, Sohn Johanns, genannt Knode von Dicke". Als die Familie v. Hompesch um die Mitte des 17. Jh. alle drei Höfe in ihrer Hand hatte, vereinigte sie den Gesamtbesitz einschließlich der Mühle unter der Bezeichnung Hs. Grittern.
Der Name „Mollenmühle" oder „Molls-Mühle" geht wahrscheinlich auf einen Pächter aus den Jahren vor 1800 zurück. Mit ihrem unterschlächtigen Wasserrad lief die kleine Mollenmühle bis zum Beginn des Zweiten Weltkrieges. Seit einigen Jahren ist von ihr nichts mehr zu sehen. Ihr Platz ist in einem Neubaugebiet untergegangen. Aber es erinnert noch ein Straßenschild an sie - und in der Weihnachtszeit eine Nachbildung, die ein kunstfertiger Tischler für die Krippe der Doverener Kirche gebaut hat.

GILLESSEN, Ortschaften (74), S. 214; SCHROIFF, 1100 Jahre Doveren (223), S. 145 ff.; SOMMER, aaO., S. 263; ferner Tranchot 1806/07 Bl. 57 Erkelenz: „Moelec Mühl", sowie TK 1943 u. 1893 Bl. 4903 Erkelenz: „Gritterner Mühle/MollenM."

304 Brücker Mühle (Pletschmühle)

Hückelhoven-Kleingladbach, Bruchend
(vor 1471 - um 1930) > Golkrather Bach <

Am Oberlauf des Golkrather Baches befand sich wohl eh und je eine kleine Brükke über den Wasserlauf, der sich hier tief in das Gelände eingeschnitten hatte. Schon 1471 taucht in einer Urkunde die Flurbezeichnung *„yn der Brucgen*" auf, die auch den Siedlungsnamen stellte.
In Brück stand eine Ölmühle. Sie soll zum Fronhof in Kleingladbach gehört haben, der schon 1166 von Reinald v. Dassel für das Kölner Domstift erworben wurde. Da eine Brücke über einen Bach meistens mit einem Wehr und einer Mühle verbunden war, darf angenommen werden, daß die Ölmühle zumindest bei der ersten Nennung der Brücke bereits vorhanden gewesen ist.
Im 19. Jh. war sie ausschließlich Mahlmühle, die aber keine große Bedeutung hatte und nur Nebenbetrieb der Landwirtschaft war. Sie ist gleichwohl mit ihrem oberschlächtigen Wasserrad noch bis um 1930 gelaufen. Heute sind nur noch das - für Wohnzwecke umgebaute - Gebäude und der Mühlenweiher vorhanden.

GILLESSEN, Ortschaften (74), S. 211 u. 225; MAYER, Franz, „Die älteren Mühlen ...", in: HK Heimsberger Lande 1933, S. 44; SOMMER, aaO., S. 261; ferner Tranchot 1806/07 Bl. 57 Erkelenz: „Bruck Mühl", sowie TK 1843: „OligsM."

Nr. 304 Brücker Mühle, Hückelhoven. Man ist schon auf Ortskundige angewiesen, um das kleine Anwesen als eine ehemalige Mühle auszumachen, die immerhin vom 15. Jh. bis um 1930 gelaufen ist. Auf der anderen Straßenseite gibt es noch den Mühlenteich.

Nr. 305 Steffensmühle, Hückelhoven. So alt wie ihr schon seit dem 16. Jh. bekannter Standort ist das hübsche Fachwerkhaus zwar nicht. Aber es hat als Wochenendsitz eines Architekten gute Aussichten, die Verführung zur bequemeren Moderne unbeschadet zu überstehen. Die Mühle lief bis um 1940.

305 Steffensmühle

Hückelhoven-Kleingladbach, Houverather Straße
(vor 1576 - um 1940) > Golkrather Bach <

Ein gutes Stück unterhalb der Straßensiedlung Brück steht im Kleingladbacher Eschenbroich die Steffensmühle. 1576 ist von einem „*mulner* (Müller) *im Eschenbroich*" die Rede. Die am Hang stehende Mühle hatte oberschlächtigen Antrieb. Sie wurde deshalb auch „Pletzmühle (Pletschmühle)" genannt. Dem Anscheine nach war sie eine Privatmühle. Denn für sie mußte an die Wassenberger Rentmeisterei eine „Wassererkenntnis“ (Nutzungsgebühr für die Inanspruchnahme des landesherrlichen Gewässers) entrichtet werden. Sie betrug 2/4 Malter Hafer und ein Huhn. Ihren Namen hatte die Steffensmühle (auch "Stefesmühle") wohl von einem Besitzer aus der Zeit vor 1800.
Die Mahlmühle lief bis um 1940. Heute ist sie gepflegtes Wochenenddomizil eines Architekten, der erhebliche Anstrengungen macht, gegen die notorische Feuchtigkeit anzukämpfen und die alten Gebäude stilgerecht zu erhalten. Wie es aussieht, hat er damit auch Erfolg.

GILLESSEN, Ortschaften (74), S. 215; MAYER, Franz, „Die älteren Mühlen ...“, in: HK Heinsberger Landes 1933, S. 44; NOBIS, Christian, „Der Golkrather Bach“, ebenda, S. 48; ferner TK 1853 u. 1893 Bl. 4903 Erkelenz: „SteffensM./M“.

306 Romersmühle

Hückelhoven-Kleingladbach, Horst
(um 1810 - 1952) > Golkrather Bach <

Eigentlich heißt sie „Romes-Mühle“, nach dem Erbauer van Rohmen. Vielleicht war die Sprechweise zu ungewohnt, und man findet auch in den amtlichen Unterlagen Lese- oder Schreibfehler, wie „Domes-“ und „Romas-Mühle“. Jedenfalls hat sich irgendwann kurzerhand ein hilfreiches „r“ eingefügt, und das Problem war beseitigt.
Unsere Mühle gehört zu den jüngeren Wassermühlen, die erst nach der Einführung der Gewerbefreiheit entstanden sind. In der Tranchot-Karte von 1806/07 findet sich weder ein Hinweis auf eine Mühle, noch auf einen Mühlenteich. Der Antrieb geschah oberschlächtig. Das im Kellerbereich unter der jetzigen Gaststätte „unentrinnbar“ eingebaute Wasserrad ist noch zu sehen.
1952 wurde die Mühle stillgelegt und das Mahlwerk mit seinen zwei Mahlgängen ausgeräumt, um die Mahlstube in eine Bierstube umzuwandeln. Schließlich strahlen ein grünes Bachtal und ein Mühlenweiher viel Ruhe und Romantik aus - beste Voraussetzungen für eine Ausflugsgaststätte.
Auch die Landwirtschaft auf dem ehemaligen Mühlenhof hat aufgehört. Hier ist jetzt der Parkplatz für die Gaststättenbesucher.

NOBIS, Christian, „Die Millicher Lohmühle“, in: HK Krs. Erkelenz 1956, S. 73; SOMMER, aaO., S. 261; ferner TK 1943 u. 1893 Bl. 4903 Erkelenz: „Romas M./Romes M.“

Nr. 306 Romersmühle, Hückelhoven. Rd. 150 Jahre - bis 1952 - hat sie als Mühle bestanden. Für Wassermühlen ist das eine relativ kurze Zeit. Dann begann ihre Laufbahn als Ausflugsrestaurant. Außer dem Namen hat sie nur das Mühlrad behalten, das sich - kaum zugänglich - unter dem Gastzimmer befindet.

Nr. 307 Thomasmühle, Hückelhoven. Die alte jülich´sche Mahlmühle aus der Zeit um 1500 bietet noch heute ein stattliches Bild. Ihre Daten: Wasserantrieb bis 1942; dann E-Motor bis zur Stillegung etwa 1980; von 1954 bis 1985 zugleich Gaststätte; jetzt Wohngebäude.

307 Thomasmühle (Dieksmühle)

Hückelhoven, Ludovicistraße
(um 1500 - um 1980) > Golkrather Bach <

Nach der örtlichen Überlieferung soll die Thomasmühle schon um 1500 bestanden haben. Zuverlässige Belege darüber hat man allerdings bisher nicht aufgefunden. Auch dem Eigentümer sind solche frühen Unterlagen nicht bekannt. Einigermaßen sicher scheint nur, daß die Mühle zumindest im 18. Jh. vorhanden war. 1806/07 hat Tranchot sie in seine Karte als Einzelsiedlung "Thomas Mühl" eingetragen. Ihr Name muß von einem gewissen Thomas herrühren, dem die Mühle früher einmal gehört hatte.
Möglicherweise ist mit ihr die „Mühle zu Hückelhoven" gemeint, die Franz Mayer unter Nr. 16 in seiner Auflistung der "älteren Mühlen im Heinsberg-Wassenberger Lande" aufführt, allerdings ohne nähere Angaben. Immerhin liegt sie von den Mühlen am Golkrather Bach dem alten Hückelhoven am nächsten. Nach Mayer hatte diese Mühle - als Privatbesitz - an den Herzog und Landesherrn 1/2 Malter Wassererkenntnis (Nutzungsgebühr) zu entrichten.
Das ganze 19. Jh. hindurch behielt unsere Mühle ihren Namen „Thomasmühle" bei und ist auch in den topographischen Karten aus jener Zeit so genannt. Die Besitzer hießen damals jedoch Classen und später Klammer. Um 1880 ging sie auf einen Müller Diek (oder Dieck) über, einem Vorfahren der letzten Müllerfamilie Bünten, der das Anwesen heute noch gehört. In unserem Jahrhundert war deshalb der Name „Dieksmühle" üblich. So steht sie auch im Stadtplan von Hückelhoven und im aktuellen Meßtischblatt.
Die Thomasmühle besaß zwei oberschlägige Wasserräder - eines trieb die beiden Mahlgänge an, das andere die Ölpresse. Weil sie im Winter ständig vereist waren, wurden sie schließlich „eingebunkert", wie sich der Eigentümer erinnert. Die für den Umbau nötigen Ziegelsteine hätten die Mahlknechte mit jeder Getreidefuhre zusätzlich heranschaffen müssen, bis deren Menge für das Radhaus ausreichte.
Die Ölmühle lief bis um 1918, die Mahlmühle noch bis 1980. Bis 1942 hatte man Wasserantrieb, der dann wegen der unterhalb aufgeschütteten Bergehalde aufgegeben werden mußte. Man behalf sich fortan mit Elektroantrieb.
Der nötigen und nützlichen Nebeneinkünfte wegen wurde von 1954 bis 1985 in der Mühle mit Blick auf den Mühlenweiher eine Gaststätte unterhalten. Heute dient das Anwesen ausschließlich Wohnzwecken. Das Mahlwerk ist allerdings noch vorhanden.
Der Standort hat übrigens für den Steinkohlenbergbau rechts der Rur historische Bedeutung: Im Aachener Bergbaurevier hielt sich jahrhundertelang die Vorstellung, daß die Rur wegen einer tiefgreifenden und unüberwindlichen geologischen Störung auch die Abbaugrenze für die Steinkohle sei. Erst der Bergbaupionier Friedrich Honigmann unternahm 1884/85 das Wagnis, diesseits der Rur zu schürfen. Er hatte Erfolg und wurde gleich bei der ersten Bohrung fündig. Das war genau hier bei der Thomasmühle. Deshalb nannte er die ihm auf seinen Antrag hin verliehenen ersten drei Abbaufelder „Thomasmühle I - III". 1908 begann er in Hückelhoven mit dem Bau seiner Zeche Sophia-Jacoba, die jüngst - nach über 85 Jahren - im Zuge der laufenden Stillegungsaktion geschlossen wurde, obwohl die Vorkommen an Anthrazitkohle keineswegs erschöpft waren.

Nr. 308 Millicher Mühle, Hückelhoven. Mit der Veränderung in der Vorflut und Rissen in den Gebäuden hat der Bergbau im Umfeld von Hückelhoven kaum eine Mühle ausgelassen. Auch diese hier mußte 1926 wegen Bergschäden geschlossen und von der Zeche übernommen werden, die sie dann in Bergarbeiterwohnungen umwandelte.

Nr. 310 Ratheimer Mühle, Hückelhoven. Sie gehörte seit 1467 dem Kloster Hohenbusch. Im 19. Jh. wurde der Kornmühle eine Drechslerei angegliedert, um Spindeln für die Textilindustrie herzustellen. 1951 wurde die zuvor noch modernisierte Mühle geschlossen.

GILLESSEN, Ortschaften (74), S. 235; MAYER, Franz, „Die älteren Mühlen im Heinsberg-Wassenberger Lande", in: HK Krs. Heinsberg 1933, S. 44; NOBIS, Christian, „Der Golkrather Bach", ebenda, S. 48; SOMMER, aaO., S. 261/62; Mitteilung des Eigentümers Bünten; ferner Tranchot 1806/07 Bl. 57 Erkelenz: „Thomas Mühl", sowie TK 1843 u. 1893 Bl. 4903 Erkelenz: „Romas M. (Druckfehler?) / Thomas M."

308 Millicher Mühle (Königsmühle)

Hückelhoven-Millich, Schaufenberger Straße
(vor 1563 - 1926) > Golkrather Bach <

Am 22. November 1563 verpachtete Herzog Wilhelm von Jülich *„seinen Untertanen, den Eheleuten Dietrich von (aus) Hückelhoven und seiner Frau Elisabeth, eine Mühle zu Millich mit Mühlenplatz, Weiher und Acker*". Den Pächtern war gestattet, die Mühle zu einer Vollmühle (Walkmühle) auszubauen.
Damals dürfte es sich um Erbpacht gehandelt haben, aus dem später Eigentumsrecht wurde. Denn als landesherrliche Mühle ist die Einrichtung nicht mehr in Erscheinung getreten. Ebensowenig ist bekannt, ob sie irgendwann tatsächlich eine Walkmühle gewesen ist. Jedenfalls zu Beginn des 19. Jh. war sie eine der zahlreichen Mahl- und Ölmühlen in dieser Region, angetrieben von zwei oberschlächtigen Wasserrädern. Ab 1878 gehörte sie der Müllerfamilie Königs - daher der Zweitname.
1926 mußte der Betrieb wegen starker Bergschäden aufgegeben werden. Die Zeche übernahm das Anwesen und wandelte die Gebäude - mit Ausnahme des Wirtschaftsteils - in Bergarbeiterwohnungen um.

MAAS, Walter, „Beiträge zur Chronik von Millich" (unveröff. Manuskript, Stadtarchiv Hückelhoven); NOBIS, Christian, „Die Millicher Lohmühle", in: HK Erkelenzer Lande 1956, S. 73; ders., „Aus der Vergangenheit des Dorfes Millich", ebenda 1965, S. 55; ferner TK 1843 u. 1893 Bl. 4903 Erkelenz: „M."
1453 ist im Lehensverzeichnis der Mannkammer Wassenberg (GILLESSEN, Leo, in: HK Heinsberger Lande 1971, S. 116 Nr. 33) die Belehnung mit einem Gute „zwischen Wassenberg und der Koppelweider Mühle" vermerkt. Diese Mühle ist nicht zu identifizieren, zumal die Koppelweider Höfe auf einer Anhöhe lagen. Vielleicht war es eine Bockwindmühle. Vielleicht war es aber auch eine der unten am Golkrather Bach gelegenen Wassermühlen (Millicher Mühle oder Thomasmühle), obwohl das nicht so recht in die Ortsbeschreibung passen will. Siehe hierzu auch: NOBIS, Christian, „Geschichte der Koppendahler Höhe und Höfe", in: HK Erkelenzer Lande 1962, S. 108 ff.

309 Millicher Lohmühle

Hückelhoven-Millich, Gronewaldstraße
(1818 - 1905) > Golkrather/Millicher Bach <

Sie wurde 1818 von dem Lohgerber Matthias Weitz erbaut. Alte Aufnahmen zeigen ein vergleichsweise kleines Backsteingebäude, dessen Satteldach man zu beiden Seiten tief bis zur Kopfhöhe heruntergezogen hat. An der Giebelseite befand sich das große unterschlächtige Wasserrad. Unweit der Mühle standen die Gerberei und - an der Straße - das Wohnhaus.

Nr. 311 Pletschmühle, Wassenberg. Im ganzen Wassenberger Land war sie die einzige, die dem Landesherrn gehörte, bevor sie in der Franzosenzeit konfisziert und verkauft wurde. Alle anderen Mühlen waren im Privatbesitz. Die Pletschmühle bestand schon vor 1241 und lief bis 1959. Das Mahlwerk befand sich im Gebäude rechts. Der Mühlenweiher ist verfüllt, der Baalbach verlegt.

Mit dem Mahlen der Eichenrinde zu Gerberlohe scheint die Mühle nicht ausgelastet gewesen zu sein. Denn ab 1830 wurden auch Knochen zerstampft und zu Düngemitteln verarbeitet. Hier gibt eine Zeitungsnotiz aus dem vorigen Jahrhundert interessanten Aufschluß über die damaligen Wertverhältnisse und die Gerichtspraxis: *„In der Nacht zum 18. Juni 1861 wurden in der Millicher Mühle Knochen gestohlen. Der ermittelte Dieb erhielt 1 Jahr Gefängnis*".
1895 wurde die Lohmüllerei, 1905 die Düngemittelproduktion eingestellt. Die Schließung der Lohmühle hing wohl damit zusammen, daß zuvor nahebei am Baaler Bach/ Mühlenbach eine neue Lohmühle errichtet worden war (Nr. 300 Doveracker Mühle). 1928 erwarb ein Landwirt das Gebäude der Millicher Lohmühle auf Abbruch, um die Eichenbohlen zum Bau einer Scheune zu verwenden. Die Inneneinrichtung wurde nach Holland verkauft, wie sich ein Nachfahre des Eigentümers erinnert. Das Gebäude der ehemaligen Gerberei am Zufahrtsweg zur Mühle existiert noch. Es wurde jüngst zu Wohnungen umgebaut.

NOBIS, Christian, „Der Golkrather Bach", in HK Krs. Heinsberg 1933 S. 48 ff.; ders. „Die Millicher Lohmühle", in: HK Krs. Erkelenz 1956, S. 73 ff.; TERBOVEN, Johannes Heinrich, „Hückelhoven im Wandel seines wirtschaftlichen Lebens", in: HK Krs. Erkelenz 1956, S. 75 ff.; SOMMER, aaO., S. 263; Auskunft der Eigentümerfamilie; ferner TK 1843 u. 1893 Bl. 4903 Erkelenz: „M./LM".

310 Ratheimer Mühle

Hückelhoven-Ratheim, Mühlenstraße
(vor 1467 - 1951) > Baalbach/Klingerbach <

Ursprünglich gehörte sie zu Haus Hall, einem Wassenberger Lehen aus dem 13. Jh. Im Jahre 1467 wurde sie von einem Adam v. Bischenich, genannt v. Bel, an das Kreuzherrenkloster Hohenbusch (siehe Nr. 297) auf langfristige Abschlagszahlung verkauft.
Aus der Zeit um 1700 ist ein Streit zwischen Konvent und Staat überliefert: Die Obrigkeit hatte verfügt, daß der Ratheimer Müller die Delinquenten zur Richtstätte fahren mußte. Gegen dieses nicht eben ehrenvolle Amt setzte sich der Konvent heftig zur Wehr. Er konnte nachweisen, daß zuvor der Schinder selbst diesen Spanndienst versehen hatte und bekam recht. Die Mühle wurde von Amt und Last freigesprochen.
1876 wurde der - 1803 säkularisierten - Mühle eine Drechslerei angegliedert, in der bis 1914 Spulen für die Glanzstoffwerke in Oberbruch hergestellt wurden. Damals erhielt der Betrieb der kontinuierlichen Arbeit wegen eine Dampfmaschine. Die Mühle lief bis um 1951. Zuvor hatte man noch moderne Mahlwerke eingebaut. Aber der Verdrängungswettbewerb der Großmühlen hatte die Ratheimer Mühle eingeholt und ihr keine Chance mehr gegeben. Das fabrikähnliche Gebäude steht noch und wird anderweitig genutzt. Der ehemalige Mühlenteich ist zugeschüttet. Er dient als Parkplatz.

ARETZ, Die Kreuzherren von Hohenbusch (5), S. 12 u. 51; MAYER, Franz, „Die älteren Mühlen ...“, in: HK Heinsberger Lande 1933, S. 43; SCHROIFF, 1100 Jahre Doveren (223), S. 156; SOMMER; aaO., S. 261; ferner TK 1843 u. 1893 Bl. 4903 Erkelenz: Mühlensymbol/“M.“

311 Pletschmühle (Werder Mühle)

Wassenberg-Orsbeck, Pletschmühlenstraße
(vor 1241 - 1959) > Baalbach <

Wenn da nicht an der Zufahrt ein mächtiger Findling mit den eisernen Schriftzeichen „Pletschmühle“ stünde, käme man kaum auf den Gedanken, daß der Hof aus einer Wassermühle hervorgegangen ist. Denn Bach, Weiher und Mühlrad sind verschwunden. Jedoch das eigentliche Mühlengebäude gibt es noch.
Der Name „Pletschmühle“ ist Lautmalerei und meint nichts anderes als oberschlächtigen Antrieb. Der historische Name ist „Werder- oder Werthermühle“. Als solche erscheint die Mühle in den alten Urkunden. Offenbar hieß sie so, weil sie auf einer trockenen Fläche in einem nassen Umfeld stand, auf einem „Werth“ eben. Unter den Mühlen im Wassenberger Land war sie die einzige Mühle, die dem Landesherrn gehörte; die anderen waren Privatmühlen. Sie besaß den Mahlzwang. Aktenkundig wurde sie erstmals 1241, als Gerhard von Wassenberg zum Seelenheil seines Vaters dem Dalheimer Kloster eine Rente von einer Mark aus seiner Mühle zu Ursbeck (Orsbeck) überwies.

Nr. 313 Ophovener Mühle, Wassenberg. Ophoven war der ursprüngliche Sitz des Zisterzienserinnenklosters Dalheim. Die Klostermühle aus der Zeit um 1200 behielt der Konvent auch nach dem Umzug bei, um sie zusammen mit dem umfangreichen Ophovener Grundbesitz von Pächtern bewirtschaften zu lassen. Sie lief bis um 1970.
Das obere Bild zeigt den Zustand um 1900 mit der Müllerwohnung und späteren Gaststätte links und der Mühle rechts. In jüngster Zeit wurden die beiden Gebäude miteinander verbunden und zu einem ansehnlichen Gasthof umgebaut (Bild unten). Die Umrißzeichnung eines Wasserrades im Saalfenster in der Mitte erinnert an eine große Vergangenheit.

1803 wurde die von Frankreich konfiszierte Mühle verkauft und befindet sich seither in Privatbesitz. 1895 erhielt sie einen Dampfkessel und in unserem Jahrhundert ein Dieselaggregat, von dem sie dann bis zu ihrer Stillegung 1959 angetrieben wurde.

BROICH, Jakob, „Die Bäche und Mühlen rechts der Rur im Amt Wassenberg", in: HK Selfkantkreis 1960, S. 91 ff.; GILLESSEN, Ortschaften (74), S. 308; HEINRICHS/BROICH, Kirchengeschichte des Wassenberger Raumes (97), S. 223 ff.; MAYER, Franz, „Zur Geschichte des Klosters Dalheim", in: HK Heinsberg 1922, S. 81 ff.; ders., „Die älteren Mühlen ...", ebenda, S. 43; SOMMER, aao., S. 253; ferner Tranchot 1806/07 Bl. 56 Heinsberg: „Orsbecker Muhl", sowie TK 1843 u. 1893 Bl. 4902 Heinsberg: „PletschM."

312 Wylacker Mühle

Wassenberg-Forst, Rurtalstraße
(1610 - um 1930) > Baalbach <

Wylack war ein Heinsberger Lehen. Im 16./17. Jh. befand es sich im Besitz der Familie v. Randerath, die 1601 beim Gut eine kleine Ölmühle errichten ließ.
Die Mühle lag an der südwestlichen Ecke des rechtwinkligen Grabensystems, das den Gutshof umgab. Sie scheint alsbald rechtlich insofern ein Eigenleben geführt zu haben, als sie gesondert verpachtet und im 19. Jh. sogar getrennt vom Hof verkauft wurde. Bis um 1850 war sie ausschließlich Ölmühle, dann Öl- und Mahlmühle, schließlich nur noch Mahlmühle. Angetrieben wurde sie von einem unterschlächtigen Wasserrad.
Um 1930 wurde der Mahlbetrieb eingestellt, um 1953 die Einrichtung beseitigt. Heute ist von der Mühle nichts mehr vorhanden, auch vom Gebäude nicht. Das Umfeld des alten Hofes besteht zumeist aus Baggerseen.

BROICH, Jakob, „Die Bäche und Mühlen rechts der Rur im Amt Wassenberg", in: HK Heinsberg 1960, S. 91; DEUSSEN, Heinz H., „Der Verkauf der Wylacker Mühle 1863", in: HK Selfkantkreis 1959, S. 95; GILLESSEN, Ortschaften (74), S. 309; MAYER, Franz, „Der Hof Wylack in der Gemeinde Ophoven", in: HK Heinsberger Lande 1934, S. 49 ff.; SOMMER, aaO., S. 252; ferner TK 1843 u. 1893 Bl. 4902 Heinsberg: „Mielacker M./"M."

313 Ophovener Mühle

Wassenberg-Ophoven, Marienstraße
(um 1200 - um 1970) > Baalbach <

Zwischen 1191 und 1196 war in Ophoven ein Zisterzienserinnenkonvent gegründet worden, der seit seinem Umzug nach Dalheim 1258 als Dalheimer Kloster bekannt ist (siehe Nr. 298).
Der Ophovener Konvent war mit 360 Morgen Land ausgestattet worden. Zum Klosterbesitz gehörte auch eine Mühle, die jedoch rd. 30 m abseits der späteren Ophovener Mühle gestanden haben soll. Bis 1847 war bei der Mühle eine Furt, die der Müller in Ordnung halten mußte. Aus irgendeinem Grunde war das Kloster

Nr. 314 Birgelner Mühle, Wassenberg. Die 400jährige Mühle fiel 1943 Kriegsschäden zum Opfer, der Mühlenhof erlag später den Bergschäden und wurde um 1980 abgebrochen. Heute dreht sich genau an der früheren Stelle wieder ein oberschlächtiges Wasserrad, angetrieben aus dem ehemaligen Mühlenweiher.

---

nicht von Abgaben für die Mühle befreit. Denn in der Rechnung des Amtes Wassenberg von 1389/90 ist sie mit einer Steuer („bede") belastet.
Das heute noch stehende Gebäude stammt in seinem Kern aus dem Jahre 1787. Die mit der Säkularisation in Privathand gekommene Mühle besaß einen Mahlgang und in einem Anbau noch eine Ölpresse, angetrieben von einem unterschlächtigen Rad. 1883 erfolgte die Umstellung auf Turbine, 1960 auf Elektromotor, als der Kiesabbau bei Gut Wylack weitgehend das Antriebswasser genommen hatte.
Um 1970 wurde der Mahlbetrieb stillgelegt. Seither dominiert die Gaststätte im Müllerhaus nebenan, mit dem sie baulich verbunden wurde und deren Saal sich ungefähr „im" ehemaligen Mahlraum befindet. Das große Saalfenster erinnert mit dem Bild eines Mühlrades zumindest optisch an eine wohl mehr als 750 Jahre alte Tradition, die mit einer Klostermühle begann.

BROICH, Jakob, „Die Bäche und Mühlen rechts der Rur im Amtes Wassenberg", in: HK Selfkantkreis 1960, S. 89 ff.; HEINRICHS, Wassenberg - Geschichte eines Lebensraumes (96), S. 144; HEINRICHS/BROICH, Kirchengeschichte des Wassenberger Raumes (97), S. 221 ff.; SOMMER, aaO., S. 228; ferner TK 1843 und 1893 Bl. 4802 Wassenberg: Mühlensymbol/"M".;

314 Birgelner Mühle

Wassenberg-Birgelen, Mühlenstraße
(vor 1533 - 1943) > Birgelner Bach <

Ein Wappenstein im Besitz der Müllerfamilie Franzen trägt die Jahreszahl 1533. Man hat ihn vor zehn Jahren aus den Abbruchtrümmern des von Bergschäden bedrohten Mühlenhofes mit in das neue Wohnhaus herübergenommen. Die Mühle selbst - ein weißgetünchter Fachwerkbau aus dem Jahre 1810 - war dem Hof schon einige Zeit vorangegangen. Im Zweiten Weltkrieg hatte sie so starke Schäden erlitten, daß sich ein Wiederaufbau nicht mehr lohnte.
Es war übrigens die einzige Mühle am Birgelner Bach. Um sie nicht in Antriebsnot geraten zu lassen, besaß sie eine Batterie von drei hintereinandergeschlossenen Weihern, die das oberschlächtige Mühlrad anhaltend mit Wasser versorgten. Heute ist davon nur noch ein Weiher übrig geblieben. Aber er reicht aus, um das an der alten Ark angebrachte neue Wasserrad in Bewegung zu halten. Es läuft zwar leer und nur zur Zierde einer kleinen Grünanlage. Aber es spielt gleichwohl und unaufhörlich die „Wassermusik“ zu einer Mühle, die 500 Jahre lang das Korn für das tägliche Brot gebacken hat.

MAYER, Franz, „Die älteren Mühlen ...“, in: HK Heinsberger Lande 1933, S. 44; SOMMER, aaO., S. 228; o. Verf., „Die Birgelner Mühle“, in: HK Heinsberger Lande 1933, S. 46; ferner TK 1843 u. 1893 Bl. 4802 Wassenberg: Mühlensymbol.

Rothenbach

Der nördlichste und zugleich unterste im Geäst der vielen Nebengewässer der Rur ist der Rothenbach. Wie der Rodebach im Selfkant, so ist auch er seit dem Wiener Kongreß ein Grenzfluß zu den Niederlanden. Aber zunächst macht er noch einen großen Bogen, nachdem er beim ehemaligen Fliegerhorst Wildenrath das Tageslicht erblickt hat. Hier heißt er auch anders: Helpensteiner Bach - nach dem Geschlecht der Herren von Helpenstein, die in Arsbeck-Rödgen ihre Burg hatten.
Bei Effeld vereinigt sich der Rothenbach mit der Rur. Überhaupt scheinen sich hier alle drei Bäche aus dem Wassenberger Land verabredet zu haben. Alle drei haben hier ihre Mündung: der alte Baalbach, der Schaagbach mit dem Birgelner Bach und unser Rothenbach.
Apropos „Rothenbach”: Die Farbe „Rot” begegnet uns hier auf unserer niederrheinischen Mühlenreise zum drittenmal - nach dem Rotbach im rechtsrheinischen Dinslaken und dem Selfkanter Rodebach. Schaut man sich die Gewässernamen im Lande Nordrhein-Westfalen an, dann findet man landesweit sogar um die zehn Bäche, die ähnlich heißen. Ursächlich dafür ist die Farbe ihres Bachbettes. In gebirgigen Gegenden kommt sie vom roten Sandstein. Im Flachland hingegen ist es das Eisenoxyd im nassen Untergrund, das den Flußsand rostrot färbt. Von ihm „lebten” die frühen Eisenhütten, die ihrerseits wiederum die Wasserkraft zum Antrieb ihres Ofengebläses brauchten (siehe Nr. 77).

Nr. 316 Rödgener Mühle, Wassenberg. Sie lief kaum 80 Jahre (1820 bis 1899). Dann wurde sie vom Erfinder des Diamantbohrgeräts, Anton Raky, gekauft. Raky hatte darin für seine Favoritin eine Wohnung einrichten und das Umfeld herrschaftlich ausgestalten lassen.

Selbstverständlich hat auch unser Rothenbach Wassermühlen angetrieben, und zwar insgesamt vier, von denen eine auf dem niederländischen Ufer liegt. Auffällig sind die relativ großen Abstände zwischen ihnen. Sie hängen mit dem geringen Bachgefälle zusammen. Der Rothenbach brauchte eine größere „Erholungsstrecke" um wieder Kraft für die nächste Mühle zu sammeln.

315/316 Rödgener Mühlen

Wegberg-Rödgen, Anton Raky-Straße
(vor 1547/1803 - 1899) > Rothenbach <

In Rödgen gab es zwei Mühlen - nicht gleichzeitig, sondern zeitlich und sogar räumlich weit auseinander. Die erste und älteste Mühle war die der Herren der Herrlichkeit Arsbeck - der Helpensteiner aus dem kurkölnischen Amte Hülchrath. Sie besaßen eine Mühle bei ihrer Arsbecker Burg am sog. Helpensteins Weiher, der früher ein Mühlenteich war. Durch den Weiher floß der Rothenbach („Helpensteins Bach").
Diese **Helpensteins Mühle (Nr. 315)** an der heutigen Helpensteinstraße muß schon im 14./15. Jh. bestanden haben. 1547 ist sie bei einem Gewitter abgebrannt. Sie wurde nicht wieder aufgebaut. Der Grund ist naheliegend: Die Dalheimer Nonnen wollten und sollten für ihre Klostermühle (Nr. 317) keine Konkurrenz ha-

ben. Der Jülicher Herzog hatte es ihnen versprochen und hielt sich auch daran, als die Herrschaft Arsbeck 1561 auf ihn übergegangen war. In der Umgebung war sowieso keiner ernstlich daran interessiert, das ohnehin ungeliebte und auf der Helpensteins Mühle liegende Zwangsgemahl für Arsbeck wieder aufleben zu lassen. Folgerichtig wurde noch 1780 ein Antrag auf Errichtung einer neuen Wassermühle in Rödgen wegen des Einspruchs aus Dalheim abgelehnt. Erst nach 1802 kam mit der Aufhebung des Klosters und der Einführung der Gewerbefreiheit wieder Bewegung in das Projekt. Die Mühle wurde genehmigt. Diese neue **Rödgener Mühle (Nr. 316)** war ebenfalls eine Mahlmühle. Sie stand ein gutes Stück unterhalb am Rödgener Burgweiher, der sich als Reservoir anbot. Bei dem Höhenunterschied im Gelände konnte sie oberschlächtig betrieben werden, hatte also eigentlich gute Betriebsvoraussetzungen. Dennoch wurde sie schon 1899 geschlossen.
Hier nun beginnt das „Lied von der Schönen Müllerin". Trina Esser war die Enkelin des letzten Rödger Müllers. Ihr hatte Anton Raky aus Erkelenz den Hof gemacht. Raky (1865 - 1943) war der Erfinder des Diamantbohrgeräts und in der Gründerzeit vom einfachen Schlosser zum Generaldirektor einer Internationalen Bohrgesellschaft aufgestiegen. Kurzum - er kaufte Trinas großelterliche Mühle, und ließ sie für seine Favoritin als Wohnung herrichten. Zugleich erwarb er das Umfeld mitsamt Wiesen und Wäldern, um dort künstliche Ruinen in einer Seenlandschaft errichten zu lassen - und ein Schlößchen. Aber nur Torgebäude, Gärtnerei und Försterei wurden fertig. Rakys Wertschätzung für Trina war offenbar schon nach wenigen Jahren bei der Suche nach Bodenschätzen zwischen St. Petersburg und Paris verloren gegangen. Ähnlich erging es seinem Vermögen: Um 1910 mußte er Konkurs anmelden. Er starb 1943 völlig verarmt in Berlin.
Die kleine Mühle, von der alles ausging, steht noch immer inmitten eines der schönsten Täler, die der Niederrhein aufzuweisen hat. Auch den Mühlenteich und den Mauerdurchbruch für die Achse des Wasserrades kann man noch sehen.

MAYER, Franz, „Geschichte der Pfarreien Arsbeck und Dalheim-Rödgen" (unveröff. Manuskript 1934, Stadtarchiv Wegberg); ders., „Die älteren Mühlen ...", in: HK Heinsberger Lande 1933, S. 44; SOMMER, aaO., S. 232; ferner TK 1843 u. 1893 Bl. 4803 Wegberg: „Rolls M./Rötger M."

317 Dalheimer Mühle

Wegberg-Dalheim, Mühlenstraße
(vor 1231 - 1958) > Rothenbach <

Die - überlieferte - Geschichte der Dalheimer Mühle beginnt mit einer Verkaufsurkunde aus dem Jahre 1231. Darin veräußert Heinrich Herr zu Helpenstein dem Zisterzienserinnenkonvent in Ophoven (siehe Nr. 313) einen Teil seiner Besitzung in Dalheim, „*paludem videlicet cum molendino adiacente* - nämlich einen Weiher mit der daran gelegenen Mühle" und dazu noch einiges Land. Der Erwerb der Mühle war der erste Schritt des Klosters vom - wohl zu unruhigen - Ophoven in das „*vallis coeli* - himmlische Tal", der dann 1258 endgültig vollzogen wurde.
Die nunmehrige Klostermühle in Dalheim hatte offenbar keinen Mahlzwang. Je-

Nr. 317 Dalheimer Mühle, Wegberg. Als sie 1231 von den Helpensteinern an den Ophovener Konvent verkauft worden war, bildeten sie und das umliegende Land den Grundstock für den Umzug des Klosters nach Dalheim (siehe Nr. 313). Das Kloster ging in der Säkularisation zugrunde. Die Mühle aber lief noch bis 1958. Ihre Einrichtung ist vollständig erhalten.

Nr. 318 Gitstapper Mühle, Vlodrop (NL). Schon 1377 ist sie erwähnt. Am Rothenbach ist sie als einzige noch in Betrieb. Sie ist gründlich instandgesetzt und zu einem beliebten Ausflugsziel ausgebaut worden. Das Mühlrad steht über der Landesgrenze.

denfalls haben sich die Dalheimer Konventualinnen bei ihrem Widerstand gegen einen Neubau einer Mühle im benachbarten Rödgen nie darauf berufen. Er war für sie wegen des abgelegenen Standortes unter dem wohlwollenden Schutz des Jülicher Landesherrn wohl auch nicht wichtig.
Das heute noch stehende Gebäude ist aus dem Jahre 1775. Die letzte Dalheimer Äbtissin Maria Anna von Oyen hat die Jahreszahl mit ihrem Wappen auf einer Tafel aus Granit über dem Mühleneingang anbringen lassen. Die Mühle besaß einen Mahlgang und eine Ölpresse. Nach der Aufhebung des Klosters 1802 kam die Mühle in Privathand. Sie lief dann noch bis 1958.
1974 erhielt sie noch einmal ein neues Mühlrad, das aber nicht an das Mahlwerk angeschlossen wurde. Der heutige Besitzer Graf Schaesberg-Tannheim hatte dafür eigens drei hundertjährige Eichen gestiftet. Das altehrwürdige Gebäude ist mit der schon um 1880 angebauten Sommergaststätte tief im Dalheimer Busch ein vielbesuchtes Ausflugsziel. Längst ist auch die Landesgrenze offen, über die früher an dieser verschwiegenen Stelle manches Schmuggelgut verschoben wurde.

BAUER, Johannes, „Die Klostermühle zu Dalheim“, in: HK Kreis Erkelenz 1955, S. 55 ff.; HEINRICHS/BROICH, Kirchengeschichte des Wassenberger Raumes (97), S. 221 ff.; LACOMBLET, Urkundenbuch (154) Bd. II, Nr. 170; MAYER, Franz, „Die älteren Mühlen ...“, in: HK Heinsberger Lande 1933, S. 43; ders., Geschichte der Pfarreien Arsbeck und Dalheim-Rödgen, siehe unter 315/316; SOMMER, aaO., S. 227; Der Niederrhein 1974, S. 199; JRD 19 (1951), S. 59; ferner Tranchot 1806 Bl. 47 Herkenbosch: „Dalheimer Mühl“, sowie TK 1843 und 1893 Bl. 4802 Wassenberg: „Dalheimer M.“

318 Gitstapper Mühle

Vlodrop (NL)
(um 1377 - heute) > Rothenbach <

Sie liegt zwar auf der niederländischen Seite. Vielleicht aber schließt man sich der Begründung an, die einst vom Wassenberger Amtmann in jülich´scher Zeit wegen des Anspruchs auf Entrichtung der „Wassererkenntnis“ gefunden wurde: *„... wegen daß die Mühle den halben Wasserstrom, der die Hoheit scheidet, gebraucht, und weil das Wasser auf Wassenberger Grund quellet“.*
Die Mühle ist schon 1377 erwähnt und gehörte dem Herrn von Vlodrop. Ansonst unterscheidet sich ihre Biographie kaum von der anderer Mühlen ringsum. Sie war Mahl- und Ölmühle. Die weitgehenden Freiheiten im Wassenberger Lande kamen auch ihr zugute. Denn der Gitstapper Müller aus dem Geldrischen durfte ungehindert auch auf der Jülicher Seite sein Mahlgetreide holen.
Einen wichtigen Unterschied gibt es allerdings doch: Sie läuft nämlich noch, oder wieder. Denn die Gemeinde Vlodrop hat das verfallende Anwesen gekauft, unter Denkmalschutz gestellt und mit großem Aufwand instandgesetzt. Seit 1988 wird wieder gemahlen, mit Wasserkraft und auch elektrisch. Heute ist die Gitstapper Mühle ein vielbesuchtes Ausflugsziel.

MAYER, Franz, „Die älteren Mühlen ...“, siehe unter 314, S. 44; Informationsblatt der Mühle; ferner Tranchot 1806 Bl. 47 Herkenbosch: „Gielstaper Mühle“, sowie TK 1893 Bl. 4802 Birgelen: „Gutstapper M.“

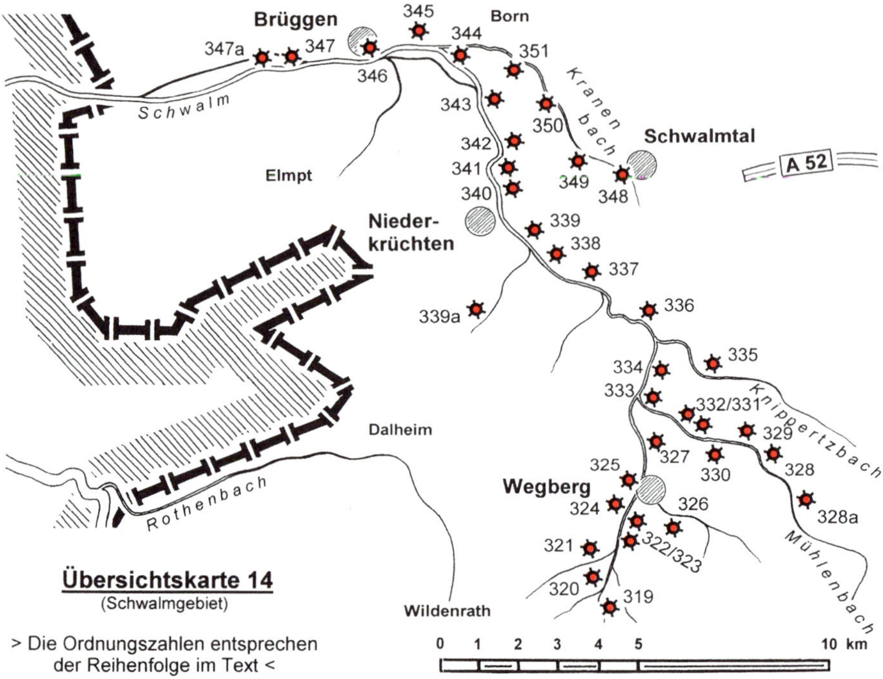

Übersichtskarte 14
(Schwalmgebiet)

> Die Ordnungszahlen entsprechen der Reihenfolge im Text <

Im Plangebiet: 36 Wassermühlen und um die 3 Windmühlen.

Schwalm

Quelle: im Ortsteil Geneiken (Erkelenz)	Höhe: 85 m ü.M.
Mündung: Maas, nordwestl. Swalmen (NL)	Höhe: 16 m ü.M.
Länge:	32 km
Mittlere Breite:	
Abflußmenge im Jahresmittel 1951-88 am Pegel Pannenmühle (Niederkrüchten):	0,895 m^3/sec.
Mühlenstandorte um 1890 (einschl. an Nebenbächen):	rd. 40

Wenn der Wegberger, Krüchtener, Brüggener und Elmpter „sein“ Schwalmtal - nicht von ungefähr heißt so auch der fünfte Ort in diesem Bunde - „Das Tal der Mühlen“ nennt, dann geschieht es zu recht. Gewiß gibt es bei uns auch andere bedeutsame Mühlentäler und auch solche mit ähnlicher oder gar größerer Mühlendichte. Man braucht sich nur im Jülicher Land oder in der Region um Geilenkirchen umzusehen. Aber es gibt kein Tal am Niederrhein, in dem so viele Wassermühlen erhalten geblieben sind, wie im Tal der Schwalm und in den Tälern ihrer Nebenbäche.

Der Grund dafür liegt auf der Hand: Der besondere Reiz dieser großartigen Landschaft wurde schon früh erkannt. Gemeinsam mit dem Tal der Nette hat man die Region zum einzigen Naturpark gemacht, der ganz auf rheinischem Gebiet liegt. Weder Industrie, noch große Städte haben sich an ihre Flüsse und Bäche herangedrängt. Der Durchfluß durch Wegberg und Brüggen ist da eine eher malerische Ausnahme. Noch heute kann man auf weite Strecken ein unmittelbares Bild davon gewinnen, wie es hier vor Jahrhunderten ausgesehen hat - mit den Wiesen, Teichen, Seen, Sumpflandschaften und Binsengewächsen. Und wer einmal einen richtigen Auenwald kennenlernen will, der sollte sich Gummistiefel anziehen und zum Beispiel bei Rickelrath-Schwaam versuchen, an das Flußufer heranzukommen.
Selbstverständlich ist auch der Schwalm die einst allfällige Regulierung nicht erspart geblieben. Schon 1913 hatten sich die Bauern zu einer Meliorationsgenossenschaft zusammengeschlossen, um den nassen Wiesen zu Leibe zu gehen. Aber die Landschafts- und Naturschützer hatten Widerstand geleistet, früher und energischer als anderswo. Nach dem Zweiten Weltkrieg war dann den Verantwortlichen klar geworden, daß die Natur den - bei genauer Betrachtung nur vordergründigen - Nutzen der Landwirtschaft teuer bezahlen mußte. Mit erheblichem Aufwand versuchte man zu retten, was noch zu retten war. Der Hariksee und der Borner See wurden entschlammt. Die Mehrzahl der anderen Seen war ohnehin längst hoffnungslos verlandet. Es war die Umkehrung des Begriffes „Melioration“. Dieser kommt aus dem Lateinischen und bedeutet „Verbesserung“. Nun also mußte man verbessern, was in den 20er und 30er Jahren „verbessert“ worden war, gewiß in guter Meinung.
Längst ist allerdings eine andere Sorge in den Vordergrund getreten, die vor allem das Schwalmtal betrifft. Man befürchtet, daß mit dem Näherrücken der tiefen Braunkohlegruben (Garzweiler II) dem Schwalmtal das Wasser abgegraben wird, das seinen unverwechselbaren Charakter so sehr bestimmt. Es ist merkwürdig: Städtebau und Industrie hat die Schwalm von sich fernhalten können, weil sie ihnen offenbar zu fern und zu unwirtlich schien. Aber gegen den unablässigen Energiebedarf der Städte und der Industrie ist offenbar kein Wiesenschaumkraut gewachsen.
Kehren wir von der bedrohten Schwalm noch einmal zur historischen Schwalm zurück: Sie hatte sich wegen ihrer schwer zugänglichen Uferzonen auch als Grenzfluß empfohlen. Von 1543-1794 ist sie sogar eine Grenze von europäischem Rang gewesen. Damals war es von Brempt und Brüggen nur ein einziger Schritt bis nach Spanien, zu dem das linke Schwalmufer seit dem Vertrage von Venlo gehörte, wo Kaiser Karl V. dieses ehedem geldrische Oberquartier zugesprochen worden war.
Und noch eines ist interessant: der hundertjährige Streit der heimatstolzen Gladbacher, Erkelenzer und Wegberger um Quelle und Namen des Flusses. Jeder verlangte den Vortritt. Denn oberhalb Wegberg vereinigen sich vier Bäche, um gemeinsam den Weg zur Maas anzutreten: Windsgraben, Tüschenbroicher Bach, Brunbeek und ein Bach ohne Namen, der früher in Pastors Garten in Schwanenberg seinen Anfang nahm und die Hauptquelle gewesen sein soll. Mittlerweile aber hat die zuständige Landesbehörde entschieden - wie weiland Alexander bei der Lösung des Gordischen Knotens: Die Stationierungskarte der Landesgewässer

Nr. 319 Tüschenbroicher Ölmühle, Wegberg. Ohne den um die 40 Mühlen im Schwalmtal wehe zu tun: Diese oberste von ihnen hat in ihrem weiß ausgemalten Fachwerk am meisten von ihrer Urtümlichkeit bewahrt. Überdies liegt sie zwischen zwei Weihern. Der, in dem sie sich spiegelt, ist allerdings nicht „ihr" Weiher, sondern der Weiher ihrer Schwestermühle und des Schlosses. Der Ölmühlenweiher liegt rechts, jenseits des Weges.
Ihre Geschichte reicht bis ins 14./15. Jh. zurück, als sie von den Herren von Tüschenbroich erbaut wurde. Sie war immer eine Ölmühle und arbeitete bis 1912. Von ihrer Einrichtung sind noch wesentliche Teile und das typische große unterschlächtige Wasserrad erhalten. Heute wird sie als Wohnung genutzt.

läßt die Schwalm nicht erst in Wegberg „als Schwalm“ beginnen, sondern ein gutes Stück weiter südlich im Weiler Genhof. Der liegt bei Erkelenz. Dort beginnt auch unser „Tal der Mühlen“. Im übrigen: Wenn man nicht sicher wüßte, daß der fränkische „Mülgau“ keineswegs nach diesen Mühlen benannt worden ist, sondern einst „Moilla“ geheißen hat, dann hätte man ihn getrost auch „Mühlgau“ schreiben können.

Literatur: COHNEN, Heimatbuch der Stadt Wegberg (35), S. 5 ff.; EVERTZ, 50 Jahre Verkehrs- und Verschönerungsverein Wegberg (57), S. 15 ff.; HILD, Jochen, „Die Nette- und Schwalmseen“, in: HK Krs. Kempen-Krefeld 1967, S. 20 ff.; KÜCKE, Erich, „Die Schwalm und ihre Nebentäler“, in: Der Niederrhein 1974, S. 122 ff.; SCHMIDT, Hans, „Die Melioration des Schwalmgebietes“, in: Die Heimat (Krefeld) 1926, S. 99 ff. u. 242 ff.; VOSS, Gustav, „Wo ist die Quelle der Schwalm?“, in: HK Erkelenzer Lande 1952, S. 33 ff.

319/320 Tüschenbroicher Mühlen

Wegberg-Tüschenbroich, Ulrichskapelle/Gerderhahner Str.
(14./15. Jh. - 1912/1940) > Schwalm <

Als sei die Zeit um sie herum stehengeblieben, harrt sie im Fachwerk unter riedgedecktem Dach zwischen den beiden Tüschenbroicher Weihern unverdrossen aus - die alte Ölmühle. Und noch ein “Zwischen“: Die Ölmühle gehörte zum Schloß Tüschenbroich, dem Schloß „zwischen den Brüchen“, das in seinen Ursprüngen bis mindestens ins 12. Jh. zurückgeht. 1172 verkaufte ein Alard von Tuschinbroc einen Hof an die Gladbacher Abtei. Er war er ein Ahnherr jenes Geschlechts, das damals in einem Wohnturm auf der Motte mitten im Schloßteich hauste. Unter seinen Nachfolgern tritt 1624 ein Frh. Franz v. Spiering auf, der sofort ein neues Schloß am Rande des weitläufigen Teiches errichtete, als der Turm gerade abgebrannt war.

Am Schloßteich gab es zwei Mühlen: zuoberst die Ölmühle - mit einem eigenen Mühlenteich dahinter - und unterhalb die Kornmühle. Die Teiche liegen im vielfingrigen Quellgebiet der Schwalm. Ob beide Mühlen schon im 12. Jh. bestanden haben, ist nicht erwiesen. Spätestens aber im 14./15. Jh. dürften sie als wirtschaftliches Zubehör der Burg vorhanden gewesen sein. Immerhin waren beide Zwangsmühlen und wiesen so ein charakteristisches Merkmal früher Herrschaftsmühlen auf.

Die **Tüschenbroicher Ölmühle (Nr. 319)** ist vermutlich die jüngere, weil zuerst der Burgweiher aufgestaut worden sein dürfte. In einer Vermögensaufstellung von 1717 wird sie unter Ziff. 22 so beschrieben: *„Gehört zum Schloß die zwangbare Oligsmühle mit verpachtetem Garten, hinten am Schloßweiher gelegen, welche gleichmäßig 30 Rthr. an barem Geld, 30 Quanten Olig und 50 Rübkuchen und ein Malter Kuchenmehl in Pacht einbringt, ...“* Noch 1698 hatte der Mühlenherr in Wegberg von der Kanzel verkünden lassen, daß sämtlichen *„Einwöhner der freyherrlichkeit .. hiermit unter Straff von drey Goltgulden anbefohlen (werde), nirgendt anderss als zu Tuschebroch ahn der Zwangmühlen mahlen zu lassen“.*

Nr. 320 Tüschenbroicher Kornmühle, Wegberg. Wohl etwas älter als die Ölmühle ist die Mahlmühle. Sie gehörte ebenfalls zu Hs. Tüschenbroich. Gleich der Ölmühle hatte sie den Mahlzwang für das Herrschaftsgebiet. Sie war bis 1940 in Betrieb.
Die heute weithin bekannte Ausflugsgaststätte „Tüschenbroicher Mühle" ist schon 1863 aus bescheidenen Anfängen heraus entstanden. Sie nutzte den Vorteil einer attraktiven Umgebung und war für den Müller eine zusätzliche Einnahmequelle.
Seit einigen Jahren besitzt die Mühle wieder ihr herkömmliches hölzernes Wasserrad. Es ist oberschlächtig - eine Seltenheit in den Niederungsgebieten. Oberschlächtige Wasserräder sind breiter und haben einen geringeren Durchmesser als unterschlächtige Räder.

Gemeint waren selbstverständlich beide Mühlen, auch die Kornmühle. Nachdem allerdings die Ölschlägerei selbst im Flachsland uninteressant geworden war, gab der - längst bürgerliche - Eigentümer 1912 die Ölmühle auf. Heute dient der restaurierte Mühlenhof als Wochenenddomizil. Das unterschlächtige Wasserrad und der Kollergang sind noch vorhanden.

Anders dagegen die **Tüschenbroicher Kornmühle (Nr. 320)**: Sie hatte schon 1863 ein zweites Standbein erhalten und war „nebenbei" Schankwirtschaft geworden. Alsbald konnte man auch auf dem Mühlenweiher (Schloßweiher) eine Kahnpartie machen. Unterdes klapperte die Kornmühle unverwandt weiter - noch bis 1940. Fortan stand sie nur noch auf dem „Gaststätten-Bein" und ist heute ein vielbesuchtes Ausflugslokal. Von der Mühleneinrichtung ist nur noch das Stauwerk erhalten, ohne das der Schloßteich auslaufen würde. Neuerdings dreht sich auch wieder ein Wasserrad. Es ist oberschlächtig, eine Besonderheit im Schwalm-Nette-Gebiet.

In der vorerwähnten Vermögensaufstellung von 1717 steht sie unter Ziff. 21: *„Die zwangbare Pannenmühle (Kornmühle) mit verpachtetem Garten, fest am Schloßweiher gelegen, welche jederzeit jährlich rentiert hat (6½ Rtlr. In Geld, sodann an Früchten 40 Malter Roggen, 1 Malter Weizen und 150 Pfd. Verkensfleisch zu liefern..."* Auffällig ist die nicht erklärte Bezeichnung „Pannmühle". Sie erinnert an die Pannenmühle (Nr. 339) in Niederkrüchten. Dort geht sie allerdings auf die traditionelle Gewinnung von Ton für die ländlichen Ziegelbäckereien (Pannenschoppen) zurück.

COHNEN, Heimatbuch Wegberg (35), S. 163 ff. u. 214 ff.; EVERTZ, Gerhard, „Geschichtliches über die Mühlen des Schwalmtales", in: 50 Jahre Verkehrs- und Verschönerungsverein Wegberg (Festschrift 1957), S. 25 ff.; JANSEN, Josef, „Schwalm-Mühlen einst und jetzt", in: Der Niederrhein 1933, S. 85; JUNGBLUTH/ELSNER, Die Schwalm - Tal der Mühlen (119), S. 21; MIELKE, Rita, „Die Tüschenbroicher Mühle - Gastlichkeit und Geschichte", Broschüre hrsg. von der WFG Kreis Heinsberg 1991; SOMMER, aaO., S. 233; RuDi, „Im 16. Jh. war die Blütezeit der alten Ölmühle", in: WZ (Erkelenz) v. 10. Sept. 1983; ferner Tranchot 1806 Bl. 48 Wegberg: „Ölmühl/Die Mühle", sowie TK 1844 Bl. 4803 Wegberg: „ÖlM/HolthofM.", und TK 1893 Bl. 4803 Wegberg: „ÖM/M."

Gustav VOSS („Wo ist die Quelle der Schwalm?", in: HK Erkelenzer Lande 1952, S. 35) berichtet, daß oberhalb der Tüschenbroicher Mühlen noch eine **Geneikener Mühle** gestanden haben soll. Andere Autoren erwähnen sie allerdings nicht, obwohl sie *„letzte Spuren"* hinterlassen haben und *„urkundlich nachweisbar"* sein soll.

321 Roßmühle (Voirtmühle)

Wegberg-Watern/Broich

(vor 1548 - 2. H. 18. Jh.) > Schwalm <

Sie zählt zu den sprichwörtlichen Ausnahmen von der Regel: nicht ein Roß trieb die Mühle an, sondern die Brunbeek im Schwalm-Quellgebiet. Mit Rossen hatte nur der Weiher zu tun: Dorthin wurden die Pferde zur Tränke und Schwemme geführt. Von alledem ist nichts mehr zu sehen. Der Bach ist ausgetrocknet, vom Weiher gibt es nur noch einen kleinen Rest. Die Mühle existiert schon seit 200

Nr. 322 Bockenmühle, Wegberg. Die ehemalige Öl- und Kornmühle aus dem 16. Jh. ist als Mahlmühle noch bis um 1960 gelaufen, zuletzt allerdings mit Elektroantrieb. Der ansehnliche Bau aus dem 18./19. Jh. dient heute Wohnzwecken.

Nr. 323 Bischofsmühle, Wegberg. Mit einem Bischof - als Lehnsherrn etwa - hat sie nichts zu tun. Sie war 400 Jahre lang eine Privatmühle, die für das Staurecht an die stets offene „Öffentliche Hand" die üblichen Abgaben zu entrichten hatte. 1882 erhielt sie eine Dampfmaschine. 1960 hatten Mühle und Maschine ausgedient. Das Gebäude ist bewohnt.

Jahren nicht mehr.
Wahrscheinlich hieß die Mühle auch anders: „*Voirtmeule* - Furtmühle". So nämlich wird sie 1546 im geldrischen Lehnsregister genannt, wo der Bach als Zubehör zum Lehen „Rosweyhe" ist, *„die geet van de Voirtmeulen thent in gen Smytbecke".* Stau (und Furt) haben zwischen Broich und Watern gelegen.
Als man 1737 den (der Freifrau v. Nesselrode gehörenden) Klinkumer Hof vermaß, hieß es in der Beschreibung einer Position *„alwo die verwittibte freifraw Von Nesselrod gebohrne Von Wylick dem Marschallen Herrn von Spyring ein örtgen broichs zu ahnlegung einer oligs Mühlen geschoncken hatt".* Demnach ist das Mühlengrundstück am Roßweiher ursprünglich Wegberger Besitz gewesen, da der Klinkumer Hof zur dortigen Nesselrode´schen Burg gehörte ehe es an Spiering auf Tüschenbroich kam. Ob Spiering tatsächlich eine Ölmühle gebaut hat, ist indes zweifelhaft. Nach der Tüschenbroicher Vermögensaufstellung von 1717 wurde in der Roßmühle Korn gemahlen.
Von den Mühle gibt es schon von 1505 Eintragungen im Rentbuch der Wegberger Kirche. Dort ist die *„Aquaris pacht to Water"* vermerkt, die von einem Peter und einem Veit zu entrichten war, deren Beruf der Pastor mit *„quaris muller"* angibt. Es ist die wohl merkwürdigste Bezeichnung, die hierzulande je für Wassermüller gefunden wurde.
Da die Mühle bei Tranchot 1806 nicht mehr erscheint, dürfte sie noch vor 1800 eingegangen sein. Das bestätigt auch die Überlieferung, nach der ein mit der Jahreszahl 1769 versehener Balken in der benachbarten Bockenmühle aus der alten Roßmühle stammen soll.

COHNEN, aaO., S. 58, 71, 138, 169 u. 216; EVERTZ, Gerhard, Festschrift 1957, S. 67; JUNGBLUTH/ELSNER, aaO., S. 31.

322 Bockenmühle

Wegberg-Watern, Zur Bockenmühle
(16. Jh. - um 1960) > Schwalm <

Die heutige Talsiedlung mit dem Wasser-Namen „Watern" bestand nach den alten Karten nur aus zwei kurz aufeinanderfolgenden Mühlen. Zu jeder gehörte ein Weiher, noch heute sichtbar. Jeder von ihnen war (und ist noch immer) ein Weiher zugeordnet.
Die obere Mühle ist die Bockenmühle. Sie hieß nach der Bezeichnung bei Tranchot 1806 wohl schon im 18. Jh. so. Dabei wird man offen lassen müssen, ob sie den Namen nach der damaligen Müllerfamilie Bocken hatte oder ob sie zu irgendeiner Zeit eine sog. Bokemühle war, in der Flachs geschlagen wurde (siehe Nr. 1). Im Flachsland - wie das Schwalm-Nette-Gebiet vielfach genannt wird - wäre das nicht ungewöhnlich.
Ihr Alter ist schwer festzustellen. Eine Balkeninschrift trägt die Jahreszahl 1769. Der Balken soll mündlicher Überlieferung nach aus der (damals wohl abgebrochenen) Roßmühle (Nr. 221) stammen. Es ist aber kaum das Entstehungsjahr der Mühle gemeint, den beigegebenen Initialen „G.F.B." nach eher das Jahr eines

Nr. 324 Lohmühle, Wegberg. Sie stammt aus neuerer Zeit (um 1800). Allerdings wurde nicht nur Eichenrinde (Lohe), sondern auch Korn gemahlen. Zudem besaß sie eine Ölpresse. Das alte Gebäude im Hintergrund ist durch Anbauten verdeckt und als einstige Mühle kaum noch auszumachen.

Neubaues. Mehr noch: Nach den Zinsverzeichnissen des Aachener Marienstifts im 16. und 17. Jh. hatte ein gewisser Johann für die *„moelen to Water gelegen by Berck* (Wegberg)*“* 33 Pfennige und *„Hein Merten to Water“* 12 Pfennige zu zahlen. Sie waren Pächter der Mühlen (Bocken- und Bischofsmühle), die damals offenbar beide dem Stift gehörten.
Der Wegberger Heimatforscher Heinz Cohnen stellt zu den Waterner Mühlen die interessante Überlegung an, ob sie nicht eigentlich für die Bauern von Klinkum erbaut wurden. Anders sei die relative Nähe zu Wegberg schwer zu erklären, das ja seine eigene Mühle gehabt habe. Nach ihrer geografischen Lage kann man sich dem anschließen. Beide Waterner Mühlen werden im übrigen nicht zur gleichen Zeit entstanden sein.
Die Bockenmühle lief - zuletzt nur noch als Mahlmühle und elektrisch - bis um 1960. Wasserrad und Einrichtung sind noch vorhanden.

COHNEN, aaO., S. 71 u. 217; EVERTZ, aaO., S. 31 ff.; GERICHHAUSEN, Heinz, „Wie entsteht Leinen“, Broschüre des Flachsmuseums Beeck 1990, S. 21; GILLESSEN, Ortschaften (74), S. 345; JUNGBLUTH/ELSNER, aaO., S. 24 ff.; NOLDEN, Reiner, „Besitzungen und Einkünfte des Aachener Marienstiftes“, in: Zeitschrift des Aachener Geschichtsvereins Bd. 86/87 (1979/80), S. 101; SOMMER, aaO., S. 233; ferner Tranchot 1806 Bl. 48 Wegberg: BockenM.“, sowie TK 1844 u. 1893 Bl. 4803 Wegberg: „BockenM.“
Das Marienstift zu Aachen hatte aus kaiserlichen Schenkungen gerade auch im Raum Erkelenz/Oestrich erheblichen Besitz. Das Güterverzeichnis aus der Zeit vor 1200 nennt

hier u.a. sechs Mühlen (NOLDEN, aaO., S. 92/93). Leider weiß man nicht, welche Mühlen das gewesen sind. Da es noch keine Windmühlen gab und Erkelenz keine Antriebsgewässer hatte, kann es sich nur um Mühlen im Bereich Watern/Wegberg/Beeck gehandelt haben. Hundert Jahre später waren von diesen sechs nur noch zwei im Stiftsbesitz, darunter auch die Bockenmühle.

323 Bischofsmühle

Wegberg-Watern, Zur Bischofsmühle
(vor 1572 - um 1960) > Schwalm <

Während die Bockenmühlen mit ihren Feldbrandsteinen noch das Gesicht des 18./19. Jahrhunderts bewahrt hat, ist die Bischofsmühle in ihrem Äußeren weitgehend vom Bild der Dampfmaschine bestimmt. Noch 1822 hatte man sie regierungsamtlich als „unbedeutend" eingestuft. 1882 wurde das indes grundlegend anders: Dampfkessel und Dampfmaschine sorgten für größere Leistung und kontinuierliche Arbeit.
Trotz ihres Namens war sie kein bischöflicher Lehensbesitz, sondern eine Privatmühle. Denn sie hieß in den alten Urkunden (ab 1572 bis 1681) „Evertzmühle". Auch im 18. Jh. führte sie noch den Namen der jeweiligen Müllerfamilie. Der „bischöfliche" Name taucht erst 1806 bei Tranchot auf. Cohnen hat hier auf den nahegelegenen Weiler Bischofshütte hingewiesen. Er hält einen Zusammenhang für möglich, zumal das eigentlich ein Hofes-Name („bisc-Hof") gewesen sei. Was das Alter im übrigen angeht, wird auf die Ausführungen zur Bockenmühle (Nr. 322) verwiesen.
Schon 1908 gab man den fortschrittlich erscheinenden Dampfbetrieb auf und beschränkte sich auf das Wasserrad, ehe der elektrische Strom die Befreiung von Energienachschub-Sorgen brachte. Aber eigentlich war das nur ein Aufschub: Um 1960 fiel die Bischofsmühle dem allgemeinen Mühlensterben zum Opfer. Ihre Gebäude haben noch ihre alte Gestalt und werden noch immer vom Schornstein des früheren Kesselhauses überragt. Sie beherbergen Wohnungen und ein Taxi-Unternehmen.

COHNEN, aaO., S. 61 u. 218; EVERTZ, aaO., S. 33ff.; JUNGBLUTH/ELSNER, aaO, S. 26 ff.; SOMMER, aaO., S. 233; ferner Tranchot 1806 Bl. 48 Wegberg: „BischofsMühle", sowie TK 1844 u. 1893 Bl. 4803 Wegberg: BischofM."

324 Lohmühle

Wegberg-Bissen, Zur Lohmühle
(um 1800 - um 1960) > Schwalm <

Gerberlohe, Knochenmehl, Speiseöl, Backmehl - das waren zeitlich nacheinander und zum Teil auch nebeneinander die Produkte dieser Mühle. Ihre Existenz verdankte sie der Gewerbefreiheit unter den Franzosen und vermutlich auch der Einsicht und der Arglosigkeit der Mühlennachbarn, die sonst eher argwöhnisch

Nr. 325 Wegberger Mühle, Wegberg. Sie steht mitten im Ort. Vor 200 Jahren hatte sie deshalb mit ihren damals drei Wasserrädern einige wirtschaftliche Bedeutung. Ihr Rückstau war indes für die Nachbarschaft eine Last. 1927 kaufte die Gemeinde das Staurecht auf. Mit E-Motor lief sie dann noch 20 Jahre. Jetzt ist sie ein Wohnhaus.

---

auf jede Veränderung der Staumöglichkeiten achteten. Schließlich sollte ja auch nur Eichenrinde und nicht Ölsamen oder Getreide verarbeitet werden. Wie die meisten Schwalmmühlen, wurde sie unterschlächtig betrieben. Interessant ist, daß man noch bis zur Währungsreform 1948 Speiseöl herstellte, als die industriell betriebenen Ölmühlen längst den Markt beherrschten. Mit den Mühlenstrukturgesetzen kam allerdings auch für die Mehlproduktion um 1960 das Ende.
Die Gebäude brannten 1964 aus, wurden aber wieder instandgesetzt. Heute ist dort der Pferdesport zuhause.

COHNEN, aaO., S. 218; EVERTZ, aaO., S. 36 ff.; JUNGBLUTH/ELSNER, aaO, S. 28/29; SOMMER, aaO., S. 233; ferner Tranchot 1806 Bl. 48 Wegberg: „Lohmuhl", sowie TK 1844 u. 1893 Bl. 4803 Wegberg: „Loh-M."

325 Wegberger Mühle

Wegberg, Burgstraße
(vor 1564 - um 1960) > Schwalm <

Sie steht mitten im Ort - zwischen Burg und Kirche. Das schlichte Gebäude aus dem vorigen Jahrhundert ist als ehemalige Mühle allenfalls noch durch seine Lage

an der Schwalm und seiner Nähe zum Weiher zu identifizieren, der heute mit Fontäne und Enten den Mittelpunkt der Stadt schmückt.
Die Wegberger Geschichtsschreibung über diese „Burgmühle“ beginnt mit der Feststellung, daß sie 1564 durch Kauf an die Burgherrschaft gekommen sei. Damit war die Familie von dem Bongardt-Nesselrode gemeint. Wann sie indes erbaut wurde, wem sie gehörte und ob sie Mahlzwang besaß, ist nicht überliefert. Es spricht aber eigentlich alles dafür, daß die Mühle vorher zum Fronhof, zumindest zum Fronhofverband gehörte. Immerhin sind Ort und Burg Wegberg aus diesem Hof hervorgegangen. Güter in Wegberg waren schon 966 Gegenstand eines Tauschgeschäfts zwischen dem Grafen Immo und dem Aachener Marienstift gewesen.
Die v. Nesselrode hatten die Mühle verpachtet, wie sicher deren Rechtsvorgänger auch. Gerhard Evertz hat die lange Reihe der Pächter ab 1560 aufgeschrieben. Von 1726 gibt es eine Zeichnung des flämischen Malers Rénier Roidkin (+ 1741 in Spa), der zahlreiche rheinische Ortschaften im Bilde festgehalten hat. Auf dieser Zeichnung betitelt „Les moulis de Wegberck“ ist die Öl- und Kornmühle mit drei Wasserrädern dargestellt. Sie muß demnach einige Bedeutung gehabt haben, vermutlich wegen ihrer günstigen Ortslage. Wasser war hinreichend vorhanden, da die Schwalm hundert Meter oberhalb durch den Beecker Bach verstärkt wurde.
1836 besaß die Mühle allerdings nur noch ein Rad und hatte nach amtlicher Feststellung wegen der vielen Mühlen in der Umgebung (insgesamt 13) nur wenig noch Zuspruch. Damit mochte es auch wohl zusammenhängen, daß die Mühle in der zweiten Hälfte des 19. Jh. von den Nesselrodes in Privathand abgegeben wurde.
Eine weitere Schwierigkeit kam später mit den Beschwerden über die schlechten Abflußverhältnisse und häufigen Überschwemmungen hinzu. Jedenfalls sah sich die Gemeinde 1927 gezwungen, dem Müller Ramachers für 30 Goldmark das Staurecht abzukaufen, damit die Gebäude des Ortes trockene Keller erhielten. Die Mühle lief dann mit einem Elektromotor weiter und wurde um 1960 geschlossen.

COHNEN, aaO., S. 26 ff., 178 ff. u. 218 ff.; EVERTZ, aaO., S. 36; JUNGBLUTH/ELSNER, aaO., S. 30 ff.; SOMMER, aaO., S. 232/233; ferner TK 1844 u. 1893 Bl. 4803 Wegberg: „M.“

326 Ophovener Mühle

Wegberg, Ophover Weg
(vor 1627 - um 1965) > Beecker Bach (Schwalm) <

Weit stattlicher als die eher bescheiden wirkende Wegberger „Burgmühle“ hat sich die unweit von dieser gelegene Ophovener Mühle erhalten. Sie ist in der Region die dritte dieses Namens und die zweite von ihnen, die (nach Wassenberg-Ophoven) heute eine attraktive Gaststätte birgt. Den Bekanntheitsgrad dürfte das nicht behindert haben. Und der Verwechslungsgefahr stehen 13 km Luftlinie entgegen.
Ob sie - wie es zuweilen heißt - mit ihrer Namenskollegin in Wassenberg eine gemeinsame Vergangenheit hat und schon im 13. Jh. zum Rechtsbereich des Klosters Dalheim gezählt hat, ist nur eine vage Vermutung und nicht belegt. Wahr-

Nr. 326 Ophovener Mühle, Wegberg. Man datiert sie in das 17. Jh. Zuletzt arbeitete sie zusätzlich mit Dampfantrieb. Seit ihrer Stillegung um 1965 empfiehlt sie sich als Gaststätte, begünstigt durch ihre Lage im Sport- und Erholungsgebiet.

Nr. 327 Kringsmühle, Wegberg. Im frühen 18. Jh. wurde sie von Hs. Tüschenbroich errichtet und gehörte zum Kringshof. 1900 mußte sie schließen, weil die Mühlendichte im Raum Wegberg zu groß war. Von ihr blieb nur das malerische Müllerhaus übrig. Jetzt wohnt dort eine Familie, die sich liebevoll um den Erhalt des alten Gebäudes bemüht.

scheinlicher ist indessen ist die Meinung von Gerhard Evertz, daß sie einem gewissen Junker v. Ophoven gehört hat, der auf dem benachbarten Ortenberg den Ortheshof besaß. Wie aber auch immer: Urkundlich nachgewiesen ist nur, daß im Jahre 1627 nicht ein Junker, sondern der wohl kaum weniger *„ehrbare Hermann Hülsen“* das *„Müllerken“* (so das Rentbuch der Pfarre Wegberg 1656) in Pacht vergeben hat.
Ab 1867 war sie eine Dampf- und Wassermühle mit zwei Mahlgängen. Sie ist dann noch bis in die 60er Jahre unseres Jahrhunderts hinein (auch) mit Wasserkraft gelaufen, was man dem gutem Zustand des eisernen Wasserrades noch heute ansieht. Dann wurde sie zu einer Ausflugsgaststätte in einem anziehenden Sportpark.

COHNEN, aaO., S. 228; EVERTZ, aaO, S. 65 ff.; GILLESSEN, Ortschaften (74), S. 335; JUNGBLUTH/ELSNER, aaO., S. 68 ff.; SOMMER, aaO., S. 233; ferner Tranchot 1806 Bl. 48 Wegberg: Ophover Mühle“, sowie TK 1844 u. 1893 Bl. 4803 Wegberg: „Ophofer-/ OphoverM.“
Der Beecker Bach ist nach der gleichnamigen Ortschaft benannt, die aus einem Fronhof (einem wassenbergisch-jülich´schen Lehen) hervorgegangen ist. COHNEN, (aaO., S. 70) erwähnt hier eine 1312 genannte **„Broecmolen“**, die mit diesem Lehen zusammengebracht werden könne. Die Mühle erscheint später nicht mehr. Vielleicht war aber mit “Broec-“ Tüschenbroich gemeint.

327 Kringsmühle

Wegberg-Harbeck, Zur Kringsmühle
(vor 1717 - 1900) > Schwalm <

Das alte Fachwerk ist freigelegt, und das bewohnte Mühlenhaus steht wieder im alten Glanz. Eine Balkeninschrift vom Richtfest am 7. Januar 1770 gibt die - zeitlose - Erfahrung des Bauherrn und dessen zwiespältige Gefühl wieder: *„BAUVEN IST EINE SCHOENE LUST! DAS ES ABER VIEL GELD KOSTES HABE ICH NICHT GEWUST!“*
Die Mühle gehörte zum Kringshof *(Crinshof)*. In dem oben mehrfach zitierten Tüschenbroicher Zubehörverzeichnis von 1717 heißt unter Ziff. 11: *„Von der zu Harbeck (Dorp) gelegenen Kringsmühle sind jährlich 4 Sümmer Küchenmehl aufs Schloß zu liefern. Da diese Mühle vom Schloß erbaut wurde, ist ihr Preis nicht anzugeben.“*
Wegen chronischen Wassermangels soll die Kringsmühle die schlechteste unter den Wegberger Mühlen gewesen sein. Sie konnte täglich nur drei Stunden mahlen. Um 1850 wurde die bisherige Ölmühle in eine Kornmühle umgewandelt. Da sie aber auch dann keine Familie ernähren konnte, gab man sie 1900 auf und wandte sich ausschließlich der Landwirtschaft zu. Von der Mühleneinrichtung ist nichts mehr erhalten.

COHNEN, aaO., S. 73; EVERTZ, aaO., S. 42 ff.; JANSEN, Josef, „Schwalm-Mühlen einst und jetzt“, in: Der Niederrhein 1933, S. 86; JUNGBLUTH/ELSNER, aaO, S. 33 ff.; SOMMER, aaO., S. 232; ferner Tranchot 1806 Bl. 48 Wegberg: „KringsMühle“, sowie TK 1844 u. 1893 Bl. 4803 Wegberg: ;Mühlensymbol/„KringsM.“

Nr. 328 Vollmühle, Mönchengladbach. Die alte (Rhein-)Dahlener Walkmühle am Mühlenbach, einem Zufluß der Schwalm, ist schon 1468 urkundlich erwähnt und ein frühes Zeugnis der textilen Tradition in diesem Lande. Ab etwa 1800 war sie allerdings nur noch als Kornmühle eingesetzt. Heute ist sie ein Landhandelsbetrieb, in dem auch noch gemahlen wird.

Nr. 329 Holtmühle, Wegberg. Landwirtschaft und Gastwirtschaft existieren auf diesem Mühlenhof aus dem 14. Jh. einträchtig und wohl auch einträglich nebeneinander. Von der - 1954 geschlossenen - Mühle haben nur der Weiher und das eiserne Wasserrad überlebt.

Vom Beeker Bach bis zum Kranenbach

Die Gewässerkarte zeigt es deutlich: Die Hauptzuflüsse der Schwalm - Beeker Bach, Mühlenbach, Knippertzbach und Kranenbach - kommen vom höher gelegenen Gelände im Osten. Sie führten früher reichlich Wasser.
An allen vier Bächen haben Mühlen gestanden, die meisten (6) am Mühlenbach (Alsbach). Kaum weniger bedeutsam als der Mühlenbach ist der Kranenbach mit seinen „nur" vier Mühlen. Sein Name hat wohl weniger mit Kranichen zu tun als mit den „lärmintensiven" Krähen (alte Bezeichnungen: „Kroan - Kran"). Dieser „Krähenbach" lief früher zunächst ins Tantelbruch, ehe er sich bei der Borner Mühle mit der Schwalm vereinigte. Das war ein See, der im 17. Jh. durch Torfstich entstanden ist und ähnlich groß war wie der Hariksee. Nach der Schwalmregulierung um 1930 war er binnen weniger Jahre abgelaufen und alsbald verlandet. Erst in den letzten Jahrzehnten hat man ihn dann aber wieder ausgebaggert und im Tantelbruch den Borner See geschaffen - kleiner zwar als der Hariksee, dafür aber mit 3 m doppelt so tief wie dieser. Für die Wasserwirtschaft dient er als Rückhaltebecken, für den Wanderer ist er wieder ein Stück lebendiger Natur.

328 Vollmühle

Mönchengladbach-Rheindahlen, Gatzweiler
(vor 1468 - heute) > Mühlenbach (Schwalm) <

In den Rechnungen von Jülich-Berg (Amt Wassenberg) heißt es 1554: *„Im lande van wassenberch hait ... werner van palant drost zu wassenberch ... In siner Zeit zu gelaissen und vergont Johan up der vollmoelen van Dalen, das he ein moellen gesatz hait up die Beeck, die tuschen der heirlichkeit van wassenberch und Dalen fluist."* Da Werner v. Palant (Vater und Sohn) zwischen 1480 und 1533 in Wassenberg amtierten, könnte die Mühle in dieser Zeit gebaut worden sein. Sie erscheint allerdings schon 1468 in einer Urkunde.
Die Vollmühle war nach dem Wortlaut der Rechnung von 1554 eine Privatmühle, für die eine „Wassererkenntnis" als Abgabe zu entrichten war. Im Gebiet nördlich Wassenberg war sie die einzige ältere Walkmühle, von der wir wissen. Sie ist in jedem Fall ein Beleg für die frühe Wollproduktion und -verarbeitung in dieser Region mit ihren ausgedehnten Heideflächen.
Um 1800 hatte man sie bereits zur Mahlmühle umgebaut. In unserem Jahrhundert geriet sie zunehmend in Antriebsnot: Ab 1930 wurde ein Dieselmotor, später ein E-Motor eingesetzt. Auch heute wird noch regelmäßig gemahlen. Im übrigen hat sich der Eigentümer auf den Landhandel umgestellt.

GILLESSEN, Altes Handwerk (73), S. 59 (Abdruck der Urkunde von 1554); HEINRICHS, Wassenberg (96), S. 173 ff.; JUNGBLUTH/ELSNER, aaO., S. 72; LÖHR, in: Städteatlas Nr. 18 „Rheindahlen", Textteil; SOMMER, aaO., S. 232; ferner Tranchot 1806 Bl. 48 Wegberg: „VollM.", sowie TK 1844 u. 1893 Bl. 4803 Wegberg: „VollMh./Voll-M."
An diesem Mühlenbach (oder auch Gripekovener Bach) hat in alter Zeit in Dahlen (Rheindahlen) oberhalb der Vollmühle noch eine weitere Mühle gestanden, die **Eickelnberger**

Nr. 330 Buschmühle, Wegberg. Der ansehnliche Mühlenbetrieb im Ortsteil Busch ist auch nach 40 Jahren Stillstand noch funktionsfähig. Es gibt ihn hier schon seit dem 16. Jh.

Mühle (Nr. 328a). Von ihr weiß man nur, daß sie 1596 bereits stillgelegt worden war (LÖHR, aaO.). Nach JUNGBLUTH/ELSNER (aaO., S. 70) soll die Stillegung 1549 geschehen sein. Im 19. Jh. gab es in Dahlen amtlichen Meldungen zufolge zwei Wassermühlen: unsere Vollmühle und die Knippertzmühle (Nr. 335).

329 Holtmühle

Wegberg-Busch, Hospitalstraße
(vor 1397 - 1954) > Mühlenbach (Schwalm) <

Schon 1397 findet sie sich in einer Steuerrechnung des Rabolt von Brempt, weiland geldrischer Drost und Rentmeister von Montfort und Erkelenz. Wahrscheinlich war sie eine Privatmühle, wie viele andere in dieser Gegend ebenfalls.
Ihren Namen „Holtmühle (Holzmühle)" scheint sie von ihrer Lage im heute noch (oder wieder) waldreichen Gebiet zwischen Wegberg und Rheindahlen bekommen zu haben. Nicht von ungefähr hießen auch die Nachbarmühle „Buschmühle" und die Nachbarsiedlung „Busch". Ob sie deswegen allerdings auch eine Sägemühle war, wie man verschiedentlich liest, ist wenig wahrscheinlich. Sägemühlen nannte man hierzulande früher „Schneidemühlen", nicht aber „Holzmühlen". Vielmehr dürfte sie eh und je als Öl- und Kornmühle gedient zu haben. Erst in ihren letzten Jahrzehnten befaßte sie sich ausschließlich mit dem Mahlen von Getrei-

de. Da sie über einen der größten Stauweiher im Raum Wegberg (außer Tüschenbroich) verfügte, hatte sie gute Voraussetzungen, bis zuletzt ihr großes mittelschlächtiges Wasserrad benutzen zu können, das auch tatsächlich noch bis 1954 gelaufen ist.
Dann wurde die Holtmühle endgültig zur Ausflugsgaststätte. Erfahrung in der Gastronomie war vorhanden: Schon zwischen 1870 und 1894 hatte der Holtmüller eine Sommerwirtschaft betrieben, mit Kaffee und freier Kahnpartie auf dem Weiher.

COHNEN, aaO., S. 224/25; EVERTZ, aaO., S. 57 ff.; GILLESSEN, Ortschaften (74), S. 328; JUNGBLUTH/ELSNER, aaO., S. 73 ff.; RuDi, „Die Pferdefuhrwerke hielten vor der Holtmühle von selbst", in: WZ (Erkelenz), v. 3. Sept. 1983; SOMMER, aaO., S. 231; ferner Tranchot Bl. 48 Wegberg: „Holt Muhl", sowie TK 1844 u. 1893 Bl. 4803 Wegberg: „Holzmühle/Holt-M."

330 Buschmühle

Wegberg-Busch, Hospitalstraße
(vor 1557 - 1953) > Mühlenbach (Schwalm) <

Es sieht so aus, als habe der Müller soeben das Rad festgesetzt, ausgefegt und die Tür abgeschlossen, um morgen weiterzumahlen. Aber „soeben", das war 1953. Die Mühle könnte auch jederzeit aus ihrem Dornröschen-Schlaf erweckt werden. Aber auch ihre Zeit ist unumkehrbar abgelaufen.
Erste Kenntnis von der „Mühle im Busch" vermitteln uns Beschwerden der Bachanlieger im Beecker Kirchspiel aus den Jahren 1557/1566: Der Müller „*Dedrich* (Theodor) *auf dem Bosch*" habe den Bach übermäßig aufgestaut und die Wiesen und Torfgruben beschädigt. Da auch die drei unterhalb liegenden Mühlen mit bezichtigt wurden, muß der Streit nicht nur deren Solidarisierung, sondern doch wohl auch einige Verbesserungen gebracht haben. Das zeigt nicht zuletzt auch die spätere Schließung einer von ihnen (der Meis-Mühle, siehe Nr. 331).
Auch die Kriegsereignisse des 17. Jh. ließen die Mühle nicht ungeschoren: 1647/48 (in der Zeit des verheerenden Hesseneinfalls im 30jährigen Kriege) wurden dem Eigentümer der Mühle, Peter Buchs aus Rheindahlen, 9 Gulden an Kontribution auferlegt. Buchs und sein Pächter erhoben Einspruch wegen ungleicher Behandlung. Ob sie sich durchsetzen konnten, ist nicht überliefert. Eine Generation später - 1672 - ging es nicht mehr um Geld, sondern um Gut: Die Truppen Ludwigs XIV. suchten die Mühle auf ihrem Marsch gegen Wilhelm v. Oranien heim und raubten sie völlig aus.
Im 19. Jh. besaß die Buschmühle zwei Mahlgänge. 1946 wurde sie auf Elektroantrieb umgestellt, 1953 geschlossen. - Einen Nebenverdienst warf zwischen den beiden Weltkriegen der Weiher ab, auf dem Kähne für eine Kahnpartie angemietet und Fische gefangen werden konnten.

COHNEN, aaO., S. 226; EVERTZ, aaO., S. 59; JUNGBLUTH/ELSNER, aaO., S. 75 ff.; SOMMER, aaO., S. 231; ferner Tranchot 1806 Bl. 48 Wegberg: „Busch Mühle", sowie TK 1844 u. 1893 Bl. 4803 Wegberg: „Buscher M./Busch-M."

Nr. 332 Schrofmühle, Wegberg. Sie ist ein Mühlenexemplar, das unter den Schwalmtal-Mühlen das Prädikat „besonders wertvoll" verdient. Nicht nur der stattliche Mühlenhof, sondern auch die über 200 Jahre alte Mühleneinrichtung sind noch in ihrer alten Form erhalten. Die Schrofmühle lief vom 16. Jh. bis 1950. - Foto: Dobbek, Naturpark Schwalm - Nette.

---

331 Meis-Mühle

Wegberg-Busch
(vor 1557 - 1601)

> Mühlenbach (Schwalm) <

Ihren Namen hatte die Meis-Mühle von einem gewissen Bartholomäus, der auf Alt-Niederrheinisch „verkürzt und vereinfacht" worden war. Es wird aber auch von einem „Peter in der Balkmühlen" berichtet. „Balkmühle" bezog sich auf die benachbarte Siedlung „Balkhoven".
Auch sie war Gegenstand der erwähnten Nachbarbeschwerden bei den Vogtgedingen 1557/66 (siehe Nr. 330). Da sie zudem auf engem Raume von nur 750 m mitten zwischen den beiden anderen angegriffenen Mühlen lag, mußte sich ihr Besitzer in zweifacher Hinsicht und nach zwei Seiten hin wehren.
Das hing - indirekt zumindest - mit den Stauverhältnissen zusammen. Die Mühle war nämlich nicht nur den Bachanliegern, sondern vor allem auch dem Buschmüller lästig, dem am ungehinderten Ablauf des Unterwassers gelegen war. Er hatte dem Meismüller zwei Morgen Land gegen die Zusage geboten, Stau und Mühle zu beseitigen. Dieser hatte das Angebot angenommen, war aber dann verstorben. Weil das Einverständnis indes nur mündlich geschehen war, mußten die Beecker Schöffen über den Vorgang entscheiden. So wurden im Winter des Jah-

res 1600/01 Zeugen vernommen. Sie bestätigten das Geschäft. Nachdem auch noch erb- und vormundschaftsrechtliche Fragen geklärt waren, hatte das Gericht die Gültigkeit der Abmachung festgestellt.
Weil alles relativ reibungslos ablief und zwei Morgen Land nicht eben einen berauschenden Wert darstellten, werden die Eigentümer froh gewesen sein, die ungeliebte und wahrscheinlich auch unrentable Mühle loszuwerden. Kurzum - die Meis-Mühle wurde abgebrochen. Außer Akten hat sie keine Spuren hinterlassen.

COHNEN, aaO., S. 227; EVERTZ, aaO., S. 62/63; JUNGBLUTH/ELSNER, aaO., S. 77.

332 Schrofmühle

Wegberg-Rickelrath, Dülkener Straße
(vor 1557 - 1950) > Mühlenbach (Schwalm) <

Die fünfte und letzte der Mühlen am Gripekovener Bach (Mühlenbach) ist nach dem tiefen Geländeeinschnitt benannt, der sich besonders westlich der Straße zeigt und noch bei Tranchot „Schrof“ heißt. Auch sie zählte zu den „Delinquenten“ der Anliegerbeschwerden von 1557/66, die für die Versumpfung am Oberlauf des Baches verantwortlich gemacht wurden (siehe Nr. 330/331).
Ob die Mühle schon Jahrhunderte vorher bestanden hat, wie Theo Schmitz meint, kann man wohl vermuten, aber ebensowenig beweisen, wie etwa bei den Nachbarmühlen. Das heute noch stehende Hauptgebäude mit seinem Hofgeviert in fränkischer Bauweise ist unter Verwendung älterer Teile um 1850 errichtet worden. Die Jahreszahl 1771 auf einem Balken im Mahlraum spricht allerdings schon für das weit höhere Alter der heute noch weitgehend kompletten Einrichtung der Öl- und Kornmühle. Aber das Mühlenhaus muß schon vorher zweimal um insgesamt bis zu 1,50 m höher gelegt worden sein, um sich den verändernden Wasser- und Stauverhältnissen anzupassen. 1934 hat man nämlich bei Erdarbeiten für das Fundament eines Dieselmotors zwei Bodenplattenschichten gefunden, aus denen sich das Maß der Aufschüttung ergab. Der Motor war damals eingesetzt worden, weil der Weiher verschlammt war.
Auch die Schrofmühle hat längst das Schicksal aller ländlichen Mühlen ereilt. 1950 mußte sie geschlossen werden. Aber sie hatte insofern Glück, als sich Hof und Mühle im Besitz einer Familie mit einem bemerkenswerten Sinn für Tradition befanden: der Familie Schmitz, die auf 200 Jahre als Pächter und Eigentümer der Mühle zurückblicken kann. Die Familie einigte sich darauf, das Anwesen unverändert zu erhalten. Das Ergebnis ist sichtbar und beispielhaft. Die Mühle wurde um 1980 restauriert und bekam auch ein neues Wasserrad. Man kann sie besichtigen und sehen, wie eine alte Öl- und Mahlmühle funktionierte. Allein die Schlagbank fehlt, soll aber wieder aufgerichtet werden.

COHNEN, aaO., S. 227; EVERTZ, aaO., S. 63 ff.; JUNGBLUTH/ELSNER, aaO., S. 78 ff.; SCHMITZ, Theo, „Die Schrofmühle bei Rickelrath“, in: HK Erkelenzer Land 1967, S. 73 ff.; ders., „Aus der Geschichte der Schrofmühle“, Broschüre, um 1982; SOMMER, aaO., S. 230; ferner Tranchot 1806 Bl. 48 Wegberg: „Schrof Mühle“, sowie TK 1844 u. 1893 Bl. 4803 Wegberg: „Schroffmühle/Schrof-M.“

Nr. 333 Molzmühle, Wegberg. In der langen Reihe der „Gaststätten-Mühlen" steht sie schon seit 1926. Sie wurde 1506 erstmals erwähnt und gehörte bis zur Säkularisation dem Wegberger Kreuzherrenkloster. Ihre Lage abseits vom Weltgeschehen war wohl der Bewirtung von Gästen, nicht aber dem Mahlgeschäft zuträglich. Der Mahlbetrieb wurde 1930 eingestellt.

---

333 Molzmühle

Wegberg-Rickelrath, In Bollenberg
(vor 1506 - 1930) > Schwalm <

Tief unten im stillen Tal der Schwalm, wo man sonst nur Ausflügler und Wanderer trifft, endet die schmale Fahrstraße am Hotel-Restaurant „Molzmühle" mit seinem alten weißgetünchten Gebäude. Wer einkehrt, kann direkt neben dem originalen Kollergang essen und trinken.
Unsere Mühle liegt heute am Mühlenbach, dessen Mündungsbereich verändert wurde. In ihrer „aktiven Zeit" indes stand sie unmittelbar an der Schwalm.
Sie hatte verschiedene Namen: Priorsmühle, Otensen-, Oethueser- (so 1506) Mühle, Molsen Meulen (Floris-Karte 1770), Mossmühle und erst in den beiden letzten Jahrhunderten Molzmühle. Der letztgenannte Name kommt von einer Pächterfamilie Molz, die in diesem Zusammenhang bereits 1627 erwähnt wird. Der erstgenannte Name ist indes ein Hinweis darauf, daß die Mühle einst dem Kreuzherrenkloster in Wegberg gehörte. Dieses Kloster war 1639 vom Herrn auf Tüschenbroich gegründet worden. Der Wegberger Pfarrer war zugleich Prior. Ob nun die Mühle zunächst der Pfarrei oder dem Kloster gehörte, ist wegen der engen Verbindung beider kirchlichen Einrichtungen nicht eindeutig klar. Jedenfalls

wurde 1775 im Namen der Kaiserin Maria Theresia bestätigt, daß sie mit 20 Morgen Land dem Kloster zuzurechnen sei.
Nach der Säkularisation 1802 wurde die Molzmühle verkauft. Aber aus ihren wirtschaftlichen Problemen ist die Öl- und Mahlmühle wohl nie so recht herausgekommen. Bei ihr war es nicht etwa Wassermangel; denn kurz vor ihrem Stau mündete der ergiebige Mühlenteich in die Schwalm und führte zusätzliches Wasser aus Kipshoven heran. Vielmehr waren es die große Konkurrenz und die abseitige Lage, die ihr das Mühlenleben schwer machte. 1930 wurde der Betrieb geschlossen, nachdem schon 1926 ein anderer Betrieb eröffnet worden war: die Gaststätte, für die Stille und Abstand vom Alltag ein Vorteil war.

COHNEN, aaO., S. 221; EVERTZ, aaO., S. 43 ff.; GILLESSEN, Ortschaften (74), S. 334; JUNGBLUTH/ELSNER, aaO., S. 35 ff.; SOMMER, aaO., S. 230; ferner Tranchot 1806 Bl. 48 Wegberg: „Mohls Mühle", sowie TK 1844 u. 1893 Bl. 4803 Wegberg: „Molz-M./Molzmühle".

334 Neumühle

Wegberg-Rickelrath, Schwaamer Straße
(vor 1397 - 1926) > Schwalm <

Rabolt von Brempt, Drost und Rentmeister von Erkelenz, hatte 1397 außer der Holtmühle (Nr. 329) auch noch eine andere zinspflichtige Mühle auf der Steuerliste stehen: die Neumühle am Wege von Rickelrath nach Schwaam, das mit seinen Riedhäusern noch heute mittelalterliche Baugeschichte schreibt.
Sicher ist sie von Zeit zu Zeit immer mal wieder neu gewesen. Die ältesten Bezeichnungen (in den Wegberger Kirchenbüchern) sind „Stysmoelen" und „Nivus Moolen". „Neu" auch dem Namen nach war sie erst ab dem 17. Jh.: Ein Veit Neumüller ist 1640 genannt; ihm folgen Müller auf der „Newmoelen" oder (in Pastorenlatein), der „Nove Mola". Die Neumüller müssen sich in Mühlengeschäften gut ausgekannt haben: 1783 ließ einer von ihnen auf eine Platte des Königssilbers seiner Schützenbruderschaft gravieren *„Wenn die Mühlen bleibt gehn, so kann der König bestehen."* - Er hatte ein Jahr zuvor in seinem Wegberger Kollegen ein Vorbild gehabt. Auf dessen Platte der Königskette hatte nämlich der bedenkenswerte Spruch gestanden: *„Bringet brav zu mahlen, um meinen Staat zu bezahlen".* - Nationalökonomie im Schützenkönigtum an der Schwalm!
Von der Mühle hat uns Gerhard Evertz einige Geschichten erzählt: Vom elfjährigen Jungen etwa, der 1760 in das Räderwerk geriet und gräßlich zu Tode kam. Der Müller wurde zu einer Geldstrafe verurteilt - nicht, weil er ein Kind beschäftigt hatte, sondern wegen unterlassener Sicherheitsvorkehrungen. Oder über den Müllersohn, der sich nicht zur „Grande Armée" Napoleons hatte einziehen lassen wollen und auf die andere Rheinseite floh. Oder von der Bezahlung der Kosten der Einkleidung eines Neffen, als dieser Ordensmann geworden war.
Die Neumühle war übrigens die erste, die in der nachfolgenden Reihe von Schwalmmühlen wegen des guten Zuflusses keinen Mühlenweiher brauchte. Im 19. Jh. wird sie mit zwei Mahlgängen und zwei Ölpressen registriert. 1926 mußte der Betrieb wegen der Schwalmregulierung eingestellt werden. 1931 versuchte

Nr. 337 Jennekesmühle, Schwalmtal. Erst um 1800 errichtet, war sie zunächst Ölmühle. Als sich das nicht mehr lohnte, wurde sie als Mahlmühle und schließlich von 1918 bis 1928 als Feilenschleiferei genutzt. Heute ist das Gebäude ein ansehnlicher Landsitz.

---

man, sich durch den Ausschank alkoholfreier Getränke „über Wasser“ zu halten. Nach dem Kriege verfielen die Gebäude zusehends. 1975 wurden sie abgebrochen, um einer Kläranlage Platz zu machen.

COHNEN, aaO., S. 223 ff.; EVERTZ, aaO., S. 47 ff.; GILLESSEN, Ortschaften (74), S. 335; JUNGBLUTH/ELSNER, aaO., S. 37 ff.; NYASSI, Ulrike, „Die Müller der Neumühle bei Rickelrath“, in: HK Krs. Heinsberg 1976, S. 52 ff.; SOMMER, aaO., S. 229; ferner Tranchot 1806 Bl. 48 Wegberg: „Neue Mühle“, sowie TK 1844 u. 1893 Bl. 4803 Wegberg: „Neue M./ Neu-M.“

335 Knippertzmühle

Mönchengladbach-Rheindahlen, Eichhofweg
(vor 1223 - um 1920) > Knippertzbach (Schwalm) <

Zu den ganz wenigen Mühlen im Schwalmtal, die außer einem kleinen Weiher nichts mehr hinterlassen haben, zählt die Knippertzmühle. Schon 1920 wurde sie von der öffentlichen Hand aufgekauft und wegen Baufälligkeit abgebrochen.
Bach, Mühle und Müller trugen mindestens seit Anfang des 19. Jh. denselben Namen, was auf eine lange Zusammengehörigkeit hinweist. Schon 1223 hatte es zwischen dem Kölner Domkapitel und Otto v. Wickrath Streit über von diesem behauptete Rechte an der Gerichtsbarkeit, der Waldgerechtigkeit in Dahlen und eben dieser Mühle gegeben. Weil Otto trotz dreimaliger Vorladung nicht zur

Verhandlung erschienen war, hatte der Erzbischof ein Schiedsgericht aus drei Kanonikern von St. Gereon eingesetzt, das nach der Aktenlage entschied. Der Spruch fiel zugunsten des Domkapitels aus.
Weitere Nachrichten über die Mühle fehlen - außer, daß sie ein unterschlächtiges Wasserrad besaß und 1830 bei amtlichen Ermittlungen als Mahlmühle registriert wurde.

DEILMANN, Geschichte des Amtes Brüggen II (39), S. 14 u. 118; ders. JUNGBLUTH/ELSNER, aaO., S. 81; LÖHR, Städteatlas Nr. 18 „Rheindahlen“, Textteil; SOMMER, aaO., S. 229/230; ferner Tranchot 1806 Bl. 48 Wegberg: „Knipertz Muhl“, sowie TK 1844 u. 1893 Bl. 4803 Wegberg: „Knippertz M.“

336 Papel(t)er Mühle

Schwalmtal, Lüttelforst
(16. Jh. - 1928) > Schwalm <

Am Beginn der langen Dorfstraße von Lüttelforst lag bis vor kurzem die stark bewachte Residenz eines Oberkommandierenden der Britischen Rheinarmee. Just dahinter und ebenso unzugänglich liegt unten an der Schwalm die ehemalige Papeler Mühle. Sie ist nur noch als Nachfolgebau erhalten, der um 1975 im Stil der verbliebenen Gebäude als Wohnhaus errichtet wurde.
Die Geschichte der Mühle reicht bis ins 16. Jh. zurück. Damals gehörten sie und der gleichnamige Hof oben an der Straße einer adligen Familie v. Papeler, die ihn als Jülicher Klüppellehen besaß. Der Inhaber eines solchen Lehens war verpflichet, den Besitz mit dem „Klüppel“ (Knüppel)mannhaft und entschlossen zu verteidigen; Inhaber eines sog. Sattellehens hatten dagegen außer Mannhaftigkeit Roß und Reiter zu stellen. Aus dem Geschlecht derer v. Papeler und ihrer Nachfahren v. Kessel sind Priorinnen des Klosters Dalheim und Offiziere in Diensten des Fürstbischofs von Münster und des Kaisers hervorgetreten.
1752 gingen Mühle und Hof durch Kauf an eine vermögende Lüttelforster Kaufmannsfamilie über. Sie hatte den beziehungsreichen Namen „Mühlenweg“. Nach einigen späteren Besitzerwechseln brannte die Öl- und Kornmühle 1928 ab und wurde nicht wiederhergestellt.

BELONJE, Johan, „Papeler Hof en Papeler Molen“, in: HK Krs. Viersen 1982, S. 98 ff.; BRÜES, Eva, „Die Denkmäler der Gemeinden Schwalmtal-Waldniel“, ebenda 1990, S. 203; DEILMANN, Geschichte des Amtes Brüggen II (39), S. 117; JUNGBLUTH/ELSNER, aaO., S. 41/42; SOMMER, S. 229; ferner Tranchot 1806 Bl. 48 Wegberg: „Papelter Mühl“, sowie TK 1844 u. 1893 Bl. 4803 Wegberg: „Papeler Mh./Papelter M.“

337 Jennekes (Gennekes) Mühle

Schwalmtal, Lüttelforst
(vor 1806 - 1928) > Schwalm <

Geht man unweit der kleinen Lüttelforster Kirche den schnurgeraden Weg hinab zur Schwalm, so muß man schon genau hinschauen: Man sieht zwar den Fluß

Nr. 338 Lüttelforster Mühle, Schwalmtal. Sie war eine der drei Mühlen von Hs. Bocholtz in Waldniel. Ab 1456 ist sie dokumentiert. Im 19. Jh. erwarb sich der junge Gustav Mevissen mit dem Umbau der Mühle, die mittlerweile seinem Vater gehörte, seine ersten Sporen. Mevissen wurde zu einem der bedeutendsten Unternehmer seiner Zeit.
Die Mühle lief bis 1954. Dann wurde sie in eine Gaststätte umgewandelt. Ein Ausschank hatte schon seit 1900 „nebenher" bestanden.

---

und eine Brücke, vermißt aber die Mühle. Die allerdings liegt noch ein Stück weiter, im Bruchwald versteckt und durch Strauchwerk verdeckt. Dort stand sie zwar schon immer, und zwar früher diesseits des Flusses, bevor dieser bei der Regulierung in den 20er Jahren geradegezogen und auf die Lüttelforster Seite verlegt wurde. Diesseits standen hier überhaupt die meisten Mühlen. Wahrscheinlich hatte das mit dem besseren Baugrund im asymmetrischen Tal der Schwalm zu tun. Vielleicht hatte es aber auch an der Politik gelegen. Denn „diesseits", das war Jülich, „jenseits" indessen geldrisches Gebiet.
Über Entstehung und Alter der Mühle ist wenig bekannt. In der Krüchtener Karte von 1601 ist sie im Gegensatz zu den Nachbarmühlen noch nicht enthalten. Tranchot verzeichnet sie 1806 unter dem Familiennamen Jennekes, der in den späteren Karten „Gennekes" geschrieben wird.
1829 werden zwei Ölpressen registriert. Um 1900 war sie ausschließlich Mahlmühle. Die Umstellung geht auf den damaligen Eigentümer van Schayck zurück, dessen aus Straelen stammende Familie auf einer ganzen Reihe niederrheinischer Wind- und Wassermühlen zuhause war. Nach 1918 erfuhr sie erneut eine Umstellung - in eine Feilenschleiferei, die aber 1928 nach der Begradigung der Schwalm stillgelegt werden mußte.

Inzwischen ist das Anwesen unter Bewahrung des alten Mühlengebäudes aus dem vorigen Jahrhundert zu einem ansehnlichen Landhaus umgestaltet.

IHL, Karl-Heinz, „Versuch einer Grenzbeschreibung ...“, in: HK Krs. Viersen 1990, S. 85/86; JUNGBLUTH/ELSNER, aaO., S. 43/44; SOMMER, aaO., S. 228; Krüchtener Karte von 1601, farbig abgedruckt in: HK Krs. Viersen 1987, S. 101; ferner Tranchot 1806 Bl. 48 Wegberg: „Jennekes Mühle“, sowie TK 1844 u. 1893 Bl. 4803 Wegberg: „Jennekes Mh./ Gennekes M.“

338 Lüttelforster Mühle

Schwalmtal, Lüttelforst
(vor 1456 - 1954) > Schwalm <

„*Romantisch gelegene Mühle im Naturpark*“, „*Komfort zwischen Mühlsteinen*“ und „*Spezialität des Hauses ist das hochprozentige Mühlenwasser*“. Das sind die heutigen Merkmale der Betriebes, in dem jahrhundertelang Öl geschlagen und Korn gemahlen wurde, ohne Romantik und Komfort.
Im Jahre 1456 erscheint die Lüttelforster Mühle erstmals in den Annalen von Hs. Bocholtz in Waldniel. Sie gehörte zum Dahlhof, ebenfalls einem Bocholtz´schen Besitz, und wurde deshalb zuweilen auch „Dahlmühle“ genannt. 1591 wurde der Dahlhof mitsamt der Mühle bei einer Erbteilung vom Hauptsitz der Familie in Waldniel abgetrennt und den Eheleuten Sibert v. Bocholtz zugesprochen.
In der ersten Hälfte des 19. Jahrhunderts gehörte die Mühle zeitweilig dem Müller Johann Jacob Roosen. Die Roosen waren von der Richardshovener Mühle (Nr. 108) hierher gekommen. Außer der Lüttelforster Mühle bewirtschafteten sie um 1820 auch die unterhalb liegende Brempter Mühle (Nr. 341). Später gehörte ihnen die Güdderather Mühle (Nr. 376), die bis zu ihrer Stillegung unter ihrer Regie lief. Diese Müllerfamilie ist eines der zahlreichen Beispiele für die vielfältigen Verflechtungen unter den Familien der Mühleneigentümer und Pächter.
Von den Roosen ging die Mühle an den Viersener Unternehmer Mevissen, der sie 1868 weiterverkaufte. Von ihm wird berichtet, daß er seinem Sohn Gustav (1815 - 1899) die Leitung des Umbaues der Mühle übertragen hatte, als „Übungsaufgabe“ gewissermaßen. Gustav Mevissen muß die Aufgabe gut gelöst haben: Er wurde in Köln Bankier, Handelskammerpräsident und Gründer zahlreicher großer Wirtschaftsunternehmen. Vielleicht waren die Kraft und Ausdauer eines sich unermüdlich drehenden Wasserrades sein Schlüsselerlebnis.
Um 1900 wurde in der Mühle eine Gaststätte eingerichtet, 1954 der Mahlbetrieb eingestellt. Seither firmiert die Lüttelforster Mühle als „Hotel-Restaurant“ mit ihrem großen Wasserrad als Wahrzeichen und einem Original-Kollergang als Schmuck in der Gaststube.

BACHEM, Julius, Die Jahrtausendfeier der Vereinigung der Rheinlande mit Preußen (Denkschrift 1915), S. 175/76; BRÜES, Eva, „Die Denkmäler ..., in: HK Krs. Viersen 1990, S. 202; DEILMANN, Geschichte des Amtes Brüggen II (39), S. 12 ff. u. 116; JANSEN, Josef, „Schwalm-Mühlen einst und jetzt“, in: Der Niederrhein 1933, S. 86/87; JUNGBLUTH/ELSNER,

Nr. 339 Pannenmühle, Niederkrüchten. Nur der Weiher, ein Mühlstein und das alte Mühlenhaus erinnern noch an ihre 300jährige Mühlenvergangenheit. Alles andere an dieser heute weithin bekannten Gaststätte ist neu oder erneuert - auch das „Spanisch Hüske". Das ist der rechte Flügelbau. Als die Schwalm noch Grenze zwischen dem Herzogtum Jülich und den spanischen Niederlanden war, diente dieses „Hüske" als Grenzposten und Zollstelle. Die Mühle ist 1655 erstmals bezeugt und war eine Ölmühle. 1890 wurde sie in eine Kornmühle umgewandelt, die bis um 1960 lief. Daneben war sie schon seit 1900 eine vielbesuchte Ausflugsgaststätte. Der erste Wirt und Müller war ein humorbegabter Mann, um den sich viele Anekdoten ranken.

S. 45/46; RuDi, „Um das Jahr 1400 Lüttelforster Mühle zum ersten Mal erwähnt", in: WZ (Erkelenz) v. 17. Sept. 1983; SOMMER, aaO., S. 228; WALLRAFEN, Klemens, „Niederkrüchten und das mittlere Schwalmtal" (unveröff. Manuskript 1950); Krüchtener Karte von 1601 (siehe Nr. 337): „Boichholts Muln"; ferner Tranchot 1806 Bl. 48 Wegberg: „Lüttelforst Mühle", sowie TK 1844 u. 1893 Bl. 4903 Wegberg: „Lüttelforster Mh./Lüttelforster M."

339 Pannenmühle

Niederkrüchten, Pannenmühle

(vor 1655 - 1927) > Schwalm <

Der an die Hauswand angelehnte Mühlstein eines Kollerganges und der Weiher gegenüber verraten dem „kundigen Thebaner", daß hier eine Ölmühle war. Ansonsten ist aber längst alles auf zeitgemäße Gastronomie ausgerichtet, die auf

die Sehnsucht der Menschen nach einer unberührten Landschaft setzt.
Unsere Mühle weicht in mehrfacher Hinsicht von den Nachbarmühlen ab: Daß die Schwalm seit alters her ein Grenzfluß war, wurde schon gesagt. Sie hatte eben den Vorzug, daß man schon nasse Füße hatte, wenn man sich ihr von Westen her auf einige hundert Schritte näherte. Gleichwohl stand diese Mühle hier nicht auf der vom Untergrund her „besseren" - der Jülicher - Seite, sondern jenseits im Geldrischen. Trotz dieses Standortes mußte der Müller an Jülich 12 Raderalbus und 2 Pfund gelbem Wachs entrichten, weil er den halben Strom, also auch jülich´sches Antriebswasser nutzte. So kann man es im Lagerbuch der Rentmeisterei Brüggen von 1725/26 lesen. Überdies war hier an der Mühle eine Grenzstation. Denn der in bestem Fachwerk restaurierte östliche Flügelbau aus dem 17. Jh. war früher ein Zollhaus. Man nennt das kleine Gebäude noch heute „et Spanisch Hüske". Dieser Teil Gelderns gehörte nämlich seit 1543 zum Reich Karls V., in dem die Sonne nicht unterging.
Wem auch noch der Mühlenname „spanisch" vorkommt, dem geben die Flurnamen eine Antwort. Wahrscheinlich wurden hier schon früh jene „Pannen" hergestellt, die später die Tonwarenindustrie im benachbarten Brüggen berühmt gemacht haben.
1872 erhielt die Ölmühle mit ihren zwei unterschlächtigen Wasserrädern zusätzlich zwei Mahlwerke. Die Ölschlägerei wurde 1870, die Kornmühle um 1960 stillgelegt. Seitdem die Schwalm 1926 verlegt wurden war, hatte ein Verbrennungsmotor den Antrieb besorgt. Nebenbei: Im 19. Jh. waren (bis 1882) noch eine Gerberei und - im Spanisch Hüske - ein Ausschank angeschlossen, die einer der Schwiegersöhne der Müllerswitwe Thoersten betrieben hatte.
Schon ab 1900 hatte sich allmählich der Wandel zur lukrativen Ausflugsgaststätte vollzogen. Denn Fuhrleute und Wanderer hatten allezeit mindestens soviel Durst wie ein Müller in seinem verstaubten Kittel. Der erste Wirt war Franz August Gotzes aus Dülken, der offenbar auf der dortigen Narrenakademie „studiert" hatte und mit entsprechendem Humor ausgestattet war. Er bot in seinem Mühlenweiher *„Wellen- und Schwimmbäder"* an und ernannte das Dorf zu *„Bad Niederkrüchten"*. In einem - noch heute in der Gaststube nachzulesenden - Prospekt heißt es: *„Sie können auch Ihre heiratsfähigen Töchter mitbringen, die haben hier die beste Gelegenheit, zu heiraten.*" Ob diese Einladung befolgt wurde, ist nicht bekannt. Auch den Grad der Beachtung seiner Devise hat man nicht gemessen. Sie hieß: *„Rede wenig, aber wahr; verzehre ziemlich, aber bar!"*

DEILMANN, Geschichte des Amtes Brüggen II (39), S. 118; GOTZES/KRINGS, „Die Pannenmühle bei Niederkrüchten", in: HK Krs. Erkelenz 1958, S. 86 ff.; JUNGBLUTH/ELSNER, aaO., S. 47 ff.; SOMMER, aaO., S. 219; S.S., „Mühle, Zollhaus und Gastwirtschaft an der Schwalm", in: Unsere Heimat (Beilage zur Erkelenzer Volkszeitung v. Juni 1950), S. 41 ff.; ferner Tranchot 1806 Bl. 48 Wegberg: Panne Meulen", sowie TK 1844 u. 1893 Bl. 4703 Burgwaldniel/Schwalmtal: „Panne M./Pannen-M."
Auf der Krüchtener Karte von 1601 (siehe Nr. 337) ist an der Silverbeek beim Weiler Varbrook eine „**Terbeeker Muln**" **(Nr. 339a)** eingezeichnet. Augenscheinlich muß der kleine Bach damals einiges an Wasser geführt haben. Von der Mühle ist weiter nichts bekannt. - IHL, aaO., S. 85; VENNER, Gerard, „Brüggen in unbekannten Ansichten des 17. Jh.", in: HK Krs. Viersen 1987, S. 101.

Nr. 340 Radermühle, Niederkrüchten. Sie war eine Dominalmühle der Jülicher Grafen, ausgestattet mit dem Mahlzwang für ihre Umgebung. Schon 1317 wurde sie den Herren von Brempt in Erbpacht gegeben. Die Mühle lief bis 1950. Heute dient das spätbarocke Gebäude Wohnzwecken. Die Achse des Mühlenrades kann man an der Giebelwand noch sehen.

Nr. 341 Brempter Mühle, Niederkrüchten. Neben der Radermühle besaßen die Herren von Brempt auch diese Mühle nahe ihrer Burg. Bis 1895 war sie in Betrieb. Dann wurde daraus eine Gaststätte, der um 1990 eine Wohnraumnutzung folgte. Das Wasserrad ist neu und erinnerungsträchtiges Dekor.

340 Radermühle

Niederkrüchten, Hochstraße
(vor 1317 - um 1950) > Schwalm <

Die nächste im „Tal der Mühlen“ ist die Radermühle, ein stattlicher Backsteinbau aus dem ausgehenden 18. Jh. mit abgewalmtem Dach. Wie die Pannenmühle, hat auch sie einen Flurnamen; hier ist er von *„Rath* - Rodung“ abgeleitet. Zuweilen wird sie auch „Raderberger Mühle“ genannt.
Sie war eine Herrschaftsmühle, die Graf Gerhard von Jülich und seine Gattin Elisabeth 1317 an Johann v. Brempt gegen 12 Malter Korn in Erbpacht gaben. Sie hatte den Mahlzwang für Lüttelforst und Burgwaldniel bis zur Kirche; nur die Bauern des sog. Papeler Lehens (siehe Nr. 336) waren ausgenommen. 1804 wurde die vom französischen Staat als Feudalbesitz beschlagnahmte Mühle (damals nach dem Pächter „Rohesmühle“ genannt“) für 17.600 frs. an den Kaufmann Johann Heinrich Printzen aus Amern-St. Georg verkauft.
Die Mahl- und Ölmühle besaß früher zwei große Wasserräder. Sie lief bis um 1950. Heute dient das spätbarocke Gebäude als Wohnhaus. Die Technik innen ist zum großen Teil noch erhalten. Die Mühlräder indes sind verfallen.

DEILMANN, Geschichte des Amtes Brüggen II (39), S. 117; IHL, Karl-Heinz, „Versuch einer Grenzbeschreibung ...“, in: HK Krs. Viersen 1990, S. 85; JUNGBLUTH/ELSNER, aaO., S. 49; KLOMPEN, Die Säkularisation (139), S. 108; STOCKMANNS, Lorenz, „Gewann-Namen ...“, in: HK Krs. Kempen-Krefeld 1967, S. 144; SOMMER, aaO., S. 218/219; JRD, 25 (1965) S. 181; Krüchtener Karte von 1601 (siehe Nr. 337): „Rader Mull“; ferner TK 1844 u. 1893 Bl. 4703 Burgwaldniel/Schwalmtal: „Rader-M.“

341 Brempter Mühle

Niederkrüchten-Brempt, Brückenstraße
(vor 1537 - 1895) > Schwalm <

Einen wohl noch wichtigeren Schwalmübergang als den bei der Pannenmühle kontrollierten seit dem 12. Jh. die Herren v. Brempt. Sie waren Lehensleute der Grafen von Geldern. Auf sie folgten im 16. Jh. die Schenk von Nideggen und die v. Byland-Rheydt, schließlich die Grafen Hoensbroich.
Von der Burg ist außer einigen Mauerresten nichts mehr erhalten. Aber die Burgkapelle St. Georg und die Burgmühle gibt es noch. Zumindest die Mühle dürfte kaum jünger sein als die Burg, obwohl erst in der Heberolle der Krüchtener Erbzinsgüter von 1537 ein *„Kurstgen Mullner“* aus Brempt erwähnt ist. 1578 wurde die Mühle im spanisch-niederländischen Krieg durch zwei Fähnlein der spanischen Besatzung Roermonds niedergebrannt. Aufgefundenen Pfählen nach muß sie damals allerdings am östlichen Arm der Schwalm gestanden haben, die bei Brempt einst eine Insel umfloß. Für den Wiederaufbau wurde dann der heutige - westliche - Standort gewählt.
Die Mühle besaß im 19. Jh. zwei unterschlächtige Wasserräder, drei Mahlgänge und zwei Ölpressen. 1895 wurde sie stillgelegt. Anschließend war sie rd. 80 Jahre

Nr. 342 Mühlrather Mühle, Schwalmtal. Als einzige unter den Schwalm-Mühlen kann sie noch jetzt zwei Wasserräder vorweisen, eines aus Holz und eines aus Eisen, dazu noch den üblichen Fischkasten am Stauwerk. Ihre Geschichte: 1447 erste urkundliche Erwähnung; sie war Hs. Clee in Burgwaldniel zugehörig; 1937 Stillegung des Mahlbetriebs; dann bis 1960 Sägemühle; seither Ausflugsgaststätte unterhalb des Hariksees.

---

lang Gaststätte. 1989 erfolgte eine umfassende Restaurierung des Mühlengebäudes für eine Wohnnutzung. Ein - vor einigen Jahren erneuertes - Wasserrad und einige Reste der alten Mühlentechnik sind noch erhalten.

IHL, Karl-Heinz, „Versuch einer Grenzbeschreibung ...“, in: HK Krs. Viersen 1990, S. 84; JANSEN, Josef, „Die Schwalm-Mühlen einst und jetzt“, in: Der Niederrhein 1933, S. 86/87; JUNGBLUTH/ELSNER, aaO., S. 51/52; SOMMER, aaO., S. 218; Krüchtener Karte von 1601 (siehe Nr. 337): „Brempter Muln“; ferner TK 1844 u. 1893 Bl. 4703 Burgwaldniel/ Schwalmtal: „Brempter M./M“.

342 Mühlrather Mühle

Schwalmtal, Mühlrather Mühle
(vor 1447 - um 1960) > Schwalm <

Unterhalb Brempt liegt auf der einst geldrischen Seite der Mühlrather Hof, der zum Elmpter Grundbesitz gehörte. Auf der Jülicher Seite - am Ostufer also - befindet sich die die 1447 erstmals urkundlich genannte Mühlrather Mühle. Sie gehörte zum Hs. Clee in Burgwaldniel. Später waren allerdings die nur durch die Schwalm getrennten Anwesen in einer Hand.

„Mühlrather Mühle", das klingt nach einem Doppelnamen, aber nur scheinbar. Denn „Mühlrath" bedeutet „Rodung im Mülgau", dessen Name bekanntermaßen nichts mit Mühlen zu tun hat. Die Mühle war dadurch begünstigt, daß sie am Ausgang des Harik-Sees lag, der ihr ein großes Wasserreservoir bot. Wegen seiner Lage in einer Bodenwanne war dieser See schon vorhanden, bevor man im 17. Jh. systematisch mit dem Austorfen des Bruches begann, um Hausbrand und Dünger zu gewinnen. Ein Vorteil war allerdings auch, daß sie den Mahlzwang für das Dorf Dilkrath und einen Treil von Amern-St. Georg besaß.
1841 wurden Hof und Mühle vom Grafen Hatzfeld zu Schönstein, Besitzer über Jahrhunderte hinweg, an Privat verkauft. Daß sie damals schon zwei Wasserräder besaß, ist wenig wahrscheinlich, weil Mahlgänge und Ölpressen seinerzeit nur im Wechselbetrieb genutzt werden konnten. Heute ist sie jedenfalls die einzige unter den Schwalmmühlen, die noch zwei Wasserräder besitzt - eines aus Holz und eines aus Eisen. 1937 wurde der Mahlbetrieb stillgelegt. Als Sägemühle lief sie noch bis um 1960 weiter, ehe 1964 aus ihr eine Ausflugsgaststätte wurde.

DEILMANN, Geschichte des Amtes Brüggen II (39), S. 117; ders., Haus Clee und seine Besitzer (40), S. 54; IHL, Karl-Heinz, „Versuch einer Grenzbeschreibung ...", in: HK Krs. Viersen 1990, S. 84; JANSEN, Josef, „Schwalm-Mühlen einst und jetzt", in: Der Niederrhein 1933, S. 87; JUNGBLUTH/ELSNER, aaO., S. 53/54; SOMMER, aaO., S. 217/218; Krüchtener Karte von 1601 (siehe Nr. 337): „Mülradt" (mit Zeichnung von Hof und Mühle); ferner Tranchot 1804/05 Bl. 41 Dülken: „Mulroth", sowie TK 1844 u. 1893 Bl. 4703 Burgwaldniel/Schwalmtal: „Ö.M./Mühlrather M."

343 Frankenmühle

Schwalmtal, Frankenmühle
(13. - 16. Jh.) > Schwalm <

Über den Namen weiß man einiges, über die Mühle nichts, wenn man von einigen Bodenfunden absieht. Der Name „Frankenmühle" ist schon im 13. Jh. als Honschaftsname nachgewiesen. Über seine Herkunft wurde viel gerätselt - bis hin zu der, eingestandenermaßen gewagten, Vermutung, daß hier der fränkische Hausmeier Karl Martell ein Haus und eine Mühle hinterlassen habe.
Die Bodenfunde wurden bei der Schwalm-Regulierung gemacht. Man entdeckte in etwa einem Meter Tiefe um die 30 Eichenpfähle, die oben verkohlt waren. Zwischen den Pfählen lagen Tonscherben aus dem 11. - 14. Jh. und Mühlsteinreste. In der Krüchtener Karte von 1601 ist die Mühle nicht (mehr) enthalten. Sie muß also spätestens im 16. Jh. untergegangen sein.

JANSEN, „Amern im Schwalmtal", in: Der Niederrhein 1939, S. 32; JUNGBLUTH/ELSNER, aaO., S. 56; STOCKMANN, Lorenz, „Gewann-Namen", in: HK Krs. Kempen-Krefeld 1967, S. 141. Krüchtener Karte von 1601 (siehe Nr. 337).
Karl-Heinz IHL („Versuch einer Grenzbeschreibung", in: HK Krs. Viersen 1990, S. 84) teilt mit, die Frankenmühle sei aus dem Quellgebiet „Griebsch" gespeist worden. 1895 sei sie abgebrannt und nicht wieder aufgebaut worden. Nachweise dafür nennt er nicht. Vielleicht liegt hier eine Verwechslung vor. In den Karten des 19. Jh. ist die Mühle jedenfalls nicht vermerkt, nur die Ortsbezeichnung.

Nr. 344 Borner Mühle, Brüggen. Noch heute trifft der Besucher des jetzigen Hotel-Restaurants auf den imponierenden langgestreckten Bau dieser Mühle, die einst (seit mindestens 1412) der Abtei St. Pantaleon in Köln gehört hatte. Nach der Säkularisation wurde das Anwesen von der Familie Holtz erworben, die u. a. die Niersmühle in Süchteln und die Narrenmühle (Bockwindmühle und Sitz der „Monduniversität") in Dülken besaß. Die Holtz gehörten zu den Gründern der industriellen Ölmühlen am Rhein.
1880 wurde die Ölproduktion in Born eingestellt, 1960 der Mahlbetrieb. Die Inneneinrichtung ist ganz der Gastronomie gewichen. Das Wasserrad an der Rückseite ist nur noch Blickfang für die Gasträume.

344 Borner Mühle

Brüggen-Born, Borner Mühle
(vor 1412 - 1960) > Schwalm <

Auf einer künstlichen Insel im Moor stand vom 12. bis zum 15. Jh. das alte Haus Born. Ausgrabungen von Albert Steeger während der Schwalmregulierung zwischen den beiden Weltkriegen haben einigen Aufschluß über seine Lage und seine Gestalt gebracht. 1296 war ein Arnoldus de Burne (*Born*) Kanonikus an St. Pantaleon in Köln und besiegelte einen Vertrag über Einkünfte in Born. Man geht davon aus, daß seine Familie Lehnsnehmerin der Kölner Benediktinerabtei St. Pantaleon war.
Die Abtei war im Umfeld Brüggens sehr begütert. Zu ihrem grundherrlichen Besitz zählte auch die Borner Mühle, die deswegen auch „Pantaleonsmühle" genannt wurde. Urkundlich taucht sie 1412 erstmals als Lehnsbesitz der Herren v. Wevelinghoven auf, die sie damals an einen Conrad van Dreven verpachtet hatten. Schon um 1450 scheint sie jedoch als erledigtes Lehen an die Abtei zurückgefallen zu sein.
Interessant ist ein Erbpachtvertrag von 1552, mit dem die Abtei die Mühle an die Eheleute Dietrich von Kessenich und Adelheid von Dilkrath vergab. Er enthält sehr umfänglich alle Konditionen, die in alter Zeit bei der Verpachtung von Mühlen üblich waren. In dem Vertrag wird das Objekt als *„kornn, ollichs, Folle, und Loe Moelen* - Korn-, Öl-, Walk- und Lohmühle" bezeichnet, war also im Mühlengeschäft rundum tätig. Für regelmäßige Einnahmen sorgte die Anordnung, daß alle von Hs. Born abhängigen Bauern auf der abteilichen Mühle zu mahlen hatten.
Bis zur Säkularisation blieb die Grundherrschaft an der Mühle bei den Benediktinern. Dann wurde der Besitz von Frankreich beschlagnahmt und verkauft, und zwar an den bisherigen Pächter. Durch Heirat (1797) war das die Familie Antonius Holtz. Holtz baute 1830/40 das heute noch stehende langgestreckte Mühlengebäude, an dem sich einst drei Mühlenräder drehten. Die Müllerfamilie Holtz stammt aus Viersen, wo sie die kurfürstliche Höchwindmühle und später die „Narrenmühle" bewirtschafte. Sie gehört zu den Gründern der Ölindustrie in Uerdingen am Rhein.
1880 gab Holtz die Ölproduktion, 1960 den Mahlbetrieb auf, der seit der Schwalmregulierung nur noch mit Motorantrieb gelaufen war. Jetzt ist das Haus ein weithin bekanntes Hotel-Restaurant. Das Wasserrad an der Schwalmseite dreht sich nur zur Dekoration.

DEILMANN, Geschichte des Amtes Brüggen II (39), S. 113; JANSEN, Josef, „Schwalm-Mühlen einst und jetzt", in: Der Niederrhein 1933, S. 87; ders., „Die Bornermühle", in: Die Heimat (Krefeld) 1936, S. 66 ff.; JUNGBLUTH/ELSNER, aaO., S. 58; KREMERS, Elisabeth, „Pachturkunde Borner Mühle von 1552" (Wortlaut und Erläuterung) , in: Brüggen gestern und heute (1991), S. 102 ff.; LOEWE, Gudrun, „Hs. Born bei Brüggen", in: HK Krs. Kempen-Krefeld 1964, S. 180 ff.; RÖTTGEN, Brüggen und Born (215), S. 80 ff.; SOMMER, aaO., S. 216; Krüchtener Karte von 1601 (siehe Nr. 337): „Born Muln"; ferner Tranchot 1807 Bl. 40 Brüggen: „Bornermühle", sowie TK 1844 u. 1893 Bl. 4703 Burgwaldniel/Schwalmtal: „Borner M."-/Mühle".

Nr. 345 Vennmühle, Brüggen. Auch sie war eine „Pantaleonsmühle", 1473 urkundlich genannt. Ab 1747 wurde sie von den Brüggener Kreuzherren bewirtschaftet und nach einem Brand wieder aufgebaut. 1836 wechselte sie ins „Papiermühlenfach" und blieb dort bis zu einem erneuten Brande 1928. Seither dient sie als Kindergarten. Die Fabrikgebäude sind gewerblich genutzt.

Nr. 346 Burgmühle, Brüggen. Sie kam 1304 durch Erbschaft von den Grafen von Kessel an Jülich und war eine Bannmühle. Nach der Säkularisation wurde sie privatisiert. Sie lief bis 1955. Das Rad treibt jetzt einen Stromgenerator an. Die Mahlstube ist Gaststube.

345 Vennmühle

Brüggen, Vennmühlenweg
(vor 1473 - 1928) > Schwalm <

Als Karl der Kühne gen Neuss zog, gehörten 1473 der Vennhof und die zugehörigen Vennmühle zu den Kriegsopfern. Sie wurden niedergebrannt. Karls „Rauchzeichen" verdanken wir die erste Nachricht über die Vennmühle, die „Mühle im Moor". Hof und Mühle gehörten - wie die in Born - zum Grundbesitz von St. Pantaleon. Sie wurden wieder aufgebaut.
1750 brannte die Ölmühle wiederum ab. Diesmal war es wohl der innere Feind - das mehr oder weniger offene Feuer, das man zum Erhitzen des Ölbreies brauchte. Eine besondere Tragik bestand darin, daß die Brüggener Kreuzherren die Mühle drei Jahre vorher in Pfandschaft genommen hatten. Aber der wirtschaftliche Wert war wohl größer als der Brandschaden. Denn die Mönche zögerten nicht, die Vennmühle unter großen Opfern neu zu errichten. Es wurde Ihnen dafür sogar eine Kollekte genehmigt.
1928 mußte erneut die Feuerwehr gerufen werden. Damals war die Vennmühle eine Papiermühle, also nicht minder gefährdet. Diese Papiermühle war schon 1836 von der Familie Printzen aus Amern anstelle der vorherigen Frucht- und Farbmühle eingerichtet worden. Die Printzen hatte sie aus der „Säkularisationsmasse" gekauft.
Dieses dritte Brandunglück war zugleich auch ihr Ende. Zwischen 1934 und 1942 war der noch heute herrschaftlich wirkende Besitz ein Lager des Reichsarbeitdienstes, der bei der Schwalmregulierung eingesetzt war. Heute ist im Hauptgebäude ein Kindergarten; in den Nebengebäuden sind Gewerbebetriebe.

DEILMANN, Geschichte des Amtes Brüggen I (39), S. 27; JANSEN, Josef, „Schwalm-Mühlen einst und jetzt", in: Der Niederrhein 1933, S. 87; JUNGBLUTH/ELSNER, aaO., S. 60; RÖTTGEN, Brüggen und Born (215), S. 337/34; SOMMER, aaO., S. 217; Krüchtener Karte von 1601 (siehe Nr. 337): „Venn Muln"; ferner Tranchot 1897 Bl. 40 Brüggen: „Veenmohl", sowie TK 1844 u. 1893 Bl. 4703 Burgwaldniel/Schwalmtal: „Venn-M."

346 Burgmühle

Brüggen, Burgwall
(vor 1289 - um 1955) > Schwalm <

Am Heiligabend 1289 (ein Jahr nach der Schlacht bei Worringen) stellte Graf Walram v. Kessel seine östlichen Güter und mit ihnen die Burg Brüggen vertraglich unter den Schutz des Herzogs von Brabant. Dabei wurde ausdrücklich auch die Brüggener Burgmühle genannt. Es ist ihre erste urkundliche Erwähnung. 15 Jahre später (1304) starb Walram kinderlos. Sein Vermögen fiel an seinen nächsten Verwandten, den Grafen von Jülich. Fortan war Brüggen Sitz eines jülich´schen Amtes und die (noch) gräfliche Mühle auf dem besten Wege, eine herzogliche Mühle zu werden.
Alle Untertanen in Brüggen, Bracht und Boisheim waren verpflichtet, in Brüggen

Nr. 347 Dilborner Mühle, Elmpt. Schloß Dilborn war mit seiner Mühle seit 1363 geldrisches Lehen. 1845 wurde die Mühle abgetrennt und an die Familie de Weyer verkauft, die sie bis 1949 betrieben hat und noch heute besitzt. Mahleinrichtung und Wasserrad sind erhalten und befinden sich im rechten Gebäudeflügel.

---

mahlen zu lassen, ausgenommen die Pächter von St. Pantaleon (siehe Nr. 344). Für die - ebenfalls zum Amt Brüggen gehörige - Stadt Dülken und ihr Kirchspiel war die dortige Windmühle zuständig. Allerdings: Wehte kein Wind, mußten die Dülkener Bauern den weiten Weg nach Brüggen antreten; umgekehrt hatten die Brüggener Mahlgenossen nach Dülken zu fahren, wenn die Schwalm zu wenig Wasser führte. Aber es gab auch einen Härteausgleich für die Armen, die weder Pferd noch Wagen hatten. Sie hatten Anspruch auf „staatlichen" Transport, mußten dafür aber doppelten Mahllohn entrichten.
1804 wurde die von Frankreich beschlagnahmte Mühle an den Amtsverwalter verkauft, von dessen Erben sie schließlich 1815 der Amerner Großkaufmann und „Mühlensammler" Johann Heinrich Printzen übernahm. Es war - neben einer Windmühle - seine dritte Wassermühle. Die Mühle besaß damals zwei Wasserräder, eine Ölpresse und einen Getreidemahlgang. Nach ihrer Schließung 1955 wurde sie in ein Restaurant umgewandelt, in dessen Gaststube das Mahlwerk integriert ist. Das eiserne Mühlrad indes ist nicht nur Schaustück: Es treibt einen Stromgenerator an.

BRÜES, Eva, „Denkmäler ...", in: HK Krs. Viersen 1985, S. 173; DEILMANN, Geschichte des Amtes Brüggen II (39), S. 113/114; JUNGBLUTH/ELSNER, aaO., S. 61; KLOMPEN, Die Säkularisation (139), S. 110; NABRINGS, in: Städteatlas Nr. 58 „Brüggen" (1994), Textteil; RÖTTGEN, Brüggen und Born (215), S. 32/33; SOMMER, aaO., S. 217; ferner TK 1844 u. 1893 Bl. 4703 Burgwaldniel/Schwalmtal: „M."

347 Dilborner (Elmpter) Mühle

Elmpt, Dilborner Mühle
(14. Jh. - 1949) > Schwalm <

Mühle und Schloß Dilborn werden zwar durch die Gemeindegrenze zwischen Brüggen und Elmpt getrennt. Weil die Schloßmühle aber jahrhundertelang „Elmpter Mühle" hieß, ist die „Zugehörigkeit" schnell wieder in Ordnung. Überdies waren die Schlösser Dilborn und Elmpt seit dem 16. Jh. in einer Hand.
Die Dilborner Mühle - wie sie heute allgemein heißt - ist wohl so alt wie das rd. 500 m seitab gelegene Hs. Dilborn. Dieses Haus war ein geldrisches Lehen, das 1363 Seger v. Swalmen von Herzog Eduard von Geldern erhalten hatte. Dessen Geschichte und die von Hs. Elmpt hat sie bis 1845 geteilt, als Dilborn an die Grafen v. Schaesberg auf Krickenbeck überging. Damals wurde die Mühle abgetrennt und gesondert verkauft. Seither gehört sie - in mittlerweile 5. Generation - der Müllerfamilie van de Weyer. Vom Urahn und Erbauer des jetzigen Gebäudes, Nikolaus van de Weyer, steht auf dem Vorplatz eine Büste.
Die frühere Öl- und Kornmühle lief bis 1949. Die Mahleinrichtung ist noch vollständig erhalten, auch eines der beiden Wasserräder, die in das Haus eingebaut sind, um sie vor Witterungseinflüssen zu schützen. Das Haus wird von der Eigentümerfamilie bewohnt, die dahinter an der alten Schwalm einen Camping-Platz betreibt.

JANSEN, Josef, „Herrensitze und Wasserburgen im Schwalmtal", in: Die Heimat (Krefeld) 1938, S. 111/119; JUNGBLUTH/ELSNER, aaO., S. 63/64; SOMMER, aaO., S. 214/215; ferner Tranchot 1807 Bl. 40 Brüggen: „Meulen d´Elmpt", sowie TK 1844 u. 1893 Bl. 4702 Elmpt: „Elmpter M./M."
Etwa 1.000 m unterhalb ist in der Tranchot-Karte von 1807 (s.o.) eine „**Bookmuhl**" (**Nr. 347a**) eingetragen. Außer Lage und Namen ist über sie nichts überliefert. Wahrscheinlich gehörte sie zum Dilborn-Elmpter Besitz. Dem Namen nach müßte sie eine (kleine) Bokemühle gewesen sein, in der Flachs geschlagen wurde (siehe Nr. 1 u. 322, sowie GERICHHAUSEN, Heinz, „Wie entsteht Leinen", Broschüre des Flachsmuseums Beeck 1990, S. 20). Mit dem Bocklerberg südlich scheint sie jedenfalls namentlich nichts zu tun zu haben; dieser Berg hieß bei Tranchot noch „Diesberg".

348 Hausermühle

Schwalmtal-Waldniel, An der Hausermühle
(13./14. Jh. - um 1918) > Kranenbach (Schwalm) <

Die Herren v. Bocholtz, deren Stammsitz bei Lobberich war, besaßen seit dem 13. Jh. am westlichen Ortsausgang von Waldniel ein Rittergut mit einem kleinen Kastell. Es hieß Brockerhof oder auch Hs. Bocholtz. Zu ihm gehörten drei Mühlen: die Lüttelforster Mühle (Nr. 338), die Vossenmühle (Nr. 349) und die Hausermühle hier unmittelbar beim „Haus", daher deren Name. Es spricht alles dafür, daß sie ähnlich alt ist wie das Gut.
Die Hausermühle war stets eine Mahlmühle und wurde mit einem oberschlächtigen Rad angetrieben. Das uralte Gebäude mit seinem windschiefen Dach spie-

Nr. 349 Schierer Mühle, Schwalmtal. Sie lag am Kranenbach, einem Nebenfluß der Schwalm, bestand schon vor 1372 und lief bis 1927. Bis Anfang 19. Jh. gehörte sie zu Hs. Bocholtz-Waldniel. Sie war eine von drei Mühlen im Tal der Schwalm, die dieser Familie gehörten.

Das obere Bild zeigt den Zustand in der Zeit um 1910. Das Gebäude gibt es noch, wenn auch durch Um- und Ausbauten stark verändert. Der Weiher hingegen, der einst bis unmittelbar vor das Haus reichte, ist verfüllt. Er hat dem Vorgarten und der Straße Platz gemacht. Die Nachfahren des letzten Müllers führen heute auf der anderen Straßenseite einen Handelsbetrieb mit Werkstätten für Baumaschinen.

gelte sich in einem malerischen Mühlenteich und wäre in unserer denkmalbewußten Zeit gewiß ein besonderer Schmuck Waldniels gewesen.
Indes, das Kastell brannte schon 1708 ab und wurde nicht wieder aufgebaut. Übrig blieben einige Wirtschaftsgebäude und die Mühle, die am Ende alle Anzeichen des Verfalls aufwies, wie ein Foto von 1917 zeigt. Wahrscheinlich war das baufällige Mühlenhaus nicht mehr zu halten, als man sich 1956 zum Abbruch entschloß und den Weiher zuschüttete. Nur ein Straßenname erinnert heute noch daran, was hier einmal war.
Mit dem Mühlenhaus ist übrigens auch eine geheimnisvolle Quelle verschwunden. Sie wurde unter dem Keller der Mühle vermutet. Jedenfalls glichen die Kellerräume einer ungewollten und zugleich willkommenen Zisterne, wie sie sich mancher Orientale erträumen würde. Das Wasser war kristallklar und stand ständig etwa einen halbem Meter hoch. Es diente Mensch und Tier als stets wohltemperiertes Trinkwasser.

BRÜES, Eva, „Die Denkmäler ...", in: HK Krs. Viersen 1989, S. 238; DEILMANN, Geschichte des Amtes Brüggen II (39), S. 12 ff.; JUNGBLUTH/ELSNER, aaO., S. 83/84; KRONSBEIN, Stefan, „Quellen am unteren linken Niederrhein", in: Natur und Landschaft (140), S. 405; SOMMER, aaO., S. 218; ferner TK 1844 u. 1893 Bl. 4703 Burgwaldniel/Schwalmtal: „M./ Hauser-M." - Zum Namen: siehe auch unter Nr. 34 (Hauser Mühle in Ratingen).

349 Schierer Mühle (Vossenmühle)

Schwalmtal, Schier
(15. Jh. - 1929) > Kranenbach (Schwalm) <

Das heutige Wohngebäude ist zwar durch Anbauten und Modernisierung verändert. Aber man kann noch erkennen, wie sie früher als Mühle ausgesehen hat. Seine Lage am Fuß des stark abfallenden Hanges erklärt zugleich auch die unterschiedlichen Namen, mit denen es bedacht gewesen war: „Mühle am Berg" - „Berger Mühle" - „Vossenmühle" (von *„Vossenberg* - Fuchsberg") - „Fußenkuhlenmühle" (Mühle mit dem Weiher am Fuße des Abhanges) und schließlich „Schierender Mühle". Die jetzt allgemein gebräuchliche Bezeichnung ist „Schierer Mühle".
Die Schierer Mühle gehörte zum Brockerhof (Hs. Bocholtz-Waldniel). Deilmann hält es in seiner Geschichte des Amtes Brüggen für möglich, daß sie durch Erbschaft der Ritter v. Amern dorthin gekommen ist. Andererseits habe Herzog Wilhelm II. von Jülich 1372 in Amern-St. Georg eine Mühle gekauft, allerdings nicht von den Amernern, sondern von Gertrud von Limburg.
In einer Vermögensermittlung, die der Sequester des vom Fiskus eingezogenen Bocholtz´schen Lehens 1789 fertigte, wurde die Zugehörigkeit der Mühle zum Brockerhof zwar ausdrücklich festgestellt. Im Gegensatz zu anderen Vermögensteilen ist dabei aber leider nicht auf die Entwicklung eingegangen worden, die zu dieser Zugehörigkeit geführt hatte. Die Herkunftsfrage wird wohl unbeantwortet bleiben müssen. Der Ermittlung war übrigens das Gesuch einer Frau v. Ziegenar voraufgegangen, einer Offizierswitwe. Sie wohnte auf der Mühle und hatte ihre Geschwister vergeblich darum gebeten, auf dem Brockerhof aufgenommen zu werden; sie sei arm und krank und könne sich nicht einmal bettelnd durchschlagen. Dem Gesuch

Nr. 350 Pletschmühle, Schwalmtal. Das heutige Wohnhaus und die Arztpraxen nebenan waren bis 1926 eine Wassermühle. Sie wurde 1730 erbaut. Das Rad befand sich am linken Gebäude und lief unterschlächtig. Der „oberschlächtige" Name geht auf den Pletschbach zurück - einen Zufluß des Kranenbaches, der den Hang hinab „plätscherte".

Nr. 351 Hüttermühle, Schwalmtal. Sie stammt aus dem 17. Jh. und ist die unterste der vier Kranenbach-Mühlen. Das Mühlrad war auf der Rückseite des früheren landwirtschaftlichen Betriebes. Die Mühle wurde 1930 geschlossen, das Mahlwerk ausgeräumt.

war stattgegeben worden - gegen den Widerspruch der hartherzigen Geschwister, die ihr „ein luxuriöses Leben“ vorgeworfen hatten.
Anfang des 19. Jh. wurde die Mühle in Privathand abgegeben und dann bis 1920 nicht weniger als siebenmal „weitergereicht“, wie der heutige Eigentümer Wetzels anhand der Katasterunterlagen ermitteln konnte. Sein Vorfahr hatte das heruntergekommene Gebäude wieder instandsetzen und auch ein neues Mühlrad anbringen lassen. Aber dieses Rad war nur noch bis 1925/26 gelaufen, als der Bach begradigt und das Staurecht eingezogen wurde. Wetzels trug es mit zweispältigen Gefühlen. Bei dem mäßigen Wasseranfall hatte er nur morgens und abends je zwei Stunden mahlen können, wie man sich noch heute in der Familie erinnert. Er versuchte es dann zwar noch mit Elektroantrieb, der sich jedoch bei den schweren Mühlsteinen nicht bewährte.
1929 gab er auf und betrieb nur noch seine Landwirtschaft, die später einem namhaften Handels- und Reparaturbetrieb für schwere Baumaschinen wich, der heute die ganze Fläche des ehemaligen Weihers bedeckt. An die Mühle erinnern nur noch die geriffelten Mühlsteine der Mahlgänge und die glatten der Kollergänge im Vorgarten.

DEILMANN, Geschichte des Amtes Brüggen II (39), S. 116/117; FAHNE, Die Dynasten ... von Bocholtz (58), Bd. 1 S. 183; LACOMBLET, Urkundenbuch (154), Bd. III, Nr. 718; JUNGBLUTH/ELSNER, aaO., S. 86; SOMMER, aaO., S. 218; Katasterunterlagen des Kreises Viersen; Auskunft des Eigentümers; ferner Tranchot 1804/05 Bl. 41 Dülken: „Vossenkuhlenmühle“, sowie TK 1844 u. 1893 Bl. 4703 Burgwaldniel/Schwalmtal: „M./ Schierender M.“

350 Pletschmühle

Schwalmtal-Amern, Hauptstraße
(1730 - 1926) > Kranenbach (Schwalm) <

Wo die Verbindungstraße zwischen den beiden Amerner Ortsteilen mit den Heiligen-Namen St. Georg und St. Anton den Kranenbach überquert, ist ein Ärztehaus. Hoch über dem Eingang des Wohngebäudes steht in römischen Ziffern die Jahreszahl 1730. Auch wenn das heutige Gebäude kaum aus jenem Jahre stammen dürfte, so ist sie ein Hinweis, vielleicht sogar ein Relikt aus einem Vorgängerbau. Jedenfalls geht die örtliche Überlieferung davon aus, daß es das „Geburtsjahr“ der Mühle ist, die hier betrieben wurde, wahrscheinlich im jetzigen Wohnhausteil.
Der Mühlenname ist irreführend. Denn die Mühle hatte kein oberschlächtiges, sondern ein unterschlächtiges Wasserrad. Das Plätschern besorgte der sogenannte Pletschbach, ein kleiner Vorfluter, der eigentlich Kuhbach hieß und dem Kranenbach von der Anhöhe her einige Verstärkung brachte. Aber wo es noch heute einen „Pletschweg“ und „Pletschbenden“ gibt, gehört auch wohl eine „Pletschmühle“ dazu.
Mit der Begradigung des Kranenbaches Mitte der 20er Jahre wurde das Staurecht abgelöst und die Mühle stillgelegt.

JUNGBLUTH/ELSNER, aaO., S. 87; SOMMER, aaO., S. 217 (sie heißt dort nach einer Nachricht aus 1829 „Thell-Mühle“); STOCKMANNS, Lorenz, „Gewann-Namen ...“, in: HK

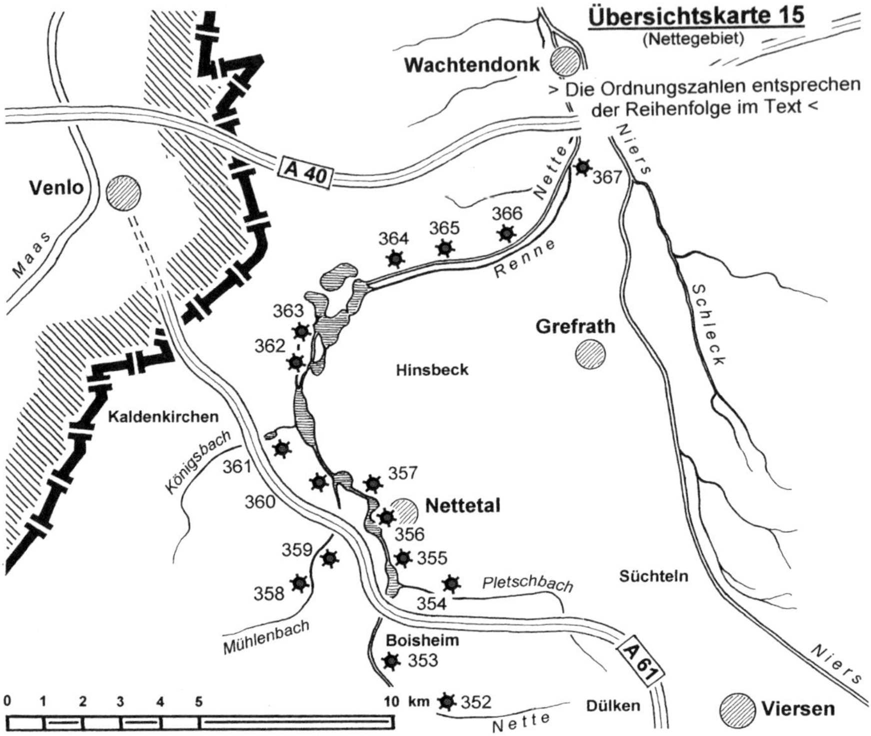

Im Plangebiet: 16 Wassermühlen und um die 12 Windmühlen.

Krs. Kempen-Krefeld 1967, S. 141; ferner Tranchot 1804/05 Bl. 41 Dülken: Mühlenteich u. Gebäude, ohne Signatur; sowie TK 1844 u. 1893 Bl. 4703 Burgwaldniel/Schwalmtal: „M.“/ Mühlensymbol.

351 Hüttermühle

Schwalmtal-Amern, Kranenbruch
(vor 1646 - um 1930) > Kranenbach (Schwalm) <

Sie steht am Ende der alten Bauernzeile Kranenbruch, wo der Kranenbach nach Westen abknickt. Das ist „in der Hütten“, womit nicht die Häuser und Höfe gemeint sind, sondern der Knick („hütt“ od. „hött = Ecke“). Als *„Mühlgen in der hütten“* hat sie auch der Dülkener Landmesser Georch Heuttmechers 1646 in einer Flurkarte bezeichnet.
Unter dem Adelsbesitz taucht unser „Mühlgen“ nicht auf. Wahrscheinlich war sie eine Privatmühle für die Kranenbruch-Bauern und ohne weiterreichende wirtschaft-

liche Bedeutung. Nach der Bachregulierung 1925/26 wurde noch einige Jahre elektrisch gemahlen. Dann wandte man sich der ohnehin gewohnten Landwirtschaft zu.
Ähnlich wie an der Hauser Mühle (Nr. 248), befand sich auch an der Hüttermühle eine Quelle („Sprönk"). Sie sprudelte noch bis zur Flurbereinigung 1968. Weil das Wasser immer sehr kalt war, wurde es zum Kühlen der Milchkannen benutzt. Auch kranken Augen brachte es Linderung.

JUNGBLUTH/ELSNER, aaO., S. 89; KRONSBEIN, Stefan, „Quellen am unteren linken Niederrhein", in: Natur und Landschaft (140), S. 404; SOMMER, aaO., S. 217; STOCKMANNS, Lorenz, „Gewann-Namen ...", in: HK Krs. Kempen-Krefeld 1967, S. 140; ferner Tranchot 1805/05 Bl. 41 Dülken: „Hütter Mühle", sowie TK 1844 u. 1893 Bl. 4703 Burgwaldniel/Schwalmtal: „Hütter M." Flurkarte von Heuttmechers abgebildet in: HK Krs. Kempen-Krefeld 1955, 92.

Nette

Quelle:	bei Dülken	Höhe: 51 m ü.M.
Mündung:	Niers, nordwestl. Wachtendonk	Höhe: 27 m ü.M.
Länge:		27 km
Mittlere Breite:	Abflußmenge im Jahresmittel 1951-88 am Pegel Haus Langenfeld (Wachtendonk):	0,818 m^3/sec.
Mühlenstandorte um 1850:	(einschließlich am Nebenbächen)	13

„Nette" ist eigentlich ein Allerweltsname. Er kommt häufig vor, auch in Abwandlungen wie „Nethe", „Netze" und „Nidda" und stammt wahrscheinlich aus dem Keltischen. Er meint nichts anderes als „Nässe/Wasserlauf". Der erste, um 1225 für die Quellgegend unserer Nette überlieferte Siedlungsname hieß „Netze", der dann schließlich auf den Fluß überging.
Die niederrheinische Nette ist die kleinere Schwester der Schwalm und hat sehr viel Familienähnlichkeit mit ihr. Was für die Schwalm gilt, trifft auch für sie zu - aber nicht alles. Es beginnt schon mit der Abstammung. Gab es dort allerdings gleich mehrere „Väter", so ist bei der Nette garkein Vater auszumachen: Man kennt keine Quelle. Vermutlich haben diejenigen recht, die sagen, die Nette stamme aus den Straßenrinnen Dülkens und sei mit den Oberflächenwässern aus dem Umfeld lediglich angereichert.
Wie aber auch immer, sie kommt aus „städtischen Verhältnissen". Sie pflegt engen Kontakt mit Breyell und Lobberich, die zur heutigen Stadt Nettetal vereinigt sind. Beide Flüsse - Schwalm und Nette - haben zwar Seen ausgebildet. Aber bei der Nette ist ihre große Zahl symptomatisch. Es sind nicht weniger als elf. Vermutlich sind sie schon aus der geologischen Bodenstruktur hervorgegangen. Ohne Zweifel haben aber auch die Stauwehre der Wassermühlen das Ihrige dazu beigetragen, daß die Bruchgebiete an Umfang zunahmen und gleichzeitig auch versumpften, bis sie zu wahren „Fundgruben" für die im 16. Jh. aufkommende Torfgewinnung wurden. Es sind heute keine Mühlen- oder Fischteiche, sondern regelrechte Wasserlandschaften. Sie tragen als weitläufiges Erholungsgebiet ihren Teil zu der Aufgabe bei, die sich die Träger des Naturparks gestellt haben.

Nr. 352 Henkenmühle, Viersen. Die Benediktiner von St. Pantaleon in Köln hatten sie vor 1225 erbaut, ihre Ordensbrüder von St. Vitus in Gladbach 1802 in der Säkularisation verloren. Ihr Mühlrad drehte sich bis 1912, und zwar dort, wo jetzt die Birke steht. Der ehemalige Mühlenhof im Bildhintergrund wurde kürzlich zu einem Landsitz umgebaut.

Nr. 353 Weuthenmühle, Nettetal. 1662 vom Herzog von Jülich erbaut, befand sie sich im 18. Jh. zusammen mit der Henkenmühle in der Hand der Abtei Gladbach. Sie ist bis um 1960 gelaufen, zuletzt mit Dampf und Elektrizität. Vor dem heutigen Landhandelsbetrieb steht noch der Kollergang der alten Ölmühle.

Die vielen Stauanlagen, die langen Wartezeiten und Verdunstungsverluste in den Seen haben der Nette ein nicht gerade jugendliches Tempo verliehen. Eher ist sie träge und liegt mit ihrer mittleren Abflußmenge im unteren Drittel unserer Mühlengewässer. Da ist die Frage Johann Finkens garnicht so abwegig, ob nicht die Nette - zumindest bei Leuth - in alter Zeit „Kriekbeek - kriechender Bach" geheißen habe und die Burg Krickenbeck danach benannt worden sei. Einerlei - ab der Flootsmühle, wo sie entlang der Wankumer Heide und durch das Nierstal fließt, gibt es für sie kaum noch Aufenthalt. Hier hat sie sogar im Abstand von 100-200 m noch eine kleine Begleiterin: die Renne („Rinne"), über die das Wasser aus dem Hinsbecker und dem Glabbacher Bruch abfließt.
Unterhalb Wachtendonk vollendet sie ihren Lauf und vereinigt sich mit der Niers. Diese Vereinigung hatte der Gladbacher Lehrer Heinz Hoster 1936 in seiner Begeisterung für die Nettelandschaft noch als "Mesalliance" bezeichnet, als eine „Zwangsverbindung nach schöner Jugend - ohne Sonne und Lichtblicke". Aber das düstere Bild stimmt nicht mehr. Längst erreichen wieder Sonnenstrahlen auch den Grund der Niers und beleuchten dort nichts anderes als bei der lieblichen Nette: Gelben Sand und reichlich grüne Wasserpflanzen.
Was indes unsere Mühlen angeht, so hat es im Einzugsgebiet der Nette zwar 16 Mühlen gegeben. Aber sie standen nicht so dicht wie an der Schwalm oder der oberen Niers. Auf ihren letzten sechs Kilometern ist die Nette sogar „arbeitslos", zumindest in unserem Sinne. Denn da läuft sie parallel zur ungleich stärkeren Niers, die hier mit ihren Mühlen den Raum beherrscht.

BROCHER, Joseph, „Die Dülkener Gewässer- und Siedlungsnamen", in: HK Krs. Viersen 1975, S. 174; FROHN, Peter Paul, „Sorgen um Niers, Nette und Schwalm", ebenda 1972, S. 52 ff.; HILD, Jochen, „Die Nette- und Schwalmseen", ebenda 1967, S. 13 ff.; HOSTER, Heinz, „M.Gladbach als Ausgangspunkt für Wanderungen zum Schwalm- und Nettegebiet", in: „Der Niederrhein" 1936, S. 26 ff.; HUBATSCH, Herbert, „Das Krickenbecker Naturschutzgebiet im Nettetal", ebenda 1970, S. 28 ff.; KÜCKE, Erich, „Die Nette, ihre Seen und Höhen", in: Der Niederrhein 1974, S. 186 ff.

352 Henkenmühle

Viersen-Dülken, An der Henkenmühle
(um 1225/1685 - 1912) > Nette <

In einem Urbar der Abtei St. Pantaleon in Köln aus dem Jahre 1225 heißt es (in deutscher Übersetzung): *„Bei Dülken gibt es ein Dorf, das Netze heißt. ... In der Nähe liegt eine Mühle, die Mitte Mai und am Andreasfeste je 13 Denare schuldet."* Da es damals hier noch keine Windmühlen gab und die Waldhufensiedlung Nette am gleichnamigen Bach liegt, kann es sich nur um eine Wassermühle gehandelt haben. Die Einnahmen wurden um 1324 zuletzt verbucht. Dann schweigt sich die Überlieferung über das weitere Schicksal dieser Mühle aus.
1685 wurde an ungefähr der gleichen Stelle ein neues Kapitel Mühlengeschichte begonnen: In jenem Jahr nämlich errichtete der Gladbacher Amtsverwalter und Vogt, Peter von Bruck, am westlichen Ende des Dülkener Ortsteils Nette eine Walk-, Öl- und Papiermühle. Bruck hatte dafür eigens einige Quellen aufgraben,

die Nette vertiefen und einen großen rechteckigen Weiher anlegen lassen. Für das Wasserrecht mußte er jährlich 2 Goldgulden an Jülich zahlen. Als seine Erben 1715 in Geldschwierigkeiten gerieten, verpfändeten sie ihre Mühle - und die Pachtmühle in Boisheim (Nr. 353) - an die Abtei St. Vitus in Gladbach. Weil das Pfand nicht eingelöst wurde, blieb die Mühle bei den Benediktinern, bis sie in der Säkularisation an den Müller Peter Heesen verkauft wurde.
1886 übernahm Ludwig Henken den Betrieb. Er fügte der schon von seinem Vorgänger eingebauten Dampfmaschine eine Wasserturbine hinzu, baute die Landwirtschaft auf dem Mühlenhof aus und richtete in seinem Wohnhaus einen Schankraum ein. Allein in der Mühle arbeiteten zehn Leute. Vielleicht hatte er sich bei dieser Expansion finanziell übernommen. 1905 kam der Besitz unter den Hammer. Aber auch der neue Eigentümer hatte kein Glück: 1912 brannte die Mühle bis auf die Grundmauern nieder und wurde nicht wieder aufgebaut. Heute ist auf dem Mühlenweiher ein Klärwerk. Auf dem ehemaligen Mühlengrundstück steht ein Einfamilienhaus. Der Mühlenhof indes ist zu einer Residenz im alten Stil umgebaut.

BRASSE, Geschichte Gladbach (23), II, S. 312; KLOMPEN, Die Säkularisation (139), S. 111; MACKES, Karl L., „Die Brucksche, Heesen- oder Henkenmühle - Die erste Wassermühle am Oberlauf der Nette", in: HK Krs. Viersen 1980, S. 39 ff.; ders., in: Rhein. Städteatlas „Dülken" (19-79), Textteil; NORRENBERG, Chronik der Stadt Dülken (188), S. 19; SOMMER, aaO., S. 216; ferner Tranchot 1804/05 Bl. 41 Dülken: „Moulin", sowie TK 1844 u. 1893 Bl. 4703 Burgwaldniel/Schwalmtal: „Ö.M./Öl-M."

353 Weuthenmühle (Boisheimer Mühle)

Viersen-Boisheim, An der Weuthenmühle
(14. Jh. - um 1960) > Nette <

Die Boisheimer Mühle wurde „*1662 von Ihro Durchlaucht Philipp Wilhelm zu Boisheim auf der Nett bei dero Boisheimer Weier erbaut*", so steht es im Rentenbuch des Amtes Brüggen von 1725. Die Baukosten sind exakt festgehalten: 505 Gulden 32 Albus und 11 Heller. Trotzdem kann es nicht die erste Mühle an dieser Stelle gewesen sein. Denn nach einem Schöffenweistum aus dem 14./ 15. Jh. lag die Grenze des Holzgedings „*zu Boisheim onder dat muelen raet*". Für die Boisheimer Mühle war es nicht gerade zum Vorteil gewesen, daß der Landesvater gut 20 Jahre später (1685) knapp 1.500 m oberhalb eine weitere Mühle zugelassen hatte. Aber seine Fiskalbeamten hatten damals vorgesorgt. Der Konzessionsinhaber von Bruck war nämlich verpflichtet worden, seine Mühle wieder zu beseitigen, wenn sie sich für die landesherrlichen Interessen als nachteilig erweisen sollte. Nachteilig war sie gewiß von Anfang an. Aber der Pächter der Boisheimer Mühle hatte wohl keine Ruhe gegeben. Indes - seine Beschwerde erwies sich als ein „Eigentor": Die Landesverwaltung zog sich kurzerhand dadurch aus der Affäre, daß sie dem Eigentümer der Dülkener Mühle bei nächster Gelegenheit auch die Boisheimer Mühle in Erbpacht gab.

Zusammen mit der Pfandschaft an der Dülkener Mühle fiel 1715 das Erbpachtrecht an die Gladbacher Benediktiner, die es dann 1802 in der Säkularisation verloren. Im 19. Jh. ging die Mühle durch mehrere Hände. 1870 erhielt sie eine kleine Dampfmaschine von 6 PS, weil das Wasser nicht für einen täglichen Betrieb ausreichte. Um 1960 wurde sie stillgelegt. Seither ist dort ein Futtermittelhandel. Nur die beiden mächtigen Steine des Kollerganges erinnern noch an die einstige Mühle „Se. Durchlaucht“.

DEILMANN; Geschichte des Amtes Brüggen (39) II, S. 116; DOERGENS, Chronik der Stadt Dülken (139), S. 47; FINKEN, Die Stadt Kaldenkirchen (60), S. 71; KLOMPEN; Die Säkularisation (139), S. 109; SOMMER, aaO., S. 215; ferner Tranchot 1804/05 Bl. 41 Dülken: „Moulin“, sowie TK 1844 u. 1893 Bl. 4703 Burgwaldniel/Schwalmtal: „M.“

354 Pletschmühle

Nettetal-Rennekoven, Dyck
(vor 1646 - um 1900) > Pletschbach (Nette) <

Auf der rechten Seite der Nette kam als einziger nennenswerter Zufluß vom Fuß der Süchtelner Höhen der Pletschbach. Er muß früher einmal munter geplätschert haben, zumindest seinem Namen nach. Am Bach liegt eine langgestreckte Höfezeile, die alte Lobbericher Honschaft Dyck. Für sie war die Pletschmühle da, eine Korn- und Ölmühle, die allerdings unterschlächtig lief. Die Pletschmühle war ein geldrisches Lehen und in Erbpacht vergeben. Wegen der nachlassenden Wasserführung des Baches geriet sie zunehmend in Schwierigkeiten. In der zweiten Hälfte des 19. Jh. lag sie jeweils in den Sommermonaten still. Im Winter konnte sie höchstens an drei Tagen in der Woche für einige Stunden arbeiten. Die kleine Mühle lief bis um 1900. Dann machte sie - vermutlich ohne großen Widerstand - Platz für den Bau der Straße zwischen Lobberich und Dülken.

DOHMS, Lobberich (45), S. 262; FINKEN, Herrlichkeit Lobberich (59), S. 76; SOMMER, aaO., S. 215; Karte des Landmessers Goeurdt Heutmecher von 1646 (abgedruckt bei FINKEN, aaO.): „Pletzmeule“; ferner Tranchot 1804/05 Bl. 41 Dülken: „PletschMühle“, sowie TK 1844 u. 1893 Bl. 4703 Burgwaldniel/Schwalmtal: Mühlensymbol/„M.“
Ein Zusammenhang mit dem nahegelegenen „Mühlenhof“ ist nicht zu erkennen. Er hat vermutlich auch - abgesehen vom Namen - nie bestanden.

355 Koth-(Kath-)mühle

Nettetal-Lobberich, Flothend
(vor 1441 - 1935) > Nette <

Am Dreikönigstag 1441 gab eine Krickenbecker Erbengemeinschaft von zwölf Mitgliedern, angeführt von „*Harman und Aleyt van Kreckenbeck geheiten van der Neelsen*“, die „*Kaetmuhle*“ an „*heynen moellner* - den Müller Heinrich“ und des-

Nr. 355 Kothmühle, Nettetal. Die Mühle der einstigen Herren von Krickenbeck aus dem 15. Jh. lief bis 1935. Heute ist das modernisierte Gebäude Sitz einer Spedition, die von den Nachfahren des letzten Müllers betrieben wird.

Nr. 356 Nelsenmühle, Nettetal. Mindestens seit 1495 gehörte sie zum jülich´schen Lehnsgut ten Elsen, daher der Name. 1764 ging das Anwesen in bürgerliche Hände über. 1963 wurde die Mühle geschlossen und in Wohnungen umgewandelt. Die Nette fließt noch immer unter dem ehemaligen Mühlengebäude hindurch.

sen Ehefrau Katharina Greven „*zu ewigen Zeiten*“ in Erbpacht. Der Pachturkunde war eine Liste der mahlpflichtigen Höfe beigefügt.
Es ist die erste urkundliche Nachricht von dieser Mühle. Ab dem 16. Jh. hielt die Familie v. Bocholtz die Hauptanteile der Mühle. Um 1830 verkaufte der letzte unter den adligen Eigentümern, Maximilian v. Bentinck, den Besitz - aus Geldnot, wie es heißt.
Um 1870 hatte der neue Eigentümer eine 12 PS-Dampflokomobile angeschafft, um durchgehend und ohne Rücksicht auf die Wasserverhältnisse mahlen zu können. Das große eiserne Wasserrad lief nur, wenn genügend Wasser vorhanden war. 1935 wurde die Mühle geschlossen. Heute ist das modernisierte ehemalige Mühlengebäude Sitz einer Spedition, die von den Nachfahren des letzten Müllers betrieben wird.

DOHMS, Lobberich (45), S. 84/85 u. 257 ff.; FINKEN, Herrlichkeit Lobberich (59), S. 118; REMBERT, Karl, „Niederrheinische Wassermühlen“, in: Die Heimat (Krefeld) 1936, S. 54 ff.; SOMMER, aaO., S. 215; Karte von Heutmecher 1646 (abgedruckt bei FINKEN, aaO.): „Kaetmeule“; ferner Tranchot 1802/04 Bl. 34 Grefrath: „Kath Muhle“, sowie TK 1844 u. 1893 Bl. 4703 Burgwaldniel/Schwalmtal: „Koth-M.“

356 Nelsenmühle

Nettetal-Breyell, Breyeller Straße
(vor 1495 - um 1963) > Nette <

Die meisten Nette-Mühlen liegen versteckt oder gibt es nicht mehr. Diese hingegen ist mit dem Müllerhaus und den Wirtschaftsgebäuden kaum zu verfehlen, sie steht dort, wo zwischen zwei Seen die Hauptverbindungsstraße zwischen Lobberich und Breyell die Nette überquert. Der Fluß fließt sogar noch heute unter dem Mühlengebäude hindurch, das man längst zu Wohnungen umgestaltet hat.
Die Rede ist von der Nelsenmühle. Mit dem britischen Seehelden - im Meßtischblatt steht tatsächlich „Nelson“ - hat sie nichts zu tun. Vielmehr gehörte sie früher zu einem alten jülich´schen Lehnsgut „ten Elsen“, das 1495 bei der Belehnung Wilhelms v. Krickenbeck erstmals erwähnt wird. Die Belehnung geschah, kennzeichnend für eine Bannmühle, „*met moele end laeten*“. 1764 gingen Gut und Mühle in bürgerliche Hände über. Nichtsdestoweniger wurden die Eigentümer nach wie vor als „*Vasallen des Nelser Lehns*“ geführt - bis 1794. Dann gab es für die neuen französischen Herren nur noch „Vasallen“ nach ihrem Verständnis.
Interessant ist eine amtliche Feststellung aus dem Jahre 1835. Da wird berichtet, daß „*die Nelsenmühle, wie auch die Lüthemühle, in gewöhnlichen Jahren von Johannis bis Michaelis wegen Wassermangels nicht täglich in Betrieb gesetzt werden konnte, es sei denn, daß die Nettbrüche durch Gewitter oder anhaltenden starken Regen bedeutenderen Wasserzufluß erhalten würden - sonst müßte das Getreide zur Schwalm geschickt werden, wo man über genügend Wasser verfüge.*“

Nr. 357 Neumühle, Nettetal. Die Mühle aus dem 14. Jh. läuft noch heute im Rahmen eines Landhandelsunternehmens. Ursprünglich hieß sie „Roxforter Mühle". Um 1600 wurde sie um eine (neue) Windmühle ergänzt. Fortan galt der kombinierte Betrieb insgesamt als „neu" und war die „Neumühle".

In den beiden letzten Jahrzehnten vor ihrer Schließung um 1963 besaß die Nelsenmühle anstelle des Wasserrades eine Turbine. Die konnte zwar die Wassermenge nicht vermehren, aber wenigstens die Energie besser ausnutzen. Man hat übrigens 1978 - lange nach ihrer Schließung - versucht, mit der Turbine Strom zu erzeugen. Aber beim Versuch ist es geblieben.

FUNKEN, Breyell (68), S. 192 ff. u. 246 ff; SOMMER, aaO., S. 207; Karte von Heutmecher 1646 (abgedruckt bei FINKEN; Herrlichkeit Lobberich, 1902): „Elsen meulen"; ferner Tranchot 1802/04 Bl. 34 Grefrath: „Nelsenmühle", sowie TK 1944 u. 1893 Bl. 4603 Nettetal: „Nelsen-M."

357 Neumühle (Gartzmühle)

Nettetal-Lobberich, Sassenfeld
(vor 1375 - heute) > Nette <

Als sie 1375 von Herzog Wilhelm von Jülich dem Gerhard v. Bocholtz in Erbpacht gegeben wurde, hieß sie „Roxforter Mühle". Um auch den sprichwörtlichen „Lobbericher Wind" in das Mahlgeschäft mit einzubeziehen, errichteten die v. Bocholtz nahebei um 1600 eine Windmühle, die sie „Neumühle" nannten. Beide Mühlen bildeten eine wirtschaftliche Einheit.
Die hölzerne Windmühle verschwand um 1900, ohne sichtbare Spuren zu hinter-

lassen. Sie hinterließ allerdings Namen: Das Bruchgebiet zu ihren Füßen, das man zu ihren Lebzeiten ausgetorft hatte, heißt „Windmühlenbruch". Es ist zum Mühlenweiher für die Wassermühle geworden, die ihrerseits ihren kriegerisch klingenden Namen abgelegt und den Namen der Windmühle angenommen hat. Seither heißt sie „Neumühle", zuweilen auch „Gartzmühle", nach der Müllersippe, der die Mühle seit 1846 gehört. Die Gartz hatten vorher (seit 1778) die Nelsenmühle und dann (ab 1817) die Lüthenmühle bewirtschaftet.
Die Wassermühle ist im Rahmen eines Landhandelsgeschäfts noch heute in Betrieb. Seit 1907 besitzt sie eine Turbine, die 1948 noch einmal gegen eine neue Turbine ausgewechselt wurde. Hierzu der Besitzer Gartz: „*Sie leistet bis zu 26 PS, je nach Wasserstand. Wir setzen sie täglich einige Stunden ein. Würde sie den ganzen Tag laufen, wäre der Teich leer. Dann dauerte es, je nach Wetterlage, bis zu einer Woche, ehe er wieder vollgelaufen wäre.*"

DOHMS, Lobberich (45), S. 262/263; FINKEN, Herrlichkeit Lobberich (59), S. 63, 72, 79, 82 u. 118 ff.; SOMMER, aaO., S. 207; ferner Tranchot 1802/04 Bl. 34 Grefrath: „Neu-Muhl", sowie TK 1844 u. 1893 Bl. 4603 Nettetal: „Neu-M." - Bei Heutmecher (siehe Anm. unter Nr. 356) ist 1646 nur die „Lobbricher Windmeule" verzeichnet. Unterhalb folgt die Lüthenmühle. Vielleicht war die Neumühle damals (im 30jährigen Kriege) zerstört, was ihren heutigen Namen zusätzlich erklären würde.

358 Specker Mühle

Nettetal-Breyell, Berg
(vor 1530 - vor 1700) > Mühlenbach (Nette) <

Das Verkensbruch - einer der Torfseen „in" der Nette - hatte von der linken Seite her mit dem Mühlenbach noch einen Zulauf, der zwei Mühlen speiste. Die oberste dieser Mühlen lag nahe der Siedlung Speck, und zwar dort, wo der Bach vor dem Weiler Berg scharf abknickt. Sie ist 1503 als Zubehör eines Lehnsgutes erwähnt, das den Grafen v. Kessel gehörte. Das Mühlchen hatte keine nennenswerte Bedeutung. Schon vor 1700 wurde es abgebrochen - wohl nicht nur wegen Baufälligkeit. Denn der Bach führte nur wenig Wasser.

FUNKEN, Breyell (68), S. 199.

359 Weiher Mühle

Nettetal-Breyell, Am Kastell
(1430 - 1840) > Mühlenbach (Nette) <

Ähnliche Schwierigkeiten mit dem Antriebswasser wie die Specker Mühle hatte auch die am Mühlenbach unterhalb von ihr gelegene Mühle am Weiher Kastell. Dieses Kastell gehörte den Krickenbeckern und erscheint urkundlich schon im ausgehenden 13. Jh.
Dem Kastell war auch eine Wassermühle zugeordnet, allerdings nicht diese hier,

Nr. 360 Lüthemühle, Nettetal. Früher floß die Nette durch eine Lücke im Gebäudekomplex im Hintergrund. Seit der Regulierung unterquert sie die Straße etwa am Standort unseres Fotografen. Die Öl- und Kornmühle wurde um 1945 nach mehr als 500jährigem Bestehen geschlossen. Sie jetzt ein Ausflugslokal mit Reiterhof.

---

sondern die Lüthenmühle unten direkt an der Nette. Als dann bei einer Erbteilung 1430 Kastell und Lüthemühle getrennt wurden, ließ der Kastell-Erbe unverzüglich unmittelbar beim Hof eine eigene „Gutsmühle“ errichten. Wahrscheinlich haben Quellen zusätzliches Betriebswasser geliefert, die sich dort noch heute nachweisen lassen. Über die Bedeutung einer kleinen Privatmühle ist das „*Weiher Mühlchen*“ (so: Funken) wohl nie hinausgekommen. Als 1840 größere Reparaturen fällig waren, ließ der damalige Kastell-Herr sein „Mühlchen“ beseitigen.

FUNKEN, Josef, „Das Weiher-Kasteel in Breyell“, in: HK Krs. Kempen-Krefeld 1962, S. 110 ff.; ders. Breyell (68), S. 198; KRONSBEIN, Stefan, „Die Quellen am unteren linken Niederrhein“, in: Natur und Landschaft (140), S. 398/99; SOMMER, aaO., S. 208.

360 Lüthe(n)mühle

Nettetal-Breyell, Lindenallee
(vor 1419 - um 1945) > Nette <

Am St. Laurentius-Abend anno Domini 1419 wurde den Eheleuten derer v. Crüchten und v. Breyell vom Jülicher Herzog die erbliche Staugerechtsame für die Vogelsangsmühle verliehen. Mit dieser Mühle war die spätere Lüthemühle gemeint. Ihre damalige Bezeichnung hatte sie nach einem Ritter Sibert v. Krickenbeck, der einer Urkunde aus dem Jahre 1380/81 zufolge den Beinamen

„Vogelsank“ führte und wahrscheinlich Vorbesitzer der Mühle war. Die beiden Familien v. Crüchten / v. Breyell hatten das sog. Sprinkelhovensche Lehen inne (Weiher Kasteel). Bei einer Erbteilung um 1425 wurde die Vogelsangsmühle von diesem Lehen abgetrennt, die fortan rechtlich ein Eigenleben führte. Die Abtrennung war ja auch der Anlaß für den Bau einer eigenen Mühle für das Weiher Kasteel gewesen (siehe Nr. 359).
Mit dem Eigentümer muß auch wohl die Vogelsangsmühle ihren Namen in „Luythenmühle“ (1559), „Leuttenmuelen“ (1632) und „Leuthen Mühlen“ (1763) gewechselt haben, aus dem schließlich die heutige Bezeichnung wurde. Der Namenszusammenhang mit dem Dorf Leutherheide ist unverkennbar.
Josef Funken hat die vielfachen Eigentümerwechsel aufgeschrieben und daß die Mühle 1828 zwei unterschlächtige Räder besaß, die drei Mahlgänge und einen Ölgang antrieben. 1851 wurde die Mühle vollständig erneuert. Damals müssen auch die beiden Gebäude entstanden sein, mit einer schmalen überdachten „Gasse“ für die Wasserräder, die heute zugebaut ist und die einstmals getrennten Häuser wie eines erscheinen lassen.
Um 1945 wurden die noch verbliebenen Mahlgänge stillgelegt. Die Absicht, noch eine 15/18 PS-Turbine einzubauen, scheiterte an den hohen Kosten und am geringen Wasserdruck. - Für den Wanderer bleibt der Name „Lüthemühle“ in der 1930 eröffneten Gaststätte und dem Reiterhof lebendig.

FUNKEN, Breyell (68), S. 196 ff.; ders. Die Breyeller Mühlen“, in: HK Krs. Kempen-Krefeld 1965, S. 159 ff.; GAHLINGS, Anton, „Geschichtliches über die Lüthemühle zu Breyell“, in: Die Heimat (Krefeld) 1936, S. 62 ff.; SOMMER, aaO., S. 207; Karte von Heutmecher (abgedruckt bei FINKEN, aaO.): „Leutenmeulen“. Ferner Tranchot 1802/04 Bl. 34 Grefrath: Leuten Mühle“, sowie TK 1844 u. 1893 Bl. 4603 Nettetal: Luether M./LuthenM.“

361 Mühle von Haus Baerlo

Nettetal-Breyell, Baerlo
(vor 1326 - vor 1800) > Schloßgraben (Nette) <

Für den Eigenbedarf besaß auch der Rittersitz Hs. Baerlo eine kleine Gutsmühle. Schon 1326 ist sie anläßlich einer Belehnung genannt. Um 1690 verlegte sie der Eigentümer an eine günstigere Stelle, an der sich eine Quelle befand. Aber sie war wohl auf die Dauer ebensowenig lebensfähig wie die beiden kleinen am südlich benachbarten Mühlenbach. Um 1800 war die Mühle von der Bildfläche verschwunden.

FUNKEN, Breyell (68), S. 199; KRONSBEIN (siehe Anm. zu Nr. 359), S. 399.

362/363 Leuther Mühle/Fuchsmühle

Nettetal-Leuth, Hinsbecker Straße
(vor 1556 - 1960/61) > Nette <

An der Sekretis - dem wegen seiner Reiherkolonie bekannten Naturschutzgebiet - haben nahe beieinander zwei Mühlen gestanden. Die allgemein bekannte von

Nr. 362 Leuther Mühle, Nettetal. Ursprünglich stand sie ein Stück unterhalb und hieß "Fuchsmühle". Mitte des 16. Jh. wurde sie an den jetzigen Standort versetzt. Heute ist die - um 1960 stillgelegte - Öl- und Kornmühle ein namhafter Hotelbetrieb. Im Gastraum ist noch fast die komplette Mühleneinrichtung vorhanden.

---

ihnen ist die Leuther Mühle. Die andere ist eine Wassermühle, die ein Stück weiter unterhalb gestanden hat. In den Karten wird sie irrtümlich als „Tüschenmühle (Tüschenmöhles)" bezeichnet. So hieß aber nicht die Mühle, sondern ein Hof, der „zwischen den Mühlen" stand, wahrscheinlich zwischen der unterhalb gelegenen Mühle und der Leuther Mühle.
Die Tüschenmühle hieß in Wirklichkeit **Fuchsmühle (Nr. 363).** Ihre Existenz ist mehrfach nachgewiesen: Durch eine Urkunde im Archiv von Maastricht, in der sie als „*Voßmöhlen* (Fuchsmühle)" bezeichnet wird; ferner durch eine Aussage der Gemeindeväter von Leuth aus dem Jahre 1758 und schließlich durch Fundamentreste aus einer Pfahlgründung, die man entdeckt hat. Im Bodenrelief sind auch noch Reste eines Mühlenweihers zu erkennen.
Allem Anschein nach muß diese Mühle schon zu Alt-Krickenbeck gehört haben. Das war die erste Burg der Herren von Krickenbeck, die gegenüber der heutigen Leuther Mühle gestanden hat. Man kann den alten Burgplatz noch heute an der leichten Aufwölbung des dortigen Geländes erkennen. Nach 1200 war diese Burg von Neu-Krickenbeck abgelöst worden, die inmitten des schützenden Sumpfgebietes - der späteren Seenlandschaft - dort errichtet wurde, wo sich jetzt das Schloß befindet.
1758 hatten die Leuther Notabeln zu dieser Fuchsmühle ausgesagt, daß sie eine Vorläuferin der Leuther Mühle gewesen sei; man habe sie lediglich näher zum Dorf hin versetzt. Aus dem geringen Gefälleabstand zwischen den beiden Standorten kann man das gut nachvollziehen. Denn zwei Mühlen hätten so dicht hinter-

einander kaum genügend Stauhöhe und Antriebswasser haben können, zumal die Austorfung der Sumpfgebiete und Herstellung der Netteseen als Wasserspeicher erst im frühen 17. Jh. begonnen hat.
Eine gewissen Anhaltspunkt für den Zeitpunkt der Verlegung der Mühle gibt ein Weistum aus dem Jahre 1556, in dem die Grenze zwischen Leuth und Hinsbeck beschrieben wurde. Als Grenzpunkte ist neben der „Vloevarts-" (Nr. 364) und der „Vogelsanksmuelen" (Nr. 360) eine „Jonker Helwigs muelen" genannt. Leider konnten bisher weder Junker Helwig, noch der Standort seiner Mühle eindeutig identifiziert werden. In der Literatur ist man sich jedoch einig, daß es sich damals nur um die Leuther Mühle gehandelt haben konnte, die demnach um die Mitte des 16. Jh. schon vorhanden war. Stimmt diese Annahme, dann dürfte die Verlegung der Fuchsmühle in der ersten Hälfte des 16. Jh. stattgefunden haben.
Auch die **Leuther Mühle (Nr. 362)** war - wie ihre Vorläuferin - Zubehör von Krickenbeck. Im 16. Jh. gehörte sie der Familie v. Holthausen. Deren Rechtsnachfolger v. Ketzgen auf Hs. Clee in Waldniel verpfändete die Mühle später mehrfach. Ab der Zeit um 1800 ist die Mühle in der Hand des Grafen Schaesberg. Zwischen den genannten Familien bestanden enge verwandtschaftliche Beziehungen.
Die Leuther Mühle war eine Korn- und Ölmühle. Mit dem Gebäude ist die Mühleneinrichtung nach ihrer Schließung 1960/61 weitgehend erhalten geblieben und noch heute eindrucksvolles Interieur der Gaststätte des gleichnamigen Hotels. Im ganzen Bereich der Nette kann man nur hier noch in dem sich draußen drehenden Wasserrad, dem riesigen hölzernen „Uhrwerk" drinnen, den Mahlgängen und dem mächtigen Kollergang eine Mühlentechnik sehen, wie sie sich in vielen Jahrhunderten kaum verändert hat.

DEILMANN, Haus Clee (40), S. 23 ff.; FINKEN, Herrlichkeit Lobberich (59), S. 1 u. 58 (Grenzweistum von 1556); HILD, Jochen, „Altrheine und Kleingewässer", in: HK Krs. Kempen-Krefeld, 1969, S. 14; HUBATSCH, Herbert, „Das Krickenbecker Naturschutzgebiet im Nettetal", in: HK Krs. Kempen-Krefeld 1970, S. 33 u. 40; SOMMER, aaO., S. 207; Buyx, Antiquarische Charte 1878: „Tüschmöhles - Mühle 1625 (Ruine)"; ferner Tranchot 1802/04 Bl. 34 Straelen: „Leuthermühl", sowie TK 1844 u. 1893 Bl. 4603 Nettetal: „Leuther M."
Zum Gut Tüschenmühle/Tüschenmöhles („zwischen den Mühlen"): Das „Zwischen" könnte sich auch auf andere damalige Mühlen oberhalb und unterhalb beziehen. 1529 lebte auf Tüschenmöhles ein Johann v. Stalbergen (so: FINKEN, aaO., S. 128). Heute ist Tüschenmühlen ein Wohnhaus.

364 Flootsmühle

Nettetal-Hinsbeck, Herscheler Weg
(vor 1556 - um 1875) > Nette <

Für den ausgeprägten Sinn der Römer für möglichst gradlinige Straßen gibt die Verbindung zwischen Hinsbeck und Straelen im Bereich der ausgedehnten Heidelandschaft südlich von Herongen ein heute noch eindrucksvolles Beispiel. Bei der Flootsmühle überquerte sie die Nette. In alter Zeit lief der Verkehr über eine Furt. Denn "Floots" kommt von „Vloevart", was in alter Schreib- und Sprechweise nicht anderes heißt als „Furt".

Nr. 364 Flootsmühle, Nettetal. Obwohl die Kornmühle aus altem Schaesberger Besitz schon seit etwa 1875 nicht mehr existiert, ist ihr Standort an der alten Römerstraße ein signifikanter Punkt im Naturpark Schwalm-Nette. Das jetzige Wohnhaus dürfte auf den Fundamenten des ehemaligen Mühlengebäudes stehen.

Nr. 365 Kovermühle, Wachtendonk. Die „Mühle am Winkel" (Kov = Ecke/Erker) ist 1349 erstmals erwähnt. Sie gehörte - wie die Nachbarmühlen - zum Besitz des Grafen Schaesberg und lief bis um 1945. Dann war sie ein landwirtschaftlicher Betrieb. Seit einigen Jahren dient das restaurierte Müllerhaus nur noch Wohnzwecken. Stau und Mühlrad befanden sich an dem Giebel, der dem Betrachter zugewandt ist. Hier fließt auch heute noch die Nette entlang, erkennbar an dem starken Uferbewuchs.

Relativ früh muß es hier aber schon eine Brücke gegeben haben, ganz bestimmt seit dem 16. Jh., seit hier eine Mühle stand. Als dann Anfang des 19. Jh. der „Grand Canal du Nord“ Napoleons geplant wurde, war der Übergang immerhin wichtig genug, hier sogar eine Klappbrücke vorzusehen, wie man sie heute noch im Flandrischen und Niederländischen an den Kanälen findet. Indes - heute ist es an der „Karl-“ oder „Karstraße“, wie sie im Mittelalter hieß, ruhig geworden. Nur noch Wanderer und Pilger überqueren an dieser Stelle den Fluß.
Der Name unserer „Vloevarts muelen“, wie er in einem Grenzweistum von 1556 („*... ghet aen op Vloevarts muelen ...*“) erstmals vorkommt, ging unseren Altvorderen offenbar schwer von der Zunge. Denn er wurde fortlaufend vereinfacht und sogar mißverstanden. So findet man Schreibweisen wie „Vlovartse-“, „Florts-“, „Fluerts-“ und - offenbar aufgrund eines Lesefehlers - „Volhards-“, ehe er sich schließlich zu “Flootsmühle” abgeschliffen hatte.
Ansonsten wissen wir nicht viel über diese kleine Kornmühle - außer, daß sie seit 1706 dem Grafen Schaesberg gehörte und schon um 1875 abgebrochen worden ist. Heute steht dort ein kleines Wohnhaus, vielleicht auf den Grundmauern der Mühle. Das jetzige Pilgerkreuz vor dem Hause ist traditionelle Raststätte für die Kevelaerpilger aus dem Jülich´schen. Es steht an der Stelle eines älteren Kreuzes, das schon vor Jahrhunderten für einen verunglückten Fuhrmann aufgestellt worden war. Vielleicht hatte sein Pferd vor dem Rauschen des Wassers auf dem sich drehenden Wasserrad gescheut. Nicht gescheut indes hatte 1945 ein amerikanischer Panzer. Er brachte mit seiner Last die altersschwache Flootsmühlenbrücke von 1756 zum Einsturz.

FINKEN, Herrlichkeit Lobberich (59), S.1; FUNKEN, Breyell (68), S. 58; HAGEN, (Römerstraßen (84), S. 225; LINSSEN, Heinrich, „Die Niers“, in: Die Heimat (Krefeld) 1939, S. 264; SCHELLER, Der Nordkanal (222), S. 17/18; SOMMER, aaO., S. 205 ; ferner Tranchot 1802/04 Bl. 34 Straelen: „Flottsmühle“, sowie TK 1844 u. 1893 Bl. 4603 Nettetal: „FlotsM./Flootsmühle“.

365 Kovermühle

Wachtendonk, Müllemer Straße
(1349 - um 1945) > Nette <

Auch die Kovermühle war Schaesbergischer Besitz. Sie und die unterhalb liegende Nettmühle dürften der alten Bauerschaft „Müllem“ (im 19. Jh. hieß sie „Mülheim“) und dem schon im 14. Jh. erwähnten Müllemer Hof den Namen gegeben haben.
Wie ihre Nachbarmühlen war sie ausschließlich Kornmühle. Sie ist bis zum Kriegsende gelaufen. Zuletzt wurde sie von der Familie Wackertapp bewirtschaftet, die manche andere Wasser- und Windmühle in der Region betrieben hat. Nur der Mühlenhof hat überlebt, zunächst als landwirtschaftlicher Betrieb und heute als Wohngebäude. Die kleine Mühle indes, die zwischen ihm und der Nette stand, ist verschwunden. Seit den 70er Jahren gibt es auch den Mühlenstau nicht mehr. Aber die Nette fließt noch in ihrem Tälchen südlich der Müllemer Straße wie eh und je.

Nr. 366 Nettmühle, Wachtendonk. Von den Mühlen am Unterlauf ist sie die einzige, von der das Mühlengebäude äußerlich noch weitgehend original erhalten ist. Nur das gemauerte Schutzhaus für das Wasserrad ist abgebrochen worden. Es stand an der jetzt weiß getünchten Giebelfront (unteres Bild). Heute dient das Gebäude als Wohnung und als Büro des Landhandelsbetriebes „Mühle Wackertapp".
Die Nettmühle war ausschließlich Getreidemühle, wie sämtliche vier Nette-Mühlen unterhalb der Leuther Mühle. Sie hat vom 16. Jh. bis um 1945 mit Wasserkraft gemahlen. Dann wurde das Staurecht abgelöst und die Mühleneinrichtung ausgebaut.

SOMMER, aaO., S. 205; BUYX, Antiquarische Charte von 1878: „Kovenmole 1349". Ferner Tranchot 1802/04 Bl. 34 Grefrath: „Kov-mühl", sowie TK 1844 u. 1893 Bl. 4603 Nettetal: „Kover-M.";
Etwa auf der Mitte zwischen der Kovermühle und der Nettmühle nennt Tranchot noch eine „Ob- oder Ohl-muhle" (der Name ist schlecht lesbar). Die Mühle ist in keinem anderen Kartenwerk eingetragen, auch nicht in der Literatur erwähnt. Wahrscheinlich handelt es sich um ein Mißverständnis, hervorgerufen durch den Hofesnamen „Müllemerhof/Mühlenhof". Bei Buyx (s. O.) ist eingetragen: „Hof tot Mulhem 1326".

366 Nettmühle

Wachtendonk, Müllemer Straße
(16. Jh. - um 1945) > Nette <

Von den vier Mühlen unterhalb der Leuther Mühle ist sie die einzige, von der noch das Mühlenhaus aus dem 19. Jh. vorhanden ist. Lediglich das Radhaus an der südlichen Giebelfront ist beseitigt. Das Gebäude selbst ist hervorragend restauriert und enthält eine Wohnung und das Büro der Landhandelsfirma „Mühle Wackertapp".
Auch die Nettemühle gehörte zu den Mühlen des Grafen Schaesberg zu Krickenbeck. Nach deren relativ gleichmäßigen räumlichen Abständen (Stauhöhe) in einer Kette dürfte sie auch zeitlich mit den anderen Mühlen zusammenfallen und aus dem 16. Jh. stammen. Sie lief bis 1963 mit Wasserkraft, zuletzt im Wechsel mit einem E-Motor, wenn das Wasser aufgebraucht war. Nach der Ablösung des Staurechts bei einer Flurbereinigung wurden das Wasserrad und die drei Mahlgänge ausgebaut. Aber der Mahlbetrieb ging und geht noch mit einer neuen Hammermühle weiter - zunächst noch im alten Mühlenhaus, dann (ab 1972) in der neuen Halle.

SOMMER, aaO., S. 205; Katasterunterlagen des Krs. Kleve; alte Fotos in: Die Heimat (Krefeld) 1963, S. 61; Mitteilung des Eigentümers; BUYX, Antiquarische Charte von 1878: „Nettmuhle"; ferner Tranchot 1802/04 Bl. 34 Grefrath: „Nette-mühl", sowie TK 1844 u. 1893 Bl. 4603 Nettetal: „Nett-M."

367 Vorster Mühle

Wachtendonk, Vorst
(vor 1456 - um 1919) > Nette <

Bei einer Erbteilung in der Bocholtz-Familie im Jahre 1456 erhielten Katharina v. Bocholtz und ihr Ehegatte neben einigen Gütern in Wankum auch die nahegelegene Mühle *„op den Vorst"*. Das ist die erste Nachricht über diese letzte im Reigen der Nette-Mühlen. Leider ist es auch die einzige Nachricht aus der alten Zeit.
Die Mühle wurde nach dem Ersten Weltkrieg, etwa um 1919, geschlossen. Als die Familie Schmidt das Anwesen 1933 erwarb, um darauf ihren noch heute dort ansässigen Gartenbaubetrieb zu gründen, fand sie nur noch ein verfallenes kleines Mühlenhaus vor. Es wurde bei der Regulierung der Nette 1937/38 beseitigt.

FINKEN, Herrlichkeit Lobberich (59), S. 83; SOMMER, aaO. S. 205; Mitteilung des heutigen Eigentümers; BUYX, Antiquarische Charte von 1878: „Vorstermühle", ferner Tranchot 1802/04 Bl. 34 Grefrath: „Vorst-mühle", sowie TK 1844 u- 1893 Bl. 4603 Nettetal: „Vorst-M./Vorster M."

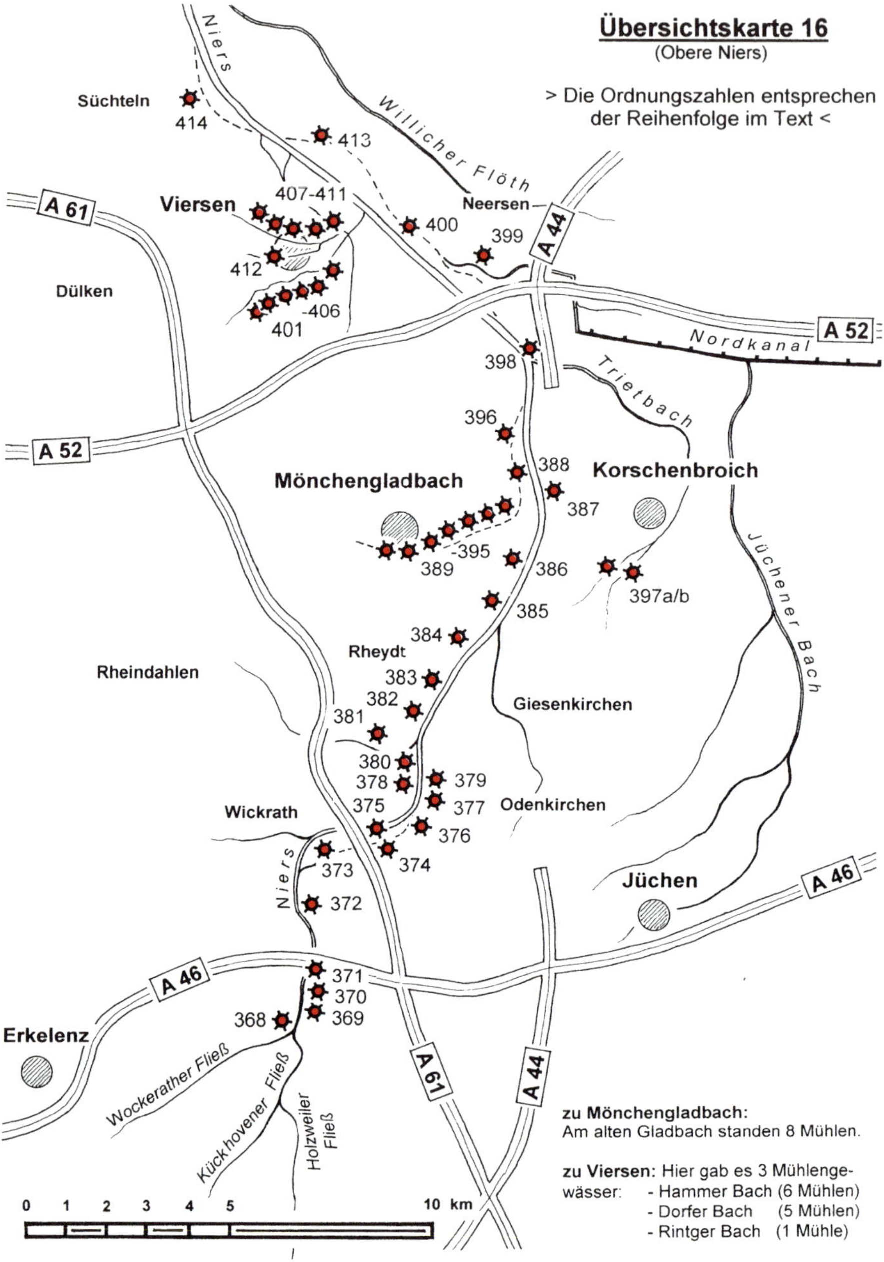

Im Plangebiet: 48 Wassermühlen und um die 18 Windmühlen.

Niers

Quelle:	bei Kuckum (Erkelenz)	Höhe: 75 m ü.M.
Mündung:	Gennep/Maas (NL)	Höhe: 8 m ü.M.
Länge:		122 km
Breite	in Geldern:	12 m
	in Gennep (NL):	20 m
Abflußmenge im Jahresmittel 1951-88		
	am Pegel Oedt:	2,69 m^3/sec.
	am Pegel Goch:	7,88 m^3/sec.
Mühlenstandorte 1836/1900 (ohne Nebengewässer):		49/40

Schon beim Rhein war dargelegt worden, wie sich das große Inlandeis auch auf unser Flußsystem ausgewirkt hatte. Der mächtige Strom hatte sich der Gewalt des Eises beugen und nach Westen fliehen müssen. Als er dann aber schrittweise wieder in seine angestammte Region zurückkehrte, ließen sich die Fließgewässer jenseits des eiszeitlichen Stauchwalles in den vom Rhein zurückgelassenen „Fluchtbetten" nieder, um darin bequem zur Maas hin abzufließen.
Hauptnutznießerin war die Niers. Sie kam aus sehr einfachen Verhältnissen. Ihre Quellen liegen in einem Wiesengelände und sind kaum exakt auszumachen. Eigentlich sind es mehrere, und sie verändern sich beinahe mit jedem stärkeren Regen. Aber es kommt immerhin soviel Wasser zusammen, daß schon nach wenigen Kilometern aus dem Rinnsal ein ansehnlicher kleiner Fluß geworden ist.
In der Eiszeit hatte es die junge Niers nicht weit gehabt. Im Gegenteil, der Rhein war ihr bei Neersen so nahe gekommen, daß sie sich kurzerhand mit ihm verband. Als es dann aber wieder wärmer wurde, war es mit der „Eiszeitehe" vorbei. Es kam zur Scheidung: Der Rhein kehrte in sein angestammtes Revier zurück. Die Niers wurde mit dem Ehebett abgefunden und wandte sich nun der Maas zu - in aller Ruhe, denn ein Flachlandfluß hat es nie eilig.
Erst aus römischer Zeit erfahren wir dann wieder etwas von der „Nersa", wie sie offenbar damals schon hieß, vielleicht nach dem griechischen Wassergott Nereus. Wir kennen den Namen von einem Matronen-Denkstein, der den „matronis nersihenis" gewidmet und bei Jülich gefunden worden war. Ob die Niers damals schon so launisch war und schwer auszurechnen, daß man vorsorglich Gottheiten nach ihr benannte, weiß man nicht. Immerhin trat sie allzuoft über die Ufer und ließ das Land allmählich versumpfen. Die Legende glaubt sogar zu wissen, daß sie in Kuckum aus einem Ziegenstall entsprungen sei und folglich einem übermütigen Ziegenbock gleiche. Am schlimmsten war es im Raum Gladbach/Viersen/Wachtendonk. Dort war das Ufer so unzugänglich, daß die Niers - weil nicht einmal Landwehren nötig waren - zum Grenzfluß zwischen den Territorien wurde. Umgekehrt war sie so stark, daß sie mit dem Aufkommen der Wassermühlen kräftig an die Arbeit genommen wurde und am Ende mehr als 40 Mühlen antrieb. Davon lagen allein um die 20 auf dem ersten Fünftel ihres Laufs, wo Zufluß und Gefälle deutlich stärker waren als im nachfolgenden flachen Land.

Aber die Mühlenstaue waren gerade im Flachland Gift für die Vorflut. Lange Zeit nahm man das hin, weil der wirtschaftliche Nutzen der Mühlen höher eingeschätzt wurde als der Schaden, den die fortschreitende Versumpfung darstellte. Im 15. Jh. wendete sich dann aber das Blatt, als Kleve, Geldern und Kurköln für den Mittel- und Unterlauf ein gemeinsames Niersreglement erließen. Der Oberlauf konnte nicht einbezogen werden, weil Jülich sich nicht beteiligte oder nicht beteiligt wurde. Dieses Reglement schrieb das Setzen eines Pegels vor, wobei jedem Müller ein Gefälle von 1 ½ Fuß (= rd. 48 cm) zugebilligt wurde. Da sonntags ohnehin nicht gearbeitet werden durfte, mußten dann jeweils für 24 Stunden alle Schleusen geöffnet und dem Fluß freier Lauf gelassen werden. Aussagen über Reinigungspflicht der Müller und Aufsichtspflicht der Behörden rundeten die für die damalige Zeit sehr fortschrittliche Regelung ab.

Dieses Reglement hat in der Folgezeit noch einige Neufassungen und Ergänzungen erfahren, so in den Jahren 1726 und 1769. 1823 konnte das nun für das ganze Niersgebiet zuständige Land Preußen die Niersordnung endlich auch auf den Oberlauf ausdehnen. Nun aber kamen die Schwierigkeiten von einer ganz anderen Seite, die man bisher nicht auf der Rechnung hatte: Das Zeitalter der Industrialisierung war angebrochen. Mit ihm kam das Abfallproblem. Die neuen Textilfabriken, Färbereien, Gerbereien und Papierfabriken im Raum Gladbach-Rheydt entließen ihre Abwässer allesamt mittelbar oder unmittelbar in die Niers. „Die Niers entspringt mittlerweile den Abflußrohren“ und sei zur „Landeskloake“ geworden, hieß es 1907 im Preußischen Landtag. Und die Presse schrieb, der Fluß sei eine „langgestreckte Jauchegrube, auf der nur der Deckel fehle“.

Zwar waren ab 1902 schon Kläranlagen entstanden. Wirkliche Abhilfe brachte indes erst die Gründung des Niersverbandes 1927, die der Erste Weltkrieg und die nachfolgende Besatzung lange Zeit behindert hatten. Seitdem hat sich die Niers erholt, wenn auch vielfach um den Preis der Regulierung mit dem Lineal. Denn sie gleicht über weite Strecken einem schmalen Schiffahrtskanal, auf dem nur die Schiffe fehlen. Man versucht jetzt zwar wieder, dem Fluß um der Landschaft und der Ökologie willen größere Freiheiten einzuräumen. Aber das kostet viel Geld und Zeit - bei ungewissem Erfolg. Jedenfalls kann man dem Fluß dank den zahlreichen Kläranlagen wieder auf den Grund sehen und ihn mit Paddelbooten befahren.

Und die Mühlen? Ihre Zeit war ohnehin vorbei. Die Staurechte wurden Ende der 20er Jahre abgelöst, viele Mühlen beseitigt. Andere Mühlen stehen jetzt weitab, weil der geradegezogene Fluß sie nicht mehr berührt. Was von ihnen aber noch da ist, gehört zur Zeitgeschichte und fordert unser Interesse.

Ausstellungskatalog „2000 Jahre Niers“ mit zahlreichen Einzelbeiträgen und einem umfangreichen Literaturverzeichnis (244); LINSSEN, Heinrich, „Die Niers“, in: Die Heimat (Krefeld) 1939, S. 164 ff, S. 252 ff. und 1940, S. 81 ff.; ders., „Zu den Niersquellen“, in: Der Niederrhein 1940, S. 69 ff.; MACKES, Aus dem alten Neuwerk (173), Bd. 2 S. 105 ff.; Niersgesetz vom 22.7.27 (GS. S. 139); NORRENBERG, Geschichte der Herrlichkeit Grefrath (189), S. 111 (wörtliche Wiedergabe des Niersregelements von 1487).

368 Wilde(n)rather Mühle

Mönchengladbach-Wanlo, Kuckumer Straße
(vor 1121 - um 1865) < Niers <

Die noch sehr „junge“ Niers ist hier nicht breiter als das Gerinne einer Mühlenark. Aber sie muß früher schon kaum 2 km hinter ihrer Quelle soviel Kraft gehabt haben, daß in Wanlo kurz hintereinander vier Mühlen betrieben werden konnten. Die erste dieser Mühlen steht neben Hs. Wilderath. Sie ist zugleich auch die älteste. In den Annalen der Abtei Klosterath hat man zum Jahr 1121 festgehalten, daß die Mühle zu „*Wanle* - Wanlo“ - damit ist die spätere Wilderather Mühle gemeint - dem Grafen Theoderich v. Are gehörte. Von den Einkünften aus dieser Mühle seien der Abtei Stiftungen gemacht worden, wohl als Mitgift einer Tochter aus dem Hause v. Are, die dort Klosterfrau war. Der Chronist fügte damals hinzu, daß man die Mittel auch dann noch in Klosterath verbucht habe, als der Abt die Schwestern „*mit Rücksicht auf die Ruhe der Brüder*“ versetzt habe.
Ab dem 13. Jh. erscheinen als Eigentümer der Mühle die Grafen von Jülich und als deren Erbpächter die Familien v. Dyck, v. Wildenrath, v. Leerodt und v. Maillot. Letztere verkauften die Öl- und Mahlmühle um 1850 an den Müller Conrad Wirtz, dessen Initialen noch heute in den Maverankern des Wohngebäudes von 1862 zu lesen sind. Schon in den 60er Jahren legte Wirtz allerdings die Mühle hinter seinem Hause still und wandte sich ganz der Landwirtschaft zu. Wahrscheinlich hatte das Antriebswasser nachgelassen. Auffälligerweise schlossen um 1870 aber auch die drei anderen Wanloer Mühlen - gewiß nicht zuletzt auch deswegen, um hier am Oberlauf die erste größere Niersbegradigung zu ermöglichen.

FRANKEWITZ, Burgen (65), S. 36 ff.; MACKES, Erkelenzer Börde (174), S. 306 ff.; SOMMER; aaO., S. 268; ferner Tranchot 1807/08 Bl. 58 Holzweiler: „moulin“. In der Übersichtskarte der „oberen Neersniederung“, die 1869 aus Anlaß der Melioration vom Genossenschafts-Geometer Feinedegen hergestellt wurde, ist die Wildenrather Mühle nicht mehr verzeichnet, im Gegensatz zu den oberhalb liegenden Mühlen.

369 Schwalmer Mühle (Vogtsmühle)

Mönchengladbach-Wanlo, Schweinemarkt
(vor 1650 - um 1870) > Niers <

Nur 350 m unterhalb der Wilderather Mühle stand stand und steht noch Hs. Schwalmen, ein ehemals freies Erbgut in adligem Besitz. Zum Rittergut gehörte die gleichnamige Mühle. Ihr Zweitname „Vogtsmühle“ rührt daher, daß sie in der ersten Hälfte des 17. Jh. durch Heirat an den Amtmann und Vogt des Amtes Kaster - v. Crafft - gekommen war.
Die Schwalmer Mühle muß wohl von Anfang an und ausschließlich eine Ölmühle gewesen sein. Daher war die Betriebseinstellung anläßlich der Niersregulierung um 1870 wohl kein Problem, weil ohnehin die meisten Ölmühlen wegen der US-Importe hatten schließen müssen. Der Mühlenteich wurde um die Jahrhundert-

Nr. 368 Wilderather Mühle, M.-Gladbach. Unter den vielen Niersmühlen ist die Kornmühle der Herren von Wilderath ihrer Lage nach die oberste. Von den 28 Wassermühlen im heutigen Stadtgebiet von Mönchengladbach ist sie als erste urkundlich erwähnt: 1121. Sie lief bis 1865. Der Mühlenhof mit seinen Gebäuden aus dieser Zeit ist noch vorhanden.

Nr. 372 Wickrathberger Mühle, M.-Gladbach. Von dieser Mühle derer von Quadt zu Wickrath erfährt man zwar erst aus dem Jahre 1720 Schriftliches. Aber sie dürfte viel älter sein. Nach ihrer Schließung 1952 blieb in dem jetzigen Wohnkomplex die Mahleinrichtung weitgehend erhalten.

wende mit dem Abbruchmaterial der alten Wanloer Kirche zugeschüttet. Von alledem ist heute im Gelände nichts mehr auszumachen.

MACKES, Erkelenzer Börde (174), S. 308; SOMMER, aaO., S. 268; ferner Tranchot 1807/08 Bl. 58 Holzweiler: „moulin"; Übersichtskarte „Neersniederung" (1869): „Schwalmer M."

370 Pletschmühle

Mönchengladbach-Wanlo, An der Mühle
(vor 1533 - um 1870) > Niers <

Auf die Schwalmer Ölmühle folgte etwas weiter unterhalb eine Kornmühle. Begonnen hat ihre Mühlenlaufbahn allerdings als Vollmühle (Walkmühle). Jedenfalls wird sie bei ihrer ersten urkundlichen Erwähnung 1533 so bezeichnet.
Um 1650 gehörte sie zu Hs. Keyenberg, einem Rittersitz südlich von Wanlo. Nach Erbschaftsprozessen kam sie 1692/93 „unter den Hammer" und in bürgerliche Hände. Damals war allerdings nur der Mühlenplatz versteigert worden, nicht indes die Mühle. Die nämlich war durch den langwierigen Streit so heruntergekommen, daß der Erwerber sie gänzlich neu aufbauen mußte.
Trotz der geringen Distanz zu ihrer „unterschlächtigen Obermühle" am Schwalmer Haus von nur 400 Metern reichten Stauhöhe und Weiher aus, die Mühle zur besseren Energieausnutzung oberschlächtig zu betreiben. Darauf geht der in solchen Fällen übliche Name „Pletschmühle" zurück, neben dem ab 1817 auch die Eigentümerbezeichnung „Brandsmühle" gebräuchlich war.
Um 1870 wurde die Mühle stillgelegt. Nur ein Straßenname blieb zurück.

MACKES, Erkelenzer Börde (174), S. 309; SOMMER, aaO., S. 241; ferner TK 1844 Bl. 4804 M.-Gladbach: Mühlensymbol; Übersichtskarte „Neersniederung" (1869): „Pletschmühle".

371 Kappelsmühle

Mönchengladbach-Wanlo, Stahlenend
(vor 1424 - um 1870) > Niers <

Zum Zourshof, einem Wickrather Ritterlehen, gehörte die 1424 anläßlich eines Ehevertrages erstmals erwähnte „Schleidmühle". Nachdem 1595 ein Wilhelm Cloppartz die Hofeserbin Katharina v. Papeler geheiratet hatte, setzte sich dessen mundartlich veränderter Name „Kappels" als Hofes- und Mühlenname durch. Den Hof gibt es noch als schmuckvolle Reitsportanlage. Die Mühle indessen ist schon seit etwa 1870 aus denselben Gründen wie die Obermühlen verschwunden. Über den ehemaligen Mühlenplatz geht heute die Autobahn A 46 hinweg.

MACKES, Erkelenzer Börde (174), S. 310; SOMMER, aaO., S. 241; ferner Tranchot 1807/08 Bl. 58 Holzweiler, sowie TK 1844 Bl. 4804 M.-Gladbach: Mühlensymbol; Übersichtskarte „Neersniederung" (1869): „Kappelshofer Mühle".

Nr. 373 Schloßmühle Wickrath, M.-Gladbach. Es gibt sie schon seit mindestens 1322. Das jetzige Gebäude stammt von 1720. Die Korn- und Ölmühle lief bis um 1955. Das Anwesen dient heute Wohnzwecken. In einem Sandsteinrelief ist das früher übliche Mahlentgelt (die „Molter") dauerhaft und gut sichtbar veröffentlicht: „*Cuique suum - 1/16 theil Einem. jedem das seine*".

---

372 Wickrathberger Mühle

Mönchengladbach-Wickrathberg, Niersstraße
(vor 1720 - 1952) > Niers <

Das Jahr 1720 ist das Baujahr des heute noch sehr ansehnlichen und gepflegten Mühlenhofes im Stil des Barock. Mit seiner herrschaftlichen Toreinfahrt und dem malerischen Innenhof drückt das Anwesen gleichermaßen die Bedeutung des Müllerstandes und das Repräsentationsbedürfnis der Herren v. Quadt auf Wickrath aus, dem die Mühle gehörte. Mit Sicherheit ist die Mühle viel älter und der Hof nicht der erste Mühlenbau an dieser Stelle gewesen.
Die „Berger Mühle", wie sie gemeinhin genannt wurde, war eine Ölmühle, die später zur Getreidemühle mit vier Mahlgängen umgebaut wurde. Um 1900 erhielt sie eine Francis-Turbine, die jedoch 1943 bei einem Bombenangriff durch die Erschütterung aus dem Lot geriet. Man mahlte dann mit einem nicht ganz „branchenfremden" E-Motor weiter. Er stammte nämlich aus einer Dreschmaschine, wie sich der heutige Eigentümer erinnert. 1952 wurde die Mühle stillgelegt. Die Einrichtung ist aber noch erhalten. Das Gebäude im übrigen dient heute Wohnzwecken.

FRANKEWITZ, Burgen (65), S. 45/46; KUHLEN, Streifzüge durch die Geschichte der Herrschaft Wickrath (152), S. 143/44; LÖHR, Mönchengladbach-Wickrath (Rhein. Kunststätten Nr. 255), S. 10/11; SOMMER, aaO., S. 241; JRD, 25 (1965), S. 181 und 30/31 (1985) S. 587; Übersichtkarte „Neersniederung" (1869): „Mühle".

373 Schloßmühle

Mönchengladbach-Wickrath, Hochstadenstraße
(vor 1322 - um 1955) > Niers <

Sie war die *„houysmoelen* - Hausmühle" der Herren von Wickrath, 1490 erstmals so genannt. Wahrscheinlich ist sie mit der schon 1322 urkundlich erwähnten *„moelen to Wickerode"* identisch und war Bannmühle für die Eingesessenen der Herrschaft. Ursprünglich diente sie nur als Mahlmühle, später zusätzlich auch als Ölmühle.
Das noch vorhandene Mühlengebäude ist von 1720. Im Jahre 1812 ging die von Frankreich konfiszierte Mühle in Privatbesitz über. Mitte des 19. Jh. stand sie als Lohmühle in Diensten der Wickrather Lederfabrik. Zuletzt war sie wieder eine Mahlmühle, ehe sie 1950 geschlossen wurde. Seither wird sie für Wohnzwecke genutzt.
Neben einigen anderen Schmucksteinen befindet sich über dem früheren Radhaus ein originelles Sandsteinrelief mit der Darstellung einer Hand, die aus dem Mahlkasten Korn entnimmt. Der Stein trägt in goldenen Lettern die Inschrift: „*Cuique suum*" und erinnert an das berühmte „Suum cuique" im Schwarzen Adler - Orden und die darin proklamierte Gerechtigkeitsdevise der Preußenkönige. Aber die Wickrather Herren griffen weniger hoch und dachten da eher kaufmännisch. Sie schrieben darunter „*1/16 theil Einem. jedem das seine*" und meinten den Mahllohn.

FRANKEWITZ, Burgen (65), S. 52/53; HUSMANN/TRIPPEL, Geschichte Wickrath (113), S. 54; KLOMPEN, Säkularisation (139), S. 186; LÖHR, Rhein. Städteatlas „Wickrath" (211), Textteil; ders. in: Rhein. Kunststätten „Mönchengladbach-Wickrath", Heft 255 (1981), S. 10; SOMMER, aaO., S. 241; STEFFEN, K., „Vom Müllergewerbe unserer Heimat", in: Ndrh. Heimatfreund (Rheydt), März 1930, S. 19 ff.; JRD 19 (1951), S. 214; ferner TK 1844 Bl. 4804 Mönchengladbach: Mühlensymbol; Übersichtskarte „Neersniederung" (1869): „Wickr. Mühle".

374 Papiermühle Wickrath

Mönchengladbach-Wickrath, Neukircher Weg
(1708 - um 1867) > Flutgraben (Niers) <

Um von der Einfuhr fremder Papierprodukte unabhängig zu sein, ließen die Herren von Wickrath 1708 südöstlich vom Schloß eine Papiermühle bauen. Dafür wurde eigens der sog. Flutgraben, der das Wickrather Bruch entwässerte, „aktiviert" und zusätzlich über eine Schleuse mit der Niers verbunden.
Die kleine, oberschlächtig betriebene, Mühle besaß einen Kollergang und zwei Bütten. Unter den Pächtern der ersten Zeit findet sich der aus den Niederlanden stammende Papiermacher Wilhelm Greeven, der auch die Papiermühle in der benachbarten Herrschaft Odenkirchen errichtete (Nr. 381). Greeven verließ um 1720 Mühle und Familie und zog ins Bergische - wegen geschäftlicher Schwierigkeiten und ehelicher Zerwürfnisse, wie aus den Umständen vermutet wird.
Die Papiermacherei in Wickrath scheint allerdings auch später mehr schlecht als

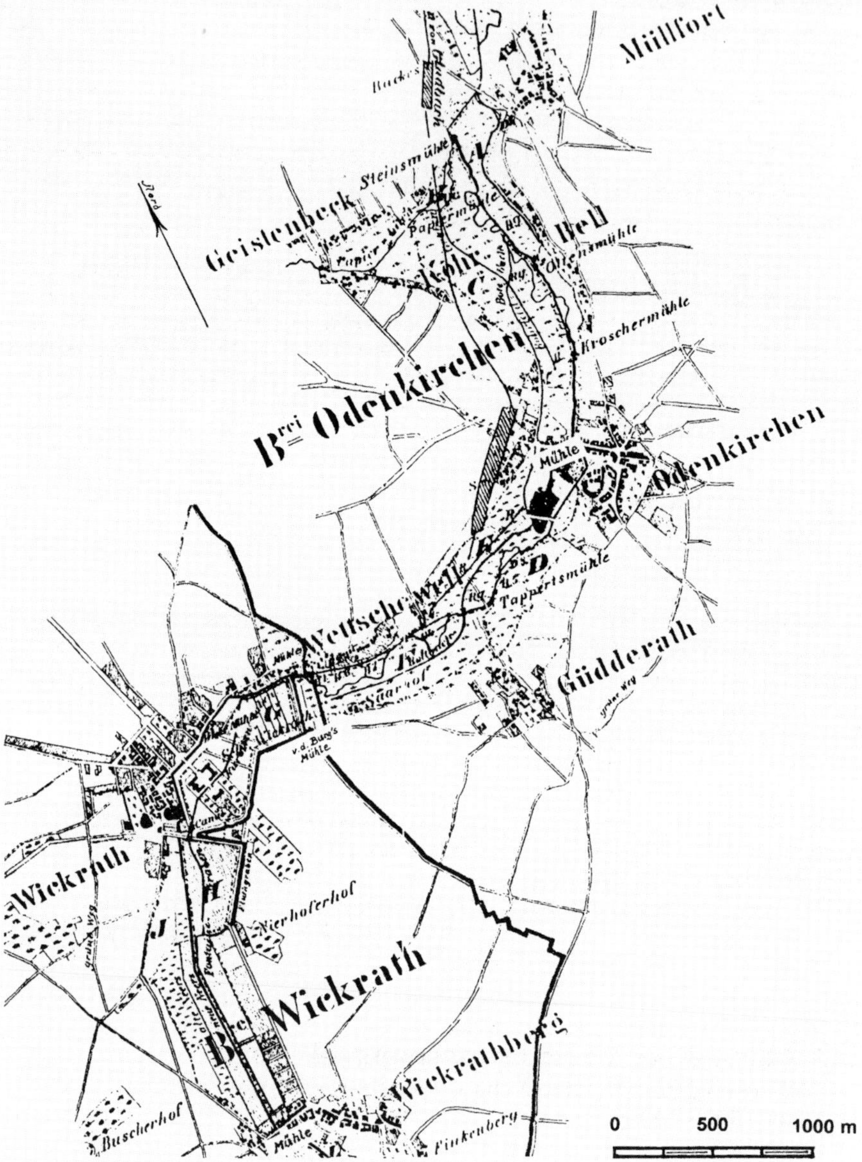

„Übersichtskarte der oberen Neersniederung" (Ausschnitt), hergestellt im Jahre 1869 für die Genossenschaft zur Melioration der Niers. - Archiv des Niersverbandes.

recht gelaufen zu sein. 1842 wurde die Mühle schließlich in eine Ölmühle umgewandelt, die aber ebenfalls keinen dauerhaften Erfolg hatte. 1867 geschah abermals eine Umstellung, nun durch den Kaufmann van den Burg auf eine wasserkraftbetriebene Spulerei und Weberei. Weil indes das Wasserrad nicht gleichmäßig lief, ging das Unternehmen alsbald auf Dampfkraft über und beendete damit für seinen Teil das Wassermühlenzeitalter. Die Textilfabrik lief noch bis nach dem Zweiten Weltkrieg. Heute befinden sich auf dem ehemaligen Fabrikgrundstück eine Spedition und eine Reitsportanlage.

HUSMANN/TRIPPEL, Geschichte Wickrath (113), S. 54 ff.; NIEPOTH, W., „Die Papiermühle zu Wickrath“, in: KUHLEN, Streifzüge (152), S. 149 ff.; RIXEN, Franz, „Wetschwell - Geschichte einer Odenkirchener Honschaft“, in: Laurentiusbote (Odenkirchen) Nr. 157 (1963), S. 690; SOMMER, aaO., S. 240; STEFFEN, K. (siehe Anm. zu Nr. 373), S. 20; ferner TK 1844 Bl. 4804 M.-Gladbach: „O.M.“, (in TK 1893: „Fabr.“); Übersichtskarte „Neersniederung (1869): „v. d. Burg´s Mühle“;

375 Wetscheweller Mühle

Mönchengladbach-Wickrath, Odenkirchener Straße
(vor 1483 - 1878/80) > Niers <

Wetschewell ist eine alte Honschaft, die von der ehemaligen Herrschaftsgrenze zwischen Wickrath und Odenkirchen durchschnitten wurde. Auf dem Wickrather Abschnitt lag knapp an der Grenze die Wetscheweller Mühle. Sie gehörte zum Schloß. 1483 ist sie erstmals als *„oelichsmolen* - Ölmühle“ erwähnt. In jüngerer Zeit kamen zur Ölpresse noch zwei Mahlgänge hinzu, die im Wechselwerk durch ein unterschlächtiges Rad angetrieben wurden.
Zwischen 1878 und 1880 wurde der Mahlbetrieb eingestellt. Die Gebäude dienten fortan als Kaffeerösterei. Im Zweiten Weltkrieg wurden sie zerstört. Heute steht an ihrer Stelle ein modernes Doppelwohnhaus.

LÖHR, Rhein. Städteatlas „Wickrath“ (211), Textteil; RIXEN, Franz, „Wetschwell ...“ (siehe Anm. zu Nr. 374), S. 689; ferner TK 1844 Bl. 4804 M.-Gladbach: Mühlensymbol; Übersichtskarte „Neersniederung“ (1869): „Mühle“.

376 Güdderather Mühle (Roosenmühle)

Mönchengladbach-Odenkirchen, Karlstraße
(vor 1509 - 1930) > Niers <

Der Güdderather Hof und die zugehörige Niersmühle waren ein Odenkirchener Lehen, 1509 als Besitz des Everhard v. Reifferscheid erwähnt. 1574 folgte den Reifferscheid die Familie v. d. Düssel nach. Der Letzte dieses Geschlechts vermachte 1717 Hof und Mühle dem Ursulinenkloster in Köln.
In der Säkularisation erwarb die Familie Tapper (Dapper) die Mühle. Fortan hieß

Nr. 376 Güdderather Mühle, M.-Gladbach. Die Mühle im Ortsteil Güdderath ist 1509 erstmals als Lehen der Herren von Odenkirchen erwähnt. Nach der letzten Müllerfamilie Roosen (1884-1930) hieß sie auch „Roosenmühle".

Das Anwesen (oben eine Aufnahme aus der Zeit um 1910, Stadtarchiv M.-Gladbach) hat den Zweiten Weltkrieg unversehrt überstanden. Da es offenbar nicht gelungen ist, wenigstens das Mühlengebäude vor dem unerbittlichen „Zahn der Zeit" zu retten, stehen heute nur noch die Umfassungsmauern. Es ist abzusehen, wann die Reste in der stillen Nierslandschaft ganz von der Bildfläche verschwunden sind.

sie „Tappertsmühle“ und ab 1884 - nach deren Rechtsnachfolgern - „Roosenmühle“. Die Roosen gaben den Betrieb 1930 auf.
Heute ist das ehedem ansehnliche Anwesen nur noch eine Ruinenlandschaft. Es war aus schwer verständlichen Gründen nicht gelungen, die malerische Mühle mit ihrem großen Mühlrad als Denkmal zu erhalten, nachdem sie vom Kriege weitgehend verschont geblieben war und keinerlei städtebaulicher Entwicklung im Wege stand. Nur zwei Mühlsteine blieben übrig - allerdings nicht an der Ruine: Sie waren von den Roosen der Wetscheweller Kapelle geschenkt worden und schmücken den Boden ihres Eingangsbereichs.

CLASEN, Denkmäler des Rheinlandes „Rheydt“ (33), S. 51; FRANKEWITZ, Burgen (65), S. 55; HOFF, Hans, „Die Niersmühlen in der Herrschaft Odenkirchen“, in: Rheydter Jahrbuch 1973, S. 116 ff.; RIXEN, Franz, „Die Güdderather Mühle“, in: Laurentiusbote Nr. 38 (1953), S. 214; SOMMER, aaO., S. 241; STEFFEN, K., (siehe Anm. zu Nr. 373), S. 20; WIEDEMANN, Geschichte Odenkirchen (269), S. 61; ferner TK 1844 u. 1893 Bl. 4804 M.-Gladbach: „TappertsM./DappertsM.“; Übersichtskarte „Neersniederung“ (1869): „Tappertsmühle“.

377 Burgmühle

Mönchengladbach-Odenkirchen, Zur Burgmühle
(vor 1373 - 1958) > Niers <

Die Herren von Odenkirchen waren kurkölner Lehensleute, ehe sie eine eigene Herrschaft aufrichten konnten, die aber 1745 durch Kauf wieder in kölnischen Besitz zurückfiel. Zu ihrer Burg gehörte die 1373 erstmals erwähnte „*vur unsere huis lygende moelen*“. Sie war eine Korn- und Ölmühle, ausgestattet mit dem Bann für die Herrschaft Odenkirchen.
Die Liste der Pächter und Erbpächter ist lang und die Geschichte der Mühle weitgehend dokumentiert: 1689 wurde die Mühle beim Bombardement in einem der Kriege Ludwigs XIV. zerstört. 1701 brannte sie ab und mußte wiederum neu aufgebaut werden, diesmal ganz aus Stein. 1779 bat die Witwe des Burgvogts den Kurfürsten, ihr die Mühle pachtweise zu überlassen, damit sie ihren Unterhalt bestreiten könne; der Müller und seine Frau seien dem Branntweintrunk so sehr ergeben, daß die Frau jüngst verstorben sei und auch er „*nach seiner Visionomie*“ nicht mehr lange leben werde. Dem Antrag wurde stattgegeben.
1802 unterlag die Mühle als geistlicher Besitz der Säkularisation und wurde versteigert. Fast ein Menschenalter lang gehörte sie nun einer Familie Goeters. Die Goeters hatten 1812 auf der Mühle eine Baumwollspinnerei angelegt, die aber nicht lange bestand. 1889 wurde die Burgmühle an die Familie Hencken veräußert. Die Hencken modernisierten den Betrieb - u. a. durch Umstellung auf Turbinen- und schließlich zusätzlich Elektroantrieb. Aber dem Druck der Großmühlen konnten sie nicht standhalten und gaben 1958 auf. Wenige Jahre später mußten die Gebäude abgerissen werden, um die Begradigung der Straße zu ermöglichen, die mit ihrem Namen „Zur Burgmühle“ zwar keinen Weg mehr weist, aber die Erinnerung bewahrt. Und neuerdings gibt es noch eine Erinnerung: Ein

Nr. 377 Burgmühle Odenkirchen, M.-Gladbach. Die Mühle der Herren von Odenkirchen aus dem 14. Jh. ist bis 1958 gelaufen und wurde dann niedergelegt. Nach ihrem letzten Betreiber hieß sie auch „Henckenmühle". Die Aufnahme oben wurde von dem Platz aus gemacht, wo früher das Mühlengebäude war. Zu ihrem Andenken und dem der vier anderen Odenkirchener Niersmühlen steht auf der gegenüberliegenden Seite ein kunstvoll zusammengefügtes „Räderwerk" aus originalen Mühlsteinen. Jede der Mühlen ist auf einer Bronzeplakette abgebildet. Vorn links sieht man den “Mühlenstau” in der begradigten Niers.

Denkmal für sie und die anderen Odenkirchener Mühlen, aus Mühlsteinen errichtet vom örtlichen Heimatverein. Es steht in der Grünanlage auf der anderen Uferseite.

CLASEN, Denkmäler des Rheinlandes „Rheydt“ (33), S. 51; FRANKEWITZ, Burgen (65), S. 59; HOFF, Hans (siehe Anm. zu Nr. 376), S. 118 ff.; KLOMPEN, Säkularisation (139), S. 183; LAMERS, Mönchengladbach (156), S. 81; LÖHR, Rhein. Städteatlas „Odenkirchen“ (211), Textteil; RIXEN, Franz, (siehe Anm. zu Nr. 374), S. 199 ff.; SOMMER, aaO.; S. 240; Übersichtskarte „Neersniederung“ (1869): „Mühle“; zum Abbruch der Mühle: Rhein. Post v. 6.7.63.

378 Bottmühle

Mönchengladbach-Odenkirchen, Karlstraße/Straßburger Allee
(1744 - vor 1869) >Bottbach (Niers) <

Sie lag am Bottbach, einem Abzweig der Niers, der sich hinter der Bellermühle (Nr. 380) wieder mit dem Hauptfluß vereinigte und möglicherweise künstlich angelegt war. 1744 ist sie von der Odenkirchener Herrschaft errichtet worden, und zwar als Papiermühle. Nach späteren Besitzern hieß sie auch „Gisberts-“ und „Schweitzermühle“. Im 19. Jh. muß sie vornehmlich zur Textilproduktion verwandt worden sein. Jedenfalls ist sie im amtlichen Kartenwerk von 1844 sie als „Zwirnmühle“ bezeichnet. Zuletzt - bis zu ihrer Schließung um 1870 - wurden in der Mühle Lampendochte hergestellt. - Die Gebäude existieren nicht mehr.

HOFF, Hans, (siehe Anm. zu Nr. 376), S. 120; LÖHR, Rhein. Städteatlas „Odenkirchen“ (211), Textteil und Nachzeichnung der Urkarte von 1819/20; RIXEN, Franz, (siehe Anm. zu Nr. 374), S. 215; SOMMER, aaO., S. 240; WIEDEMANN, Geschichte Odenkirchen (269), S. 117; ferner TK 1844 Bl. 4804 M.-Gladbach: „ZwirnM.“; in der Übersichtskarte „Neersniederung“ (1869) ist sie nicht mehr enthalten.

379 Pixmühle

Mönchengladbach-Odenkirchen. Pixmühle
(vor 1509 - um 1928) > Niers <

Schon 1509 ist die „*muelen vor Pixhoff uff der Neersen gelegen*“ urkundlich erwähnt. 1563 war sie Gegenstand eines Kaufes durch den Herrn von Neuenahr. Der neue Eigentümer hatte vom Burgvogt die Erlaubnis erhalten, „*noch ein Gewerk*“ an dieser Mühle „*zu einem Lohwerk*“ machen zu lassen. Gleichwohl - Lohmühle war sie damals nur nebenbei. In der Hauptsache wurde auf der Pixmühle Öl geschlagen.
Nach einigen Eigentümerwechseln im Laufe der Jahrhunderte kam die Ölmühle 1860 an den tüchtigen Unternehmer Cornelius Pongs, der aus ihr eine namhafte Baumwollspinnerei machte. Das Wasserrad diente zum Antrieb einer Reißmaschine.

Nr. 382 Steinsmühle, M.-Gladbach. Sie war die unterste der Odenkirchener Mühlen und stammt wahrscheinlich schon aus dem 12. Jh. Im Jahre 1969 wurde sie geschlossen. Seither dienen Müllerhaus und Betriebsgebäude verschiedenen gewerblichen Zwecken.

Die Textilfabrik wurde 1928 nach Neuwerk verlegt. Die Gebäude verschwanden wenig später.

HOFF, Hans, (siehe Anm. zu Nr. 376), S. 118; LÖHR, Städteatlas „Odenkirchen" (211); RIXEN, Franz, (siehe Anm. zu Nr. 374), S. 203 ff.; SOMMER, aaO., S. 239; STEFFEN, (siehe Anm. zu Nr. 373), S. 20; ferner Tranchot 1806/07 Bl. 49 Dahlen: „Grosmühl" (der damalige Besitzer hieß Krosch), sowie TK 1844 Kl. 4604 M.-Gladbach: „KroscherM."

380 Bellermühle

Mönchengladbach-Odenkirchen, Marienbader Straße
(vor 1584 - 1943) > Niers <

„Bell" heißt eine alte Odenkirchener Honschaft. Die in Bell gelegene Mühle ist 1484 erstmals urkundlich genannt. Damals gehörte sie einem Kanonikus Dederich Koch an St. Caecilien in Köln. Im übrigen weiß man nur, daß sie ursprünglich eine Ölmühle war und erst in neuerer Zeit auch Getreidemahlgänge erhielt. Ab Mitte des 18. Jh. befand sie sich mehrere Generationen lang im Besitz der Müllerfamilie Otten, daher die Bezeichnung „Ottensmühle" in den alten amtlichen Kartenwerken.
1927 erwarb die damalige Stadt Odenkirchen die Bellermühle und legte im Mühlenweiher ein Schwimmbad und ringsum den Beller Park an. Ende August 1943 wur-

de die Mühle bei einem Luftangriff zerstört. Heute erinnert nur noch die Bezeichnung der Bezirksportanlage „Beller Mühle“ an eine 500jährige Mühlengeschichte.

HOFF, Hans, (siehe Anm. zu Nr. 376), S. 119; LÖHR, Rhein. Städteatlas „Odenkirchen“ (211), Textteil; WIEDEMANN, Geschichte Odenkirchen (269), S. 106; ferner Tranchot 1806/07 Bl. 49 Dahlen: „O.M.“, sowie TK 1944 u. 1893 Bl. 4604 M.-Gladbach: „Otters O.M./OttensM.“

381 Papiermühle

Mönchengladbach-Odenkirchen, Gerberstraße
(um 1720 - 2. H. 19. Jh.) >Papierbach (Niers) <

Der Papiermacher und Pächter der damals noch relativ neuen Papiermühle in Wickrath hatte um 1720 auch in Odenkirchen im Kohr eine Papiermühle erbaut. Die Mühle lag nicht an der Niers, sondern an einem kleinen Zufluß, der mit der Mühle gleich auch einen neuen Namen bekam: Papierbach. Nachdem Wilhelm Greeven sich ins Bergische abgesetzt hatte (siehe Nr. 374), beauftragte 1723 Graf Merode dessen Sohn Nikolaus, die Papiermühle wieder in Gang zu setzen. Die Greeven blieben dann auf dieser Mühle, die Schreibpapier und Pappen herstellte, bis zu ihrer Schließung in der zweiten Hälfte des vorigen Jahrhunderts. Später stand auf dem Gelände eine Lederfabrik.

HOFF, Hans (siehe Anm. zu Nr. 376), S. 120; NIEPOTH, W., ebenda, S. 154; RIXEN, Franz, „Die Bellermühle“, in: Laurentiusbote Nr. 37 (1953), S. 215; SOMMER, aaO., S. 239; WIEDEMANN, Geschichte Odenkirchen (269), S. 117; ferner Tranchot 1806/07 Bl. 49 Dahlen: „Grevens Papier Mühl“, sowie TK 1844 Bl. 4804 M.-Gladbach: Pap.M.“

382 Steinsmühle

Mönchengladbach-Odenkirchen, Steinsstraße
(vor 1158 - 1969) > Niers <

Die „Mühle am Stein“ soll ihren Namen von einem alten Turm oder einem Kastell haben, das mit einem untergegangenen karolingischen Gut Geisfurt in Verbindung gebracht wird. Wahrscheinlich ist sie jene Mühle, die 1158 an das Stift St. Georg in Köln gekommen ist. Viel mehr weiß man allerdings über ihre „Jugendzeit“ nicht - außer, daß sie lange Zeit eine Ölmühle war und um 1560 von Erbpächtern namens Krewell und Schaafen bewirtschaftet wurde.
1764 wurde sie von der Papiermüllerdynastie Greeven (siehe Nr. 374 und 381) zusammen mit Adam Weidenfeld gekauft und dabei als Öl- und Walkmühle bezeichnet. Die Erwerber planten die Umwandlung in eine Papiermühle und erhielten dazu auch die Konzession von der Kurfürstlichen Hofkammer in Bonn. Aus nicht bekannten Gründen haben sie aber davon Abstand genommen. Jedenfalls wurden die bei der Konzessionserteilung versprochenen Papierlieferungen nicht erfüllt und später auch erlassen. 1833 firmierte die Steinsmühle als „Öl-, Frucht- und Lohmühle“.

Im November 1944 zerstörten Bombenvolltreffer die Mühle am hellichten Tag. Dabei fanden der Eigentümer Heinz Strasser und acht Mitarbeiter den Tod. Die Mühle wurde dann zwar wieder aufgebaut. 1969 zog jedoch eine übermächtige Konkurrenz den Schlußstrich unter die 800jährige Geschichte der Steinsmühle. Die Gebäude sind noch vorhanden. Sie dienen verschiedenen gewerblichen Zwekken.

HOFF, Hans, (siehe Anm. zu Nr. 376), S. 120; LÖHR, Rhein. Städteatlas „Odenkirchen" (211), Textteil; NIEPOTH, (siehe Anm. zu Nr. 374), S. 154; RIXEN, „Die Steinsmühle", in: Laurentiusbote Nr. 37 (1953), S. 209 ff.; SOMMER, aaO., S. 239; WIEDEMANN, Geschichte Odenkirchen (269), S. 52; ferner Tranchot 1806/07 Bl. 49 Dahlen: „Steinmühl", sowie TK 1844 u. 1893 Bl. 4804 M.-Gladbach: „SteinsM".

383 Eickesmühle

Mönchengladbach-Rheydt, Winandstraße
(vor 1442 - um 1943) > Niers <

Die Ölmühle *„up deme Eyckholtze"* wurde 1442 von Gerhard, Herr zu Rheydt, dem Besitzer des nahebei gelegenen Eickeshofes in Erbpacht gegeben. Die vereinbarte Pacht betrug 35 Pfund Öl, von denen 23 Pfund an die Rheydter Pfarrkirche gingen, um das hl. Sakrament zu beleuchten. In der praktizierten Wirklichkeit kam die Übertragung aber wohl eher einem Verkauf gleich, und entsprechend unabhängig verhielten sich auch die Eickeshofbauern.
Die Mühle war vergleichweise klein und bestand nur aus dem Betriebsraum, ehe sie um 1700 zu einer eigenständigen Hofanlage ausgebaut wurde. Nach einer Verkaufsanzeige von 1842 bestand sie aus einer Mahl-, Gersten- und Ölmühle. Ein Jahrzehnt später wurde auch Blauholz gemahlen, das zum Färben von Textilien diente. Ein weiterer Schritt zur besseren Rentabilität war 1856 der Einbau einer Turbine und schließlich auch die Aufgabe der Ölpresse, weil das heimische Öl kaum mehr abzusetzen war. Zusätzliches Kleingeld brachte wohl auch ab 1849 die Ausgabe von Eintrittskarten für ein Schwimmbad im Mühlenweiher.
Die Eickesmühle fiel im Zweiten Weltktrieg den Fliegerbomben zum Opfer.

HOFF, Hans (siehe Anm. zu Nr. 376), S. 112 ff.; LÖHR, Rhein. Städteatlas „Rheydt" (211), Textteil; NORRENBERG, Geschichte der Pfarreien (191), S. 140; SOMMER, aaO., S. 237; ferner Tranchot 1806/07 Bl. 49 Dahlen: „Eickes Mühl", sowie TK 1944 u. 1893 Bl. 4804 M.-Gladbach: „Eickes M."

384 Zoppenbroicher Mühle

Möchengladbach-Rheydt, Zoppenbroich
(vor 1490 - 1902) > Niers <

Sicher ist die Mühle so alt wie Hs. Zoppenbroich, zu dem sie gehörte und das bereits im 14. Jh. bestand. Unmittelbare Kenntnis von ihr gibt uns aber erst eine Maßnahme freiadliger Justiz: 1490 ließ nämlich Belie (Sibille) Steck - Herrin von

Millendonk - ihren Untertan Gerhard in gen Nover in den Turm werfen. Er hatte auf der Zoppenbroicher Mühle, im „Ausland" also, mahlen lassen und mit seiner Freveltat den Millendonker Mahlzwang mißachtet.
Die Mühle lag direkt beim Schloß. Sie war eine Korn- und Ölmühle. 1802 geriet sie zusammen mit dem Schloß und den zugehörigen Ländereien als kurkölnischer Besitz in die Säkularisation. 1807 richtet der neue Eigentümer an der Mühle eine Baumwollspinnerei ein, die mit Wasserkraft arbeitete. Der Betrieb brannte 1823 ab und wurde dann zur Broichmühle (Nr. 398) verlegt, wo die Fabrikgebäude hinter der Mühle noch heute vorhanden sind.
1827 war die Familie Bresges Eigentümerin von Schloß und Mühle. Sie begann 1861 - wie vordem Johann Lenßen - ebenfalls eine Textilfabrikation und baute sie zu einem namhaften Unternehmen aus. Als Antrieb setzte er ab 1882 eine Wasserturbine ein, offenbar anstelle eines vorher benutzten Wasserrades. Die Fabrik lief bis 1977. Dann wurden das Gelände in einen Park umgewandelt.
Neben der Textilfabrik ist als eigener Betriebsteil die Getreidemühle weitergelaufen, wurde aber 1879 wohl aus Platzgründen an die benachbarte Gaststätte Kamphausen verlegt. Der Pächter Greven war also zugleich Gastwirt und Müller. 1902 wurde die Mühle geschlossen. Von ihr ist nichts mehr zu sehen.

BREMER, Die Reichsunmittelbare Herrschaft Millendonk (27), S. 155; ders., Liedberg (25), S. 183; ERKENS, 150 Jahre Rechnungs- und Briefbögen (53), S. 162/63; KLOMPEN, Säkularisation (139), S. 185; LAMERS, Mönchengladbach (156), S. 62; SCHMITZ, Rheydter Chronik (229), Bd. 1, S. 377; SOMMER, aaO., S. 237; ferner TK 1844 Bl. 4804 M.-Gladbach: Mühlensymbol.

385 Schloßmühle

Mönchengladbach-Rheydt, Schloßstraße
(vor 1256 - um 1920) > Niers <

In einer Stiftungsurkunde des Gerhard v. Heppendorf, Vogt von Köln, aus dem Jahre 1256 geht es um Einkünfte *„de meo proprio molendino ... in Reyde* - aus der mir gehörenden Mühle ... in Reyde". Zwar gibt es Zweifel, ob mit dem Ort unser Rheydt gemeint ist. Weil aber die Burg schon im 12. Jh. als Kessel´sches Lehen bezeugt ist und das Geschlecht derer v. Heppendorf bereits urkundlich 1263 als Herren von Rheydt auftritt und dort schließlich 200 Jahre lang blieb, scheint es sich tatsächlich um die spätere Rheydter Schloßmühle gehandelt zu haben.
Im Jahre 1500 übernahm Otto v. Bylandt die - mittlerweile jülich´sche - Unterherrschaft Rheydt. Die Bylandts errichteten nicht nur das heute noch vorhandene Schloß, sondern bauten auch die zugehörige Mühle aus, die neben dem Mahlgeschäft einer traditionellen Bannmühle auch noch als Öl- und Walkmühle diente. Um 1590 war sie eine zeitlang zusätzlich - in einem Anbau - Papiermühle. 1816 wurde der Bylandtsche Besitz geteilt, wobei die Mühle an den Dürener Frh. v. Roth ging, der sie dann 1846 an die Gebrüder Pferdmenges verkaufte.
Damit begann ein neuer Abschnitt in ihrem Schloßmühlenleben. Zwar lief das Mahlgeschäft weiter, u. a. wurde auch Farbholz gemahlen. Aber 1865 gründeten die Pferdmenges an der Mühle eine mechanische Weberei, die sich zu einem

Nr. 385 Schloßmühle Rheydt, M.-Gladbach. Beim Aufgang zum Schloßtor kommt man an ihr vorbei - oder besser, an dem Fabrikgebäude, in dem sie bis um 1920 lief. Die älteste Nachricht über die Bannmühle der ehemals jülich´schen Unterherrschaft Rheydt ist von 1256.

Nr. 386 Klippertzmühle, Korschenbroich. Sie war eine Einrichtung der ehemaligen Reichsunmittelbaren Herrschaft Millendonk und bestand schon vor 1297. Nach der Stillegung um das Jahr 1965 wurde in dem Gebäude ein Antiquitätengeschäft eingerichtet.

bedeutenden Unternehmen entwickelte. Bereits 1875 wurde neben der Mühle ein großer Gebäudekomplex errichtet und alsbald auch mit einer Dampfmaschine versehen. Um 1920 hatte die Mühle ausgedient. Fortan war und ist noch das gesamte Anwesen eine Textilfabrik.

ERCKENS, Rechnungs- und Briefbögen (53), S. 148/49; HOFF, Hans, „Die Niersmühlen in der Herrschaft Rheydt“, in: Rheydter Jahrbuch 1973, S. 109 ff.; LACOMBLET, Urkundenbuch (154), Bd. II Nr. 426; LÖHR, Rhein. Städteatlas „Rheydt“ (211), Textteil; SCHMITZ, Rheydter Chronik (229), S. 12; SOMMER, aaO., S. 236; ferner Tranchot 1806/07 Bl. 49 Dahlen: „Rheyder Mühl“, sowie TK 1844 u. 1893 Bl. 4804 M.-Gladbach: Mühlensymbol/ „Rheydter M.“

386 Klippertzmühle

Korschenbroich, Gilleshütte
(vor 1297 - um 1965) > Niers <

„Die „Mühle in der Rodung an der Böschung (Kliff)“ - so erklärt Ernst Bremer den eigentümlichen Namen - war die Zwangsmühle der Herrschaft Millendonk. Das Mühlengebäude war auf Pfählen gegründet und stand isoliert. Als Wohnhaus und zugehöriger Wirtschaftsbetrieb diente der ein Stück seitab im Neersbroich gelegene Mühlenhof. Mühle und Mühlenhof waren ein Bauernlehen, das sich 1297 - dem Jahr der ersten urkundlichen Erwähnung - in der Hand eines gewissen *„Johann von der Mühle“ befand.*
Der Standort im südlichen Teil der Herrschaft Millendonk hing offenbar mit den Bau- und Staumöglichkeiten zusammen und war für viele Bauern ungünstig. Aber das Bannrecht wurde so streng gehandhabt, daß 1490 die Millendonker Burgherrin einen Bauern in den Turm hatte werfen lassen, weil er zur näher gelegenen Mühle in Zoppenbroich gefahren war. Erst 1763 gestattete Millendonk den weiter entfernt wohnenden Bauern, auch auf der Schloßmühle mahlen zu lassen, die eigentlich Ölmühle war und nur „nebenher“ Getreide mahlte. Zu diesem Zweck ließ er den Mahlgang sogar noch ausbauen, *„aus Liebe gegen die Untertanen und in Rücksicht auf deren häuslichen Wohlstand*“, wie er verlauten ließ.
Seit 1721 war die Müllerfamilie Compes (siehe Nr. 394/95) aus Lürrip Pächterin und ab 1804 Eigentümerin. Sie modernisierte die Mühle und sorgte durch entsprechende Nebengebäude und verstärkten Fruchthandel für eine bessere Rentabilität. 1866 erhielt die Mühle eine Dampfmaschine, die nach der Kanalisierung der Niers 1929 durch einen Motor ersetzt wurde.
Die Compes-Nachfolger, die Familie Viehof aus Korschenbroich (siehe Nr. 387), setzten nach der Betriebsübernahme 1876 den Modernisierungsprozeß fort. Nach dem Kriege bekam die Mühle zwar noch den üblichen mehrstöckigen Silobau. Aber auf die Dauer reichte das nicht für den Wettbewerb mit den Großmühlen. Mitte der 60er Jahr wurde sie geschlossen. Seither befindet sich dort ein Antiquitätenhandel.

BREMER, Millendonk (27), S. 65, 155 u. 606 ff.; FRANKEWITZ, Burgen (65), S. 74/75; SOMMER, aaO., S. 234/35; ferner TK 1844 u. 1893 Bl. 4804 Mönchengladbach: „Klippertz-M.“

Nr. 387 Schloßmühle Myllendonk, Korschenbroich. Ehe sie im 19. Jh. zum Mahlen von Getreide, Lohe und Knochen und als Sägemühle eingesetzt wurde, hatte sie als Ölmühle gedient. Sie dürfte wohl ähnlich alt sein wie die Klippertzmühle, ist aber erst 1683 urkundlich erwähnt. Die - 1963 stillgelegte - Mühle stand dort, wo jetzt der Zierteich ist. Das ehemalige Müllerhaus bewohnen die Nachfahren des letzten Müllers.

---

387 Schloßmühle Myllendonk

Korschenbroich, Myllendonker Straße
(vor 1683 - 1963) > Niers <

Schloß Millendonk (Myllendonk) steht in einem engen Niersbogen, von dem allerdings seit der Flußbegradigung nichts mehr zu erkennen ist. Selbst der Zierteich auf dem Hof des ehemaligen Müllerhauses neben der Burg, der sich ungefähr auf der alten Flußtrasse befindet, ist künstlich angelegt. Aber er würde in seinem Wasser das frühere Mühlengebäude widerspiegeln, das noch vor drei Jahrzehnten ziemlich genau an diesem Platz gegenüber dem noch heute vorhandenen Wohnhaus der Müllerfamilie gestanden hat.
Die Mühle gehörte zu Millendonk, das 1263 erstmals als Rittersitz bezeugt ist. Sie war eine Ölmühle und in dieser Eigenschaft gewissermaßen das Gegenstück zur herrschaftlichen Bannmühle - der Klippertzmühle (Nr. 386). Ihr Alter ist ungeklärt. Auch Ernst Bremer hält sich hier in seinem Werk über die reichsunmittelbare Herrschaft Millendonk zurück, obwohl vieles dafür spricht, daß auch die Ölmühle schon im 13. Jh. bestanden hat. Der natürliche Gefälleunterschied von fast 4 m zwischen der oberhalb und der unterhalb liegenden Mühle hätte den Bau einer Mühle im unmittelbaren Schutze der Burg durchaus empfohlen. Aber das ist nur eine Hypothese, und wir müssen uns mit der erstmaligen Nennung der Mühle in der

Millendonker Pachtliste von 1683 zufrieden geben.
Von 1689 an saß Winand Ölschläger auf der Ölmühle. Er hatte schon seinen Beruf zum Hausnamen gemacht und nannte sich später kurz Mühlen. Sein Nachfahre Vieten Mühlen durfte mit herrschaftlicher Erlaubnis auf seinem Mahlgang neben dem Schloßbedarf auch das Getreide der Armen mahlen. Erst ab 1763 war es auch einem Teil der übrigen Bewohner gestattet, auf der Schloßmühle mahlen zu lassen, um nicht den weiten Weg zur Klippertzmühle - der herkömmlichen Bannmühle - machen zu müssen.
Nach einem weiteren Besitz- und schließlich auch Eigentumswechsel erwarb 1856 Heinrich Viehof die Schloßmühle, die er schon einige Jahre vorher vom Vorbesitzer Karl Görtz gepachtet hatte. Zehn Jahre später stellte er eine Dampfmaschine auf und machte den Betrieb zu einem namhaften Unternehmen mit Mahlgängen für Weizen, Roggen, Buchweizen und Lohe, mit Ölpresse, Knochenstampfe und sogar einem Sägegatter.
Abermals zehn Jahre später (1876) brannte das Anwesen ab. Aber Viehof hatte Glück im Unglück: Er konnte die benachbarte Klippertzmühle kaufen, während der Neubauzeit von dort aus seine umfangreichen Geschäfte weiterführen und sie gleichzeitig noch um die Bedienung der Klippertzmühlen-Kundschaft erheblich erweitern.
Auch die Familie Viehof mußte 1963 vor den Industriemühlen kapitulieren und sich anderen Dingen zuwenden. Nur das Wohnhaus blieb erhalten und dient ihr als Wohnsitz.

BREMER, Millendonk (27), S. 158 ff. u. 621 ff.; LINSSEN, Heinrich, „Die Niers“, in: Die Heimat (Krefeld) 1939, S. 256; SOMMER, aaO., S. 224; ferner Tranchot 1895/06 Bl. 43 Osterath: „moulin“, sowie TK 1944 u. 1893 Bl. 4704 Viersen: „Öl.M.“

388 Nonnenmühle

Mönchengladbach-Uedding, Myllendonker Straße
(vor 1327 - um 1975) > Niers <

Sie steht ziemlich genau an der engsten Stelle im Niersbruch, wo sich Niers und Gladbach bis auf Steinwurfweite nähern, hätte also eigentlich von beiden Gewässern angetrieben werden können. Daß man indes der Niers den Vorzug gegeben hatte, dürfte wohl daran gelegen haben, daß sie mehr Kraft besaß und zudem auch höher lag.
Seit alters her heißt sie Nonnen- oder Juffernmühle (Jungfrauenmühle), weil sie dem adligen Benediktinerinnenkloster Neuwerk gehörte. „Juffer“ war früher in den adligen Frauenklöstern eine keineswegs abwertende Bezeichnung, sondern der Name für die Chorschwestern. Sie bildeten den Kern des Konvents und hatten ihre vornehme Abkunft über eine bestimmte Anzahl von Generationen hinweg nachgewiesen. Außer ihnen gab es mit nachgeordnetem Rang noch die sog. Schwestern und Halbschwestern (Laienschwestern).
Die Nonnenmühle ist 1327 erstmals urkundlich erwähnt. Nicht überliefert ist, wer sie erbaut hatte und wann, wohl aber, daß das Besitzrecht zwischen den beiden

Nr. 388 Nonnenmühle, M.-Gladbach. Die schon 1327 erwähnte Mühle gehörte bis zur Säkularisation zwar der Abtei Gladbach, wurde aber vom Kloster Neuwerk bewirtschaftet. Seit der Betriebseinstellung 1975 ist der Mühlenhof privat genutzt.

Benediktinerklöstern im Gladbacher Raum umstritten gewesen ist. Erst 1408 kamen die Söhne und Töchter des hl. Benedikt überein, daß die Mühle der Abtei St. Vitus gehören und an Neuwerk jährlich 10 Malter Roggen geliefert werden sollten. 1510 indes gab nicht der Abt, sondern nun wieder die *„Meistersche* (Äbtissin) *Odilia von Mylendonck*" dem Ehepaar *„Hentgen und Bela to Hamess*" die Mühle in Erbpacht. Jetzt hatten Hentgen und Bela die besagten 10 Malter Roggen nach Neuwerk zu liefern. Die Pächter nahmen übrigens später den Mühlennamen als Familiennamen „Nonnenmühlen" an - ein Vorgang, den man mehrfach in der Gladbacher Region antrifft.
In der Säkularisation ersteigerte 1803 der Viersener Maire F. J. Frey die Mühle, behielt sie aber nicht, sondern gab sie alsbald weiter - mit Gewinn, wie man annehmen darf. Ab 1848 bewirtschaftete die Familie Esser die Wassermühle und baute sie aus. Aber selbst Turbine (ab 1923) und E-Motor (ab 1938) konnten den Niedergang im Zeitalter der Großmühlen nicht aufhalten. Um 1975 wurde der Betrieb geschlossen. Heute dient der Mühlenhof Wohnzwecken. Einige Mühlsteine lehnen sich betätigungslos an. Allein die originelle Wetterfahne mit dem unentwegt Korn in den Mahltrichter schüttenden Müller symbolisiert noch Vollbeschäftigung.

BRASSE, Geschichte (23), Bd. I S. 290; ders., Urkundenbuch (24), Bd. I, S. 372; FRANKEWITZ, Burgen (65), S. 82/83; KLOMPEN, Säkularisation (139), S. 50 u. 172; MACKES, Aus dem Alten Neuwerk (173), Bd. I, S. 61/62, u. Bd. II, S. 187/88; ferner Tranchot 1805/06 Bl. 43 Osterath: „Nonnen Mühle", sowie TK 1844 u. 1893 Bl. 4704 Viersen: „Nonnenmühle/ Nonnen-M".

Gladbach

Quelle (1850):	Waldhausen	(Stadtteil von M.-Gladbach)	Höhe: 65 m ü.M.
Mündung (1850):	Neersbroich	(Stadtteil von M.-Gladbach)	Höhe: 35 m ü.M.
Länge (1850):			10 km
Mittlere Breite:			3-4 m
Mühlenstandorte um 1850:			8

In den heutigen Karten sucht man ihn - fast - vergeblich. Denn schon um 1900 hat man ihn im gesamten besiedelten Gebiet der Stadt verrohrt und in die Unterwelt verbannt. Erst am Bahndamm bei Lürrip taucht er wieder auf, um dann allerdings in einem neuen betonierten Bett schnurstracks, immer die Eisenbahn entlang, auf die Niers zuzulaufen.
Seine Quelle in Waldhausen müßten die Gladbacher eigentlich in Marmor fassen. Denn ihr - und dem Berg - verdankt die Stadt ihre Existenz und letztendlich auch ihren Namen. Aber außer dem Straßenschild „Quellstraße“ ist hier nichts mehr da, wie eben auch sonst vom Bach, der einst den Geroweiher und den Abteiberg entlang floß und Kloster und Stadt mit frischen Wasser versorgte.
Für seinen Namen, hat man viele Erklärungen gefunden, obwohl er sich eigentlich selbst erklärt. Immerhin gibt es um die 30 Orte, die alle „Gladbach“ heißen und noch einmal doppelt so viele, die ähnlich lauten. Nun - ob man sich kurzerhand für „heller“, „glänzender“ oder auch nur „glatter“ Bach entscheidet, oder ob die Ableitung von einem alte Begriffe für „Graben“ oder „Sumpf“ richtig ist, muß offengelassen werden. Zumindest originell und ist die Meinung, daß die Benediktinermönche alter Überlieferung nach den Namen mitgebracht hätten, zumal sie sich erst im Umfeld von Bergisch Gladbach hatten niederlassen wollen, bevor sie sich 974 für den „Gladbacher“ Abteiberg entschieden.
Unser Flüßchen ist im besten benediktinischen Sinne fleißig gewesen. Denn es trieb von alters her zahlreiche Wassermühlen an - insgesamt acht, davon allein die Hälfte unterhalb der alten Stadt. Hier war auch noch das Gefälle so gut, daß eine von ihnen (die Vitgesmühle) sogar oberschlächtig betrieben werden konnte. Dafür ging es im Unterlauf erheblich langsamer zu. Auf der Höhe der Nonnenmühle bei Schloß Myllendonk lag der Gladbach sogar tiefer als die Niers, der er sich hier auf 30 oder 40 Meter genähert hatte. Um indes nicht von der Niers „überrannt“ zu werden, mußte er dann noch bis zum Abtshof in Neuwerk „nebenher“ laufen, ehe er mit ihr auf gleicher Höhe war und sich mit ihr verbinden konnte.
Die Mehrzahl der Mühlen bekam im 19. Jh. direkt oder indirekt mit der in Gladbach mächtig aufblühenden Textilindustrie zu tun und wurde zu Spinnereien und Webereien. Die Industrialisierung war schließlich auch die Ursache dafür, daß die Gladbach-Quelle versiegte und ab etwa 1900 keine einzige Mühle mehr mit Wasserkraft laufen konnte; man hatte ringsum zu viele Brunnen gebaut. Den Rest gab dem Bach dann die Verschmutzung, die er bis zur Gründung des Niersverbandes in unserem Jahrhundert mehr oder weniger ungeniert an die Niers weitergegeben hatte.

Zum Namen: HECKSCHEN, Der „Glade-Kreis“ (90), S. 26 ff.; LÖHR, Loca Desiderata (166), Bd. I, S. 378 ff. - Zum Gladbach allgemein: KLINGE, J., „Verschwundene Bäche und Weiher in Mönchengladbach“, in: Die Heimat (Krefeld) 1941, S. 161 ff.

Nr. 390 Flieschermühle, M.-Gladbach. Von den vier älteren Mühlen am Gladbach standen zwei unmittelbar am Fuß des Abteiberges. Da sie schon im 19. Jh. von der sich ausbreitenden Stadt „überrollt“ wurden, gibt es aus ihrer aktiven Zeit keine fotografischen Aufnahmen. Aber diese Rekonstruktion von der Hand des Malers R. Hymen gibt einen Eindruck von der Situation um 1850 (Stadtarchiv M.-Gladbach). Im Vordergrund ist die Mühle sichtbar, dahinter die Wollfärberei von 1602, überragt von der Abtei. Die Mühlengebäude wurden 1899 niedergelegt.

389-392 Die älteren Gladbacher Mühlen

Am Fuße des Abteiberges befanden sich auf einer Strecke von nur 1.000 m hintereinander vier Wassermühlen. Allesamt bestanden sie wohl schon im 12. Jh. Und galten als die sog. „Älteren Mühlen“ - im Gegensatz zu den vier weiter unterhalb liegenden Gladbach-Mühlen aus späterer Zeit. Verschiedentlich ist in diesem Zusammenhang noch von einer fünften „älteren“ Mühle die Rede. Sie soll kurz hinter der Quelle beim Charmanns-Hof - einem Abtsgut - gestanden haben. Man schließt das daraus, daß hier in alter Zeit ein Weiher war. Belege für diese sonderbare „Quellen-Mühle“ gibt es allerdings nicht.

Die **Oberste Mühle (Nr. 389)** stand unmittelbar beim Weiher-Tor (der heutigen Wasserstraße), benannt nach dem Großen Weiher, der die Abtei mit frischen Fischen und die Mühle mit dem Antriebswasser versorgte. Urkundlich erscheint sie erstmals im Testament des Abtes Hermann I. vom Jahre 1210, in welchem dieser die Oberste und zwei weitere Mühlen (die Fliescher- und die Krallsmühle, siehe unten) seinem Konvent vermachte. Der Abt hatte diese Mühlen aus eigenen Mit-

teln oder den Ersparnissen aus der Klosterwirtschaft gekauft, vermutlich von Hofbesitzern aus dem Kirchspiel.
Die Abteimühlen waren regelmäßig verpachtet. Der jeweilige Pächter der Obersten Mühle mußte den Konvent mit Milch versorgen, weil zur Mühle auch noch 40 Morgen Land gehörten. Mit dem Namen eines dieser Pächter hängt wahrscheinlich auch die im 13./14. Jh. mehrfach vorkommende Bezeichnung „Scherre-/ Scharremühle“ zusammen.
In der Säkularisation ersteigerte Johann Compes (siehe Nr. 395) die Mühle. Er hatte sie schon vorher als Pächter bewirtschaftet. 1840 verkauften seine Erben die Fruchtmühle an die Gebrüder Horn, die sie zu einer wasserkraftbetrieben Spinnerei umrüsteten. 1850 wurde der Betrieb zur Krallsmühle (Nr. 391) verlegt. Das nun fremdgenutzte Gebäude sank 1943 unter Fliegerbomben in Trümmer.

Wenige hundert Meter weiter unterhalb stand die **Flieschermühle (Nr. 390)**, benannt nach der Honschaft Fliesch, deren Name vom Fliethbach abgeleitet ist, der hier in den Gladbach einmündete. Der zur Mühle gehörige Teich hieß „Hahnenweiher“. Die frühe Geschichte der Flieschermühle stimmt weitgehend mit der Geschichte der Obersten Mühle überein.
1602 wurde für einen Düsseldorfer Färber direkt nebenan eine Wollfärberei gebaut. Abt Johann Hyckelhoven hatte bei dieser Ansiedlung Weitblick bewiesen und ahnungsvoll eine Grundlage für die später so bedeutsame Textilwirtschaft der Stadt geschaffen. Ob indes zwischen Färberei und Mühle auch eine betriebliche Verbindung bestand, ist zwar wenig wahrscheinlich. Allerdings wird aus jenem Jahrhundert auch ein *„Jan der Weydtmüller“* genannt. Also dürfte in der Fruchtmühle auch Färberwaid gemahlen worden sein.
Wie die anderen abteilichen Mühlen geriet sie 1802/03 unter den „Säkularisationshammer“ und kam an den Müller Krall. In der zweiten Hälte des 19. Jh. wurde sie als Feilenschleiferei genutzt und schließlich 1899 auf Abbruch an die Stadt verkauft. Das Wappen, das Abt Lambert Raves genau 100 Jahre zuvor an dem damaligen Neubau angebracht hatte, wanderte ins Stadtmuseum. Am Ort blieb nur der Straßenname „An der Flieschermühle“.

Die dritte - die **Vitgesmühle (Nr. 391)** - nimmt insofern eine Sonderstellung ein, als wir über sie die älteste Gladbacher Mühlenurkunde besitzen. Schon 1183 hatte es nämlich ein ähnliche Stiftung gegeben, wie knapp 30 Jahre später jene mit den oben erwähnten drei Mühlen: Abt Walter II. hatte damals die Einkünfte aus seiner *„molendinum inferius, quod iuxta vineam situm est* - der Untersten Mühle gegenüber dem Weinberg“ auf seine Ordensbrüder übertragen. Abt Walter hatte vorgesorgt. Denn die Stiftung geschah, *„um Vergebung für seine Sünden zu finden und um ein gutes Andenken zu hinterlassen“*.
Um 1300 mußten die Mönche die Mühle wegen hoher Verschuldung verkaufen, konnten sie dann aber einige Jahrzehnte später zurückerwerben. Ungefähr aus dieser Zeit stammt auch der Name „Vitgesmühle“, für den wohl der Klosterheilige St. Vitus Pate gewesen ist. Frommer, zumindest wohlklingender war dieser Name allemal. Denn der Interimsbesitzer hatte „Wolfken“ geheißen. Nebenbei: Die „St. Vitus-Mühle“ spielte 1682/84 religionsgeschichtlich insofern

eine Rolle, als der Abt die Scheune bei eben dieser Mühle den Reformierten für ihren Gottesdienst überlassen mußte - unfreiwillig allerdings und auf staatlichen Befehl.
1803 kam die Vitgesmühle - sie war übrigens die einzige oberschlächtige Mühle am Gladbach - in Privathand. Ab 1833 gehörte sie einem Peter Lingen und trug fortan dessen Namen. 1886 wurde sie geschlossen und abgebrochen, um an der Lüpertzender Straße Platz für den Bau des Kaiser-Bades zu machen.

Die vierte im Bunde der Uralt-Mühlen war die **Knorrmühle/Krallsmühle (Nr. 392)**. Sie war ebenfalls Gegenstand des Abtsvermächtnisses von 1210 gewesen. Damals hieß sie *„Ryher-/Ryder Mühle"*, weil sie am Wege nach Rheydt lag (nahe der heutigen Bahnunterführung Bismarckstraße/Erzbergerstraße).
Die später gebräuchlichen Namen rühren von Betreiberfamilien her. Johann Krall - ein Bruder des damaligen Vitgesmüllers - hatte die Mühle 1803 aus der Säkularisationsmasse gekauft. Der Kaufpreis von 25.700 frs. war der höchste, der seinerzeit aus allen Gladbacher Mühlen erzielt wurde - was nicht unbedingt gegen die Qualität des Versteigerungsobjektes spricht. Mit ihren zwei Wasserrädern bot die Mühle so gute Antriebsmöglichkeiten, daß sie schon 1820 in eine Baumwollspinnerei umgewandelt wurde.
1881 vernichtete ein Großfeuer die Fabrik. Heute ist dort ein Wohnviertel. Ein Nachfahre von Johann Krall - Peter Krall - hat sich übrigens in seiner Vaterstadt dadurch einen unvergänglichen Namen gemacht, daß er seinen Mitbürgern den Volksgarten stiftete.

BRASSE, Urkundenbuch (24), Teil 1 Nr. 66, 73, 191, 231 u. 313, sowie Teil 2 Nr. 849; ders., Geschichte (23), Teil 1, S. 149, 157 u. 199, sowie Teil 2, S. 108, 160 u. 307; ESSER, unveröffentlichtes Manuskript über die Gladbacher Mühlen (Stadtarchiv Mönchengladbach); HOSTER, Heinz, „Alte Wasser- und Windmühlen", in: Rhein. Landeszeitung v. 8. Juni 1936; KLOMPEN, Säkularisation (139), S. 49, 171 u. 172; SOMMER, aaO., S. 235/36; ferner Tranchot 1805/06 Bl. 49 Dahlen: „Knor Mühl" (die anderen sind nicht genannt, weil sie im Siedlungsbereich lagen), sowie TK 1844 Bl. 4804 Mönchengladbach: 4 Mühlensymbole.

393 Rohrmühle

Mönchengladbach-Lürrip, An der Rohrmühle
(vor 1383 - um 1900) > Gladbach <

Nach den dicht gestaffelten vier alten Mühlen war dem Gladbach eine kurze Verschnaufpause vergönnt. Denn erst nach knapp 1,5 km folgte die nächste, die Rohrmühle. Ihr Name hat nichts mit einer Pipeline zu tun, oder mit dem Schilfrohr am Bachufer, sondern war schlicht eine Ortsbezeichnung „Raede/Rahr", durch den Volksmund in Hast und Bequemlichkeit sprachlich vereinfacht.
Hof und *„moelen zo Raede"* waren 1383 Gegenstand einer letztwilligen Verfügung gewesen, mit welcher Daem (Adam) van Welz das Besitztum seinem Bruder - dem Gladbacher Abt Giselbert - vermachte. Es gibt Grund für die Vermutung, daß dieses Raede früher ohnehin schon zur Abtei gehört hatte. Denn 1371 war

eine Fehde beigelegt worden, die Abt Giselbert mit dem Ritter v. Ilem aus Viersen wegen irgendwelcher Rechte an dem Hof gehabt hatte. Jetzt aber - nach dem Ableben des besagten Daem - blieben Hof und Mühle ungeschmälert bei der Abtei, bis die Säkularisation geistliche Besitzer und weltliche Güter gewaltsam trennte.
1903 ersteigerte Johann Lambertz aus Gladbach die Mühle für 19.100 frs. 1846 wurde die Mühle in eine wasserkraftbetriebene Spinnerei umgewandelt. 1856 bekam sie einen Dampfkessel. Das Wasserrad fiel 1903. Im Zweiten Weltkrieg wurde der Betrieb zerstört. Heute befinden sich dort Wohngebäude.
In alter Zeit kannten die Rohrmüller übrigens im Winter eine einfache Wetterprognose, bei der ihnen eine weitab im Norden gelegene andere Mühle half. Für sie galt: „*Wenns-de Näescher* (Neersener) *Ölmüele kanns huere, dann jöv-et häl Wäer* (Frostwetter)".

BRASSE, Urkundenbuch (24), Bd. 1 Nr. 331 u. 342; ders., Geschichte Gladbach (23), Teil 1, S. 265 ff.; ESSER u. HOSTER, (siehe unter Nr. 389); KLOMPEN, Säkularisation (139), S. 173; NOEVER, Johann, „Anbau der Feldfrüchte in vergangener Zeit", in: Die Heimat (Krefeld) 1952, S. 100; SOMMER, aaO., S. 234; ferner Tranchot 1805/06 Bl. 42 Viersen: „Roer Mühle", sowie TK 1844 u. 1893 Bl. 1804 Mönchengladbach: „Rahm M./ Rohr M."

394 Gierthmühle

Mönchengladbach-Lürrip, Gierthmühlenweg
(vor 1519 - um 1930) > Gladbach <

Nach einem abermals größeren räumlichen Abstand folgten dicht aufeinander zwei weitere Mühlen. Sie waren als einzige Gladbach-Mühlen „frei", gehörten also nicht der Abtei. Nur für die Nutzung des Wassers, die nach Landesrecht dem Abt zustand, war eine Abgabe fällig.
Die obere dieser beiden „Freien" war die Gierth-(Giert-)mühle, 1519 erstmals erwähnt. Vermutlich hat früher einmal ein gewisser Giert (Gerhard) auf der Mühle gewohnt. Der erste urkundlich bekannte Eigentümer ist allerdings ein Thewissen, der sie 1674 gekauft hatte und sich nach der dortigen Flurbezeichnung „Compes" (von „Kump/Kamp") nannte. Da auch die Nachbarmühle (Nr. 395) seit eh und je „Compesmühle" hieß, müssen zwischen diesen Mühlen damals schon Beziehungen bestanden haben. Ab 1720 ist bezeugt, daß beide Mühlen von der Familie Compes bewirtschaftet wurden.
Um 1850 erhielt die bisherige Kornmühle zusätzlich eine Ölpresse. 1902 wurde das Staurecht an die Stadt verkauft, die den Gladbach kanalisieren wollte. Die Mühle arbeitete dann noch bis mindestens 1930 mit Motorkraft weiter, als einzige übrigens von allen Gladbach-Mühlen. Die anderen waren um die Jahrhundertwende entweder geschlossen oder aber in Textilfabriken umgewandelt worden. Heute gibt es von ihr nur noch ein Straßenschild: „Gierthmühlenweg".

ESSER (siehe unter Nr. 389); SOMMER, aaO., S. 224; ferner Tranchot 1805/06 Bl. 42 Viersen, sowie TK 1844 Bl. 4704 Viersen: „GiertM."

Nr. 395 Compesmühle. M.-Gladbach. Sie lief von etwa 1600 bis 1890. Vorn im Bild steht das Müllerhaus. Das Mühlengebäude gibt es allerdings nicht mehr. Es befand sich dort, wo hinter dem Baum jetzt ein neuer Wohnbauflügel steht.

Nr. 396 Engelsmühle, M.-Gladbach. Sie gehörte seit mindestens 1438 dem Gladbacher Abt. Ihren „himmlischen" Namen hatte sie allerdings von einem gewissen Müller Engelbert. Das Gebäude ist heute Sitz einer Gärtnerei. Der Bach floß früher rechts an den Glashäusern entlang. Von der - 1902 stillgelegten - Mühle selbst ist nur der Lagerstein der Mühlradachse (im Bild vorn links) übrig geblieben, den man als Erinnerung dorthin versetzt hat.

395 Compesmühle

Mönchengladbach-Lürrip, Habichtstrße
(vor 1608 - um 1890) > Gladbach <

Die andere der beiden freien Mühlen am Gladbach war die Compesmühle. Sie wird als *„Kompis Mohlen“* 1608 erstmals genannt und ist wahrscheinlich von Anfang an im Besitz der Familie Compes (siehe Nr. 394) gewesen. Die Compes waren eine alte Müllersippe, die sich bis hin nach Liedberg und Rheydt verzweigte und Anfang des 19. Jh. auch die oberste Mühle am Gladbach (Nr. 389) besaß. 1786 wurde auf der gegenüberliegenden (rechten) Seite eine Ölmühle gebaut, sodaß die Compesmühle von nun an aus einer Mahl- und einer Ölmühle bestand. Die anderen Mühlen am Gladbach hatten dieses „Trennsystem“ nicht. Sie betrieben die Ölschlägerei nur nebenbei. Durch diese Erweiterung und die Zusammenarbeit mit der Gierthmühle entwickelte sich die Compesmühle zum bedeutendsten Mühlenunternehmen am Gladbach. Im frühen 19. Jh. entstanden zusätzlich noch eine Brauerei und eine Bierwirtschaft. Möglicherweise hatte man sich diesen weiteren Betriebszweig zugelegt, weil bereits 1824 das Bachbett erstmals begradigt worden war - ein Anzeichen dafür, daß der Bach mehr und mehr von der Industrie in Anspruch genommen werden würde.
Um 1890 wurde die Mühle stillgelegt, 1902 das Staurecht an die Stadt verkauft. Das Hauptgebäude hat den letzten Krieg überdauert und dient seit einer gründlichen Restaurierung um 1990 als Wohnhaus.

BREMER, Millendonk (27), S. 606 ff. (Stammbaum der Familie Compes); ESSER (siehe unter Nr. 389); SOMMER, aaO., S. 225; ferner Tranchot 1805/06 Bl. 42 Viersen, sowie TK 1844 u. 1893 Bl. 4704 Viersen: „Compes M.“

396 Engelsmühle

Mönchengladbach-Uedding, Engelsmühlenweg
(vor 1438 - 1902) > Gladbach <

1438 sind *„Hof und Mühle zu Nederhoven im Kirchspiel Gladbach“* als Grundbesitz der Abtei Gladbach erwähnt. Mit Nederhoven (Niederhoven) ist ein altes Neuwerker Adelsgeschlecht gemeint, der das Anwesen früher gehört hatte.
Die Mühle war ausschließlich Ölmühle und als solche - wie alle abteilichen Mühlen - verpachtet: an einen Heintgen etwa, einen Dietgen oder Gottschalk, wie man in den alten Abrechnungen lesen kann. Zwischen 1559 und 1570 war ein *„Engel* (Engelbert) *in der Mullen“* Pächter der Nederhoven´schen Mühle. Von ihm hat sie dann über die Zeiten hinweg den Namen behalten, vermutlich weil er sehr „klosterverträglich“ war. Daß man später in der Engelsmühle auch den Leichenwagen der Honschaft stationierte, war wohl eher zufällig.
Mit der Kanalisierung des Gladbaches 1902 endete der Mühlenbetrieb. Das Mühlenhaus blieb jedoch erhalten. Heute befindet sich auf dem Anwesen eine Gärtnerei.

BRASSE, Urkundenbuch (24), Teil 1, Nr. 406; ESSER, (siehe unter Nr. 389); MACKES, Aus dem alten Neuwerk (173), Bd. 2, S. 186 ff.; SOMMER, aaO., S. 223; ferner TK 1844 u. 1893 Bl. 4704 Viersen: „Engels-M.“

Nr. 398 Broichmühle, M.-Gladbach. Von mindestens 1315 bis 1802 führte auch hier der Gladbacher Abt das Regiment. Im 19. Jh. wurde sie Keimzelle eines namhaften Textilunternehmens, lief aber als Mahlmühle noch bis um 1980 weiter. Das Mühlengebäude aus dem Jahre 1767 mit dem Abtswappen über der Tür beherbergt heute einen Landhandel.

397a/b Heldsmühle und Birkmannsmühle

Korschenbroich, An Heldsmühle/Am Trietbroich
(um 1800 - 1882) > Fluit / Trietbach <

Unterhalb der Nonnenmühle mündet auf der rechten Seite der Trietbach an die Niers. Dieser Bach entwässert zusammen mit ihrem mehr oder weniger parallel fließenden Trabanten, der Fluit (Flöt), das ausgedehnte Hoppbruch. An beiden Gewässern befand sich je eine Mühle. Die Mühlen waren entstanden, als die Franzosen die Vorzugsrechte der kleinen Potentaten aufgehoben und die Gewerbefreiheit eingeführt hatten.

An der Fluit stand die **Heldsmühle (Nr. 397a)** - benannt nach dem Müller und Bäcker Wilhelm Held. Ein gewisser Hothen hatte sie um 1800 erbaut. Ursprünglich hieß sie Pletschmühle, was angesichts der bescheidenen Antriebsverhältnisse wohl leicht übertrieben war. Kein Wunder also, daß sie in der ersten Hälfte des 19. Jh. viermal den Eigentümer wechselte. Der vorletzte von ihnen hatte zwar über einen Graben noch zusätzlich Wasser vom Trietbach herangeführt. Aber erst unter Wilhelm Held konnte die Mühle regelmäßig laufen, als er dem notorisch trägen Wasserrad 1866 eine Dampfmaschine beigegeben hatte. Aber dann verließ sie das Glück: 1882 brannte sie ab und wurde nicht mehr ersetzt.

Die andere Mühle - **Birkmannsmühle (Nr. 397b)** - war 1817 nahebei von einem Birkmann gebaut worden, und zwar am Trietbach, den er eigens dafür aufgeweitet hatte. Aber sie hat nicht lange bestanden und hinterließ nur eine Flurbezeichnung, die alles Weitere erklärt: „*Versope Möllsche*“.

BREMER, Millendonk (27), S. 161/62 u. 286; Auskünfte älterer Anwohner. Eigenartigerweise sind beide Mühlen in keinem der amtlichen Topographischen Kartenwerke des 19. Jh. verzeichnet.

398 Broichmühle

Mönchengladbach-Neuwerk, Broichmühlenweg
(vor 1315 - um 1980) > Niers <

Die „*molendinum* (Mühle) *in Damme*“ ist 1315 erstmals genannt, als es wieder einmal um eine Aufteilung der Einkünfte von Abt und Konvent ging. Damme ist eine alte Siedlung im heutigen Stadtteil Neuwerk. Weil die Mühle im Neersbroich lag, hieß sie auch „Broichmühle“ und zu ihrer „klösterlichen Zeit“ Abtsmühle.
Zur Regierungszeit des so tüchtigen wie streitbaren Gladbacher Abtes Peter von Bocholtz (1538-1573) gab es eine erbitterte Auseinandersetzung mit der Neersener und Liedberger Herrschaft über das Einzugsgebiet der Mühle. Der damalige Abtsmüller „*Chijrstgen* (Christian) *in der Moelen*“ pflegte nämlich auch Kundschaft in Neersen, Willich und Schiefbahn aufzusuchen, im „Ausland“ also. Dort hatte man ihn mehrfach verprügelt, ihm Pferd und Wagen fortgenommen und ihn schließlich auf der Liedberger Burg festgesetzt. Der Abt konnte ihn dann zwar für 100 Taler auslösen, strengte aber unter Berufung auf altes Herkommen einen Prozeß an, der durch Vermittlung des Erzbischofs von Köln 1559 mit einem Vergleich endete. Neersen war dem Müller fortan verboten, und in Willich/Schiefbahn sollten die Bauern entscheiden, wer ihr Korn mahlte. Das war zumindest ein halber Sieg für jede Seite. Aber die Sticheleien gegen die „Grenzgänger“ dauerten an, solange es noch die alte Grenze gab.
Nachdem die alten Grenzen 1794 gefallen waren, wurde die Broichmühle mit der Säkularisation französische Staatsdomäne, deren Einkünfte zunächst an die Ehrenlegion gingen, später als Dotation an den so in doppeltem Sinne verdienstreichen Herzog von Wagram, Napoleons Stabschef. 1818 verkaufte Preußen die Mühle an den Textilfabrikanten Dietrich Lenssen aus Zoppenbroich. Dieser veräußerte sie 1836 an Karl Görtz.
Mit Lenssen und Görtz begann für die Mühle eine neue Ära mit einer Zweiteilung: In einem Teil der - später erheblich erweiterten - Gebäude wurde 1824 eine Textilfabrik eingerichtet; sie war die Nachfolgerin der zuvor in Zoppenbroich abgebrannten Baumwollspinnerei. Schon 1827 wurde sie mit einer 11 PS - Dampfmaschine ausgestattet. In der alten Mühle indes lief der gewohnte Mahlbetrieb weiter. Bisher hatte diese Mahl-, Öl- und Lohmühle schon zu den bedeutendsten Mühlen in der Gegend gezählt. Jetzt war sie auf dem Wege zu einem großen Unternehmen, dessen Umfang an den noch heute vorhandenen Bauten abzuschätzen ist.
Produziert wird aber in beiden Einrichtungen schon lange nicht mehr. Die zuletzt

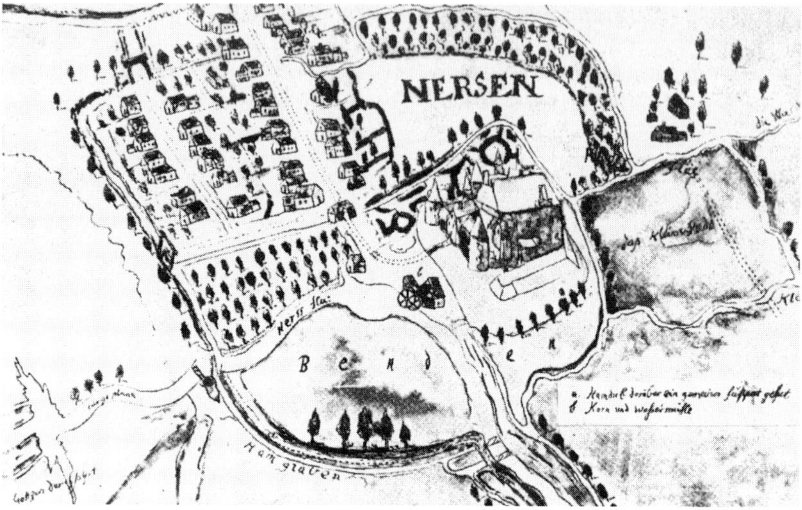

Nr. 399 Schloßmühle Neersen, Willich. Die Karte aus der Zeit um 1600 und die Fotoaufnahme mit dem baulich veränderten ehemaligen Mühlenhaus (im Bild links) zeigen Schloß und Schloßmühle nahe beieinander. Erst durch den Bau der Durchgangsstraße (der jetzigen B 57) im Jahre 1795 wurden sie getrennt. Auch die Niers geht seit ihrer Regulierung andere Wege.
Die Schloßmühle war vom 14. Jh. bis 1929 in Betrieb - zuletzt allerdings nur, um als „Wasserkraftwerk" elektrischen Strom zu erzeugen. Zwischen 1600 und 1765 gab es außer dieser Kornmühle eine separate Ölmühle. Sie stand an der Hauptstraße (in der Zeichnung ungefähr am oberen Bildrand). Nach ihrem Abbruch wurde die Ölschlägerei mit der Schloßmühle vereinigt.

(bis um 1980) mit Elektroantrieb gelaufene Mühle beherbergt einen Landhandel, die dahinter liegende Fabrik einen Handel mit Reinigungsmitteln. Man kann abschätzen, wann das Anwesen im neu erschlossenen Gewerbegebiet untergeht. Dann wird man für den Wappenstein von Abt Ambrosius Specht von 1767 über dem Mühlenportal wohl einen anderen Platz suchen müssen. Nur der Straßenname wird bleiben - und ein Mühlstein der Abtsmühle vor dem Priorshaus in Neuwerk mit der Inschrift: „*Erinnerung soll dieser Stein an vier Neuwerker Mühlen sein.*"

BRASSE, Geschichte (23), Bd. I, S. 234, Bd. II, S. 43/44; ders., Urkundenbuch (24), Bd. I, Nr 191, 294, 407, 583 u. 667; FRANKEWITZ, Burgen (65), S. 86/87; KLOMPEN, Säkularisation (139), S. 49 u. 172; LAMERS, Mönchengladbach (156), S. 41; SOMMER, aaO., S. 223; ferner TK 1844 u. 1893 Bl. 4704 Viersen: „Broich-M."

399 Schloßmühle und Ölmühle Neersen

Willich-Neersen, Hauptstraße
(14. Jh. - 1929) > Niers <

Die Streitigkeiten über die „weitschweifigen" Fahrten des abteilichen Broichmüllers (siehe Nr. 398) hatten nicht nur einen wirtschaftlichen, sondern auch realpolitischen Hintergrund: Das Niersbruch war nämlich Grenzland. Der 1263 erstmals genannte Vogt von Neersen war von beiden Seiten bestellt - vom Kölner Erzbischof und vom Grafen von Heinsberg, später den Herzögen von Jülich. Die Burg stand auf der Ostseite des Bruches. Sie hatte nur deshalb mit Gräben ortsnah umgeben und geschützt werden können, weil man zuvor die Niers mehrere hundert Meter nach Norden verlegt und ihr neues Bett durch Dämme gesichert hatte. Von einer „*molendinum ante castrum* - Mühle vor der Burg" ist zuerst in einer Heinsberger Belehnungsurkunde aus dem 14. Jh. die Rede. Sie dürfte aber bereits zusammen mit der Burg errichtet worden sein. Ihre Geschichte ist vom späten Mittelalter an erforscht und mit zahlreichen Urkunden belegt. Peter Vander hat sie eingehend beschrieben, mit Angaben über die einzelnen Pächter und die Pachtverhältnisse. Beschränken wir uns deshalb auf die Besonderheiten. Sie hatten sämtlich irgendwie mit der Grenzlage und dem ungewöhnlichen Umfeld zu tun. Neben der Konkurrenz zur Broichmühle waren das vor allem zwei Komplexe: der Fischfang und der Fährdienst.
Die Fischerei spielte bei fast allen Mühlen eine große Rolle. Hier im Bruch gab es sagenhafte Fischbestände, die beide Seiten für sich reklamierten. Ständige Auseinandersetzungen waren die unausbleibliche Folge. Besonders in Erinnerung ist das Jahr 1641 geblieben, als die Gladbacher Schützenbruderschaften „*mit Trommeln und Fähnlein*" zum Fischfang ausgezogen waren. Dabei hatten ihnen die Neersener mit Hakenbüchsen aufgelauert und mehrere Schützenbrüder schwer verwundet. Die Folgen waren bei diesen Scharmützeln stets die gleichen und gingen immer zu Lasten des Schloßmüllers: Die Gladbacher rächten sich, indem sie den Niersdamm durchstachen und die Neersener Mühlen lahmlegten - nicht selten für länger als ein Jahr. Der letzte diese „Vergeltungs-Deichbrüche" war

1784. Daß umgekehrt auch die Mühlenkarre der abteilichen Broichmühle Ziel von Neersener Sanktionen war, verstand sich von selbst. Der Fuhrknecht hätte eigentlich eine Gefahrenzulage verdient gehabt.
Der Schloßmüller hatte aus der Lage am Neersbruch allerdings auch einen Vorteil: Ihm oblag die Ausübung der seinem Neersener Herrn zustehenden Fährgerechtigkeit. Die Fähre war nämlich in der schlechten Jahreszeit, wenn das Bruch selbst mit breiten Wagenrädern unbefahrbar war, die einzige Verkehrsverbindung von und nach Gladbach. Daß auch der Fährbetrieb nicht immer glatt vonstatten ging, hat der „Reeder“ Ambrosius v. Virmondt selbst einmal erfahren müssen. Er war zu Sylvester 1585 mit Kutsche und Familie in Gladbach gewesen. Auf der Heimfahrt kenterte der Kahn mit seiner erlauchten Fracht beim Anlegemanöver direkt vor dem Schloß. Als sich die tiefgefrorenen Virmonds von ihrem unfreiwilligen Bad wieder erholt hatten, schrieb Ambrosius in sein Tagebuch: *„Dem almechtigen Gott sei Lob und Danck vor sulche Behütung und Errettung“*. Erst der Bau der Heerstraße durch die Franzosen 1795 setzte dem „Roll on / roll off - Verkehr“ ein Ende.
Unter französischer Verwaltung wurden Schloß und Mühle an Privathand verkauft. Ein betrieblicher Einschnitt kam allerdings erst 1903, als der Eigentümer die Mühle stillegte und zu einem wasserkraftbetriebenen Elektrizitätswerk machte, um für seinen Privatbedarf den elektrischen Strom zu gewinnen. Erst 1930 wurde die Mühle als Wohnhaus eingerichtet, das in modernisierter Form heute noch steht.
Zum Schloß gehörte ab etwa 1600 auch eine Ölmühle. Sie stand ebenfalls an der Hauptstraße, aber ein Stück weiter nördlich. Für sie hatte man einen Graben um das Schloß herum geführt. Gespeist wurde er allerdings nicht von der Niers, sondern von der Klör, einem kleinen Nebengewässer. Große Bedeutung scheint die Ölmühle aber nicht gehabt zu haben. 1765 wurde sie abgebrochen. Fortan wurde das nötige Öl in der Schloßmühle geschlagen - in eben jener Presse, deren weithin hörbarer Schlagtakt den Rohrmüllern in Gladbach die Frostperioden ankündigte (siehe Nr. 393).

DAUM, Gottfried, „Die Niers ... mit ihren Mühlen“, in: Anranther Heimatbuch 1979, S. 3. ff.; KLOMPEN, Säkularisation (139), S. 170; KRICKER, Geschichte der Gemeinde Anrath (149), S. 302 ff.; LAU, Geschichte der Stadt Uerdingen (159), S. 143; LENTZEN/VERRES, Geschichte der Herrlichkeit Neersen und Anrath (163), S. 85 ff.; SOMMER, aaO., S. 222; VANDER, Schloß und Herrschaft Neersen (254), S. 107 ff.; ferner Tranchot 1805/06 Bl. 42 Viersen, sowie TK 1844 u. 1893 Bl. 4704 Viersen: Mühlensymbole.

400 Gibbermühle

Willich-Neersen, Venloer Straße
(vor 1386 - 1928) > Niers <

Ungefähr einen Kilometer unterhalb ihres Schlosses besaßen die Vögte von Neersen - ab 1502 waren das die Herren von Virmond - eine weitere Niersmühle: die Gibbermühle (früher auch „Gibbel-“ oder „Giebertmühle“). Sie ist 1386 erstmals erwähnt und stand am Bökel, einer Landzunge, die in das Bruch hineinragt. In alter Zeit - bis zum 16. Jh. - soll es hier noch ein sog. Festes Haus gegeben

haben, die Puyperburg, ebenfalls Eigenbesitz der Neersener.
Die Gibbermühle machte all die Schwierigkeiten mit, die der Schloßmühle in den Auseinandersetzungen zwischen Neersen und Gladbach widerfuhren. Da sie indes ein gutes Stück abseits von der „kritischen Zone“ stand, konnte sie sich gleichwohl zur bedeutendsten Mühle in ihrem Umfeld auf der rechten Seite der Niers entwickeln. Im 17./18. Jh. waren ständig drei Karren unterwegs, um mit kurfürstlicher Erlaubnis in Willich, Anrath und Vorst das Mahlgut abzuholen.
Als der letzte Virmond 1744 kinderlos starb, ließ seine junge Frau ihren Verwalter demonstrativ von Neersen Besitz nehmen, um der drohenden Einziehung des Lehens zu begegnen. Dazu notierte der Notar zur Gibbermühle: „(Hierselbst) *hat Herr Amtmann die vorder haußthür auf und zugemacht, das haal beim heerd auf- und abgelassen, das fewer angezündet, so dan die wasserschleußen aufgezogen und wieder niedergelassen, und harte frucht zu mahlen aufgeschüttet unter ausgesprochenen dies deutlichen worten, ich nehme hiermit von dieser mühlen und gebäu fort allem was darzu gehört nahmens Ihro Exzellenz, meiner gnädigen frau gräffin, den würklichen besitz und possession.*“
War diese „handgreifliche“ Inbesitznahme damals allgemeiner Rechtsbrauch, so ist aus dem Jahre 1792 eine Episode überliefert, bei der es am nötigen Festhalten wohl gefehlt hatte: Bei der Taufe eines Gibbermüller-Kindes im Jahre 1792 hatte die Taufgesellschaft auf dem Heimweg von der Anrather Kirche reichlich geistigen Getränken zugesprochen. Zuhause angekommen, stellte man mit Entsetzen fest, daß man zwar an Mut gewonnen, aber den kleinen Erdenbürger unterwegs verloren hatte. Indes - die sofortige Suche hatte Erfolg. Man fand das Kind unversehrt im Schilf am Flöthbach, wo Plänk und Patin offenbar so sehr geschwankt hatten, daß der Säugling aus dem Umschlagtuch gerutscht war. Aus Dankbarkeit ließ der Gibbermüller am Bachübergang einen Bildstock mit dem Brückenheiligen Nepomuk setzen, der alle Fährnisse bis heute überdauert hat.
1805 kaufte Johann Theodor Beckers die säkularisierte Gibbermühle. Seine Eltern hatten die Mühle bereits seit 1754 als Pächter bewirtschaftet. Er selber war als junger Mann nach Rotterdam ausgewandert und hatte dort als Schiffsjunge begonnen, sein Glück zu machen. Am Ende besaß er fünf Handelsschiffe und eine Plantage in Übersee. Im 19. Jahrhundert waren die Beckers in Anrath und Vorst die einflußreichste Familie.
Die Mühle lief bis 1928, als sie vollständig niederbrannte. Es hatte ihr nichts genutzt, daß zwei Jahre zuvor die Feuerwehren just hier den Ernstfall geprobt und die Gibbermühle als Übungsfeld für ein angenommens Großfeuer gewählt hatten. - Die Mühle wurde nicht wieder aufgebaut.

DAUM, Gottfried, „Die Gibbermühle an der Niers“, in: Anrather Heimatbuch 1979, S. 13 ff.; FRANKEWITZ, Burgen (65), S. 98; KLOMPEN, Säkularisation (139), S. 170; KRICKER, Geschichte Anrath (149), S. 206 ff.; LENTZEN/VERRES, Geschichte der Herrlichkeit Neersen und Anrath (163), S. 257/58; SOMMER, aaO., S. 220; VANDER, Peter, „Johannes Bomesines am Flöthbach“ in: HK Krs. Kempen-Krefeld 1956, S. 60 ff.; ders, „Puyperburg und Ziesdonk“, ebenda 1958, S. 110 ff.; ders., Schloß und Herrschaft Neersen (254), S. 113 ff.; ferner Tranchot 1805/06 Bl. 42 Viersen: „Gilbens Muhle“, sowie TK 1844 u. 1893 Bl. 4704: „Gibber M.“

Hammer Bach und Dorfer Bach

Von Straelen aus geht über Süchteln, Viersen und Gladbach ein Höhenzug, der nach Süden hin auf bis zu 85 m ü.M. ansteigt. Er liegt damit 40-50 m über dem Niveau der Umgebung. Mit der Eiszeit hat er nichts zu tun, deren Gletscher ja sogar den Rhein vorübergehend nach Westen hin abgedrängt hatten. Aber er hat damals den vor dem Eis fliehenden Rheinstrom zumindest zum Abbiegen nach Norden gezwungen. Sonst wäre er damals gleich in das relativ niedrige Maasbett eingedrungen und wahrscheinlich dort auch geblieben. Dann hätten die „Zukunftsforscher" der Vorzeit die Geschichte des Niederrheins umschreiben müssen.
Entstanden ist dieser Höhenzug durch das langsame Absinken der von den Geologen so genannten „Venloer Scholle" an einer offenbar nachgiebigen Stelle unserer Erdkruste. Wie bei einem Fußabdruck im weichen Boden hat sich die dabei verdrängte Bodenmasse zu einen erhöhten Rand aufgedrückt, zu eben unseren Süchtelner, Viersener und Gladbacher Höhen.
Im Raum Viersen laufen die von diesen Höhen kommenden Wässer nach Westen ins Nierstal ab. Früher geschah das in fünf Bächen und ebensovielen Nebenbächen. Der südliche dieser beiden Bäche ist der Hammerbach. Er hat eigentlich zwei Namen: Im Oberlauf ist er der Bebericher Bach, nach seinem Quellort. Da „Beberich" indessen seinerseits früher „Bekebrück" (Bachbrücke) hieß, haben im Namen Ursache und Wirkung ihre Plätze getauscht. Seine volle Kraft entfaltet unser Bach allerdings erst in der Honschaft Hamm, deren Namen er schließlich auf seiner vollen Länge übernommen hat.
Heute ist der Hammerbach zwar im unteren Teil begradigt und läuft im rechten Winkel auf die hier nicht minder begradigte Niers zu. Der Oberlauf aber windet sich, von einigen Mühlenweihern unterbrochen, noch immer zwischen Höfen, Häusern und Gärten zu Tal. Er hält es dabei nicht anders als vor 500 Jahren, als ein Viersener Weistum von 1570 bestimmte, daß „alle gemeine Bechen acht fuß klaer wasser weit sein" sollen, also etwa 2-3 m. Danach hat sich der Hammerbach bis jetzt gerichtet, auch wenn er zuweilen Schwierigkeiten mit der „Klarheit" gehabt haben dürfte.

Während der Hammerbach eine Kette von Höfen und Mühlen miteinander verband, „draußen" in den Honschaften, liegt nördlich von ihm am Dorfer Bach die Urzelle von Viersen. Hier - am Übergang einer Römerstraße und späteren Heerstraße - stand ein Fronhof, den nach einer legendären Überlieferung schon im 4. Jh. die hl. Helena (Kaiserin und Mutter Kaiser Konstantins d. Gr.), mit einiger Wahrscheinlichkeit aber Karl der Große dem Kölner Stift St. Gereon geschenkt haben soll. Zuverlässig weiß man erst aus einer Urkunde von 1196, daß St. Gereon die Grundherrschaft in Viersen besaß, und zwar seit fränkischer Zeit. - Neben den Kölnern residierten in einem kleinen Teil im Süden des Kirchspiels bis etwa 1400 die Ritter von Ilem („Ilheim") als Grundherren. Die Vogteirechte über die Herrlichkeit Viersen wurden von Jülich und später Geldern ausgeübt.
Aus dem Fronhof hatte sich das Dorf Viersen entwickelt, das ursprünglich „Versena" hieß - nach dem Bach „verse". Einen ähnlichen Vorgang, wo ein Gewässername zum Ortsnamen wurde, gab es ja auch im direkt benachbarten Gladbach und in

Neersen. Hier in Viersen kehrten sich die Verhältnisse sogar um. Das Dorf nahm den Namen des Baches an und der Bach schließlich den einer Siedlung: Weil also dort das Dorf lag, wurde die „Verse“ zum „Dorfer Bach“.
Der Dorfer Bach soll 100 Quellen gehabt haben. Die Zahl muß man nicht wörtlich nehmen. Aber einige der zahlreichen Quellen sprudelten so heftig, daß man sie in große Holztonnen faßte, um daraus dann das frische Quellwasser schöpfen zu können. Es soll der Volksmeinung nach sogar gegen Augenleiden geholfen haben und als Heilwasser von weit her geholt worden sein.

Die Viersener Bäche waren einst sehr wasserreich. Das lud schon im Mittelalter zum Bau von Mühlen ein. Am Hammer Bach standen ihrer sechs. Der Dorfer Bach trieb fünf und sein Zufluß Rintger Bach (von „Rinne“) eine Mühle an. Bei einem Höhenunterschied von 30-40 m zwischen Quellen und Mündungen hatten die „Mühlenbäche“ dazu hinreichend Kraft. Die am Hang liegende Kaisermühle lief oberschlächtig, die Nenschmühle an ihrem vergleichbaren Standort mittelschlächtig. Die anderen Mühlen hatten unterschlächtigen Antrieb.

DOHR, „Vom Wasserwesen im alten Viersen“, in: HK Kreis Kempen-Krefeld 1974, S. 47 ff.; KRONSBEIN, „ Quellen am unteren linken Niederrhein“, in: Natur und Landschaft am Niederrhein (140), S. 407 ff.; LOHMANN, Geschichte der Stadt Viersen (165), S. 213 ff.; MACKES (Hrsg.), Aus der Vor-, Früh- und Siedlungsgeschichte der Stadt Viersen (172), S. 90 ff. und 134 ff.

401-406 Die Viersener Mühlen am Hammer Bach

Die erste Nachricht über die Mühlenverhältnisse in der Herrlichkeit Viersen enthält eine Urkunde von 1246, und zwar eher zufällig und nebenbei. In dieser Urkunde geht es nämlich um „Stellenplan- und Besoldungsangelegenheiten“ für die Kirche St. Remigius beim Fronhof. Für sie sollte nämlich auf bischöfliche Anordnung fortan ein Pfarrer bestellt und bestallt werden. Zu seinen Einkünften sollte u.a. die jährliche Lieferung von Malz gehören, und zwar „*von den elf Mühlen, das heißt von jeder einen Sümmer* (rd. 40 Pfund), *ferner* (von der) *Verendicher Mühle mit ihrem Rechte ...*“
Also haben bereits damals zwölf Viersener Mühlen bestanden, von denen im 14. Jh. auch die Namen urkundlich bekannt wurden. Bei dieser Zahl ist es geblieben. Man hatte demnach die Staumöglichkeiten von Anfang an ausgeschöpft.
Die Mühlen dürften ursprünglich St. Gereon gehört haben. Sonst ist die Abtretung der Einkünfte zugunsten des Pfarrers kaum zu erklären - oder aber es handelte sich um Einnahmen aus dem Wassernutzungsrecht, das dem Stift als Grundherrin zustand. In diesem Zusammenhang ist interessant, daß zwei Mühlen den Tüschenbroichern (siehe Nr. 319) gehörten, vielleicht aus dem Nachlaß der im Süden von Viersen ansässig gewesenen Ritter v. Ilem. Denn die v. Ilem waren als Grundherren dem Stift gleichgestellt. Ihnen gehörte u.a. die Verendicher Mühle, die 1246 auffälligerweise als einzige mit Namen genannt worden war. Wie aber auch immer - die Viersener Mühlen sind ein seltenes Beispiel dafür, daß es am Niederrhein schon im 13. Jh. ein vergleichsweise dichtes Netz von Wassermüh-

Nr. 404 Bongartzmühle, Viersen. An den Bächen in der Herrlichkeit Viersen standen seit dem 13. Jh. nicht weniger als 12 Mühlen. Nur vier davon haben in ihren Gebäuden überdauert. Zu ihnen gehörte die Bongartzmühle am Hammer Bach, die bis 19. Jh. in Betrieb war. Sie wurde von einem Viersener Handwerkerehepaar mit beachtlichem Verständnis für die Belange der Denkmalpflege vor dem Verfall gerettet und dient jetzt Wohnzwecken.

Nr. 406 Hammermühle, Viersen. Sie war kein Hammerwerk, sondern die Kornmühle der Viersener Honschaft Hamm. Seit sie 1906 stillgelegt worden war, werden die erhalten gebliebenen Gebäude für allgemeine gewerbliche Zwecke genutzt.

len gegeben haben muß, zumal Windmühlen damals noch keine Rolle spielten. Ein Dutzend Mühlen ist in „geschlossener Formation“ auf so engem Raum nirgendwo sonst aus so früher Zeit überliefert.
Die Viersener Mühlen waren in der Regel zunächst Zubehör von Höfen, ehe sie sich verselbständigten und getrennt als Lehen oder in Erbpacht vergeben oder aber Eigenbesitz wurden. Sie waren allesamt Mahlmühlen und hatten lange Zeit nur einen einzigen Mahlgang. Die Leistungfähigkeit der Mühlen am Hammer Bach wurde Anfang des 19. Jh. bei der obersten mit 1½ und mit 5 Maltern je Tag bei der untersten Mühle angegeben; nur die vorletzte - die Höstermühle - brachte es auf den absoluten Spitzenwert von 8 Maltern. Die Steigerung hing offenbar mit der nach unten ansteigenden Wassermenge zusammen, die den Mühlen zur Verfügung stand. Nebenbei: Selbstverständlich gab es auch in Viersen Ölmühlen. Sie waren aber durchweg Roßmühlen. Erst in unserer Zeit erhielten einige Wassermühlen zusätzlich eine Ölpresse (z. B. die Bongartzmühle am Hammer und die Kaisermühle am Dorfer Bach) oder wurden - so die Klostermühle am Rintger Bach - ganz in eine Ölmühle umgewidmet.
Bis 1555 waren den einzelnen Mühlen Bannbezirke zugeteilt, die sich zumeist mit den Honschaften deckten. Dann konnten die Bauern innerhalb der Herrlichkeit frei wählen, wo sie ihr Getreide mahlen lassen wollten.

Die oberste der Mühlen am Hammer Bach war die **Nenschmühle (Nr. 401)**. Sie gehörte früher (ab Anfang des 18. Jh.) einer Müllerfamilie Nensch. Neben diesem Personennamen führte sie auch die ältere Bezeichnung „Plintzenmühle“. Damit war der Umstand gemeint, daß hier Buchweizenmehl hergestellt worden war. „Plinsen“ ist der Buchweizenpfannkuchen, ein altes Bauerngericht. „*Thoenes* (Anton) *up der Plinsen Moellen*“ hieß der erste bekannte Müller auf dieser Mühle (1408).
Die Mühle hatte wegen der Hanglage ein mittelschlächtiges Mühlrad. Sie lief bis um 1920. Das Gebäude wurde nach 1945 abgebrochen, der Weiher zugeschüttet. Heute ist nur noch ein kleiner Mauerrest der Arche in einer Grünanlage zu sehen.

Einige hundert Meter unterhalb stand an der Weiherstraße die **Schnockesmühle (Nr. 402)**. Eigentlich hieß sie „*Mühle in Verendich* - Mühle am Wehrdeich“. Sie gehörte den Herren von Tüschenbroich. Für den Ritter Gerit v. Tüschenbroich und sein Geschlecht hatte der Pfarrer von St. Remigius jeden Freitag zu beten und eine Messe zu lesen. Dafür erhielt er aus der Mühle jährlich 7 Malter Roggen. Diese Roggenlieferung wurde erst in der Säkularisation gestrichen und mit ihr dann wohl auch die Seelenmesse. Die bis zuletzt übliche Bezeichnung „Schnockesmühle“ kommt von einem - vielleicht zunächst nur scherzhaft gemeinten - Namenszusatz aus dem 15. Jh., als ein „*Thoenes Timmermanns genandt Schnoek* (Hecht) *in der Moellen*“ auf der Verendichsmühle saß. Seine Nachfahren hatten offenbar Vergnügen an dieser Bezeichnung gefunden: Sie führten sie später als Familiennamen. Die Schnockesmühle wurde im zweiten Weltkrieg zerstört.

Die dritte Mühle stand an der Brasselstraße. Sie hatte den altertümlichen Namen **S'Godemühle (Nr. 403)**. Die älteste Namensform war „*gaetmoelen*“ (1387). Sie wird damit erklärt, daß die Mühle an einem Gatt (Tor) lag. Die S'Godemühle führte in jüngerer Zeit auch die Bezeichnung „Schommelenmühle", nach einer Müllerfamilie. 1867 wurde sie niedergelegt, um dem Bau einer Spinnnerei Platz zu machen.

Im Gegensatz zu ihren untergegangenen „Obermühlen" existiert die **Bongartzmühle (Nr. 404)** noch, jedenfalls mit ihren Gebäuden an der Bachstraße: dem stattlichen Mühlenhaus und den Gesindewohnungen. Die Gebäude und die Denkmalpflege haben dabei Glück gehabt: 1981 hatte das Viersener Handwerkerehepaar Büschges das verfallende Anwesen erworben und mit großem persönlichen Einsatz von Grund auf erneuert. Dabei wurde alles gerettet, was zu retten war - und das war sehr viel. Unter anderem wurden die erhaltengebliebenen Teile der Mahleinrichtung mit ihren zwei Mahlgängen mit bemerkenswertem Traditionsverständnis in die Wohnraumnutzung integriert.
Jüngst hat man sogar wieder ein großes eisernes Wasserrad angebracht. Aber es dient nur als Schaustück. Übrigens: Dieses Rad ist so gut gelagert und ausgewogen, daß es sich sogar im Wind dreht. Aber die „Windmühlenzeit" wird alsbald vorbei sein, wenn nämlich die erneuerte Arche wieder an den Wasserlauf angebunden ist. Dann ist auch die jahrelange Wiederherstellungsarbeit getan. Er habe dabei die „*Freude, Nöte und Leiden eines Bauherrn*" kennengelernt, „*der ein historisches Baudenkmal instandzusetzen hat*", schreibt der Eigentümer in einer Festschrift, in der er die Restaurierung und die wechselvolle Geschichte der Mühle anschaulich dokumentierte.
Auch die Bongartzmühle steht in der Reihe der berühmten Zwölf von 1246. Ursprünglich hieß sie „Portenmühle", nach einem Tor, das die Honschaft Beberich abschloß. Vielleicht war dann diese Poort (Pforte) nicht mehr da oder aber man hielt die Apfelbäume beim Mühlenhof für wichtiger. Denn um 1400 wurde aus der „*Mölen ter Portzen*" die „*Mühle am Bongart*" („Bongert/Bungert" sind alte Bezeichnungen für eine Obstwiese). Und ab dem Jahre 1600 wurde aus dem Ortsnamen zugleich auch der Familienname des Müllers Bongartz. Das war, als „*Jan auff dem Bungart alias Muellers*" Hof und Mühle gekauft hatte. Vorher hatte das Anwesen den Herren von Tüschenbroich gehört. Die Dynastie der Bongartz blieb bis 1963 auf der Mühle, die aber schon um 1930 ihren Betrieb eingestellt hatte.

Ebenfalls an der Bachstraße/Ecke Hammer Kirchweg stand die **Höster-/Hüstermühle) (Nr. 405)**. Sie gehörte zum Privatbesitz des St. Gereon-Stifts. Bis zum Ersten Weltkrieg war sie in Betrieb. Später wurden auf dem Anwesen eine Lumpenreißerei und zeitweilig auch eine Feilenschleiferei untergebracht. Vor einigen Jahrzehnten wurden die Gebäude beseitigt.

Die letzte Mühle am Hammer Bach ist die **Hammermühle (Nr. 406)**. In alter Zeit war sie die „*moele to ham*", die Mühle auf einem vom Wasser umgebenen Landstück („Hamm": siehe Düsseldorf-Hamm und Götterswickerhamm am Rhein). Nach diesem Viersener Hamm bekamen dann der Bach und schließlich auch die Honschaft ihren Namen. Die Hammer Mühle lief bis 1906. Seitdem wurden die Gebäude nur noch für landwirtschaftliche und allgemein gewerbliche Zwecke genutzt. Sie sind noch weitgehend unversehrt.

BÜSCHGES, Rolf Adam, „Bongartzmühle 750 Jahre in Beberich (private Festschrift 1996); LOHMANN, Geschichte Viersen (165), S. 213 ff.; MACKES, Rhein. Städteatlas „Viersen“ (211), Textteil; ders., Aus der Geschichte der Stadt Viersen (172), S. 85 u. (Beitrag von Max WENTGES) S. 111 ff.; NORRENBERG, Aus dem Viersener Bannbuch (190), S. 4, 20, 29 u. 91; SCHRÖTELER, Die Herrlichkeit und Stadt Viersen (223), S. 137, 250 ff. u. 396 ff.; SOMMER, aaO., S. 222/223;
ferner zu **Nr. 401**: Tranchot 1805/06 Bl. 42 Viersen: „Plinzer Mühle“, sowie TK 1844 u. 1893 Bl. 4704 Viersen: „Nensch-M.“; zu **Nr. 402**: Tranchot: „“Schnocks Mühle“, sowie TK 1844: Mühlensymbol; zu **Nr. 403**: Tranchot: „Commerne (?) Mühle“, sowie TK 1844 u. 1893: Mühlensymbol /„M.“; zu **Nr. 404**: Tranchot: „Bungade M.“, sowie TK 1844 z. 1893: Mühlensymbol / “M“.; zu **Nr. 405**: Tranchot: „Hoster M.“; zu **Nr. 406**: Tranchot: „Hamm M.“, sowie TK 1844 u. 1893: Mühlensymbol /“M.“

407-412 Die Viersener Mühlen am Dorfer und Rintger Bach

Die Mühlenverhältnisse am Dorfer Bach waren nicht wesentlich anders als die am Hammer Bach. Nur, daß die Mühlenstandorte am Dorfer Bach nahe beim Ortsmittelpunkt lagen und deshalb früher mit der Entwicklung der im 19. Jh. rasch aufblühenden Stadt in Konflikt kamen. Schon vor 1900 war die Mehrzahl der Mühlen geschlossen und beseitigt worden. Nur die Kaisermühle hielt noch bis 1905 durch, um sich dann ganz der Gastronomie zuzuwenden. Dagegen wurden die Mühlen am Hammer Bach - damals noch in einer ländlich strukturierten Umgebung - erst nach dem Ersten Weltkrieg von dieser Entwicklung erfaßt. Gleichwohl blieben hüben wie drüben noch die Gebäude von je zwei Mühlen erhalten: am Hammer Bach die von der Bongartz- und Hammer Mühle, am Dorfer Bach die von der Kaiser- und der Kimmelmühle.

Die **Kaisermühle (Nr. 407)** ist die oberste Mühle am Hammer Bach, selbstverständlich nur geographisch und nicht ihres „kaiserlichen“ Namens wegen. Der Name „Kaiser“ ist in Viersen so heimisch, daß man es durchaus eine „Kaiser-Stadt“ nennen könnte: Kaiser Friedrich ist Ehrenpate eines Hallenbades, Josef Kaiser - Viersener Bürger - hat hier sein berühmtes Kaiser´s Kaffee-Geschäft mit zahlreichen Produktionsbetrieben begründet. Unsere Kaisermühle hat in dieser berühmten Namensverwandtschaft zumindest die ältesten Namensrechte. Sie erhielt sie um 1590 vom Vornamen eines Müllers, der „*Keyser* (Cäsar) *t´Abrahams*“ hieß.
Die Kaisermühle war eine Mahl- und - wohl nicht von Anfang an - auch eine Ölmühle. Wegen des großen Gefälles hinter dem hochgelegenen Weiher konnte sie oberschlächtig arbeiten. Mit 6 Maltern je Tag erbrachte sie 1809 von den 12 Viersener Wassermühlen die zweitgrößte Mahlleistung. Am Dorfer Bach lag sie damit sogar weit an der Spitze. Denn die anderen Mühlen lieferten hier nur 1 oder 2 Malter täglich.
Als nach dem Bau des Wasserwerks gegen Ende des vorigen Jahrhunderts die Vorflut zunehmend schwächer wurde, mußte 1905 der Mahlbetrieb geschlossen werden. Der Müller konnte es aber verschmerzen. Denn schon 1877 hatte er die

Nr. 407 Kaisermühle, Viersen. Auch ihre Geschichte geht auf das Jahr 1246 zurück, als das Viersener Mühlen-Dutzend zum Unterhalt des Pfarrers verpflichtet worden war. Ihren „imperialen“ Namen hat sie von einem „Keyser (Cäsar) t´Abrahams“, der sie im 16. Jh. bewirtschaftet hatte.

Die Kaisermühle ist die bekannteste unter den Viersener Mühlen und vertritt die Mühlentradition der Stadt am Dorfer Bach - wie am Hammer Bach die Bongartzmühle. Im Gegensatz zu dieser besitzt sie ein oberschlächtiges Wasserrad, das vom Wasser des malerischen Mühlenteiches unentwegt „auf Trab“ gehalten wird. Korn gemahlen wird zwar seit 1905 nicht mehr. Aber man kann sich in der renommierten Gaststätte zumindest einen „Korn“ bestellen.

Mühle mit dem werbeträchtigen Namen zu einer beliebten Ausflugsgaststätte gemacht, deren Quelle im gleichen Maße stärker sprudelte wie die Quelle des Dorfer Baches abnahm. Seit gründlichem Ausbau in den 70er Jahren unseres Jahrhunderts firmiert die Kaisermühle als „Historischer Gasthof" und „Akzent-Hotel".

Ebenfalls noch als Gebäude (von 1788), aber ohne Wasser und Wasserrad, steht etwa 500 Meter weiter unten die ehemalige **Kimmelmühle (Nr. 408)**. Sie liegt schon seit rd. hundert Jahren still. Vor kurzem hat ein Architekt die alten Gebäude restauriert, um in dem denkmalgeschützten Gemäuer sein Büro einzurichten.
Die Mühle gehörte zum Schultheißenhof, dem Fronhof des Stiftes St. Gereon und „weltlichen" Mittelpunktes der „geistlichen" Herrlichkeit. Ihre älteste bekannte Bezeichnung ist „Kevermoelen" (1389), wahrscheinlich abgeleitet von *„Kirberstraat"*, dem nahegelegen Kirchweg.

Östlich der Remigiuskirche stand an der heutigen Goetersstraße die **Goetersmühle (Nr. 409)**. Namentlich ist sie seit 1345 bekannt. Von damals bis 1908 - also mindestens 560 Jahre lang - saß die Familie Goeters nachweislich auf dieser Mühle. Mit „Goeter" war in alter Zeit die Nähe zu einem „Gat (Durchgang)" gemeint, ähnlich wie bei der S´Goedenmühle am Hammer Bach.
Die zuvor wenig bedeutsame Goetersmühle entwickelte sich im 19. Jh. zu einem leistungsfähigen Betrieb, nachdem sie eine Dampfmaschine bekommen hatte. Das half ihr indes nur wenige Jahrzehnte. Um 1900 wurde sie verkauft und abgebrochen, weil sie dem Bau von Kaiser´s Schokoladenfabrik im Wege stand. Mit der Mühle verschwand auch der Weiher von der Bildfläche.

Etwas unterhalb folgten an der Gerberstraße ein weiterer Weiher und eine weitere Mühle: die **Rahser Mühle (Nr. 410)**. Sie hieß so nach einer Müllerfamilie, nicht nach der Honschaft Rahser. 1369 wird sie als Mühle „ten Biesen" gemeldet, gelegen beim Biesenhof, zu dem sie gehörte. Verbreitet war der Name „Biestenmühle". Die kleine Getreidemühle lief bis etwa 1890. Sie wurde dann verkauft und niedergelegt.

Die unterste Mühle an Dorfer Bach und Gerberstraße war die **Schricksmühle (Nr. 411)**, ebenfalls eine Mühle der „ersten Stunde". 1394 wird sie namentlich unter *„Schrickelrade"* erwähnt. 1739 taucht sie unter dem sehr britisch klingenden Namen „Antony-Veyn-Mühle" auf, wohl nach einem damaligen Inhaber. Um 1820 wurde sie in eine Spinnerei umgewandelt, die zunächst mit Wasserkraft lief. Gegen Ende des 19. Jh. befand sich auf dem Gelände eine Lederfabrik.

Am Rintger Bach gab es nur eine einzige Mühle, die **Klostermühle (Nr. 412)**. Sie gehörte dem 1408/24 gegründeten Beginenkonvent St. Pauli. Die Beginen hatten die - zuvor „Riethmühle" geheißene - Mühle als Klosterausstattung übernommen. Als geistlicher Besitz war sie abgabenfrei, brauchte also nicht (mehr) zum Unterhalt des Pfarrers von St. Remigius beizutragen.
Bei der Vermögensaufstellung im Zuge der Säkularisation 1802 wird sie als *„kleine Mühle"* bezeichnet. Ohnehin hatte sie nur für den Eigenbedarf des Klosters

Nr. 408 Kimmelmühle, Viersen. Obwohl sie unmittelbar im alten Ortskern steht, hat sie sich vor dem Kriegsgeschehen und der nachfolgenden Siedlungsverdichtung retten können. Das alte Gebäude ist inzwischen restauriert und Sitz eines Architekturbüros.
Die Mahleinrichtung befand sich im rückwärtigen Gebäudeteil. Sie war schon vor Ende des 19. Jh. geschlossen worden, nach mehr als 650 Betriebsjahren also.

gemahlen. 1828 steht sie als Ölmühle in den Akten, muß demnach umgewandelt worden sein. Rd. 50 Jahre danach wurde sie geschlossen, weil sich das Ölschlagen nicht mehr lohnte.

BÜSCHGES, LOHMANN, MACKES, NORRENBERG, SCHRÖTELER u. SOMMER: siehe unter Nr. 401; KLOMPEN, Säkularisation (139), S. 106; MACKES, Karl, „Die Abrahams- oder Kaisermühle“, in: HK Krs. Viersen 1958, S. 82 ff.; SCHÄFER; Ulrich, „Restaurierung brachte neue Erkenntnisse zur Geschichte“ (Kiemelmühle), in: Rhein. Post (Viersen) v. 11. Aug. 1994;
ferner zu **Nr. 407**: Tranchot 1805/06 Bl. 42 Viersen: „Kaiser Mühle“, sowie TK 1844 Bl. 4704 Viersen: Mühlensymbol; zu **Nr. 409**: Tranchot: „Votens (?) Mühl“, sowie TK 1844 u. 1893: Mühlensymbol /“M.“; zu **Nr. 410**: Tranchot: „Bisthen Mühle“; zu **Nr. 411**: Tranchot: „Unterster Mühle“.

413 Clörather Mühlen

Viersen, Clörather Mühle
(vor 1386 - 1971) > Niers <

Von Clörath sind nur die Kornmühle und einige Hofgebäude übrig geblieben. Sie sind die Überbleibsel der einst stattlichen Wasserburg und stehen auf dem Trokkenen - wie ein im Sturm gestrandetes Schiff. Den begradigten Flußlauf der Niers,

der früher die Burg in zwei Armen umfloß, kann man nur noch in der Ferne an seiner streng preußisch ausgerichteten Pappelgarde ausmachen.
Clörath stand auf einem kleinen Eiland an der Clör, die hier in alter Zeit in die Niers mündete - daher der Name „Clörath - Rodung an der Clör". Das Rodungsgebiet war schon seit dem 10./11. Jh. kurkölnisches Land und lag an der Grenze zu jenen Landstrichen jenseits der Niers, die später zu Geldern und Jülich gehören sollten. Der Fluß selbst war hier mit seinen Gerechtigkeiten Liedbergisch. Nicht zu vergessen ist überdies die Abtei Gladbach, der grundherrliche Rechte zustanden, die allerdings unterschiedlich beschrieben werden.
Zur Ausstattung der Burg aus dem 13. Jh. gehörten zwei Mühlen, eine Korn- und eine Ölmühle, für die es in wasserarmen Zeiten noch eine Aushilfe in Gestalt einer Roßmühle gab. Eine erste urkundliche Erwähnung liegt allerdings erst aus dem Jahre 1386 vor. Wahrscheinlich ist die Ölmühle jüngeren Datums. Sie hat auch nur bis zum 19. Jh. bestanden.
Die Mühlen waren auf Pfählen gegründet. Sie befanden sich in getrennten Gebäuden - weniger aus „feuerpolizeilichen" Gründen, sondern wegen der besseren Ausnutzung des hier geteilten Flusses, der ohnehin nicht mit einem besonderen Gefälle ausgestattet war.
Die Kornmühle hatte keinen Bannbezirk. Der Müller war relativ frei, in der Honschaft Niederbruch und Teilen von Liedberg mit seinem Karren „fahrplanmäßig" Kundschaft aufzusuchen. Aber Schwierigkeiten und Streit waren an der Tagesordnung. Dafür sorgten schon die „kunstvoll" verschlungenen Herrschaftsverhältnisse und die Konkurrenz-Mühlen. Aber die Mühlenpächter zählten kaum zu den Ortsarmen, schon deswegen nicht, weil der Mühle noch eine Schnapsbrennerei und ein Brauhaus angegliedert waren.
Die Mühlen gehörten zu allen Zeiten der Burgherrschaft. Das waren bis 1440 die Herren v. Clörland, dann bis 1693 die v. Brempt, von denen sie an die v. Virmond-Neersen ging. Im 18. Jh. trat Kurköln auf den Plan, das dann Burg und Mühle den Grafen v. Spee überließ. Nach einem „bürgerlichen" Zwischenspiel im 19. Jh. war der westfälische Freiherr v. Twickel Eigentümer. Er blieb es, solange die Mühle noch aktiv war. Dann wurde das Anwesen Landsitz eines Anwalts, der sich sehr um seine Erhaltung bemüht.
Das Antriebswerk der Kornmühle mit ihren einst drei Mahlgängen ist noch gut erhalten. Das von innen einsehbare Radhaus ist allerdings leer - bis auf die Achse des Wasserrades, das 1929 bei der Niersbegradigung stillgelegt wurde. Die Mühle selbst lief dann noch bis 1971 elektrisch weiter, ehe sie ganz geschlossen wurde.
Von der Burg ist nichts mehr erhalten. Sie war im Truchsessischen Kriege (1583-1588) und beim Hesseneinfall 1642 schwer in Mitleidenschaft gezogen worden. Den Rest hatte ihr der Einmarsch der französischen Revolutionsarmee 1794 gegeben, deren Kommandeur - der General und spätere schwedische König Bernadotte - in Clörath Quartier genommen hatte.

DAUM, Gottfried, „Die Clörather Mühle an der alten Niers", in: Anrather Heimatbuch 1979, S. 9 ff.; ders. „Clörather Roßmühle", ebenda S. 18; FRANKEWITZ, Burgen (65), S. 101 ff.; KRICKER, Geschichte Anrath (149), S. 209 ff.; LENTZEN/VERRES, Geschichte der Herrlichkeit Neersen und Anrath (163), S. 297 ff.; SOMMER, aaO., S. 220; VANDER, Peter, „Die

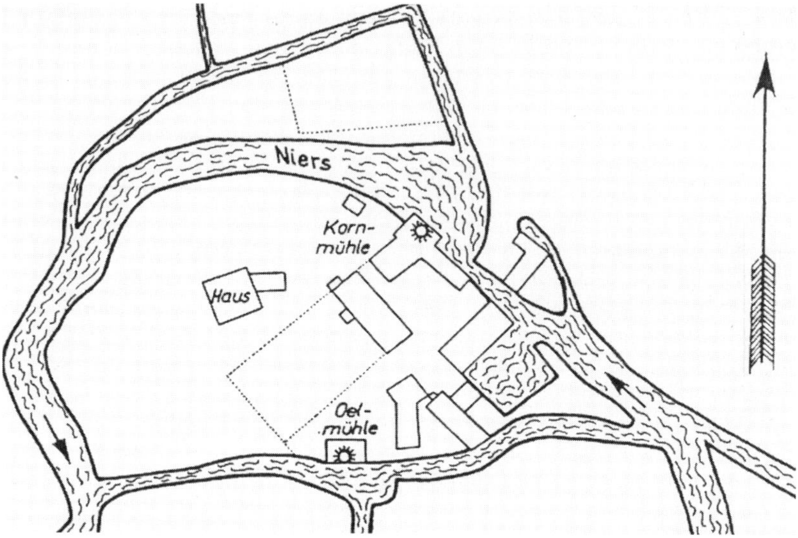

Nr. 413 Clörather Mühle, Viersen. Die kurkölnische Grenzwacht Clörath stand auf einer Insel, gebildet aus einer Niersschleife und einem Graben, der beide Flügel des Flusses miteinander verband. Zur Burg aus dem 13. Jh. gehörten eine Korn- und eine Ölmühle. Die Zuteilung des Antriebswassers geschah über ein Wehr. Von der Burganlage ist nur die Kornmühle mit einigen Wirtschaftsgebäuden übrig geblieben. Alles andere wurde zerstört. Die Mühle lief bis 1971. Dann wurde das Anwesen in einen Landsitz umgewandelt.
Oben eine Rekonstruktion des Grundrisses der Burganlage (aus: HK Krs. Kempen-Krefeld 1973, S. 245). Unten ein Blick auf den Fachwerkbau, in dessen Obergeschoß sich die Mahlgänge befanden. Die Niers floß unten durch das Gebäude hindurch.

Burg Clörath", in: Die Heimat (Krefeld) 1041, S. 259 ff.; ders., „Haus Clörath", in HK Krs. Kempen-Krefeld 1973, S. 240 ff.; ferner Tranchot 1805/06 Bl. 42 Viersen: „Cloerader Mühle", sowie TK 1893 Bl. 4704 Viersen: „Klörather M."

414 Holtzmühle (Fliegenmühle)

Viersen-Süchteln, Tönisvorster Straße
(vor 1404 - um 1965) > Niers <

Gewiß war die Süchtelner Mühle nicht mehr neu, als sie 1404 ihren Eigentümer wechselte. Aber erst aus diesem Jahre wissen wir Konkretes über sie. Damals bekundete Herzog Reinald von Jülich, daß der Abt der im Raum Brüggen und Süchteln sehr begüterten Kölner Benedediktinerabtei St. Gereon ihm seine „*Mühle auf der Neersen gelegen im Kirchspiel Süchtelen, geheischen Fliegenmüllen*" überlassen habe. Daß sie „Fliegenmühle" hieß, hat nichts mit den, besonders in Bruch- und Sumpfgebieten, lästigen Insekten zu tun. „Flieg" ist eine alte Wasser-Bezeichnung wie „Vlies, Flieth, Fleth oder Flöth".
Zusammen mit der herzoglichen Windmühle in Süchteln hatte die Fliegenmühle den Mahlzwang im Süchtelner Kirchspiel. Verwaltet und verpachtet wurde sie vom Amtmann in Brüggen.
Unter den Pächtern gab es extreme Unterschiede. Am unteren Ende der Skala stand im 16. Jh. wohl der Peter von Elmpt, über den 1568 und später heftig Klage geführt wurde: Neben einem „pragmatischen" Umgang mit der Stauhöhe reinige („fege") er den Fluß nicht ordentlich; sein Knecht verhalte sich gegenüber den Mahlgästen ungebührlich und das ausgelieferte Mehl sei minderwertig; was indes die Müllerin anginge, so wäre es gut, wenn sie „*ihrem Hause bliebe, ihre Küche wahrnähme und nicht das Gemahl*". Mochte letzteres vielleicht noch Peters persönliches Problem gewesen sein, so löste schließlich eine später vorgebrachte Klage eine amtliche Untersuchung aus: Der Müller halte seine Kühe, Schweine, Gänse und Hühner in der Mühle „*ganz nahe beim Mehltrog*". Das Prüfungsergebnis ist leider nicht überliefert - wohl aber, daß 1592 die Mühle bei brennender Kerze (gegen Höchstgebot, solange die Kerze noch nicht erloschen war) neu verpachtet wurde.
Genau 200 Jahre später - 1792 - befand man sich am oberen Ende der Wertungsskala. Da nämlich übernahm die Familie Holtz die Korn- und Ölmühle, zunächst als Pächter, nach der Säkularisation als Eigentümer. Die Holtz kamen aus Dülken und hatte dort seit langem die beiden herzoglichen und später kurfürstlichen Windmühlen gepachtet. Sie waren tüchtige und wagemutige Unternehmer: Außer diesen Mühlen gehörten ihnen im 19. Jh. allein oder als Beteiligte die Borner Mühle (Nr. 344), Nelsenmühle (Nr. 356), die Broicher Mühle (Nr. 398) und die Oedter Mühle (Nr. 415).
Die Süchtelner Mühle wählten sie als ihren Sitz und bauten sie systematisch aus. Nicht weniger als acht Mahlgänge wurden installiert, dazu eine Dampfmaschine und moderne Ölpressen. Ein neues kastellartiges Betriebsgebäude ließ erkennen, welche beherrschende Rolle man als „Holtzmühle" - wie sie jetzt allgemein hieß - zu spielen gedachte. 1888 tat der damalige Kommerzienrat Franz Holtz noch einen weiteren Schritt. Er verband sich mit dem Veerter Ölmüller Reinhard

Nr. 414 Holtzmühle, Viersen-Süchteln. Die Zinnen krönen nicht nur ein „Mühlenkastell“ aus der Zeit um 1890, sondern auch das Lebenswerk des Unternehmers und Kommerzienrats Franz Holtz. Er besaß eine ganze Reihe von Wasser- und Windmühlen und hatte überdies damals gemeinsam mit einem Kollegen aus Veert den Ölmühlenbetrieb Holtz & Willemsen in Uerdingen am Rhein gegründet.

Die Süchtelner Fliegenmühle (wie sie früher hieß), war bis zur Säkularisation jülich´sche Kameralmühle. Sie lief bis bis um 1965. Seither ist sie Sitz eines Einrichtungshauses.

Erhalten ist auch noch das alte Radhaus mit seinen zwei - inzwischen zugemauerten - Öffnungen für die Radachsen. Es dient heute als Durchgang.

Willemsen und verlegte die Ölproduktion an den Rhein nach Uerdingen, um Transportkosten zu sparen. In Süchteln wurde von nun an nur noch Mehl produziert. Trotz dieser Anstrengungen wurden beide Unternehmen in unserem Jahrhundert von den marktbeherrschenden Großmühlen überrollt. Um 1965 stellte die Süchtelner Mühle ihren Betrieb ein. Einige Jahre später wurde auch die Speiseölfabrik Holtz & Willemsen in Uerdingen geschlossen. Im Süchtelner Gebäude ist seit 1980 eine Einrichtungsfirma zuhause. Auf dem ehemaligen Fabrikgelände in Uerdingen stehen inzwischen Wohnhäuser.

DEILMANN, Joseph, Geschichte des Amtes Brüggen (39), Bd. 2, S. 120 ff.; ders., „Die Süchtelner Mühle an der Niers", in: Die Heimat (Krefeld) 1936, S. 69 ff.; DEILMANN/FÖHL, „Die Holtzmühle", in: Süchteln 1558-1958 (Festschrift 1958), S. 98 ff.; FRANKEWITZ, Burgen (65), S. 104/05; ders., „Hoff und woenonge genant Duyckers Hoff", in: HK Krs. Viersen 1986, S. 101 ff. (Mit Angaben darüber, daß die Holtzmühle im 16. Jh. vorübergehend zum Dückerhaus bei Oedt gehört hat); KLOMPEN, Säkularisation (139), S. 183; MACKES, in: Rhein. Städteatlas Nr. 41 (1982) „Süchteln" (211), Textteil; NORRENBERG, Chronik der Stadt Dülken (188), S. 17; SOMMER, aaO., S. 219; WENTGES, Max, in: Aus der Geschichte der Stadt Viersen (172), S. 110/111; JRD 30/31 (1985), S. 658; ferner Tranchot 1805/06 Bl. 42 Viersen: „Suchteler Mühle", sowie TK 1844 u. 1893 Bl. 4704 Viersen: „Holz-Mühle / Holz.-M."

Die Regulierung der mittleren und unteren Niers

Die Niers von Abwässern sauber zu halten war die eine Seite der Medaille. Auf der anderen Seite standen die Verbesserung der Abflußverhältnisse und Rettung der sauren Wiesen. Und das ging nur auf Kosten der vielen Mühlenstaue, deren Pegel nach Meinung der Wasserbaufachleute durchweg zu hoch angesetzt waren. Früher hatten die Mühlen die Priorität. Jetzt kam es nicht mehr auf die Wasserräder an, weil es längst andere Antriebsmöglichkeiten gab.
Einige Entlastung hatte schon der Nierskanal gebracht, ein „Überlaufventil", das die Preußen 1770 geschaffen hatten. Er zweigt bei Geldern ab und läuft auf dem bestmöglichen kurzen Weg auf die Maas zu. Durchgreifende Veränderungen brachten aber erst die Gründung des Niersverbandes im Jahre 1927 und die von ihm geplanten und getragenen Regulierungsmaßnahmen.
An die Stelle der vielen Flußwindungen trat nun vielfach die gerade Linie - damals auch von Heimatforschern als Symbol klarer Ordnung gepriesen und mit ihren Pappelalleen als landschaftstypisch für den Niederrhein erkannt, heute indes als Abkehr von der Natur beklagt. Bedauert wurde bei der Beseitigung der rauschenden Stauwehre und der Mühlenkolke nur der Verlust der Wassermühlen-Romantik. Im übrigen war es mit der Regulierung der Niers nicht getan. Auch ihre Zuflüsse mußten eine bessere und gleichmäßigere Vorflut erhalten.
Besonders wichtig und entsprechend aufwendig war die Regulierung der mittleren und unteren Niers. Diese Streckenabschnitte machten rd. 60 % der Länge aus, hatten aber nur gut 30 % vom Gesamtgefälle.
Die Arbeiten geschahen auf eine Weise, die heute kaum mehr denkbar wäre: durch den Freiwilligen Arbeitsdienst, aus dem 1935 der Reichsarbeitsdienst (RAD)

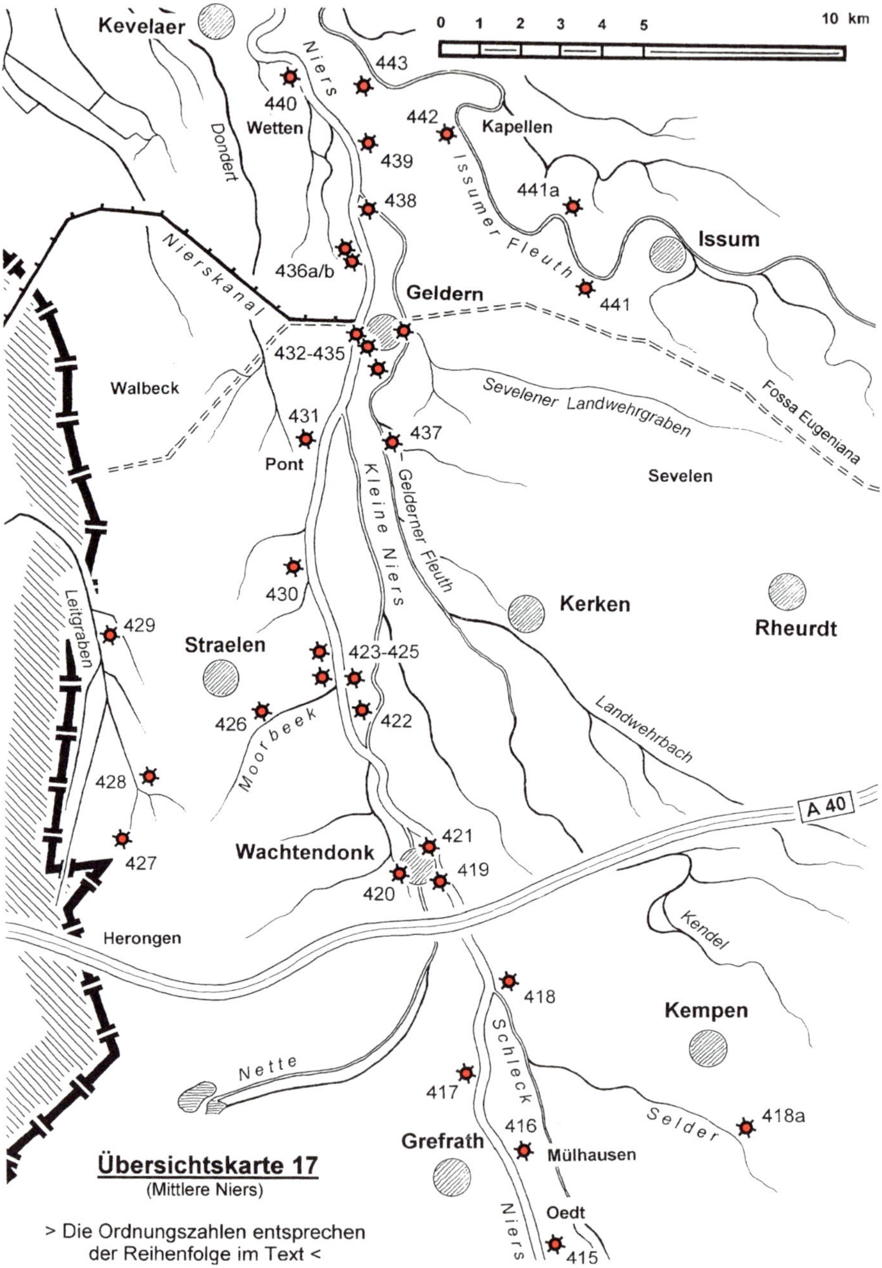

Im Plangebiet: 32 Wassermühlen und um die 42 Windmühlen.

mit allgemeiner Dienstpflicht wurde. Den Freiwilligen Arbeitsdienst hatte die Regierung 1931/32 zur Behebung der Jugendarbeitslosigkeit gegründet und mit den nötigen gesetzlichen und finanziellen Grundlagen ausgestattet. Unter den örtlichen Trägern befanden sich in den ersten Jahren neben anderen gesellschaftlichen Gruppen auch die christlichen Gewerkschaften und das katholische Jugendwerk. Daß das NS-Regime den Arbeitsdienst später als militärische Vorschule mißbrauchte, schmälert seine Bedeutung für die Arbeiten im Niersgebiet nicht. Denn er trug hier die Hauptlast. Zwischen 1932 und 1939 waren zwischen Neersen und Landesgrenze ständig zwischen 750 und 1.000 Arbeitsdienstangehörige im Einsatz. Firmen wurden nur zu den Spezialarbeiten herangezogen, und zwar auch nur im Sommerhalbjahr. Im Einzugsgebiet der Niers gab es allein in der „freiwilligen" Zeit nicht weniger als 16 Arbeitsdienstläger (und 3 an der Schwalm). Unmittelbar am Fluß standen damals Läger in Neersen, Oedt, Geldern, Goch und Asperden.

415 Oedter Mühle

Grefrath-Oedt, Mühlengasse
(vor 1273 - 1960) > Niers <

Das kurkölnische Amt zog sich zwischen Neersen und Neersdom schmal und gestreckt an der Ostseite des Grenzfluses Niers entlang. Mittelpunkt war die Burg Uda. Die Klever hatten sie zu Anfang des 14. Jh. an einem strategisch wichtigen Flußübergang erbaut. Aber schon 1313 befand sich die Burg in der Hand des Kölner Erzbischofs - zunächst als Lehen und 1348 uneingeschränkt mitsamt der Herrschaft.
Wahrscheinlich war die Mühle schon vorher da. Denn sie ist früher erwähnt als die Burg, gehörte im übrigen der Abtei St. Vitus in Gladbach, war also trotz ihrer Lage beim Burgtor keine eigentliche Burgmühle. Nach einer Urkunde aus dem Jahre 1273 hatten nämlich damals schon ein „*Heinricus dictus cirurgicus et Aleydis uxor eius opidani Nussie* - Heinrich, genannt der Chirurg, und seine Ehefrau Adelheid, Bürger von Neuss" die Verwaltung der Güter der Abtei Gladbach in Oedt übernommen. Dabei wurden die Mühlen ausdrücklich eingeschlossen. Gemeint waren offensichtlich eine Mahl- und Ölmühle unter ein und demselben Dach. So verstehen sich auch die zwei Wasserräder, die auf einer Vogelschau-Zeichnung aus dem Jahre 1623 zu sehen sind.
1454 übernahm dann der Erzbischof von Köln die Oedter (und die Mülhausener) Mühle in Erbpacht. Dabei mochten die räumliche und wirtschaftliche Nähe zur Burg, an der ja die Mühle lag, eine Rolle gespielt haben.
Der schlimmste Eingriff im „Leben" der Oedter Mühle war wohl die Sprengung der Burg durch die Hessen im 30jährigen Krieg (1643), die sie kaum unbeschadet überstehen konnte. Seither leistet ihr jedenfalls nur noch der große Bergfried Gesellschaft, der dem Sprengpulver widerstanden hatte. 1843 gehörte die Mühle den Gebrüdern Holtz aus Süchteln (siehe Nr. 414). Sie lief - zuletzt elektrisch - bis 1960. Heute ist das Mühlengebäude aus dem 19. Jh. ein Mehrfamilienhaus.

Nr. 415 Oedter Mühle, Grefrath. Das weiße Radhaus der Mühle der Gladbacher Abtei und der Bergfried der kurkölnischen Burg stehen noch immer in trauter Nachbarschaft. Die Mühle ist aus dem 13. Jh., die Burg aus dem frühen 14. Jh. Die Mühle hat die Burg um 300 Jahre überlebt. Erst 1960 wurde sie stillgelegt. Heute dient das Anwesen gewerblichen und Wohnzwecken. - Foto: Frank Brüggen, Grefrath.

BRASSE, Urkundenbuch (24), Bd. 1 Nr. 111, 184 u. 438, Bd. 2 Nr. 845; FRANKEWITZ, Burgen (65), S. 109 ff.; KLOMPEN, Säkularisation (139), S. 100; SOMMER, aaO., S. 210; JRD 25 (1965), S. 184; ferner Tranchot 1802 Bl. 35 Kempen: „moulin", sowie TK 1844 u. 1893 „Oedter M. / M."

416 Mülhausener Mühle

Grefrath-Mülhausen, Hauptstraße
(vor 1454 - 1925) > Niers <

Der Name sagt es schon: Zuerst stand hier an der Furt am Wege zwischen Kempen und Grefrath die Wassermühle. Später entwickelte sich längs der Straße eine Dorfsiedlung, die sich nach der Mühle benannte.
Die Mühle gehörte - wahrscheinlich schon seit dem 13./14. Jh. - der Abtei Gladbach. 1454 wurde sie zusammen mit der Oedter Mühle dem Kölner Erzbischof in Erbpacht gegeben, der sie als Regiebetrieb bewirtschaften ließ. In den Kellnerei-Rechnungen des Amtes Oedt aus der Zeit bis 1518/21 sind zu Mülhausen Ausgabepositionen enthalten, die in lateinischer Kanzleisprache einen interessanten Einblick vermitteln:

- Für den Zimmermann Johannes, genannt Weder *„reformando rotam ... molendini* - für die Reparatur des Mühlrades“ und für den Bau eines *„guttarium novum* - einer neuen Arche“;
- für zwei Räder *„ad carrucam molendini* - an der Mühlenkarre“;
- für ein Paar Seile *„ad equos trahentes ipsam carrucam* - für die Zugpferde eben dieser Karre“, oder *„pro sufferationem duorum equorum* - das Beschlagen zweier Pferde“ durch den Schmiedemeister Henricus genannt Paes.

Man findet auch eine Art Sammelnachweis zum Salär des Mühlenpersonals: Für *„Conrado famulo superioris molendini* - den Meisterknecht“ etwa, oder für *„Johanni socio suo* - seinen Gesellen“, oder *„Conrado Elfkin ductore carruce* - den Fuhrmann“ und einige *„famuli* - Gehilfen“. Die Mühlenkarre *„positum ad molendinum domini in Mulhusen* - stationiert bei der Mühle des Herrn“ diente auch als Leichenwagen, wie aus einer Notiz aus Anlaß der Beisetzung eines gewissen *„Vieschers opper Heiden*“ herauszulesen ist.
Bei der Säkularisation ging die kurfürstliche Mühle zu Mühlhausen wie sie auch genannt wurde - für 12.800 frs. an den Landwirt Johann Schmitz aus Oedt. Als die Schwestern vom Orden Unserer Lieben Frau ihre 1887 auf dem benachbarten Gelände gegründete Mädchenschule erweitern mußten, kauften sie 1925 das Mühlengrundstück und ließen die altehrwürdige Mühle niederlegen. So schloß sich der Kreis: Am Anfang der Mühle standen die Benediktinermönche, an ihrem Ende eine Klosterschule, in dem die Sprache der bischöflichen Kameralbeamten gelehrt wird - Latein.

BRASSE, Urkundenbuch (24), Teil 2 Nr. 845 u. 977; FRANKEWITZ, Burgen (65), S. 116/17; KLOMPEN, Säkularisation (139), S. 100; SOMMER, aaO., S. 209; WISPLINGHOFF, Die Kellnerei-Rechnungen der Ämter Kempen und Oedt (270), S. 10 u. 16 ff.; o. Verf., „Kloster Mülhausen der Schwestern Unserer Lieben Frau“, in: HK Krs. Kempen-Krefeld 1951, S. 93 ff.; ferner TK 1844 u. 1893 Bl. 4604 Kempen: Mühlensymbol / „M.“

417 Langendonker Mühle

Grefrath, Tetendonk
(vor 1353 - 1927) < Niers <

Sie liegt zwar in der Reihe der fünf Mühlen im Raume Oedt, stand aber als einzige auf der linken, der geldrischen Seite. Und noch eine Besonderheit: Es gab zwar einen Hof (und späteren Rittersitz) Langendonk als geldrisches Mannlehen. Er taucht aber urkundlich erst rd. 50 Jahre später als die unweit davon gelegene Mühle auf. Ob beide ursprünglich zusammengehörten, wie sonst häufig, muß offen bleiben. Ohnehin nahmen Hof und Mühle zumindest seit 1353 getrennte Wege. In jenem Jahr verpachteten nämlich Herzog Reinald von Geldern und sein Bruder die ihnen gehörende Langendonker Mühle an Godert v. Wachtendonk. Dessen Nachfahren blieben - vermutlich als Erbpächter - bis um 1700 im Besitz der landesherrlichen Mühle.
Auf der Mühle lag der Mühlenbann für den Raum Grefrath. In der Pachturkunde

Nr. 417 Langendonker Mühle, Grefrath. Sie steht auf der geldrischen Seite der Niers und war landesherrliche Bannmühle für den Raum Grefrath. Ihre Geschichte ist ab 1353 überliefert. Im 18./19. Jh. diente sie für einige Jahrzehnte als „Schnupftabaksmühle", in der große Mengen Tabaksblätter vermahlen wurden. Im übrigen war sie bis zu ihrer Stillegung 1927 eine Öl- und Kornmühle.

Das obere Bild aus Familienbesitz des ehemaligen Müllers zeigt in naiver Manier das Mühlengebäude mit den beiden spitzgiebligen Radhäusern. Heute ist nur noch die verputzte Wand zu sehen, die an dieser Stelle das Haus vor Feuchtigkeit schützen sollte. Das Gebäude dient jetzt Wohnzwecken.

von 1353 heißt es, „*dat onse laten* (Hörigen) *tot Greveraede ... dort mahlen lassen müssen ende anders nergent* - und nirgends sonst." Die Verpflichtung blieb bis zur Franzosenzeit bestehen.
Wegen der Pachtzinsen, vor allem aber wegen der Wassernutzung und des Staurechts kam es im 18. Jh. mehrfach zu Auseinandersetzungen und behördlichen Anordnungen. Elisabeth Kremers hat das in ihrem Bericht über Langendonk anhand der alten Akten ausführlich geschildert. Damals (seit 1771) gehörte die Mühle dem Krefelder Kaufmann Abraham von der Westen. Sie hatte für seine Schnupftabaksproduktion die Tabakblätter zu mahlen. Veranschlagt waren jährlich 20.000 Pfund, die zwar in trockenen Sommern nicht erreicht, in guten Jahren aber weit überschritten wurden. 1776 waren es nicht weniger als 51.914 Pfund, die von den schnupfenden Zeitgenossen „verschnupft" wurden.
Im 19. Jh. scheint der Schnupftabak aus der Mode gekommen zu sein. Da nämlich ist die - 1841 in andere Hände übergegangene - Langendonker Mühle wieder eine herkömmliche Mahl- und Ölmühle. Sie hatte zwei überdachte Wasserräder, denen „als Aushilfe" 1870 eine 8 PS - Dampfmaschine beigegeben wurde. 1927 setzte die Niersregulierung dem Betrieb ein Ende. Der Mühlenhof wurde zunächst landwirtschaftlich genutzt und dann in Wohnungen umgewandelt.

FRANKEWITZ, Burgen (65), S. 121 ff; KÖNIGS, Emil, „Zur Geschichte der Familie Püll oder Püllen zu Krefeld", in: Die Heimat (Krefeld) 1924, S. 2 ff.; KREMERS, Elisabeth, „Haus Langendonk und die Langendonker Mühle", in: HK Krs. Viersen 1992, S. 48 ff.; NORRENBERG, Geschichte Grefrath (189), S. 54 u. 84; SOMMER, aaO., S. 209; Rhein. Post v. 19. März 1960 („Vom Rittergut blieb eine Mühle"); ferner Tranchot 1802 Bl. 34 Grefrath: „Langendonker Mühl", sowie TK 1844 u. 1893 Bl. 4604 Kempen: Langendonker M."

418 Neersdommer Mühle

Grefrath-Vinkrath, Neersdommer Weg
(vor 1348 - 1942) > Niers <

Ob der 1182 erstmals urkundlich vorkommende Eigenname „Nersdam/ Nersdom" von einem „Heim" oder einem „Damm" abzuleiten ist, mag ebenso offen bleiben wie die Frage, ob es hier damals schon eine Mühle gegeben hat. Deren Existenz ist nämlich erst aus einer Grenzbeschreibung von 1348 „*bi Nirsdom ... tuschen dien molenrade ...*" zuverlässig bekannt. In einer Urkunde aus dem Jahre 1354 erfährt man dann, daß die Mühle dem Herzog von Geldern gehörte. Dieser veräußerte sie schließlich 1383 an seinen Lehensmann Johann v. Honselaer. 1522 kam die Neersdommer Mühle an das Kölner Erzstift. Verkäuferin war die Kempener Juristenfamilie Breman; unklar ist allerdings, ob sie als Erbpächterin oder als Eigentümerin auftrat. Köln vergab die Mühle in der Folgezeit jedenfalls stets nur in Zeitpacht.
Nach der Konfiszierung durch den französischen Staat kaufte Peter Heinrich Stieger das Anwesen. Stieger war Schwiegersohn des damaligen Pächters Drink. Unter den Stiegers nahm der ohnehin schon stattliche Betrieb einen erheblichen Aufschwung - nicht zuletzt deswegen, weil ihm eine Brauerei und Schnapsbrennerei

Nr. 418 Neersdommer Mühle, Grefrath. Die alte geldrische Mühle am „Dreiländereck" zwischen Kurköln, Jülich und Geldern ist 1348 erstmals erwähnt. Sie lief nach der Niersregulierung noch bis 1942, allerdings mit Elektroantrieb.
Von ihrer Einrichtung ist bis auf einige Mühlsteine nichts mehr vorhanden. Draußen zeigt nur das ehemalige Schutzhaus für das Wasserrad den Standort an, wo sich die Mühle in der Hofanlage befunden hat. Heute sind hier die Wohnräume des Eigentümers, der den Mühlenhof zu einem Pilzzuchtbetrieb gemacht hat.

(„Alter Korn - Jakob Stieger sel. Witwe") angegliedert worden war. Aber auch die Mühle selbst besaß mit ihren vier Mahlwerken einige Bedeutung. Den Berichten nach konnte sie 24 Stunden am Tag mahlen, weil sie von der Niers und der hier einmündenden Schleck gut mit Wasser versorgt wurde.
Gegen Ende des 19. Jh. scheint es aber mit der Mühle bergab gegangen zu sein. Johanna Stieger - die letzte Erbin von Gut und Mühle - hatte ihren gesamten Besitz 1899/1904 den Benediktinern vermacht. Zwar wurde noch gemahlen, aber eher beiläufig. Außerdem wurde das Mühlrad zur Stromerzeugung und Bewässerung benutzt, bevor es 1942 endgültig stillgelegt und der Mahlboden ausgeräumt wurde. Übrig blieben nur das Radhaus und einige Mühlsteine, die das Hoftor des jetzigen Pilzzuchtbetriebes zieren.

FÖHL, Walter, „Hausarchiv Neersdommer Mühle" (unveröff. Manuskript, Kreisarchiv Viersen); FRANKEWITZ, Die geldrischen Ämter (66), S. 186; ders., Burgen (65), S. 129/30; JANSSEN, Annemarie u. Hans Gerhard, „Mühlen", in: Michael Buyx (107), S. 180 ff.; KEUSSEN, Urkundenbuch Krefeld-Moers (134), Bd. 1, Nr. 487; KLOMPEN, Säkularisation (139), S. 100; von MONSCHAW, Hubert, „Neersdommermühle", in: HK Krs. Kempen-Krefeld 1962, S. 201 ff.; SCHLEIDGEN, Urkundenbuch Kleve-Mark (224), Nr. 327; SOMMER, aaO., S. 208; ferner Tranchot 1802/04 Bl. 34 Grefrath: Niersdomer Mühle", sowie TK 1844

u. 1893 Bl. 4604 Kempen: Niersdommer M.“
Ein Zufluß der bei Neersdom einmündenden Schleck ist die Selder („Sammler“), deren einstige Quelle in St. Tönis lag. Heute ist sie ein unbedeutender Abzugsgraben. Aber um 1600 besaß sie noch soviel Kraft, daß sie beim Mühlenhof an der Schelthofer Straße in St. Tönis eine **Selder-Mühle (Nr. 418a)** antreiben konnte (ACKERS, F. F., „Die Selder“, in: Die Heimat (Krefeld), 1955, S. 5 ff.). Wann diese Mühle gebaut wurde und wie lange sie bestanden hat, ist nicht überliefert.

419-421 Die Wachtendonker Mühlen

Im Freiheitskampf der Niederlande gegen Spanien war das geldrische Burgstädtchen Wachtendonk („Vogtendonk“) hart umkämpft und hat zwischen 1572 und 1605 mehrfach den Besitzer gewechselt. Entsprechend groß war das Interesse an Zeichnungen und Kupferstichen, auf denen die zeitgenössischen Kriegsberichterstatter die Kampfhandlungen schilderten. Uns beschäftigen allerdings weniger die Befestigungsanlagen und Truppenbewegungen oder der reichlich anfallende Pulverqualm als vielmehr die auf diesen Bildern erkennbaren Wassermühlen. Insgesamt sind es drei. Zählt man dann noch die jüngere Lohmühle mit, kommt man sogar auf vier Mühlen.

Die älteste Darstellung dieser Vorgänge ist wohl die auf Blatt 254 von Franz Hogenbergs Geschichtsblättern aus der Zeit um 1590 mit dem freien Abzug der Niederländer nach der Kapitulation Wachtendonks vor den spanischen Truppen im Jahre 1588. Unter den vielen Details kann man nahe der Burg an der Niers nebeneinander zwei Wassermühlen erkennen. Gemeint war die **Kornmühle (Nr. 419)**. Sie besaß allerdings keine Schwester nebenan. Denn nur auf diesem Blatt ist eine Zwillingsmühle dargestellt, auf allen anderen Blättern nicht. Das entspricht auch der Quellenlage, die hier an der Niers nur eine einzige Mühle - eben die Kornmühle kennt. Sie war übrigens keineswegs so unbeschädigt, wie auf dem Bild dargestellt. Denn nach der Übergabe der Stadt hatten die Wachtendonker Schöffen zu Protokoll gegeben, daß die Mühle *„in den Grund geschossen, so daß nichts taugliches davon geblieben ist.“*
Die Kornmühle am Mühlenwall ist die älteste bekannte Mühle in der damaligen Stadt. Schon 1326 ist sie erwähnt. Sie gehörte den Herren von Wachtendonk und deren Rechtsnachfolgern - wie übrigens die anderen Mühlen auch - und war Bannmühle für Stadt und Land Wachtendonk. Die Mahlgenossen durften nur dann außerhalb mahlen lassen, wenn die Mühle mehr als drei Tage und Nächte stillgelegen hatte. Der Müller brauchte auch nicht seine Mühlenkarre über Land fahren zu lassen, wie sonst allgemein üblich. Die Kundschaft mußte das Getreide anliefern und das Mehl abholen.
Im 19. Jh. wurde in dieser Mahlmühle auch Öl geschlagen. Es gibt nämlich eine Nachbarbeschwerde aus dem Jahre 1822 über den Lärm, den die *„neu angelegte Ölmühle an der Wasserkornmühle“* verursachte. Mahl- und Schlagwerk befanden sich damals offensichtlich in ein und demselben Gebäude mit zwei Wasserrädern, wie man auf den damaligen Katasterplänen erkennen kann.
Die Mühle blieb bis 1897 im Adelsbesitz. Dann wurde sie - wohl nur noch als Mahlmühle - an die am Niederrhein weit verbreitete Müllerfamilie van Schayck

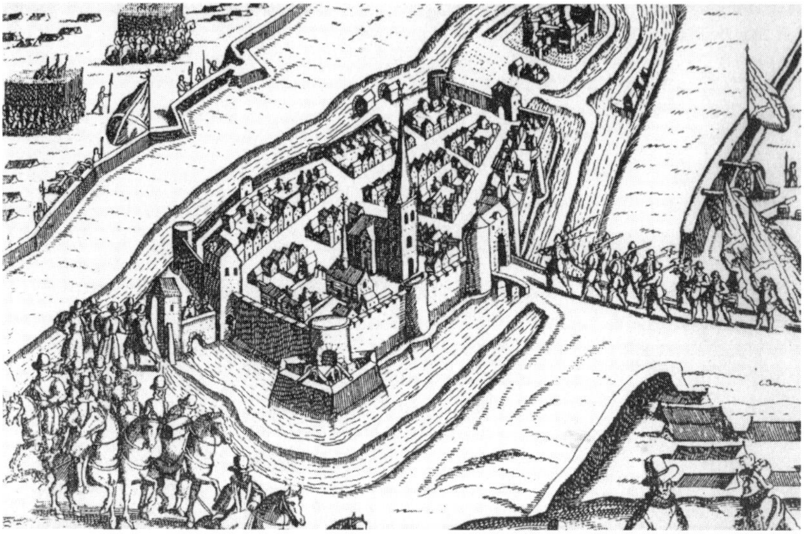

Nr. 419 Kornmühle, Wachtendonk. Von den drei Mühlen der Herrlichkeit Wachtendonk war sie die älteste, schon 1326 bezeugt. Ob sie allerdings aus zwei Gebäuden bestand (Korn- und Ölmühle?), wie auf dem Stich aus Hogenbergs Geschichtsblättern aus der Zeit um 1590 dargestellt, ist eher unwahrscheinlich.
Das Postkartenbild unten aus der Zeit um 1920 zeigt die Verhältnisse vor der Niersregulierung. Nach einem Brand 1936 trat an die Stelle des alten Mühlengebäudes ein moderner Industriebau, der jedoch nach der endgültigen Betriebseinstellung 1975 abgebrochen wurde.

aus Straelen verkauft. 1936 brannte der Betrieb ab, wurde aber in größerer und zeitgemäßer Form wiederaufgebaut. Bis 1942 lief er dann noch mit Wasserkraft und bis um 1975 mit einem Elektromotor. Heute ist von der Mühle nichts mehr zu sehen.

Auf zwei anderen Darstellungen der Vorgänge um 1600 findet man außer der (einen) Kornmühle an der Niers noch eine Mühle am Stadtgraben. Dieser Graben zweigte bei der Burg von der Niers ab, umfloß den Ort und kam beim Feldtor wieder in den Fluß zurück. Es handelte sich um die 1408/09 erwähnte und 1430 als *„oleymoillen“* an der *„Lairporte“* (= Bruchtor oder Venlosche Poort) näher bezeichnete landesherrliche **Ölmühle (Nr. 420)** an der heutigen Bruchstraße. Auch sie war bei den Kampfhandlungen zerstört, aber wohl alsbald wieder aufgebaut worden. Bis wann diese Mühle in Betrieb war, ist nicht bekannt. Sie scheint aber das 17. Jh. nicht überdauert zu haben. 1739 ist in Wachtendonk jedenfalls nur noch von einer Korn- und einer Lohmühle die Rede.

Diese **Lohmühle (Nr. 421)** stand ebenfalls am Stadtgraben, und zwar am Feldtor (heute Feldstraße) unmittelbar an der Einmündung in die Niers. Sie taucht urkundlich zwar erst 1739 bei einer Verpachtung auf, muß aber schon geraume Zeit vorher existiert haben. Denn 1743 hatte der Zimmermann Willem Drack den Auftrag bekommen, für 70 Gulden eine *„nieuwe Loyemolen arcke* - neue Lohmühlenarche“ zu bauen, offenbar als Ersatz für die alte und baufällige Arche. Eine Arche aus gutem Holz hielt 20-25 Jahre.
Auch diese Mühle ging 1897 (zusammen mit der Kornmühle) auf die Familie van Schayck über, die sie aber nicht lange behalten hat. Denn schon 1912 wurde das Anwesen an einen Landwirt mit der Auflage verkauft, den Mühlenkolk zu verfüllen. Heute befindet sich auf dem Gelände der Bauhof der Gemeinde. Das Müllerhaus in Fachwerkbauweise blieb jedoch erhalten und ist ein Schmuckstück am östlichen Dorfeingang.

FRANKEWITZ, Burgen (65), S. 131 ff.; HENRICHS, Geschichte Wachtendonks (101), S. 44, 95, 102, 240 u. 349; SOMMER, aaO., S. 199; WENSKY, Rhein. Städteatlas Nr. 35 (1980) „Wachtendonk“, Textteil; Archiv der Gemeinde Wachtendonk (mit umfangreichem Quellen- und Bildmaterial); Ausstellungskatalog „Wachtendonk - Eine altgeldrische Stadt“ (1978), mit 23 Kupferstichen aus dem 16./17. Jh.; ferner TK 1893 Bl. 4504 Kerken: Mühlensymbol; die älteren Topographischen Karten verzeichnen die Mühlen nicht, weil sie im Siedlungsbereich lagen.
Nach WENSKY, (aaO.), wurde 1493 die Errichtung einer privaten Ölmühle genehmigt. Vielleicht handelte es sich um eine Roßmühle, denn die oben genannte Wasser-Ölmühle gehörte dem Landesherrn. Weitere Nachrichten sind über diese Privateinrichtung nicht bekannt.

422 Holtheyder Ölmühle

Wachtendonk, Holtheyde
(1750 - um 1910) > Steinbeek (Niers) <

„Friedrich, König von Preußen, gestattet dem Herrn de Cabanes auf seine Eingabe, zu Holtheyde, Land Wachtendonk, an der Steenbeek ... eine Ölmühle zu erstellen, unter der Bedingung, daß niemand einen Nachteil erhalten soll. ... Jahres-

Nr. 421 Lohmühle, Wachtendonk. Sie ist jüngeren Datums (Ersterwähnung 1793) und lief bis 1912. Auf dem Bild sind der alte Fachwerkbau des Müllerhauses und ein Reststück des Stadtgrabens zu sehen. Die Mühle selbst ist allerdings beseitigt. Heute befindet sich an ihrer Stelle der Bauhof der Gemeinde. - Foto: Josef Jennen, Wachtendonk.

Nr. 422 Holtheyder Ölmühle, Wachtendonk. Von ihr gibt es nur noch eine Ruine und einen Rest des Mühlenweihers. Die Mühle wurde 1750 erbaut und um 1910 stillgelegt. Das Gebäude nutzte man zunächst als Wohnhaus. Heute verfällt es und wird wohl nicht mehr zu retten sein.

gebühr für den Betrieb 6 Reichsthaler." So lautet kurz und knapp die Konzessionsurkunde vom 28. März 1950.
In Wachtendonk gab es mithin noch eine weitere - vierte - Mühle, allerdings weit außerhalb im Norden, abseits von Hs. Holtheyde und einsam an einem Waldstück. Sie besaß ein Wasserrad und zwei Ölschlagbänke. Viel hatte sie allerdings wohl nicht zu tun, weil sie früheren Berichten zufolge im Sommer und wintertags bei anhaltendem Frost oft vom Antriebswasser im Stich gelassen wurde. Deshalb ließ Graf Varo von Hs. Caen, auf den Holtheyde und seine Mühle inzwischen übergegangen waren, 1866 zusätzlich auf dem Gutshof eine weitere Ölmühle bauen, die mit einer Dampfmaschine angetrieben wurde.
Die Wasser-Ölmühle arbeitete bis um 1910. Das Mühlenhaus war dann noch einige Zeit bewohnt, verfiel schließlich aber zur Ruine. „*Wir sind froh, daß uns dieser Trümmerhaufen nicht mehr gehört*", sagte jüngst die Herrin auf Hs. Caen zum Verfasser.

FRANKEWITZ, Burgen (65), S. 154; SOMMER, aaO., S. 196; Archiv der Gemeinde Wachtendonk; ferner Tranchot 1802/04 Bl. 27 Straelen: „Olie Moelen", sowie TK 1893 Bl. 4503 Straelen: „Ö.M."

423-425 Die Mühlen von Haus Caen

Der Adelssitz Caen soll schon im 12. Jh. bestanden haben. Die älteste schriftliche Nachricht ist jedoch erst von 1370 und betrifft seltsamerweise nur die Mühle. Gemeint ist offensichtlich die heute noch stehende Kornmühle unmittelbar vor dem Schloß. Früher standen beide - Schloß und Mühle - unmittelbar an der Niers, die just hier beim Stauwehr von der Straße überquert wurde, die Wachtendonk und Straelen miteinander verbindet. Heute sind Straße und Fluß begradigt und führen im Bogen an der Schloßanlage vorbei.
Blickt man auf die alten Karten, dann sieht man rechts und links vom Schloß und vom früheren Niersbett ein weitgehend unregelmäßiges Gewässer-Geflecht, das vermutlich in alter Zeit künstlich angelegt wurde, um das Anwesen zu schützen. Allein die von Westen kommende und just hier in die Niers einmündende Moorbeek dürfte unverändert geblieben sein. Vermutlich hatte sie schon bei der Wahl des Standortes für Caen eine Rolle gespielt.
Am Hauptfluß und an zweien der kleinen Nebengewässer standen mehrere Mühlen. Die **Kornmühle (Nr. 423)** ist die älteste von ihnen und - wie schon gesagt - 1370 erstmals genannt. Wie aus einem langdauernden Rechtsstreit im 16./17. Jh. zu entnehmen ist, war sie (wie auch die Vlaesrather Mühle) berechtigt, auch Kundschaft in Straelen zu bedienen und mit Peitschenknall und Schellen einer Glocke auf ihren Müllerkarren aufmerksam zu machen.
Zwei große Brände überschatteten das Mühlengeschehen. Im spanisch-niederländischen Krieg wurde sie 1587 niedergebrannt und mußte neu „*getymmert* - gezimmert" werden. Der andere große Brand bedeutete zugleich ihr betriebliches wie betrübliches Ende. Spielende Kinder hatten ihn 1977 verursacht. Da war die Kornmühle zwar schon mit elektrischen Walzenstühlen ausgestattet, befand sich

Nr. 423 Kornmühle von Hs. Caen, Straelen. Zweifellos zählt sie zu den ansprechendsten Zeugnissen alter Wassermühlenherrlichkeit. Ihr Anfänge reichen bis ins 14. Jh. zurück. Ihr Ende war ein Brand 1977. Äußerlich wurde sie dann zwar restauriert. Innen ist sie aber leer.

Nr. 425 Walk- / Ölmühle von Hs. Caen, Straelen. Sie entstand um 1678 als Walkmühle. Mitte des 19. Jh. wurde sie zu einer Ölmühle umgerüstet, wohl als Ersatz für die ältere Ölmühle jenseits der Landstraße. Seit etwa 1900 dient das Gebäude landwirtschaftlichen Zwecken.

aber noch in ihrem alten und entsprechend feueranfälligen Fachwerkgebäude. Dieses - bereits 1963/64 restaurierte - Gebäude gab man allerdings auch jetzt nicht auf, sondern stellte es in den 80er Jahren mit einigem Aufwand wieder her, um das altvertraute Bild der Schloßmühle zu bewahren, das längst unverzichtbarer Gegenstand von Niederrhein-Darstellungen ist.

Südwestlich der Kornmühle stand an einem Verbindungsgraben zwischen Niers und Kaltem Graben die **Ölmühle (Nr. 424)**. Sie stammt aus dem 16. Jh. und lief bis ins 19. Jh. hinein. Da Michael Buyx sie in einer Karte von 1837 als Lohmühle bezeichnet, muß sie zuletzt noch eine andere Funktion gehabt haben, ehe sie um die Mitte des 19. Jh. außer Betrieb gesetzt wurde. Jedenfalls geben die Topographischen Karten von 1844 und 1893 die Mühle nicht mehr an. Das Gebäude ist beseitigt. Auch vom früheren Ölmühlenhof ist seit einigen Jahrzehnten nichts mehr zu sehen.

Die Dritte im Caener Mühlenbunde war die **Walkmühle (Nr. 425)**. Ein erster Pachtvertrag über diese Mühle stammt aus dem Jahre 1678. Möglicherweise war sie damals gerade neu erbaut worden. Ihr Antriebswasser kam aus der hier einmündenden Moorbeek und einem Niersarm. Als sich das Walken offenbar nicht mehr lohnte oder aber die alte Ölmühle auf der anderen Niersseite schon zu baufällig war, rüstete man sie zu einer Ölmühle um. Sie lief mit dieser Verwendung bis um 1900. Das Gebäude ist noch vorhanden und wird heute für landwirtschaftliche Zwecke genutzt.

FRANKEWITZ, Stefan, „Die Caener Mühle“, in: GHK 1981, S. 75 ff.; ders., Die geldrischen Ämter (66), S. 128; ders., Burgen (65), S. 156 ff.; HILD, Jochen, „Wassermühlen im Gebiet von Straelen“, in: Der Niederrhein 1964, S. 7 ff.; LINSSEN, Heinrich, „Die Niers“, in: Die Heimat (Krefeld) 1940, S. 83/84; SOMMER, aaO., S. 195/96; JRD 19 (1951) S. 201, 20 (1956) S. 122, 25 (1965) S. 173 u. 30/31 (1985) S. 648; ferner Tranchot 1802/04 Bl. 27 Straelen: „moulin“ (2 x), sowie TK 1844 Bl. 4503 Straelen: Mühlensymbol (für die Kornmühle) und 1893: „M. u. Ö.M.“

426 Herrenmühle

Straelen-Bockholt,
(vor 1401 - 2. Hälfte 19. Jh.) >Moorbeek (Niers) <

Am Anfang unserer Kenntnisse über diese Wassermühle steht eine Schenkung von Herzog Wilhelm von Geldern an seinen Kämmerer Johann v. Vossum. Ritter Johann erhielt nämlich 1401 für treue Dienste das Gut Pitswinkel in der Straelener Honschaft Bockholt mitsamt der zugehörigen Mühle. Es war zwar keine Bannmühle. Der Müller durfte auch keine Mühlenkarre umherschicken. Aber Mühlen stellten zu jener Zeit allemal einen beträchtlichen Wert dar, zumal auch - nebenbei gewissermaßen - Öl geschlagen wurde.
Wie lange sich der Beschenkte seiner Mühle erfreuen konnte, weiß man nicht. Die Schlacht zwischen den Herzögen von Kleve und Geldern auf der Holthuyser Heide 1468 dürfte sie jedenfalls kaum überstanden haben. Aber sie wurde wieder aufgebaut. Schließlich hatte der Gelderner gesiegt und sogleich nahebei in Dankbarkeit das Augustinerchorherrenkloster Mariensande gestiftet. Das war für die

Mühle insofern bedeutsam, als eben diese Chorherren 1482 das gesamte Anwesen kauften, um ihren Besitz abzurunden. Fortan hieß sie nicht mehr Pitswinkels- oder auch Clompertzmühle, sondern Herrenmühle.
Nach der Aufhebung des Klosters 1802 kam die Mühle in Privathand, später an den Besitzer des nahegelegenen Hs. Coull. Noch bis in die zweite Hälfte des 19. Jh. hinein war sie in Betrieb. Dann wurde das Ölschlagen eingestellt, wahrscheinlich wegen der Billigeinfuhren aus den Vereinigten Staaten, gegen die kleine Mühlen nichts ausrichten konnten. Wahrscheinlich hat auch die Gründung einer Dampf-Ölmühle in Straelen durch die Gebr. Schayck beim Niedergang der Herrenmühle eine nicht unwesentliche Rolle gespielt.
Das Mühlengebäude hielt dann noch hundert Jahre durch, ehe es so baufällig war, daß trotz aller Denkmalwürdigkeit nur noch der vielfach bedauerte Abriß übrig blieb.

FRANKEWITZ, Stefan, „Straelen“ (Heft 147, 2. Aufl. der Reihe Rhein. Kunststätten); SOMMER, aaO, S. 196; ferner Tranchot 1802/04 Bl. 27 Straelen: „Heers Mühle“, sowie TK 1844 u. 1893 Bl. 4503 Straelen: hier steht - wohl in Anlehnung an das geldrische Urkataster - nur „Mühlenhof“.
Siehe in diesem Zusammenhang auch die Kollage „Wind- en Watermolens“, Deel 2, von Willi BARTELS, Venlo (nur in wenigen Exemplaren privat veröffentlicht); sie ist auch als Materialsammlung für eine Reihe anderer Mühlen im Grenzland interessant. Der Verein Niederrhein und das Stadtarchiv Straelen besitzen ein Exemplar dieser Kollagenreihe.

Leitgraben / Mühlengraben

Er ist künstlich gezogen und steht schnurgerade ausgerichtet als „Leitgraben“ in den Karten. Sein Zweck ist, die Vorflut aus den kleinen Bächen und Gräben aufzunehmen, die vom schmalen Höhenzug in der Verlängerung des Viersener Horstes westlich Straelens herabfließen. Auch diese Zuläufe sind inzwischen gerade Striche in der ehedem sumpfigen Landschaft. Der Leitgraben ist nur wenig mehr als 100 Jahre alt. Unsere Vorfahren haben das Grabensystem als unkomplizierten und leistungsfähigen Sammler gebaut. Sie wollten das Straelener Veen entwässern, das lange Zeit ausgetorft worden war und nun für die Landwirtschaft nutzbar gemacht werden sollte.
Erst hinter der Landesgrenze verläßt der Leitgraben die verordnete Gradlinigkeit und eilt zur Maas, soweit ihm das sein Gefälle von nur 6 m auf 23 km erlaubt.
Auf der Karte der preußischen Neuvermessung von 1891 ff. hat er noch einen altgedienten Begleiter - den „Landgraben“. Er ist gewissermaßen sein „Rechtsvorgänger“ und deckt sich heute weitgehend mit dem „Mühlenbach“, wie der Gewässerzug auch nach der Regulierung noch heißt. Hier standen nämlich in relativ dichter Folge nicht weniger als drei Wassermühlen, vielleicht sogar noch eine weitere, wenn man die vom Mühlenweg im Südteil des Veen hinzurechnen darf.
Der Mühlenbach entspringt in der Holthuyser Heide südlich von Straelen. An der Paesmühle erfährt man auch die näheren Umstände: es ist nicht eine, sondern es sind „Sieben Quellen“, wenn man den romantisch und geheimnisvoll klingenden Namen des dortigen Erholungsgebiets recht versteht. Vor einigen Jahrzehnten sollen es sogar neun oder zehn gewesen sein. Bei einer Nachsuche um 1990 war

man erfolgreich und hat immerhin sechs davon gefunden. - Solche „Sieben Quellen“ gibt es übrigens auch bei Kleve (siehe unter Klare Beeke).

VAN DEN BERG, Hermann, „Zur Geschichte des Straelener Veens“, in: Veröffentlichungen des Historischen Vereins Geldern (256), Bd. 2, S. 965 ff.; KRONSBEIN, „Quellen am unteren Linken Niederrhein“, in: Natur und Landschaft am Niederrhein (140), S. 366/67.

427 Vennmühle

Straelen-Rieth, Mühlendyck
(vor 1417 - 16. Jh.) > Leitgraben/Mühlengraben <

Zwischen Rieth und dem früheren Zollamt Dammerbruch liegt der Mühlendyck. Er ist ein uralter Weg ins Straelener Veen. An ihm wäre die Vennmühle zu suchen. Ihr genauer Standort ist allerdings kaum mehr auszumachen. Denn zu sehen ist hier nichts - außer vielleicht einer sumpfigen Stelle, in der Jochen Hild den ehemaligen Mühlenweiher vermutet.
Die Vennmühle wurde entweder von der Heronger Beek oder aber - was wahrscheinlicher ist - von einem der Quell-Arme des Landgrabens (des späteren Leitgrabens) angetrieben. Bei ihrer ersten Erwähnung 1417 war sie Gegenstand einer Kaufurkunde: Siebrecht Spede gab darin unter anderem zu Protokoll, daß ihm nach dem Tode seines Vaters die *„halve vynemoelen by Dame gelegen*“ zugefallen sei, die er nun an den Herrn zu Wachtendonk veräußert habe. Zugleich überreichte er dem Käufer *„eynen alden brieff, dair ynne* (darin) *eyn vaight* (Vogt) *van Straelen dieselve moelen vurtyts* (vorzeiten)“ den Rittern Johann Pleise und Reinald von Vossum verkauft hatte.
Die weitere Geschichte endet schon im 16. Jh. Es gibt nämlich aus dem Jahre 1549 ein Schreiben der Drostin Adelheid v. Brempt, wonach die Vennmühle schon seit längerer Zeit nicht mehr vorhanden gewesen sei. Hermann van den Berg vermutet, daß man sie damals nach weiter unterhalb verlegt habe, wo die Antriebsverhältnisse besser waren; sie sei also die Vorläuferin der Paesmühle gewesen. Gegen diese Annahme steht allerdings, daß die Paesmühle schon früher erwähnt wurde als die Vennmühle (siehe unter Nr. 428).

BUYX, Michael, Antiquarische Charte von 1878 (hier ist die Mühle mit dem Zusatz „Ruine“ vermerkt); HENRICHS, Leopold, in: Fragmente (129), S. 11 u. 80; ders., Geschichte Wachtendonk (101), S. 63; HILD, Jochen, „Wassermühlen im Gebiet von Straelen“, in: Der Niederrhein 1964, S. 7 ff.; FRANKEWITZ, Stefan, in: 650 Jahre Stadt Straelen (130), S. 27 (Lageplan); VAN DEN BERG, Hermann, „Zur Geschichte des Straelener Veens“, in: Veröffentlichungen des Historischen Vereins Geldern (256), Bd. 2, S. 965 ff.

428 Paesmühle

Straelen-Dam, Paesmühlenweg
(vor 1369 - 1917) > Leitgraben/Mühlengraben <

Die legendären „Sieben Quellen“ in der Holthuyser Heide müssen einst reichlich gesprudelt haben. Denn schon nach wenigen hundert Metern reichte es zum Antrieb einer Wassermühle, der Paesmühle.

Nr. 428 Paesmühle, Straelen. Südwestlich von Straelen liegt bei den „Sieben Quellen" das heutige Jugendheim „Paesmühle". Namensgeberin und Ursprungsort ist eine Getreidemühle, die hier seit ungefähr 1369 gestanden hat und bis 1917 gelaufen ist. Ihr Platz oben am Rande der Maasniederung ermöglichte oberschlächtigen Antrieb.
Das Mühlengebäude hat man zwar um 1920 beseitigt. Aber es gibt noch die alte Rinne, von der das Wasser auf das Rad geführt wurde (Bild unten). Auch der Weiher ist noch vollständig erhalten, um den sich die Gebäude der Nachfolgeeinrichtung und eine Kapelle gruppieren.

Diese Mühle hieß allerdings zunächst lange Zeit Dockenbeeks Mühle - nach der Beek (auch „Mühlenbeek") und einem gleichnamigen Landgut. Die früheste Bekanntschaft mit ihr vermittelt uns eine Straelener Steuerliste aus dem Jahre 1369, in der ein „*Hen* (Heinrich) *in ger molen*" genannt ist. Er war wohnhaft in der Honschaft Dam, eben jener Honschaft, in der auch unsere Mühle stand. Spätere Urkunden verraten uns auch den Eigentümer: die Familie van Asselt, die - gleich den anderen Mühlenbesitzern im Raum Straelen - der Abtei Siegburg abgabepflichtig war. Die van Asselt sind in Straelen unter anderem auch durch Kirchenstiftungen bekannt geworden.

Spätestens ab 1739 saß eine Familie Paes auf der Dockenbeeks Mühle, nach der die Mühle nun genannt wurde. Sie bewirtschaftete den Betrieb bis um 1885. Dann gehörte die Paesmühle einem Arzt aus Hagen, der einiges investierte, um den kleinen Betrieb konkurrenzfähig zu erhalten. Dabei bekam die Mühle mit dem an sich günstigen oberschlächtigen Antrieb einen zweiten Mahlgang und eine Ölpresse, außerdem noch eine Backstube.

Ob sie diese beträchtlichen Investitionen indes überlebensfähig gemacht hätten, ist wenig wahrscheinlich. Als nämlich 1917 der Müller Friedrich Wilhelm Janssen auf dem Wege nach Dam vom Schlag tödlich getroffen wurde, war das auch das Ende der Mühle. Einige Jahre später wurde das Mühlengebäude abgebrochen. Nur der Weiher und der Ansatz des Mühlengerinnes blieben.

Für das Anwesen begann gleichwohl eine zweite Karriere, und zwar wiederum unter dem Namen „Paesmühle". Zunächst baute sich ein Fabrikant jenseits des Mühlenteichs unter Verwendung der wertvollen alten Hölzer aus dem Abbruch der Mühle ein Landhaus. Als er dann die Besitzung in der Weltwirtschaftskrise nicht mehr halten konnte, richtete hier die katholische Jugendbewegung ein Landheim ein.

Heute bietet das Diakonische Werk auf dieser nach wie vor attraktiven Anlage um den ehemaligen Mühlenweiher einen Betreuungsdienst für junge Leute an. Zugleich ist der geschichtsträchtige Platz aber auch ein Anziehungspunkt für Wanderer und Erholungssuchende. Vom Westrand der bewaldeten Holthuyser Heide hat man einen weiten Blick hinab in das Maastal.

VAN DEN BERG, Hermann, „Zur Geschichte des Straelener Veens", in: Veröffentlichungen des Historischen Vereins Geldern (256), Bd. 2, S. 965 ff.; FRANKEWITZ, Stefan, „Die Geschichte der Paesmühle", in: Paesmühle bei Straelen (Broschüre der Stadt Straelen 1990), S. 21 ff.; HILD, Jochen, „Wassermühlen im Gebiet um Straelen", in: Der Niederrhein 1964, S. 7 ff.; SOMMER, aaO, S. 196; ferner Tranchot 1802/04 Bl. 27 Straelen: „mole viver (?)", sowie TK 1844 u. 1893 Bl. 4503 Straelen: „Paes Mühl / Paes M."

429 Maesemühle

Straelen-Auwel, Maesemühle

(vor 1558/1685 - um 1908) > Leitgraben/Mühlengraben <

Folgt man in Auwel der Straße „Maesemühle" und der Darstellung von Jochen Hild über die Straelener Wassermühlen, dann müßte man an deren westlichem Ende zwei Mühlenstandorte finden. Zu sehen sind aber nur die ruinösen Reste einer einzigen Mühle und eines verlandeten Mühlenweihers. Auch das Überbleib-

Nr. 430 Vlassrather Korn- und Ölmühle, Straelen. Sie waren ein Lehen der Abtei Siegburg, der Grundherrin im Raume Straelen. Die Kornmühle ist früher bezeugt (1320) als der Rittersitz, zu dem sie und die - jüngere - Ölmühle gehörten. Die Niers fließt rechts am Gebäude entlang, das nach der Stillegung 1950 in einen Landsitz umgewandelt wurde. Die Ölmühle stand etwas abseits. Sie lief von etwa 1450 bis vor 1800. Von ihr ist bis auf Teile des früheren Stauwehrs an der Brücke nichts mehr übrig (unteres Bild).

sel des weit ab nach Westen „fortregulierten“ Landgrabens ist noch in mehr oder weniger feuchtem Zustand auszumachen.
Bei dieser Mühle handelt es sich ohne Zweifel um die Maesemühle. Als solche ist sie 1685 urkundlich überliefert. Es war eine kleine und wenig bedeutende Getreidemühle, die bis um die Zeit des Ersten Weltkriegs gelaufen ist und später abgebrochen wurde. Übrig blieb neben den oben genannten kärglichen Resten ein kleiner landwirtschaftlicher Betrieb, mit dem die Mühle wahrscheinlich verbunden gewesen ist.
Und die zweite Mühle? Sie hat „Paesmühle“ geheißen - wie die Mühle in Dam, rd. 3 km südlich. Die hieß aber im 16. Jh. noch Dockenbeeks Mühle, als unsere Paesmühle hier ins Licht der protokollierten Öffentlichkeit trat. Und daß sie existierte, ergibt sich daraus, daß 1558 hier in der Honschaft Westerbroek ein „*Henrick up paesmolen*“ registriert wurde. In den nachfolgenden Jahrzehnten kommen urkundlich auch ein Thomas und ein Hermann als Bewohner dieser Mühle vor. Dann allerdings - 1642 - heißt es in einem Schreiben der Drostin von Straelen, die Mühle sei vergangen. Auffällig ist, daß nicht viel später - ab 1685 nämlich - von einer Maesemühle berichtet wird, die ziemlich genau an derselben Stelle gestanden hat.
Dieses Zusammentreffen ist nur damit zu erklären, daß es sich bei dieser Paesmühle und der späteren Maesemühle um ein und dieselbe Mühle handelt, die hier entweder wieder aufgebaut wurde oder eine Nachfolgerin bekommen hat. Paes und Maes sind alte Straelener Familiennamen. Der kaum einen Meter breite Landgraben hätte ohnehin kaum unmittelbar nebeneinander zwei Mühlen antreiben können, wenn sich deren zeitlicher Bestand überschnitten hätte, womit man bei den „Zufallsdaten“ einer Ersterwähnung zumindest rechnen muß. Keine Frage, daß sie im schwach besiedelten Veen auch wirtschaftlich kaum hätten nebeneinander bestehen können.

VAN DEN BERG, Hermann (wie unter Nr. 428), S. 970 ff. u. 984; ders., in: 650 Jahre Stadt Straelen (130), S. 160; FRANKEWITZ, Stefan (wie unter Nr. 428), S. 34, Anm. 11 (hier werden ebenfalls Zweifel am Vorhandensein unterschiedlicher Mühlen geäußert); HILD, Jochen, „Wassermühlen im Gebiet um Straelen“, in: Der Niederrhein 1964, S. 8/9; SOMMER, aaO., S. 194/95; ferner Tranchot 1802/04 Bl. 27 Straelen: „Mausen Mohlen“, sowie TK 1844 u. 1893 Bl. 4503 Straelen: „Mäse Mühle / Maese M.“

430 Vlassrather Korn- und Ölmühle

Straelen, Vlaesrath
(vor 1320 - um 1950) > Niers <

Im „flachländischen“ Respektsabstand von etwa 3 km folgen auf die Caener Mühlen die beiden Mühlen von Hs. Vlassrath. Die ältere von ihnen ist die Kornmühle, zwischen 1320 und 1349 als Lehen der Abtei Siegburg im Besitz eines Wolter von Vossum bezeugt. Interessanterweise ist das eine Zeit, aus der es vom Schloß Vlassrath noch keine Nachricht gibt, obwohl der Rittersitz damals mit hoher Wahrscheinlichkeit bereits bestanden hat.

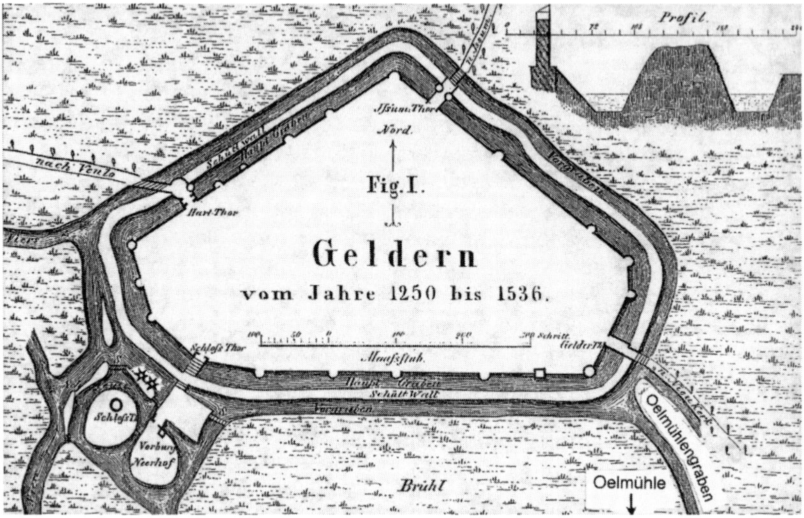

Nr. 432-435 Gelderner Mühlen. Die historischen Ansichten der Stadt befassen sich vorwiegend mit der Fortifikation und der Schilderung von Kriegsereignissen. Nur auf einem Stich von Hogenberg aus der Zeit um 1590 (Prov.-Archiv Arnheim) sind die Standorte der Burgmühlen (Korn- und Ölmühle) eingetragen. Die Kornmühle ist schon 1294/95 erwähnt. Der Nachfolgebetrieb läuft heute noch (im unteren Bild rechts). Die Ölmühle im Vordergrund indes liegt schon seit langem still und dient als Lager.

Auf der alten Karte ist auch der ungefähre Standort der alten Ölmühle von 1388 angegeben. Sie befand sich am Ölmühlengraben. 1579 ist sie abgebrannt.

Lange Zeit (bis 1627) gehörten Schloß und Mühlen der Familie v. Brempt, aus der Amtmänner und Drosten des Amtes Straelen hervorgingen. Seit Mitte des 18. Jh. ist Vlassrath im Besitz von Hs. Caen.
Die Kornmühle lief bis um 1950. Das Mühlengebäude von 1876 dient heute Wohnzwecken. Heinrich Linßen bezeichnete die Vlaesrather Mühle in seiner Beschreibung der Niers aus dem Jahre 1940 als die *„wohl malerischste Mühlenanlage an der ganzen Niers"*. Er könnte mit seiner Begeisterung durchaus recht gehabt haben. Dem damals spiegelte sich das stattliche alte Gebäude noch in einem urtümlichen Mühlenkolk und beeindruckte den Betrachter doppelt.
Etwa hundert Meter vor der Kornmühle stand an der Einfahrt zum Hofbezirk eine Ölmühle. Sie ist 1461 erstmals urkundlich genannt. Schon vor 1800 wurde sie beseitigt. Außer einer alten Backsteinbrücke mit den Resten eines Stauwerks ist von ihr nichts mehr zu sehen.

FRANKEWITZ, Burgen (65), S. 127 ff.; LINSSEN, Heinrich, „Die Niers", in: Die Heimat (Krefeld) 1940, S. 85; SOMMER, aaO., S. 194; ferner Tranchot 1802/03 Bl. 27 Straelen: „moulin", sowie TK 1844 u. 1893 Bl. 4503 Straelen: „M."

431 Ponter Mühle

Geldern Pont, Möhlendyck
(vor 1449 - um 1960) > Niers <

Südöstlich von Pont steht der Adelshof Ingenray, zuerst im 14 Jh. erwähnt. Er war Wohnsitz der Familie v. Eyll, die damals in der geldrischen Amtsververwaltung eine Rolle spielte. Zu Hs. Ingenray gehörte die nahegelegene Mühle *„toe* (bei) *Melzen"*. Melzen (Michael Buyx: „Melsum") hieß ein Hof an der Niers. Die Mühle wird 1449 urkundlich erstmals genannt, als unter anderem die Einkünfte aus ihrer Bewirtschaftung zur Deckung der Unterhaltsansprüche der Witwe des Albert v. Eyll heranzogen wurden.
Weil die Eingesessenen von Pont Dienstleistungen für die Gelderner Mühle erbringen mußten, waren sie vom Mahlzwang befreit. Sie konnten sich also eine Mühle aus ihrem Umfeld aussuchen.
Im 19. Jh. befand sich die Mühle - die auch ein Ölschlagwerk besaß - in Privathand. Um 1960 wurde sie stillgelegt und abgebrochen. Heute befindet sich auf dem ehemaligen Mühlengrundstück am Möhlendyck ein Getränkehandel.

BUYX, Antiquarische Charte von 1878; FRANKEWITZ, Burgen (65), S. 189; ders., Die geldrischen Ämter (66), S. 129; SOMMER, aaO., S. 194; ferner Tranchot 1802/03 Bl. 21 Geldern: „moulin", sowie TK 1844 u. 1892 Bl. 4503 Straelen: „Mühle / Ponter M."

432-435 Die Gelderner Mühlen

In mittelalterlichen Städten spielte die Sicherung durch Fließgewässer und Gräben eine große Rolle. Auch in Geldern hatten die Niers im Westen und die parallel zu ihr fließende Fleuth im Osten bei der Standortwahl für Burg und Burgsiedlung

Nr. 436 Willicksche Mühle, Geldern. Der Name dieser Mühle von Schloß Haag kommt von ihrer Lage in der „Weidenbaum-Gemarkung". Ursprünglich konkurrierten hier zwei Mühlen miteinander. Nach einer Einigung der Eigentümer wurde die Mühle der *„Alten Wylick"* 1429 beseitigt. Unsere Mühle hier überlebte und lief noch bis 1939. Heute ist sie ein Wohnhaus.

---

ohne Zweifel ein gewichtiges Wort „mitgeredet". Sie halfen wesentlich, Geldern zu umgürten und den doppelten Graben mit Wasser zu füllen. Zusätzlich hatte man von Süden aus der Niers einen Graben herangeführt und im Norden für eine Abflußmöglichkeit gesorgt, um im Stadtgraben kein Brackwasser stehen zu haben.

Diese Gewässerkonstellation begünstigte den Bau von Wassermühlen. Unmittelbar bei der Burg stand an der Niers am *„molendyck"* die **Burgmühle (432)**. Schon 1294/95 ist sie in den geldrischen Amtsrechnungen erwähnt. Sie gehörte dem Landesherrn und war Bannmühle für die Stadt. Außer Getreide hatte sie den Hopfen für die gräfliche Brauerei zu mahlen. Ihr exakter Standort ist in einer Reihe von alten Karten des 16./17. Jh. angegeben. Danach stand sie zwischen der Burg und dem Schloßtor, das ihretwegen auch Mühlentor genannt wurde. Als die Stadt im 17. Jh. zur Festung ausgebaut wurde, scheinen sich die Kartenzeichner allerdings eher für die Stauanlagen als für den Versorgungszweck dieser Mühle interessiert zu haben.

Eigentlich gab es an diesem Platz zwei herrschaftliche Mühlen. Denn etwa hundert Meter westlich der Kornmühle stand die **Walk- und Ölmühle (Nr. 433)**. Leopold Henrichs nennt sie *„Nedermoelen"*. Aller Wahrscheinlichkeit nach ist die zweite Mühle (die *„Overmoelen"*) erst in jüngerer Zeit entstanden - vielleicht, nachdem im 16. Jh. die alte Ölmühle vor der Stadt abgebrannt war. Wie aber auch immer: Sie hat die Zeiten überdauert und - zumindest als Bauwerk - trotz mannigfacher Veränderung viel von ihrer ursprünglichen Gestalt bewahren können. In Funktion ist sie aber schon lange nicht mehr und fristet seit der Niersregulierung nach dem letzten Kriege eher ein Hinterhofdasein. Ihre Schwestermühle vorn am Mühlenweg beherrscht derweil seit langem das Terrain und hat sich zu dem großen Unternehmen „Rheinlandmühle“ entwickelt.

Südwestlich der Stadt stand unweit des Gelderntors ab dem 14. Jh. die **Alte Ölmühle (Nr. 434)**. Ihr Platz wäre heute beim Holländer See zu suchen. Diese Mühle ist schon 1388 bezeugt und wurde vom Wasser des Ölgrabens angetrieben. Das ist jener Graben, der von Süden her Gelderns Stadtgräben bewässerte. Hier war er zugleich auch Stadtgrenze, die mitten durch das Mühlrad ging. Die Bezeichnungen „Ölmühle“ und „Ölgraben“ wurden noch durch einen dritten Begriff ergänzt: „Ölfeld“. Das war ein Flurname, der damals nicht mißverstanden werden konnte.
Noch 1558 kann man die Ölmühle als „*mola* - Mühle“ auf dem ältesten bekannten Stadtplan Gelderns finden. Ein gutes Jahrzehnt später - 1579 - hatte sich ihr Schicksal durch einen Brand erfüllt. Sie verschwand von der Bildfläche. Ohnehin hätte sie sich bei ihrer exponierten Lage in den folgenden Kriegsereignissen kaum mehr halten können.

Zwischen dem Gelderntor und dem Issumer Tor stand östlich der Stadt noch eine **Mühle an der Fleuth (Nr. 435)**. Leopold Henrichs berichtet, von ihr aus sei 1646 ein Kanal („*Leigrave*“) angelegt worden, um die Contrescarpe (ein Festungsbauwerk) mit Wasser zu versehen. Weitere Nachrichten über diese „Mühle ohne Namen“ fehlen allerdings. Wahrscheinlich sind ihr die andauernden Feindseligkeiten zum Verhängnis geworden - wie der Stadt Geldern, die 1703 zusammengeschossen wurde.

FRANKEWITZ, Stefan, „Burg oder Mühle?“, in: GHK 1982, S. 63 ff.; ders., Die geldrischen Ämter (66), S. 67 u. 72; ders., Burgen (65), S. 201/202; HENRICHS, Das alte Geldern (100), S. 22/23 u. 36; LINGEN, Hermann Joseph, „Verlorenes Kulturgut (2. WK)“, unveröff. Manuskript, Stadtarchiv Geldern; MEURER, Topographia Gelriae, Katalog der historischen Pläne und Ansichten (176); SOMMER, aaO., S. 189; ferner TK 1844 u. 1893 Bl. 4403 Geldern: Mühlensymbole (Stadtmühle).

436 a/b Willicksche Mühle

Geldern-Veert, Kapellener Straße
(vor 1429 - 1939) > Niers <

An der einstigen Römerstraße nach Xanten müssen hier am Niersübergang früher so viele Weidenbäume gestanden haben, daß man die Gemarkung nach ihnen benannte: „Wilige - Wylick“.
In dieser Wylick wurden im späten Mittelalter zwei Plätze interessant: Die „Alte Wylick“, ein Rittergut, das noch in den Karten des 19. Jh. mit Gebäuden und Grä-

ben eingezeichnet ist. Zu diesem Gut gehörte auch eine Mühle, die ***„Molen tot Wilick“*** *oder* ***„ter Nyersen“*** **(Nr. 436a)**. Den anderen Platz nahm die **„Willicksche Mühle (Nr. 436b)** ein, die aber zu Hs. Haag gehörte.
Die Mühle der Alten Wylick (Nr. 436a) muß Konkurrenzprobleme, aber auch Antriebsschwierigkeiten gehabt haben. Denn beide Mühlen standen nur 500 m auseinander, und die an der Alten Wylick hatte den unteren und deshalb ungünstigeren Standort. Die Rivalität zwischen den beiden Mühlen und wohl auch den ritterlichen Nachbarn wurde dadurch beendet, daß die Honselaers und die Boedbergs 1429 einen Vertrag schlossen. Darin wurde vereinbart, daß die Honselaers ihre Mühle auf der Alten Wylick unverzüglich abbrachen, was auch geschah; ihre Mahlgenossen indes sollten auf die Willicksche Mühle bei Hs. Haag verwiesen werden. Für ihren Verzicht bekamen die Honselaers jährlich 8 Malter Roggen. Fortan gab es an diesem in vielfacher Hinsicht belasteten Platz nur noch eine Wassermühle.
Die Willicksche Mühle (Nr. 436b) war Korn-, Walk-, Öl- und Lohmühle. Sie war damit „multifunktional“ tätig, wie man heute sagen würde. Als Walkmühle hatte sie sogar regionale Bedeutung. Denn die Tuche wurden von weither zum Walken gebracht. Aber auch als Kornmühle hatte sie gut zu tun - dank der Hartnäckigkeit des Haager Schloßherrn gegenüber seinem Herzog, der ihm die Fahrt der Müllerkarre nach Geldern hinein bis zu den Rinnen der Issumer Straße und der Hl.Geist-Gasse sowie bis zur katholischen Kirche nicht verwehren konnte. Für die Burg- und Bannmühle in der Stadt war das eine empfindliche Einschränkung, die erst 1743 beseitigt wurde.
Im 19. Jh. war die Mühle nur noch Mahlmühle. Sie lief bis 1939. Dann wurde sie stillgelegt, als die Niers begradigt und die Kapellener Straße seitab am Haus vorbei geführt worden war. Das Mühlrad hat dann noch eine zeitlang an der Vlassrather Mühle (Nr. 430) Dienst getan, ehe auch dort die Wassermühlenzeit zu Ende war. Das schlichte Mühlenhaus aus der Zeit um 1700 steht noch immer weitgehend unverändert in der einstigen Weidenlandschaft. Zwei Mühlsteine lehnen sich schwer an die Hauswand an, als wollten sie still jenem berühmten Lied der Desdemona vom Weidenbaum lauschen, das hier indes längst verklungen ist.

FRANKEWITZ, Die geldrischen Ämter (66), S. 74,142 u. 165; ders., Burgen (65), S. 210/211; HENRICHS, Das alte Geldern (100), S. 41; SOMMER, aaO., S. 188; VALENTIN, Heinrich, „Die Wilicksche Mühle“, in: GHK 1967, S. 76 ff.; ders., Veerter Heimatbuch (253), S. 92; ferner Tranchot 1802/03 Bl. 21 Geldern: „moulin“, sowie TK 1844 u. 1893 Bl. 4403 Geldern: „Willichsche / Willicksche M.“

Gelderner Fleuth

Namenforscher würden an den Gewässern im Einzugsgebiet der Gelderner Fleuth ihre helle Freude haben. Bach, Beek, Spring, Graaf, Graben, Flöth, Fleuth, Ley, Rahm, Kendel und Kanal. Da ist fast alles vertreten, was der Niederrhein und die niederdeutsche Sprache an Variationen zum Thema „Fließgewässer“ bieten können. Ähnlich groß ist die Auswahl allerdings auch bei der Klärung der Frage, wo denn nun die so vielfältig „sprachbegabte“ Gelderner Fleuth eigentlich entspringt. Denn

diesen Namen führt dieser fleißige Sammler eigentlich nur bei Geldern, und zwar ab dem Zusammenfluß des Leygraaf und der Spring westlich von Nieukerk. Am besten nimmt man ihren längsten Zufluß. Und das ist der Flöthbach, auch wenn er nicht umhin kann, unterwegs mehrfach seinen Namen - nicht allerdings seine Identität - zu wechseln, ehe aus der „Flöth" eine „Fleuth" wird.
Von dessen Quelle im Hülser Bruch bei Krefeld bringt es die Fleuth immerhin auf gut 30 km. Da erscheint es verwunderlich, daß es an ihr nur die Pletzmühle und jene Mühle östlich von Geldern gegeben hat, von der man nicht viel mehr als den ungefähren Standort weiß. Aber es kann nicht überraschen: Am Unterlauf hat ihr die nahe Niers eh und je den Rang abgelaufen. Und „oben", da war das nasse Bruchgebiet zwischen Kerken und Kempen. Dort hat es ein Fluß schon selber sauer mit dem Fortkommen - so sauer wie dort die Wiesen und Auen sind, durch die er sich quält.

437 Pletzmühle

Geldern, Baersdonk
(vor 1403 - um 1930) > Gelderner Fleuth <

Die Pletzmühle („Pletschmühle") war trotz ihres Namens unterschlächtig. Sie lag am Hof ter Moilen, einem geldrischen Lehen, das nach Buyx 1403 erstmals bezeugt ist. Eine weitere Nachricht stammt aus dem Jahre 1423. Da nämlich findet sich ein „*Sander ter Molen*" auf der Liste der zur Verteidigung der Stadt Geldern einberufenen Lehnsleute, als man dort nach dem Tode Herzog Reinalds IV. einen Erbfolgekrieg befürchtete.
Dann schweigen sich die Quellen bis zum 19. Jh. aus. 1847 bekam die Mahlmühle einen zusätzlichen Graupen- und Ölgang. Aus der Zeit um 1925 gibt es eine Fotografie der alten Mühle in Fachwerkbauweise, die der Gelderner Fotograf Heinrich Kersten gemacht hat. Auf ihr ist an dem Wasser, das unter dem Schutzhäuschen hervorsprudelt, zu erkennen, daß die Mühle noch läuft. Wenige Jahre später wurde der Betrieb geschlossen. Heute scheint es, als wäre hier nie eine Wassermühle gewesen, Pletzmühle und Pletzmühlenweiher sind der gründlichen Meliorierung und Regulierung zum Opfer gefallen.

BUYX, Michael, Antiquarische Charte von 1878; KEUCK, Bernhard, „Heinrich Kersten und Ewald Steiger", in: GHK 1983, S. 146; NETTESHEIM, Geschichte Geldern (183), S. 60; ferner Tranchot 1802/03 Bl. 21 Geldern: „PletsM.", sowie TK 1844 u. 1893 Bl. 4503 Straelen: „PletzM."

438 Wyemühle

Kevelaer-Wetten, Kapellener Straße
(vor 1326 - 17. Jh.) > Gelderner Fleuth <

Jenseits der heutigen Stadtgrenze Gelderns stand an der Straße nach Kapellen der Wyehof. Er war geldrisches Lehen und ist wahrscheinlich mit dem Weysenhof auf der Tranchotkarte identisch. Sein Name geht auf die Fleuth zurück, die früher

Nr. 440 Neumühle, Kevelaer. Sie zählt zu den wenigen Betrieben, die heute noch laufen - in moderner Form, dicht um die einstige Wassermühle (Bildmitte) versammelt. Die Neumühle ist 1326 erstmals bezeugt.

---

im Raum Geldern „Wye" hieß, ähnlich dem Gemeindebruch. Der Wortstamm erinnert auch an „Wylick/Willick" (siehe Nr. 436).
Stefan Frankewitz hat ermittelt, daß dieser Hof mit seiner Mühle 1326 einem Henken van den Wy gehörte. Im 16. und 17. Jh. sei der Besitz ein Afterlehen von Hs. Vlassrath (Nr. 430) gewesen. Der letzte Lehnsbrief sei 1791 auf Graf Hoensbroich ausgestellt worden. Ob da allerdings die *„meulenstadtt* -Mühlenstelle" (so 1632 genannt) noch besetzt war, ist unwahrscheinlich. Bei Tranchot ist sie 1802/03 jedenfalls nicht mehr vermerkt.

FRANKEWITZ, Die geldrischen Ämter (66), S. 142 (mit zahlreichen Quellenangaben); NETTESHEIM, Geschichte Geldern (183), S. 341.

439 Mühlen von Hs. Gesselen

Kevelaer-Wetten
(vor 1424 - 18. Jh.) > Niers <

Zwischen Willick und Wetten muß im Spätmittelalter auf einer Strecke von nur 4 km ein ziemliches „Wassermühlengedränge" geherrscht haben. Damals gab es hier - rechnet man die Wyemühle an der Mündung der Fleuth mit - nicht weniger als sechs Mühlen.
Zwei davon standen bei Hs. Gesseren, dessen Anfänge im 13. Jh. zu suchen sind. Eine Lehnsurkunde über das *„huys tot Gestelen"* von 1424 schließt aus-

drücklich eine Mühle ein, eine weitere Urkunde von 1440 sogar deren zwei. Mehrfach war das Anwesen von den kriegerischen Auseinandersetzungen zwischen Spanien und den Niederlanden betroffen. Auf einem Lageplan von etwa 1670 ist eine „*olimeule achter de Korenmeule* - Ölmühle hinter der Kornmühle" vermerkt. Weil man die Mühlen dann in keiner der amtlichen Karten des 19. Jh. mehr findet, müssen sie schon im 18. Jh. untergegangen sein.

FRANKEWITZ, Die geldrischen Ämter (66), S. 77; ders., Burgen (65), S. 211 ff.

440 Neumühle

Kevelaer-Wetten, Wettener Straße
(vor 1326 - heute) > Niers <

1326 ist im geldrischen Lehensverzeichnis eine „*molestat* (Mühlenstätte) *te Ghenge bi Wetten*" aufgeführt. Der Hof Ghenge (heute Genschenhof) steht nur einen Steinwurf vom jetzigen Standort der Mühle entfernt. Zum späteren Namen „Neumühle" meint Joost van der Loo in seinem umfangreichen Aufsatz über die Geschichte der Wettener Mühle, man habe sie wohl deshalb so genannt, weil ein Stück unterhalb an der Fleuthmündung in Windvonderen eine „*alde molen*" gestanden habe. Der Gedanke ist nicht abwegig, zumal diese alte Mühle damals zweifelsfrei noch vorhanden war. Denn sie wurde erst 1344 - knapp 20 Jahre nach der Ersterwähnung der Neumühle - abgebrochen (siehe Nr. 444). Vielleicht liegt der Sachverhalt aber viel einfacher, und man nannte die Wettener Mühle nur deshalb „Neumühle", weil sie irgendwann einmal neu gebaut worden ist.
Um 1450 kam die Neumühle an das Hs. Wissen. Die folgenden Jahrhunderte verliefen „mühlen-normal": Unsere Mühle erlebte ähnliche Schicksale und Pegelstreitigkeiten wie andere Mühlen auch.
In französischer Zeit wurde sie von der Familie van de Loo bewirtschaftet. Von der Müllersfrau Peternell (Petronella) van de Loo wird erzählt, daß sie dem in Geldern durchreisenden Kaiser Napoleon einen Gruß in französischer Sprache zugerufen habe, worauf sich dieser erkundigte, wo sie denn das gelernt hätte. Sie verwies auf ihre Internatszeit bei den Nonnen in Venray. Der Korse soll daraufhin seinen Adjutanten aufgefordert haben, sich den Namen dieser Schule zu notieren, damit sie von der Säkularisation ausgenommen würde. Indes, den Venrayer Schwestern ist es ebenso schlecht ergangen wie damals allen anderen geistlichen Einrichtungen auch; ihr Mädcheninternat wurde geschlossen und konfisziert. Gut (erfunden) war wohl nur die Anekdote.
Peternells Ehemann Johan Hendrick van de Loo hat die Mühle später durch den Bau des Neumühlenhofes auf der anderen Straßenseite zu einem namhaften und stattlichen Unternehmen mit einer Brennerei und Bierbrauerei gemacht. Er gehörte zu den angesehenen Politikern Wettens und wird zu den Wohltätern des Dorfes gezählt.
Nicht weniger stattlich als das van de Loo´sche Unternehmen ist der heutige Futtermittelbetrieb. Er entstand, nachdem die Mühle 1936 wegen der Niersbegradigung auf ihren angestammten Wasserantrieb verzichten mußte. Den nötigen Bewegungsraum brachte die Verfüllung des Weihers. Aber das alte Mühlenhaus ist als Kristallisationskern geblieben. Man hat es in etwas abgeänderter Form

restauriert, um so sichtbar den Bogen von der alten Wassermühlenzeit zum ländlichen Großbetrieb mit seinen modernen Silobauten zu schlagen.

FRANKEWITZ, Die geldrischen Ämter (66), S. 146 u. 387; ders., Burgen (65), S. 217/18; VAN DER LOO, Joost, „Die Wettener Mühle im Wandel der Zeiten“, in: GHK 1981, S. 65 ff.; ferner Tranchot 1802/04 Bl. 15. Kevelaer: „Nieuwe Mühle“, sowie TK 1844 u. 1893 Bl. 4403 Geldern: „Neue M. / Neumühle“.

Issumer Fleuth

Quelle: in Krefeld (Stadtwald)	Höhe: 32 m ü.M.
Mündung: Niers, zwischen Wetten und Kevelaer	Höhe: 22 m ü.M.
Länge (ab Krefeld / ab Fossa Eugeniana):	55 / 28 km
Mittlere Breite (nördlich der Fossa):	4-5 m
Abflußmenge im Jahresmittel 1971 - 88 (Mündungspegel)	1,02 m^3/sec.
Mühlenstandorte an der heutigen Issumer Fleuth um 1850	3

Geht man in die Zeit vor 1600 zurück, dann kann man die Issumer Fleuth und ihre Zuflüsse von der Mündung in die Niers unterhalb von Kevelaer bis in die Vreed im Krefelder Stadtwald zurückverfolgen. Sie heißt hier zwar Niep und Eyllsche oder Littardsche Kendel, ist aber deutlich als ein großer zusammenhängender Gewässerzug auszumachen.

Während die Gelderner Fleuth noch vergleichsweise langgestreckt abfließt und ihre große Schwester Niers auf einer weiten Strecke begleitet, scheint die östlich davon gelegene Issumer Fleuth mit einer Schar „Gespielinnen“ in vielen mehr oder weniger kunstvollen Schleifen einen Reigen zu tanzen. Ihre Kunst ist allerdings eher Verlegenheit. Denn die Choreographie hat die niederrheinische Landschaft geschrieben, die hier flach ist wie eine Bühne und nur unmerklich geneigt. Unsere schwingende, aber bei einem Gefälle von nur 10 m auf mehr als 50 km alles andere als schwungvolle „Niep-Fleuth“ führte zwar aus großen Feuchtgebieten reichlich Wasser ab. In ihrem Ursprungsraum zwischen Moers und Neukirchen-Vluyn gleicht sie einem Geflecht von vielen kleinen Fließgewässern, wie Büschel von Kapillarwurzeln einer Pflanze. Dieses Geflecht ist durch Querverbindungen auch mit dem konkurrierenden Moersbach vernetzt, als wollten sich beide Flüsse ihre Nahrung streitig machen. Diese Verbindungen stammen aber von Menschenhand und sind geschaffen worden, um das Bergsenkungsgebiet entwässern zu können. Aber auch schon vorher hatte das Wasser Mühe, von der Stelle zu kommen. Versumpfung und Torfbildung waren die Folge. Seit Jahrhunderten wurde hier im Bereich der Niep Torf gestochen. Noch heute kann man die ehemaligen Torfkuhlen sehen, die auf den Landkarten wie unregelmäßige Perlen aussehen, von der Niep als „Perlenschnur“ zusammengehalten.

Als dann die Spanier 1626-29 die Fossa Eugeniana bauten, wurde die Fleuth zweigeteilt. Denn der Kanal durchschnitt die „Niep-Fleuth“ westlich von Kloster Kamp. Das hatte für die Kanalbauer den Vorteil, daß der südliche Teil unseres Fließgewässers im Scheitelbereich des Kanals zur notwendigen Wasserhaltung herangezogen werden konnte. Zugleich verlor der ganze südliche Abschnitt seine Zugehörigkeit zum Einzugsgebiet der Maas. Er fließt seither über den Kanal zum

Rhein ab. Denn durch die Scheitelhaltung verschob sich zwangsläufig auch die uralte Wasserscheide zwischen Rhein und Maas. Sie liegt seitdem etwas westlich - ungefähr dort, wo nun die (durch den Rhein-Maas-Kanal abgetrennte und nach wie vor maasabhängige) Fleuth beginnt. Es ist übrigens der einzige bekannte Fall, wo es in geschichtlicher Zeit am Niederrhein zu einer Verschiebung der Einzugsgebiete der beiden großen Flüsse gekommen ist - von den Sümpfungsmaßnahmen der Braunkohle abgesehen.

An der alten Niep-Fleuth hat es sieben Wassermühlen gegeben, vielleicht sogar acht oder neun. Drei davon lagen an ihrem Oberlauf und sind bereits oben (ab Nr. 142) im Einzugsgebiet des Rheins beschrieben. Mindestens vier wurden früher vom Unterlauf, der heutigen Issumer Fleuth, angetrieben. Von ihnen liefen um 1850 allerdings nur noch drei.

441 Langendonker Mühle

Geldern, Aengenesch

(vor 1442 - 2. H. 19. Jh.) > Issumer Fleuth <

Hs. Langendonk - 1391 erstmals bezeugt - stand bei Issum, und zwar unmittelbar an der Grenze der geldrischen Vogtei zum kurkölnischen Amt Rheinberg. Zur Burg gehörte eine Mühle. Und - so merkwürdig das heute klingen mag: Das Wasser (der Fleuth) war „kölnisch", entsprechend der damals geltenden hoheitsrechtlichen Situation - so Wüsten in seinen „Capellener Notizen". 1442 war die Mühle Gegenstand einer Erklärung, in der Heinrich von Alpen bekennt, sie vom Grafen Friedrich von Moers als Lehen empfangen zu haben.

Das ist eigentlich alles, was man über die „Jugendzeit" der Mühle weiß - außer vielleicht noch, daß 1555 Love, Herr zu Binsfeld, 20 Gulden aus der Mühle erhielt. Aus dem Jahre 1828 gibt es dann eine Beschreibung. Danach war sie eine Fruchtmühle mit allerdings nur einem einzigen Mahlgang. Wie damals auch die anderen Fleuth-Mühlen durfte sie nur im Winterhalbjahr arbeiten. Nur dann war genügend Wasser vorhanden und brauchten die Bauern in dieser Gegend nicht um das Austrocknen ihrer Wiesen zu fürchten. Im übrigen gab es im 18./19. Jh. im Dorf Issum nicht weniger als drei Windmühlen, die nur darauf warteten, sommertags auszuhelfen.

In der zweiten Hälfte des 19. Jh. muß die „Saisonmühle" eingegangen sein. Denn nur noch in der Topographischen Karte von 1844 steht sie vermerkt, in den folgenden Ausgaben nicht mehr.

FRANKEWITZ, Die geldrischen Ämter (66), S. 113 (mit einer Flurkarte von 1790), 151 u. 164; KEUSSEN, Urkundenbuch der Herrlichkeit Krefeld und der Grafschaft Moers (134), Bd. 2 Nr. 2084 u. 2089; SOMMER, aaO., S. 190; VERHOOLEN, Felix: „Von den Wassermühlen an der Issumer Fleuth", in: GHK 1972, S. 178 ff.; WÜSTEN, Notizen zur Geschichte von Capellen (273), S. 229; ferner TK 1844 Bl. 4404 Issum: „Mühle".

Michael BUYX erwähnt in seiner Antiquarischen Charte von 1878 bei dem etwas unterhalb liegenden Hs. Finkenhorst eine „Mühle-Ruine" (übrigens im Gegensatz zu Hs. Langendonk, wo er kein Mühlensymbol angebracht hat). Die Ansicht, daß dieser Adelssitz an der Fleuth aus dem 15. Jh. eine eigene Mühle besaß, vertritt auch Wüsten (aaO., S. 287) in seiner Skizze des Raumes Kapellen-Aengenesch. Weitere Nachrichten über diese **Mühle bei Hs. Finkenhorst (Nr. 441a)** fehlen.

Nr. 443 Honselaerer Mühle, Kevelaer. Aus ihrer alten Zeit weiß man nicht viel mehr als, daß sie zu einem gleichnamigen Rittersitz aus dem 13 Jh. gehörte. Bei der Regulierung der Fleuth wurde sie 1926/28 stillgelegt. Das Gebäude von 1836 ist bewohnt.

---

442 Kapellener Mühle

Geldern-Kapellen, Am Mühlenwasser
(vor 1326 - 1925) > Issumer Fleuth <

Auch sie war eine „Grenzmühle" - hier allerdings zwischen Geldern und Kleve. Nach einem Weistum der Laten von Winnekendonk aus dem Jahre 1442 verlief die Grenze bei der *„watervoirt an Claiss moelen* - der Furt bei der Mühle des Claiss (Claes)". Gemeint war die Kapellener Mühle, die bereits 1326 als Lehen des Loef van Berenbroek im geldrischen Lehensverzeichnis stand. Der 1442 genannte Claiss war der Besitzer von von Hs. Wankum *(Wankhem)* bei Kapellen, nicht zu verwechseln mit dem gleichnamigen Dorf Wankum bei Wachtendonk. Mühle und Adelssitz waren miteinander verbunden.
Die Kapellener Mühle hatte dieselben Probleme mit dem Betriebswasser wie die Langendonker Mühle und lief nur im Winter. Sie wurde bei der Regulierung der Fleuth 1925 stillgelegt und abgebrochen.

BREY, Leonhard, „Kapellen", in: GHK 1940, S. 83; FRANKEWITZ, Die geldrischen Ämter (66), S. 138, 147 u. 150; SOMMER, aaO., S. 190; VERHOOLEN, Felix (wie unter Nr. 441); WÜSTEN, Notizen zur Geschichte von Capellen (273), S. 128 u. 229; ferner TK 1844 Bl. 4404 Issum: Mühlensymbol.

Der Name des Loef van Berenbroek weist noch auf eine andere Mühle hin, die zu Hs. Berenbroek gehört haben und 1690 durch Brandstiftung zugrundegegangen sein soll (FRANKEWITZ, aaO., S. 138). Auch Wüsten (aaO., S. 126) zitiert, wenn auch eher beiläufig, *„dat goet anger Molen tot Berenbroek* - Gut an der Mühle von Berenbroek". In seiner ansonsten sorgfältig zusammengestellten Skizze zur früheren Situation im Raum Kapellen vermerkt er diese **Berenbroeker Mühle (Nr. 442a)** allerdings nicht. Vielleicht besteht hier wiederum ein Zusammenhang mit der Mühle des direkt benachbarten Hs. Finkenhorst (Nr. 441a). Zumindest ist die dichte Aufeinanderfolge von zwei Mühlen an der nicht eben ergiebigen Issumer Fleuth schwer zu erklären.

443 Honselaerer Mühle

Kevelaer-Wetten, Honselaersweg
(14. Jh. - 1926/28) > Issumer Fleuth <

Die Kontrolle der Pegel an den Wassermühlen war früher Sache der Landmesser. Dabei ging es ja nicht etwa um eine gewöhnliche Meßlatte für Wasserstände, sondern um den verbindlichen Grenzpunkt für die zulässige Stauhöhe. Er war durch einen dicken Nagel oder eine weiß gestrichene eiserne Klammer an der Außenwand der Mühle für jedermann sichtbar. Seine Beachtung wurde aufmerksam verfolgt - von den Behörden wegen der öffentlichen Ordnung, von den Müllern wegen der Konkurrenz und von den Bauern aus Besorgnis, daß ihre Uferwiesen überschwemmt wurden.
Dem entsprach auch das Amtsbewußtsein der handelnden Personen. So hatte 1846 der Geometer Michael Buyx den Pegel der Mühle in Honselaer nachzumessen. Eigentlich war es nur eine Routinekontrolle. Anders dagegen das darüber gefertigte Protokoll. Es beginnt mit diesem bedeutungsschweren Satz: *„In Verfolgung der verehrlichen Verfügung des Königlich Landräthlichen Amtes zu Geldern vom 10. Februar 1846 begab sich der mitunterzeichnete Geometer Buyx am 21. Mai ds. Js. zur Honselaer-Mühle, um zur Revision des im Jahre 1837 durch den Wasserbauinspektor Blank an der Mühle gesetzten Pegels zu schreiten."* Das Dokument über den durch und durch hoheitsvollen Schritt trägt die Unterschriften von Wettens Bürgermeister und vom beauftragten Geometer: *„Blümlein"* und *„Buyx"*.
Nach diesem Blick auf die „Gute alte Zeit" einen Blick auf die Mühle selbst: Sie war Zubehör von Hs. Honselaer, das schon 1299 als geldrisches Lehen aufgeführt ist. Ein Johan van Honselaer, Nachfahre des damaligen Lehensinhabers, war später kurkölnischer Amtmann von Kempen und schließlich Drost in Geldern. Nähere Daten über den Beginn der Mühle sind indes nicht bekannt. Man geht aber nicht fehl, wenn man ihr Entstehen ähnlich datiert wie die Burg. Zuletzt gehörte die Honselaerer Mühle zu Schloß Haag. Im Zuge der Regulierung der Fleuth 1926/28 wurde sie stillgelegt. Das Mühlengebäude mit dem Baujahr 1836 in den Ankersplinten dient heute Wohnzwecken. Die Fleuth fließt in weitem Abstand daran vorbei.

FRANKEWITZ, Die geldrischen Ämter (66), S. 78 u. 185 ff.; KAUL, Geldrische Burgen (126), S. 72/73; NETTESHEIM, Geschichte Geldern (183), S. 19 ff.; SOMMER, aaO., S. 188; VERHOOLEN, Felix, (wie unter Nr. 414); ferner TK 1844 u. 1893 Bl. 4403 Geldern: „Hönselaers M. / Hoenslars M."

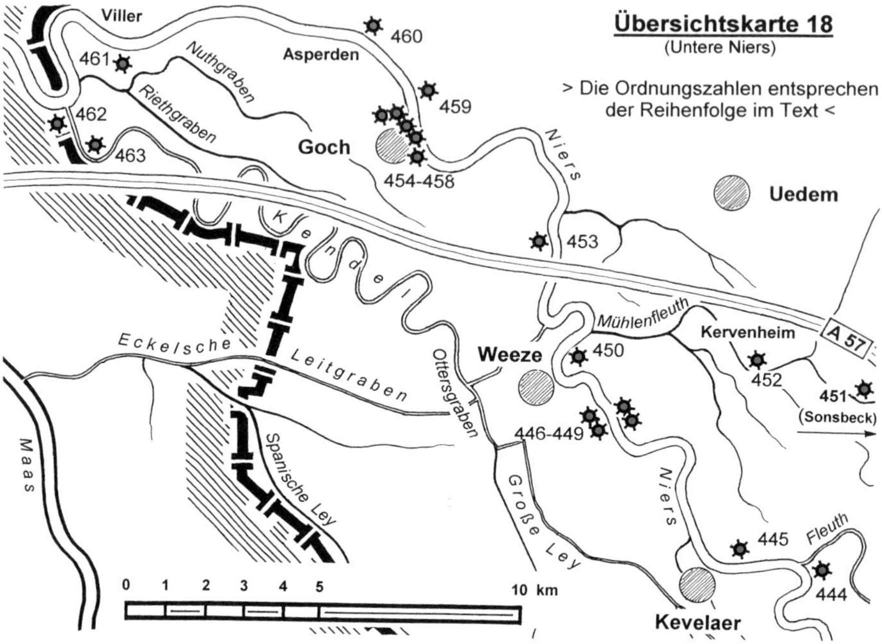

Im Plangebiet: 20 Wassermühlen und um die 18 Windmühlen.

---

444 Windvonderer Mühle

Kevelaer, Mündung der Issumer Fleuth
(vor 1328 - 1344) > Niers <

Zu Anfang des 14. Jh. standen zwischen Kevelaer und Winnekendonk auf engem Raum zwei Niersmühlen. Die eine - oberhalb gelegene - Mühle gehörte zum gräflich klevischen Hof Windvonderen und lag an der Einmündung der Issumer Fleuth in die Niers (Nr. 444). Die andere Mühle war in Schravelen (Nr. 445) und gehörte dem Ritter Johann van Straten, einem klevischen Lehensmann und Amtmann von Goch. Beide waren gemeinsam Bannmühlen für Winnekendonk.
Die Mühle von Windvonderen erhielt Ritter Johann 1328 von Graf Dietrich und Gräfin Margareta von Kleve in Erbpacht. Seine Mühle in Schravelen hatte für die Pacht zu haften. Kam Johann in Verzug, durfte der Graf solange einen Knecht auf die Mühle setzen, bis die Pacht eingekommen war.
Die darüber ausgestellte Pachturkunde ist die erste Nachricht über die Existenz der Windvonderer Mühle. Eine zweite Nachricht ist nur 16 Jahre jünger und zugleich die „Todesanzeige". In dieser Urkunde aus dem Jahre 1344 verglich sich

nämlich Graf Dietrich mit seinem ritterlichen Pächter dahin, daß er die Mühle zu Windvonderen gegen einen Rentenverzicht abbrechen lassen werde. Hintergrund war ein Streit mit seinem Neffen, dessen Leute den Mühlenbann nicht beachteten. Der Abbruch der Mühle dürfte indes niemanden übermäßig geschmerzt haben. Denn zwei konkurrierende Bannmühlen waren auf so engem Raum wohl selbst dann noch zuviel, wenn sie sich in einer Hand befanden.

BUYX, Michael, Antiqarische Charte von 1878: Standort von Hs. Windvonderen, das nicht mehr existiert; FRANKEWITZ, Die geldrischen Ämter (66), S. 139, 146 u. 287; SCHLEIDGEN, Urkundenbuch Kleve-Mark (224), Nr. 191 u. 284; VAN DER LOO, Joost, „Die Wettener Mühle im Wandel der Zeiten“, in: GHK 1981, S. 66.

445 Schravelsche Mühle

Kevelaer, Schravelen

(vor 1328 - 1926) > Niers <

Die Mühle des Johann van Straten in Schravelen (siehe hierzu Nr. 444) muß im 15. Jh. in die Hand des Herzogs gekommen sein. Damals wurde nämlich Schravelen als Grenzfeste ausgebaut, um Schlagbaum und Zollstelle am Niersübergang auf der klevischen Seite zu schützen.

Das Hs. Schravelen existiert nicht mehr. Aber die Mühle hat die Stellung auch dann noch gehalten, als es das Herzogtum Kleve nicht mehr gab und die Niersgrenze längst gefallen war. Das älteste der heute noch stehenden Gebäude ist von 1699, ausgewiesen durch das Wappen des damaligen Bauherrn und Kurfürsten Friedrich III. von Brandenburg. Es wird von zwei wegschauenden Adlern gehalten und ist vom berühmten englischen Hosenbandorden („*Honi soit qui mal y pense* - Schande dem, der Böses dabei denkt“) eingefaßt. Die (lateinische) Inschrift unter dem Wappen heißt: „ *... Diese Mühle ... stehe fest und möge viele Jahre überdauern. Gott wehre Stürmen, Feinden, Bränden und Dieben. Treu sei der Müller, wie es denen wohlergehe, die mahlen lassen.*“

Der kurfürstliche Wunsch scheint sich erfüllt zu haben - zumindest für die Mühle. Denn sie überstand nicht nur die Zeiten, sondern wurde im 19. Jh. noch erheblich erweitert. Am Ende standen an beiden Ufern der Niers Mühlengebäude mit je zwei Wasserrädern, die man durch einen Zwischenbau über die Niers hinweg miteinander verbunden hatte. Rechts war die alte Mahlmühle, auf dem linken Ufer die jüngere Öl- und Lohmühle.

1926 wurde der Betrieb stillgelegt. Heute befinden sich in den Gebäuden ein Keramik-Atelier und Wohnungen.

FRANKEWITZ, Burgen (65), S. 218 ff.; GERRITS, Griche, „Eine Ölmühle in früherer Zeit“, in: Die Heimat (Krefeld) 1929, S. 129 ff.; HÖVELMANN, Zur Landesgeschichte (112), S. 334; KAUL, Geldrische Burgen (126), S. 106/07; SOMMER, aaO., S. 186; siehe auch die Anmerkungen zu Nr. 444; ferner Tranchot 1802/04 Bl. 15 Kevelaer: „Schravelsche Mühle“, sowie TK 1844 u. 1893 Bl. 4403 Geldern: „Schravelsche Mühle / M.“

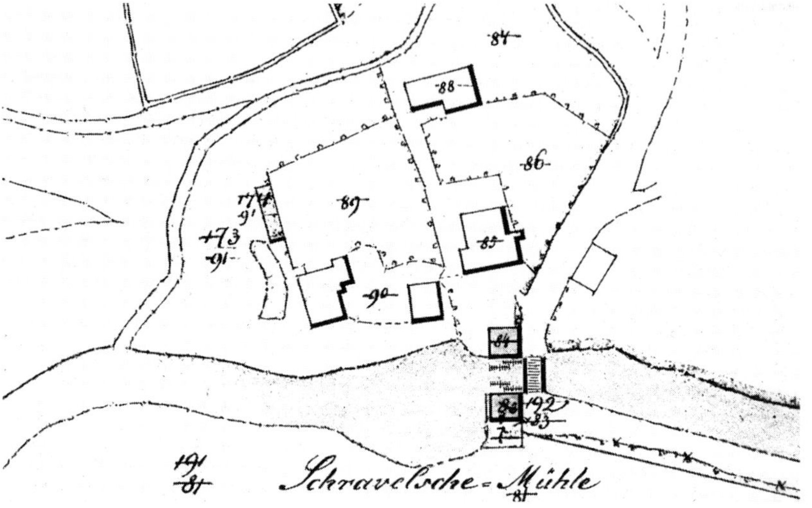

Nr. 445 Schravelsche Mühle, Kevelaer. Noch heute ist diese ehemalige klevische „Grenzmühle" an der Niers ein stattlicher Komplex. Ihre Ersterwähnung war 1328. Der älteste erhaltene Gebäudeteil trägt das Wappen des Großen Kurfürsten von Brandenburg.
Wie auf dem obigen Katasterplan von 1869 zu sehen ist, floß die Niers damals mitten zwischen zwei Mühlen hindurch. Die Mühle auf dem jenseitigen Ufer (unten im Plan) ist allerdings erst nach dem Wegfall der Grenze im 19. Jh. entstanden. Später hat man beide Gebäude über den Fluß hinweg miteinander verbunden.
1926 - nach fast genau 600 Jahren - wurde die Mühle stillgelegt. Jetzt befinden sich in den Gebäuden ein Keramik-Atelier und Wohnungen.

446-449 Die Mühlen von Schloß Wissen

Weeze, Schloßallee
(vor 1437 - 1958) > Niers <

Gäbe es eine Generalversammlung der erhalten gebliebenen Wassermühlengebäude am Niederrhein, dann stünde der **Schloßmühle Wissen (Nr. 446)** das Alterpräsidium zu. Ihr Ausweis ist der Wappenstein über dem Eingang. Er trägt das Jahr 1545 und zugleich die Namen ihrer „Eltern“: *Frans van Loe* (Drost von Goch, Wissen und Holt) - *Sophia van Nesselrat* (Nesselrode) *si huisfrow*“.
Wissen ist 1372 erstmals als Haus und Gut des Gocher Amtannes Heinrich von der Straten bezeugt. 1437 tritt die Mühle urkundlich auf den Plan, als die hier begüterte Xantener Stiftspropstei dem Sohn Heinrichs - Johann von der Straten - die Mühle und das Haus Wissen zu Lehen aufträgt. Dabei wird ausdrücklich hervorgehoben, daß sie schon von alters her Lehen dieser Familie gewesen seien. Den von der Straten folgte die Familie v. Loe. Sie hatte die Besitzung 1461 gekauft.
Auf den Karten und Zeichnungen des 18./19. Jh. wird die Mahlmühle mit zwei Wasserrädern dargestellt. Nach den damals üblichen Verhältnissen kann man davon ausgehen, daß sie das Zwangsgemahl für die Herrlichkeit Wissen hatte.
Wie zahlreiche andere Wassermühlen im Niederungsgebiet ist sie auf Pfählen gegründet, denen die Regulierung der Niers in den 30er Jahren allerdings durch die Absenkung des Wasserspiegels den Luftabschluß genommen hat. Inzwischen sind die Köpfe der Pfähle so sehr angegriffen, daß die Standfestigkeit des über 450 Jahre alten Bauwerks gefährdet ist. Zwar war die Mühle noch bis 1958 in Betrieb. Aber der Verfall ist allenthalben sichtbar und kann nur noch mit erheblichem Aufwand gestoppt werden. Es hat wenig genutzt, daß der Landeskonservator die Mühle 1981 zum Denkmal des Jahres erklärt hat. Bisher jedenfalls ist noch keine Rettung in Sicht.

Die Kornmühle stand nicht allein. Nur gut 100 m westlich von ihr stand an der Zufahrt zum Schloß (der heutigen Schloßallee) die **Ölmühle (Nr. 447)**. Sie wurde vom Wasser des Olygraaf (Ölgrabens) angetrieben, einem Abfluß des Schloßgrabens. Ihr genaues Alter ist nicht bekannt. Sie dürfte aber schon im 17. Jh. vorhanden gewesen sein. Denn auf einem Lageplan aus jener Zeit, ferner im Klevischen Kataster von 1730 und dem Urkataster ist sie eingezeichnet.
Erst 1920 wurde die Ölmühle stillgelegt. Ihre - wohl aus dem 19. Jh. stammende - Einrichtung mit Etagen-Pressen englisch-amerikanischer Bauart ging zur Hünshovener Mühle (Nr. 202) in Geilenkirchen. Sie hatte einem Ölmühlenkonzern gehört, der die Mühle zuletzt betrieben hatte. Ölmühle und Ölgraben sind verschwunden. Nur noch der Ansatz des Grabens ist am Schloßgraben zu sehen.

Auch die **Sägemühle (Nr. 448)** gibt es nicht mehr. Sie ist ebenfalls auf den vorgenannten Karten vermerkt. Im Urkataster steht sie als „Holzmühle“ angegeben. In den späteren Katasterkarten mit den Fortschreibungen aus den Jahren nach 1860 ist sie allerdings nicht mehr enthalten. Auch der Verbindungsgraben vom Schloß (auf der Höhe der Toreinfahrt) zur Niers ist beseitigt. Heute ist dort Wiesengrund.

Nach den genannten Karten gab es schließlich noch eine **Walkmühle (Nr. 449)**. Sie stand an einem Graben, der sich südwestlich vom Schloß auf der rechten

Nr. 453 Höster Mühle, Weeze. Ein erstes Zeugnis von ihr stammt aus dem Jahre 1330. Sie gehörte zu Hs. Höst, einem klevischen Lehen. Im Laufe der Jahrhunderte diente sie als Korn-, Voll-, Öl- und Walkmühle. Um 1955 wurde der Betrieb eingestellt.
Die Mühle hat Hs. Höst überlebt, von dem nichts mehr vorhanden ist. Heute dient ihr Gebäude als Wohnung für die Nachkommen des letzten Müllers. Der eigentliche Mühlentrakt ist weitgehend ausgeräumt. Aber das Anwesen darf sich noch immer im Mühlenkolk spiegeln, den die Niersregulierung unbehelligt gelassen hat.

Weil das Einzugsgebiet schon früh besiedelt und bewirtschaftet war, wurden auch schon früh Anstrengungen unternommen, um das zum Teil unzugängliche Land durch Entwässerung urbar zu machen. Erste Nachrichten darüber gehen bis in die Zeit um 1295 zurück. Damals hatten die Klever Grafen eigens Fachleute aus den niederländischen Seeprovinzen kommen lassen. Im großen Stile begann die Melioration allerdings erst in der zweiten Hälfte des 19. Jh., als 1886 die „Kervenheimer Mühlenfleuth-Genossenschaft" gebildet wurde, aus der nach dem Zusammenschluß mit Nachbarorganisationen 1972 der „Wasser- und Bodenverband Kervenheimer Mühlenfleuth" hervorging.
Der Name verrät es schon: Die Fleuth trieb eine Wassermühle an. Und die war mit ihrem als besonders lästig empfundenen Staurecht das größte Problem. Erst 1889 - nach dreijährigen Anstrengungen - gelang es, den Stau zu beseitigen und Eigentümerin und Mühlenpächter zu entschädigen. Es gab zwar im Einzugsgebiet noch eine zweite Mühle. Aber die lag am Balberg und hatte das Vorhaben nicht mehr beeinträchtigen können. Schon kurz nach 1850 war sie stillgelegt worden.

Literatur: KEUCK, Festschrift „100 Jahre Wasser- und Bodenverband Kervenheimer Mühlenfleuth (1886 - 1986)", Geldern 1986.

451 Fallmühle

Sonsbeck-Balberg, Reichswaldstraße
(18. Jh. - um 1850) > Zufluß zur Gr. Ley (Kervenheimer Mühlenfleuth) <

Noch in der heutigen Gemeindekarte von Sonsbeck kann man am südlichen Ende der Reichswaldstraße die Bezeichnung „Wassermühle" lesen. Aber das ist eine 150 Jahre alte Erinnerung. Hier nämlich stand eine kleine Mühle an einem Bach, der von dem Oberflächenwasser aus dem Balberger Wald lebt. Seine Quelle liegt beim Doctorshof knapp unterhalb vom Waldesrand. Auf seinen nur 2 km Länge fällt er dabei von rd. 50 m auf etwa 25 m ab. Für niederrheinische Verhältnisse ist das viel.
Heute indes füllt dieser Bach nur noch Fischteiche. Bis um 1850 hatte er aber auch noch ein Mühlrad zu bewegen, das nur oberschlächtig gewesen sein kann, wenn man das bemerkenswerte Gefälle und den Namen „Fallmühle" richtig deutet.
Nach Jakob Kalscheuer, dem Müller der ehemals benachbarten Windmühle war sie allerdings trotz aller Gunst nur *„wenig leistungsfähig"*. Das muß wohl auch der Grund dafür gewesen sein, daß 1836 seine Windmühle erbaut und von den Balberger Bauern *„lebhaft begrüßt"* worden war. Vermutlich hat das auch ihr Ende beschleunigt. Um 1850 wurde sie stillgelegt, 1865 abgebrochen. Wie alt sie damals war, ist nicht überliefert. Vermutlich ist die Bauernmühle erst im 18. Jh. entstanden.

KALSCHEUER, Jakob, „Aus dem Leben eines Windmüllers", in: HK Krs. Moers 1966, S. 49; ferner Tranchot 1802/04 Bl. 15 Kevelaer: „Wassermühle".

452 Kervenheimer (Floeth) Mühle

Kevelaer-Kervenheim, Schloßstraße
(vor 1411 - 1889) > Kervenheimer Mühlenfleuth <

Die Kupferstiche Jan de Beyers aus dem 18. Jh. lassen Größe und Bedeutung der klevischen Burg Kervendonk aus dem 13. Jh. erkennen, in deren Umfeld die Siedlung („Stadt") Kervenheim entstand. Burg und Burgmannssiedlung waren von einem - zumeist künstlich angelegten - Gewässersystem umgeben, das ihrem Schutz diente und hauptsächlich von der Fleuth gespeist wurde.
Gegenüber der Vorburg stand die Wassermühle, 1411 bei einer Lehensvergabe erstmals erwähnt. Ihr Antriebswasser bezog sie von der Fleuth, die deswegen allgemein „Mühlenfleuth" hieß. Sie war eine Bannmühle, die ausschließlich Getreide mahlte. In Kervenheim anfallende Ölsaaten wurden an anderer Stelle in mehreren Roß-Ölmühlen verarbeitet. Aber auch unmittelbar neben der Kornmühle gab es eine Roßmühle. Denn in den Sommermonaten fehlte es oft am nötigen Wasserzulauf. Wegen dieser betrieblichen Schwierigkeiten wurde die Mühle z. B. 1828 mit dem niedrigsten Steuersatz von nur 2 Reichstalern belegt; die ebenfalls im damaligen Amtsgebiet an der Niers liegende Schravelsche Mühle zahlte zwölfmal soviel.
Heute ist von der Burg nur noch ein bescheidener Rest, von ihrer Mühle nichts mehr zu sehen. Letztere wurde 1889 stillgelegt, nachdem die Meliorations-

genossenschaft „Kervenheimer Mühlenfleuth“ das Staurecht erworben hatte. Übrig blieben der Traditionsname „Mühlenfleuth“ und ein Mühlstein am Aufgang zur Burganlage.

KAUL, Geldrische Burgen (126), S. 87 ff.; KEUCK, Bernhard, Festschrift „100 Jahre Wasser- und Bodenverband Kervenheimer Mühlenfleuth (1886-1986)“, Geldern 1986; SOMMER, aaO., S. 184; WENSKY, Margret, Rhein. Städteatlas Nr. 61 („Kervenheim“), Textteil.

453 Höster Mühle

Weeze, Höst-Vornicker-Weg
(vor 1330 - um 1955) > Niers <

Eine Häusergruppe und ein Weiher, das ist der Mittelpunkt der Bauerschaft Höst heute. Vor 500 Jahren war das anders. In den geldrischen Lehnsakten von 1402 ist nämlich ein *„huys tot Hoest“* vermerkt, ein befestigtes Anwesen, mit dem damals ein Maes (Thomas) von Bellinghoven belehnt wurde. Dieses Haus Hoest hat die Zerstörungen durch Kroaten im 30jährigen Kriege (1637) allerdings nicht überstanden und ist seitdem weitgehend in Vergessenheit geraten.
Zum Höster Lehen gehörten eine Korn-, Voll-, Öl- und Lohmühle. So jedenfalls heißt es in einer Erbteilung, die Heinrich Schenk von Nydeggen 1487 vornahm. Ob es sich bei dieser „vierfachen“ Mühle um eine einzige mit mehreren Funktionen handelte oder ob es tatsächlich mehrere Mühlen (vielleicht auch Roßmühlen) waren, ist nicht gesagt. Eher scheint es ein „Kompakt-Betrieb“ gewesen zu sein. Und der taucht schon 1330 urkundlich auf, und zwar weit vor dem Festen Haus. Damals nämlich hatte Graf Dietrich Luf von Kleve bei der Einkünfteregelung für seinen Lehensmann Dietrich von der Straten ausdrücklich Einkünfte *„aus der Mühle zu Hoest“* ausgenommen; die Mühle sei Lehen des Ruleken Hagedorn.
Wie auch immer, einzig die Mühle hat sich über die Zeiten hinweg erhalten können, trotz mannigfaltiger Besitzerwechsel: Im 18. Jh. stand sie im Eigentum des Schloßherrn von Wissen. In der ersten Hälfte des 19. Jh. zeichnete sich Frh. v. Hartefeld verantwortlich, dem auch die Mühle in Kervenheim gehörte. In unserem Jahrhundert war sie im Besitz des Frh. v. Vittinghoff-Schell zu Kalbeck, bevor sie 1926 in bürgerliche Hände überging.
Das 20. Jh. begann für die Höster Mühle mit einem Brand (1905). Nach der Instandsetzung erhielt sie 1911 eine Dampflokomobile. Der Ausbau der Niers 1929 hatte die Beseitigung des Mühlenstaus und des Wasserrades zur Folge. Mit Elektroantrieb arbeitete die Mühle dann noch bis um 1955. Seither liegt sie still. Das Mühlengebäude ist bis auf wenige Reste ausgeräumt, das Radhaus am Mühlenweiher verschwunden.

FRANKEWITZ, Stefan, „Haus Hoest bei Weeze“, in: GHK 1997, S. 61 ff.; ders., Burgen (65), S. 239; SCHLEIDGEN, Urkundenbuch Kleve-Mark (224), Nr. 196 (Urk. v. 1330); SCHOLTEN, Grafenthal (230), S. 139 ff.; SOMMER, aaO., S. 183/84; ferner Tranchot 1802/04 Bl. 9 Goch: „Hartefeld Mühle“, sowie Le Coq 1805 (Sect. XI) und TK 1844 Bl. 4303 Uedem: Mühlensymbol.

Nur tausend Meter unterhalb von Höst stand das alte Haus Kalbeck, nicht zu verwechseln mit dem neuen Schloß jenseits der Uedemer Straße. Kalbeck ist schon 1299/1326 urkundlich erwähnt. Zu ihm gehörte die **Kalbecker Mühle (Nr. 453a)**. SCHOLTEN, (Grafenthal, S. 139) teilt hierzu mit, daß sie 1312 einem Goswin von Rossem und 1321 dessen Bruder Gerhard als Zutphensches Lehen gehört habe. Das ist alles, was man über diese Mühle weiß, die möglicherweise einige Jahrhunderte bestanden hat. Im Klevischen Kataster von 1730 ist sie allerdings nicht mehr aufgeführt.

454-458 Die Gocher Mühlen

Die alte geldrische und später (ab 1473) klevische Stadt Goch war ein wichtiger Stützpunkt im Land und nicht von ungefähr Sitz eines Amtes. Ihre Gründung verdankt sie einem Niersbogen, der überdies den Gochern im Nordosten den Stadtgraben erspart. Im übrigen lud er zusammen mit dem westlichen Stadtgraben zur Einrichtung von Mühlen ein, die eine gute Grundlage für die städtische Wirtschaft versprachen und deren es am Ende nicht weniger als fünf gab.
Die früheste Nachricht über die Existenz einer Mühle vermitteln uns Gocher Schöffenbriefe von 1272 und 1275, in denen ein „*Gerhardus molendarius* - Müller Gerhard“ genannt ist. Ob er Angestellter oder Pächter der gräflichen Mühle war, ist nicht festgehalten. Später nannte man den in der Mühle Verantwortlichen „*moelenmeester*“. 1362 gab die Grafenthaler Äbtissin Isabella von Geldern - eine Schwester des Herzogs - die ihr zur Nutzung überlassenen Gocher Mühlen der Stadt Goch. 1367 wurde daraus mit Zustimmung des Herzogs ein Erbpachtrecht an den „*moelen mit oeren toebehoeren ende dat gemaele* - Mühlen mit deren Zubehör und dem Gemahl“, nachdem die Stadt zugesichert hatte, daß sie den Grafenthaler Mühlen nicht schaden und keinen eigenen Mahlzwang ausüben wolle. Mit der Erbpacht wurde das Recht verbunden, nach Bedarf weitere Wind-, Öl- und Vollmühlen anzulegen.
Damals gab es in der Stadt je eine Korn-, Öl- und Walkmühle. Sie waren Wassermühlen und standen im Mühlenviertel beim Mühlentor, das nach Norden hinausführte. Möglicherweise hat dort auch noch eine Windmühle gestanden, die den Umständen nach auch in Goch nur eine Kastenmühle (Bockmühle) gewesen sein kann und witterungsanfällig war. Später allerdings gewannen die Windmühlen an Bedeutung, als man mit Rücksicht auf die Nierswiesen jahreszeitliche Beschränkungen hinnehmen mußte.
Im Laufe der Zeit hat es für die Wassermühlen einige bauliche, funktionale und auch rechtliche Veränderungen gegeben. Sie sind am besten anhand eines Stadtplanes des Amsterdamer Kartenzeichners de Wit aus der Zeit um 1650 zu erklären.

Von den „1367er Mühlen“ stand an der Niers die **Kornmühle (Nr. 454)**. Zu ihr führte die „*Korte meule Straat* - Kurze Mühlenstraße“ (heute Mühlengasse). In der Karte von Simon aus dem 18. Jh. heißt sie „Konigsmühle“. Auf sie müssen sich hauptsächlich die Meinungsverschiedenheiten bezogen haben, die wegen der Grafenthaler Interessen immer wieder auszufechten waren. 1643 wurde die Kornmühle wegen Zahlungsrückständen der Stadt vom brandenburgischen Fiskus ein-

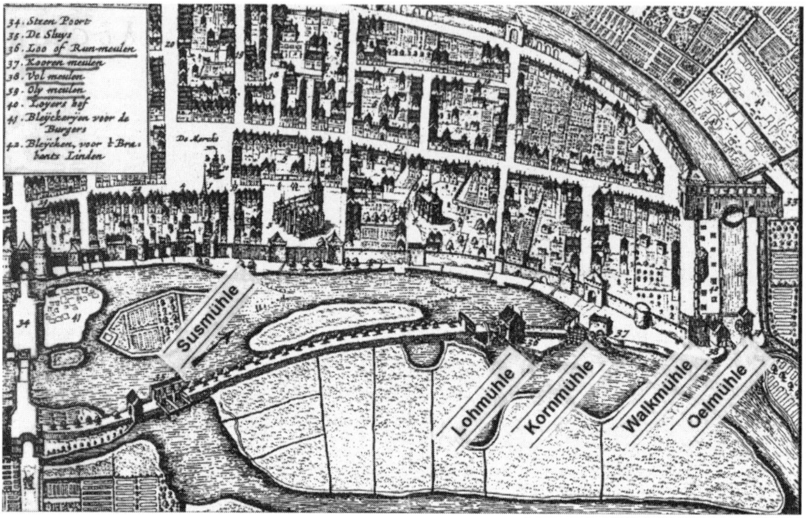

Nr. 454 Kornmühle, Goch. Für die Ur-Gocher war zweifellos der Niersbogen für die Ansiedlung bestimmend gewesen. Die Niers hatte sich auch als billige Arbeitskraft für den Antrieb von Wassermühlen empfohlen.

Auf dem obigen Ausschnitt aus einem Vogelschaubild von etwa 1650 sind fünf Wassermühlen dargestellt - die fünfte, die jüngere Susmühle, ist allerdings nur durch das Wehr, ihren späteren Standort, bezeichnet. Die älteste dieser Mühlen war die Kornmühle. Sie und zwei weitere Mühlen hatte die Stadt Goch 1367 vom Kloster Grafenthal in Erbpacht genommen. Die Kornmühle lief bis 1932. Heute dient sie als „Gewerbepark". Auf dem Bild unten sind der alte Teil der Kornmühle mit den beiden kreisrunden Öffnungen für die Achsen der Wasserräder, dahinter der große neuzeitliche Anbau zu sehen.

gezogen und erst einige Jahre später wieder zurückgegeben. 1720 zählte sie gleichwohl zu den „Königlichen Mühlen“, zumal die Landesherren auch während der Erbpachtzeit Eigentümer geblieben waren.
1844 konnte die bisherige Pächterfamilie Janssen die Erbpacht ablösen und die Mühle kaufen. Der Betrieb lief damals mit drei, später zwei Wasserrädern, von denen eines eine Ölpresse antrieb. Die beiden Öffnungen für die Radachsen sind noch heute in der Außenwand zu sehen. 1903 brannte die Mühle ab und wurde dann größer wieder aufgebaut. Die Wasserräder liefen bis zur Niersregulierung 1932. Dann wurde die Mühle stillgelegt. Heute dienen die modernisierten Gebäude allgemeinen gewerblichen Zwecken.

Jenseits des Mühlentores stand die **Ölmühle (Nr. 455)**. Sie zählte ebenfalls zu den Mühlen, über die Herzog und Äbtissin 1367 zugunsten der Stadt verfügt hatten. Weil damals auch von einer Walkmühle die Rede war, eine spezielle Walkmühle aber erst viel später erbaut wurde, muß sie zugleich Öl- und Walkmühle gewesen sein.
Angetrieben wurde sie vom Wasser des Stadtgrabens, der sich gleich hinter der Mühle mit der Niers vereinigte. Im 19. Jh. gehörte die Ölmühle ebenfalls zum Janssenschen Besitz. Sie wurde 1906 stillgelegt und später zu Wohnungen umgebaut. Das Gebäude wurde Anfang der 90er Jahre abgebrochen.

1419 bekam die Ölmühle eine Nachbarin, die **Walkmühle (Nr. 456)**. Sie stand ebenfalls am Stadtgraben, und zwar am sog. Mühlendamm. Der Bau dieser (neuen) Walkmühle beruhte auf einer Übereinkunft zwischen der Stadt und dem Wüllenamt (Wollwebergilde). Die Wollweber hatten Goch dank der Schafzucht auf der ausgedehnten Gocher Heide zur führenden niederrheinischen Tuchmacherstadt gemacht. Die Walkmühle wurde um 1800 aufgelöst. Von ihr ist nichts mehr vorhanden. Vom - inzwischen verrohrten - Stadtgraben sieht man nur noch den Einlauf in die Niers.

Oberhalb der Kornmühle gab es ab 1523 die **Lohmühle (Nr. 457)**. Bei de Wit heißt sie „*Loo of Run-Meulen* - Loh- oder Run-Mühle“, wobei man sich auf den Begriff „Run“ keinen Reim machen kann. Die Mühle wurde von der Gocher Schuhmachergilde auf eigene Rechnung am Mühlendamm erbaut. Dafür flossen der Gilde die Mahlgebühren solange zu, bis die Baukosten abgedeckt waren. Außerdem erhielt sie das Handelsmonpol für Lederwaren in der Stadt. Nach vollständiger Verrechnung ging die Mühle in das Eigentum der Stadt über, die sich verpflichtete, aus Gründen der Wirtschaftsförderung nur geringe Nutzungsgebühren zu erheben.
Als auch diese Mühle im 18. Jh. vom Fiskus beansprucht und in Erbpacht vergeben wurde, verursachten die vereinbarten Präferenzen ständigen Ärger zwischen dem Pächter und der Gilde. Vielleicht war das auch ein Grund, daß die Mühle gegen Ende des Jahrhunderts geschlossen wurde. In der Simons-Karte von 1782 ist sie schon nicht mehr vermerkt. Das Grundstück ging später an die Familie Janssen, an deren Kornmühle es angrenzte.

Nr. 455 Ölmühle, Goch. Gemeinsam mit der benachbarten Walkmühle stand sie am Stadtgraben. Sie gehörte zu den Grafenthaler Erbpachtmühlen. Beide Mühlen gibt es nicht mehr. Indes - der Ansatz des inzwischen verrohrten Stadtgrabens ist noch zu sehen. Die Ölmühle rechts im Hintergrund ist erst vor wenigen Jahren abgebrochen worden. Die Walkmühle befand sich dort, wo jetzt der Pavillon ist.

Nr. 458 Susmühle, Goch. Sie dürfte erst um 1700 gebaut worden sein. Ihr Name ist Lautmalerei, angelehnt das Sausen des Wassers am Wehr. Seit ihrer Stillegung 1932 wird sie ausschließlich als Wohnhaus genutzt. Mit ihrem ihrem fast hanseatischen Aussehen spiegelt sie im wahrsten Sinne des Wortes die große Bedeutung der alten Handelsstadt Goch wider.

Die fünfte Mühle - die **Susmühle (Nr. 458)** - ist die mit Abstand jüngste unter den Gocher Wassermühlen. Noch auf der Karte von de Wit um 1650 ist an ihrem Standort nur das Wehr zu sehen, aber noch keine Mühle. Anhand späterer Zeichnungen datiert man sie erst in das 18. Jh. Weil sie zuerst „Loo Mühle" hieß, könnte sie zunächst als Ergänzung und schließlich Ersatz für die Lohmühle von 1523 gedient haben. Später war sie Öl- und letztendlich Kornmühle. 1812 wurde sie vom Gocher Steuereinnehmer Fonck gekauft, ehe auch sie gleich den übrigen Gocher Mühlen von der Müllerdynastie Janssen übernommen wurde, der gegen Ende des vorigen Jahrhunderts alle Mühlen in der Stadt gehörten.
1932 stellte sie im Zuge der Niersregulierung den Betrieb ein und wurde zum Wohnhaus. Das Wasser braust und „saust" zwar nicht mehr das Wehr hinab, wie der eigenartige Name „Susmühle" es meint. Aber auch mit ihrem bewegungslos trockenstehenden roten Mühlrad ist die Mühle vor dem ehrwürdigen Steintor ein Wahrzeichen Gochs und Sinnbild seiner großen Mühlentradition.

FRANKEWITZ, Die geldrischen Ämter (66), S. 235/236; ders., Burgen (65), S. 254 ff.; NIEDERÉE, Wilhelm, „Nahrung, Schutz und Energie", in: An Niers und Kendel (Goch) 1979, Nr. 1 S. 12; ders., „Von Wind und Wasser getrieben", ebenda, 1980, Nr. 3 S. 1 ff; SCHOLTEN, Grafenthal (230), S. 126 ff.; SOMMER, aaO., S. 181/182; WEBER, Rudolf, „Die Gocher Mühlen", in: HK Krs. Kleve 1968, S. 65 ff.; ferner TK 1844 Bl. 4302 Goch: Mühlensymbole für Susmühle, Kornmühle und Ölmühle; in TK 1893: Mühlensymbole nur noch für Susmühle und Kornmühle.

459 Bimmener Mühle

Goch-Asperden, Hervorster Straße
(vor 1380 - 1595) > Niers <

Ungefähr auf der Mitte zwischen dem Gocher Mühlentor und der Aspermühle stand in Bimmen (Bymmen) eine Kornmühle. Bimmen war in alter Zeit eine kleine Bauerschaft, die später völlig untergegangen ist. In Bimmen besaß die Zisterzienserinnenabtei Grafenthal einen Hof und eine Mühle, die 1380 mehrfach urkundlich erwähnt wird.
Die Abtei war eine Stiftung von Graf Otto II. von Geldern im Jahre 1248. Eigentlich sollte sie an der Nette in Altkrickenbeck bei Leuth angesiedelt werden, einem Kölner Lehen, das der Graf eigens für die Klostergründung gekauft hatte. Dann aber wurde die Burg Rott an der unteren Niers vorgezogen. Das Kloster erhielt auf Wunsch des Stifters den Namen „*vallis comitis* - Grafenthal". Der Konvent zog jedoch die Bezeichnung „Neukloster" vor, um sich von Mutterkloster in Roermond zu unterscheiden.
Die Abtei war reich begütert. Allein sieben Mühlen wurden von ihr bewirtschaftet oder waren in Erbpacht vergeben. Unsere Mühle in Bimmen schied allerdings schon 1595 aus. Sie brannte etwa zur gleichen Zeit ab wie die benachbarte Aspermühle. Im Gegensatz zu dieser wurde sie jedoch nicht wieder aufgebaut.

NIEDERÉE, Wilhelm, „Von Wind und Wasser getrieben", in: An Niers und Kendel 1980, Nr. 3, S. 4 u. 6; SCHOLTEN, Grafenthal (230), S. 79.

Nr. 460 Aspermühle, Goch. Die beiden Bilder beschreiben die alte Mühle und ihr heutiges Aussehen. Das Bild oben befindet sich im Besitz der Familie van de Loo, seit 1595 Erbpächterin von Grafenthal und seit der Säkularisation Eigentümerin der 1301 erstmals erwähnten Mühle. Der erste von ihnen hatte sich damals verpflichtet, die durch Brand vernichtete Mühle auf eigene Rechnung wieder aufzubauen.
Auch nach der Niersregulierung lief die Mühle noch weiter, und zwar als Mahlmühle bis 1959 und als Getreidehandelsbetrieb bis 1975. Das Bild unten zeigt, wie auf den Fundamenten des Radhäuschens über dem früheren Wasserdurchlaß ein neuer Bürotrakt entstanden ist.

460 Aspermühle

Goch-Asperden, Triftstraße
(vor 1301 - 1959) > Niers <

„In nomine domini amen." So beginnt die Urkunde vom 18. Mai 1301, mit der Graf Reinald von Geldern dem Zisterzienserinnenkloster Grafenthal seine *„molendinum de Asper de super fluvium Nyrsam situm* - am Niersfluß in Asper gelegene Mühle" schenkte. Die Gegenleistung bestand in einer täglichen Messe für das Grafenhaus. Schon vorher hatte das Kloster die Mühle bewirtschaftet, und zwar als Pachtung von Graf Reinald und dessen Vater Otto II.
Die Aspermühle lag nur eine Viertelstunde oberhalb von Grafenthal. Vermutlich gehörte sie von Anfang an zur Ausstattung des Klosters, wenn auch zunächst nur als Pachtobjekt. Die Äbtissin scheint die Mühle zunächst nur in Zeitpacht vergeben zu haben, zuletzt an die Familie v. Wachtendonk, die sie ihrerseits durch einen *„molenmeester* - Obermüller" bewirtschaften ließ.
Als die Mühle 1595 abgebrannt war, ging man - wohl aus Kapitalmangel - dazu über, sie an einen Aufbauwilligen in Erbpacht zu vergeben. Erbpächter wurde Hendrick von Beloe, der Schwiegersohn des damaligen *„molenmeesters"*. Die Nachfahren Hendricks - sie nannten sich von de Loe und ab etwa 1800 van de Loo - sind dann bis heute auf der Aspermühle geblieben, über 400 Jahre also.
Anfänglich war die Mühle wohl nur eine Getreidemühle. Aber im 14. Jh. müssen auch eine Öl- und eine Walkmühle angeschlossen gewesen sein, vielleicht in einem eigenen Gebäude. Aus dem 16. Jh. wird von einer Lohmühle berichtet. Im Register der preußischen Verwaltung von 1730 schließlich ist die Aspermühle als Walkmühle geführt. Das Walken scheint lange Zeit die Haupteinnahmequelle der Mühle gewesen zu sein. Denn die Aspermühle durfte nur für die Abtei mahlen, hatte also keinen Mahlzwang. Daraus erklärt sich auch die Vorsicht der Grafenthaler Äbtissin bei den Gocher Mühlen, als sie ausdrücklich feststellen ließ, daß die Stadt Goch keinen Mahlzwang zum Nachteil ihrer Mühlen in Asperden und Viller anstrebe (siehe Nr. 454).
Erst 1820, als die van de Loo in der Säkularisation Eigentümer geworden waren, gaben sie den Walkbetrieb auf. 1864 fügten sie dann der Kornmüllerei wiederum einen weiteren Zweig an: Sie erhielten die Genehmigung für ein zweites Wasserrad für eine Ölpresse und eine Gattersäge.
Nachdem um 1932 die Mühlenstaue an der Niers beseitigt worden waren, lief die Aspermühle - inzwischen eine Walzenmühle - bis 1959 mit Dampf- und Elektroantrieb weiter. Dann setzte ein Brand der Müllerei ein Ende. Man blieb zwar noch mit einem Getreidehandel bis 1975 in der Branche, wandte sich nun allerdings dem Gartenbau mit Schwerpunkt Azaleen und Eriken zu. Die Gebäude der ehemaligen Mühle wurden vermietet.
Damit war ein endgültiger Schlußstrich unter eine 700jährige Mühlentradition gesetzt. Beinahe wäre dieser Schlußstrich schon Mitte des 17. Jh. gezogen worden, als nämlich der brandenburgische Große Kurfürst erwog, die Niers ab Goch schiffbar zu machen. Mit dieser Maßnahme sollte das Gebiet auch für andere Wirt-

Nr. 461 Viller Mühle, Goch. Von ihr lesen wir erstmals 1320, als sie auf Kloster Grafenthal übergegangen war. Später bestand sie aus mehreren Einzelbetrieben, in denen Öl geschlagen, Holz geschnitten und Korn gemahlen wurde. Die heutigen Gebäude entstanden nach 1872. Genau hundert Jahre später wurde der Betrieb geschlossen. Seit kurzem bemüht sich ein Unterhaltungskünstler, den ausgeräumten Fabrik-Komplex mit Leben zu erfüllen.

Nr. 462 Yshövel´sche Mühle, Ottersum (NL) / Goch. Die kleine Mühle aus dem 14. Jh. stand seit dem Wiener Kongreß jenseits der Landesgrenze, das Müllerhaus diesseits. Das wurde dem Betrieb nach 1945 zum Verhängnis. Er verfiel dem Abbruch. Das „deutsche“ Wohnhaus indessen blieb stehen und ist von Nachfahren des letzten Müllers bewohnt.

schaftszweige erschlossen werden. Aber aus dem Plan wurde nichts. Die Mühlen unterhalb Goch konnten weiterlaufen.

FRANKEWITZ, Burgen (65), S. 265; GORISSEN, Altklevisches ABC (76), S. 10; NIEDERÉE, Wilhelm, (wie unter Nr. 454); SCHOLTEN, Das Zisterzienserinnenkloster Grafenthal (230), S. 12 ff. u. 77 ff.; SOMMER, aaO., S. 178; VAN DE LOO, Leo, „Geschichte der Familie van de Loo“, Hefte I (1918) und III (1933), privater Druck im Familienbesitz; Niederrheinkammer Duisburg 1983, S. 494; ferner TK 1844 u. 1893 Bl. 4202 Kleve: Mühlensymbol / “Asper-M.“

461 Viller Mühle

Goch-Hommersum
(vor 1320 - 1972) > Niers <

Wer von Kessel nach Hommersum fährt, sieht im Hintergrund einen Fabrikbau mit hohem Schornstein. Es ist die Viller oder Villersche Mühle, wie sie inoffiziell meist genannt wird. Ihre baulichen „Vorfahren“ gehen auf das 14. Jh. zurück. Die erste Nachricht über sie ist ein Verzicht auf Rechte an der Mühle, den *„Henricus de Riferschijt* - Heinrich von Reifferscheit, Herr von Bedburg und Kanoniker an St. Georg in Köln, 1320 zugunsten von Grafenthal beurkunden ließ. Henricus erwähnt dabei, daß schon sein Blutsverwandter Ritter Johann v. Malberg die Mühle dem Kloster verkauft habe.
Aus der Zeit um 1600 wird gemeldet, daß die Villersche Mühle damals eine Korn- und Ölmühle war. Es gab auch einen *„Ölgraben“*, der wohl mit der - getrennt stehenden - Ölmühle zu tun hatte. Auch im Altklevischen Register von 1730 wird die Mühle als eine *„Waßer-Korn und Öhl-Mühle“* bezeichnet. Eine Skizze der Örtlichkeit von etwa 1850 zeigt auf der rechten Seite der Niers die kombinierte Öl- und Sägemühle mit zwei Wasserrädern. Wenig später wurde noch ein drittes Wasserrad angefügt, um Parallelbetrieb zu ermöglichen. Auf dem linken Niersufer war die Kornmühle. Sie besaß nur ein Wasserrad.
1872 ging der Betrieb auf die Gebrüder Johann und Ludwig Matheysen (Matthyssen) aus den Niederlanden über, die sie zu jener Fabrik ausbauten, die heute noch die Landschaft verunziert. Zunächst wurden hauptsächlich Ölsaaten verarbeitet, ehe man sich nach dem Ende der ländlichen Ölmühlen wieder ganz der Getreidemüllerei zuwandte. Nach der Niersregulierung gab man nicht auf, sondern arbeitete noch bis 1972 mit Dampf- und elektrischer Energie weiter. Die Mühle befand sich in unserem Jahrhundert übrigens in der Hand der Straelener Müllerdynastie van Schayck. Seit kurzem bemüht sich ein „wahnsinniger Puppenspieler“, wie er sich selbst auf einem Schild an der Mühle bezeichnet, wieder Leben in den ausgedienten und ausgeräumten Gebäudekomplex zu bringen.

FRANKEWITZ, Burgen (65), S. 271 ff.; GORISSEN, Altklevisches ABC (76), S. 208; SCHOLTEN, Grafenthal (230), S. 272; SOMMER, aaO., S. 179; ferner Tranchot 1804/05 Bl. 8 Gennep: „Mühle“, sowie TK 1844 u. 1893 Bl. 4202 Kleve: „Villersche Mühle“.

Kendel

Am Niederrhein findet man diesen eigenartigen Flußnamen häufig. Durchweg sind es kleinere Fließgewässer, die sich durch die flache Landschaft vorwärts schlängeln. Die Bezeichnung „Kendel“ kommt aus dem Lateinischen und ist von „canalis - Kanal“ abgeleitet. Die bedeutendste Kendel liegt im Raum Goch. Sie beginnt bei Weeze und endet genau an der Landesgrenze in der Niers. Obwohl zwischen Anfang und Ende nur 14 km Luftlinie liegen, hat sie eine Länge von rd 30 km - dank ihren vielen weiten Windungen.
Friedrich Gorissen hat (in: HK Krs. Kleve 1974, S. 54) zu dieser „Gocher“ Kendel die Meinung vertreten, sie sei in Wahrheit ein durch Schlingen künstlich verlängerter Wasserlauf. Mit der Verlängerung habe man eine größere Menge Wasser sammeln und vorhalten können, um dann bei der Mündung eine Wassermühle antreiben zu können.
Nun - Kanäle sind nach unseren Begriffen tatsächlich von Menschenhand geschaffene Wasserwege. Sie sind meistens gradlinig gebaut. Das schließt zwar die Richtigkeit der Theorie von Gorissen nicht aus. Es ist aber sehr zweifelhaft, ob sich ein solcher Aufwand für nur eine einzige Mühle lohnt. Zudem gab es nahebei an der Niers die Viller Mühle. Aber man wird die Frage besser offen lassen. Selbstverständlich könnte die Menge der wasserbautechnischen Maßnahmen, die den Niederrhein seit dem Mittelalter für die Landwirtschaft nutzbar gemacht haben, eine Antwort sein. Indes - auch Gorissen will wohl nur zum Nachdenken auffordern: Nicht von ungefähr heißt der Untertitel seines Aufsatzes „Eine Herausforderung der auf Idylle fixierten Heimatkunde“.

462 Yshövel'sche Mühle

Goch-Hommersum / Ottersum (NL)
(vor 1381 - 1944) > Kendel <

Im Einnahmeverzeichnis des Klosters Grafenthal von 1381 taucht sie zwar erstmals als abgabepflichtig auf. Aber sie gehörte zum Hs. Driesberg, das Johan Kodeken v. Zeller in der zweiten Hälfte des 14. Jh. gegründet hatte. Bei Driesberg blieb sie bis 1793. Dann wurde sie an einen Müller verkauft. Fortan war sie in bürgerlicher Hand. Die im Laufe der Jahrhunderte häufig wechselnden Eigentumsverhältnisse hat Franz Gommans in seiner eingehenden Abhandlung über die Mühle dargestellt.
Unsere Kornmühle an der Kendel hatte - gleich der Aspermühle - keinen Mahlzwang. Vermutlich wurde auch schon früh Öl geschlagen, wie aus Nachrichten aus dem 16. Jh. hervorgeht.
Eine tiefgreifende Veränderung brachte der Wiener Kongreß 1815, bei dem hier die neue Grenze mitten durch die Kendel gezogen wurde. Da die Mühle auf dem linken Ufer stand, war sie jetzt niederländisch. Das - später errichtete - Wohnhaus befand sich genau gegenüber auf der preußischen (deutschen) Seite. Diese „zweiherrige“ Lage nutzte der letzte Müller auf Yshövel - Gerhard Geurtz - wäh-

rend des Zweiten Weltkrieges, indem er die „*onderduikers* - Untergetauchten" mit Mehl versorgte, wann immer das ging.
Die Evakuierung des Grenzgebietes im Herbst 1944 bedeutete das Ende der Mühle. Nach dem Kriege wurde sie von den Niederländern abgebrochen, obwohl sie ihnen in der Besatzungszeit von Nutzen gewesen war und die Kriegshandlungen unversehrt überstanden hatte. Das Müllerhaus am rechten Ufer blieb allerdings stehen. Es wird noch von den Nachfahren des Gerhard Geurtz bewohnt.

GOMMANS, Franz, „Die Yshövelt´sche Mühle bei Hommersum im Wandel der Zeiten", in: HK Krs. Kleve 1983, S. 176 ff., u. 1984, S. 120 ff.; Mitteilung von Ludwig Pötsch, Goch; TK 1844 u. 1893 Bl. 4302 Goch: „Isshövelsche M. / Isshöveler M."

463 Mühle zu Müll

Goch-Hommersum, Moelscher Weg
(vor 1394 - 15. Jh.) > Zufluß zur Kendel <

Eigentlich könnte sie ja „Müller Mühle" heißen. Aber allem Anscheine nach war die Mühle („müll") zuerst da, oder aber hat zumindest der Bauerschaft bei den heutigen Grenzabfertigungsanlagen der A 57 südlich von Hommersum ihren Namen gegeben.
Diese Mühle lag nicht direkt an der Kendel, sondern an einem kleinen Zufluß kurz vor dessen Mündung. Das erfährt man bei ihrer ersten (und wohl einzigen) urkundlichen Erwähnung anläßlich einer Erlaubnis, die Herzog Wilhelm von Geldern 1394 seinem Knappen und Lehnsmann Johan v. Zeller gegeben hatte. Darin ging es um einen Graben von der besagten Mühle zur Kendel, durch den der Abfluß verbessert werden sollte.
Ob der Knappe Johan mit seinem Projekt Erfolg hatte und die in der Urkunde als „*quade moelen* - schlechte Mühle" bezeichnete Mühle dann besser lief, ist nicht bekannt. 200 Jahre später gehörte das Mühlengrundstück jedenfalls nachweislich dem Kloster Grafenthal und wird in dessen Büchern nur noch als „*molenstede* - Mühlenstätte" bezeichnet - zuletzt 1669.
Aus alledem hat Alfons Schmitz den Schluß gezogen, daß die Mühle nach Yshövel verlegt worden sei. Es kann sich aber höchstens um eine Zusammenlegung beider Mühlen gehandelt haben, weil jene Mühle schon vorher bestand. Robert Scholten bringt die Mühle zu Müll mit Hs. Driesberg in Zusammenhang, stellt demnach zumindest indirekt eine Verbindung mit Yshövel her. Franz Gommans indes zeigt zwar diese Widersprüche auf und identifiziert den genannten Knappen als den Sohn des Driesbergers. Eine befriedigende Lösung dieser Fragen ist nicht in Sicht. Wahrscheinlich ist die „Müller Mühle" schon im 15 Jh. wegen Wassermangels eingegangen und hat nur die Erinnerung an ihre „*moelenstede*" zurückgelassen.

GOMMANS, Franz, „Die Wassermühle zu Müll", in: An Niers und Kendel 1982, Nr. 8, S. 4 ff.; SCHMITZ, Alfons, „Haus Driesberg bei Kleve", in: Beilage zum Niederrheinischen Volksblatt Nr. 121 (1939); SCHOLTEN, Grafenthal (230), S. 93 u. 109.

Anhang

Allgemeine Abkürzungen

aaO.	am (vorher) angegebenen Ort
Bd.	Band
Bl.	Blatt
ders.	derselbe (Verfasser)
ff.	und folgende (Seiten)
GHK	Geldrischer Heimatkalender
HSTAD	Hauptstaatsarchiv Düsseldorf
HK	Heimatkalender
Jg.	Jahrgang
Jh.	Jahrhundert
JRD	Jahrbuch der Rheinischen Denkmalpflege
Krs.	Kreis
li.-rh.	linksrheinisch
rd.	rund
re.-rh.	rechtsrheinisch
S.	Seite

Topographische Karten des 19. Jahrhunderts:

Tranchot	Kartenaufnahme der Rheinlande durch Tranchot (1801-1914) und v. Müffling (1814-128)
TK 1843	Preußische Kartenaufnahme 1 : 25.000 (1836-1850) - Uraufnahme (Die Karten des Niederrhein-Gebiets wurden zwischen 1842 und 1845 gefertigt. In diesem Buch sind sie durchweg mit dem Entstehungsjahr 1843 zitiert)
TK 1893	Preußische Kartenaufnahme 1 : 25.000 (1891-1912) - Neuaufnahme (Die Niederrhein-Karten haben meist die Ursprungsjahre 1893 ff. Aus Vereinfachungsgründen wurde hier das Jahr 1893 angegeben).

Die Ordnungsnummern der Quellenangaben im Text beziehen sich auf die Nummer der nachfolgenden Auflistung.
Aufsätze und Abhandlungen in Zeitschriften, Jahrbüchern o. ä. sind wegen ihrer großen Zahl nicht hier, sondern mit vollständiger Angabe der Fundstelle unmittelbar bei der jeweiligen Mühle aufgeführt.

1 ADELMANN, Gerhard (Hrsg.): Der gewerblich-industrielle Zustand der Rheinprovinz im Jahre 1836, Bonn 1967

2 ALBERTS, Barbara, u.a.: Geologie am Niederrhein, Hrsg. Geologisches Landesamt Krefeld, 4. Aufl. Krefeld 1988

3 ANDERMAHR, Heinz: Die Grafen von Jülich als Herren von Bergheim (1234-1335), Jülich 1986

4 ANDERMAHR, Heinz: Geschichte der Stadt Bergheim/Erft, Köln 1993

5 ARETZ, Hugo: Die Kreuzherren von Hohenbusch, (Nr. 2 der Schriften des Heimatvereins Erkelenzer Lande), Erkelenz 1982

6 AVERDUNK, Heinrich: Geschichte der Stadt Duisburg bis zur endgültigen Vereinigung mit dem Hause Hohenzollern (1666), Duisburg 1894

7 AVERDUNK, Heinrich / RING, Walter: Geschichte der Stadt Duisburg, 2. Aufl., Ratingen 1949

8 BADER, Walter: Schloß Kalkum, Köln 1968

9 BARDENBERG, Gemeinde (Hrsg.): 1100 Jahre Bardenberg, Eschweiler 1967

10 BARLEBEN, Ilse: Mülheim an der Ruhr, Beiträge zu seiner Geschichte, Mülheim/Ruhr 1959

11 BAUMANNS, Hermann: Aus der Geschichte der Stadt Wevelinghoven, Hochneukirch 1963

12 BECKER, Rita (Hrsg.): 1100 Jahre Kalkum, Ratingen 1992

13 BEDAL, Konrad: Mühlen und Müller in Franken, München/Bad Windsheim 1989

14 BEHR, F., u. a.: Krefeld-Uerdingen, meine Heimat, 4. Aufl., Krefeld 1934

15 BENDEL, Johann: Die Stadt Mülheim am Rhein, Mülheim am Rhein 1913

16 BERENS, Hubert: Mühlen im Raum Heinsberg, vervielfältigte Manuskripte aus den Jahren 1980 ff. (Kreisarchiv Heinsberg) von folgenden Mühlen:

167	Ingentaler Mühle	221	Kornmühle Schafhausen
168	Isstraßer Mühle	222	Dalmühle Heinsberg
209	Porselener Mühle	223	Stadtmühle Heinsberg
217	Horster Mühle	226	Aldenhover Mühle
218	Talmühle Dremmen	226	Kemper Mühle
219	Liecker Mühle Dremmen	227	Karker Mühle
220	Ölmühle Schafhausen	228	Wolfhager Mühle

17 BERS, Günter (Hrsg.): Aldenhoven - Bausteine zur Geschichte einer Jülichschen Stadt, Forum Jülicher Geschichte Bd. 3, Jülich 1993

18 BERS, Günter: Jülich - Geschichte einer Rheinischen Stadt, 2. Aufl., 1989

19 BÖCKING, Werner: Die Geschichte der Rheinschiffahrt, Moers 1980/81

20 BOEHME, Friedrich: Isselburg und seine Hütte, Chronik einer Eisengießerei und Maschinenfabrik am Niederrhein, Isselburg-Anholt-Werth 1969/72

21 BOSCHHEIDGEN, H.: Die oranische und vororanische Befestigung von Moers, Moers 1917

22 BRANDTS, Rudolf: Haus Selikum - Urkunden und Akten, Neuss 1962

23 BRASSE, Ernst: Geschichte der Stadt und Abtei Gladbach, 2 Bde., 1914/1922

24 BRASSE, Ernst: Urkunden und Regesten zur Geschichte der Stadt und Abtei Gladbach, 2 Bde., 1914/1926

25 BREMER, Jakob: Das kurkölnische Amt Liedberg, Mönchengladbach 1930

26 BREMER, Jakob: Die reichsunmittelbare Herrschaft Dyck, Grevenbroich 1959

27 BREMER, Jakob: Die reichsunmittelbare Herrschaft Millendonk, Mönchengladbach 1939

28 BREUER, Gerda: Baumwollspinnerei und -weberei Brügelmann in Ratingen-Cromford (Rhein. Kunststätten, Heft 361), Neuss 1990

29 BRORS, Franz Josef: Unterbach - Eine ortsgeschichtliche Plauderei, Düsseldorf 1910

30 BURGSDORFF von / GALÉRA von: Garath - Menschen und Schicksale, Ratingen 1958

31 BÜTTNER, Richard: Die Säkularisation der Kölner Geistlichen Institutionen, Köln 1971

32 CHANTRAINE, Heinrich, u. a.: Das Römische Neuss, Stuttgart 1984.

33 CLASEN, C. W.: Die Denkmäler des Rheinlandes "Rheydt", Düsseldorf 1964

34 CLEMEN, Paul (Hrsg.): Die Kunstdenkmäler des Rheinlandes, Bde. nach Kreisen und Städten gegliedert, ab 1891

35 COHNEN, Heinz: Heimatbuch der Stadt Wegberg, Wegberg 1983/84

36 CORSTEN, Severin: Das Domanialgut im Amte Heinsberg von den Anfängen bis zum Ende des 18. Jahrhunderts (Rhein. Archiv 43), Bonn 1953

37 DEDERICH, Andreas: Annalen der Stadt Emmerich, Wesel 1867

38 DEILMANN, Joseph: Geschichte der Stadt Süchteln, Süchteln 1924

39 DEILMANN, Joseph: Geschichte des Amtes Brüggen, 2 Bde., Süchteln 1927/1930

40 DEILMANN, Joseph: Haus Clee und seine Besitzer, Köln 1933

41 DERCKX, Han / HENDRICKX, Hans: Die Grüne Grenze - De Groene Grens, Kleve 1993

42 DICKS, M.: Die Abtei Kamp am Niederrhein, Kempen 1913

43 DINSTÜHLER, Horst: Jülicher Rentmeister-Rechnungen 1434/35, Bonn 1989

44 DITTGEN, Willi: Gemeinde Hünxe a. d. Lippe (Rhein. Kunststätten, Heft 279), Neuss 1983

45 DOHMS, Peter: Lobberich - Geschichte einer Niederrheinischen Gemeinde, Kevelaer 1981

46 DÜREN, Kreis (Hrsg.): Das Düren-Jülicher Land, Zeichnungen von Ernst Ohst, Düren 1974

47 DÜSSELDORF, Stadt (Hrsg.): Die Düssel - Geschichte und Geschichten, Köln 1988

48 EBE-JAHN, Elisabeth: Geldern - Eine niederrheinische Festung, Kevelaer 1966

49 EFFELSBERG, B., u. a.: Geilenkirchen - Aus der Geschichte einer Stadt, (Museumsschriften des Krs. Heinsberg 7), Heinsberg 1986

50 EHLEN, F.: Die Praemonstratenser-Abtei Knechsteden, Köln 1904

51 EMSBACH, Karl/TAUSCH, Max: Kirchen, Klöster und Kapellen im Kreis Neuss, Köln 1986

52 ENGELS, Wilhelm: Geschichte der Stadt Neuss, Teil 3, Neuss 1986

53 ERCKENS, Günter: 150 Jahre Rechnungs- und Briefbögen im Glabach-Rheydter Wirtschaftsraum, Mönchengladbach 1981

54 ERKRATH, Stadt (Hrsg.): Erkrath, o. O. 1986

55 EULNER, Lothar: Vom „Gesteins" zum Neandertal, Erkrath 1995

56 EVERS, Heinz: Straßen in Emmerich, Köln 1977

57 EVERTZ, Gerhard: 50 Jahre Verkehrs- und Verschönerungsverein Wegberg, Wegberg 1957

58 FAHNE, Â.: Die Dynasten, Freiherrn und jetzigen Grafen von Bocholtz, 2 Bde., Cöln 1856-63

59 FINKEN, Johann: Geschichte der ehemaligen Herrlichkeit Lobberich, Lobberich 1902

60 FINKEN, Johann: Die Stadt Kaldenkirchen, 2 Bde., Straelen 1897

61 FIRMENICH, Heinz: Stadt Bedburg a. d. Erft (Rhein. Kunststätten, Heft 13), 2. Aufl., Neuss 1987

62 FLINK, Klaus: Die ehemalige Stadt Gangelt unter Heinsberg, Brabant, Jülich; Gangelt 1975
63 FLINK, Klaus: Klevische Städteprivilegien (1241-1609), Kleve 1989
64 FRANKEWITZ, Stefan: Wachtendonk (Rhein. Kunststätten, Heft 122), Neuss 1985
65 FRANKEWITZ, Stefan: Burgen, Schlösser, Herrenhäuser an den Ufern der Niers, Kleve 1997
66 FRANKEWITZ, Stefan: Die Geldrischen Ämter Gelder, Goch und Straelen im späten Mittelalter, Geldern 1986
67 FRANKEWITZ, Stefan: Straelen (Rhein. Kunststätten, Heft 147), 2. Aufl.
68 FUNKEN, Josef: Breyell - Aus der Geschichte, Nettetal-Breyell 1980
69 FÜRTJES-EGBERS, Martha: Die Mühlen und ihre Geschichte in der Landschaft der Düffel und der Umgebung, Kleve 1996
70 GANTESWEILER, Peter Theodor Anton: Chronik der Stadt Wesel, Wesel 1881
71 GEUENICH, Josef: Geschichte der Papierindustrie im Düren-Jülicher Wirtschaftsraum, Düren 1959
72 GILLESSEN, Leo (Bearb.): Das älteste Mannbuch der Herrschaft Heinsberg, Jülich 1997
73 GILLESSEN, Leo: Altes Handwerk (Museumsschriften des Krs. Heinsberg 9), Geilenkirchen 1988
74 GILLESSEN, Leo: Die Ortschaften des Kreises Heinsberg, (Museumsschriften des Kreises Heinsberg 7), Heinsberg 1993
75 GILLESSEN, Leo: Flurnamen und Flurgeschichte von Oberbruch-Dremmen (Rhein. Archiv 96), Bonn 1976
76 GORISSEN, Friedrich: Altklevisches ABC, Köln 1974
77 GORISSEN, Friedrich: Niederrheinischer Städteatlas, Heft 1 "Kleve", Kleve 1952
78 GORISSEN, Friedrich: Rindern, Bd. 1, Kleve 1985
79 GORISSEN, Friedrich: Niederrheinischer Städteatlas, Heft 2 "Kalkar", Kleve 1952
80 GREIN, J.: Zum 800jährigen Jubiläum der Verehrung des hl. Quirinus in Millen, Düsseldorf 1926
81 GREULE, Albrecht: Gewässernamen, Geschichtlicher Atlas der Rheinlande, Beiheft X/3, Köln 1992
82 GÜNTER, Roland: Denkmäler des Rheinlandes "Kreis Dinslaken", Düsseldorf 1968
83 HAAß, Robert: Hohenbusch - Conventus Alti Nemoris, in: Die Kreuzherren in den Rheinlanden, Bonn 1932
84 HAGEN, Joseph: Die Römerstraßen der Rheinprovinz, Bd. 8 der Erläuterungen zum Geschichtlichen Atlas der Rheinprovinz, 2. Aufl., Bonn 1931
85 HANSEN, Peter: Körrenzig - Dorf an der Rur, o. O. 1987
86 HANSMANN, Aenne: Geschichte der Stadt und des Amtes Zons, Düsseldorf 1973
87 HANSSEN, H: Die Rimburg - Geschichte der Burg und der Gemeinde Rimburg, Aachen 1912
88 HARLEß, Woldemar: Archiv für die Geschichte des Niederrheins, Neue Folge, Cöln 1869
89 HAVERSATH, Johann-Bernhard: Mühlen in der Fränkischen Schweiz, Erlangen 1987
90 HECKSCHEN, Heinrich: Der "Glade-Kreis" (Ortsnamen des Wortstammes "glad-"), Mönchengladbach 1956
91 HEILIGENPAHL, Günter: Ehre sei den Wackeren Brünern, Hünxe-Drevenack 1982
92 HEIMAT- UND VERKEHRSVEREIN NEUKIRCHEN-VLUYN (Hrsg.): 700 Jahre Vluyn 1297-1997 - Beiträge zur Stadtgeschichte von Neukirchen-Vluyn, Neukirchen-Vluyn 1997
93 (entfällt)
94 HEIMATKUNDEVEREIN "DIE DÜFFEL" (Hrsg.): Düffel - Land, wo wir wohnen, Kleve 1995

95 HEIMATVEREIN DINGDEN (Hrsg.): Unser Dingden, Dingden 1987
96 HEINRICHS, Herbert: Wassenberg - Geschichte eines Lebensraumes, Mönchengladbach 1987
97 HEINRICHS, Heribert / BROICH, Jakob: Kirchengeschichte des Wassenberger Raumes, Geilenkirchen 1958
98 HELLMICH, Theodor: Geschichte Büderichs, Wattenscheid 1953
99 HELMGES, M.: Geschichte der Zivil- und Kirchengemeinde Karken, Karken 1971
100 HENRICHS, Leopold: Das alte Geldern - Gesammelte Schriften zur Stadtgeschichte, Geldern 1971
101 HENRICHS, Leopold: Geschichte der Stadt und des Landes Wachtendonk, Bd. 1, Hüls-Crefeld 1910
102 HENRICHS, Leopold: Beiträge zur inneren Geschichte der Stadt Geldern, Geldern 1893 Bd. 1, Hüls-Crefeld 1910
103 HENZ, Ludwig: Der Ruhrstrom und seine Schiffahrtsverhältnisse, Essen 1840
104 HERBORN, Wolfgang / MATTHEIER, Klaus J.: Die älteste Rechnung des Herzogtums Jülich - Die Landmeisterrechnung von 1398/1399, Jülich 1981
105 HILDEBRAND, Heinrich: Wanheim-Angerhausen, Bd. 2, Duisburg 1994
106 HINZ, Hermann: Kreis Bergheim, Düsseldorf 1969
107 HISTORISCHER VEREIN FÜR GELDERN UND UMGEGEND (Hrsg.): Michael Buyx 1795-1882, Geldern 1995
108 HOHMANN, Karl-Heinz: Gemeinde Schermbeck an der Lippe (Rhein. Kunststätten, Heft 314), Neuss 1987
109 HOLTZ, Edmund: Barmen - Ein Rundgang durch die alten Dorfstraßen, Jülich 1987
110 HORN, Heinz Günter (Hrsg.): Die Römer in Nordrhein-Westfalen, Stuttgart 1987
111 HORSTKÖTTER, Ludger: Die Anfänge des Praemonstratenserstiftes Hamborn, Duisburg 1967
112 HÖVELMANN, Gregor: Zur Landesgeschichte am unteren Niederrhein, gesammelte Beiträge, Geldern 1987
113 HUSMANN Joseph / TRIPPEL, Theodor: Geschichte der ehemaligen Herrlichkeit Wickrath, 1909
114 IHNE, Willi: Die Entwicklung der rheinischen Mühlen im 19. Jahrhundert (Diss Köln), 1937
115 ILGEN, Theodor: Quellen zur Inneren Geschichte des Herzogtums Kleve, Bonn 1921
116 JANSEN, Lutz: Schlenderhan - Geschichte und Kunstgeschichte eines Rheinischen Adelssitzes, Bergheim 1996
117 JONG, de, Leo: Jülicher Daten - Beiträge zur Jülicher Stadtgeschichte, Jülich 1980
118 JÜLICH, Stadt (Hrsg.): Jülich - Geschichte einer rheinischen Stadt, Jülich 1989
119 JUNGBLUTH, Horst / ELSNER, Helmuth: Die Schwalm - Tal der Mühlen, 2. Aufl., Schwalmtal 1990
120 JÜNGEL, Karl: Schiffmühlen - Eine Flotte, die fast immer vor Anker lag, Bad Düben 1987
121 KAHLEN , Ludwig: Heimatklänge, Herzogenrath 1975
122 KAHLEN, Ludwig: Übach-Palenberg in Vergangenheit, Gegenwart und Zukunft, Herzogenrath 1967
123 KAISER, Hans: Territorienbildung in den Ämtern Kempen, Oedt und Linn, Kempen 1979
124 KALINKA, Günter: Naturraum Wurmtal, Herzogenrath 1993
125 KALLEN, Hermann-Josef: Die Neusser Industrien und ihre Unternehmer (Diss. Tübingen), 1973
126 KAUL, Adolf: Geldrische Burgen, Schlösser und Herrensitze, Geldern 1976
127 KELTER, Ernst: Chronik der Gemeinde Rheinkamp, Duisburg-Ruhrort 1960

128 KESSEL, J. H.: Geschichte der Stadt Ratingen; Urkundenband, Köln/Neuss 1877
129 KEUCK, Bernhard (Hrsg.): Fragmente einer Geschichte Straelens, Straelen 1980
130 KEUCK, Bernhard (Red.): 650 Jahre Stadt Straelen 1342-1992, Beiträge zur Geschichte, Geldern 1992
131 KEUCK, Bernhard (Red.): Paesmühle bei Straelen, Straelen 1990
132 (entfällt)
133 KEUSSEN, Hermann: Das adlige Frauenkloster Meer, Crefeld 1866
134 KEUSSEN, Hermann: Urkundenbuch der Stadt und Herrlichkeit Krefeld und der Grafschaft Moers, 5 Bde., Krefeld 1938-40
135 KIRCHHOFF, Hans-Georg / BRASCHOß, Heinz: Geschichte der Stadt Bedburg, Bedburg 1992
136 KIRCHHOFF, Hans-Georg: Geschichte der Stadt Kaarst, Kaarst 1987
137 KIRCHHOFF, Hans-Georg: Glehn - Ein geschichtliches Lesebuch, Korschenbroich 1979
138 KLAPHECK, Richard: Die Baukunst am Niederrhein, Bd. 1, Düsseldorf 1915
139 KLOMPEN, Wilma: Die Säkularisation im Arrondissement Krefeld, Kempen 1962
140 KLOSTERMANN, Josef u. a. (Hrsg.): Natur und Landschaft am Niederrhein, Festschrift für Dr. Hans-Wilhelm Quitzow, Krefeld 1991
141 KLÜMPEN-HEGMANNS, Johanna: Linn - Burg und Stadt, Krefeld 1993
142 KOCH, Heinrich Hubert: Geschichte der Stadt Eschweiler und der benachbarten Ortschaften, 2 Bde. Eschweiler 1882/84
143 KOGELBOOM, F.: Die Geschichte des alten Amtes Oedt bis 1815, Oedt 1908
144 KÖHLER, Hans: Der Landkreis Bergheim/Erft, Ratingen 1954
145 KRANZ, Horst: Die Kölner Rheinmühlen - Untersuchungen zum Mühlenschrein, zu den Eigentümern und zur Technik der Schiffmühlen, Aachen 1991
146 KREINER, Ralf Fr.: Die Wassermühlen der Stadt Neuss im Mittelalter, (Magisterarbeit Aachen) 1988
147 KREINER, Ralf: Städte und Mühlen im Rheinland, Aachen 1996
148 KREUER, Werner: Der Reichswald, Kleve 1985
149 KRICKER, Gottfried: Die Geschichte der Gemeinde Anrath, Kempen 1959
150 KRITZRAEDT, Jacob: Kurzer gründlicher Bericht und Erfolg dero Herren Mille-Born, Köln 1654
151 KUHL, Joseph: Geschichte der Stadt Jülich, insbesondere des früheren Gymnasiums Jülich, 4 Bde., Jülich 1897
152 KUHLEN, Wilhelm: Streifzüge durch die Geschichte der Herrschaft Wickrath, Wickrath 1988
153 KUR, Friedrich / WOLF, Heinz-Georg: Wassermühlen - 35.000 Kleinkraftwerke zum Wohnen und Arbeiten, Frankfurt 1985
154 LACOMBLET, Theodor Joseph: Urkundenbuch für die Geschichte des Niederrheins, 4 Bde., unveränd. Nachdruck der Ausg. von 1840-58, Aalen 1960
155 LAMERS, Gerd, u.a.: Kranenburg - Ein Heimatbuch, 2. Aufl. Kranenburg 1985
156 LAMERS, Gerd: Mönchengladbach - Auf den Spuren der Vergangenheit, 2. Aufl., Horb 1989
157 LANDSCHAFTSVERBAND RHEINLAND (Hrsg.): Cromford-Ratingen - Die Erste Fabrik (Ausstellungskatalog), Köln 1996
158 LANGE, Karl: 675 Jahre Stadt Holten, Oberhausen 1985
159 LAU, Friedrich: Geschichte der Stadt Uerdingen am Rhein, Uerdingen 1913
160 LAU, Friedrich: Quellen zur Rechts- und Wirtschaftsgeschichte der Rheinischen Städte - "Neuss", Bonn 1911
161 LAU, Friedrich: Quellen zur Rechts- und Wirtschaftsgeschichte der rheinischen Städte - II Jülich, Bonn 1932

162 LENNARTZ, Hans: Unser Heimatdorf Broich, Jülich 1995
163 LENTZEN, J. P. / VERRES, Franz: Geschichte der Herrlichkeit Neersen und Anrath, Fischeln 1878
164 LIMPENS, Herbert: Stadt Eschweiler (Rhein. Kunststätten, Heft 271)
165 LOHMANN, F.W.: Geschichte der Stadt Viersen von den ältesten Zeiten bis zur Gegenwart, Viersen 1913
166 LÖHR, Wolfgang: Loca Desiderata - Mönchengladbacher Stadtgeschichte, Bd. 1, Köln 1994
167 LÖHR, Wolfgang: Mönchengladbach-Wickrath (Rhein. Kunststätten, Heft 255)
168 LÖHRER, Fr. J.: Geschichte der Stadt Neuss, Neuss 1840
169 LOO, van de, Leo: Bernsau - Zur Geschichte des Ritter- und Bauerngeschlechts (1150-1940), Essen 1940
170 LORENZ, Walter: Gohr-Nievenheim-Straberg, 2 Bde., Köln 1973/74
171 LUTTER, Heinz: Beiträge zur Geschichte Schermbecks, Schermbeck 1981
172 MACKES, Karl L. u. a. (Hrsg): Aus der Vor-, Früh- und Siedlungsgeschichte der Stadt Viersen, Viersen 1956
173 MACKES, Karl L.: Aus dem Alten Neuwerk - Das adelige Benediktinerinnenkloster Neuwerk 1135-1802, 2 Bde., Mönchengladbach 1962/1972
174 MACKES, Karl L.: Erkelenzer Börde und Niersquellengebiet, Mönchengladbach 1985
175 MAGER, Johannes: Mühlenflügel und Wasserrad, Leipzig 1990
176 MEURER, Peter H.: Topographia Gelriae - Ein Katalog der historischen Pläne und Ansichten von Stadt und Festung Geldern, Geldern 1979
177 MEUTHEN, Erich: Aachener Urkunden 1101-1250 (Publ. der Ges. f. Rhein. Geschichtskunde 58), Bonn 1972
178 MEYER, Friedrich Albert: Rheinhausen am Niederrhein im geschichtlichen Werden, o. O. 1957
179 MOSLER, Hans: Urkundenbuch der Abtei Altenberg, Bd. 1, Bonn 1912
180 MÜCKTER, Heinrich: 950 Jahre Körrenzig, o. O. 1979
181 MÜLLER-SCHLÖSSER, Hans: Die Stadt an der Düssel, Düsseldorf o. J.
182 MUSEUM HAUS KOEKKOEK KLEVE u. a. (Hrsg.): Land im Mittelpunkt der Mächte, Die Herzogtümer Jülich-Kleve-Berg, 3. Aufl., Kleve 1985
183 NETTESHEIM, Friedrich: Geschichte der Stadt und des Amtes Geldern, 2. Auflage Crefeld 1863
184 NEUSE, Walter: Siedlungsgeschichte der Bauerschaft Möllen im Landkreis Dinslaken, Neustadt/Aisch 1964
185 NEUSE, Walter: Die Geschichte der Rittersitze Haus Wohnung und Haus Endt, Neustadt/Aisch 1956
186 NOLL, Friedrich Wilhelm: Heimatkunde des Kreises Bergheim, Bergheim 1912
187 NORRENBERG; Peter: Aus dem alten Viersen, Viersen 1873
188 NORRENBERG, Peter: Chronik der Stadt Dülken, Viersen und Dülken 1874
189 NORRENBERG, Peter, Die Geschichte der Herrlichkeit Grefrath, Viersen 1875
190 NORRENBERG, Peter: Aus dem Viersener Bannbuch, Viersen 1886
191 NORRENBERG, Peter: Geschichte der Pfarreien und des Dekanates Mönchengladbach, 1889
192 NRW HAUPTSTAATSARCHIV DÜSSELDORF u. a. (Hrsg.): Kurköln - Land unter dem Krummstab, Kevelaer 1985
193 OHM, Annaliese / VERBEEK, Albert: Die Denkmäler des Rheinlandes „Kreis Bergheim", 3 Bde., Düsseldorf 1970/71
194 OPTENDRENK, Theo (Hrsg.): Lobberich - Ein Kirchspiel an der Nette, Nettetal 1988
195 OTTSEN, Otto: Geschichte der Stadt Moers, Moers 1950
196 PATZWAHL, Günter: Quellenbuch der älteren Geschichte von Hilden, Haan und Richrath, Bd, 2, Hilden 1958

197 PATZWAHL, Günter: Das alte Garath, Düsseldorf 1992

198 PETERS, Dieter: Boslar - Ein Dorf im Jülicher Land, Veröffentlichungen des Jülicher Geschichtsvereins 13, Jülich 1991

199 PETRY, Manfred: Der Paffendorfer Zehntstreit, Siegburg 1978

200 PISTOR, Rolf-Günter / SMEETS, Henry: Die Fossa Eugeniana, Köln 1979

201 PORTEN, Bertram und Maria (Hrsg.): Baal, Geilenkirchen 1996

202 PRIEUR, Jutta (Hrsg.): Geschichte der Stadt Wesel, 2 Bde., Düsseldorf 1991

203 QUIX, Christian: Schloß und ehemalige Herrschaft Rimburg, Aachen 1835

204 RAMACKERS, Johannes: Marienthal - Des ersten deutschen Augustinerklosters Geschichte und Kunst, Würzburg 1954

205 REDLICH, Otto Reinhard: Mülheim a.d. Ruhr, seine Geschichte von den Anfängen bis zum Übergang an Preußen 1815, Mülheim/Ruhr 1939

206 REDLICH, Otto Reinhard: Geschichte der Stadt Ratingen von den Anfängen bis 1915, Ratingen 1926

207 REDLICH, Otto Reinhard: Quellen zur Rechts- und Wirtschaftsgeschichte der Rheinisch-Bergischen Städte, Bd. 3, Bonn 1928

208 REDLICH, Otto Reinhard: Urdenbach am Rhein, Benrath 1920

209 REPETZKI, Kurt / HEIBONN, Friedrich: Auf den Spuren des Fortschritts, Essen 1965

210 REYKERS, Hans: Chronik von Brauweiler, Königsdorf 1969

211 RHEINISCHER STÄDTEATLAS, Hrsg. Landschaftsverband Rheinland:

Nr. 14 (1976) „Gangelt"	Bearb.: Flink, Klaus
Nr. 15 (1976) „Erkelenz"	Bearb.: Flink, Klaus
Nr. 18 (1976) „Rheindahlen"	Bearb.: Löhr, Wolfgang
Nr. 23 (1978) „Linn"	Bearb.: Rotthoff, Guido
Nr. 21 (1978) „Duisburg"	Bearb.: Milz, Joseph
Nr. 24 (1978) „Wickrath"	Bearb.: Löhr, Wolfgang
Nr. 32 (1980) „Odenkirchen"	Bearb.: Löhr, Wolfgang
Nr. 34 (1980) „Viersen"	Bearb.: Mackes, Karl L.
Nr. 35 (1980) „Wachtendonk"	Bearb.: Wensky, Margret
Nr. 40 (1982) „Rheinberg"	Bearb.: Andernach, Norbert
Nr. 41 (1982) „Süchteln"	Bearb.: Kaiser, Reinhold
Nr. 46 (1985) „Kaiserswerth"	Bearb.: Kaiser, Reinhold
Nr. 47 (1985) „Geilenkirchen"	Bearb.: Wensky, Margret
Nr. 52 (1989) „Rheydt"	Bearb.: Löhr, Wolfgang
Nr. 58 (1994) „Brüggen"	Bearb.: Nabrings, Arie

212 RITTE, Wilhelm: Dingden - Land und Menschen bis zur Gegenwart, Dingden 1977

213 RODEN, von, Günter: Geschichte der Stadt Duisburg, Bd. 1, Duisburg 1970

214 ROELEN, Martin Wilhelm: Studien zur Topographie und Bevölkerung Wesels im Spätmittelalter, Wesel 1989

215 RÖTTGEN, Bernhard: Brüggen und Born im Schwalmtal, Brüggen 1934

216 ROTTHAUWE gen. Löns, Helmut: Kostbarkeit Kalkar, Pulheim 1980

217 ROTTHAUWE gen. Löns, Helmut: Sieben unter einem Dach, Kleve 1983

218 ROTTHOFF, Guido: Uerdinger Urkundenbuch, Krefeld 1968

219 SALM-SALM, Nikolaus Fürst zu: Anholt (Schnell Kunstführer Nr. 1681), München 1988

220 SCHAUMANN, Ralf: Technik und technischer Fortschritt im Industrialisierungsprozeß, Rhein. Archiv 101, Bonn 1977

221 SCHEIERMANN, H.: Altes und Neues vom Niederrhein, Duisburg 1897

222 SCHELLER, Hans: Der Nordkanal zwischen Neuss und Venlo, Neuss 1980

223 SCHLEIDGEN, Wolf-Rüdiger: Das Kopiar der Grafen von Kleve, Kleve 1986

224 SCHLEIDGEN, Wolf-Rüdiger: Kleve-Mark Urkunden 1223-1368, Siegburg 1983

225 SCHMITZ, Hans-Georg: Alpen - Festbuch zur 900-Jahr-Feier, Alpen 1974
226 SCHMITZ, Heinz: Angermunder Land und Leute, 2 Bde., Düsseldorf 1979
227 SCHMITZ, Helmut, Mehr als 800 Jahre "Haus Voerde", Dinslaken 1991
228 SCHMITZ, Hermann u. a.: Neuss in Geschichte und Wirtschaft, Angermund 1947
229 SCHMITZ, Ludwig: Rheydter Chronik - Geschichte der Stadt und Herrschaft Rheydt, Rheydt 1897
230 SCHOLTEN, Robert: Das Cistercienserinnen-Kloster Grafenthal oder Vallis Comitis zu Asperden im Kreise Kleve, Kleve 1899
231 SCHOLTEN, Robert: Zur Geschichte der Stadt Cleve, Cleve 1905
322 SCHROIFF, Heinrich: 1100 Jahre Doveren St. Dionysius, o. O. 1977
223 SCHRÖTELER, Franz Joseph: Die Herrlichkeit und Stadt Viersen, Viersen 1861
234 SCHUBERT, Hans: Haus Eller bei Düsseldorf - Geschichte eines Düsseldorfer Edelsitzes, Düsseldorf 1911
235 SCHUBERT, Hans: Urkunden und Erläuterungen zur Geschichte der Stadt Mülheim an der Ruhr (796-1508), Bonn 1926
236 SCHULTE, Helmut: Linnich - Geschichte einer niederrheinischen Stadt, Linnich 1967
237 SCHUNDER, Friedrich: Geschichte des Aachener Steinkohlenbergbaus, Essen 1968
238 SCHWARZ, Alois: Alte Mühlen im südwestlichen Münsterland, Sythen 1983
239 SELFKANTKREIS GEILENKIRCHEN-HEINSBERG (Hrsg.): Unsere Heimat - der Selfkantkreis Geilenkirchen-Heinsberg, 2. Aufl., Geilenkirchen 1963
240 SEUSER, Friedrich: Rheinische Namen, Bonn 1941
241 SIMONS, C.: Historische Wanderungen zwischen Erft und Rhein, Overath 1925
242 SOMMER, Susanne: Mühlen am Niederrhein, Köln 1991
243 SPRÜNKEN, Josef: Geilenkirchen - Geschichte einer Stadt, Geilenkirchen 1986
244 STADTARCHIV MÖNCHENGLADBACH u. a. (Hrsg.): 2000 Jahre Niers - Schrift- und Bilddokumente, 1979
245 STAMPFUSS, Rudolf / TRILLER, Anneliese: Geschichte der Stadt Dinslaken 1273-1973, Dinslaken 1973
246 STEINBUSCH, Jakob: Chronica Rodensis, Herzogenrath 1975
247 TERPOORTEN, Otto: Geschichte der Fa. Arnold Böninger Duisburg von 1750-1928, Duisburg 1949
248 THEUNERT, Franz: Kreis und Stadt Jülich, Köln 1957
249 THÜNER, Josef: Erftheimat - Kenten unter Berücksichtigung der Mutterpfarre Bergheim, Bergheim 1990
250 TÜCKING, Karl: Geschichte der Stadt Neuss, Düsseldorf und Neuss 1891
251 TÜMMERS, Horst Johannes: Der Rhein - Ein Europäischer Fluß und seine Geschichte, München 1994
252 VAHßEN, Matthias: Wirtschafts- und Verfassungsgeschichte der Stadt Jülich, Jülich 1926
253 VALENTIN, Heinrich: Veerter Heimatbuch, Geldern-Veert 1977
254 VANDER, Peter: Schloß und Herrschaft Neersen, Kempen 1975
255 VEREIN FÜR HEIMATSCHUTZ KRANENBURG (Hrsg.): Kranenburg - Ein Heimatbuch, Kranenburg 1984
256 VERÖFFENTLICHUNGEN DES HISTORISCHEN VEREINS FÜR GELDERN UND UMGEGEND, Gesamtausgabe in 3 Bänden, Geldern 1974
257 VHS Ratingen (Hrsg.): Unentdecktes Angertal, Ratingen 1987
258 VOGT, Hans: Der Rhein-Niers-Weg, Krefeld 1985
259 VOGT, Hans: Niederrheinischer Windmühlenführer, 2. Aufl., Krefeld 1991
260 VOGT, Hans: Von der Rheinaue in das Schwalmtal, Krefeld 1992
261 WAMPACH, Camillus: Geschichte der Grundherrschaft Echternach, Luxemburg 1930
262 WEHRMANN, Heinz-Helmut: Hamborn - Eine wirtschaftsgeographische Untersuchung, Krefeld 1960

263 WEIDENHAUPT, Hugo (Hrsg.): Düsseldorf - Geschichte von den Ursprüngen bis ins 20. Jh., Düsseldorf 1988
264 WEIDENHAUPT, Hugo: Aus Düsseldorfs Vergangenheit, Düsseldorf 1988
265 WEIDENHAUPT, Hugo: Das Kanonissenstift Gerresheim (Diss.), 1951
266 WENNIG, Wolfgang: Die Geschichte der Hildener Industrie von den Anfängen gewerblicher Tätigkeit bis zum Jahre 1900, Hilden 1974
267 WENNIG, Wolfgang: Hilden gestern und heute, Hilden 1977
268 WENSKY, Margret / KERFF, Franz: Würselen - Beiträge zur Stadtgeschichte, Bd. 1, Köln 1989
269 WIEDEMANN, Rudolph: Geschichte der ehemaligen Herrschaft und des Hauses Odenkirchen, Odenkirchen 1879
270 WISPLINGHOFF, Erich: Die Kellnerei-Rechnungen der Ämter Kempen und Oedt aus den Jahren 1382/82 und 1518/21, Kempen 1960
271 WISPLINGHOFF, Erich: Geschichte der Stadt Neuss, Teil 1, Neuss 1975; Teil 3, Neuss 1987
272 WITTRUP, Aloys: Aus Rheinbergs vergangenen Tagen, 3. Aufl., Rheinberg 1979
273 WÖLFEL, Wilhelm: Das Wasserrad - Technik und Kulturgeschichte, Wiesbaden/Berlin 1987
273 WÜSTEN, W.: Notizen zur Geschichte von Capellen und Aengenesch, o. O. 1960
274 WYNANDS, Dieter: Stadt Würselen (Rhein. Kunststätten, Heft 290), Neuss 1984

Stromgebiet Rhein und Issel

Stromgebiet Maas

Rheinmühlen (Schiffmühlen):

1	vor Köln	5	vor Essenberg
2	vor Zons	6	vor Wesel
3	vor Düsseldorf	7	vor Bislich
4	vor Uerdingen	8	vor Emmerich

Ortsfeste Wassermühlen: Stromgebiet Rhein und Issel Rechte Rheinseite

1	Buchmühle	Hilden
2	Bräuersmühle	Hilden
3	Lehnsmühle	Hilden
4	Frauenhofsche M.	Hilden
5	Horster Mühle	Hilden
6	Paulsmühle	Düsseldorf
7	Garather Mühle	Düsseldorf
8	Bongardsmühle	Erkrath
9	Morper Mühle	Erkrath
10	Dammer Mühle	Erkrath
11	Klostermühle Düsselthal	Düsseldorf
12	Buscher Mühle	Düsseldorf
13	Platzmühle	Düsseldorf
14	Eller Mühle	Düsseldorf
15	Scheidlingsmühle	Düsseldorf
16	Rompelsmühle	Düsseldorf
17	Krautmühle	Düsseldorf
18	Hofmühle	Düsseldorf
19	Berger Mühle	Düsseldorf
20	Rohrsmühle	Erkrath
21	Scheffenmühle	Ratingen
22	Schönheitsmühle	Ratingen
23	Hausmannsmühle	Ratingen
24	Voismühle	Ratingen
25	Lipgensmühle	Ratingen
26	Volkardeyer Mühle	Ratingen
27	Kalkumer KornM.	Düsseldorf
28	Kalkumer Ölmühle	Düsseldorf
29	Pfaffenmühle Einbrungen	Düsseldorf
30	Papiermühle Einbrungen	Düsseldorf
31	Auermühle	Ratingen
32	Papiermühle Bagel	Ratingen
33	Brücker Mühle	Ratingen
34	Hauser Mühle	Ratingen
35	Cromforder Mühlen	Ratingen
36	Angermühle	Ratingen
37	Schimmersmühle	Ratingen
38	Mühle der Kellnerei Angermund	Düsseldorf
39	Winkelhauser Ölmühle	Düsseldorf
40	Sandmühle	Duisburg
41	Angerorter Mühle	Duisburg
42	Ölmühle Rahm	Duisburg
43	Oberste Mühle	Ratingen
44	Helpensteiner Mühle	Ratingen
45	Herberger Mühle	Duisburg
46	Böninger Mühle	Duisburg
47	Schravenmühle	Duisburg
48	Mühle vor dem Marientor	Duisburg
48a	Kahlenberger M.	Mülheim
48b	Broicher Mühle	Mülheim
49	Moriansmühlen	Duisburg
50	Wittfelder Mühlen	Duisburg
51	Rönsberger Mühlen	Duisburg
52	Kupfermühle Berge	Duisburg
53	Stockumer Mühle	Duisburg
54	Scherrer-Mühle	Duisburg
54a	Schleifmühle	Oberhausen
54b	Schleifmühle	Oberhausen
54c	Klostermühle	Oberhausen
54d	Reinersmühle	Oberhausen
55	Oberste Mühle	Oberhausen
56	Unterste Mühle	Oberhausen
57	Aldenrader Mühle	Duisburg
58	Grafenmühle	Bottrop
59	Paumühle	Dinslaken
60	Dörnemanns M.	Dinslaken
61	Stadtmühle	Dinslaken
62	Mühle von Haus Wohnung	Voerde
63	Alte Mühle Bruckhausen	Hünxe
64	Mühle von Haus Voerde	Voerde
65	Balkenmühle	Voerde
66	Schiffmühle Krudenburg	Hünxe
67	Weseler Lippe-mühlen	Wesel
68	Bruchmühle	Schermbeck
69	Gahlener DorfM.	Schermbeck
70	Obere Burgmühle	Schermbeck
71	Untere Burgmühle	Schermbeck
72	Gietlingmühle	Schermbeck
73	Schloßmühle Gartrop	Hünxe
74	Klostermühle Marienthal	Hamminkerln
75	Esselter Mühle	Hünxe
76	Klostermühle Marienfrede	Hamminkeln
77	Minerva-Eisenhütte	Isselburg
78	Schloßmühlen Anholt	Isselburg
79	Mühle vor dem Brüner Tor	Wesel
80	Mühle am Klever Tor	Wesel
81	Pastoratsmühle	Hamminkeln
82	Königsmühle	Hamminkeln
83	Danielsmühle	Hamminkeln
84	Mumbecker Mühle	Hamminkeln

Linke Rheinseite

- Erftgebiet -

85	Horremer Mühle	Kerpen
86	Sindorfer Mühle	Kerpen
87	Pliesmühle	Bergheim
88	Escher Mühle	Bergheim
89	Kentener Mühle	Bergheim
90	Bergheimer Mühle	Bergheim
91	Zievericher Mühle	Bergheim
92	Paffendorfer Mühle	Bergheim
93	Glescher Mühle	Bergheim
94	Bedburger Mühle	Bedburg
95	Kasterer Mühle	Bedburg
96	Schloßmühle Harff	Bedburg
97	Gustorfer Mühle	Grevenbroich
98	Erftmühle	Grevenbroich
99	Elsener Mühle	Grevenbroich
100	Obermühle	Grevenbroich
101	Untermühle	Grevenbroich
102	Neubrücker Mühle	Grevenbroich
103	Hombroicher M.	Neuss
104	Eppinghover Mühle	Neuss
105	Erprather Mühle	Neuss
106	Pletschmühle	Bergheim
107	Oberembter Mühle	Elsdorf
108	Richardshovener Mühle	Elsdorf
109	Kirdorfer Mühle	Bedburg
110	Braunsfelder Mühle	Bergheim
111	Abtsmühle	Bergheim
112	Olligsmühle	Pulheim
113	Sintherner Mühle	Pulheim
114	Geyener Mühle	Pulheim
115	Pulheimer Mühle	Pulheim
116	Pletschmühle	Pulheim
117 /118	Mühlen der Abtei Knechtsteden	Dormagen
119	Selikumer Mühle	Neuss
120	Gnadentaler Mühle	Neuss
121	Stechmühle	Neuss
122	Helpensteiner M.	Neuss
123	Epgesmühle	Neuss
124 -132	Erftmühlen der Stadt Neuss	Neuss

- Gebiet nördlich von Neuss -

133	Meerer KlosterM.	Meerbusch
134	Kurfürstliche Mühle	Krefeld-Linn
135	Oberste Mühle	Moers
136	Unterste Mühle	Moers
137	Repeler Mühle	Moers
138	Mühle von Strommoers	Moers
139	Mühle vor dem Rheintor	Rheinberg
140	Lohmühle	Rheinberg
141	Casseler Wassermühle	Rheinberg
142 a-c	Beskes, Selster u. Sassenrather Mühle	Neukirchen-Vluyn und Rheurdt
143	Goesvorter Mühle	K.-Lintfort
144	Bönninger Mühle	Alpen
145	Johannismühle	Xanten
146	Deymannsmühle	Xanten
147 -152	Kalkarer Mühlen	
153	Bleeksche Mühle	Kleve
154	Gräfl. Mühle Wardhausen	Kleve
155	Klarenbecksche Papiermühle	Kranenburg
156	Kornmühle am weißen Raben	Kranenburg
157	Klarenbecksche Kornmühle	Kranenburg
158	Mühle von Haus Kreuzfurth	Kranenburg
159	Zyfflicher Papier-/ Kornmühle	Beek (NL)

Stromgebiet Maas

- Wurm und Rur -

160	Engelsmühle	Gangelt
161	Platzmühle	Gangelt
162	Mohrenmühle	Gangelt
163	Dahlmühle	Gangelt
164	Brommeler Mühle	Gangelt
165	Etzenrather Mühle	Gangelt
166	Roermolen	Jabeek (NL)
167	Ingentaler Mühle	Selfkant
168	Isstraßer Mühle	Selfkant
169	Wehrer Mühle	Selfkant
170	Vollmühle Tüddern	Selfkant
171	Kornmühle Tüddern	Selfkant
172	Millener Mühlen	Selfkant
173	Isenbrucher Mühle	Selfkant
174	Wolfsfurter Mühlen	Würselen
175	Adamsmühle	Würselen
176	Teutermühle und Pumpenkunst	Würselen
177	Pumper Mühlen	Würselen
178	Bardenberger M.	Würselen
179 /180	Die Pumpenkünste Ath und Furth	Würselen
181	Die Pumpenkünste der Klosterrather Gruben	Herzogenrath
182	Broicher Mühle	Alsdorf
183	Kranentalsmühle	Alsdorf
184	Kellersberger M.	Alsdorf
185 /186	Die Alsdorfer Mühlen	Alsdorf
187	Römermühle	Herzogenrath
188	Berger Mühle	Herzogenrath

189	Erckensmühle	Herzogenrath
190	Bannmühle	Herzogenrath
191	Nivelsteiner Mühle	Herzogenrath
192	Obermühle	Aachen
193	Untermühle	Aachen
194	Die Rimburger Mühlen	Übach-Palenberg
195	Übacher Mühle	Übach-Palenberg
196	Marienthaler Mühle	Übach-Palenberg
197	Zweibrügger Mühle	Übach-Palenberg
198	Frelenberger Mühle	Übach-Palenberg
199 /200	Die Mühlen zu Hommerschen	Geilenkirchen
201	Kornmühle (Beeretz-Mühle)	Geilenkirchen
202	Hünshovener Ölmühle	Geilenkirchen
203 a/b	Die Tripser Mühlen	Geilenkirchen
204	Horriger Mühle	Geilenkirchen
205	Süggerather Mühle	Geilenkirchen
206	Müllendorfer Mühle	Geilenkirchen
207	Randerather ÖlM.	Heinsberg
208	Bommersmühle	Heinsberg
209	Porselener Mühle	Heinsberg
210	Öl- und PapierM Oberbruch	Heinsberg
211	Unterbrucher M.	Heinsberg
212 /213	Lohmühle	Heinsberg
214	Vollmühle Unterbruch	Heinsberg
215	Lambertz-Mühle	Heinsberg
216	Brünkers Mühle	Heinsberg
217	Horster Mühle	Heinsberg
218	Talmühle	Heinsberg
219	Liecker Mühle	Heinsberg
220	Schafhausener Ölmühle	Heinsberg
221	Schafhausener Kornmühle	Heinsberg
222	Dahlmühle	Heinsberg
223	Stadtmühle	Heinsberg
224	Pulvermühle	Heinsberg
225	Aldenhover Mühle	Heinsberg
226	Kemper Mühle	Heinsberg
227	Karker Mühle	Heinsberg
228	Wolfhager Mühle	Heinsberg
229	Kitscher Mühle	Waldfeucht
230 /321	Die Köttenicher Mühlen	Niederzier
232 -235	Die Krauthausener Mühlen	Niederzier
236	Frohnsmühle	Düren
237 /238	Merkener Mühlen	Düren
239	Müllenarker Mühle	Inden
240	Burgmühle	Inden
241	Schälmühle	Inden
242	Wagmühle	Inden
243	Papiermühle Lamersdorf	Inden

244	Papiermühle Inden	Inden
245	Kornmühle Inden	Inden
246	Altdorfer Mühle	Inden
247	Fuchstaler Papierfabrik	Jülich
248	Kirchberger Mühle - Papierfabrik -	Jülich
249	Papierfabrik Eichhorn	Jülich
250	Wackers Mühle	Jülich
251	Papierfabrik Schleipen & Erkens	Jülich
252	Kriegers Mühle	Jülich
253	Offergeldsche M.	Jülich
254	Overbacher Mühle	Jülich
255	Burgmühle	Jülich
256	Kellenberger Mühle	Jülich
257	Pickartzsche M.	Linnich
258	Riesen-Mühle	Linnich
259	Karthäuser-Mühle	Jülich
260	Speckmühle	Jülich
261	Oelmühle	Jülich
262	Ditges-Mühle	Jülich
263	Stadtmühle	Jülich
264	Festungsmühle	Jülich
265	Wecks-Mühle	Jülich
266	Pleißmühle	Jülich
267	Broicher Mühle	Jülich
268	Niederzierer Mühle	Niederzier
269	Schloßmühle	Niederzier
270	Lindenberger M.	Jülich
271 -273	Die Kinzweiler Mühlen	Eschweiler
274 /275	Die Mühlen in Lürken und Laurenzberg	Eschweiler/ Aldenhoven
276	Niedermerzer M.	Aldenhoven
277 -280	Die Mühlen in Aldenhoven	Aldenhoven
281	Oberste Mühle	Linnich
282	Unterste Mühle	Linnich
283	Mühle Weitz	Linnich
284	Rischmühle	Hückelhoven
285	Oberste Mühle	Hückelhoven
286	Mittlere Mühle	Hückelhoven
287	Unterste Mühle	Hückelhoven
288 /289	Die Boslarer Mühlen	Linich
290	Tetzer Mühle	Linnich
291	Breitenbender M.	Linnich
292	Körrenziger Mühle	Linnich
293	Ruricher Schloßmühle	Hückelhoven
294	Ruricher Ölmühle	Hückelhoven
295	Ophover Mühle	Erkelenz
296	Ölmühle (KratzenM.)	Hückelhoven
297	Mittelmühle	Hückelhoven
298	Pletschmühle	Hückelhoven
299	Bocketsmühle	Hückelhoven

300	Doveracker Mühle	Hückelhoven
301	Doverhahner Mühle	Hückelhoven
392	Doverener Mühle	Hückelhoven
303	Mollenmühle	Hückelhoven
304	Brücker Mühle	Hückelhoven
305	Steffensmühle	Hückelhoven
306	Romersmühle	Hückelhoven
307	Thomasmühle	Hückelhoven
308	Millicher Mühle	Hückelhoven
309	Millicher Lohmühle	Hückelhoven
310	Ratheimer Mühle	Hückelhoven
311	Pletschmühle	Wassenberg
312	Wylacker Mühle	Wassenberg
313	Ophovener Mühle	Wassenberg
314	Birgelner Mühle	Wassenberg
315 /316	Rödgener Mühlen	Wegberg
317	Dalheimer Mühle	Wegberg
318	Gitstapper Mühle	Vlodrop (NL)

- Schwalmgebiet -

319 /320	Tüschenbroicher Mühlen	Wegberg
321	Roßmühle	Wegberg
322	Bockenmühle	Wegberg
323	Bischofsmühle	Wegberg
324	Lohmühle	Wegberg
325	Wegberger Mühle	Wegberg
326	Ophovener Mühle	Wegberg
327	Kringsmühle	Wegberg
328	Vollmühle	M.-Gladbach
329	Holtmühle	Wegberg
330	Buschmühle	Wegberg
331	Meis-Mühle	Wegberg
332	Schrofmühle	Wegberg
333	Molzmühle	Wegberg
334	Neumühle	Wegberg
335	Knippertzmühle	M.-Gladbach
336	Papeler Mühle	Schwalmtal
337	Jennekes Mühle	Schwalmtal
338	Lüttelforster Mühle	Schwalmtal
339	Pannenmühle	Niederkrüchten
340	Radermühle	Niederkrüchten
341	Brempter Mühle	Niederkrüchten
342	Mühlrather Mühle	Schwalmtal
343	Frankenmühle	Schwalmtal
344	Borner Mühle	Brüggen
345	Vennmühle	Brüggen
346	Burgmühle	Brüggen
347	Dilborner Mühle	Elmpt
348	Hausermühle	Schwalmtal
349	Schierer Mühle	Schwalmtal
350	Pletschmühle	Schwalmtal
351	Hüttermühle	Schwalmtal

- Nettegebiet -

352	Henkenmühle	Viersen
353	Weuthenmühle	Viersen
354	Pletschmühle	Nettetal
355	Kothmühle	Nettetal
356	Nelsenmühle	Nettetal
357	Neumühle	Nettetal
358	Specker Mühle	Nettetal
359	Weiher Mühle	Nettetal
360	Lüthemühle	Nettetal
361	Mühle von Haus Baerlo	Nettetal
362 /363	Leuther Mühle /Fuchsmühle	Nettetal
364	Flootsmühle	
365	Kovermühle	Wachtendonk
366	Nettmühle	Wachtendonk
367	Vorster Mühle	Wachtendonk

- Niersgebiet -

368	Wilderather Mühle	M.-Gladbach
369	Schwalmer Mühle	M.-Gladbach
370	Pletschmühle	M.-Gladbach
371	Kappelsmühle	M.-Gladbach
372	Wickrathberger M	M.-Gladbach
373	Schloßmühle Wickrath	M.-Gladbach
374	Papiermühle Wickrath	M.-Gladbach
375	Wetscheweller M	M.-Gladnach
376	Güdderather Mühle	M.-Gladbach
377	Burgmühle Odenkirchen	M.-Gladbach
378	Bottmühle	M.-Gladbach
379	Pixmühle	M.-Gladbach
380	Bellermühle	M.-Gladbach
381	Papiermühle	M.-Gladbach
382	Steinsmühle	M.-Gladbach
383	Eickesmühle	M.-Gladbach
384	Zoppenbroicher M.	M.-Galdbach
385	Schloßmühle Rheydt	M.-Gladbach
386	Klippertzmühle	Korschenbroich
387	Schloßmühle Myllendonk	Korschenbroich
388	Nonnenmühle	M.-Gladbach
389	Oberste Mühle	M.-Gladbach
390	Flieschermühle	M.-Gladbach
391	Vitgesmühle	M.-Gladbach
392	Knorrmühle	M.-Gladbach
393	Rohrmühle	M.-Gladbach
394	Gierthmühle	M.-Gladbach
395	Compesmühle	M.-Gladbach
396	Engelsmühle	M.-Gladbach
397 a/b	Heldsmühle/ Birkmannsmühle	Korschenbroich
398	Broichmühle	M.-Gladbach
399	Schloßmühle Neersen	Willich
400	Gibbermühle	Willich
401	Nenschmühle	Viersen
402	Schnockesmühle	Viersen
403	S´Godemühle	Viersen
404	Bongartzmühle	Viersen
405	Höstermühle	Viersen

406	Hammermühle	Viersen
407	Kaisermühle	Viersen
408	Kimmelmühle	Viersen
409	Goetersmühle	Viersen
410	Rahser Mühle	Viersen
411	Schricksmühle	Viersen
412	Klostermühle	Viersen
413	Clörather Mühle	Viersen
414	Holtzmühle	Viersen
415	Oedter Mühle	Grefrath
416	Mülhausener M.	Grefrath
417	Langendonker M.	Grefrath
418	Neersdommer M.	Grefrath
419	Kornmühle	Wachtendonk
420	Ölmühle	Wachtendonk
421	Lohmühle	Wachtendonk
422	Holtheyder ÖlM.	Wachtendonk
423 -425	Die Mühlen von Haus Caen	Straelen
426	Herrenmühle	Straelen
427	Vennmühle	Straelen
428	Paesmühle	Straelen
429	Maesemühle	Straelen
430	Vlassrather Korn- und Ölmühle	Straelen
431	Ponter Mühle	Geldern
432 -435	Die Gelderner Mühlen	Geldern
436 a/b	Willicksche Mühle	Geldern
437	Pletzmühle	Geldern
438	Wyemühle	Kevelaer
439	Die Mühlen von Haus Gesselen	Kevelaer
440	Neumühle	Kevelaer
441	Langendonker M.	Geldern
442	Kapellener Mühle	Geldern
443	Honselaerer Mühle	Kevelaer
444	Windvonderer M.	Kevelaer
445	Schravelsche M.	Kevelaer
446 -449	Die Mühlen von Schloß Wissen	Weeze
450	Niersmühle	Weeze
451	Fallmühle	Sonsbeck
452	Kervenheimer M.	Kevelaer
453	Höster Mühle	Weeze
454	Kornmühle	Goch
455	Ölmühle	Goch
456	Walkmühle	Goch
457	Lohmühle	Goch
458	Susmühle	Goch
459	Bimmener Mühle	Goch
460	Aspermühle	Goch
461	Viller Mühle	Goch
462	Yshövel´sche Mühle	Goch
463	Mühle zu Müll	Goch